第十四届全国膨胀节学术会议论文集

膨胀节技术进展

Expansion joint technology progress

中国压力容器学会膨胀节委员会
合 肥 通 用 机 械 研 究 院 编
秦皇岛市泰德管业科技有限公司

合肥工业大学出版社

前　言

中国压力容器学会膨胀节委员会成立于1984年。三十二年来，膨胀节委员会不忘初心，坚持学术交流，促进企业发展和行业技术进步，坚持两年举办一次全国膨胀节学术交流会，致力于在膨胀节行业推广先进技术、交流实践经验、探讨发展方向、获取各种信息。在挂靠单位——合肥通用机械研究院和膨胀节行业同仁的支持下，迄今膨胀节委员会已成功举办过十三届全国膨胀节学术会议，分别是：

第一届，1984年，沈阳市，由原沈阳弹性元件厂承办；

第二届，1987年，南昌市，由原江西石油化工机器厂承办；

第三届，1989年，杭州市，由原上海电力建设修建厂承办；

第四届，1993年，西安市，由西安航空发动机公司冲压焊接厂承办；

第五届，1996年，北京市，由首都航天机械公司波纹管厂承办；

第六届，1999年，青岛市，由中船总公司725研究所承办；

第七届，2002年，南京市，由南京晨光东螺波纹管有限公司承办；

第八届，2004年，无锡市，由无锡金波隔振科技有限公司承办；

第九届，2006年，黄山市，由合肥通用机械研究院承办；

第十届，2008年，秦皇岛市，由秦皇岛北方管业有限公司承办；

第十一届，2010年，泰安市，由山东恒通膨胀节制造有限公司承办；

第十二届，2012年，沈阳市，由沈阳仪表科学研究院承办；

第十三届，2014年，石家庄市，由石家庄巨力科技有限公司承办；

本次会议是第十四届全国膨胀节学术会议，由秦皇岛市泰德管业科技有限公司承办，在河北省秦皇岛市召开！

第十四届全国膨胀节学术会议共收到应征论文77篇，根据学会工作程序，于2016年7月4日至6日在江苏省扬州市召开了论文评审会。论文评审会得到秦皇岛市泰德管业科技有限公司的大力支持。通过会议评审，录用论文67篇，现编辑成册，供会议交流。

由于时间限制，本论文集难免有错误与疏漏之处，敬请读者批评指正。

编者

2016年9月

目　录

美国 EJMA 标准 2015 第 10 版修订内容介绍

牛玉华

（南京晨光东螺波纹管有限公司，江苏南京　211153）

摘　要：EJMA 标准自 2008 年第 9 版出版以来，EJMA 协会技术委员会委员一直在持续的研究膨胀节相关的课题，在此期间完成了多项研究工作，如多种材料波纹管的疲劳寿命的试验研究、加强型波纹管的另一种计算途径等。EJMA 标准经过在 2009 年、2010 年、2011 年出版了部分修订和纠错后，在 2015 年出版了第 10 版。本文将对第 10 版修订的内容进行全面介绍。

关键词：EJMA 标准；膨胀节；波纹管；疲劳寿命

Introduction of the Revision of the 10th Edition EJMA Standard

NIU Yu-hua

（Aerosun-Tola Expansion Joint Co. Ltd，Jiangsu Nanjing　211153）

Abstract：The members of technical committee of EJMA continuously researched on the issues regarding to Expansion Joint since the publishing of 9th Edition EJMA Standard，and finished some important tasks such as the research for the fatigue of different material bellows，New approach for reinforced bellows etc. After the respectively publishing of the revisions in 2009，2010 and 2010，EJMA published the 10th Edition in 2015. This paper has the intention to introduce the changes in 10th Edition EJMA Standard.

Keywords：EJMA Standard；Expansion joints；Metallic Bellows；Fatigue cycles

1　概　述

自 1958 年膨胀节制造商协会（EJMA®）首次发布第 1 版标准以来，协会的会员们不断地对膨胀节的应用和设计提出技术改进报告，在坚持不懈的共同努力下 EJMA 标准的范围和内容得到了扩充。EJMA 标准自 2008 年第 9 版颁布以来，EJMA 协会技术委员会委员一直在持续的研究膨胀节相关的课题，在此期间完成了多项研究工作，如多种材料波纹管的疲劳寿命的试验研究、加强型波纹管的另一种计算途径等。EJMA 标准经过在 2009 年、2010 年、2011 年出版了部分修订和纠错后，在 2015 年颁布了第 10 版。

第 10 版 EJMA 标准作了一些重大修改，首先为适应国际化的需求，第 10 版 EJMA 标准改变了以往只有英制的计算公式，整个标准同时采用了公制和英制；其次除原有的奥氏体不锈钢材料的疲劳寿命计算公式外，又增加了其他材料的疲劳寿命计算公式，并将无加强型、加强型波纹管和 Ω 型波纹管的疲劳计算公式合成一个;还有采用了另一种新的计算方法来计算加强型波纹管、对加强型波纹管的理论单波轴向刚度的计算也作了修改等等。下面将详细介绍主要修订内容。

2　第10版EJMA标准修订内容介绍

2.1　由原来的英制改为同时采用公制和英制

自1958年出版的第1版EJMA标准以来,到第9版EJMA标准一直采用英制,对于使用公制的国家就不太方便,尤其有许多计算公式由英制改为公制涉及系数的修改,有些使用者容易出现差错。本次将公制引入EJMA标准的工作量非常大,为了彻底地引进公制,EJMA标准所有的内容都实施英制和公制同步,包括后面附录D中的附表及附录J中的所有例子。

2.2　加强型波纹管的计算公式有较大的修改

在第9版2011增补中将无加强型波纹管、Ω型波纹管的疲劳寿命计算公式合二为一,原因是二者的疲劳曲线在常用区域基本是重合的,在第10版又更进一步的将加强型波纹管的疲劳曲线与无加强型波纹管、Ω型波纹管的疲劳曲线合在一起。从原始的疲劳曲线可以看出,加强型波纹管的疲劳曲线与无加强型波纹管、Ω型波纹管的疲劳曲线有一定的差距,为了能达到变成同一条曲线的目的,需要对加强型波纹管的计算公式进行修改。

加强型、无加强型U形波纹管、Ω型波纹管共用一条曲线的好处:按原始的疲劳曲线,对于每类材料需要做三条不同的疲劳曲线,工作量和成本都将非常巨大。将三条曲线合并后,对于不同的材料只需要做出一条疲劳寿命曲线即可。

加强型波纹管的计算公式是在无加强波纹管的计算公式的基础上考虑了波高系数 C_r 将波纹管的波高降低,并在由压力引起的子午向薄膜应力 S_3 和子午向弯曲应力 S_4 的计算公式中增加了0.85的系数。Peter对如何将加强型、无加强型 *U* 形波纹管共用一条疲劳曲线的工作潜心研究了多年,提出了新的波高系数 C_r 的计算公式和新的加强型波纹管由压力引起的子午向薄膜应力 S_3 和子午向弯曲应力 S_4、由位移引起的子午向薄膜应力 S_5 和子午向弯曲应力 S_6 的计算公式,详见表1。通过验证,采用新的加强型波纹管的计算公式可以很好地达到加强型、无加强型U形波纹管、Ω型波纹管共用一条曲线的目标。

表1　第9版和第10版EJMA标准中加强型波纹管的计算公式对比

	压力在波纹管中所产生的子午向膜应力 S_3	压力在波纹管中所产生的子午向弯曲应力 S_4	压力在波纹管中所产生的子午向弯曲应力 S_5	压力在波纹管中所产生的子午向弯曲应力 S_6
EIMA 第9版	$S_3=\frac{0.85P(w-4C_r-r_m)}{2nt_p}$	$S_4=\frac{0.85P}{2n}\left(\frac{w-4C_r r_m}{t_p}\right)^2 C_p$	$S_5=\frac{E_b t_p^2 e}{2(w-4C_r r_m)^3 C_f}$	$S_6=\frac{5E_b t_p e}{3(w-4C_r r_m)^2 C_d}$
EIMA 第10版	$S_5=\frac{0.76P(w-r_m)}{2nt_p}$	$S_4=\frac{0.76P}{2n}\left(\frac{w-r_m}{t_p}\right)^2 C_p$	$S_6=\frac{E_b t_p^2 e}{2(w-r_m)^5 C_p}$	$S_6=\frac{5E_b t_p e}{3(w-C_r r_m)^2 C_d}$

本文对新的加强型波纹管由压力引起的子午向薄膜应力 S_3 和子午向弯曲应力 S_4、由位移引起的子午向薄膜应力 S_5 和子午向弯曲应力 S_6 的计算公式修改后对计算结果的影响分别进行了对比,目的是使大家对结果的修改有些概念。

表2　由压力引起的子午向薄膜应力 S_3 新旧计算公式的计算结果对比

old(C_r=0.2)	new	S_3	old(C_r=0.28)	new	S_3	old(C_r=0.3)	new	S_3
0.85*($w-4C_r*r_a$)	0.76*($w-r_a$)	new/old	0.85*($w-4C_r*r_m$)	0.76/($w-r_m$)	new/old	0.85*($w-4C_r*r_m$)	0.76/($w-r_m$)	new/old
13.6	11.4	0.838	12.24	11.4	0.931	11.9	11.4	0.958
19.38	15.96	0.824	16.932	15.96	0.943	16.32	15.96	0.978

（续表）

old($C_r=0.2$)	new	S_3	old($C_r=0.28$)	new	S_3	old($C_r=0.3$)	new	S_3
22.95	19	0.828	20.23	19	0.939	19.55	19	0.972
26.35	21.85	0.829	23.29	21.85	0.938	22.525	21.85	0.970
29.75	24.7	0.830	26.35	24.7	0.937	25.5	24.7	0.969
36.55	30.4	0.832	32.47	30.4	0.936	31.45	30.4	0.967
39.1	32.3	0.826	34.34	32.3	0.941	33.15	32.3	0.974
45.9	38	0.828	40.46	38	0.939	39.1	38	0.972
52.7	43.7	0.829	46.58	43.7	0.938	45.05	43.7	0.970
59.5	49.4	0.830	52.7	49.4	0.937	51	49.4	0.969
64.6	53.2	0.824	54.4	53.2	0.978	54.4	53.2	0.978

注：本计算分别按设计压力≤0.1MPa（对应旧公式 $C_r=0.2$）、设计压力=0.5MPa 对应旧公式 $C_r=0.28$）、设计压力≥1.0MPa（对应旧公式 $C_r=0.3$）分成三组进行对比。

从表 2 可以看出，当设计压力小于等于 0.1MPa 时，计算结果差别约为 17%；当设计压力等于 0.5MPa 时，计算结果差别约小于 2%；当设计压力大于等于 1.0MPa 时，计算结果差别约为 2%。可以看出，随着压力升高，新旧计算公式的计算结果差别越小。事实上，当设计压力小于 0.1MPa 时，设计上几乎不会使用加强型波纹管，对于设计压力小于 0.5MPa 的波纹管，使用加强型波纹管的概率也比较低。由此可以得出结论，用第 10 版新公式由压力引起的子午向薄膜应力 S_3 的计算结果与第 9 版旧公式的计算结果相比总体差别不大。

表 3　由压力引起的子午向弯曲应力 S_4 新旧计算公式的计算结果对比

old($C_r=0.2$)	new	S_4	old($C_r=0.28$)	new	S_4	old($C_r=0.3$)	new	S_4
0.85 * ($w-4C_r*r_m$)^2	0.76 * ($w-r_m$)^2	new/old	0.85 * ($w-4C_r*r_m$)^2	0.76 * ($w-r_m$)^2	new/old	0.85 * ($w-4C_r*r_m$)^2	0.76 * ($w-r_m$)^2	new/old
217.6	171	0.786	176.256	171	0.970	166.6	171	1.026
441.864	335.16	0.759	337.28544	335.16	0.994	313.344	335.16	1.070
619.65	475	0.767	481.474	475	0.987	449.65	475	1.056
816.85	628.1875	0.769	638.146	628.1875	0.982	596.9125	628.1875	1.052
1041.25	802.75	0.771	816.85	802.75	0.983	765	802.75	1.049
1571.65	1216	0.774	1240.354	1216	0.980	1163.65	1216	1.045
1798.6	1372.75	0.763	1387.336	1372.75	0.989	1292.85	1372.75	1.062
2478.6	1900	0.767	1925.896	1900	0.987	1798.6	1900	1.056
3267.4	2512.75	0.769	2552.584	2512.75	0.984	2387.65	2512.75	1.052
4165	3211	0.771	3267.4	3211	0.983	3060	3211	1.049
4909.6	3724	0.759	3747.616	3724	0.994	3481.6	3724	1.070

注：本计算分别按设计压力≤0.1MPa（对应旧公式 $C_r=0.2$）、设计压力=0.5MPa 对应旧公式 $C_r=0.28$）、设计压力≥1.0MPa（对应旧公式 $C_r=0.3$）分成三组进行对比。

从表 3 可以看出，当设计压力小于等于 0.1MPa 时，计算结果差别约为 22%；当设计压力等于 0.5MPa 时，计算结果差别约为 1%；当设计压力大于等于 1.0MPa 时，计算结果差别约为 1%。可以看出，随着压力升高，新旧计算公式的计算结果差别越小。事实上，当设计压力小于等于 0.1MPa 时，设计上几乎不会使用加强型波纹管，对于设计压力小于 0.5MPa 的波纹管，使用加强型波纹管的概率也比较低。由此可以得出结论，用第 10 版新公式由压力引起的子午向弯曲应力 S_4 的计算结果与第 9 版旧公式的计算结果相比总体差别不大。

通过表 2 和表 3 对由压力引起的子午向薄膜应力 S_3 和子午向弯曲应力 S_4 的计算公式修改后对计算结果的影响分别进行了对比，第 10 版新公式的计算结果和第 9 版旧公式的计算结果差别不大。根据 EJMA 公式多年应用的验证，加强型波纹管的强度计算公式是安全可靠的。

表 4　由位移引起的子午向薄膜应力 S_5 新旧计算公式的计算结果对比

old(C_r=0.2)	new	S_5	old(C_r=0.28)	new	S_5	old(C_r=0.3)	new	S_5
1/(w−4C_r * r_m)^3	1/(w−r_m)^3	new/old	1/(w−4C_r * r_m)^3	1/(w−r_m)^3	new/old	1/(w−4C_r * r_m)^3	1/(w−r_m)^3	new/old
0.000244141	0.0002963	1.214	0.000334898	0.0002963	0.885	0.000364431	0.0002963	0.813
8.43714E−05	0.00010798	1.280	0.000126512	0.00010798	0.854	0.000141285	0.00010798	0.764
5.08053E−05	0.000064	1.260	7.4177E−05	0.000064	0.863	8.21895E−05	0.000064	0.779
3.35672E−05	4.2081E−05	1.254	4.86125E−05	4.2081E−05	0.866	5.37356E−05	4.2081E−05	0.783
2.33236E−05	2.9131E−05	1.249	3.35672E−05	2.9131E−05	0.868	3.7037E−05	2.9131E−05	0.787
1.25775E−05	1.5625E−05	1.242	1.79395E−05	1.5625E−05	0.871	1.97422E−05	1.5625E−05	0.791
1.02737E−05	1.3027E−05	1.268	1.51655E−05	1.3027E−05	0.859	1.6858E−05	1.3027E−05	0.773
6.35066E−06	0.000008	1.260	9.27212E−06	0.000008	0.863	1.02737E−05	0.000008	0.779
4.19590E−06	5.2601E−06	1.254	6.07657E−06	5.2601E−06	0.866	6.71695E−06	5.2601E−06	0.783
2.91545E−06	3.6413E−06	1.249	4.1959E−06	3.6413E−06	0.868	4.62963E−06	3.6413E−06	0.787
2.27803E−06	2.9155E−06	1.280	3.41583E−06	2.9155E−06	0.854	3.8147E−06	2.9155E−06	0.764

注：本计算分别按设计压力≤0.1MPa（对应旧公式 C_r=0.2）、设计压力=0.5MPa 对应旧公式 C_r=0.28）、设计压力≥1.0MPa（对应旧公式 C_r=0.3）分成三组进行对比。

表 5　由位移引起的子午向弯曲应力 S_6 新旧计算公式的计算结果对比

C_r(old)	C_r(new)	old	new	S_6
C_r(old)	C_r(new)	1/(w−4 * C_r * r_m)^2	1/(w−C_r * r_m)^2	new/old
0.3	0.2	0.005102041	0.002770083	0.543
0.3	0.58	0.005102041	0.003419856	0.670
0.3	0.97	0.005102041	0.004356871	0.854
0.3	0.25	0.001890359	0.000946746	0.501
0.3	0.58	0.001890359	0.001172828	0.620
0.3	1.22	0.001890359	0.001923669	1.018
0.3	0.25	0.001111111	0.000570283	0.513

（续表）

C_r(old)	C_r(new)	old	new	S_6
0.3	0.58	0.001111111	0.000701724	0.632
0.3	1.32	0.001111111	0.001231148	1.108
0.3	0.25	0.00073046	0.000380726	0.521
0.3	0.58	0.00073046	0.000466485	0.639
0.3	1.32	0.00073046	0.000807076	1.105
0.3	0.25	0.00047259	0.000236686	0.501
0.3	0.58	0.00047259	0.000293207	0.620
0.3	1.32	0.00047259	0.00052605	1.113
0.3	0.25	0.000277778	0.000142571	0.513
0.3	0.58	0.000277778	0.000175431	0.632
0.3	1.47	0.000277778	0.000352664	1.270
0.3	0.25	0.000244141	0.000116874	0.479
0.3	0.58	0.000244141	0.000146568	0.600
0.3	1.47	0.000244141	0.000320019	1.311

通过表 4 和表 5 对由位移引起的子午向薄膜应力 S_5 和子午向弯曲应力 S_6 的计算公式修改后对计算结果的影响分别进行了对比，第 10 版新公式的计算结果和第 9 版旧公式的计算结果有较大的不同。这是为了满足与无加强型波纹管共用疲劳曲线而作的修改。

2.3 波纹管的疲劳寿命计算公式的修改

第 9 版之前的 EJMA 标准中均分别为无加强波纹管、加强波纹管和 Ω 波纹管根据试验结果分别给出了不同的疲劳曲线和计算公式；第 9 版 EJMA 标准 2011 增补中考虑到无加强型波纹管、Ω 型波纹管的疲劳寿命曲线在常用疲劳寿命区域的绝大部分是重合的，所以将无加强型波纹管、Ω 型波纹管的疲劳寿命计算公式合二为一，将原来的 3 条曲线改为 2 条曲线；第 10 版 EJMA 标准将无加强波纹管、加强波纹管和 Ω 波纹管用同一条疲劳曲线和同一个疲劳寿命计算公式即无加强波纹管的疲劳寿命计算公式来表示，为了使加强波纹管疲劳寿命计算公式结果更准确，还将其合成应力 S_t 的结果乘以 0.9 系数。第 10 版 EJMA 标准还通过积累的大量的各种不同材料的疲劳寿命数据，经过分类，同时提供了类别 1、类别 2、类别 3 共三组不同材料波纹管的 b,c 系数，使 EJMA 标准疲劳寿命计算公式的适用范围由原来奥氏体不锈钢扩大到多种特殊合金，基本覆盖了我们常用的几种波纹管材料，解决了我们以前面临其他材料无法计算的问题。

表 6 第 10 版 EJMA 标准中包括的波纹管材料

材料类别	材料级别，UNS(EN)
1	· 奥氏体不锈钢 —S3××××(1,43×× to 1,49××) · 特殊镍—铬合金 —N08800(1,4876) · 耐高温或耐腐蚀镍基合金 —N08810(1,4958)，N06600(2,4816)，N0400(2,4360)，N08811(1,4949)

（续表）

材料类别	材料级别，UNS(EN)
2	・耐腐蚀镍－钼－铬合金 －N06455(2,4610)，N10276(2,4819)，N08825(2,4858)
3	・高强度镍－铬合金 －N06625(2,4856)

2.4　波高系数 C_r 的修改

第 9 版 EJMA 标准在 2010 年出过一次有关波高系数 C_r 的修订，这个修改时 Broyles 的提案，他认为在计算加强型波纹管与柱失稳有关的波纹管极限失稳压力 P_{sc} 时所使用的波高系数 C_r 应考虑到该公式中所包含的 1.5 倍的安全系数。

第 10 版 EJMA 标准对加强型波纹管的计算公式中的波高系数 C_r 又进行了修改。Peter 对如何将加强型、无加强型 U 形波纹管共用一条疲劳曲线的工作潜心研究了多年，发现现有计算公式的波高系数 C_r 值的范围 0.2～0.3 之间，只与压力有关，当压力≥1.0MPa 时，C_r 基本就保持在 0.3 值，如图 1 所示。但通过 EJMA 的基础试验数据，根据不同的压力和相应的位移引起的子午向弯曲应力最大应力值的找出 5 组波纹管，通过对位移引起的子午向弯曲应力公式研究加强型波纹管的波高降低量的相关因素，发现波高降低量实际上与波高 w 和单波单量位移 e 的比值相关，而不是压力 P。据此，Peter 提出了新的波高系数 C_r 的计算公式与波高 w 和单波单量位移 e 的比值相关，而不是压力 P。

表 7　第 9 版和第 10 版 EJMA 标准中波高系数 C_r 的对比

EIMA 第 9 版	EIMA 第 9 版 2010 修订	EIMA 第 10 版
$C_r=0.3-\left(\frac{100}{1048P^{1.5}+320}\right)^2$	$C_r=0.3-\left(\frac{100}{0.6P^{1.5}+320}\right)^2$ 用于除 P_{SC} 以外的所有计算 $C_r=0.3-\left(\frac{100}{2P^{1.5}+320}\right)^2$ 用于 P_{SC} 的计算	$C_r=0.36\ln\left(\frac{w}{e}\right)$

表 7 是加强型波纹管的计算公式中的波高系数 C_r 的修改历程，从图 1 和图 2 可以看到第 10 版对波高系数 C_r 的修改，波高系数 C_r 的数值发生了很大的变化，当 w/e 值在 9～28 之间时，C_r 在 0.8～1.2 之间。

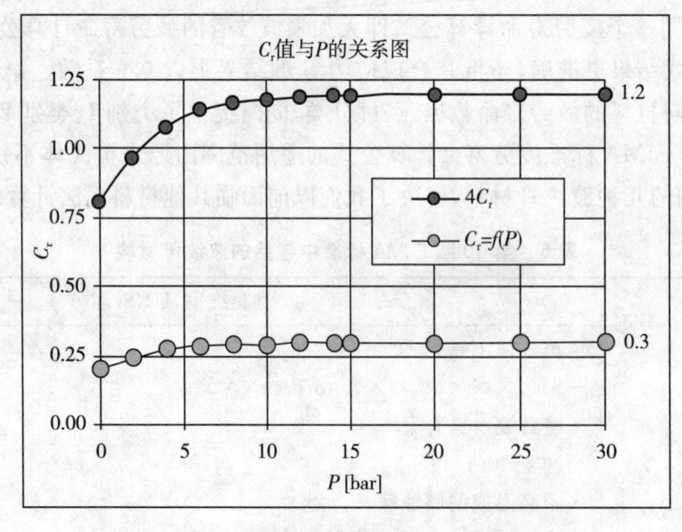

图 1　第 9 版的波高系数 C_r 值

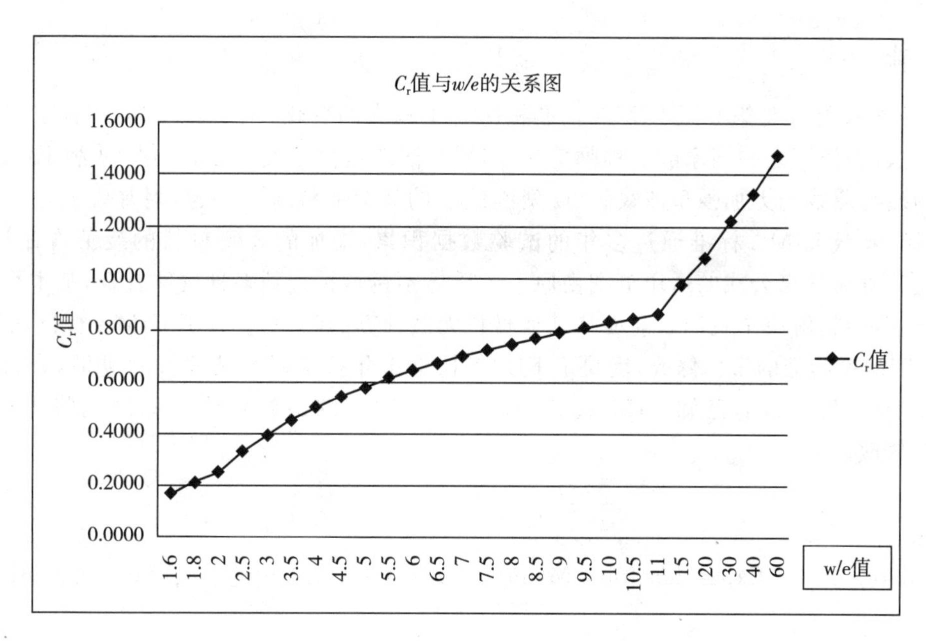

图 2　第 10 版的波高系数 C_r 值

2.5　加强型波纹管单波轴向刚度的理论值的计算公式修改

如表 8 所示，第 10 版 EJMA 标准对加强型波纹管的单波轴向刚度的理论值 f_{ir}的计算公式进行了修改，将计算公式分成了 2 个部分，第 1 部分的 f_{ir}的计算公式用于计算加强型波纹管柱极限失稳压力 P_{sc}；第 2 部分的 f_{ir}的计算公式用于计算位于中性位置的波纹管受力计算。

表 8　第 9 版和第 10 版 EJMA 标准中加强型波纹管单波轴向刚度计算公式对比

EIMA 第 9 版	EIMA 第 10 版
$f_{ir}=1.7\dfrac{D_m E_b t_p^3 n}{(w-4C_r r_m)^3 C_f}$	$f_{ir}=1.7\dfrac{D_m E_b t_p^3 n}{(w-C_r r_m)^3 C_f}$ 适用于操作条件下的柱稳定筒计算 $f_{ir}=1.7\dfrac{D_m E_b t_p^3 n}{(w-r_m)^3 C_f}$ 适用于受力计算及位于中性位置的试验条件

2.6　其他的一些修改

2.6.1　波纹管的定义的修改

第 10 版 EJMA 标准在波纹管的定义中增加了总壁厚的限制和波形如波峰、波谷半径的限定。

2.6.2　增加了波纹管加强环、套箍与波纹管及其直边段之间间隙控制的规定

第 10 版 EJMA 标准增加了图 6.16，说明直边段加强件、稳定环及加强环与波纹管直边或波谷的贴和合非常重要，可接受的径向间隙为直径的 0.5%或 0.118in.(3mm)的较小值。

2.6.3　单式波纹管的振动频率常数部分修改

第 10 版 EJMA 标准对单式波纹管的振动频率常数部分修改，第 9 版标准提供了波数小于等于 10 波的前 5 阶振动频率常数，第 9 版标准增加了波数大于等于 11 波的前 5 阶振动频率常数，并对波数小于 10 的部分常数做了修改。

2.6.4　附录的修改

第 10 版 EJMA 标准对附录 D 和附录 J 花了许多精力进行修改，增加了对应的公制表格和公制的例题。

3 结　论

第10版EJMA标准与第9版EJMA标准相比有了较大的变化，主要修改为：在标准中采用公制和英制并存的方法，为使用公制国家的工程师应用EJMA标准提供了便利条件；第10版EJMA标准将加强型波纹管的疲劳曲线与无加强型波纹管、Ω型波纹管的疲劳曲线合在一起，对加强型波纹管采用了新的计算方法；第10版EJMA标准通过多年的试验数据积累，增加的3组材料的疲劳寿命计算常数，使EJMA标准疲劳寿命计算公式的适用范围由原来奥氏体不锈钢扩大到多种特殊合金，基本覆盖了我们常用的几种波纹管材料，解决了我们以前面临其他材料无法计算的问题，扩大了EJMA标准的适用范围。

第10版EJMA标准的重大修改，反映了EJMA协会多年持续研究波纹管的成果，为膨胀节行业的发展起到了推动作用。目前已知2016版ASME B1.3、欧洲的最新膨胀节标准也将体现出第10版EJMA标准的修改内容。

参考文献

[1] Standards of the Expansion Joint Manufactures Association[S], 9th 2008(包含A2009,A2010,A2011).

[2] Standards of the Expansion Joint Manufactures Association[S], 10th 2015

作者简介

牛玉华,(1966—),女,研究员级高级工程师,总工程师。长期在南京晨光东螺波纹管有限公司从事波纹膨胀节、压力管道的设计、研究工作。通讯地址:南京晨光东螺波纹管有限公司,邮编:211153。

联系方式:电话:025－52826503、手机:13851934980、Email:njcgtrniuyh@163.com

非金属补偿器标准编制说明

孙 礼 张弘一 于振毅 宋 洋 付 饶 张 宁
（国家仪器仪表元器件质量监督检验中心，辽宁沈阳 110043）

摘 要：非金属补偿器是安装在管道或设备中用于补偿管道与设备的位移以及吸振降噪而采用的非常重要的部件，但此类产品国内一直没有标准规范，为了提高该类产品的设计、制造水平，特编制了此标准。本文向大家介绍了此标准的主要内容。

关键词：非金属补偿器；标准

Summary of the Non-metallic Compensator Standard

Sun Li ZhangHongyi yuzhenyi Song Yang Fu Rao Zhang Ning
(National Supervising and Testing Center for the Quality of Instruments and Components, Shenyang 110043, China)

Abstract: Non-metallic compensator is one of the important components used in the equipment and pipeline to compensatefor the displacement of the equipment and pipeline. And it is used for vibration absorbing and noise reduction. But there has been no standard for such products. We compile the Standard to improve the designing and manufacturing level of the Non-metallic compensator product. This article briefly introduced the contents of the standard.

Keywords: Non-metallic compensator、standard

1 前 言

1.1 非金属补偿器发展现状

非金属补偿器是通过吸收热位移来消除管道或设备系统中应力的柔性连接，也可起隔震、减震以及吸收管道安装误差的作用。一般由合成橡胶、纤维织物、隔热材料以及氟塑料等多种非金属材料构成。目前，非金属补偿器产品技术已经相对成熟，广泛应用于钢铁厂、冶炼厂、石油化工工厂、火力发电厂、水泥厂及原子能电厂等排烟脱硫、除尘设备、空气加热、助流鼓风等设备的出入口处。其结构、性能、质量能够满足许多工程领域的要求，随着应用场合不断地发展，对非金属补偿器的需求量逐年增加。因此，设计、制造非金属补偿器的企业越来越多。但由于各生产企业对非金属补偿器的设计、制造、检验等要求存在一定差异，没有统一的标准可以遵循，主要通过供需双方技术协议来约定一些条款。针对这一情况，按照有关标准编制计划，由仪器仪表元器件标准化技术委员会组织非金属补偿器制造行业相关单位和国家相关检验机构，联合制定了机械工业行业标准 JB/T 12235—2015《非金属补偿器》，2015 年 4 月发布，2015 年 10 月 1 日起实施，希望通过本文的介绍，使得该标准可以能够更好地指导管道、设备用非金属补偿器产品的设计、制造、检验等，改变目前无章可循的窘迫状态，改善提高管道和设备用非金属补偿器产品的设计和制造水平。

1.2 现有非金属补偿器标准情况

目前国内外没有织物类非金属补偿器的相关标准。

2 编制原则

编写中根据 GB/T 1.1—2009 给出的规则起草，坚持与现行有关技术协调、统一，注意吸收国内外相关研究成果。

本标准制定遵循“面向市场、服务产业、自主制定、适时推出、及时修订、不断完善”的原则，标准修订与技术创新、试验验证、产业推进、应用推广相结合，统筹推进。

同时力求突出非金属补偿器特殊性部分，在同类产品上具有通用性。编写中积极采纳用户反馈意见，对意见不一致的，根据可操作性的原则，没有强制规定，留给供需双方一定的操作空间。对产品有特别要求或高于标准的要求，供需双方应以技术协议方式约定。

由于可借鉴的相关资料非常少，所以标准中的一些技术参数、试验参数都是编写者们在生产实践中总结而来。

3 编制内容

按照现有非金属补偿器技术与应用场合，借鉴了美国 Technical Handbook of Non-metallic compensator, DUCTING SYSTEM(3rd EDITION)FLUID SEALING ASSOCIATION。标准编制内容如下：

3.1 术语和定义

本标准对 2 个术语进行了定义，主要解释的是“非金属补偿器”，非金属补偿器相对于其他补偿器主要优势在于高温下保证大补偿位移，并且造价低廉，一般由合成橡胶、纤维织物、隔热材料以及氟塑料等多种非金属材料构成。

非金属补偿器：通过吸收热位移来消除管道或设备系统中应力的柔性连接元件，可起隔震、减震以及吸收管道安装误差的作用。一般由圈带和金属结构件等多种材料构成。行业上部分也称“非金属膨胀节”。按照标准中定义，此处非金属补偿器一般指圈带类补偿器，可曲挠橡胶接头类非金属补偿器不在此标准范围。

圈带：非金属补偿器的补偿元件，一般由合成橡胶、纤维织物、隔热材料以及氟塑料构成。行业上部分也称“蒙皮”或“围带”。

3.2 产品分类

3.2.1 按照截面形状分为：圆形非金属补偿器；矩形非金属补偿器；异形非金属补偿器。

3.2.2 按照连接方式分为：法兰式非金属补偿器；接管式非金属补偿器；抱箍式非金属补偿器。

3.2.3 按照结构型式分为：直筒式非金属补偿器；波纹式非金属补偿器；翻边式非金属补偿器。

3.2.4 按照介质使用温度分为 5 个等级，见表 1。温度范围的确定，考虑到采用隔温方式，温度可以达到 1300℃，因此，将温度范围确定为：“－40～1300℃”。

表 1 温度等级

序号	等级	温度范围 ℃
1	Ⅰ	≤150
2	Ⅱ	≤300
3	Ⅲ	≤450
4	Ⅳ	≤750
5	Ⅴ	≤1300

3.3 产品结构

对产品组成、构架、导流筒、压板以及圈带结构进行设计规定。

3.2.1 压板

压板的选择取决于螺栓间距、螺栓孔径大小以及法兰的高度或宽度，常规压板的尺寸一般为(40～

60)×(4～8)mm，螺栓材质一般为碳钢镀锌，流通介质有低温腐蚀性时也可采用不锈钢螺栓。螺栓尺寸一般为M10～M16，螺栓间距不大于150mm。以上数据来源于众多企业多年的经验积累，以此能够保证圈带与框架之间的气密性。

3.2.2　圈带

圈带分为整体型和组合型两种结构型式。

整体型：由橡胶或氟塑料包覆的一层或多层强化层复合成一个整体构成圈带材料。

组合型：由密封层、隔热层（可选）、加强层和包边等组合而成。当系统温度超过密封层的耐热范围时，需要额外增加隔热层。各层材料叠加，在压板区域黏结、缝合或者机械紧固成一体。

圈带不允许有编接环缝，编接纵缝以尽量少为原则，同层纵缝间距应不小于1000mm，层与层之间的编接纵缝应均匀错开，并且密封层纵缝编接重合处应焊接、扣接或用高温胶胶合。纵缝编接重合长度不小于螺栓间距的1.3倍。纵缝编接重合长度的规定方式主要考虑的是将其与螺栓间距有效关联，较之很多企标将其与螺栓尺寸相关联更为合理。

3.3　技术参数

3.3.1　设计压力：－35～105kPa；设计压力如此规定主要是根据非金属补偿器的使用情况以及未来技术发展需要。

3.3.2　设计温度：下限温度为　40℃，上限温度应符合温度等级规定；

3.3.3　介质：除易燃易爆、剧毒的中性、酸性、碱性或酸碱复合的含有固体颗粒物或水的气体介质。此处主要是考虑非金属补偿器的密封性并没有其他类补偿器好，所以对流通介质应有明确要求，以免渗漏带来安全隐患。

3.3.4　外部环境：海水、风沙、雨雪、辐射等。

3.4　外观

3.4.1　圈带表面不允许有胶层划伤、开裂、夹层、起皮现象出现；不允许有编接环缝。

3.4.2　非金属补偿器各部位焊缝表面不得有裂纹、未焊透、未熔合、表面气孔、弧坑、焊高不足、夹渣和飞溅物，焊缝与母材应圆滑过渡。

3.5　尺寸

3.5.1　非金属补偿器的总长极限偏差应符合表2规定。

3.5.2　圆形非金属补偿器的内径极限偏差应符合表3规定。

表2　总长极限偏差　　单位：mm

总长	极限偏差
所有尺寸	－12～＋6

表3　圆形补偿器内径极限偏差　　单位：mm

公称通径	极限偏差（法兰式）	极限偏差（接管式）
≤1500	±6	$^{+6}_{0}$
＞1500～3000	±9	＋9
＞3000	±12	$^{+12}_{0}$

3.5.3　矩形非金属补偿器的边长极限偏差应符合表4规定。

表4　矩形补偿器边长极限偏差

内边长　mm	极限偏差（法兰式）　mm	极限偏差（接管式）　mm	对角线长度差
≤1500	±6	$^{+6}_{0}$	长边内边长的0.3%
＞1500～3000	±9		
＞3000	±12		

3.6 气密性

非金属补偿器以其自由长度处于直线状态，两端固定且有效密封，缓慢加压至1.0倍设计压力，保压5min后，压力表示值应不小于初始压力的90%，其介质为干燥洁净的压缩空气，泄漏量应不大于10%。

标准中给出了气密性的具体泄漏率指标，便于试验操作。考虑到高温场合使用的圈带，很难做到完全的气密性，因此，指标确定为："泄漏量不大于10%"。

3.7 补偿量

非金属补偿器的补偿量由补偿器有效长度决定，典型的非金属补偿器的补偿量见表5。通常，随着补偿器有效长度的增加，补偿量也随之增加，但考虑到安全条件，建议补偿器有效长度不超过400mm。

由于超过800以上的有效长度很少采用，所以标准中提出建议补偿器有效长度不超过400mm，同时，为了现场使用能够保证一定的灵活性，标准提出如用户有特殊要求，可按用户要求设计制造。

表5 典型非金属补偿器的补偿量(mm)

位移形式			补偿器有效长度										
			140	160	180	200	220	240	260	280	300	350	400
			补偿量										
轴向位移	压缩		42	48	56	60	66	72	78	84	90	100	105
	拉伸		11	13	15	17	19	21	23	26	30	35	40
径向位移	圆形		±21	±24	±28	±30	±33	±36	±39	±42	±45	±53	±60
	矩形	长	±9	±10	±11	±12	±13	±14	±16	±18	±20	±25	±30
		宽	±5	±6	±7	±8	±9	±10	±11	±12	±13	±17	±21
位移形式			补偿器有效长度										
			450	500	550	600	650	700	750	800	850	900	
			补偿量										
轴向位移	压缩		130	150	165	180	195	210	225	240	255	270	
	拉伸		45	50	55	60	65	70	75	80	85	90	
径向位移	圆形		±68	±75	±83	±90	±98	±105	±112	±120	±128	±135	
	矩形	长	±35	±40	±45	±50	±55	±60	±65	±70	±75	±80	
		宽	±25	±30	±35	±40	±45	±50	±55	±60	±65	±70	
如用户有特殊要求，可按用户要求设计制造													

在补偿量的各个极限位置，非金属补偿器外观应无异常，进行气密性试验，泄漏量应不大于10%。

3.8 焊接接头

焊接接头应进行局部着色渗透检测，检测长度应不小于各条焊接接头长度的20%，且不小于250mm，合格等级不低于JB/T 4730.5—2005 Ⅲ级要求。

3.9 疲劳性能

非金属补偿器在规定的设计压力、位移条件下循环，循环次数应不小于设计疲劳寿命的2倍，非金属补偿器在规定的试验循环次数后，进行气密性试验，泄漏量应不大于15%。

标准为保证非金属补偿器在疲劳寿命方面的可靠性，确定疲劳试验循环速率为不大于25mm/s，确定疲劳试验次数为设计疲劳寿命次数的2倍。

3.10 爆破压力

非金属补偿器在2倍设计压力下进行压力试验，外观应无明显机械损伤，结构件应无明显变形。泄压后进行气密性试验，泄漏量应不大于10%。

3.11 圈带常用材料的机械物理性能

圈带常用橡胶材料的机械物理性能主要借鉴了美国FSA的Technical Handbook of Non-metallic compensator，圈带用涂覆玻璃纤维布的机械物理性能应符合JC/T 171.1—2005要求。

3.12 检验规则

非金属补偿器产品检验分为出厂检验和型式检验。检验项目见表6。

将产品外观和产品尺寸作为出厂的检验项目。因为非金属补偿器产品多数为大口径产品，根据生产厂家现有的检验条件，只能对外观和尺寸进行出厂检验。

为保证使用要求，同时，考虑各生产企业的具体情况，确定了非金属补偿器的型式检验项目。

表6 产品检验项目

序号	检验项目	要求	试验方法	出厂检验	型式检验
1	外观	5.4	6.1	√	√
2	尺寸	5.5	6.2	√	√
3	气密性	5.6	6.3	—	√
4	补偿量	5.7	6.4	—	√
5	焊接接头	5.8	6.5	—	√
6	疲劳性能	5.9	6.6	—	√
7	爆破压力	5.10	6.7	—	√
8	圈带常用材料的机械物理性能	5.11	6.8	—	√

“√”必检项目；“—”不检项目

3.13 判定规则

非金属补偿器的圈带常用橡胶材料的机械物理性能、气密性、疲劳性能和爆破压力试验若有一项及一项以上项目不符合要求时，则判为型式检验不合格；其他项目若有不符合要求的，允许对不符合项目加倍抽样复验，若复验符合要求，仍判非金属补偿器型式检验合格，若复验仍有不符合要求的项目，则判非金属补偿器型式检验不合格。

3.14 包装与运输

3.14.1 非金属补偿器圈带应进行适当保护，以防止运输和安装过程中被损坏。

3.14.2 在运输过程中，非金属补偿器放置要牢固，并用垫块等隔开，以免金属部分划破圈带。

3.14.3 出厂的非金属补偿器需附有质量合格证书和安装说明书。

3.14.4 其他包装和运输要求参照JB/T 4711—2003中的有关规定。

4 结束语

在该产品标准的编制中，积极与使用单位的设计、安装、供应、检验等部门进行多次沟通，使标准中对设计、制造和检验的要求能够更加符合现场的使用要求。次标准希望能够真正成为指导非金属补偿器设计、制造、检验、使用的规范化标准。

参考文献

1. JB/T12235—2015，非金属补偿器[S]，北京：机械工业出版社出版发行，2015.

2. Technical Handbook of Non-metallic compensator, DUCTING SYSTEM (3rd EDITION) FLUID SEALING ASSOCIATION

第10版EJMA标准疲劳寿命修订的探讨

王召娟[1]　赵　璇[2]　盛　亮[2]　张　娟[3]

(1. 航天晨光股份有限公司,江苏南京　211100;
2. 南京晨光东螺波纹管有限公司,江苏南京　211153;
3. 陕西长青能源化工有限公司,陕西宝鸡　721000)

摘　要:第10版膨胀节制造商协会标准(EJMA 10th 2015)在上一版(EJMA 9th 2011)基础上对波纹管设计计算做了部分修订,其中关于疲劳寿命计算的内容发生了较大变化。本文通过对疲劳寿命计算修订内容的介绍和分析,探讨新版修订对波纹管疲劳寿命设计的影响。

关键词:疲劳寿命;波纹管;EJMA标准

The revised fatigue life discussion of the tenth editionEJMA Standards

Wang Zhaojuan[1]　Zhao Xuan[2] Sheng Liang[2] Zhang Juan[3]

(1. Aerosun Corporation, Nanjing, Jiangsu　211100;2. Aerosun-Tola Expansion Joint Co., Ltd. Nanjing, Jiangsu　211153; 3. Shanxi changqing energy & chemical Co., Ltd. Baoji, Shanxi　721000)

Abstract: The 10th version of the standard version EJMA standard (EJMA 10th 2015) has been officially published in 2015. On the basisof the previous version (EJMA 9th 2011), some amendmentson bellows design and calculation was made in the new standard, of which on the calculation of the fatigue life has changed. In this work, the amendments on the calculation of the fatigue life is introduced and analyzed, and the impact of the new standard bellows fatigue life design is explored.

Keywords: Fatigue Life; Bellows; EJMA Standards

1　引　言

波纹管的疲劳寿命是指波纹管发生破坏时的累计循环次数,它是波纹管重要性能指标之一,合理的设计疲劳寿命对于波纹管性能和可靠性具有重要意义。波纹管设计时通常依据EJMA《美国膨胀节制造商协会》标准中给出的一系列公式来预测疲劳寿命,公式已得到多年来工程应用的验证。2015年EJMA《美国膨胀节制造商协会》公布了第10版标准正式版(EJMA 10th 2015),新版标准在上一版(EJMA 9th 2011)的基础上对波纹管的设计计算内容做了部分修订,其中关于疲劳寿命的计算发生了较大的变化。

本文通过对新版标准中疲劳寿命计算修订内容的介绍和分析，探讨新版修订对波纹管疲劳寿命设计的影响。

2 疲劳寿命公式修订内容介绍及分析

新版标准中关于疲劳寿命计算的修订内容包括无加强 U 形、加强 U 形及 Ω 形波纹管三种形式波纹管的疲劳寿命相关计算公式、疲劳曲线以及曲线的适用范围，其中主要变化体现在加强 U 形波纹管应力计算公式及其疲劳曲线的修订，三种形式波纹管疲劳寿命计算公式引入了修正系数，增加了 Incoloy 825 和 Inconel 625 等耐蚀或耐热合金材料的疲劳曲线，以及疲劳曲线的适用范围进行了修订这几个方面。下面分别对这几方面内容进行介绍和初步分析。

2.1 加强 U 形波纹管疲劳寿命计算的修订

新版标准关于加强 U 形波纹管疲劳寿命计算由于考虑了位移对波高的影响，同时也考虑将无加强 U 形、加强 U 形及 Ω 形波纹管三种形式波纹管的疲劳曲线合并，从而对标准中波高系数 C_r、子午向应力计算及总应力变化范围计算公式做了修改。具体修订内容见表 1。

表 1 加强 U 形波纹管疲劳寿命计算相关修订内容

修订内容	旧版 EJMA9th 2011	新版 EJMA10th 2015
波高系数 C_r 的修订	$C_r=0.3-\left(\frac{100}{1048P^{1.5}+320}\right)^2$ (P 单位 MPa)	$C_r=0.36\ln\left(\frac{w}{e}\right)$
压力在波纹管中引起的子午向薄膜应力 S_3 的修订	$S_3=\frac{0.85P(w-4C_r r_m)}{2nt_p}$	$S_3=\frac{0.76P(w-r_m)}{2nt_p}$
压力在波纹管中引起的子午向弯曲应力 S_4 的修订	$S_4=\frac{0.85P}{2n}\left(\frac{w-4C_r r_m}{t_p}\right)^2 C_p$	$S_4=\frac{0.76P}{2n}\left(\frac{w-r_m}{t_p}\right)^2 C_p$
位移在波纹管中引起的子午向薄膜应力 S_5 的修订	$S_5=\frac{E_b t_p{}^2 e}{2(w-4C_r r_m)^3 C_f}$	$S_5=\frac{E_b t_p{}^2 e}{2(w-r_m)^3 C_f}$
位移在波纹管中引起的子午向弯曲应力 S_6 的修订	$S_6=\frac{5E_b t_p e}{3(w-4C_r r_m)^2 C_d}$	$S_6=\frac{5E_b t_p e}{3(w-C_r r_m)^2 C_d}$
总应力变化范围 S_t 的修订	$S_t=0.7(S_3+S_4)+(S_5+S_6)$	$S_t=0.9[0.7(S_3+S_4)+(S_5+S_6)]$

EJMA 标准第 9 版中将加强环对波纹管应力的影响简化为波高降低对应力计算的影响，即引入了波高系数 C_r，压力和位移在波纹管中引起的子午向应力计算公式中用波高 w 减去波高的影响因素 $4C_r r_m$，C_r 的值与压力值 P 有关。2015 年新版标准考虑了位移产生的波纹变形对波高的影响，将波高系数 C_r 的计算公式做了修订，采用波高 w 与最大位移范围 e 的比值的函数来表达，相应的将压力在波纹管中引起的子午向应力 S_3、S_4，位移在波纹管中引起的子午向应力 S_5、S_6 计算公式中对波高的影响也做了修改。

第 9 版标准在 2011 年增补中已考虑到无加强 U 形和 Ω 形波纹管疲劳曲线非常贴近，将两者的曲线进行了合并，在 2015 年新版标准则进一步将加强 U 形波纹管疲劳曲线与无加强 U 形和 Ω 形波纹管疲劳曲线进行了统一，因而在上述子午向应力计算公式修订的基础上对总应力变化范围 S_t 也做了修改。

为进一步说明采用修订后的公式设计时位移量对于应力计算的影响，下文采用 DN500 波纹管在不同位移下的计算值进行比较（设计参数见表 2）。表 3 列出了不同位移时 C_r 的计算结果，以及采用第 9 版和第 10 版公式计算的 S_t 值，对应结果图表分别见图 1 和图 2。由图 1 曲线可见，公式修订后波高系数 C_r 计算值随着位移增大而呈下降趋势。图 2 中两条曲线分别表示位移对于第 9 版和第 10 版公式计算 S_t 值的影响，根据图形可见位移对于 S_t 计算结果影响的趋势几乎一致，但采用第 10 版公式计算的 S_t 值较第 9 版公式计算值减小了。

表 2 DN500 波纹管设计参数

设计条件		波纹管波形参数	
波纹管形式	加强 U 型	直边段内径 Di(mm)	508
公称尺寸(mm)	DN500	波高 w(mm)	45
波纹管材质	06Cr19Ni10	波距 q(mm)	36
设计温度(℃)	20	层数×单层壁厚 $n\times t$(mm)	2×0.8
设计压力(MPa)	1.0	波数 N	4

表 3 位移对应力计算结果的影响比较

序号	1	2	3	4	5	6	7
e	5%q	10%q	15%q	20%q	25%q	30%q	35%q
C_r(EJMA 10th 2015 计算结果)	1.159	0.909	0.763	0.660	0.579	0.514	0.458
S_t(EJMA 10th 2015 计算结果)	194.5	343.3	480.3	610.5	735.9	857.7	976.6
S_t(EJMA 9th 2011 计算结果)	414.0	632.6	851.1	1069.7	1288.2	1506.8	1725.3

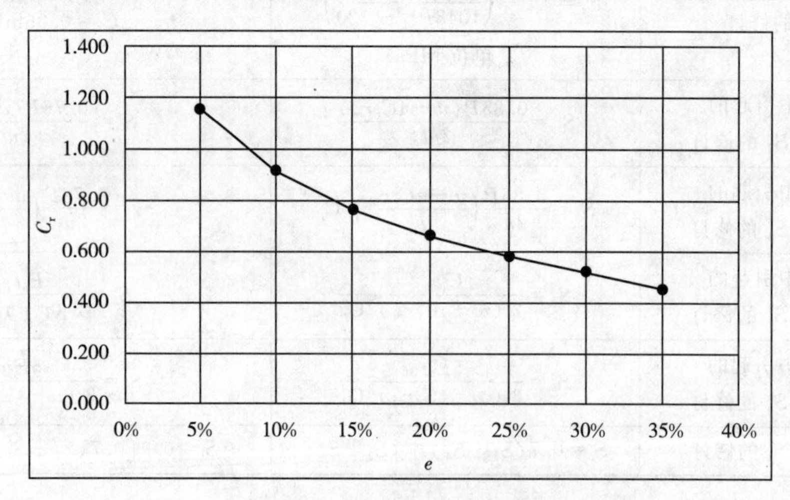

图 1 位移对 C_r 计算结果的影响

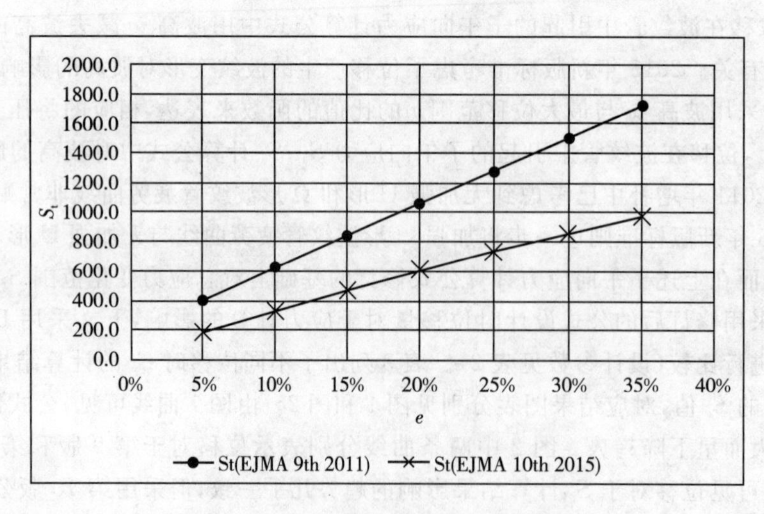

图 2 位移对新旧版公式 S_t 结果的影响

2.2 疲劳寿命 N_c 计算公式的修订

新版标准中将三种形式波纹管的疲劳曲线进行了统一，并在疲劳寿命 N_c 计算公式中增加了用于修正疲劳曲线下限的修正系数 f_c，疲劳寿命公式修订内容见表 4。为体现公式修订前后的变化，表 4 采用奥氏体不锈钢波纹管疲劳寿命计算公式进行对比，其他材料波纹管疲劳曲线将在下文中详述。

表 4　奥氏体不锈钢波纹管疲劳寿命公式的修订

修订内容	旧版 EJMA9th 2011	新版 EJMA10th 2015
无加强 U 形波纹管疲劳寿命 N_c 的修订	$N_c=\left(\frac{1.86\times10^6}{145S_t-54000}\right)^{3.4}$	$N_c=\left[\frac{1.86\times10^6}{\frac{145S_t}{f_c}-54000}\right]^{3.4}$
Ω 形波纹管疲劳寿命 N_c 的修订	$N_c=\left(\frac{1.86\times10^6}{145S_t-54000}\right)^{3.4}$	$N_c=\left[\frac{1.86\times10^6}{\frac{145S_t}{f_c}-54000}\right]^{3.4}$
加强 U 形波纹管疲劳寿命 N_c 的修订	$N_c=\left(\frac{5.18\times10^6}{145S_t-41800}\right)^{2.9}$	$N_c=\left[\frac{1.86\times10^6}{\frac{145S_t}{f_c}-54000}\right]^{3.4}$

注：式中 S_t 单位为 MPa

新版标准疲劳寿命计算公式是基于平均曲线并且考虑到包含用于修正曲线下限的因子 f_c，同时也允许增加安全系数以确保压力和流体控制应用如 ASME 和 PED 所需的最小疲劳寿命。标准中未给出修正系数 f_c 确定值，仅举例给出了取值的参考范围 $f_c=[0.5,1]$，其开放性使得公式应用的适应性更好，但设计时该如何合理取值，从而能够满足产品使用要求是一个值得探讨的问题。本文通过对疲劳试验数据与总应力范围 S_t 的关系分析探讨 f_c 取值的原则。为了更好的理解 f_c 与 S_t 的关系对疲劳寿命计算的影响，下文采用应力放大系数 K_s 代替公式中 $\frac{1}{f_c}$，即设计疲劳寿命 $N_c=\left(\frac{1.86\times10^6}{K_s\times S_t-54000}\right)^{3.4}$ $(1\leqslant K_s\leqslant2)$。

2.2.1 疲劳试验数据与合成应力的关系

ASME 2011 第Ⅲ卷第一册 NC 分卷 NC—3649.4 波纹管膨胀节的设计关于波纹管的设计要求(d)规定，波纹管由于内压和变形产生的子午向薄膜和弯曲应力的合成应力 S 与应力放大系数 K_s 的乘积应不超过下列公式确定的值：

$$K_s\times S=S_f$$

式中：

K_s——应力放大系数，$K_s=K_{sc}\times K_{ss}$ 且不小于 1.25；

K_{sc}——在设计疲劳曲线上温度高于 38℃(100 ℉)的偏差系数，$K_{sc}=2S_c/(S_c+S_h)$；

S_c——室温下材料许用应力，MPa；

S_h——正常使用温度下材料许用应力，MPa。

K_{ss}——试验结果的统计偏差系数，$K_{sc}=1.47-0.044\times$重复试验的次数；

S——由于内压和变形产生的子午向薄膜和弯曲应力的合成应力，MPa；

S_f——设计疲劳寿命(达到失效时的循环次数)下达到破坏的总合成应力，MPa。

总合成应力 S_f 的值通过由试验数据绘制的应力—循环次数图求得，该图是根据给定温度(通常是室温)下一系列波纹管试验数据，通过最佳拟合的连续曲线或曲线族估算绘制的。S_f 图线应平行于最佳拟合曲线，并处在数据点以下。

NC—3649.4 中对用于建立曲线的疲劳试验也做出了规定，要求采用不同直径、厚度和波形参数的波纹管至少进行 25 次疲劳试验，在确定 K_s 时每 5 次为一组的试验认为是一次重复试验。而且试样的循环次数应超过对应最大循环位移所规定的设计循环次数的 $K_s^{4.3}$ 倍。

2.2.2　修正系数 f_c 的取值原则

EJMA 标准中总应力变化范围 S_t 和疲劳寿命 N_c 曲线是依据一系列疲劳试验数据拟合处理得到的，修订后的公式中增加了应力放大系数 K_s，即总合成应力 $K_s \times S_t$ 应平行于试验数据最佳拟合曲线，并处在数据点以下。根据 EJMA 疲劳试验原始数据，无加强 U 形、加强 U 形和 Ω 形波纹管三种形式波纹管的试验次数分别为 50、36 和 16 组，依据上述 ASMENC—3649.4 的公式计算得到应力放大系数 K_s 的取值分别为：

无加强 U 形波纹管：$K_s = K_{sc} \times K_{ss} = 1.47 - 0.044 \times \frac{50}{5} = 1.03 < 1.25$，取 1.25；

加强 U 形波纹管：$K_s = K_{sc} \times K_{ss} = 1.47 - 0.044 \times \frac{36}{5} = 1.15 < 1.25$，取 1.25；

Ω 形波纹管：$K_s = K_{sc} \times K_{ss} = 1.47 - 0.044 \times \frac{16}{5} = 1.33$。

由 U 形和 Ω 形波纹管 K_s 的取值可得到，这些试验数据的循环次数 N_T 所对应最大循环位移所规定的设计循环次数 N_c 的比值应符合下列公式：

无加强 U 形波纹管：$\frac{N_T}{N_c} \geqslant K_s^{4.3} = 1.25^{4.3} = 2.61$；

加强 U 形波纹管：$\frac{N_T}{N_c} \geqslant K_s^{4.3} = 1.25^{4.3} = 2.61$；

Ω 形波纹管：$\frac{N_T}{N_c} \geqslant K_s^{4.3} = 1.33^{4.3} = 3.4$。

为了进一步说明在波纹管设计时如何选取应力放大系数 K_s，下文列举了一组 EJMA 技术委员会提供的 300 系列无加强 U 形波纹管的原始疲劳试验数据，将试验循环次数 N_T 与应力放大系数不同取值时的设计值 N_c 进行比较，试验数据分析比较见表 5。

表 5　无加强 U 形波纹管试验循环次 N_T 与其对应的设计循环次数 N_c 的比值关系

序号	1	2	3	4	5	6	7	8
合成应力 S_t，MPa	2353.3	2353.3	2353.3	1722.6	1302.2	1722.6	1722.6	1302.2
试验循环次数 N_T，次	2751	3123	3985	6343	7480	9894	10107	41188
取 $K_s=1$ $N_c=\left(\frac{1.86\times10^6}{1\times145S_t-54000}\right)^{3.4}$	573	573	573	2110	7503	2110	2110	7503
$K_s=1$ 时 $\frac{N_T}{N_c}$	4.80	5.45	6.95	3.01	1.00	4.69	4.79	5.49
当 $K_s=1$ 时，试验循环次数与设计计算值的比值 $\frac{N_T}{N_c}$ 在 1.0～6.95 范围内。								
$K_s=1.25$ $N_c=\left(\frac{1.86\times10^6}{1.25\times145\times S_t-54000}\right)^{3.4}$	237	237	237	823	2704	823	823	2704
$K_s=1.25$ 时 $\frac{N_T}{N_c}$	11.62	13.19	16.83	7.70	2.77	12.02	12.28	15.23
当 $K_s=1.25$ 时，试验循环次数与设计计算值的比值 $\frac{N_T}{N_c}$ 在 2.77～16.83 范围内。								

根据表 5 中试验数据与计算值的对比结果，当 K_s 取 1.25 时能够满足试验循环次数 N_T 超过其设计循环次数 N_c 2.61 倍的要求，总合成应力 $1.25S_t$ 在试验数据点以下，即基于这些疲劳试验的无加强 U 形波纹管的疲劳设计公式中修正系数的取值应满足 $\frac{1}{f_c}(=K_s)$ 不小于 1.25。

2.3 其他材料波纹管疲劳曲线的增加

原 EJMA 标准中疲劳曲线适用范围仅针对未经热处理、波纹管层数不多于 5 层的奥氏体不锈钢波纹管，新版标准中增加了 Incoloy 825 和 Inconel 625 等耐蚀或耐热合金材料波纹管的疲劳曲线，并细分为三个材料组别，且分别给出了疲劳曲线（见图 1），对应的公式和适用材料详见表 8。

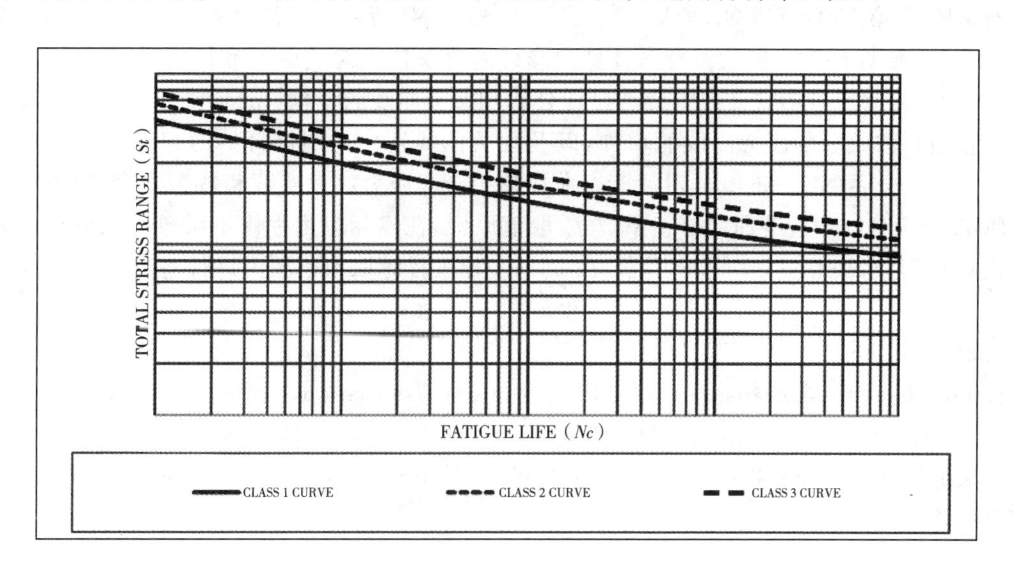

图 3　EJMA 10th 2015 疲劳曲线

表 8　波纹管疲劳寿命公式的修订

材料组别	对应公式	适用材料，UNS(EN)
1	$N_c=\left(\dfrac{1.86\times10^6}{\dfrac{145S_t}{f_c}-54000}\right)^{3.4}$	·奥氏体型不锈钢 — S3xxxx (1,43xx to 1,49xx) ·特殊镍一铬合金 — N08800 (1,4876) ·耐热耐蚀镍合金 — N08810 (1,4958), N06600 (2,4816), N04400 (2,4360), N08811 (1,4949)
2	$N_c=\left(\dfrac{2.33\times10^6}{\dfrac{145S_t}{f_c}-67500}\right)^{3.4}$	·耐蚀镍一钼一铬合金 — N06455 (2,4610), N10276 (2,4819), N08825 (2,4858)
3	$N_c=\left(\dfrac{2.70\times10^6}{\dfrac{145S_t}{f_c}-78300}\right)^{3.4}$	·高强度镍一铬合金 — N06625 (2,4856)

注：式中 S_t 单位 MPa

2.4 疲劳曲线适用范围的修订

除上述修订内容外，新版标准中关于疲劳曲线适用范围也做出了部分修改，内容见表 9。

表 9　疲劳曲线适用范围的修订内容

修订内容	旧版 EJMA9th 2011	新版 EJMA10th 2015
适用波纹管状态的修订	用于未经热处理的波纹管	适用于成型态和热处理态的波纹管
曲线有效范围的修订	有效循环次数从10^3 到10^5	有效循环次数从10^2 到10^6

3　总　结

本文对 EJMA 第 10 版标准(EJMA 10th 2015)中波纹管疲劳寿命设计相关修订内容进行了介绍和分析,主要介绍了加强 U 形波纹管疲劳寿命计算的修订内容及位移对其应力计算的影响,无加强 U 形、加强 U 形及 Ω 形波纹管三种形式波纹管疲劳设计公式和疲劳曲线的变化,Incoloy 825 和 Inconel 625 等耐蚀或耐热合金材料波纹管的疲劳曲线的增加,以及疲劳曲线适用范围修订的内容。本文参考了 ASME 第Ⅲ卷第一册 NC 分卷 NC—3649.4 对疲劳寿命设计中合成应力放大系数和疲劳寿命试验的相关规定,给出了 EJMA 新版公式中疲劳曲线修正系数 f_c 取值原则,在实际应用中修正系数的取值还应充分考虑国内制造设备、工艺水平等多方面影响因素,在 EJMA 标准推荐取值范围内进行适当的调整。

参考文献

[1] Standards of the Expansion Joint Manufacturers Association,Inc[S]. 9th 2011.

[2] Standards of the Expansion Joint Manufacturers Association,Inc[S]. 10th 2015.

[3] ASME Boiler and Pressure Vessel Code, Section Ⅲ Division 1—Subsection NC-Class 2 [S]. 2011

作者简介

王召娟,(1984—),女,工程师,从事波纹膨胀节及压力管道元件的设计开发工作。通讯地址:航天晨光股份有限公司,邮编:211100。

联系方式:电话:025－52825832,Email:cloris_won99@126.com

城市管廊自来水管道用补偿装置技术标准初探

宋红伟[1] 陈立苏[2] 胡向阳[1] 陈正标[2] 朱惠红[1]

(1. 石家庄巨力科技有限公司，石家庄 051530；2. 航天晨光股份有限公司，江苏南京 211100)

摘 要：作为工艺管道补偿装置的各种金属膨胀节、金属软管、套筒补偿器等的设计、制造、检验与验收均已形成了相应的标准和规范。但作为新兴的城市管廊自来水管道用补偿装置因其关系民生大计，迄今我国大陆还无明确标准和规范。本文依据日本及中国台湾相关标准予以初探，并进行相应分析。

关键词：城市管廊；自来水管道；补偿装置；技术标准

Initially Search Of Technical Standards for the Urban Water Supply Pipeline Compensating Device

Hong-wei Song[1] Li-su Chen[2] Xiang-yang hu[1] Zheng-biao Chen[2] Hui hong Zhu[1]

(1. Shijiazhuang Jully Science & Technology Co., Ltd, Shijiazhuang 051530

2. Aerosun Corporation, Nanjing, Jiangsu 211100)

Abstract: the design, fabrication, inspection and acceptance for all kinds of process piping compensation devices, like metal expansion joint, flexible metal hose, sleeve expansion joint, etc, have formed corresponding standards and specifications. However, the urban pipe gallery compensating device especially in water supply pipeline, which great affects people's livelihood, there has been no clear domestic standards and specifications. This article gives an initially search and corresponding analysis according to related standards of Japan and Taiwan.

Keywords: urban pipe gallery; water supply pipeline; compensating device; technical Standards

1 概 述

城市地下综合管廊是指在城市地下用于集中敷设电力、通信、广播电视、给水、排水、热力、燃气等市政管线的公共隧道，是城市基础设施的重要组成部分。2015 年国务院办公厅以国办发〔2015〕61 号下发了《关于推进城市地下综合管廊建设的指导意见》。其中在统筹规划中，明确要求要根据城市发展需要抓紧制定和完善地下综合管廊建设和抗震防灾等方面的国家标准。确保质量安全，推进地下综合管廊主体结构构件标准化。

金属膨胀节、金属软管及套筒补偿器等作为城市地下综合管廊用于给水、排水、热力、燃气等市政管线的补偿装置具有整体安全质量保障的第一要求，又有民生质量保障的首要条件。其中用于自来水管道的各种补偿装置更具有其特殊性。在这方面法国、英国、原西德等已有近百年的发展和运营历史。日本则在 1958 年开始兴建共同沟即城市地下管廊，并于 1963 年制定了《有关修建共同沟的特别措施法》用于指导城市地下管廊建设，并形成了相关标准和规范。中国台湾则在近 50 年参照日本标准和规范，先后制定了 CNS15604《自来水用不锈钢波状管》标准。用于指导规范城市地下管廊自来水管道及城市饮用水管道用补偿装置的设计、制造、检验和验收。中国大陆城市地下综合管廊建设工作早于 1958 年代初，规模极小，近 20 年开始规划，随着城市化进程的快速发展，城市地下管廊建设日益提到了迫不及待的日程。作为城市管廊自来水、饮用水管道的补偿装置至今仍无相关特定性标准和规范。

2　现　状

目前，用于给水、排水、热力、燃气等市政管线的补偿装置分地面、地下、空间敷设等形式。其用于补偿装置有金属膨胀节、套筒补偿器、旋转补偿器、金属软管、球形补偿器等。目前，这些补偿装置基本形成了相应的设计、制造、检验、验收标准和规范。自来水、饮用水管道因其具有安全、卫生、清洁等特定性的要求，现无标准和规范所依。用于自来水管道的补偿装置的水质溶出物其基本要求还限于国家有关《饮用净水水质标准》(CJ94—2005)。

3　特定性要求

城市地下综合管廊自来水、饮用水管道的补偿装置基本形式包括金属软管和金属膨胀节。其中尤以金属软管为重。日本《共同沟设计指针》和中国台湾《共同管道工程》提出了《自来水用不锈钢波状管》(CNS15604)标准，对金属软管的制造提出了规范性要求，情况如下：

3.1　金属软管结构型式(图 1)

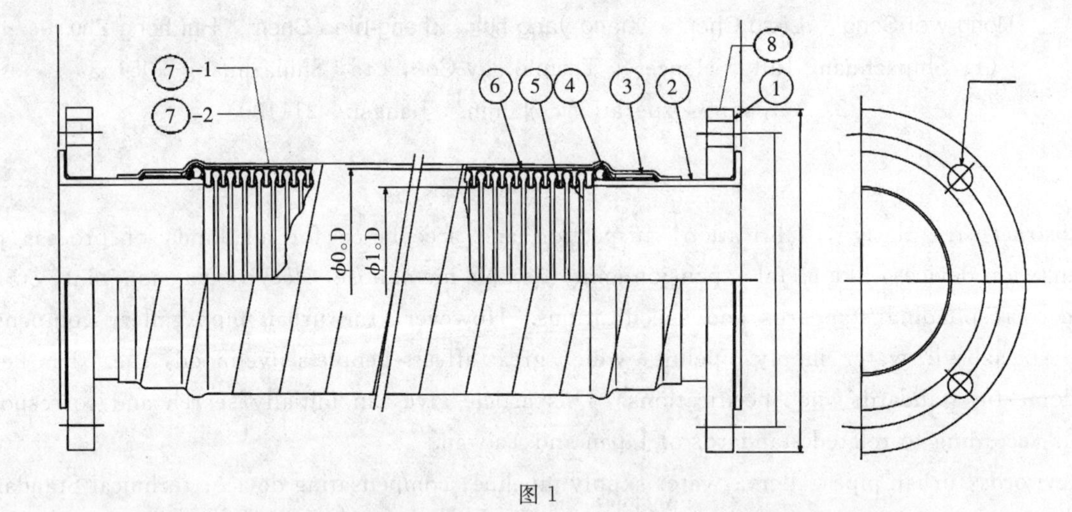

图 1

1—活套式法兰；2—搭接缝；3—外环；4—颈环；5—波状部(波状可采 U 型或 W 型等)；6—金属编织保护层(平织带网型 或编带丝索网)；7—1 防蚀保护层 7—2 防水保护层；8—法兰外缘(由一端法兰最外缘量至另一端法兰最外)

3.2　制造

3.2.1　材质(表 1)

表 1

部 位	项目	材质	适用规格
活套式法兰	①	F304	CNS 8702 压力容器用不锈钢锻件
搭接缝	②	304 TP	CNS 6331 配管用不锈钢管
外环	③	304	CNS 8497 热轧不锈钢板、钢片及钢带 或 CNS 8499 冷轧不锈钢板、钢片及钢带

（续表）

部 位	项目	材质	适用规格
颈环	④	304	CNS 8497 热轧不锈钢板、钢片及钢带 或 CNS 8499 冷轧不锈钢板、钢片及钢带
波状部	⑤	316L	CNS 8499 冷轧不锈钢板、钢片及钢带
金属编织保护层	⑥	304W	CNS 3476 不锈钢线

3.2.2 波纹管采用液压成型技术；

3.2.3 波纹管成型后，进行 1010℃～1150℃固溶处理。

3.2.4 编织网套采用平织带网或编带丝索网，如下图 2：

3.2.5 产品规格 DN13～50 为波状赤裸管，DN75～300 为金属软管。

3.2.6 防蚀保护层：波状部位金属编织保护层外部应作防蚀保护层，为不影响波状管之可挠性，应采用柔性且耐腐蚀合成纤维制之不织布浸制于石油脂（Petrolatum）、矽材及腐蚀抑制剂所组成混合物制成冷包型（cold applied）防蚀带，缠绕时每圈重叠部分至少 50%以上。

平织带网

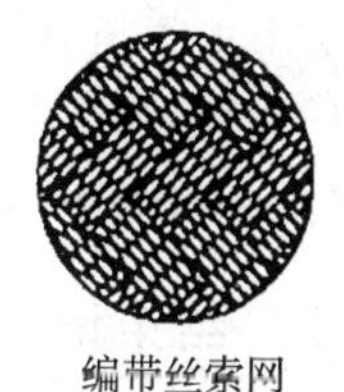
编带丝索网

图 2

3.2.7 防水保护层：防蚀保护层外部应作防水保护层，采用自融性（self fusion）黑色聚乙烯（PE）胶带包覆，其粘着层可融化为一体，防止砂土及水分侵入，缠绕时每圈重叠部分至少 50%以上。

3.2.8 螺栓及螺帽：使用不锈钢 304 制造，并施予蓝色铁氟龙涂膜（Teflon coating）处理，螺帽接触法兰部分加一片 304 不锈钢垫片。

3.3 性能要求

3.3.1 耐压试验：水压试验压力为设计压力的 1.5 倍，且持续 10 分钟。

3.3.2 溶出试验：试验结果符合表 2 规定。

表 2

项目	浊度	色度	臭气	味	六价铬	铁及其他化合物
规定	2 度以下	5 度以下	无异常	无异常	0.05mg/L 以下	0.3mg/L 以下

3.3.3 压扁试验：取波状部 1 处，放置于二平板间，徐徐压至波状部最大外径 2/3 高度处，不得有破裂、裂缝及伤痕等异常常发生。试验时，波状部之溶接线应与压缩方向垂直，如图 3 所示。

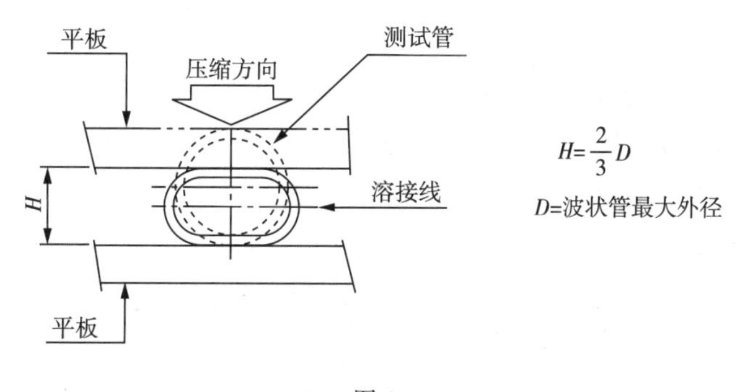

图 3

3.3.4 波状可挠部最小弯曲半径对比如表 3。

表 3

管口径(mm)	75	100	150	200	250	300
最小弯曲(台湾)半径 (mm)	310	400	560	750	880	1200
最小弯曲(大陆)半径 (mm)	390	600	900	1000	1250	1500

4 分 析

国内现有 GB/T14525—2010《波纹金属软管通用技术条件》,该标准对管道中安装的波纹金属软管的材料、制造、检验做出了基本的规定,但未考虑城市综合管廊直饮水管道清洁的专项要求。日本《共同沟设计指针》标准及中国台湾《共同管道工程》对自来水、饮用水管道用补偿装置与国内通常补偿装置具有波纹管成型工艺、固溶处理、管体溶出试验、压扁试验、软管体外进行防蚀层和防水层包覆等特定要求,弯曲性能试验较 GB/T14525《波纹金属软管通用技术条件》要求更趋严格。这些特定要求正是满足自来水、饮用水管道补偿装置的技术特征和要求。在我国现行补偿器、金属软管标准中,对这些特定要求均未有相关标准和规范,不惧于补偿装置标准中,不能规范指导设计和制造。因此,为推进我国大陆城市地下管廊自来水管道用补偿装置的标准化,应制定符合国情的相关标准。

5 结束语

现有日本《共同沟设计指针》标准,该标准对城市综合管廊(共同沟)用波纹金属软管的选用及应用、装有波纹金属软管的直饮水管道系统的安全建议、波纹金属软管的设计、质量保证和波纹管成型方法、检验和试验、运输和试验等做出规定;

台湾的《共同管道工程》标准规定了用于城市综合管廊(共同管道)管道用波纹金属软管式的设计、制造、安装要求和需考虑的事项材料选择、检验和试验做了原则性规定,规定了波纹金属软管的术语和定义。

从上面的分析,可以看到,日本和中国台湾,都有城市综合管廊直饮水用波纹金属软管标准,而中国大陆目前还没有相应的标准可依。2015 年国务院下发了《国务院办公厅关于推进城市地下综合管廊建设的指导意见》(国办发〔2015〕61 号)明确提出“坚持规划先行,明确质量标准,完善技术规范,满足基本公共服务功能”。

编制符合国情的城市地下管廊直饮水压力管道用补偿装置技术标准,将会对与中国大陆城市综合管廊直饮水压力管道及设备配套使用补偿装置的设计、制造、检验与试验、安装与运行等做出明确规定,特别是规定了城市综合管廊直饮水压力管道对波纹金属软管的专用要求,这对于确保直饮水管道的安全质量意义重大。

特别在城市化水平日益提高,空间资源日益紧缺的今天,大规模开发利用地下资源,实现地下综合管廊建设安全化、标准化、人文化是改善民生的战略举措。推进城市地下管廊自来水、饮用水管道用补偿装置标准制定和规范实施势在必行。

参考文献

[1] GB/T12777《金属波纹管膨胀节通用技术条件》

[2] GB/T14525《波纹金属软管通用技术条件》

[3]《城市综合管廊建设的可行性研究》于栋山、孙素霞

[4] 日本《共同沟设计指针》

[5] 台湾《共同管道工程》

[6] 台湾 CNS15604《自来水用不锈钢波状管》

作者简介

宋红伟,男,高级工程师,现任石家庄巨力科技有限公司总工程师,从事波纹管设计、制造和管理工作近 40 年。联系电话:0311—84757806 电子邮箱:jq445@126.com

金属波纹管膨胀节设计过程中易忽视的几个问题

姚　蓉
（南京晨光东螺波纹管有限公司，江苏南京　211153）

摘　要：本文介绍了金属波纹管膨胀节设计过程中易忽视的几个问题，包括压力试验工况及短期工况的波纹管强度校核、复式膨胀节未自身结构静载荷而产生的无约束的非周期性位移的考虑、波纹管柱失稳极限设计压力取值等问题，同时提出了解决问题的主要处理对策。

关键词：膨胀节；波纹管；压力试验；偶然荷载；柱稳定性校核；非周期性位移；均衡环

The neglected problems of designing for metal bellows expansion joint

Yao Rong
（Aerosun-Tola Expansion Joint Co. ，Ltd. ，jiangsu Nanjing　211153）

Abstract: This paper describes the neglected problems of bellows designing which contains the intensity examination on bellows of Pressure testing condition and accidental load condition、the consideration of the unrestrained non-cyclic movements of a universal expansion joint due to dead weight、values of limiting internal design pressure based on column instability of bellows. The preventive measure are put forward according to the different kinds of problems.

Keywords: Expansion Joints; Bellows; Pressure testing; accidental; Column stability; unrestrained non-cyclic movement; equalizing ring

1　前　言

金属波纹管膨胀节用以热补偿和增加管道柔性的，是利用薄壁波纹的柔性变形来吸收压力管道系统或设备中的热胀冷缩、系统振动等，同时可承受较高的压力，它是压力管道系统或设备中最常用的柔性关键元件，所以在金属波纹管膨胀节设计过程中应注意其独特之处。膨胀节在设计过程中，虽然设计人员以标准规范作为设计依据，但常常会忽视标准规范中的某些说明或对一些特殊工况、设计条件未加以注意，这些疏忽之处则可能降低膨胀节承压能力并影响疲劳寿命，使波纹管过早发生破坏并由此损坏压力管道系统或设备，影响到压力管道系统或设备的安全生产运行，给用户带来不必要的损失。本文介绍几种膨胀节设计中常被忽视的问题，提醒设计人员在膨胀节设计过程中引起重视，提高膨胀节设计的安全可靠性。

2 波纹管设计时未考虑压力试验工况

波纹管设计计算时,设计人员通常只考虑设计工况下的应力计算,很少考虑试验压力的应力计算。在一般情况下,试验压力不超过设计标准的规定,选用的波纹管参数都能满足设计条件的要求。但当膨胀节的设计温度高于试验温度时,试验压力应按波纹管材料进行温度修正。因为温度修正系数的存在,在高温工况下工作的膨胀节的试验压力有可能远远高于设计压力,甚至是设计压力的倍数。按照设计规范的要求,设计院(用户)对带膨胀节的压力管道系统或设备的试验压力的温度修正系数按压力管道系统或设备材料的温度修正系数计算,当波纹管材料与压力管道系统或设备材料不一致时,通常波纹管材料高于压力管道系统或设备材料,如波纹管材料为不锈钢,压力管道系统或设备材料为碳钢时,会出现带膨胀节的压力管道系统或设备的试验压力远高于膨胀节设计压力的试验压力的情况。为避免膨胀节在与系统整体试压时出现强度或稳定性问题,膨胀节设计者此时应校核波纹管在压力管道系统或设备的试验压力条件下的应力。当试验压力在试验温度下产生超过屈服强度的应力时,应调整波纹管参数,使波纹管在设计工况下能满足性能要求,又可以保证压力管道系统或设备试验压力条件的应力不超过屈服强度时的最大应力。

比如我公司为某石化公司设计制造的用于某压力管道系统的膨胀节的设计条件如下:

膨胀节设计标准:GB/T12777－2008

膨胀节公称直径:DN800

膨胀节设计压力:2.5MPa　设计温度:425℃

波纹管材质:316L;管道材质:Q245R

表 1　GB/T12777—2008 与 GB50235—2010 试验压力计算公式对比

按 GB/T12777—2008 确定膨胀节出厂试验压力的计算公式	按 GB50235—2010 确定带膨胀节的压力管道系统或设备试验压力的计算公式
取其中较小值: $p_t=1.5p_d\dfrac{[\sigma]_b}{[\sigma]_b^t}$ $p_t=1.5p_{sc}\dfrac{E_b}{E_b^t}$	$p_t=1.5p_d\dfrac{[\sigma]_p}{[\sigma]_p^t}$

表 2　按 GB/T12777—2008 与 GB50235—2010 试验压力计算公式的计算结果对比

按 GB/T12777—2008 确定膨胀节出厂试验压力的计算公式	按 GB50235—2010 确定带膨胀节的压力管道系统或设备试验压力的计算公式
4.84MPa	6.61MPa

从表 2 可以看出,按 GB50235—2010 确定带膨胀节的压力管道系统或设备试验压力要比按 GB/T12777—2008 确定膨胀节出厂试验压力高 1.37 倍,按 GB/T12777—2008 规定出厂的膨胀节在压力管道系统或设备试验压力下已超过膨胀节的屈服强度,膨胀节在试验压力下极有可能发生失稳。在其他的极限工况(当温度修正系数差异超过 2 倍时),膨胀节在压力管道系统或设备试验压力下甚至有可能发生爆破。

通过以上计算对比可以看出,如果设计时未校核用户提出的水压试验压力条件下波纹管的应力,还是按 GB/T12777—2008 确定膨胀节出厂试验压力试验出厂,那么在压力管道系统或设备试验压力下波纹管 有可能由于应力过大导致出现永久变形或使波纹管丧失稳定性。

因此膨胀节设计人员在开始膨胀节设计之前,应关注设计院(用户)在设计条件中是否已经提供了压力管道系统或设备的试验压力值，如果已经提供，膨胀节设计时应进行膨胀节在系统试压时的强度校核；如果设计院（用户）在设计条件中未提供压力管道系统或设备的试验压力值，膨胀节设计人员应和设计院（用户）联系，获取相关数据后进行强度校核。如果已出厂的膨胀节在设计时未考虑到压力管道系统或设备试验压力的差异，必要时膨胀节设计人员需与设计院或用户协商将试验压力降至不致造成屈服或丧失稳定性的最大压力。

3　波纹管设计时未考短期高温工况

石化行业某些装置的典型高温管道用膨胀节在运行过程中会有窜温现象，导致有短时高温工况。设计院会在膨胀节规格书中备注短期工况的设计条件，但一般设计者有可能不会去校核此工况下的波纹管强度，仅做长期工况下的波纹管应力计算，这是错误的设计。在进行膨胀节设计时应尽量考虑到所有的工况，包括短期工况，确保膨胀节的安全应用。

膨胀节设计人员在设计有可能在运行过程中会有窜温等短期高温工况的波纹管时，应按标准规定对短期高温工况下的波纹管进行强度和疲劳寿命校核，同时还要考虑到短时高温工况对外部承力结构件强度的影响，确保外部承力结构件在短时高温工况不发生失效，避免给压力管道系统运行带来安全隐患。

4　波纹管柱失稳的极限设计压力取值问题

膨胀节承受内压过大会使波纹管丧失稳定性，即出现屈曲。屈曲对波纹管的危害在于它会大降低波纹管疲劳寿命和承受内压的能力。所以在波纹管应力计算时一定要对波纹管柱失稳及平面失稳进行校核。设计者通过波纹管计算程序得出 P_{sc} 后，直接与设计压力对比，认为只要大于设计压力就满足要求了，这是不对的。因为标准中给出的柱失稳校核公式是建立在膨胀节两端均为刚性支承（固定端），但实际上膨胀节在压力管道系统中的设置往往不是两端都是固定支架，而是有各种形式的支承体系。所以在膨胀节的波纹管设计时一定要考虑膨胀节在压力管道系统中的支承条件，从而进一步按以下方法对膨胀节进行柱失稳的校核：

固定/铰支：$0.5P_{sc}$

铰支/铰支：$0.25P_{sc}$

固定/横向导向：$0.25P_{sc}$

固定/自由：$0.06P_{sc}$

P_{sc}＝波纹管两端固支时柱失稳的极限设计压力

GB/T12777—2008 标准已考虑到此问题，对弯管压力平衡型膨胀节平衡波纹管柱失稳极限设计压力的取值专门作了明确规定。弯管压力平衡型膨胀节由于结构设计及压力管道系统中的支吊架设置情况，其平衡波纹管的支承条件是一端固定一端横向导向，所以设计工况下平衡波的柱失稳极限设计压力是按 $0.25P_{sc}$ 来取值。

对于铰链型膨胀节在压力管道系统中设置时也存在类似问题，通常情况下铰链型膨胀节的支承条件可以看成：其中两件膨胀节一端固定一端铰支，另一件膨胀节是两端都是铰支，所以笔者建议设计工况下铰链型膨胀节波纹管的柱失稳极限设计压力按 $0.25P_{sc}$ 来取值。

5　复式膨胀节未考虑自身结构静载荷而产生的无约束的非周期性位移

在一般的复式膨胀节设计过程中，设计人员只考虑设计院提供的横向位移来对波纹管进行应力计算，这对计算结果没有什么影响，但当复式膨胀节需吸收较大横向位移而设计较长的中间接管、或设置在冷壁管线中需对膨胀节的中间接管做隔热耐磨处理的场合，波纹管设计时只考虑设计院提供的横向位移的话，是不正确的。因为膨胀节中间接管上过大的结构静载荷而产生的无约束非周期性位移，会作用到单个波纹管上，波纹管吸收的位移超过其设计额定位移而导致波纹管疲劳寿命大为减小甚至过早失效。

EJMA 标准专门在 4.4 章节对此进行了阐述：对于大口径或中间接管重量较重的复式膨胀节，当中间接管无约束时应按下述公式1、2计算作用到单个波纹管上的位移，然后与设计院提供的位移进行合成后再对波纹管进行应力计算。如此设计出的波纹管参数才是正确的，能够保证管道系统的安全可靠性。

公式1：$x=\frac{W_{cs}\mathrm{Sin}\theta_u N}{2fi}$　（适用轴向位移）

公式2：$y=\frac{W_{cs}\mathrm{Cos}\theta_u N\ (L_b \pm x)^2}{3fi\,D_m{}^2}$　（适用横向位移）

对于大口径或中间接管重量较重的复式膨胀节，为避免中间接管上过大的结构静载荷而产生的无约束非周期性位移，导致波纹管应力水平提高，降低波纹管的疲劳寿命，可以在复式膨胀节的中间接管上增加比例连杆等约束构件。

6　带均衡环的膨胀节未考虑两相邻均衡环间的距离

在设计承受高压工况的U形波纹管膨胀节时，需在波纹管根部波谷设置增强部件用以加强波纹管抵抗内压的能力。当设计的增强部件为“T”型均衡环时，部分设计人员有可能只考虑均衡环自身的强度而忽视两均衡环间的间距，使膨胀节在系统运行过程中不能吸收预期的位移，从而导致系统出现故障。所以，设计人员一定要核算两均衡环间的间距Δ，使其应大于波纹管设计计算出的单波当量轴向位移，如图1所示，确保在波纹管处于变形位置上，两个相邻的均衡环之间不会互相干涉。

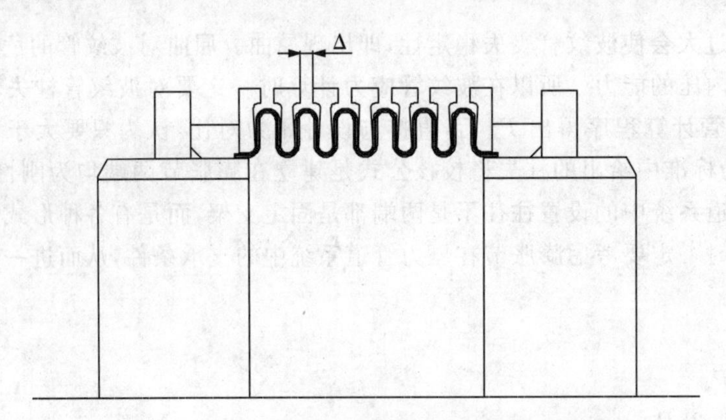

图1　带“T”型均衡环的膨胀节

EJMA标准和GB/T12777—2008标准均对此作了规定，具体内容见表3，膨胀节设计人员在设计中使用带“T”型均衡环时应按表3进行校核间隙，对于由几何形状决定的单波最大允许压缩位移和拉伸位移按表3计算，对于带“T”型均衡环的膨胀节，Δ间隙应大于$e_{\max}$。

表3　GB/T12777—2008和EJMA标准中提供的公式

GB/T12777—2008中提供的校核公式	EJMA标准中提供的校核公式
$e_{\max}=0.5q-n\delta$　波纹管轴向压缩时 $e_{\max}=0.5q$　波纹管轴向拉伸时	$e_{\max}=q-2r_m-nt$　波纹管轴向压缩时 $e_{\max}=6r_m-q$　波纹管轴向拉伸时

7　结　论

本文通过对以上设计中容易忽视的5个问题进行讨论分析后，可以得出以下结论：

7.1　设计人员在设计工作中应充分考虑金属波纹管膨胀节的设计条件、标准要求、标准中的相关说明以及膨胀节在压力管道系统中的应用情况；

7.2　膨胀节的应用不是独立的，与压力管道系统的支撑体系密切相关，膨胀节设计者在设计实践过程中对膨胀节及压力管道设计的标准规范应有更充分的理解，使膨胀节的设计结果符合相关的标准规范及设计工况要求，从而提高设计结果的安全性和可靠性，保证压力管道系统的长周期安全平稳的运行。

参考文献

[1] EJMA－9th　美国膨胀节制造商协会标准，2003.
[2] 牛玉华　内压膨胀节压力试验值确定方法的探讨．压力容器 增刊，2004

作者简介

姚蓉，(1971—)，女，高级工程师，主要从事波纹管膨胀节、压力管道及压力管道应力分析设计工作。
通信地址：南京晨光东螺波纹管有限公司，邮编：211153。联系方式：电话：025－52826521　Email：yrwendy@sina.com

供热管网膨胀节设计安全问题探讨

张爱琴

（洛阳双瑞特种装备有限公司，河南洛阳　471000）

摘　要：本文对供热管网膨胀节产品的需求与质量现状进行了阐述，针对热网膨胀节产品存在的问题并进行了原因分析，提出了保证热网膨胀节设计安全的理念与思路。

关键词：热网膨胀节；问题分析；设计安全

The Discussion of Design Safety for Expansion Joints of Heating Network

Zhang ai qin

(Luoyang Sunrui Special Equipment co. ,LTD, Luoyang　471000, China)

Abstract: This paper of the heating pipe network expansion of demand and quality status of has carried on the elaboration, heat expansion joints and the analysis of the reasons for proposed guarantee heat expansion section design safety concepts and ideas.

Keywords: heating network expansion joints; question analysis; design safety

1　引　言

随着新型城镇化建设的不断推进，大中城市每年都将新增大量供热管网，同时为了改善大中城市的空气质量，与城市配套的集中供热热源也纷纷迁往周边郊区和县镇，长距离热力输送管道的建设将大幅增加，供热管网的直径越来越大、压力越来越高，管网安全可靠运行的要求越来越高；近期国家又提出了建设城市地下综合管廊的规划要求，因此，未来数年，集中供热膨胀节产业在迎来良好的发展机遇的同时对补偿管道热位移的膨胀节的安全可靠性要求也会越来越高。

目前供热领域大量应用的膨胀节种类有金属波纹管膨胀节、套筒膨胀节和旋转膨胀节等，其中应用于供热主干管网的金属波纹管膨胀节产品有着补偿方式灵活多样、便于管道布置、运行过程中不需要维护等优点，从 20 世纪 80 年代开始，在北京、天津、太原、郑州等大中城市的供热管网中得到大量应用。但是由于行业中存在设计、制造的不规范和低价恶意竞争等问题，波纹管膨胀节先后在哈尔滨、大同等地发生泄漏事故，在社会上造成了不良的影响，甚至引起了用户和设计院对金属波纹管膨胀节产品安全可靠性的怀疑，影响到整个供热行业金属波纹管膨胀节的发展。

本文通过对供热管网（以下简称热网）金属波纹管膨胀节产品的应用现状分析，提出了热网膨胀节产品设计安全的几点看法。

2 热网膨胀节产品问题与原因分析

2.1 热网膨胀节失效阶段与失效类型

热网膨胀节产品相对于石油化工领域的膨胀节，工作介质只有热水和蒸汽两种，介质条件相对化工行业苛刻性低，波纹管膨胀节结构形式基本稳定，分为外压轴向型、复式拉杆型、铰链型和压力平衡型等，产品制造难度相对较低，因此膨胀节产品的技术门槛相对较低，制造厂家众多，出现过不同的安全问题。膨胀节失效发生在不同的使用阶段具体见表1，即使试压阶段和使用初期没有问题，其安全性的差别也体现在后期的耐用性方面。

表1 热网波纹管膨胀节失效阶段与失效类型

失效阶段	失效类型	主要原因
试压阶段	波纹管失稳、爆裂	波纹管强度安全裕度不足
	波纹管过量变形	因管线支撑不当或支架设置不合理导致
	受力结构件断裂、焊缝开裂	结构件强度不足
运行阶段	波纹管失稳	波纹管强度安全裕度不足
	疲劳破坏	波纹管设计疲劳寿命太低
	腐蚀破坏	腐蚀环境下波纹管选材不当，工作应力太高
	受力结构件断裂、焊缝开裂	结构件强度不足

2.2 热网膨胀节安全问题分析

表1中列出热网膨胀节表现出的失效形式，笔者认为引起这些失效的主要原因一是膨胀节的设计条件与其实际工作条件存在脱节现象，设计标准规范不够完善；二是膨胀节选用单位和制造单位的设计人员对膨胀节的安全设计技术认识、识别不够；现分析如下：

2.2.1 对影响波纹管工作可靠性的因素认识不足

(1)波纹管设计参数的准确性

膨胀节的设计条件(温度、压力、补偿量)都是在操作条件的基础上，增加一定的安全裕度提出的：压力安全裕度过大，会造成波纹管的层数增多、壁厚增加，膨胀节的刚度增大，不仅使管道应力增加、管架荷载增大；要求的补偿量过大，设计波数过多，工作过程中膨胀节发生失稳的可能性增加，同样波纹管膨胀节的制造成本、投资费用增加。反之，如果安全裕度考虑得过小，因为波纹管为薄壁结构，会影响管道系统的安全。

(2)波纹管的强度、疲劳寿命和补偿位移之间的相互关系

经过我们多年的现场跟踪和试验，发现热网膨胀节的正常工作介质对波纹管的耐腐蚀性影响很小，导致热网膨胀节波纹管失效的因素可以归结为两方面：强度因素和位移/疲劳因素。波纹管膨胀节的耐压强度、设计疲劳寿命与稳定性及应力腐蚀的关系非常密切。

波纹管的强度安全是第一位的，一旦发生强度破坏，将会产生严重后果。波纹管强度主要取决于层数、壁厚、波高、波距等波纹管几何参数，同时还与其位移性质、位移量有关。拉伸位移使波纹管易于产生外压周向失稳，压缩位移则易于产生平面失稳。因此，为了确保波纹管强度，不但要合理选择波形参数和设计强度裕量，还应严格控制波纹管的实际位移量。

位移因素在表现形式上即是疲劳寿命。波纹管在应用中即使不以疲劳破坏为主要失效形式，但过低的疲劳寿命却容易诱发波纹管应力腐蚀和失稳。过低的疲劳寿命意味着过高的工作应力，容易诱发波纹管应力腐蚀开裂。控制疲劳寿命的核心是保证每个波纹补偿位移的均匀性。提高波纹管单层壁厚有利

于提高波纹位移的均匀性，波纹管的单层厚度不宜过小。

2.2.2 热网膨胀节设计压力与法兰压力等级概念混淆

目前在城市供热领域，虽然有 CJ/T 402—2012《城市供热管道用波纹管膨胀节》标准，但是这个标准只是规定了膨胀节的制造、验收、安装，在实际应用上，这个膨胀节的标准对制造厂家的膨胀节设计、制造的指导、约束作用有限，但是该标准对膨胀节的压力等级系列进行了规定，影响着市政、建筑设计耽误对膨胀节的选用，没有明确管道工作条件与膨胀节设计条件之间的关系，造成膨胀节系列选型与管道的实际工作条件存在脱节现象，设计压力与法兰标准等同化，规定波纹管膨胀节的公称压力分级为 0.6MPa、1.0MPa、1.6MPa、2.5MPa，设计院选用时一般与选用法兰一样，根据管道工作压力和温度修正上靠 1～2 个压力等级选用。设计院的技术人员对波纹管膨胀节认识形成误区，认为波纹管是薄弱元件，膨胀节同法兰一样也有温度应力效应，认为设计压力提得越高越安全；

波纹管膨胀节的设计时其许用应力已经考虑了温度的影响，如此造成膨胀节的设计压力与实际的压力脱节，比如某蒸汽管线的设计压力为 1.7MPa，按照 CJ/T 402—2012《城市供热管道用波纹管膨胀节》标准规定，即使选用 2.5MPa 的设计压力，也有 0.8MPa 的富余量，膨胀节设计压力过于保守。

2.2.3 对蒸汽、热水介质特性的认识不足

城市集中供热管网按介质分为热水和蒸汽，热水管网是介质常年充满管道，供热期间管道升温升压缓慢，运行阶段压力温度变化幅度小，膨胀节承压、位移作用平稳和缓；而蒸汽管网的特点是气体流速高，升温快，遇冷温降形成的积液和阀门的开闭会对膨胀节产生较大的冲击，尤其是波纹管单层壁厚较薄的外压膨胀节容易受到残存液体升温蒸发的压力变动冲击引起失效，同时蒸汽管网运行期间温度波动频率和范围高于热水管道。因此，基于热水和蒸汽管网介质工作特性的不同，为了提高热网膨胀节产品的安全性，热水和蒸汽管道的膨胀节设计疲劳寿命应区别对待。

2.2.4 对热网膨胀节波纹管固溶处理的影响认识不足

目前仍有部分膨胀节制造厂商在给设计院的设计人员灌输热网膨胀节波纹管应该在成型之后进行固溶处理，以提高其耐蚀性和疲劳寿命的理念，其原因还是对不锈钢材料固溶处理的特性、热网膨胀节的介质特点和热网膨胀节波纹管的工作特性认识不足，现分析如下：

(1) 奥氏体不锈钢固溶处理的目的是将奥氏体不锈钢加热至 1100℃左右的高温并保温，将所有碳化物充分溶入奥氏体然后以较快的速度冷却(一般采用水冷或风冷)，以获得碳化物完全溶于奥氏体基体均匀的单相组织，从而提高耐腐蚀性能和延展性，充分地消除应力和冷作硬化现象，奥氏体不锈钢固溶处理后晶粒变大，得到提高的是其在高温蠕变范围内的强度和耐蚀性能。对于应用于蠕变温度以下的热网环境，如果对奥氏体不锈钢进行固溶处理，反而会引起如下不良后果：

a)晶间腐蚀敏感性增强

奥氏体不锈钢晶粒粗化，同时固溶处理加热温度过高有可能会引起 δ 铁素体含量增加，会引起组织中铬分布的不平衡，甚至局部区域贫铬，使不锈钢的晶间腐蚀敏感性增强。

b)引起强度下降

奥氏体不锈钢因固溶温度超高，引起晶粒粗大后，使其机械性能有下降趋势。同时固溶处理也会引起表面氧化，板厚减薄，特别是多层薄壁的波纹管如果固溶处理前，波纹管层间抽真空不彻底，固溶处理时层间存留的氧化皮，也会对波纹管造成不利影响。

c)表面质量变坏

奥氏体不锈钢在常温条件下受力变形时，由于晶界与晶粒位向不同，各个晶粒之间，一个晶粒的心部与晶界处之间，变形量是不同的，晶粒越粗，则这种变形量的不均性越强，结果使奥氏体不锈钢冷加工表面质量变坏，特别是对奥氏体不锈钢薄板冷作成型会有更大的影响。

(2)热网膨胀节的工作压力均高于石化领域膨胀节，波纹管本身处于高应力状态工作，为了获得较大的补偿量，热网波纹管多为薄壁多层波纹管，如果进行固溶处理等于消除了波纹管成型强化的有利因素，因此对波纹管受力来说是不利的。

(3)应用案例证明

多次模拟供热介质条件腐蚀循环试验结果表明热网正常的工作介质对膨胀节波纹管的耐腐蚀性影响很小。下面介绍东北某集中供热管网膨胀节是否固溶两种膨胀节使用寿命对比的一个案例，据客户反映，东北某城市一次网 DN600 供热管线的膨胀节，其波纹管材料为 316L，按照 GB/T12777 正常设计，波纹管成型后不进行固溶处理，从 1996 年至今 20 年了仍在安全运行；而同期采购的另外一厂家制造的膨胀节，波纹管成型后进行了固溶处理，在使用 6 年左右，发生批次性失效；同时在天津、北京 30 多年膨胀节的可靠应用也证明了热网膨胀节波纹管不需要进行热处理，完全能够满足热网长周期工作的要求。

因此，对于工作温度低于其蠕变温度的热网膨胀节其波纹管不需要进行固溶处理，反而是安全的。

2.2.5　对结构件设计安全性重视不够

在河南平顶山、三门峡等地多次发生了个别厂商制造的膨胀节因结构件强度不足，在管道试压阶段就发生失效，向我单位求助的情况。因此作为膨胀节设计制造单位，在膨胀节设计过程中不仅要保证波纹管的设计可靠，同时应重视膨胀节受力结构件的设计安全可靠，以保证整个膨胀节的安全。

3　热网膨胀节设计安全的几点想法

3.1　建立正确的产品安全设计理念

设计院的设计人员和用户大多认为膨胀节波纹管是管道中的薄弱环节，要么不用，要么盲目提高安全裕度。作为膨胀节制造厂家，有义务协助设计院的设计人员建立对膨胀节设计安全的正确认识，加深对膨胀节的理解：

(1)膨胀节的设计条件应与管道设计条件一致，不需要盲目提高。

(2)波纹管膨胀节属于典型的非标定制产品，每一套产品都需要根据其特定的应用行业、运行工况和技术参数，制定相应的技术条件，以保证产品安全。

(3)北京、天津 30 多年的应用实践证明，膨胀节只要设计合理、制造保证质量，完全可以与管道同寿命。

3.2　建立统一的热网膨胀节设计原则

建立膨胀节的设计条件与管道实际工作条件之间的关系，尤其是将膨胀节设计压力的确定原则与法兰标准的选用原则区分开。建议如下：

1)设计压力

设计压力应不低于最高工作压力时，由压力与温度构成的最苛刻条件下的压力。考虑介质的静液柱压力等因素的影响，设计压力一般应略高于由压力、温度构成的最苛刻条件下的最高工作压力。借鉴 ASMEB 31.3 的相关规定和石化设计院的经验，见表 2。

表 2　设计压力参考表

管道工作压力 P_W(MPa)	膨胀节设计压力 P(MPa)
$P_W \leqslant 1.3$	$P = P_W + 0.18$
$1.3 < P_W \leqslant 4.0$	$P = 1.1 P_W$

2)设计温度

ASMEB 31.3 规定，管道的设计温度应不低于正常操作时，由压力和温度构成的最苛刻条件下的温度，一般情况下管道元件(包含膨胀节)的设计温度的确定，应是在相应工作温度的基础上，增加一定的安全裕度。借鉴石化设计院的经验，原则见表 3。

表 3　设计温度参考表

管道工作温度 T_W(℃)	膨胀节设计温度 T(℃)
$T_W \leqslant 350$	$T = T_W + 20$

4)设计疲劳寿命

基于热水和蒸汽管网介质工作特性的不同,为了提高热网膨胀节产品的安全性,热水和蒸汽管道的膨胀节设计疲劳寿命应区别对待。对于"薄壁多层"波纹管,为保证产品安全,建议波纹管疲劳寿命执行统一规定:热水 500 次;蒸汽 1000 次。

5)补偿量

设计补偿量统一规定为实际补偿量的 1.2 倍。

3.3　不断延伸拓展热网膨胀节安全设计技术

随着国家环境改善、建设综合地下管廊和建设智慧城市等规划的提出和实施,对供热管网的安全可靠性即对热网膨胀节的安全可靠性提出了更高的要求,作为膨胀节制造商,我们应该与时俱进,深入了解了供热管网的敷设、运行等新要求,延伸、拓展膨胀节设计技术,促进行业进步,开展如下技术研究:

1)不同位移、不同承压条件下的波纹管安全设计技术;

2)膨胀节传热分析、保温设计技术;

3)膨胀节智能报警技术;

4)不同类型膨胀节结构件可靠设计技术;

5)不同管段柔性补偿技术等。

结　语

本文通过对热网膨胀节产品存在的问题分析,提出了提升产品设计安全的措施,作为膨胀节制造商,应该联合起来,共同提升技术进步,保证热网膨胀节的安全可靠,促进行业发展。

参考文献

[1] CJ/T 402—2012《城市供热管道用波纹管膨胀节》

[2] 唐永进. 压力管道应力分析[M]. 北京:中国石化出版社,2010.

[3] 张文华. 不锈钢及其热处理. 沈阳:辽宁科学技术出版社,2010.

作者简介

张爱琴,女,研究员,研究方向为膨胀节设计研发。联系方式:河南省洛阳市高新开发区滨河北路 88 号,邮编 471003,tel:13949263185、e-mail:13949263185@163.com

矩形截面复式铰链型膨胀节中间接管的设计

孟丽萍　张振花　陈江春　陈四平
（秦皇岛市泰德管业科技有限公司　河北秦皇岛　066004）

摘　要：本文介绍了在压力较高下的矩形复式铰链型膨胀节的中间接管利用 GB150.3 中 A5.1 和 A5.2 的相关公式进行计算，然而计算结果相差很大的情况。考虑到焊接工艺和中间接管的重量，利用 ANSYS 对设计结构进行校核而完成矩形复式铰链型膨胀节的中间接管设计。在没有可依据的相关计算标准或常规力学公式难以精准计算的情况下，可以依据 ANSYS 等有限元分析的方法进行分析计算，更能有效得提高设计的精准程度和更好的降低产品的设计成本。

关键词：矩形复式铰链型膨胀节；矩形中间接管；ANSYS。

Design of the intermediate nozzle of the double hinged expansion joint of the rectangular section

Meng liping Zhang zhenhua Chen jiangchun Chen siping
（QINHUANGDAO TAIDY FLEX-TECH CO. ,LTD. , Hebei　066004）

Abstract: This article introduces the calculation of the intermediate pipe which suffered the high-pressure in the rectangular double hinged expansion joint by using A5.1 in GB150.3 and A5.2 related formulas, but the results vary widely. Considering the welding process and the weight of the intermediate pipe, we check and complete the design structure by using ANSYS rectangular double hinged expansion joint in the middle of the nozzle design. Without compute standards or can not be precise calculated according to formula based on the conventional mechanics, we adopt the analysis of ANSYS finite element analysis methods to performance compute which greatly improve the design precision and better reduce the design cost of the products.

Keywords: Rectangular of the double hinged expansion joint; Rectangular intermediate pipe; ANSYS

1 前　言

随着膨胀节应用领域的不断扩大，膨胀节的使用工况和截面形状也逐渐多样化。在大多数情况下为圆形截面膨胀节并承受管道的正压力，同时也有矩形截面膨胀节承受管道的微正压或微负压的工况。矩形截面膨胀节也越来越多，同时据型膨胀节的承压能力也越来越大，但是对于矩形截面的膨胀节的结构件和波纹管的相关设计的标准和设计规范相对较少。对于矩形截面膨胀节的管道的承压计算目前只有GB150.3—2010有相关的计算。

2　设计条件

某钢厂安装在重力除尘器和旋风除尘器之间的连接管，水平安装的矩形复式铰链膨胀节设计参数如下：

(1)矩形管道内壁尺寸：3300×1500mm；R(内径)＝250mm；

(2)介质：含尘荒煤气，含尘量＞6g/Nm^3

(3)型式：矩形复式铰链

(4)工作温度：350℃(最高500℃，持续30min)

(5)工作压力：0.31MPa

(6)补偿量：轴向70 mm，横向30 mm

(7)使用年限：≥15年

(8)波纹元件材料：316L

(9)产品总长：制造长度5000mm，

(10)连接形式：一端与接管对焊联接，另一端通过包带与接管(厚度20mm)联接(带连接包带，包带宽400mm，厚22mm)。接管材质Q345－B。

(12)介质流向：单向

(13)内衬：30mm喷涂料(现场喷涂)

矩形管道接管截面如图1所示

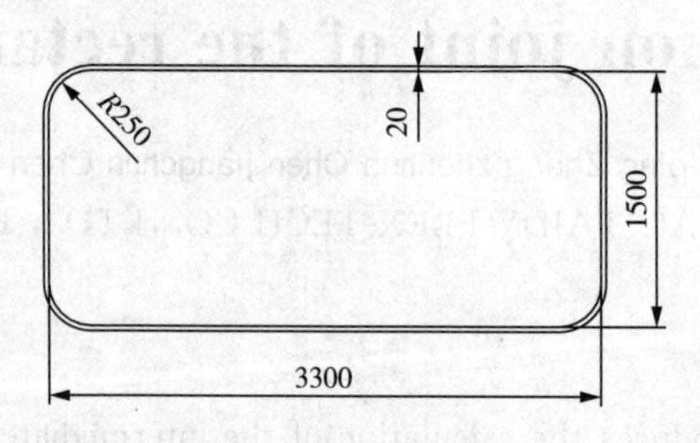

图1　接管断面图

由以上设计参数可以看出该矩形膨胀节的口径相对较大，工作压力较高。矩形截面接管承受较高压力，对于矩形接管是否需要加强应进行计算。

3　矩形复式铰链型膨胀节中间接管的设计

GB50316中只有圆形截面压力管道的设计，没有矩形截面压力管道的相关设计依据。查阅相关资料根据GB150.3—2011中的附录A非圆形截面容器的设计的相关计算方法进行计算。如果接管采用非加强的形式按照GB150.3中附录A中的A.4.3带圆角矩形截面容器的相应公式A－26～A－38进行设计计算。计算结果矩形复式铰链型膨胀节中间接管的厚度不能满足材料的许用应力的要求需要对中间接管进行加强。矩形复式铰链型膨胀节的中间接管两端与波纹管连接，考虑到波纹管与接管焊接的焊接工艺与结构的合理性以及中间接管的重量，矩形复式铰链型膨胀节中间接管的加强形式的结构见图2。此种加强的形式中间筋板能有效得增加接管的承压能力，筋板外侧的短管能有效得增加接管的刚度，降低接管的变形。

参照GB150.3附录A中A.5.2为外加强带圆角的矩形截面容器。从GB150.3附录A中A.5.2的图A.7外加强带圆角的矩形截面容器可以看出矩形截面压力容器分别加强了长边和短边两个方向，在圆角的

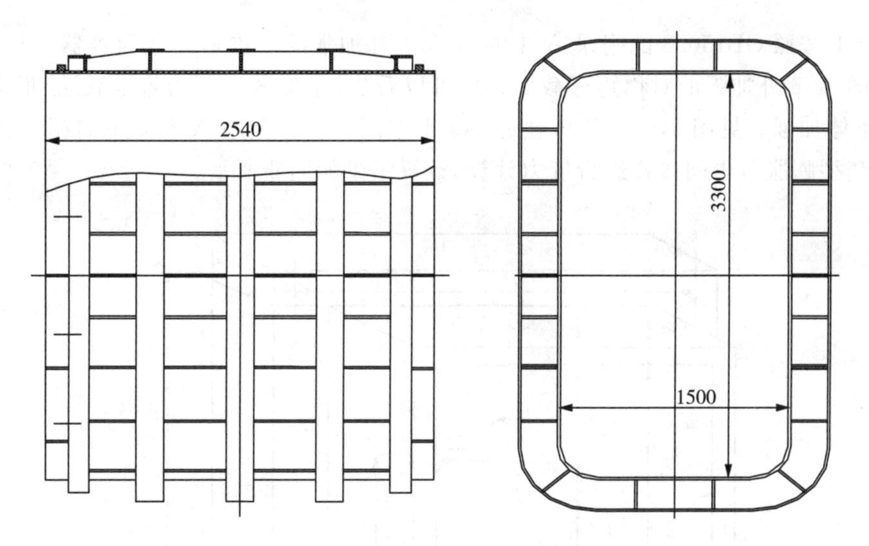

图 2　矩形复式铰链型膨胀节中间接管

位置没有加强。见图 3 GB150.3 附录 A5.2 中图 A.7。按照 GB150.3 附录 A 中 A.5.2 的相关公式 A－78～A－93 对复式铰链型膨胀节中间接管的长边和短边分别进行应力计算。计算结果如图 4 所示。

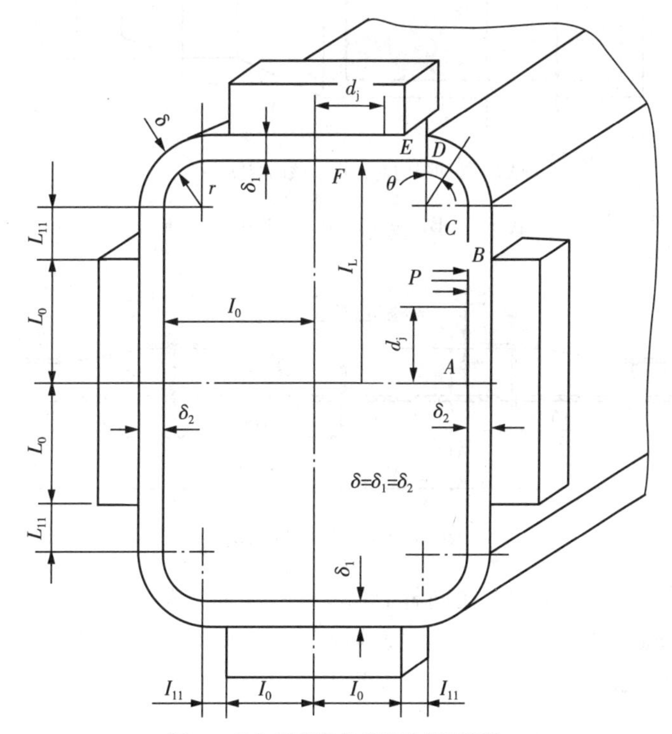

图A.7　外加强带圆角的矩形截面容器

图 3　GB150.3 附录 A5.2 中图 A.7

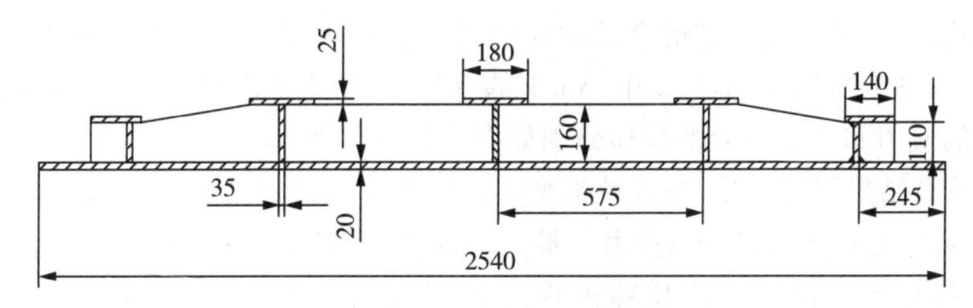

图 4　A5.2 的计算结果

在同样条件下按照GB150.3的附录A中的A.5.1外加强的对称矩形截面容器。从GB150.3附录A中A.5.1的图A.6外加强的对称矩形截面容器可以看出，矩形截面压力容器长边和短边的连接部位为尖角并且是整体加强。见图5，GB150.3附录A5.1中图A.6。利用A.5.1中的相关公式A－63～A－77对复式铰链型膨胀节中间接管进行应力计算，计算结果如图6所示。

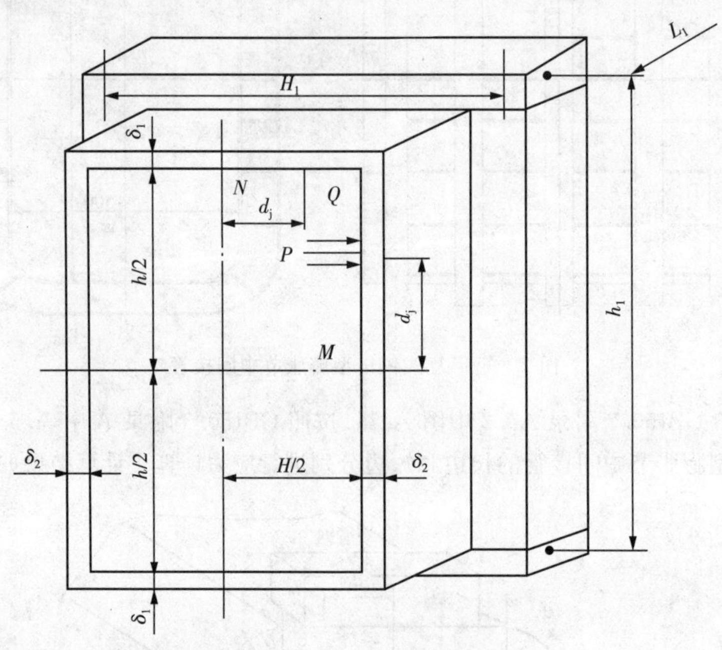

图5　GB150.3附录A5.2中图A.6

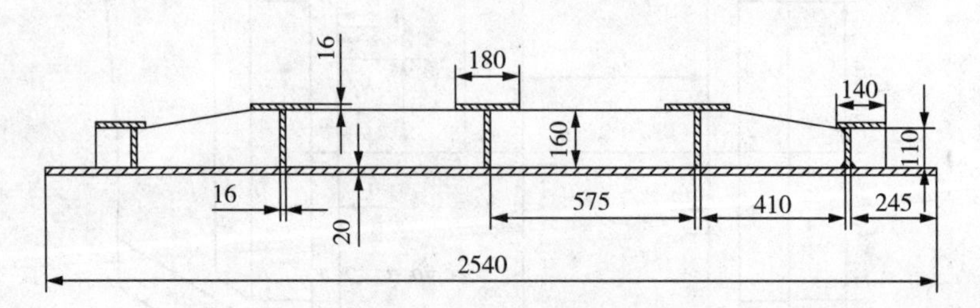

图6　A5.1的计算结果

由以上的计算结果可以得出结论，在同样计算条件，相同规格的外加强矩形截面压力容器，按照GB15.3中A5.2的外加强带圆角的矩形截面的容器和GB150.3中A5.1外加强的对称矩形截面的压力容器在计算结果上相差很大。

4　利用ANSYS对复式铰链型膨胀节中间接管进行校核

ANSYS可用来求解结构、流体、电力、电磁场及碰撞等问题。根据复式铰链型膨胀节中间接管的承压和中间接管的形式，考虑到焊接工艺的合理性和中间接管的重量会对波纹管造成的影响，以及合理的降低膨胀节的成本，对图6按照GB150.3中A5.1的计算结果利用ANSYS进行有限元分析，复式铰链型膨胀节中间接管的应力和变形引起的位移分别如图7和图8所示。

由ANSYS的计算结果可以看出，复式铰链型膨胀节的中间接管的应力值都小于186.3MPa，与介质接触的部分的管道应力值小于124MPa；应力值最大558.771MPa，出现在铰链板下方的加强筋和外的最上端与外短管的焊接位置。最大变形位移出现在矩形截面的长边方向的中心位置，最大位移量为3.056mm，短边方向和圆角部位的位移量都小于0.067mm。

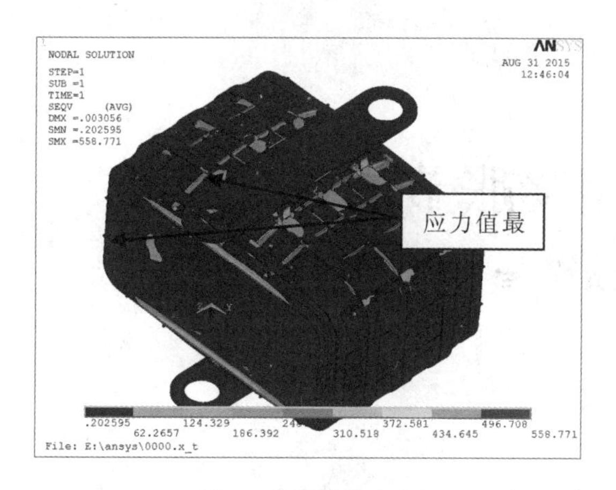

图 7　中间接管应力

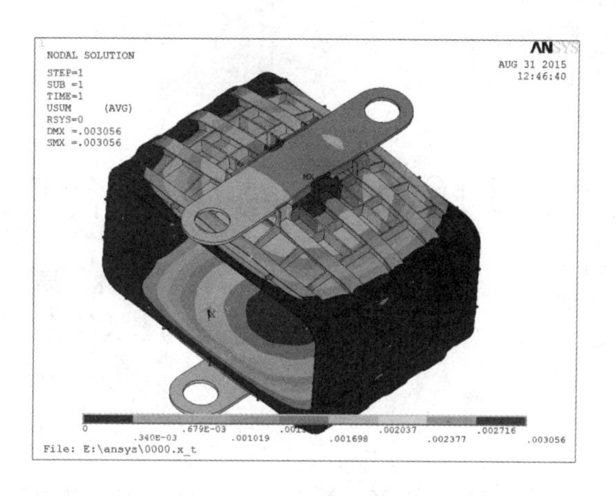

图 8　中间接管位移

管道内介质的温度为 350℃，管道内部由 30mm 的隔热材料，材料材质为 Q345－B，如果复式铰链型膨胀节的中间接管选用这种加强方式，满足承压要求。考虑到 ANSYS 应力出现的最大位置，对加强件进行如下修改见图 9 中间接管加强件修改方案。这样复式铰链型膨胀节的中间接管和和铰链板就连接在一起，同时起到了加强中间接管的作用。产品完成后整体气压试验，试验压力 0.35MPa，复式铰链型膨胀节中间接管以及整体结构没有明显变形现象。目前该产品已经正式投入使用，工作状况良好。

图 9　中间接管加强件修改方案

5　结束语

经过现场使用证明，矩形截面的膨胀节中间接管的设计完全满足使用要求。建议大家在日常的膨胀节及其相关的结构件等设计工作中，在没有可依据的相关计算标准或常规力学公式难以精准计算的情况下，可以依据 ANSYS 等有限元分析的方法进行分析计算，更能有效地提高设计的精准程度和更好的降低产品的设计成本。

参考文献

[1] GB150—2011 压力容器.

[2] 成大先. 机械设计手册. 北京：化学工业出版社，2005.

作者简介

孟丽萍，女，秦皇岛市泰德管业科技有限公司，从事波纹管膨胀节设计工作。通讯地址：秦皇岛市经济开发区永定河道 5 号，邮政编码：066004，电话：Tel：0335－8586150 转 6410，传真：Fax：0335－8586168；

1100KV 高压组合电器用膨胀节的设计优化

佟林林 周 桐 张兴利 李 玉
（沈阳晨光弗泰波纹管有限公司，辽宁省沈阳市 110141）

摘 要：1100Kv 高压组合电器用膨胀节具有口径大、位移要求复杂、寿命要求长、产品表面需光滑无尖点等特点。本文所优化产品在满足上述特点及产品参数要求的同时，以一种直管压力平衡型膨胀节代替原两组横向型膨胀节进行补偿的设计理念，将原膨胀节长度减少 50％以上。并通过校核、生产工艺优化等方式，保证产品性能，成功通过型式试验应用于工程。

关键词：1100Kv 高压组合电器；膨胀节；直管压力平衡

The design optimization ofthe expansion joint used in 1100KV voltage combined electrical appliance

Tong Linlin Zhou tong Zhang xingli Li yu
(Shenyang AEROSUN-FUTAI Expansion Joint Co. ,Ltd. Liaoning Shenyang 110141)

Abstract: the characteristics of the expansion joint which used in 1100KV voltage combined electrical appliance are Large diameter, complex displacement requirements, long life requirements, the smooth surface of the product, no sharp point, etc. The product of this thesis to meet the requirements of the above characteristics. We use straight pressure balanced expansion joint instead of both double untied expansion joint which is the original design idea. It can reduce the product length above 50%. Through the check, the production process optimization and other means to ensure product performance and be sure to passed the type test. Finally it can applied to the project succseeful.

Keywords: 1100KV voltage combined electrical appliance; the expansion joint; straight pressure balanced

1 前 言

“特高压电网”是指 1000 千伏的交流或±800 千伏的直流电网。随着我国能源战略西移，大型能源基地与能源消费中心的距离越来越远，能源输送的规模也将越来越大。在传统的铁路、公路、航运、管道等运输方式的基础上，提高电网运输能力，也是缓解运输压力的一种选择。

根据特高压组合电器设备的性能特点，应用于 1100KV 高压组合电器设备的膨胀节需要具备以下的功能特点。首先，膨胀节需要具备补偿通径大、补偿要求高的特点。相较于 550KV 以下的高压组合电气设备中，膨胀节的通径要求在700mm以下，1100KV高压组合电器由于电器设备本身输送的电压幅度有很大的提升，因此电器设备内部的元器件尺寸要求也要相应的进行提升与加大，以满足高压组合电器设备运行中，对于内部元器件的运行应用需求。通常，1100KV高压组合电器用膨胀节的通径大小在840mm以上，并且与之所连接的法兰外径在1300mm以上。其次，1100KV高压组合电器用膨胀节还具有位移要求比较复杂与使用寿命比较长的特点，这主要与1100KV高压组合电器的运行工作环境以及运行要求有很大的关系。最后用于1100KV高压组合电器用膨胀节，由于工作于特高压电场梯度环境，故所需补偿元件，不仅仅需要作为调节安装偏差、拆卸设备、补偿温度变化引起的热胀冷缩以及减振隔振的作用以及具有低应力高循环次数等性能的机械元件，更需要作为一个电器元件，做到内表面光滑无任何尖点，从而确保元件绝缘性能、高压组合电器设备以及电力系统的安全稳定运行。

目前，能够提供应用于1100KV特高压电气用膨胀节的企业遍布全国，但多数都是按照成熟技术、用户图纸进行加工的。且加工产品型式均为技术成熟的轴向型与横向型1100KV高压组合电器用膨胀节。在一些补偿量要求特殊且需要膨胀节自身调节补偿量的管段，不得不用两组横向型1100KV高压组合电器用膨胀节进行补偿，然两组横向型膨胀节的补偿，虽可满足要求，但膨胀节占用管段长，对管段的设计，长度，布置，稳定性均有一定的影响。我公司研究设计优化此类特殊补偿量自身补偿式膨胀节，即1100KV高压组合电器用直管压力平衡型膨胀节，在满足管段要求补偿量的同时，完成自身补偿。可缩短膨胀节所需占用管段长度，提高膨胀节稳定性，以使管段的设计更加优化。

2 产品结构设计

2.1 设计方案的依据

《金属波纹管膨胀节通用技术条件》GB/T 12777(以下简称GB/T 12777)(2008版)标准、《高压组合电器用金属波纹补偿器》JB/T 10617(以下简称JB/T 10617)(2006版)标准和《美国膨胀节制造商协会标准》(以下简称EJMA)(第9版)标准。

2.2 设计参数

产品需要厂家提供的设计参数如表1所示。

表1 某1100KV特高压组合电气用膨胀节设计参数

公称直径(mm)	DN850	使用温度(℃)	−35～110
设计压力(MPa)	0.65	安装长度(mm)	尽量短
最高使用压力(MPa)	0.65	连接方式	法兰连接
水压试验压力(MPa)	0.975	波纹管材质	304
气密试验压力(MPa)	0.65	法兰、端管材质	304
密封性要求	泄漏率在内充0.65MPa气体(SF_6)时小于0.5×10^{-6} Pa·m³/sec		

各种工况下的补偿位移和疲劳寿命参数见表2。

表2 某1100KV特高压组合电气用膨胀节补偿位移和疲劳寿命参数

项　目	轴向位移(mm)	径向(mm)	疲劳次数(次)
安装变形量	±30	0	10
日变形量	±40	±5	14600
年变形量	±50	±5	30
拆卸状态	−180	0	10

2.3 设计方案

依据甲方提供所需补偿压力、补偿位移和疲劳寿命等参数，对该 1100KV 特高压组合电气用膨胀节进行方案设计，确定膨胀节结构为直管压力平衡型。具体设计的结构方案图如图 1 所示。

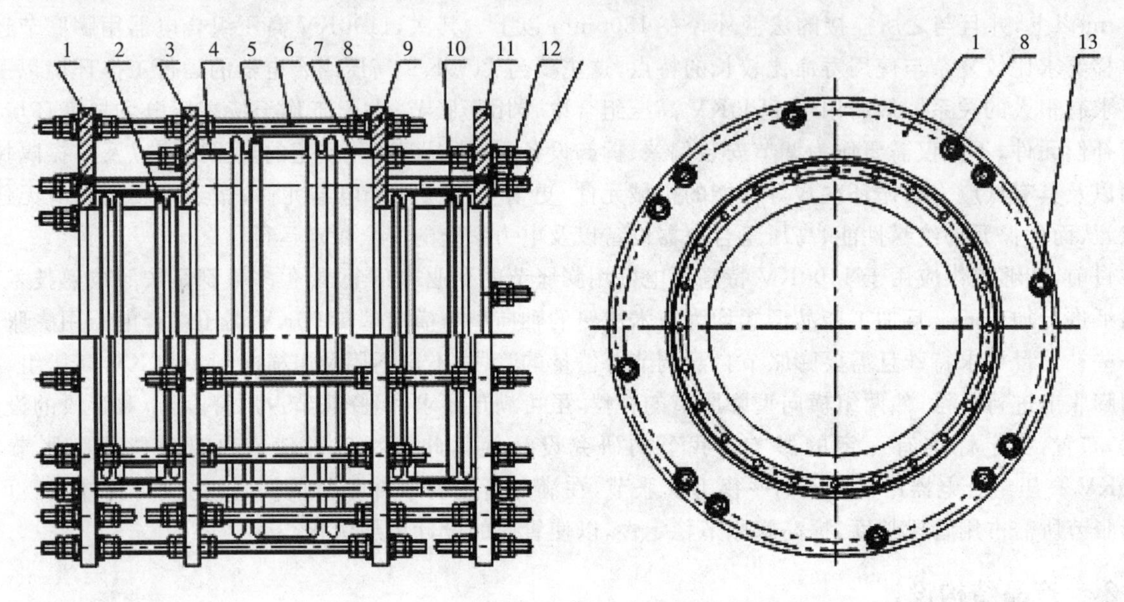

图 1 产品结构示意图

1－法兰一；2－工作波纹管；3－法兰二；4－端管一；5－平衡波纹管；6－拉杆；7－端管二；8－螺母组件；9－法兰三；10－工作波纹管；11－法兰四；12－导向拉杆螺母组件；13－导向拉杆

本产品由法兰一、工作波纹管、法兰二、端管一、平衡波纹管、端管二、法兰三、工作波纹管和法兰四依次连接，其中左侧工作波纹管和右侧工作波纹管的直径相同，且小于平衡波纹管的直径，三个波纹管的轴线在一条直线上，法兰一与法兰四平面度公差不大于 0.2，与波纹管本体在相对轴线成直角的任何断面上的最大内径和最小内径之差不大于公称直径的 1%；在所有的法兰上设置可以让拉杆穿过的通孔，每个带紧固件的小拉杆穿过法兰一至法兰三上的通孔，或者穿过法兰二至法兰四上的通孔，将紧固件旋至每个法兰的两侧，将拉杆紧固在连接法兰上，每个法兰紧固件的预紧力大小保持一致。每个导向拉杆依次穿过法兰一、法兰二、法兰三、法兰四。起到补偿元件的导向作用和承重作用，并可以补偿小范围的横向位移。使用时将本产品的连接法兰与 1100KV 高压组合电器的管道上的连接法兰连接。

2.4 设计计算

2.4.1 工作波纹管应力校核

工作波纹管设计参数为 $D_b=852\text{mm}$，$q=47\text{mm}$，$h=42\text{mm}$，$n=4$，$\delta=0.8\text{mm}$，$N=6+6$，材料选为 304。依据 GB/T 12777—2008 金属波纹管膨胀节通用技术条件，对该波纹管参数在 4 种不同的变形量条件下，进行应力校核。

① 波纹管直边周向薄膜应力 σ_1

安装变形情况：$\sigma_1=\dfrac{P\,(D_b+n\delta)^2L_tE_b^tk}{2[n\delta E_b^tL_t(D_b+n\delta)+\delta_ckE_c^tL_cD_c]}=77.63\text{MPa}$

日变形情况：$\sigma_1=\dfrac{P\,(D_b+n\delta)^2L_tE_b^tk}{2[n\delta E_b^tL_t(D_b+n\delta)+\delta_ckE_c^tL_cD_c]}=77.63\text{MPa}$

年变形情况：$\sigma_1=\dfrac{P\,(D_b+n\delta)^2L_tE_b^tk}{2[n\delta E_b^tL_t(D_b+n\delta)+\delta_ckE_c^tL_cD_c]}=77.63\text{MPa}$

拆卸状态情况：$\sigma_1=\dfrac{P\,(D_b+n\delta)^2L_tE_b^tk}{2[n\delta E_b^tL_t(D_b+n\delta)+\delta_ckE_c^tL_cD_c]}=77.63\text{MPa}$

② 波纹管周向薄膜应力 σ_2

安装变形情况：$\sigma_2=\dfrac{K_r qPD_m}{2A_{cu}}=43.87\text{MPa}$

日变形情况：$\sigma_2=\dfrac{K_r qPD_m}{2A_{cu}}=42.66\text{MPa}$

年变形情况：$\sigma_2=\dfrac{K_r qPD_m}{2A_{cu}}=43.36\text{MPa}$

拆卸状态情况：$\sigma_2=\dfrac{K_r qPD_m}{2A_{cu}}=48.09\text{MPa}$

③ 波纹管子午向薄膜应力 σ_3

安装变形情况：$\sigma_3=\dfrac{Ph}{2n\delta_m}=4.38\text{MPa}$

日变形情况：$\sigma_3=\dfrac{Ph}{2n\delta_m}=4.38\text{MPa}$

年变形情况：$\sigma_3=\dfrac{Ph}{2n\delta_m}=4.38\text{MPa}$

拆卸状态情况：$\sigma_3=\dfrac{Ph}{2n\delta_m}=4.38\text{MPa}$

④ 波纹管子午向薄膜应力 σ_4

安装变形情况：$\sigma_4=\dfrac{Ph^2C_P}{2n\delta_m^2}=137.34\text{MPa}$

日变形情况：$\sigma_4=\dfrac{Ph^2C_P}{2n\delta_m^2}=137.34\text{MPa}$

年变形情况：$\sigma_4=\dfrac{Ph^2C_P}{2n\delta_m^2}=137.34\text{MPa}$

拆卸状态情况：$\sigma_4=\dfrac{Ph^2C_P}{2n\delta_m^2}=137.34\text{MPa}$

取波纹管设计温度下的材料许用应力值$[\sigma]_b^t=114\text{MPa}$，低于蠕变温度时的材料强度系数 C_m 经计算工作波纹管 $C_m=2.79$。

$$\sigma_3+\sigma_4=4.38+137.34=141.72\leqslant C_m[\sigma]_b^t=318.06$$

经过波纹管应力校核计算，得出该膨胀节工作波纹管本身强度可靠。

2.4.2 平衡波纹管应力校核

平衡波纹管设计参数为 $D_b=1213\text{mm}$，$q=65\text{mm}$，$h=53\text{mm}$，$n=4$，$\delta=0.8\text{mm}$，$N=6$，材料选为 304。依据 GB/T 12777—2008 金属波纹管膨胀节通用技术条件，对该波纹管参数在 4 种不同的变形量条件下，进行应力校核。

由于在安装变形情况下，安装位移由两个工作波纹管来补偿，故平衡波纹管在该情况下不需考虑。其他情况下的波纹管校核如下。

① 波纹管直边段周向薄膜应力 σ_1

日变形情况：$\sigma_1=\dfrac{P(D_b+n\delta)^2L_tE_b^tk}{2[n\delta E_b^tL_t(D_b+n\delta)+\delta_ckE_c^tL_cD_c]}=92.52\text{MPa}$

年变形情况：$\sigma_1=\dfrac{P(D_b+n\delta)^2L_tE_b^tk}{2[n\delta E_b^tL_t(D_b+n\delta)+\delta_ckE_c^tL_cD_c]}=92.52\text{MPa}$

拆卸状态情况：$\sigma_1=\dfrac{P(D_b+n\delta)^2L_tE_b^tk}{2[n\delta E_b^tL_t(D_b+n\delta)+\delta_ckE_c^tL_cD_c]}=92.52\text{MPa}$

② 波纹管周向薄膜应力 σ_2

日变形情况：$\sigma_2=\dfrac{K_rqPD_m}{2A_{cu}}=66.03\text{MPa}$

年变形情况：$\sigma_2=\dfrac{K_rqPD_m}{2A_{cu}}=67.57\text{MPa}$

拆卸状态情况：$\sigma_2=\dfrac{K_rqPD_m}{2A_{cu}}=69.11\text{MPa}$

③ 波纹管子午向薄膜应力 σ_3

日变形情况：$\sigma_3=\dfrac{Ph}{2n\delta_m}=5.51\text{MPa}$

年变形情况：$\sigma_3=\dfrac{Ph}{2n\delta_m}=5.51\text{MPa}$

拆卸状态情况：$\sigma_3=\dfrac{Ph}{2n\delta_m}=5.51\text{MPa}$

④ 波纹管子午向薄膜应力 σ_4

日变形情况：$\sigma_4=\dfrac{Ph^2C_P}{2n\delta_m^2}=207.41\text{MPa}$

年变形情况：$\sigma_4=\dfrac{Ph^2C_P}{2n\delta_m^2}=207.41\text{MPa}$

拆卸状态情况：$\sigma_4=\dfrac{Ph^2C_P}{2n\delta_m^2}=207.41\text{MPa}$

取波纹管设计温度下的材料许用应力值$[\sigma]_b^t=114\text{MPa}$，低于蠕变温度时的材料强度系数 C_m 经计算平衡波纹管 $C_m=2.55$

$$\sigma_3+\sigma_4=5.51+207.41=212.92\leqslant C_m[\sigma]_b^t=290.7$$

经过波纹管应力校核计算，得出该膨胀节平衡波纹管本身强度可靠。

2.4.3　结构件应力校核

① 端管尺寸设计校核

根据 GB 150—2011 内压圆筒（端管）计算

a. 设计温度下圆筒（端管）厚

$$P_c=0.65\leqslant 0.4[\sigma]^t\varphi=45.6$$

故 $\delta=\dfrac{PcDi}{2[\sigma]^t\varphi-Pc}=3.47\text{mm}$

P_c——计算压力(MPa)

D_i——圆筒（端管）的内直径 mm

$[\sigma]^t$——设计温度下圆筒（端管）材料 304 的许用应力：114MPa（－35～110℃）

φ——焊接接头系数，圆筒（端管）取 1.0

δ_e——圆筒（端管）的有效厚度

经计算圆筒（端管）采用 10mm 厚完全满足工况条件。

当 $\delta=10\text{mm}$ 时设计温度下圆筒（端管）的计算应力

$$\sigma_t=\frac{Pc(Di+\delta e)}{2\delta e}=49.6<[\sigma]^t\varphi=114\ \text{满足应力要求}$$

设计温度下圆筒(端管)的最大允许工作压力

$$P_W=\frac{2\delta e[\sigma]^t\varphi}{Di+\delta e}=1.5\text{MPa}$$

根据以上计算,采用 $\delta=10\text{mm}$ 圆筒(端管)完全满足设计要求。

② 法兰尺寸设计校核

法兰尺寸设计按标准 GB150—2011 设计计算校核,

法兰设计力矩:$M=F_DL_D+F_TL_T+F_GL_G\text{N}\cdot\text{mm}$

流体压力引起的总轴向力

$$F=\frac{\pi}{4}DG2P=446299.56\text{N}$$

内压力引起的作用于法兰内径界面上的轴向力

$$F_D=\frac{\pi}{4}Di2P=368842.61\text{N}$$

内压引起的总轴向力 $F_T=F-F_D=77456.95\text{N}$,

窄面法兰密封圈压紧力 F_G,与密封圈的尺寸和材料性质有关,在本计算中忽略,

$$L_D=(D_b-D_i)/2=95\text{mm}$$

$$L_G=(D_b-D_G)/2=52.5\text{mm}$$

$$L_T=(L_D+L_G)/2=73.75\text{mm}$$

法兰设计力矩:$M=40752498.01\text{N}\cdot\text{mm}$

$$Y=3.51$$

法兰环向应力

$$\sigma_T=\frac{YM}{\delta^2 Di}=55.63\text{MPa}<[\sigma]=114\text{MPa}$$

故法兰尺寸能符合设计要求。

③ 拉杆尺寸设计校核

选用 M42 的拉杆,并暂设拉杆数量为 8 根。

波纹管有效面积:$A_{波}=\frac{\pi}{4}Dm^2=1264531.882\text{mm}^2$

D_m—波纹管平均直径

膨胀节承受的最高压力

$$F_{压}=A_{波}\times0.65\text{MPa}=821945.74\text{N}$$

压力使拉杆产生的正应力:

$$\sigma=\frac{F_{压}}{aA_{拉}}=94.9\text{MPa}<[\sigma]=117\text{MPa}$$

a—为拉杆数量,且 $a=8$

故 M42 的拉杆能满足设计要求。

根据各零部件的尺寸设计及强度校核可得结论:各零部件应力校核均小于材料的许用应力,设计强度可靠。

3　产品制造工艺

在本产品的制造生产中，因需符合1100KV特高压电气用膨胀节制造要求：内表面光滑无任何尖点，以确保元件绝缘性能。依据EJMA标准，波纹管与端管采用内焊塞焊结构，法兰与端管连接环焊缝采用自动焊。以满足产品焊缝的外观质量的高要求，从而保证焊后内壁无凸起，通过打磨等工序，保证产品内表面尤其在焊道处光滑过渡无尖点。另法兰与端管成组件后机加，防止焊接变形保证法兰的尺寸精度、表面光洁度和平面度的要求；端管内表面机加工处理，端管与法兰焊缝采用焊后机加，亦用于保证产品内表面无尖点及光洁度的要求。

4　产品型式试验

依据GB/T 30092—2013、GB/T 12777—2008、GB 11023—89及使用要求确定。对本次设计产品进行型式试验，分别完成外观及尺寸检查、焊缝检验及探伤、刚度试验（1＃件、2＃件）、压力及压力应力试验、真空试验、SF_6气体检漏、稳定性试验、疲劳试验、破坏试验几项试验。实验结果如表3所示。

表3　型式试验内容及具体结果

序号	试验项目	试验结果
1	材料以及性能检验	试验结果符合相关试验要求
2	焊缝检验	试验结果符合相关试验要求
3	外观及尺寸检查	测量：波高、波距、产品总长。试验结果符合相关试验要求
4	压力平衡效果检验	松开螺母1～4，分别测量膨胀节在大气压下0.2MPa、0.4MPa、0.65MPa压力下的整体长度L_0及L_1、L_2、L_3处的尺寸的实测值。试验结果符合相关试验要求
5	自重下垂偏移量检验	松开螺母1～4，将伸缩节两端封堵，放在平台上，并支撑其两端法兰，检测A、B、C、D法兰与平尺间隙的实测前后对比值。再向伸缩节内充0.65MPa压缩空气，保持30min后再次检测并记录A、B、C、D法兰与平尺间隙的实测值（方向及位置同充气前）。试验结果符合相关试验要求
6	真空气密性试验	抽真空到13.3Pa后，停止抽真空并保持10min，真空度应不超过15Pa。试验结果符合相关试验要求
7	SF_6气密性定性试验	充SF_6气体，压力$P=0.65$MPa，保压10min后进行检漏，结果应无气体泄漏显示。试验结果符合相关试验要求
8	SF_6气密性泄漏率试验	充SF_6气体，压力$P=0.65$MPa，保压时间不少于24H，泄漏率$\leqslant 1\times10^{-7}$ Pa·m^3/sec
9	压力试验	在水压$P=0.975$MPa下，保持压力30min，不允许有渗漏、损坏、失稳等异常现象出现。试验结果：无泄漏，无异常变形，无失稳
10	压力应力试验	水压试验从表压为零开始升压，在压力为0；0.2；0.3；0.4；0.5；0.65；0.975MPa时测波纹管直边段和波峰、波壁、波谷应力。试验结果：无泄漏，无异常变形，无失稳
11	刚度试验	(1)测量膨胀节的初始轴向刚度（整体测量，松开螺母1～4），分别测试压缩位移为：0、10、20、30、40、50mm的轴向刚度。实测总平均刚度（在规定最大位移范围内）与计算总平均刚度相比，允许偏差为－50％～10％之间； (2)测量膨胀节三节波纹管串联时的轴向刚度（松开膨胀节拉杆上的所有螺母，使膨胀节处于自由状态下，整体测量），分别测试位移为：0、5、10、15、20mm结果的实测值结果符合相关试验要求

（续表）

序号	试验项目	试验结果
12	疲劳试验（寿命试验）	a)P=0MPa： 阶段 1：由上至下依次将工作波、平衡波、工作波分别压缩 60mm，经 1 次疲劳试验后，无泄漏，失稳等异常现象； 阶段 2：将平衡波锁紧，由工作波吸收此位移，经 1 次疲劳试验后，无泄漏、失稳等异常现象； b)P=0.65MPa 下： 阶段 3：经 14600 次疲劳试验后，无泄漏、失稳等异常现象；疲劳试验结束后进行 SF_6 气体定性检漏，无泄漏现象； 阶段 4：经 30 次疲劳试验后，无泄漏，失稳等异常现象； c)P=0MPa： 阶段 5：将平衡波锁紧，由工作波吸收此位移，经 9 次疲劳试验后，无泄漏、失稳等异常现象； 阶段 6：每个波纹段分别压缩 60mm，经 9 次疲劳试验后，无泄漏，失稳等异常现象；疲劳试验结束后进行 SF_6 气体定性检漏，无泄漏现象
13	破坏试验	升压到 2.0MPa，波纹管变形失稳；继续缓慢升压，升压到试验压力，保压 30min 后检查，波纹管未泄漏爆破

5 总 结

(1)关于本次需设计的 1100KV 高压组合电器用膨胀节，为满足参数要求，我公司选用直管压力平衡型膨胀节并采用波纹管与法兰内焊的型式，设置导向拉杆以起到导向及承重作用来代替用两组横向型 1100KV 高压组合电器用膨胀节进行补偿的设计理念。将原膨胀节长度 3033mm 减少 50%以上，减少因重量下沉的情况。并提高膨胀节稳定性，以使管段的设计更加优化。

(2)依据设计参数及补偿量进行膨胀节主要零部件校核，得结论：各零部件应力校核均小于材料的许用应力，设计强度可靠。

(3) 在产品制造生产中，采用法兰与端管连接环焊缝采用自动焊，以满足产品焊缝的外观质量的高要求。采用波纹管与端管采用内焊塞焊结构，法兰与端管成组件后机加，以保证保证产品内表面无尖点及光洁度、尺寸精度的要求。

(4)对试验件按标准 GB/T 30092—2013、GB/T 12777—2008、GB 11023—89 及使用要求进行型式试验。试验结果均符合标准要求。

(5)本产品目前已通过型式试验并且生产完毕，并于 2016 年中旬投入施工现场应用，目前无问题产生。

参考文献

[1] 张道伟，刘岩．直管压力平衡膨胀节中间法兰优化设计[J]．第十一届全国膨胀节学术会议论文集．

[2] GB/T 12777—2008 金属波纹管膨胀节通用技术条件

[3] GB/T 150—1998 钢制压力容器．

作者简介

佟林林、女、设计员、沈阳市经济技术开发区 15 号街 4 号、110141、024－85818317、ttrees1027@126.com

ASME整体成形厚壁膨胀节设计方法

赵孟欢

（南京三邦新材料科技有限公司，江苏南京　211155）

摘　要：我公司作为国内压力容器用波形膨胀节的设计、制造厂家。承接越来越多的符合ASME规范波形膨胀节设计、制造。本文综述整体成形厚壁波纹管的优势，阐述膨胀节设计及制造符合ASME规范强制性附录5《兼有外内侧或仅有外侧翻边的膨胀节》整体成形波纹管的计算方法。

关键词：ASME规范Ⅷ－1Appendix5；TEMA；有限元分析

Design of the ASME ThickType Bellows Expansion Joints

ZHAO Meng-Huan

（Nanjing sanbom New Material Technology co. ,ltd. Jiangsu Nanjing　211155 ）

Abstract：My company is a manufacturer which supply the corrugated expansion joints design and manufacture for domestic pressure vessels.

The pressure vessels bellows expansion joints factory in China. Increasing pressure vessel bellows expansion joint design and manufacture in accordance with ASME standards. This article reviews the advantages of integrally formed thick type bellows expansion joints elaborate design and manufacturing ASME code Mandatory Appendix 5 " Flanged-and-flued or flanged-only expansion joints" formed integrally with the calculation method of the bellows.

Key Words ：ASME BPVC Ⅷ-1Appendix5，TEMA，ANSYS

1　引　言

随着国内装备制造业的发展，越来越多的国外设备选择在中国进行设计制造，出口设备的设计执行ASME标准。国内压力容器用波形膨胀节多为厚壁大波高膨胀节，在ASME规范中没有与之对应的设计计算公式，需要参照强制性附录5中5－3的条款进行波形设计，并按照TEMA标准中RCB－8.11的方法进行波纹管强度、刚度和疲劳的分析，这样可以符合AI的要求。

2　整体成形厚壁波纹管的优点

首先，整体成形厚壁波纹管较半波拼焊的波纹管膨胀节少了对接环焊缝，产品质量更佳。其次，国内波纹管膨胀节有系列产品，制造工艺成熟，加工合理。第三，厚壁波纹管膨胀节较薄壁波纹管膨胀节在耐压能力和稳定性上，有一定优势。

3　厚壁波纹管的设计计算方法

由于ASME规范强制性附录5《兼有外内侧或仅有外侧翻边的膨胀节》中并没有给出膨胀节的设计

计算公式，所以我们根据 TEMARCB－8.11 中规定的分析步骤，结合国内的膨胀节设计标准给出膨胀节的快速设计计算方法。

3.1　位移量计算

根据换热器参数表提供的工况，算出各工况下管、壳程的热膨胀差，作为膨胀节的补偿量。

$$\Delta X=\gamma\times L$$

$$\gamma=\alpha_t(t_t-t_0)-\alpha_s(t_s-t_0)$$

γ——换热管与壳体圆筒的热膨胀变形差；

L——换热管长度。

3.2　疲劳寿命确定

将各工况的循环次数、位移量列表，作为膨胀节的设计条件。

表 4　疲劳寿命积累系数计算

序号	工况	位移	设计寿命	计算寿命	积累使用系数
1	操作工况	位移 1	$n1$	$N1$	$U1=n1/N1$
2	启停工况	位移 2	$n2$	$N2$	$U2=n2/N2$
3	紧急工况	位移 3	$n3$	$N3$	$U3=n3/N3$
$U=U1+U2+U3+\cdots\cdots<1$ 为合格					

3.3　波形设计

根据壳体壁厚(波纹管壁厚一般比壳体壁厚要小，考虑到波纹管与壳体的对接，尽量与壳体壁厚相近)设计波纹管波形，波形设计遵循以下 2 点原则：

3.3.1　$r\geqslant 3t$　波纹管弯曲半径不小于 3 倍的壁厚。

3.3.2　$W/2h\leqslant 1$　波高不小于波距的一半。

3.4　波纹管计算

采用 SW6－2011 软件计算，要求波纹管满足设计压力，设计位移以及疲劳寿命，如不满足，则需要重复步骤三，直至满足为止。输出膨胀节计算报告，将波纹管的刚度，波高带入换热器中进行整体运算，求出经济性好的波纹管方案。

3.5　出具波纹管计算报告

由于 ASME 授权检验师不认可 SW6 所出具的计算书及报告，所以采用 ANSYS 软件进行分析(分析过程和顺序按照 TEMA RCB－8.11)，并生成设计计算书。计算过程如下

3.5.1　建立模型并进行网格化

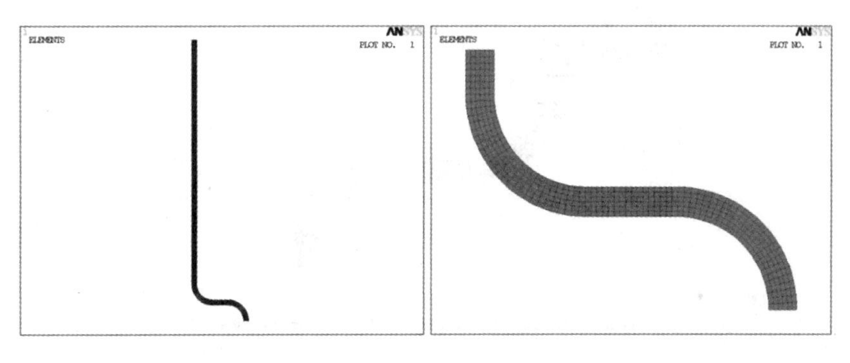

图 1　网格化的模型

3.5.2　施加边界条件及外部载荷，通过位移云图求出波纹管膨胀节的刚度。

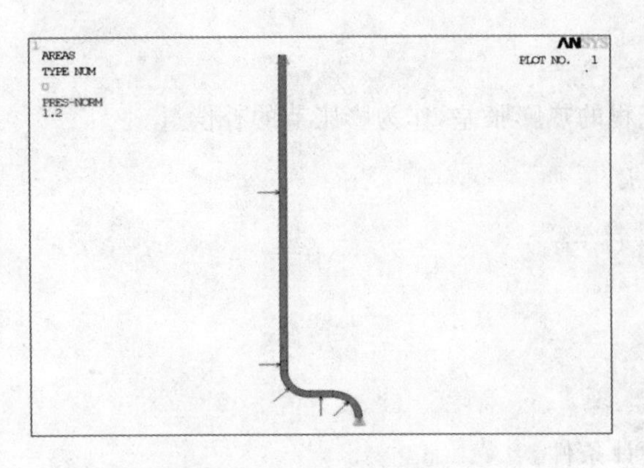

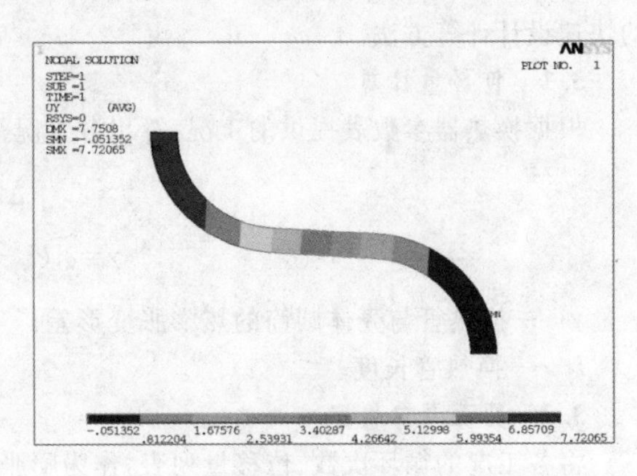

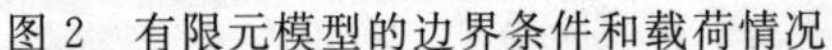

图 2　有限元模型的边界条件和载荷情况

图 3　膨胀节轴向位移云图

3.5.3　应力评定(仅施加压力载荷)

求出直边段的周向薄膜应 S_1、波纹管周向薄膜应力 S_2、波纹管经向薄膜应力 S_3、波纹管经向弯曲应力 S_4。按照 ASEM Ⅷ-1 强制性附录 5 的要求进行评定，局部应力超标需对超标位置应力进行线性化处理。

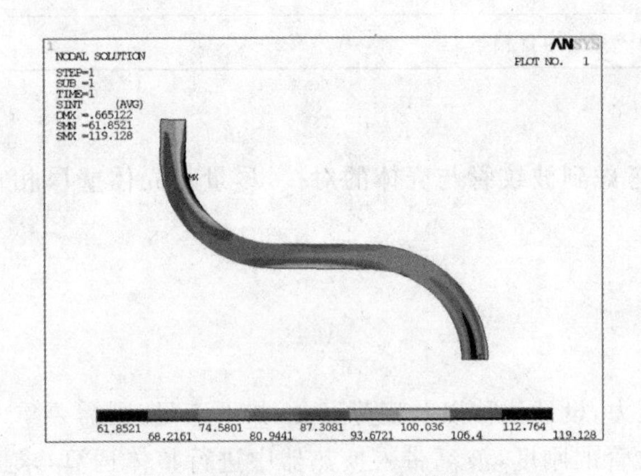

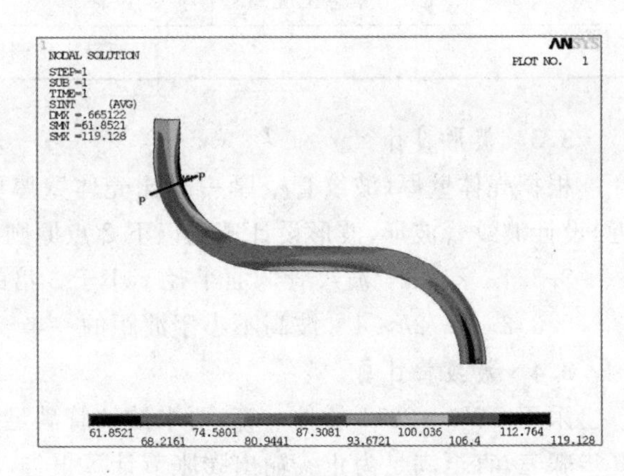

图 4　由内压引起的应力强度云图

图 5　应力分类线的位置图

3.5.4　疲劳寿命(施加压力载荷及位移)

将波纹管沿截面划分为 12 个路径，求出应力最大的路径，用这个应力值进行疲劳计算，得出波纹管的计算寿命。

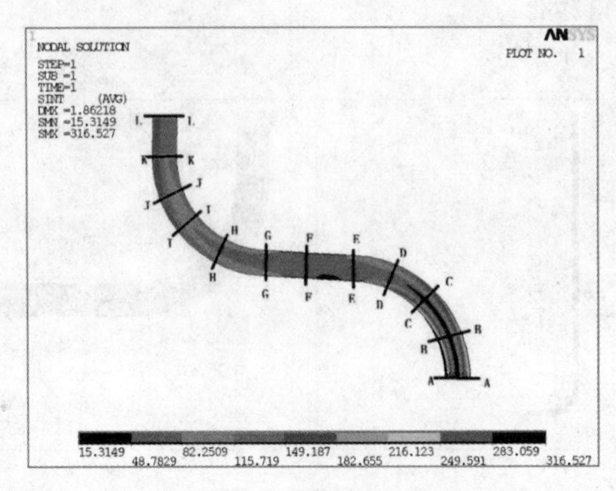

图 6　应力分类线的位置图

4 结 语

4.1 总结我公司设计制造的大波高的厚壁波纹管，在壳程设计压力不大于 4.0MPa 的换热器中，具有比较好的经济性。当设计压力高于 4.0MPa 时，由于壁厚与直径(t/D)的比值大，造成厚壁波纹管成形困难，此时采用 U 型加强波纹管或 Ω 形波纹管的经济性更高。

4.2 整体成形的厚壁波纹管可与运用于 ASME 规范的固定管板式换热器中，波形设计按照附录 5 中 5－3 条款进行，一次应力、二次应力的计算和评定参照 TEMA 标准。设计方案和计算文件可以得到 ASEM 授权检验师的认可。

4.3 通过对比 SW6－2011 波纹管计算书和 ANSYS 分析的结果，两者基本一致，采用 SW6－2011 的进行设计可以快速确定波纹管的波形参数，大大缩短膨胀节设计的时间。

参考文献

[1] ASME Boiler and Pressure Vessel Code Section VIIIRules for Construction ofPressure VesselsDivision 1 2013ED

[2] Standards of the Tubular Exchanger Manufacturers Association 2007ED

[3] GB16749—1997《压力容器用波形膨胀节》

作者简介

赵孟欢(1982—)，男，助理工程师，主要从事波纹管膨胀节设计工作。通信地址：211155，南京市江宁区横溪街道横云南路 248 号，南京三邦新材料科技有限公司，e-mail：mh_zhao@duble. cn.

送风支管隔热材料设计

郭　朝　朱惠红　赵晓亮　胡永芬

（石家庄巨力科技有限公司，河北石家庄　051530）

摘　要：炼铁高炉送风支管高温高压的热风，在输送过程中具有较强的冲刷力，对隔热层表面产生了极大的冲击，要求耐火材料在承受高温高压的情况下，还必须具有良好的耐冲刷性能。只有这样才能保证炼铁高炉送风支管的安全。本文介绍了高炉送风支管用耐火材料是根据炼铁高炉送风支管而研发研制的一种耐1300℃和1.6MPa的耐火材料。

关键词：炼铁送风支管；耐火材料

Air Supply Pipe InsulationMaterial Design

Chao Guo　Huihong Zhu　Xiaoliang Zhao　Yongfen Hu

Shijiazhuang Jully Science & Technology Co., Ltd, Shijiazhuang, Hebei　051530

Abstract: the hot air in iron making Blast furnace air supply pipe is in high temperature and high pressure, and also has scouring force. All those have great impact on the surface of the insulation layer. Only the refractory material resists to high temperature and pressure, also bears huge scour force, the safety quality of the blast furnace air supply pipe can be ensured. This article introduces a kind of refractory material which is developed to apply to blast furnace air supply pipe under the condition of 1300 ℃ and 1.6MPa.

Keywords: air supply pipe of iron making BF; refractory material

1　前　言

近二十年来，世界钢铁工业发达国家迅速实现了炼铁高炉的大型化、高效化和自动化。送风支管在炼铁工艺管道中是将热风炉加热的1250～1350℃的热空气送入高炉的主体装置。由于在高炉生产上采取了精料及喷吹煤粉等措施，加上操作水平的提高，保证了高炉的稳定运行，为高炉接受高风温奠定了基础。在此前提下，高温及长寿成为设计热风炉及其装置的最主要的目标。要保证热风炉的加热能力并将热能通过送风支管有效输入高炉内，最重要的影响因素是合理的内衬结构和与之相适应的耐火材料的设计和选择。而提高耐火材料的关键又在于如何提高耐火材料的高温抗压强度和高温抗折强度。20世纪80年代初期，北美高炉送风系统使用情况证明，送风支管由于热波动、热负荷、热化学磨损和机械磨损等几个方面的综合作用，当系统达到1100～1200℃高风温时，耐火材料的高温抗压能力、抗折能力、抗渣能力最薄弱，极易造成耐火材料失效，产生局部脱落、软化、磨损甚至被高速热风冲刷掉，从而使送风支管漏风、发红。为此，各设计单位对其结构进行了大量的改进，对耐火材料进行了相关的改进，但进展缓慢。

2 现 状

近几年来，在我国新建和改建的高炉上，对高温热风炉系统送风支管的设计作了很多的改进，特别是喷煤直吹管的结构进行了多次改进，同时在耐火材料的选择上，也从一般的高铝黏土不定形型无机材料发展到采用高温特性较好的优质高铝、低蠕变的耐火材料。但由于传统送风支管在1149℃危险高风温反应区，暴露出耐火材料与高炉内熔体的破坏性化学腐蚀反应，以及耐火材料在该高温区工作时，因送风支管处于循环载荷的作用下，溶液高速流动达到危险速度，渣壳减小甚至丧失。与此同时，耐火材料的薄弱部分极易被磨损并被冲刷掉等，导致其使用寿命很短，长则12个月，短则3～6个月。对此，传统的耐火材料特性参数已远不能满足新的结构设计的需要，特别是诸如材料的热膨胀系数、导热率、热态耐压强度、热态抗折强度等指标，国内、国外基本无数据可查，各大耐火材料厂商也没有测定过这些参数。

根据我国对传统送风支管用耐火材料破坏机理的调查和研究结果分析可知，送风支管耐火材料破坏主要集中在高风温区。因此，对高风温区用耐火材料除必须控制其化学指标外，还要求耐火材料具有较高的荷重软化点，优越的高风温体积稳定性，较强的耐化学侵蚀和耐气流冲刷的能力。对采用高温特性较好的优质高铝、低蠕变的耐火材料，由于其具有容量大、价格低，对生产厂家而言其经济效益显著，所以低蠕变高铝质耐火材料一时成为送风支管耐火材料的首选产品和研发目标。从理论上讲，通过调整膨胀剂的配比、粒度等可以生产任何蠕变要求的耐火材料。然而，当耐火材料生成莫来石的反应结束时，其抵缩作用就随之失效，抗蠕变能力大大降低。这为进一步研发新的耐火材料提出了新的技术要求。

据此，石家庄巨力科技有限公司通过河北省企业技术中心和依托建设的高炉送风系统河北省工程实验室，采用自主研发的工艺技术，设计制备出一种高温耐压及抗折强度高、导热系数小、能够满足高炉送风支管隔热技术要求的耐火材料。

3 耐火材料的设计

3.1 技术设计

3.1.1 耐火材料由以下重量单位的原料组成：Al_2O_3 78.3～79.3%；硅砂（石英砂）17.8～18.2%，其中要求 SiO_2 含量不小于92%；漂珠 0.7～0.88%；氧化铝空心球 0.90～1.1%；白泥 0.9～0.96%；SiO_2 微粉 0.91～0.96%，其中要求 SiO_2 含量不低于94%；三聚磷酸钠 0.4～0.51%。

3.1.2 将上述粉状材料通过结合剂、黏合剂配置，进入智能和料机，进行和料。抽样固化检测、试验。

3.1.3 在送风支管产品内设施满足热风输送的最小管径的空间层，形成主件产品内壁与耐火材料层空间。在空间内浇筑和好、检测试验合格的耐火材料。

3.1.4 完成常温固化，进入高温固化。

3.2 工艺设计

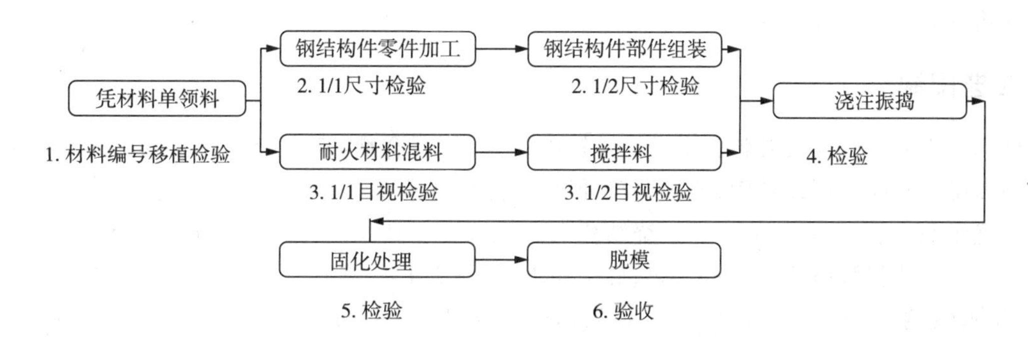

3.2.1　在>10℃恒温下通过智能混料装置进行混料，混料搅拌时振捣频率为3300HZ/S，一次混料质量控制在500千克，混料速度不大于150M/ S，混料时间不少于20分钟。确保混料无干料、无团料、料均匀、湿度均衡。

3.2.2　混料后必须在30分钟内完成耐火材料的浇筑。

3.2.3　耐火材料浇筑过程，同时进行振捣，确保上下、前后浇筑充分、材料流动顺畅、充填到每一结构件的深处。使附着物、气泡充分排出浇筑体外。

3.2.4　常温固化，完成脱模。进行高温固化处理72小时。火焰烘烤器高温烧结48小时。确保耐火材料的耐压强度和抗折强度达到最佳状态。

3.3　技术效应

对耐火材料设计、工艺浇筑和耐火材料高温区域易焚化、脱落、使用寿命短等问题进行了改进。在对高炉送风支管隔热技术充分分析的基础上，经过深入研究、反复试验，改变耐火材料中 Al_2O_3、SiO_2 原料配比，增添氧化铝空心球配比和加大氧化铝空心球直径，采取新工艺方案，设计出一种耐压及抗折强度高、导热系数小(导热系数(W/m.k)小于0.40)，能够满足高炉送风支管隔热技术要求的耐磨、隔热耐火材料。可使高炉送风支管的外壁温度得到降低，使用寿命得到提高。减少因休风带来的热能损失和热废气排放和停产，提高炼铁产能。

4　技术实施

送风支管用耐火材料组成均是以 Al_2O_3 与 SiO_2 为主要原料，添加工艺黏合剂制成。通常工艺配比 Al_2O_3 比 SiO_2 控制在3.5:1.5，并在常温下进行和料。经过对送风支管工艺技术的研究，根据 Al_2O_3 与 SiO_2 在隔热技术中的理化性能和作用，确认 Al_2O_3 与 SiO_2 的工艺配比应调整在4.4∶1，且在辅助材料中增加了氧化铝空心球及其直径，从而降低了耐火材料的比重和提高隔热效果。并在和料工艺上采取恒温加高温固化的工艺方案。

耐火材料中 Al_2O_3 具有提高耐压强度、耐磨耐冲刷、抗渣性能的作用；SiO_2 的作用在于提高耐火材料的荷重软化温度和机械性能。现有耐火材料中 SiO_2 比例偏大，注重的是隔热效果，重点在于提高荷重温度。而一般 SiO_2 的荷重温度可达到1500～1550℃。实际送风支管工艺介质温度一般在1250℃，SiO_2 完全能够满足工艺介质温度要求。发生焚化、脱落原因应是在工艺介质的高速冲刷下和材料本身是否具有较好的耐压强度和抗折性能。现有耐火材料中 Al_2O_3 的配比较小，是隔热效果不能满足送风支管工艺技术要求的关键。至此，合理科学的调整 Al_2O_3 与 SiO_2 的配比，提高耐火材料的高温强度、耐冲刷性和抗渣性，同时通过增加氧化铝空心球直径补充因减少 SiO_2 配比带来的隔热效果降低的可能性，用以提高和稳定材料的隔热效果。

耐火材料设计，其技术性能为：

(1)体积密度 g/cm^3 <2.30；

(2)耐压强度 MPa 110℃×24h >50；1250℃×3h>100；

(3)抗折强度 MPa 110℃×24h >7.0；1250℃×3h >9.0；

(4)导热系数 W/(m.k)<0.40。

5　工艺配制

对 Al_2O_3、莫来石和氧化铝空心球等基材辅以黏合剂、复合剂，实现产品智能配料和高温固化深加工，达到耐高温1300℃、耐1.6MPa高温热风冲刷、隔热的技术要求。其技术设计关键如下：

5.1　优级焦宝石41.5%～46.5%；烧结莫来石14.3%～19.5%；漂珠3.3%～4.2%；氧化铝空心球5.7%～7.1%；氧化铝微粉7.0%～8.3%；硅微粉1.2%～1.7%；锂辉石4.0%～6.7%；蓝晶石3.7%～4.2%；三聚磷酸钠0.11%～0.28%；α－氧化铝微粉4.2%～4.8%；红柱石1%～3%；硅线石1%～

1.5%;蓝晶石 2%～2.5%;钾长石 1.2%～1.6%。

5.2 增加了氧化铝空心球,降低了耐火材料的比重和提高了隔热效果。

5.3 增加硅微粉固体有机物。使其在充填于材料的孔隙中,提高材料体积密度,降低了显气孔率,材料强度明显增强。由于硅微粉具有很强的活性,特别能在水中形成胶体粒子,在加入其同时加入1.6%～3.5%的分散剂,即可增强其流动性,从而使材料更具有较强的亲水性,增强材料的凝聚,提高材料的耐高温性能和材料的使用寿命。

5.4 调整了耐火材料中的氧化铝微粉配置比例,促进耐火材料的致密性,降低材料的显气孔率和气孔孔径,增大体积密度,从而改善材料在常温下的显微结构。促进材料的烧结,增强材料致密性和抗折强度、耐压强度。改善材料的高温抗折能力和抗热震性能。

5.5 材料加入蓝晶石,改善材料的线变化率,消除了材料在高温和冷却过程中材料收缩裂纹的缺陷。

5.6 选用工业氧化铝经高温电熔吹制而成的氧化铝空心球。制备时依据氧化铝空心球粒直径,确定其密度,然后确认添加情况。确保耐火材料的整体密度要求。这是耐火材料的关键技术。

5.7 加入 α－氧化铝微粉(4.5%)、钾长石(1.5%)和硅微粉(1.5%)的用量,加强了浇注料的基质部分工作性能,在提高浇注料的高温性能的同时,有效地确保了耐火材料的整体流动性,同时,因为微粉在高温下的晶体莫来石($3Al_2O_3 2SiO_2$)化和体积膨胀,有效的防止耐火材料因急冷、急热产生的裂纹。

通过技术设计改变 AI_2O_3、SiO_2 材料工艺配比,增加氧化铝空心球、微粉及蓝晶石、硅线石、红柱石和钾长石,采取新工艺方案,满足了送风支管耐火材料耐高温、抗热裂性技术要求。

6 结束语

石家庄巨力科技有限公司 2014 年通过了河北省发改委依托企业建设的《高炉送风系统河北省工程实验室》验收。企业充分利用工程实验室的试验条件,通过对送风支管隔热材料的不断技术研发和工艺制备的不断改进,有效的推进了基础共性耐火材料应用的技术进步,得到了送风支管运行企业的认可。本文以《一种用于高炉送风系统的隔热耐火材料及制备方法》申报了发明专利(专利号:201510343869.0),并已通过初步审查。2015 年 9 月 26 日通过河北省科技厅组织的专家验收,送风支管耐火材料设计达到国内领先水平。

参考文献

[1] 河北省科学技术情报研究院《高炉送风系统用高性能隔热材料》科技查新报告 201513b1502239a

[2]《一种用于高炉送风系统的隔热耐火材料及制备方法》申报了发明专利(专利号:201510343869.0)

膨胀节O型环耐压试验平盖设计

李洪伟[1] 王 玉[2] 杨知我[2] 李 秋[1] 宋 宇[1]
(1. 沈阳汇博热能设备有限公司,辽宁沈阳 110168;
2. 沈阳仪表科学研究院有限公司,辽宁沈阳 110043)

摘 要:平盖是膨胀节进行压力试验的主要受压元件,在标准法兰无法满足使用的情况下,需要设计者自行设计平盖,设计过程需精确计算平盖厚度以保证压力试验安全性。本文详细介绍GB 150和EN50068有关平盖设计内容,详细给出步骤,供相关设计人员设计时参考。

关键词:波纹管膨胀节;平盖;厚度计算

Designing of Flat Circular Covers With the Expansion of the O-ring Section Pressure Test

Li Hongwei[1] Wang Yu[2] Yang Zhiwo[2] Li qiu[1] Song Yu[1]
(1. shen yang huibo heat energy equipment CO. ,LTD. Shenyang Liaoning 110168;
2. Shenyang Academy of Instrumentation Science CO. ,LTD,Shenyang Liaoning 110043)

Abstract: During the hydrostatic test bellows expansion joint, flat circular covers under pressure. In most cases will be selected through the selection of standard Flat circular covers design. When the mating flange does not accord with standard Flat circular covers. By precise calculation of the thickness of the Flat circular covers to ensure the safety pressure test. This article detailed introduction of GB 150 and relevant EN50068 flat cover design content, detailed steps are given for design as a reference for designers.

Keywords: Bellows expansion joint; Flat circular covers; Thickness calculation

1 引 言

在波纹管膨胀节设计过程中,设计者不仅要考虑膨胀节设计工况,也要考虑膨胀节制造过程中检验环节的经济性。一般情况下,波纹管膨胀节出厂前需要进行耐压性能试验,对于法兰连接膨胀节,需要配套的平盖才能进行检验。如果是标准法兰,通常按标准是可以选到标准的平盖,但如果是非标法兰,就需要设计者自行设计平盖。

GB/T 12777 标准主要是针对波纹管膨胀节组件的设计,但对于平盖等检验部件的设计并没有给出计算方法。通常可按GB 150和EN50068有关章节进行设计,鉴于大部分从事膨胀节设计人员对以上2项标准并不熟悉,本文以图1所示产品为例,详细给出步骤,供相关设计人员设计时参考。

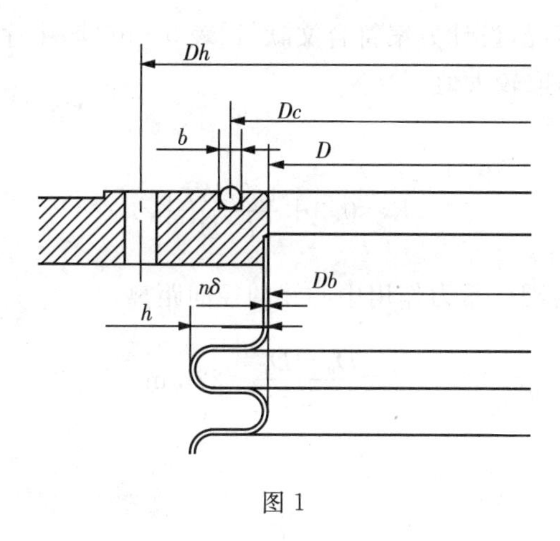

图 1

2 设计条件设定

为表现两种计算方法的差异性，统一将设计条件设定为某型号事实产品的规格，其中部分参数按照文献[1]相关计算依据查据，具体如下：

已知条件			简　图		
计算压力 P_c	MPa	2.0	图 2		
设计温度	℃	20			
平盖材料名称		Q245R			
平盖材料类型		板材			
材料设计温度许用应力 $[\sigma 1]_b^t$	MPa	148			
材料室温许用应力 $[\sigma 1]_b$	MPa	148			
螺栓材料名称		$40C_r$			
螺栓室温许用应力 $[\sigma]_b$	MPa	196			
螺栓设计温度许用应力 $[\sigma]_b^t$	MPa	196			
平盖计算直径 D_C	mm	624			
焊接接头系数 φ		1			
螺栓孔中心圆直径 D_h	mm	668			
垫片压紧力作用中心圆直径 D_G	mm	624	法兰内径 D	mm	620
垫片有效密封宽度 b	mm	11	垫片系数 m		1.00
波纹管内径 D_b	mm	620	垫片比压力 y	MPa	1.4
波高 h	mm	30	壁厚 $n\delta$	mm	2

3 文献[1]中关于平盖的计算方法

平盖的厚度计算公式

$$\delta_P = D_C = \sqrt{\frac{KP_C}{[\sigma 1]^t \phi}}$$

其中：K—结构特征系数

K 值计算过程：根据密封情况，设计方案符合文献[1]表 5－9(续)中序号 9 结构形式，K 值应分别取操作状态和预紧状态进行计算，取较大值。

(1)操作状态下：

$$K=0.3+\frac{1.78WL_G}{P_CD_C^2}$$

其中：L_G—螺栓中心至密封圈压紧力作用中心线的径向距离，

$$L_G=\frac{D_h-D_C}{2}=22\mathrm{mm}$$

W—螺栓设计载荷

操作状态下

$$W=0.785D_G^2P_C+6.28D_GbmP_C=697532.16\mathrm{N}$$

操作状态下：

$$K=0.3+\frac{1.78*697532.16*22}{2*624^3}=0.356$$

(2)预紧状态下：

$$K=\frac{1.78WL_G}{P_CD_C^3}$$

其中

$$W=\frac{A_m+A_b}{2}[\sigma]_b$$

A_b—实际使用的螺栓总截面积，应用环境下，实际使用螺栓总面积大于等于需要螺栓面积，在补偿器打压计算时为计算出最小平盖厚度，通常计算时可采用 $A_b= A_m$

A_m—需要的螺栓总截面积，取预紧状态下(A_a)和操作状态下(A_p)需要的最小螺栓面积中的较大值。

计算 A_m：

$$Aa=\frac{3.14D_Gby}{[\sigma]_b}=153.950$$

$$Ap=\frac{0.785D_G^2P_C+6.28D_GbmP_C}{[\sigma]_b^t}=3558.838$$

值得注意的是：A_p式中，$0.758D_G^2P_C$ 为内压引起的总轴向力(F)，对于波纹管膨胀节，轴向力与波纹管规格相关，根据 GB/T 12777 及 EJMA 内压引在膨胀节上所产生的静推力计算知

$$F=P_cA_y=P_c\frac{\pi(D_b+h+n\delta)^2}{4}=667413.28\mathrm{N}$$

故

$$Ap=\frac{0.785D_G^2P_C+6.28D_GbmP_C}{[\sigma]_b^t}=3845.26$$

则 $A_m= A_p=3845.026\mathrm{mm}^2$

计算

$$W=\frac{A_m+A_b}{2}[\sigma]_b=753625.096\text{N}$$

预紧状态下

$$K=\frac{1.75*753625.096*22}{2*624^3}=0.0607$$

(3)综合比较(1)(2)结果,取 $K=0.356$

计算平盖的厚度

$$\delta_P=D_C\sqrt{\frac{KP_C}{[\sigma1]^t\phi}}=624*\sqrt{\frac{0.356*2}{148*1}}=43.29\text{mm}$$

以上是文献[1]中关于平盖的计算全过程,在波纹管膨胀节平盖设计时,需注意在计算内压引起的总轴向力时,应以波纹管引起的压力推力为依据。本计算方法涉及参数及参照标准较多,计算出的结果在实际验证中安全系数高。但垫片结构不是示例中的O型圈型式,只是选用贴近于实际情况的结构形式计算的结果。

4 EN 50068 中平盖计算

近日本文作者在查阅国外相关文件时,发现EN标准中对平盖的计算方法与GB 150区别很大,在此将EN 50068中计算公式列举如下:

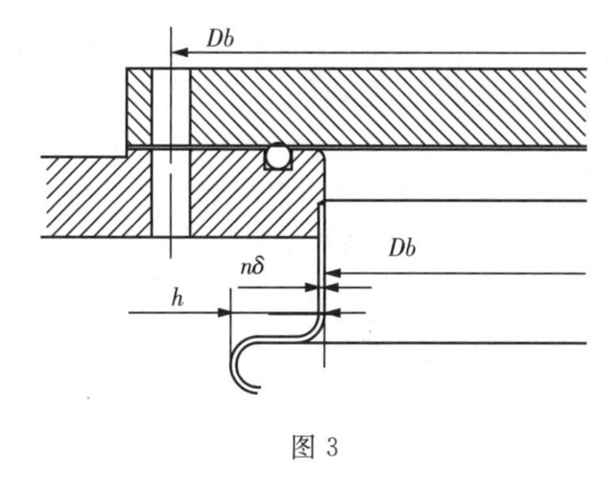

图3

EN50068中计算公式

$$t=0.165D_h\sqrt{\frac{P_C}{[\sigma1]^t}}$$

其中 D_h =螺栓孔中心圆直径,668mm;

P_c 单位为 *bar*。

按此算法本示例平盖计算厚度为

$$t=0.165D_h\sqrt{\frac{P_C}{[\sigma]^t}}=0.165*668*\sqrt{\frac{20}{148}}=40.52\text{mm}$$

此方法计算的法兰厚度相对GB 150算法中法兰厚度减小,但其垫片是O型圈结构,更符合膨胀节法兰配合时实际情况。

5 结　语

比较两种平盖计算方法,GB 150中计算方式综合考量平盖密封预紧力、内压引起的作用于平盖上的轴向力、垫片选用、螺栓选用等因素,计算结果平板厚度为43.26mm,但由于垫片结构无法模拟真实的O

型圈型式，结果是较厚的。EN 50068计算方式主要考量螺栓孔中心圆直径，对螺栓选用及预紧力未有考量，但其垫片是模拟真实O型圈结构，且新旧版本该公式完全一致，说明该公式具有较高的可靠性，推荐采用。

参考文献

[1] GB 150.1～150.4—2011《压力容器》北京，中国标准出版社，2011年11月。

[2] EN 50068 1993《Wrought steel enclosures for gas-filled high-voltage switchgear and controlgear》

作者简介

李洪伟(1985—)，男，工程师，主要从事膨胀节的设计、研发与销售工作；工作单位：沈阳汇博热能设备有限公司；联系方式：沈阳市东陵区浑南东路49－29号，邮编：110168，联系电话：024－88718599，E-mail：lhw1099@163.com

基于多学科优化方法的金属波纹管疲劳寿命优化设计

宋林红　张文良　钱　江　黄乃宁　张秀华

(沈阳仪表科学研究院有限公司 机械工业金属弹性元件工程技术研究中心,辽宁沈阳　110043)

摘　要:金属波纹管作为关键零部件在航天航空、核工业、石油石化、钢冶、船舶等领域发挥重要作用,设计在保证金属波纹管性能和质量的过程中起着头等重要的作用。由于金属波纹管具有材料非线性、几何非线性、多层接触等特征,现有工程设计方法没有成熟的经验和方法可以借鉴,对波纹管设计带来了新的设计挑战和技术需求。本文将多学科优化设计软件和有限元仿真软件结合应用,进行金属波纹管多目标、多参数的协同创新设计,设计输入方式也由手动修改模式变为软件自动探寻最优结构和尺寸参数,能够显著提高设计精度和产品可靠性,同时满足了金属波纹管高性能、轻量化、最优化的设计要求,缩短了产品的研制周期。

关键词:金属波纹管;优化设计;非线性;有限元;试验

Fatigue Life Optimal Design of Metal Bellows Based on Multidisciplinary Optimization Method

Song Linhong　Zhang Wenliang　Qian Jiang　Huang Naining　Zhang Xiuhua

(Shen yang Academy of Instrumentation Science Co. Ltd., Engineering Technology Research Center of Machinery Industry Metal Elastic Element, Shen yang　110043, China)

Abstract: Metal bellows as key components play an important role in the field of aerospace, nuclear industry, petroleum, petrochemical, steel smelting, shipbuilding, design plays an important role in ensuring a top metal bellows performance and quality in the process. Since the metal bellows have a material nonlinearity, geometric nonlinearity, multi-contact characteristics, the existing engineering design method is not mature experience and methods can learn bellows design brings new design challenges and technology needs. This article will multidisciplinary design optimization software and finite element simulation software combined with the application, the metal bellows multi-target, multi-parameter design of collaborative innovation, design input mode changes from manual mode to modify the software to automatically search for the optimal structure and size parameters, it is possible significantly improve the design accuracy and reliability, while meeting the metal bellows high performance, lightweight, optimized design requirements, shorten the product development cycle.

Keywords: Metal bellows; Optimal Design; Non-linear; Finite element; Test

1　前　言

金属波纹管(简称波纹管)是一种挠性、薄壁、有横向波纹的管壳零件,在外力及力矩作用下能产生轴向、角向、侧向及其组合位移[1]。除弹性特性外,波纹管还具有耐压、密封、耐腐蚀、耐温度、耐冲击等多种性能,是一种多功能零部件,现已广泛应用于机械、航空航天、船舶、汽车、石化、能源、核工业等领域。

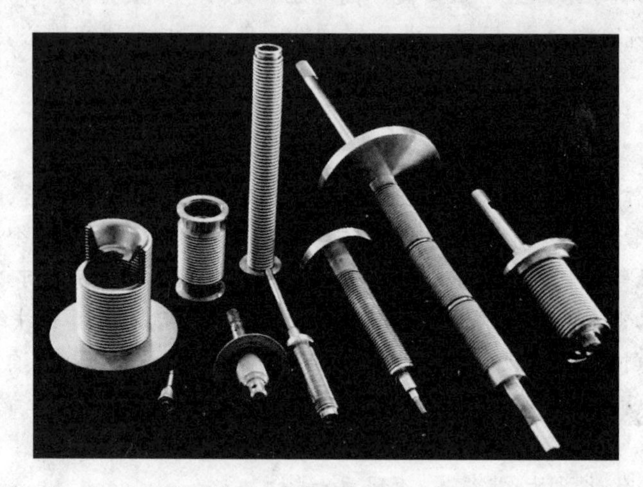

图1　金属波纹管

2　波纹管的主要设计方法及其局限性

波纹管的设计非常复杂,为了做出一项适当的设计,需要在若干相互矛盾的设计要求中选择一个折中方案,产品设计存在大量的设计变量和约束条件,使得要有效地组织起来进行综合设计的难度非常大。传统设计中最有效的方法是通过提高安全系数来达到提高可靠程度的目的,从而导致设计出来的金属波纹管太过于保守,结构明显偏重,不能做到最优化。而波纹管属于核心零部件,它的性能和几何尺寸直接决定着相关部件的几何尺寸和性能指标。

目前波纹管的设计计算方法主要有3种:解析法、工程设计法和有限元法,国内应用较多的主要有工程设计法和有限元法。现广泛应用的工程设计方法,其设计符合率一般较低,尤其关于疲劳寿命计算的准确性有待提高。而有限元法属于校核式分析法,它是在用户提供的设计参数基础上进行有限元分析,确定设计参数是否满足使用要求,设计出来的产品虽然性能能够满足要求,但往往不是最优方案。

随着现代工业技术的发展,对波纹管的性能和设计要求愈来愈高,波纹管的工作环境越来越复杂,除了有轴向拉伸压缩位移,还有高温、低温、高压、摆动等复杂耦合工况,仅应用单一设计方法较难满足其高精度、高性能的设计要求,给波纹管的设计带来了新的挑战。

3　优化设计技术的发展和应用

优化设计是从多种方案中选择最佳方案的设计方法。它以数学中的最优化理论为基础,以计算机为手段,根据设计所追求的性能目标,建立目标函数,在满足给定的各种约束条件下,寻求最优的设计方案。第二次世界大战期间,美国在军事上首先应用了优化技术。随着数学理论和电子计算机技术的进一步发展,优化设计已逐步形成为一门新兴的独立的工程学科,并在生产实践中得到了广泛的应用,将优化设计与工程设计法、有限元法结合起来,协同进行创新设计在国内外也有一定的应用研究。

目前市面上能够与仿真分析软件协同设计的优化软件较多,Isight、Model Center、OPTIMUS、TOSCA等软件均有支持CAE软件的接口,甚至ANSYS、Nastran等软件自带优化设计模块,但其功能不尽相同。由于波纹管具有几何非线性、材料非线性、多层接触等特点,Isight、Model Center、ANSYS等

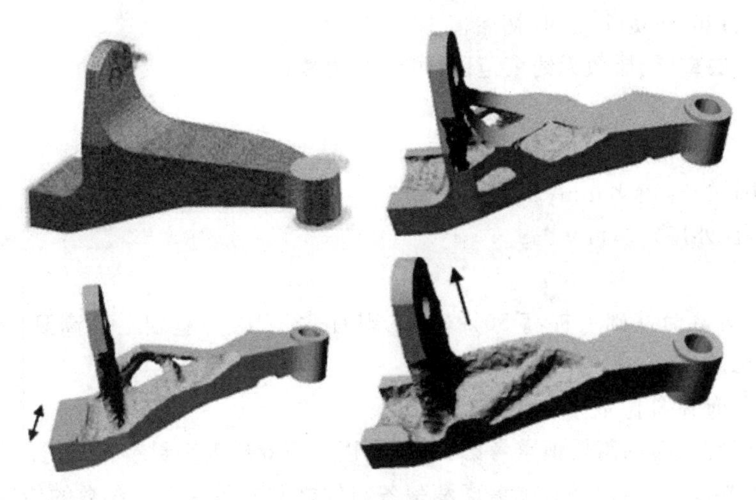

图 2 拓扑优化设计

软件适用性较好，能够应用其进行波纹管多学科优化设计。

4 算例分析

本文应用多学科优化设计软件 Model Center 与 MSC. Marc、MSC. Fatigue 共同完成波纹管优化设计，其中 MSC. Marc 软件主要进行结构仿真分析，MSC. Fatigue 软件主要进行疲劳仿真分析。金属波纹管的优化主要分为两个主要流程：仿真流程与优化流程。其中仿真流程包括：波纹管刚度分析、强度分析和疲劳运算；优化流程包括：优化流程建设、仿真过程封装、参数的提取与关联、相关公式的封装以及优化算法的选择、自动运行寻优，结果分析等。常用的优化算法主要有梯度法、拉格朗日乘数、遗传算法、超拉丁算法、响应曲面法等。

4.1 分析对象

本文以 DN10 规格波纹管为例，对该规格波纹管进行疲劳寿命优化设计。优化前波纹管的几何尺寸参数如表 1 所示，外径 16mm，内径 10.8mm，层数 2 层，设计层厚 0.15mm，波纹数 11 个，波纹管轴向有效长度 20.9mm。

表 1 波纹管优化前几何尺寸

波纹管类型	外径 (mm)	内径 (mm)	层数	单层壁厚 (mm)	波距 (mm)	波厚 (mm)	波数 (个)	有效长度 (mm)	材料
U 型	16	10.8	2	0.15	1.9	1.1	11	20.9	316L

优化前波纹管的轴向刚度、外压强度及疲劳寿命等性能测试指标参数见表 2。

表 2 优化前波纹管的性能指标参数

波纹管规格	平均轴向刚度(N/mm)	失稳压力(外压)(MPa)	平均疲劳寿命(次)
DN10	84.57	11，未失稳	5257

4.2 优化参数和优化目标的设定

优化设计时 MSC. Marc 和 MSC. Fatigue 软件需要自动进行参数化建模，若 Model Center 软件迭代计算出的波纹管内径、外径、波距等参数不满足波纹管模型的生成规则，仿真软件则无法正常建模和求解计算，不利于优化求解的顺利进行，需要对参数变量进行约束。

(1)参数变量范围：

① 内径变化范围：Φ10.5～Φ11.5 之间(初始值 10.8)；

② 外径变化范围：$\Phi15 \sim \Phi17$ 之间(初始值 16)；

③ 波距、波厚、单层壁厚、层数无约束范围，可随意调整；

(2)约束条件：

① 有效波纹长度变化范围：≤30mm；

② 刚度约束范围：62～92N/mm；

③ 极限承压能力(外压)：≥11MPa；

(3)优化目标

波纹管在现有疲劳寿命基础上提高 50%，即在现有 5257 次的基础上提高到 7885 次，工况为外压 7.4MPa、压缩 2.9mm。

4.3　优化流程的布局和优化方法设置

首先，整个优化流程的布局需要慎重考虑，参数可以用 Excel 表来封装，仿真过程可以用 QuickWrap 组件和 Script 组件来共同完成，但是必须考虑清楚各组件之间的关系以及参数的传递顺序改怎样布置。

根据给定的参数及其范围，会发现范围之间有重叠和冲突，所以第一步要考虑设计空间的过滤，把不符合范围要求的参数组合提前剔除，这样既可以节省时间，又避免了仿真流程的失效。在 Model Center 中可以直接用 IF 流程来实现，在 IF 流程之前可插入 Script 组件，用脚本来设定条件。再将 IF 两个分支的输出值全部传给另外一个 Script 组件，这个组件中的参数将作为约束变量与目标变量。

这样，整体的流程已经确定，Variables 部分是参数梳理，ifconditions 部分是判断语句(判断语句也可以直接点击红框圈起部分拖入变量直接定义范围实现，这样就避免了 VBScript 程序的编写)，Parallel 部分是仿真流程，else_result 部分是定义输出 0 结果，Result 部分是约束与目标输出变量。图 3 为波纹管优化流程的布局。

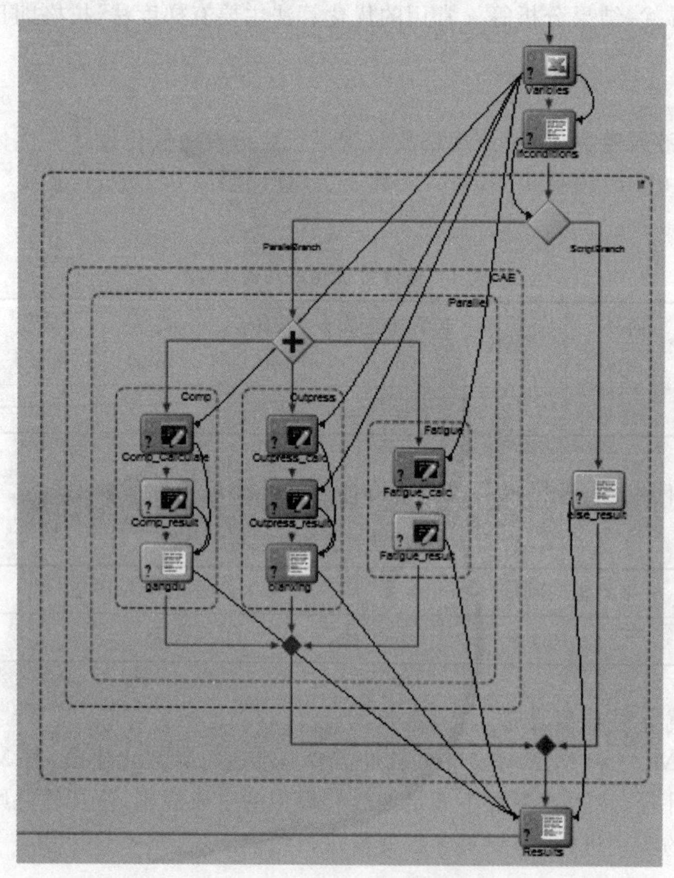

图 3　波纹管优化流程的布局

由于几何参数包括层数与波数这两个变量只能为整数,属于离散变量,因此优化算法选择时受到限制,Model Center 中允许离散变量的算法有:Darwin 算法、NSGA II、EVOLVE、DAKOTA MOGA、DAKOTA EA 等,本算例采用了较为通用的 Darwin 算法进行优化计算。图 4 为波纹管优化算法的设置。

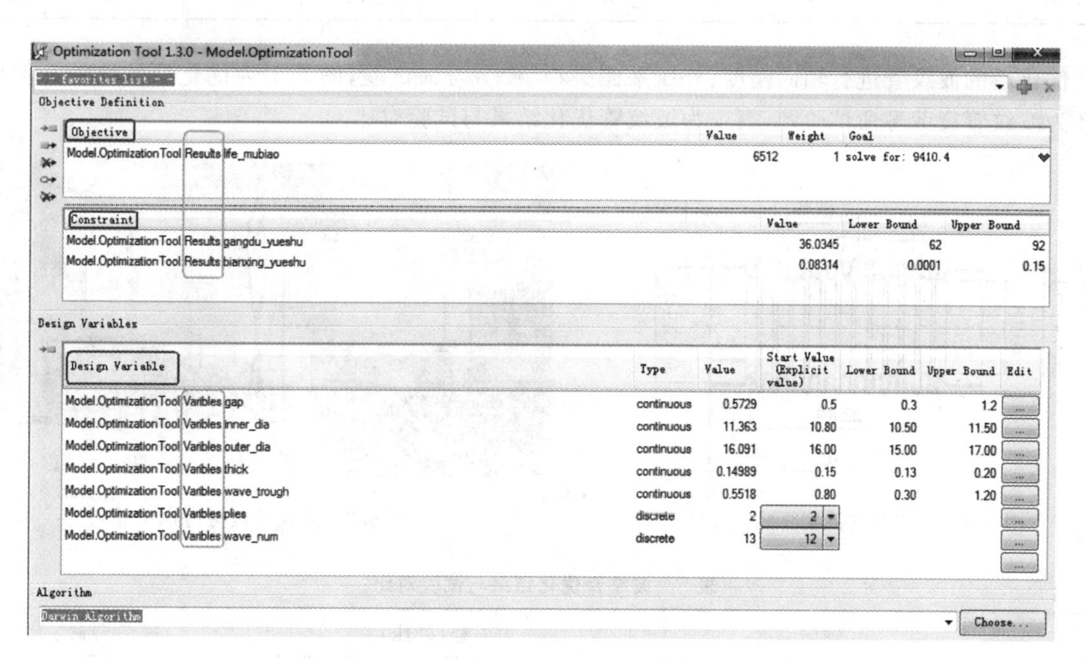

图 4 波纹管优化算法的设置

4.4 优化设计结果

通过 Darwin 算法不断地寻优,在运行至 629 步,即种群迭代约 11 次时,认为结果已经达到要求,手动停止了运算。根据该算例要求,将所有寿命大于 7885 的结果进行了整理,可以从结果界面中导出数据 File-Export Data,存为 . csv 文件,该文件可直接用 Excel 表打开,并对所有结果进行梳理,舍弃不满足优化目标和约束条件的结果。图 5 为波纹管优化结果提取界面。

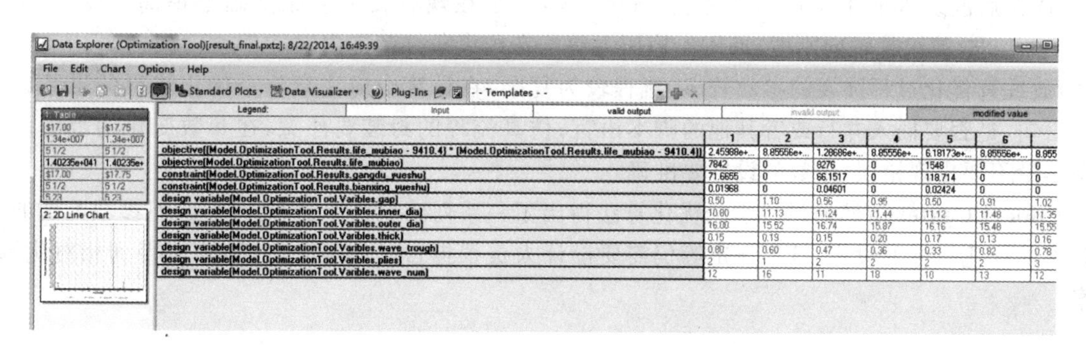

图 5 波纹管优化结果提取界面

5 试验验证

若优化设计出的结果比较多,则可以根据现有的成形模具库和管坯来选取最合适的波纹管几何参数,选取了第 15 个优化结果,对设计参数取整,然后进行仿真校核和试验验证,此外将波纹管的两端结构设计成扩口形式(便于焊接)。表 3 是波纹管优化后的几何尺寸。

表3　波纹管优化后的几何尺寸

规格	外径(mm)	内径(mm)	层数	单层壁厚(mm)	波距(mm)	波厚(mm)	波数(个)	有效长度(mm)	材料
DN10	16.3	10.8	2	0.15	1.9	1.1	12	22.8	316L

对优化后的波纹管进行轴向刚度、外压平面失稳、疲劳寿命试验，图 5.1 为优化后波纹管几何尺寸，图 5.2 为波纹管疲劳寿命试验图，表 5 为波纹管优化结果与试验对比。

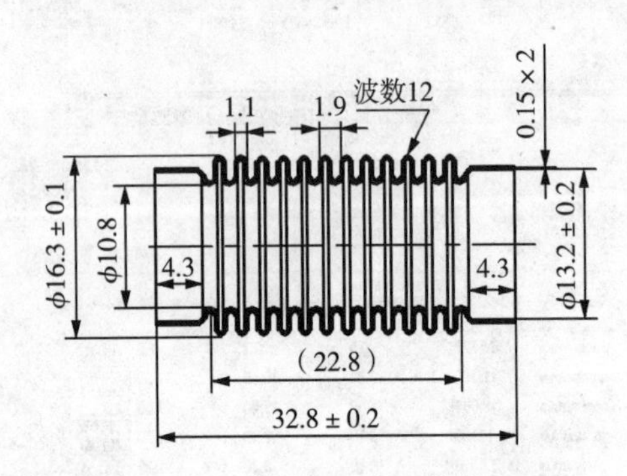

图 5.1　优化后的波纹管几何尺寸

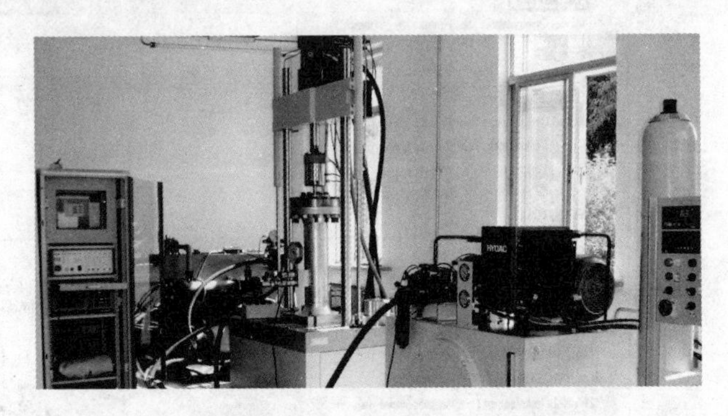

图 5.2　波纹管疲劳寿命试验

表5　波纹管优化结果与试验对比

规格	轴向刚度		平面失稳(外压)		疲劳寿命	
	优化值(N/mm)	试验值(平均)(N/mm)	优化设计值(MPa)	试验值(MPa)	优化值(次)	试验值(平均)(次)
DN10	66.36	81.92	≥11	11，未失稳	10381	14641

6　结　论

(1)优化后波纹管的平均疲劳寿命为 14641 次，满足在现有疲劳寿命基础上提高 50%(目标寿命 7885 次)的要求，波纹管轴向刚度、外压失稳压力等均在约束条件范围内。

(2)波纹管优化过程涉及的参数较多，流程较为复杂，在计算中应注意整个优化流程的思路，是否要用判断语句，是否要插入并行或者其他的脚本语言；仿真流程的封装要注意，在参数变化的范围之内，仿真流程尽量不要出现错误，参数的设置要准确。

(3)Model Center 虽然通过科学的优化算法得出了一系列满足目标的参数组合，但参数范围的选取、约束条件和优化目标的设定、结果评定等仍需要设计人员根据自己的经验判断，才能得到相对优选的设计方案。

参考文献

[1] 徐开先．波纹管类组件的制造及其应用[M]．北京：机械工业出版社，1998.

[2] Standards of the Expansion Joint Manufacturers Association，INC 2008[S].

[3] JB/T 6169—2006 金属波纹管[S]．北京：机械工业出版社，2007.

[4] Lin，C.－Y. Genetic search strategies in multicriterion optimal design [J]. 1992(2)，99－107.

[4] 罗伯特．D. 库克，等．有限元分析的概念与应用[M]．西安：西安交通大学出版社，2007.

[5] 周传月，等．MSC. Fatigue 疲劳分析应用与实例[M]．北京：机械工业出版社，2005.

[6] 黄乃宁,等．阀门用金属波纹管疲劳寿命的有限元分析[J]．阀门,2008(5):30～34.
[7] 宋林红,等．金属波纹管地州疲劳寿命及可靠性的研究[J]．压力容器,2011(1):12～17.
[8] 张秀华,黄乃宁,等．金属波纹管试验研究[J]．管道技术与设备,2009(1):32～38.

作者简介

宋林红(1978—),高级工程师,现主要从事波纹管和膨胀节类产品的设计和 CAE 分析工作,工作单位:沈阳仪表科学研究院有限公司,联系方式:沈阳市大东区北海街 242#,邮编:110043,联系电话:024—88710347,手机:13898161546,E-mail:neusong@sina. com。

波纹管液压成形工艺过程的数值模拟

卢志明[1]　唐治东[1]　盛水平[2]　陈海云[2]

（1. 浙江工业大学机械工程学院，杭州　310032；2. 杭州市特种设备检测研究院，杭州　310051）

摘　要：建立了三维波纹管几何模型，对波纹管的液压成形过程进行了数值模拟。成形过程中假设管坯材料为均质及面内各向同性，选择仅考虑厚向异性的 Hill 屈服准则和考虑应变强化的 J. H. Holloman 本构关系。通过波纹管液压成形过程数值模拟，分析了成形后波纹管各部位的变形情况，发现波峰减薄率最大。同时进行了波纹管成形和测厚实验，比较了波纹管减薄率的数值模拟和实验结果，发现两者吻合较好。

关键词：波纹管；液压成形；厚度减薄率；数值模拟；厚向异性

Numerical simulation of bellows hydroforming process

LU Zhiming　TANG Zhidong　HUO Peidong　HE Kailun

(College of Mechanical Engineering, Zhejiang University of Technology, Hangzhou　310032)

Abstract: The three dimensional model of the bellow was built, and the hydroforming process was numerical simulated. The tube material was assumed to be homogeneity and in-plane isotropic, Hill yield considering coefficient of thickness anisotropy and J. H. Holloman strain hardening model were adopted. By the numerical simulation of the bellows hydroforming process, the deformation of the bellows was analyzed, and the result showed that the maximum thickness reduction ratio located at the peak of the bellows. At the same time, hydroforming experiment of the bellows were carried out, and thickness of the bellows were measured, the thickness reduction ratios of numerical simulation agree well with the actual measurement results.

Keywords: bellow; hydroforming; thickness reduction ratio; numerical simulation; thickness anisotropy

1　波纹管有限元模型

本文以目前应用最为广泛的 U 形波纹管为例进行数值模拟。U 形波纹管的几何形状如图 1 所示。

1.1　几何模型

波纹管液压成形的几何模型由管坯、左冲头、右

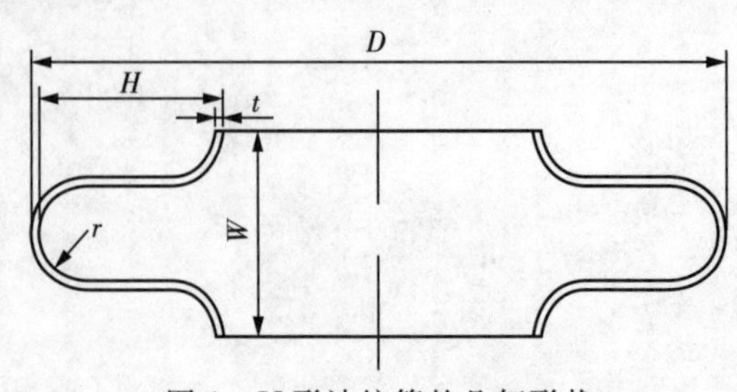

图 1　U 形波纹管的几何形状

冲头三部分组成。运用三维有限元软件建立几何模型，由于几何形状以及载荷的对称性，为了缩短模拟时间，故选取1/4几何实体建立模型。其中管坯的直径和壁厚为$\Phi114\times0.5$mm，沿轴线方向长度为70.9mm，左右冲头的圆角半径均为5.8mm，直边段长度为6mm。

表1　U形波纹管的结构尺寸

编号	外径 D(mm)	波高 H(mm)	波距 W(mm)	壁厚 t(mm)	曲率半径 r(mm)
M1	159	22.5	24.3	0.5	5.825

通过有限元分析软件DYNAFORM对三维波纹管模型进行网格划分，网格模型如图2所示。成形过程中左右冲头的变形不予考虑，视为刚性元件。

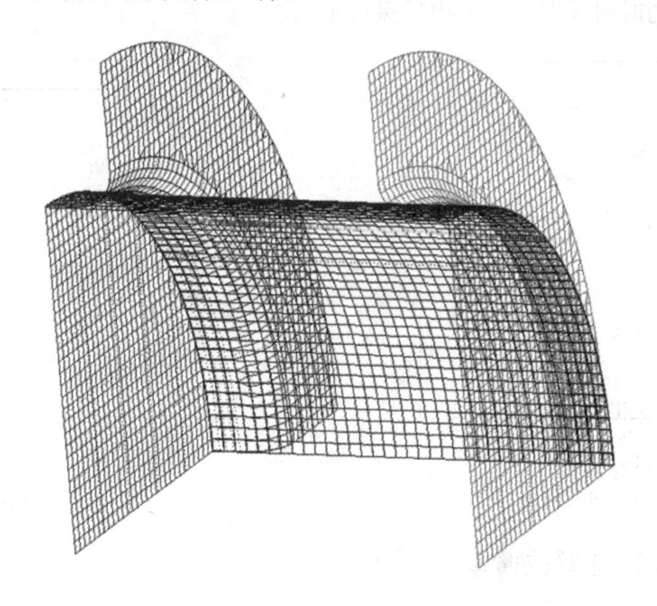

图2　波纹管液压成形有限元模拟网格

1.2　材料模型

模拟过程中选用的管坯材料为S30408，视为均质及面内各向同性材料。材料性能参数见表2。

表2　管坯性能参数

密度 ρ((kg/m^3))	抗拉强度 σ_b(MPa)	屈服强度 σ_s(MPa)	弹性模量 E(GPa)	泊松比 ν	摩擦系数 μ
7850	520	205	200	0.28	0.125

因忽略面内异性，所以选择仅考虑厚向异性的Hill屈服准则，其中厚向异性系数r值取1.02[1~3]。材料的本构关系服从J. H. Holloman表达式，即

$$\sigma=K\varepsilon^n$$

式中：σ——材料的等效应力，MPa；

ε——材料的等效应变；

K——材料的应变强化系数，取1455MPa；

n——材料的应变硬化指数，取0.5。

1.3　轴向进给位移和成形压力

波纹管液压成形是在内压力和轴向推力共同作用下发生的塑性变形，其成形过程一般需经历3个阶

段[4～7]：

(a)形成初波阶段：采用液体介质在管坯内部施加高压，从而使管坯在模板的约束下鼓胀形成初波。

(b)轴向压缩阶段：拆去模板之间的定位撑，管坯在内压力和轴向推力的共同作用下，不断扩大波形，直至模板完全靠紧。

(c)保压卸载阶段：并模后为控制回弹，需保压 10～15min，然后先卸内压，再撤轴向推力，成形结束。

根据变形前后管坯体积不变原理，波纹管轴向进给位移 S 为 17.3mm。轴向进给 S 随时间 T（T 为虚拟加载时间）的加载曲线如图 3 所示，可分为两个阶段：初始的 $0.1T$ 为形成初波阶段，没有轴向进给位移；在 $0.1\sim1T$ 的时间周期内轴向进给位移线性增加。

根据初始屈服压力和爆破压力数值[8]，选择波纹管的成形内压为 2.4MPa，成形内压 P 随时间 T（T 为虚拟加载时间）的加载曲线如图 4 所示，分为两个阶段：初始的 $0.1T$ 为形成初波阶段，成形内压随时间线性增加；在 $0.1\sim1T$ 的时间周期内成形内压保持不变。

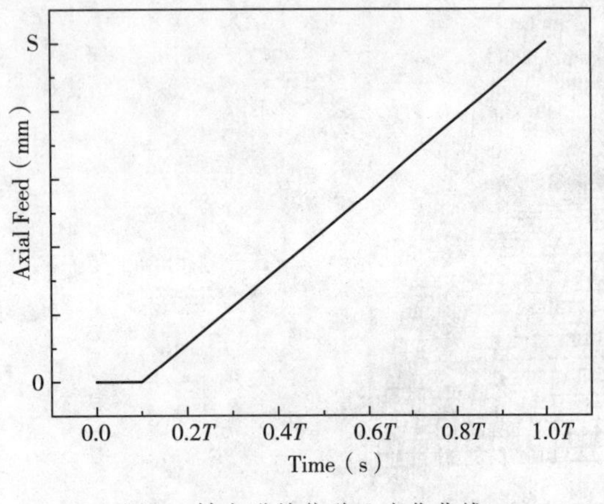

图 3　轴向进给位移 S 变化曲线

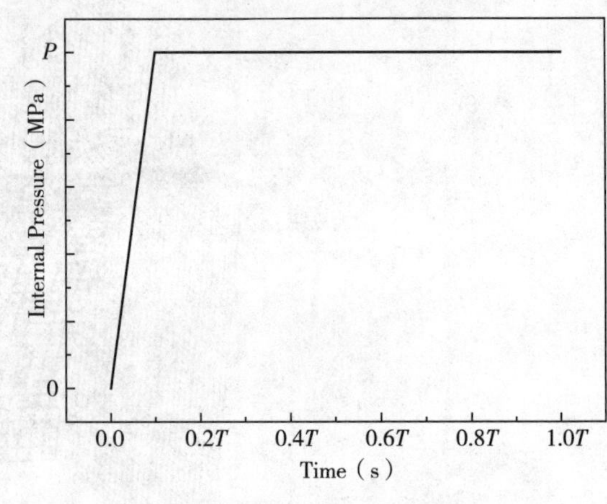

图 4　成形内压 P 变化曲线

2　波纹管液压成形壁厚减薄率

图 5 为波纹管成形后的壁厚分布云图，由图可见，在波峰附件壁厚减薄比较严重，最大由管杯 0.5mm 减薄到 0.437mm，减薄率为 12.6%。节圆处 0.5mm 减薄到 0.46mm，减薄率为 8.1%。

沿径向波纹管各部位的厚度分布如图 6 所示，图中为一个完整波纹厚度分布情况，横坐标表示从一个波谷到邻近下一个波谷经线方向距离。

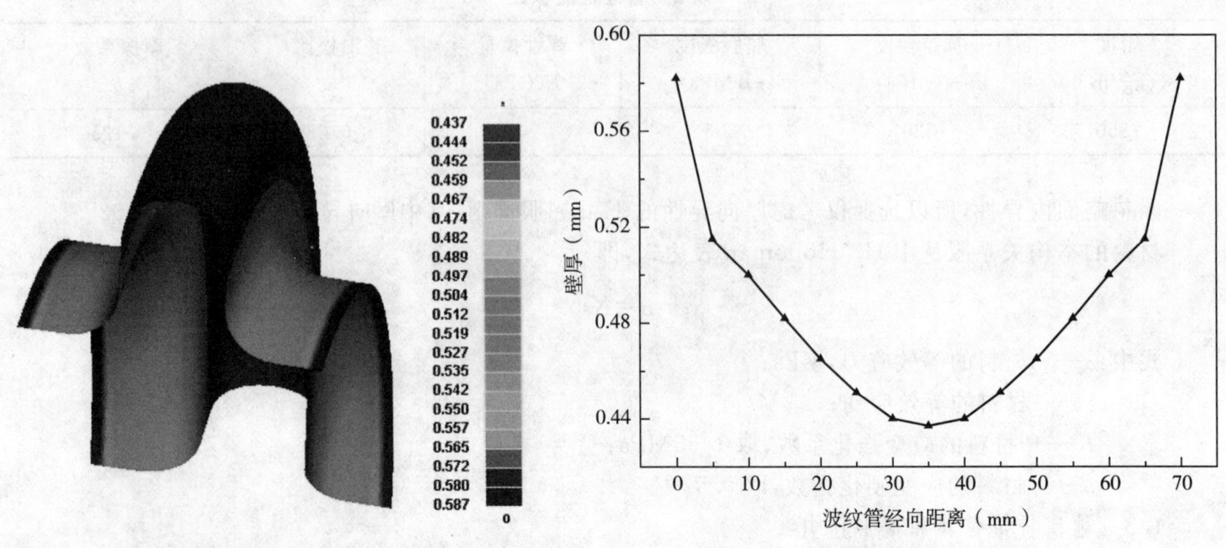

图 5　波纹管的厚度分布云图

图 6　沿径向波纹管各部位的厚度分布

为了验证数值模拟结果的准确性，本文进行了波纹管液压成形实验，波纹管的材料、几何参数和成形工艺与数值模拟的波纹管相同，成形结束使用超声波测厚仪检测波峰、节圆处的厚度。壁厚减薄率的数值模拟结果和实测结果见表 3。

表 3　厚度减薄率的数值模拟结果和实测结果比较

编号	波峰减薄率%			节圆减薄率%		
	模拟值	实验值	误差	模拟值	实验值	误差
M1	12.6	13.9	9.35	8.1	9.9	18.18

由表可见，波峰处的厚度减薄率模拟结果误差为 9.35%，节圆处的厚度减薄率模拟误差为 18.18%。由于波峰处的减薄率较大，故以波峰处为基准考虑，模拟值与实验值的误差在 10%之内，验证了数值模拟的准确性。

3　结　论

针对波纹管的液压成形的几何非线性、材料非线性以及进给位移和成形压力匹配等复杂工艺过程，采用数值模拟方法对成形过程和壁厚减薄行为进行预测，可以有效缩短工艺开发周期，降低开发成本。主要研究结论如下：

(1)因本文数值模拟主要关注波纹管液压成形过程中的壁厚减薄情况，因此管坯材料可视为均质及面内各向同性材料。因忽略面内异性，选择仅考虑厚向异性的 Hill 屈服准则，材料的本构关系选择考虑应变强化的 J. H. Holloman 关系式。

(2)根据波纹管的厚度分布云图，波纹管成形后波峰附件壁厚减薄比较严重，减薄率为 12.6%。

(3) 波纹管减薄率的数值模拟和实验结果，波峰处的厚度减薄率模拟结果误差为 9.35%，节圆处的厚度减薄率模拟误差为 18.18%。由于波峰处的减薄率较大，故以波峰处为基准考虑，模拟值与实验值的误差在 10%之内，验证了数值模拟的准确性。

参考文献

[1] B. Carleer, G. vander Kevie, L. de Winter, B. van Veldhuizen. Analysis of the effect of material properties on the hydroforming process of tubes [J]. Journal of Materials Processing Technology, 2000, 104(1－2):158－166.

[2] Ken-ichi Manabe, Masaaki Amino. Effects of process parameters and material properties on deformation process in tube hydroforming[J]. Journal of Materials Processing Technology, 2002, 123 (2):285－291.

[3] 张飞飞，陈劼实，陈军，黄晓忠，卢健．各向异性屈服准则的发展及实验验证综述[J]. 力学发展，2012, 42(1):68－80.

[4] 赵长财，周磊，张庆．薄壁管液压胀形加载路径研究[J]. 中国机械工程，2003，14(13):1087－1089.

[5] Kuang-Jau Fann, Pou-Yuan Hsiao. Optimization of loading conditions for tube hydroforming [J]. Materials Processing Technology, 2003, 140(1－3):520－524.

[6] Lihui Lang, Shijian Yuan, Xiaosong Wang, Z. R. Wang, Zhuang Fu, J. Danckert, K. B. Nielsen. A study on numerical simulation of hydroforming of aluminum alloy tube [J] Materials Processing Technology, 2004, 146 (3):377－388.

[7] M. Imaninejad, G. Subhash, A. Loukus. Experimental and numerical investigation of free-

bulge formation during hydroforming of aluminum extrusions[J]. Material Processing Technology, 2004, 147(2):247—254.

[8] 周林 . 异形截面空心结构件内高压成形工艺研究[D]. 合肥工业大学学报,2008.

作者简介

卢志明(1966—),男,教授,主要从事压力容器和压力管道结构强度研究。通讯地址:杭州市潮王路18号浙江工业大学化机所,E-mail:lzm@zjut. edu. cn。

波纹管液压成形的数值模拟研究

孙　贺[1]　钱才富[1]　叶梦思[1]　王友刚[2]
(1. 北京化工大学机电工程学院,北京,100029;2. 大连益多管道有限公司,辽宁大连　116317)

摘　要:本文对某U形波纹管的液压成型过程进行有限元模拟,考察了在加载和卸载过程中波纹管内应力场和变形场分布,研究了卸载前后的波纹管波形参数的变化,发现波距的回弹量最大,达到6.479%。数值模拟结果与实际液压成形的波纹对比表明,波距、波高、波纹管母线长度及波峰厚度偏差均小于5%,说明有限元对波纹液压成形过程的模拟是可信的。

关键词:波纹管;液压成形;有限元模拟

前　言

波纹管是膨胀节实现其承压及补偿作用的关键元件。金属波纹管的成形方法有许多种,包括液压成形、机械成形、焊接成型等。由于结构变形均匀,波纹表面质量较好,液压成形是波纹管成形的最常见方法[1-5]。对波纹管液压成形过程进行数值模拟,不仅可以得到材料变形过程的应力场和变形场,而且更能有助于波纹管的精确设计和制造、减少废品率,因此也受到越来越多的关注。李艳艳曾应用ANSYS对波纹管成形过程进行数值模拟,发现在成形过程中,随着波纹逐渐被挤压成型,管坯最大应力逐渐接近波纹管波峰区域,并且结果显示波峰处内侧应力值较外侧应力值更大[6]。宋林红等人在《CAE在波纹管成形数值模拟中的应用》应用有限元软件,对双层多波波纹管进行成形模拟,发现在整个成形过程中,壁厚逐渐减薄,波峰处减薄最多,波谷处减薄较小[7]。彭赫力等人对铝合金波纹管进行了液压成形的有限元模拟,得出使其厚度分布较均匀的液体压力和模具尺寸,并求出该工况下的波纹管最大厚度减薄率;同样该有限元模拟结果与实验波纹厚度减薄率值偏差仅为1.4%,再次证明了数值模拟的可行性[8]。李双印在《波纹管成型过程数值模拟研究》一文中通过对DN2400波纹管进行成形模拟研究,发现随着起鼓压力提高,波纹波峰处厚度减薄率逐渐变大,而成形压力的变化对波峰减薄率的影响并不明显[9]。

本文对某金属波纹管液压成形过程进行数值模拟,考察在加载和卸载过程中波纹管内应力场和变形场分布,以及卸载产生的弹性回弹,并将数值模拟结果与实际成形结果进行比较。

1　波纹管成形过程的有限元模拟

本文模拟的波纹管管坯尺寸见表1,模具尺寸见表2。

1.1　有限元几何模型的建立

根据波纹管液压成形过程特点,采用ANSYS－Workbench进行瞬态分析。由于波纹管成形模拟过程涉及多个非线性问题,同时波纹管挤压模型沿管坯轴线是对称的,为减少计算时间,本文采用轴对称模型进行模拟。单元类型选择目前应用较为广泛的PLANE183二维轴对称单元进行分析,沿管坯厚度方向划分3层有限元网格。

表 1　管坯尺寸与液压参数

管坯材料	波数	管坯内经（mm）	管坯高度（mm）	管坯厚度（mm）	起鼓压力 P_1（MPa）	成形压力 P_2（MPa）
S30403	1	1500	505	6	4	6.6

表 2　模具尺寸参数

模具圆角(mm)	上下模具厚度(mm)	管坯贴合处角度(°)	定型垫块高度(mm)
45	85	5	84

模型包括波纹管管坯、上下模具及上下端模。其中考虑波纹弹性回弹对波纹 U 形的影响，将上磨具下侧及下磨具上侧均留有 5°的倾斜角。管坯及模具结构见图 1，网格划分简化模型见图 2，且将管坯外侧接触处进行了细化。

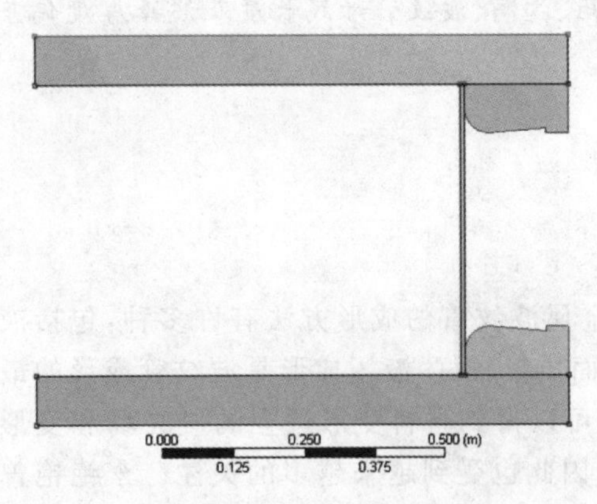

图 1　管坯及模具二维几何模型

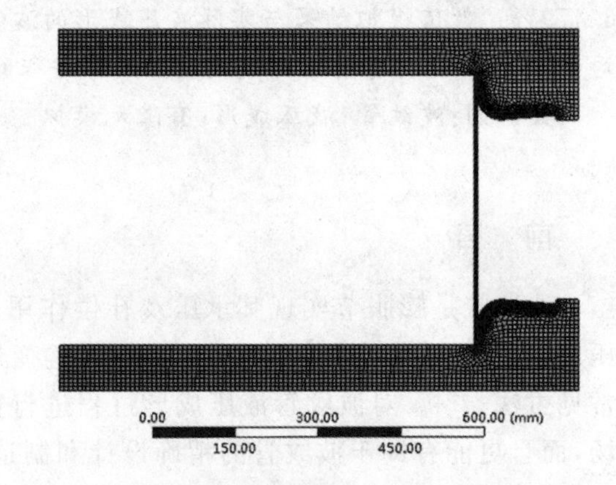

图 2　管坯及模具二维有限元模型

1.2　非线性设置

成形模拟过程中涉及较多非线性问题，除大变形外，还有管坯材料非线性及管坯与模具接触状态非线性问题。

1.2.1　材料非线性

在大应变问题中，特别当材料进入塑性阶段后，准确定义塑性阶段的材料性质至关重要。波纹管成形过程中塑性变形程度高，波纹管管坯既有拉伸又有压缩，是有多向加载的复杂过程。因此本文将管坯材料定义为多线性等向强化材料，多线性等向强化 S30403 应力应变曲线图 3 所示。

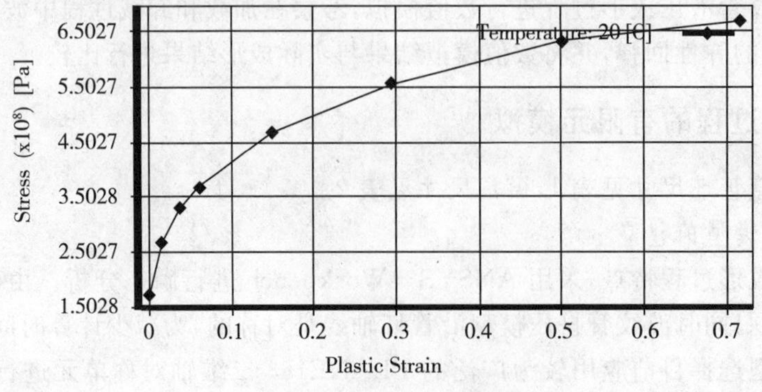

图 3　材料应力应变曲线

由于成形过程中，模具的刚性较大，在管坯产生较大应变过程中，模具基本上没有应变产生。将模具材料定义为刚性较大的材料，其弹性模量定义为正常碳钢的 10 倍，其余材料属性按碳钢输入。

1.2.2　接触状态非线性

在波纹管成形过程中，管坯外侧与上下模具处于动态接触状态，起初只在管坯端部与模具相切，随着液体压力的增大，管坯与模具贴合面积越来越大。为此，将管坯端面与上下端模连接处定为轴对称绑定接触，使其保持永久连接状态，如图 4 中 A、D 处；而在管坯外侧与上下成形模具贴合面之间，由于成型前部分接触，随着成形过程的进行，贴合面逐渐扩大并且两个表面伴有切向滑移，因此将其定义为轴对称无摩擦接触，如图 4 中 B、C 处。

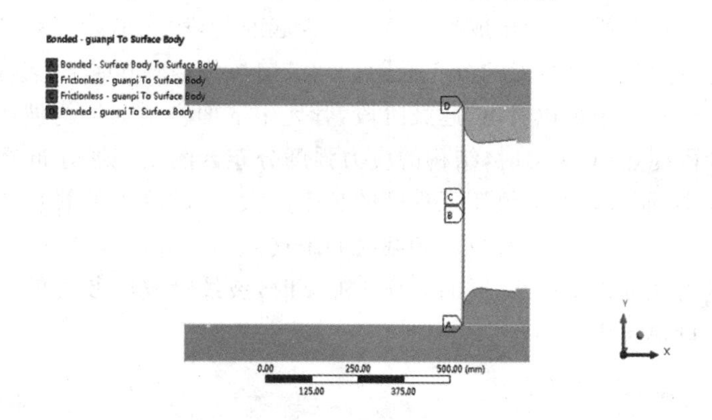

图 4　管坯与模具接触定义示意图

1.3　加载与边界条件

实际波纹管成形过程分为起鼓阶段、成形阶段及卸载阶段。起鼓阶段：管坯内部逐渐升压，管坯轴向由模具间垫块支撑，不进行挤压，直至管坯鼓胀出初波，此处管坯内部最终压力为起鼓压力 P_1；成形阶段：撤去模具间部分垫块，使垫块高度等于成形垫块高度，油压机轴向缓慢压缩管坯，同时管坯内部继续缓慢增大压力，直至上下模具与成形垫块完全贴合，该阶段管坯内部最高压力为成形压力 P_2，油压机轴向压缩力为 F；卸载阶段：管坯内部压力（成形压力 P_2）及油压机轴向压缩力 F 逐渐减小到 0。

本文也同样分三阶段进行模拟。施加的外界载荷随时间变化，总的时间步长 1300s，分为 300～600 子步进行施加。设置起鼓阶段时间 600s，成形阶段时间 600s，卸载阶段时间 100s。起鼓阶段时，管坯内壁承受起鼓压力作用；成形阶段，管坯内壁承受成形压力作用，直到挤压到上下模具间距离为定型垫块高度。在卸载阶段时，所有作用载荷逐步减小到零。整个成形过程中，管坯下端固定不动，管坯外侧滑动支撑。管坯内侧压力变化如图 5 所示，轴向压缩力变化见图 6。

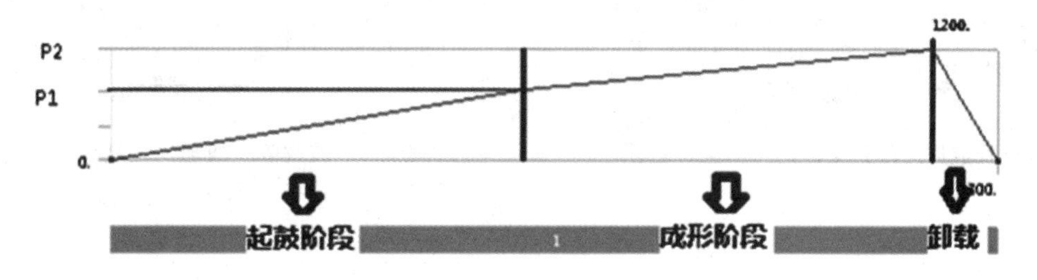

图 5　管坯内侧压力 P（起鼓压力 P_1、成形压力 P_2）变化示意图

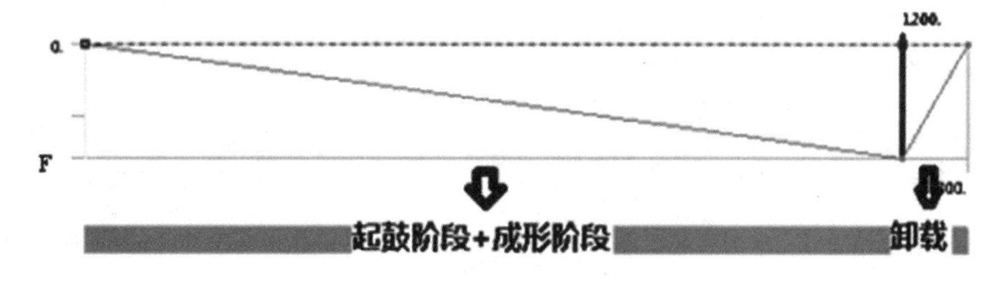

图 6　油压机轴向压缩力 F 变化示意图

2　液压成形模拟结果

如前所述，液压成形模拟也分为起鼓阶段、成形阶段和卸载阶段。本文提取各个阶段终点波纹管中的应力强度及变形的分布云图。起鼓阶段终点(600s)时结构的应力强度分布云图及变形分布分别见图7、8，从图中可以看出，起鼓阶段，管坯中部即将要成形为波纹管波峰位置处的应力及位移均最大。成形阶段终点(1200s)时，结构的应力强度分布云图及变形分布分别见图9、10，应力强度仍从波峰到波谷逐渐减小，而且随着波纹挤压程度的越来越大，在波峰处的管坯两侧面应力强度要比其中性面上应力强度稍大。然后进入卸载阶段，卸载时间最终点(1300s)时，应力强度及变形分布分别见图11、12，卸载后波峰的应力强度逐渐减小，同时相比1200s时，波纹管波形参数有一定的弹性回弹。云图中应力单位为MPa，变形量单位为mm。

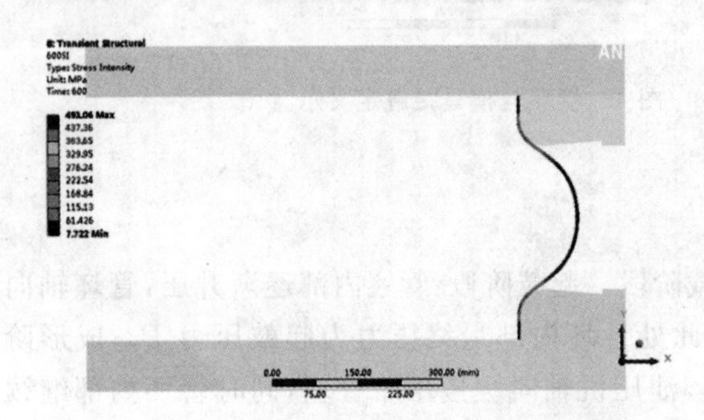

图7　波纹管在起鼓阶段结束时的应力强度云图

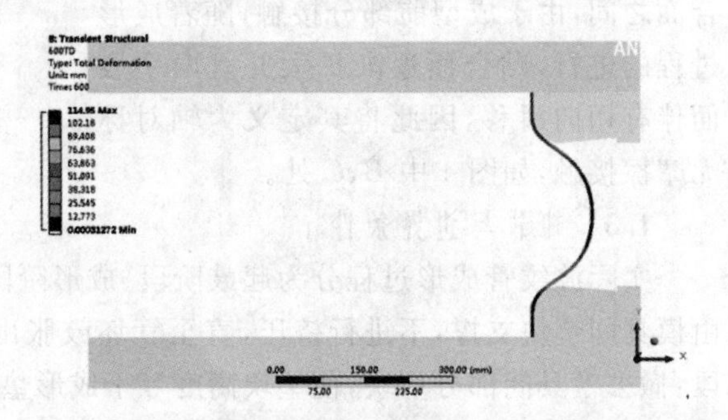

图8　波纹管在起鼓阶段结束时的变形云图

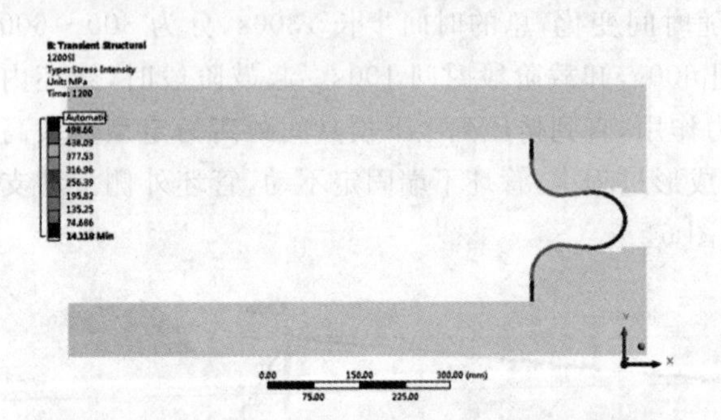

图9　波纹管成形阶段结束时的应力强度云图

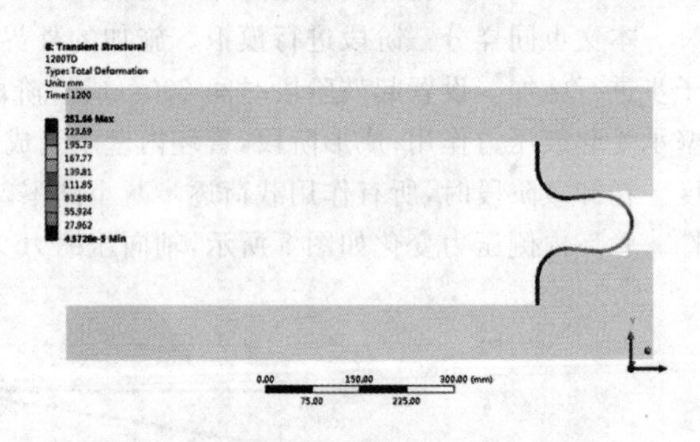

图10　波纹管在成形阶段结束时的变形云图

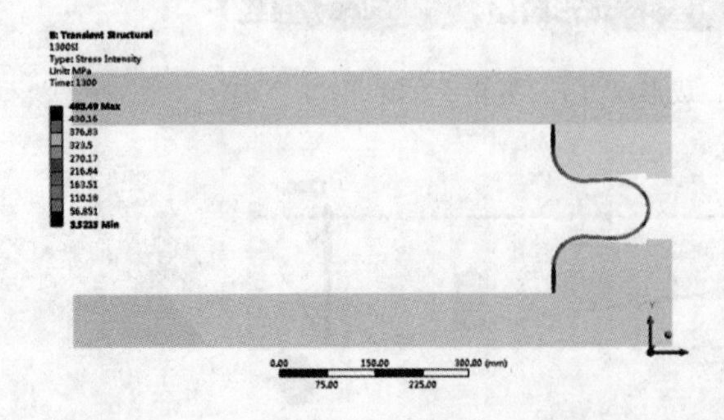

图11　波纹管在卸载结束时的应力强度云图

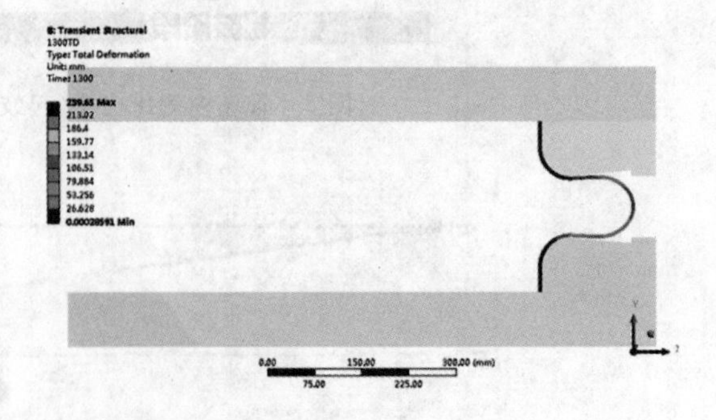

图12　波纹管在卸载结束时的变形云图

为了进一步讨论波纹卸载过程中材料回弹量大小，分别提取了波纹管在1200s及1300s的轴向(Y向)变形、径向(X向)变形。1200s波纹管的变形分布云图分别见图13、14，1300s波纹管的变形分布见图15、16。由于Workbench不能直接提取求解后模型的尺寸参数，因此需要在管坯内外侧做路径，通过提取路径节点上的 XY 向位移数值，再应用 Excel 表格进行计算，求出 1200s 及 1300s 波纹管的波距、波高、波纹管母线长度及波峰厚度减薄量数值，具体见表 3。由表格 3 中可得出，在卸载阶段，波纹管的弹性回弹对波纹母线长度及厚度减薄量影响较小，对波高及波距影响较大，其中对波距的影响更为突出，波距的卸载回弹量约为 12mm，为有限元模拟最终成型后波距的 6.479%。云图中变形量单位为 mm。

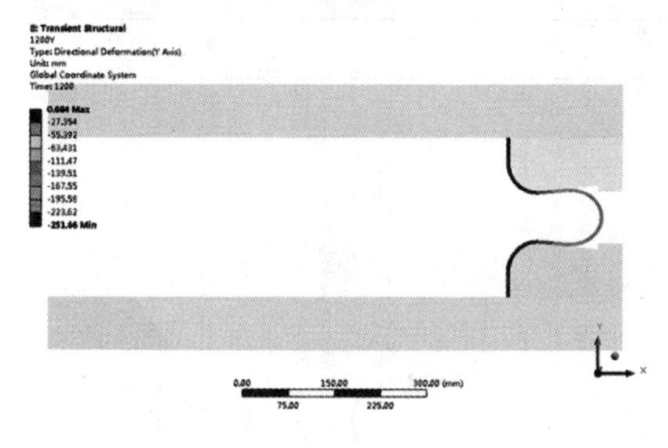

图 13　1200s 时 Y 向变形

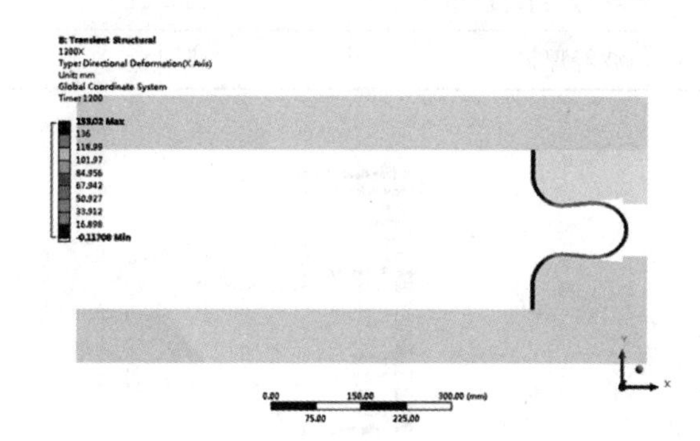

图 14　1200s 时 X 向变形

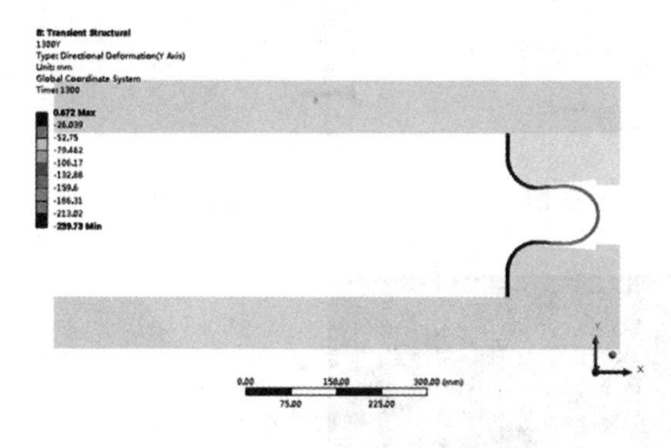

图 15　1300s 时 Y 向变形

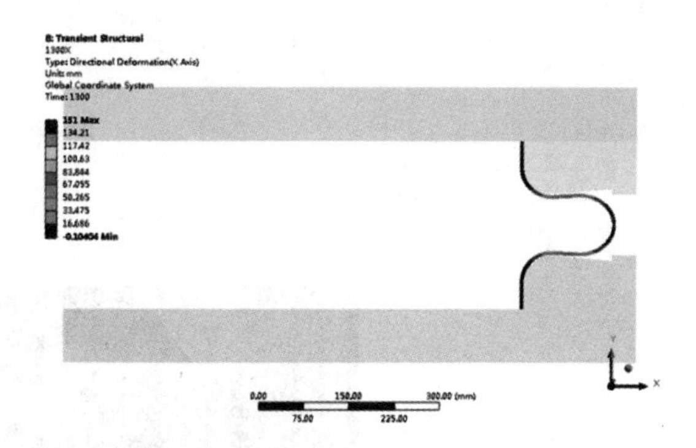

图 16　1300s 时 X 向变形

表 3　1200s 与 1300s 波纹管波形尺寸对比

对比项	1200s 时刻	1300s 时刻	相对误差(%)
波高(mm)	152.35	150.34	1.34
波距(mm)	173.36	185.37	6.48
管坯母线长度(mm)	486.13	486.21	0.016
波峰厚度(mm)	5.45	5.44	0.18

3　数值模拟与实际成形波形尺寸之对比

表 4 列出了数值模拟得到的波形参数与实际成形波形尺寸的对比，可以看出两者吻合较好，波高、波距、波纹外母线长度、波峰厚度的数值模拟值及实测值的相对误差值均小于 5%，这也说明采用有限元模拟波纹管液压成形过程是可行的模拟。有限元模拟得到的波纹管变形分布云图如图 17 所示，实际挤压成形波纹管如图 18 所示。

表 4　数值模拟与实际成形的结果对比

对比项	数值模拟	实际成形	相对误差(%)
波高(mm)	150.34	150	0.23
波距(mm)	185.37	192	3.45
管坯母线长度(mm)	486.21	490	0.77
波峰厚度(mm)	5.44	5.61	3.03

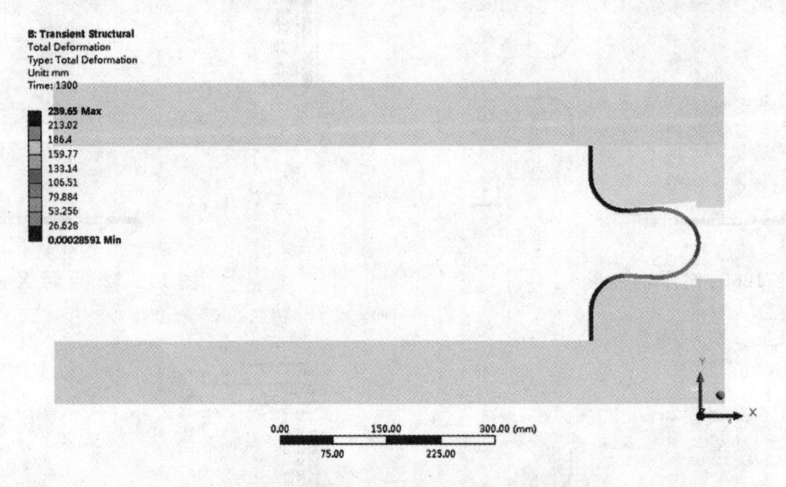

图 17　成形波纹管截面变形云图

图 18　实际液压成形波纹管

4　结　论

本文通过对某 U 形波纹管液压成形过程进行有限元模拟，考察了液压成型加载和卸载过程中波纹管内的应力和变形分布。对于卸载后的弹性回弹，发现波距的回弹量最大，为有限元模拟最终成型后波距的 6.479%；数值模拟结果与工厂实际液压成形结果比较发现，波纹管的主要波形参数即波高、波距、波纹管母线长度及波峰厚度误差均小于 5%，表明波纹液压成形过程的数值模拟是可行的，也是可信的。

致　谢

本研究由北京市朝阳区协同创新项目资助(课题编号:XC1416)

参考文献

[1] Dohmann F, Hartl C. Tube hydroforming-research and practical application[J]. Journal of Materials Processing Technology, 1997, 71(1):174－186

[2] Lang L H, Wang Z R, Kang D C, et al. Hydroforming highlights: sheet hydroforming and tube hydroforming[J]. Journal of Materials Processing Technology, 2004, 151(1－3):165－177

[3] Hartl C. Research and advances in fundamentals and industrial applications of hydroforming [J]. Journal of Materials Processing Technology, 2005, 167(2-3):383－392

[4] Asnafia N, Nilsson T, Lassl G. Tubular hydroforming of automotive side members with extruded aluminium profiles[J]. Journal of Materials Processing Technology, 2003, 142(1):93－101

[5] 杨兵．管件液压成形的加载路径理论与实验研究[D]. 上海:上海交通大学, 2006

[6] 李艳艳．V形膨胀节的承载和补偿能力分析及膨胀节成形过程模拟[D]. 北京:北京化工大学, 2009

[7] 宋林红, 黄乃宁, 林国栋, 等．CAE在波纹管成形数值模拟中的应用[J]. 管道技术与设备, 2010, (4):35－37

[8] 彭赫力, 张小龙, 李中权, 等．波纹管液压成形数值模拟和实验[J]. 航天制造技术, 2015, (02):3－25, 30

[9] 李双印．波纹管成形过程数值模拟研究 [A]. 见:中国压力容器学会膨胀节委员会．第十三届全国膨胀节学术会议论文集—膨胀节技术进展[C]. 合肥:合肥工业大学出版社, 2014, 64－67

多层U形不锈钢波纹管液压胀形仿真分析

刘　静[1]　王有龙[2]　李兰云[1]　李　霄[1]

(1. 西安石油大学材料学院,材料加工工程重点实验室,西安　710065
2. 南京晨光东螺波纹管有限公司,南京　211153)

摘　要:基于ABAQUS平台,建立了三层U形不锈钢波纹管液压胀形及回弹有限元模型。分析了波纹管胀形过程中的应力应变、壁厚分布和轮廓特征。发现:(1)各层管坯等效应力和等效塑性应变值不同,内层的等效应力应变大于中层及外层。(2)波峰位置壁厚减薄最严重,从波峰到波谷减薄逐渐减小,波纹管直线端壁厚基本不变。波纹管胀形后各层壁厚减薄不同,内层壁厚减薄率稍大于中层和外层。(3)卸载后波纹管发生回弹,波峰高度降低,波厚增大,长度伸长。

关键词:多层波纹管;液压胀形;数值模拟;变形特征

FE simulation of multi-layered U-shaped stainless steel bellows in hydroforming

Jing Liu[1]　Youlong Wang[2]　Lanyun Li[1]　Xiao Li[1]

(1. Key Laboratory of Materials Processing Engineering, School of Material Science and Engineering, Xi'an Shiyou University, Xi'an, Shaanxi, 710065, PR China
2. Nanjing Chenguang-Tora Expansion Joint Co. Ltd, Nanjing, Jiangsu, 211153, PR China)

Abstract: Based on ABAQUS platform, FE models for three-layered U shaped stainless steel bellows hydroforming are established. The stress and strain distributions, wall thickness distributions and bellow profiles of bellows in hydroforming are studied. The results show that: (1) The equivalent stress and strain in inner layer are larger than those in middle and outer layers. (2) The wall thinning degree of the inner layer is higher than the middle and outer layers. (3) After springback, convolution width and bellow length increase, while convolution height decreases.

Keywords: multi-layered bellow; hydroforming; FE simulation; deformation behavior

1　引　言

金属波纹管类零件由于具有密封、柔性补偿、储能等多种功能,作为弹性元件在航空航天、船舶、石油化工、电力、建筑、核能等领域广泛应用[1]。与相同厚度的单层波纹管相比,多层U形不锈钢波纹管具有刚度小、柔性补偿量大、疲劳寿命长等特点,在对振动频率和承载能力要求较高的工况下已取代单层波纹管,成为管路系统的关键部件。波纹管成形方式多样,随着金属波纹管高性能、精密化程度要求的不断提高,液压胀形已逐渐成为金属波纹管精确塑性成形的主要方式[2]。然而,多层金属波纹管液压胀形是材料非线性、几何非线性、边界条件非线性的复杂物理过程。并且由于其多层几何结构特征,成形中各层管材之间存在明显的应力和位移约束作用,应力更加复杂,材料流动困难,极易发生应力集中。在随后的卸载过程中,由于各层管材的变形量不同,应力应变分布不同,因而导致回弹过程中各层管坯相互制约,波形变化复杂且难以控制,导致产品成形精度差,成形质量难以保证。因此,对多层U形不锈钢波纹管液压胀形进行仿真分析,研究和揭示多层U形不锈钢波纹管液压胀形及回弹过程中各层材料的变形行为对实现多层U形波纹管精确成形具有重要意义。

目前国内外学者对波纹管液压胀形的研究多集中在单层管上。黄志勇等[3]对波纹管液压胀形仿真中模型的建立进行了研究。给出了波纹管的建模方法,对仿真中的几何、接触、材料、求解等问题进行了分析。用波纹管单波成形的算例对模型进行了验证。陈为柱[4]给出了波纹管液压胀形有关参数,如初波压力、轴向推力及单波展开长度的理论确定方法。Zhang 等[5]采用数值模拟的方法研究了不同加载路径和管坯长度下波纹管壁厚的分布情况。夏彬[6]研究了内压力、挤压冲头运动速度及其匹配关系(加载路径)对厚度分布及波峰高度的影响。Lee[7]建立了考虑回弹的薄壁磷青铜波纹管的液压胀形过程有限元模型。模型中,采用显式时间积分算法分析成形过程,隐式算法分析回弹过程。在总的管壁厚度和波形相同条件下,多层波纹管比单层的更容易变形,补偿能力更大,主要应用于大补偿量与高压冲击要求工况下。然而对多层管成形方面的报道相对较少,郎振华[8]对四层S型波纹管液压胀形过程进行了仿真分析,发现各层应力应变、壁厚分布不同。宋林红等[9]对双层U形波纹管液压胀形过程进行模拟分析。发现波峰处减薄最多,波谷处减薄较小。目前尚未见到关于多层U形波纹管液压成形变形行为方面的研究报道。

本文基于ABAQUS软件平台建立了多层U形波纹管液压胀形及回弹全过程有限元模型,分析了胀形后波纹管各层管坯的应力应变、壁厚分布、波高以及回弹量。为波纹管精确塑性成形分析提供了参考。

2 有限元模型的建立

为准确描述波纹管在胀形过程中的变形行为,基于ABAQUS有限元平台,建立了三层波纹管液压胀形及回弹全过程三维有限元模型,如图1所示。

建模关键技术如下:

- 为提高计算效率,考虑到模型的对称性,采用1/2模型对三层波纹管液压胀形过程进行模拟;
- 用四节点双曲率壳单元S4R描述管坯材料;刚性壳单元R3D4描述模具材料;
- 管坯与模具间以及管坯与管坯接触面之间采用面一面接触方式进行定义,接触面之间的摩擦满足库伦摩擦模型。
- 采用动态显示算法分析胀形过程,静态隐式算法分析回弹过程。

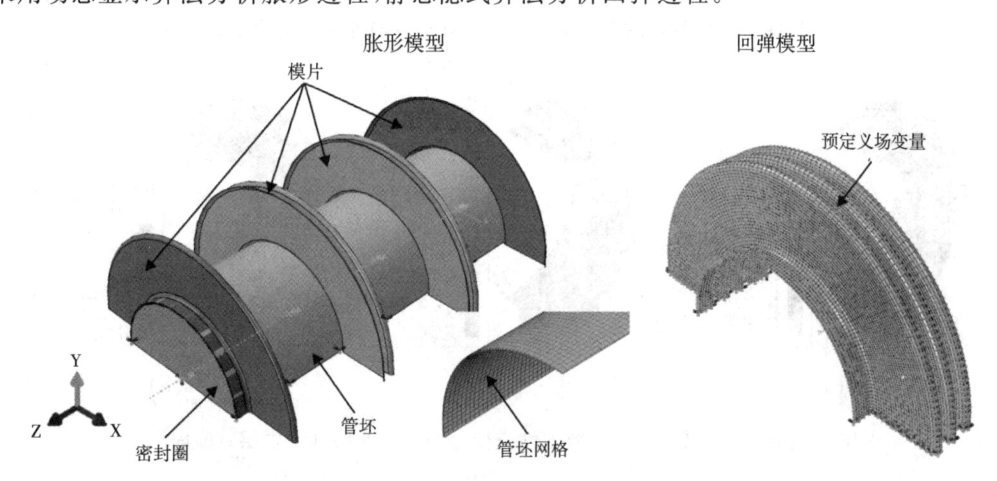

图1 三层U形波纹管液压胀形及回弹有限元模型

3 结果与讨论

选用的波纹管材料为 304 不锈钢，波纹管外径 91mm，内径 65mm，单层壁厚 0.16mm，3 层，3 个波纹。波纹管材料参数：弹性模量 $E=204\text{GPa}$，$\sigma_s=206\text{MPa}$，$\sigma_b=569\text{MPa}$，$\delta_5=50\%$。波纹管胀形过程的应力应变分布对波纹管的成形质量有重要影响，因此首先对波纹管成形后各层的等效应力、等效塑性应变进行研究。然后对壁厚、波纹的一致性及回弹后波形轮廓的变化进行分析。模拟条件如表 1 所示。

表 1 U 形波纹管液压成形参数

参数	数值
压力 (MPa)	8
摩擦系数	0.1(管坯与模具) 0.3(管坯与管坯)
成形速度 (mm/s)	20
模片间距离 (mm)	21.91
波厚(mm)	3

3.1 内压力作用下的应力应变分布

图 2 和图 3 分别为三层波纹管成形后的各层的等效应力和等效塑性应变分布。由图可见，各层管坯的等效应力和等效塑性应变最大值均出现在波峰位置，三层波纹管胀形过程中不同层管坯等效应力和等效塑性应变值不同，大小顺序为：内层、中层、外层；折叠后，内层、中层、外层的最大等效应力分别为 834.5MPa、823.9MPa 和 812.9MPa，内层和外层最大相差 21.6MPa；最大等效塑性应变分别为 0.3717、0.3562 和 0.3395，内层和外层最大相差 0.0322。

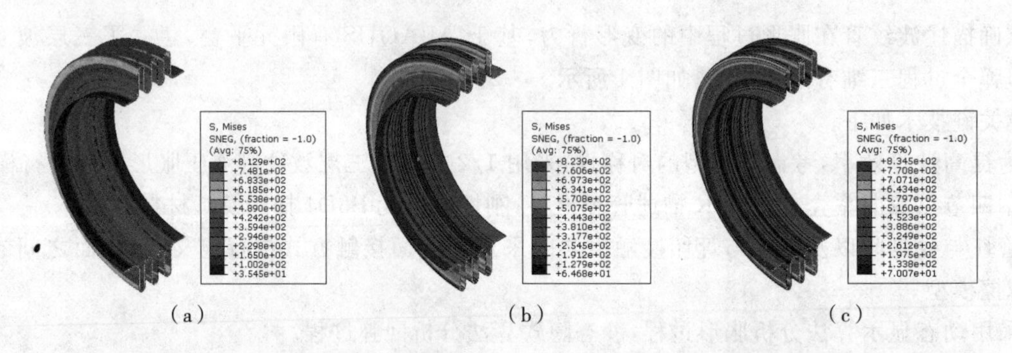

图 2 折叠后各层材料的等效应力分布(MPa)：(a)外层；(b)中层；(c)内层

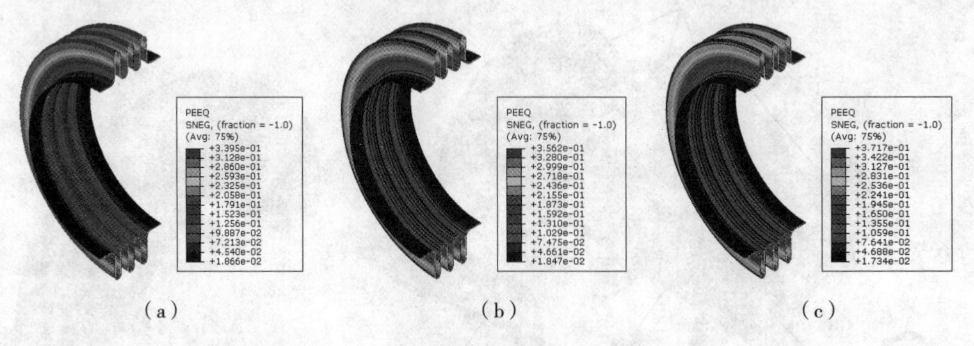

图 3 折叠后各层材料的等效塑性应变分布：(a)外层；(b)中层；(c)内层

3.2 壁厚分布和波纹一致性比较

由于波纹管成形后的壁厚对其使用过程中的刚度、承压能力和疲劳寿命影响较大，因此对波纹管成形后各层的壁厚进行了分析，同时对比了各个波纹的胀形高度。由于管材变形区轴向和厚向为压应变，周向为拉应变，导致成型区的壁厚减薄。图4是波纹管胀形后沿轴向的壁厚减薄率。由图可见，各层管坯壁厚减薄主要发生在波纹成形区，波峰位置壁厚减薄最严重，从波峰到波谷减薄逐渐减小，波纹管直线端壁厚基本不变。波纹管胀形后各层壁厚减薄不同，内层壁厚减薄率稍大于中层和外层。外层、中层和内层的最大壁厚减薄率差别在0.17%以内。从3.1节等效应力应变分布图可以看出，各层管坯应力和应变分布的不同导致了成形后各层壁厚的差异。

图5为波纹管胀形后外层管坯的轮廓。由图可见，对于多个波纹的波纹管胀形，各个波纹高度略有不同，在这是由于胀形过程中各模片两侧的材料向中间管坯材料的流动量不同造成的。对于本研究使用的波纹管规格，各波纹的高度差在0.31mm以内。

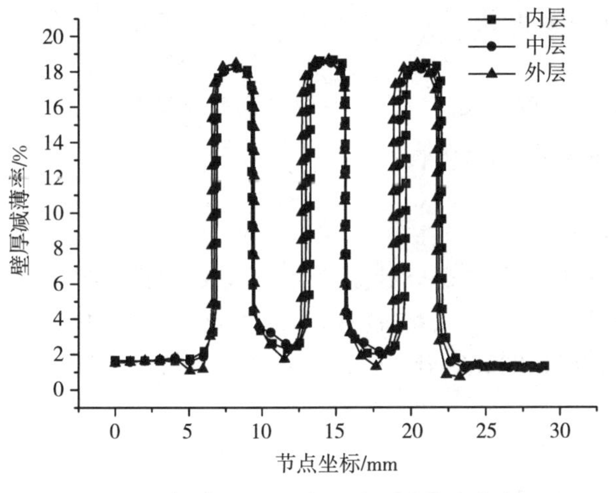

图4　波纹管胀形后各层壁厚减薄率分布

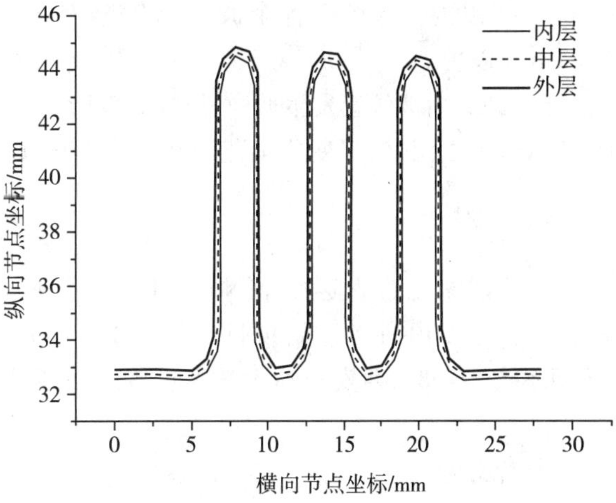

图5　波纹管胀形后轮廓图

3.3 回弹分析

成形结束后，波纹管不可避免地发生弹性恢复，图6为三层波纹管回弹前后的外层管坯轮廓。可以发现，卸载后波纹管发生回弹，波峰高度降低，波厚增大，长度伸长。采用波高变化量，波厚变化量，波纹管总长变化量三个指标衡量波形尺寸的变化。其中波厚的测量位置为波高的1/2处。表2为波纹管回弹后的波形尺寸变化。由表可见，波纹管回弹后各波纹的回弹量略有不同。三个波纹的波高变化量在0.1749～0.1791mm之间，波厚变化量范围在0.3909～1.382mm，波纹管回弹后总长度变化为4.5577mm。

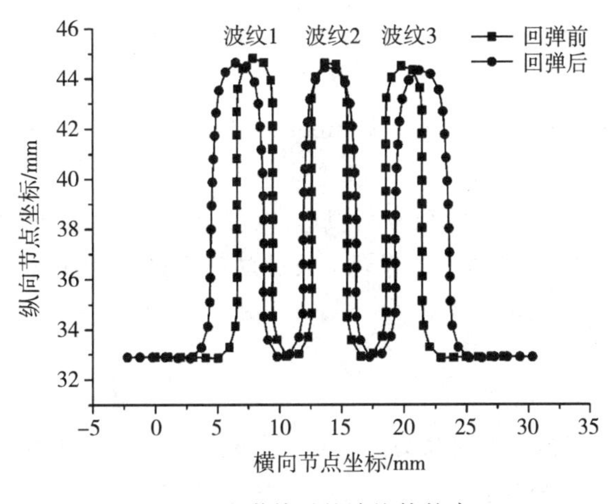

图6　回弹前后的波纹管轮廓

表 2　单层和双层波纹管回弹后波形尺寸变化

指标	波纹 1	波纹 2	波纹 3
波高变化量(mm)	0.1791	0.1749	0.1789
波厚变化量(mm)	1.3197	0.3909	1.382
波纹管总长变化量(mm)	4.5577		

4　结　论

(1)波纹管胀形后最大等效应力应变位置出现在波峰处,各层管坯等效应力和等效塑性应变值不同,内层的等效应力应变大于中层及外层。

(2)波峰位置壁厚减薄最严重,从波峰到波谷减薄逐渐减小,波纹管直线端壁厚基本不变。波纹管胀形后各层壁厚减薄不同,内层壁厚减薄率稍大于中层和外层。外层、中层和内层的最大壁厚减薄率差别在 0.17%以内。胀形后各个波纹高度略有不同,对于本研究使用的波纹管规格,各波纹的高度差在 0.31mm 以内。

(3)卸载后波纹管发生回弹,波峰高度降低,波厚增大,长度伸长。三个波纹的波高变化量在 0.1749～0.1791mm 之间,波厚变化量范围在 0.3909～1.382mm,波纹管回弹后长度变化为 4.5577mm。

致　谢

感谢国家自然基金项目(No. 51405386)、陕西省自然科学基础研究计划项目(No. 2014JQ7237)、陕西省教育厅专项科研计划项目(No. 14JK1565)、凝固技术国家重点实验室(西北工业大学)开放课题(SKLSP201403);西安石油大学青年科研创新团队资助项目(2015QNKYCXTD02)对本研究的资助。

参考文献

[1] 徐开先．波纹管类组件的制造及其应用[M]. 北京:机械工业出版社，1998，1－3.

[2] 朱宇，万敏，周应科，刘青海，李又春，郑南松，皮克松．复杂异形截面薄壁环形件动模液压成形研究[J]. 航空学报，2012，5:912－919.

[3] 黄志勇，陈伟，陈勇，张庆文．波纹管液压成形及其仿真中问题研究[J]. 压力容器．2002，137－140.

[4] 陈为柱．大口径波纹管液压成形理论及工艺方法[J]. 管道技术与设备．1996，2:1－4.

[5] K.F. Zhang，G. Wang，G.F. Wang，C.W. Wang，D.Z. Wu. The Superplastic forming technology of Ti－6Al－4V titanium alloys bellows[J]. Materials Science Forum. 2004 447－448:247－252.

[6] 夏彬．中小直径波纹管内压成形技术的研究[D]. 哈尔滨工业大学硕士学位论文，2011，18－31.

[7] S.W. Lee. Study on the forming parameters of the metal bellows[J]. Journal of Materials Processing Technology. 2002，130－131:47－53.

[8] 郎振华．多层 S 型波纹管力学性能分析[D]. 大连理工大学硕士学位论文，2012，33－43.

[9] 宋林红，黄乃宁，林国栋，张文良，李敏，关长江，王雪．CAE 在波纹管成形数值模拟中的应用[J]. 管道技术与设备．2010，4:35－37.

作者简介

刘静,女,1983 年生,西安石油大学讲师,主要从事管材精确塑性成形方面的研究,通讯地址:西安石油大学材料学院,邮编:710065　电话:029－88382607,电子信箱:jingliu@xsyu.edu.cn

波纹管振动噪声仿真分析

郑大远
(洛阳双瑞特种装备有限公司,河南 洛阳 471000)

摘　要:本文使用FEM/BEM方法研究了波纹管的振动特性及其辐射声场情况,首先分析了波纹管在简谐力作用下的动态响应特性,在此基础上研究了其对外辐射声场的情况。结果表明,波纹管的振动能量频带范围较宽,表面声压级与振动结果基本吻合,辐射噪声在390Hz附近最大。

关键词:波纹管;FEM/BEM;振动;噪声

Simulation of Bellow Expansion Vibration and Noise

Zheng Dayuan
(Luoyang Ship Materials ResearchInstitute, Luoyang 471039, China)

Abstract: This paper studies the vibration characteristics of bellows and the radiation sound field using FEM / BEM method. Firstly, the dynamic response of bellows under harmonic force is analyzes. On the basis, its external radiation sound field is simulicated. The results show that the vibration energy of bellows ranges widely in frequency, and surface sound pressure consists with vibration results, maximum radiation noise emerges in about 390Hz.

Keywords: Bellows; FEM/BEM; vibration characteristics; Noise charactristics

1　引　言

在现代舰船的设计中 人们十分关注舰船安静性。舰船安静性包括隐蔽性、居住舒适性,与该舰船的噪声振动状况有关。其中管路系统中泵、附件、节流装置等产生的振动噪声,沿管壁和管内流体介质传至艇体,引致艇体壳板的弯曲振动,最后以声波形式传播,形成机械振动噪声。这种噪声传播到舱内会引起舱室空气噪声,影响人员的身心健康;传播到水中会构成舰艇的辐射噪声,降低其隐身性能。在管路中采用挠性接管等隔振元件是降低这种振动能量的有效措施。

本文就某型波纹管膨胀节的振动噪声特性进行分析,研究其振动噪声特性。

2　理论基础

有限元法(FEM)通过将求解区域离散化,对互相连接单元在节点处形成的关于位移、力等物理量的能量方程进行求解,实现对连续体的应力应变分析。结构动态响应分析是空间域和时间域离散相结合,其动力学方程为:

$$[M]\{\ddot{\delta}\}+[C]\{\dot{\delta}\}+[K]\{\delta\}=\{f(t)\} \tag{2-1}$$

式中：$[M]$为结构的总质量矩阵；$[K]$为结构的总刚度矩阵；$[C]$为结构的阻尼矩阵；$[\delta]$为节点位移列阵；$\{f(t)\}$为节点等效动载荷列阵；$\ddot{\delta}$ 为节点加速度列阵；$\dot{\delta}$ 为节点速度列阵。

在对结构进行有限元求解分析的基础上，可以得到结构表面的振动情况，用来进一步预测结构的辐射噪声。目前用于结构振动声辐射的分析方法主要有离散方法和能量方法两种，离散方法主要有有限元、边界元（BEM）和无限元（IEM）；能量方法主要有统计能量方法（SEA）和能量有限元（EFEM）。基于 Helmholtz 方程的边界积分方程方法是计算无界稳态声场中声辐射的最好方法。边界元法解积分方程的一般步骤为：

1. 边界积分方程离散化

首先将区域的边界分割成若干个单元，然后就可以用 M 个边界单元上的积分和来表示整个边界上的积分。各边界单元内的函数值和法向导数值可以由一个插值函数和边界单元上节点的函数值和函数的法向导数值多项式近似表达。一般情况下所选单元尺寸小于最高关心频率所决定波长的 1/6 时，所得计算结果即可满足所要求精度。

2. 求解边界声学未知量

通常可以将结构表面的边界 S 划分为 M 个单元和 N 个节点。(x_i, y_i, z_i)表示边界上节点 $i(i=1,2,\cdots,I)$的坐标，p_i 和 v_{ni} 分别表示节点对应的声压和法向振速。设单元内任意点的局部坐标为(ξ,η)，则单元内任意点的整体坐标、声压和法向振速为：

$$(x,y,z)=\sum_{i=1}^{I}N_i(\xi,\eta)(x_i,y_i,z_i) \tag{2-2}$$

$$p=\sum_{i=1}^{I}N_i(\xi,\eta)p_i \tag{2-3}$$

$$v_n=\sum_{i=1}^{I}N_i(\xi,\eta)v_{ni} \tag{2-4}$$

式中 $N_i(\xi,\eta)$ 为单元内的形函数。依次将每个节点作为源点，对 Helmholtz 表面积分方程进行离散，即可得边界表面的边界元求解方程：

上式可写成：

$$2\pi\cdot p(P)+\sum_{i=1}^{N}p_i\sum_{j=1}^{M}\iint_{S_j}\left(N_i(\xi,\eta)\frac{\partial G(Q,P)}{\partial n}\right)\mathrm{d}s(Q)$$

$$+ik\rho c\sum_{i=1}^{N}v_{ni}\sum_{j=1}^{M}\iint_{S_j}\left(N_i(\xi,\eta)G(Q,P)\right)\mathrm{d}s(Q)=0 \tag{2-6}$$

定义：

$$a_i(\vec{r}_p)=\sum_{j=1}^{M}\iint_{S_j}\left(N_i(\xi,\eta)\frac{\partial G(Q,P)}{\partial n}\right)\mathrm{d}s(Q) \tag{2-7}$$

$$b_i(\vec{r}_p)=ik\rho c\sum_{j=1}^{M}\iint_{S_j}N_i(\xi,\eta)G(Q,P))\mathrm{d}s(Q) \tag{2-8}$$

最终得到等效的 Helmholtz 边界积分方程为

$$2\pi\cdot p(P)+\sum_{i=1}^{N}p_ia_i(\vec{r}_p)+ik\rho c\sum_{i=1}^{N}v_{ni}b_i(\vec{r}_p)=0 \tag{2-9}$$

对边界 S 上的所有节点使用上式，得到 M 个积分方程。由于已知部分边界点信息，所得到的 M 个方程组中共含有 M 个节点未知量，可联立求解，最终可以得到所有声域边界信息。

3. 得到声场域内声学结果

声场域 E 中任意点 P 的声压可以通过离散的外场 Helmholtz 积分方程求得，即

$$p(P)=-\frac{1}{4\pi}\sum_{i=1}^{N}p_i\sum_{j=1}^{M}\iint_{S_j}\left(N_i(\xi,\eta)\frac{\partial G(Q,P)}{\partial n}\right)\mathrm{d}s(Q)-\frac{1}{4\pi}ik\rho c\sum_{i=1}^{N}v_{ni}\sum_{j=1}^{M}\iint_{S_j}\left(N_i(\xi,\eta)\partial G(Q,P)\right)\mathrm{d}s(Q) \tag{2-10}$$

3 振动噪声仿真分析

3.1 谐响应分析

膨胀节波纹管材料为 Incoloy800H，端管材料为 304H，波纹管波根直径为 797mm，波距 76mm，波高 68mm，共 5 组波，膨胀节总长 1050mm。波纹管膨胀节的实体模型和有限元模型分别如图 1 所示。使用 SHELL63 单元对波纹管进行谐响应分析，膨胀节一端固定，另一端施加 0～500Hz 的简谐力 1200N。结果如图 2 所示，在 25Hz、95Hz、185Hz、285Hz、390Hz、490Hz 附近处可能出现共振现象。

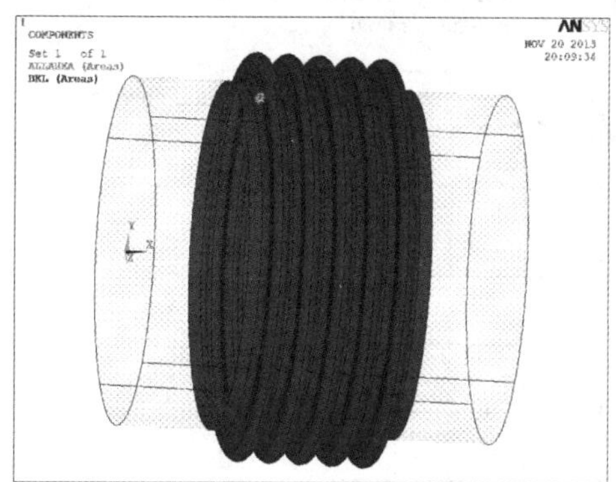

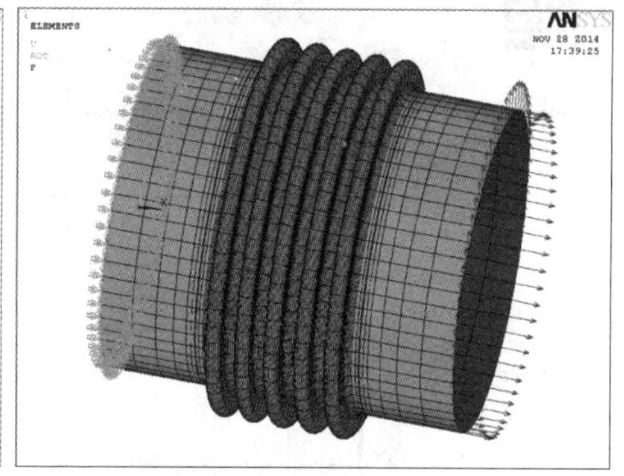

图 1　波纹管实体模型和有限元模型(SHELL63)

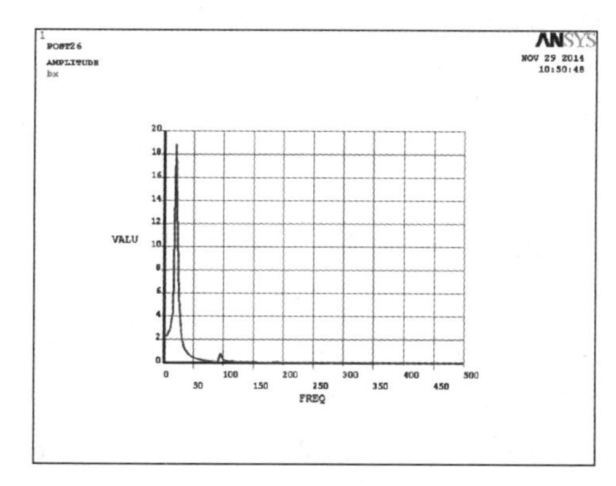

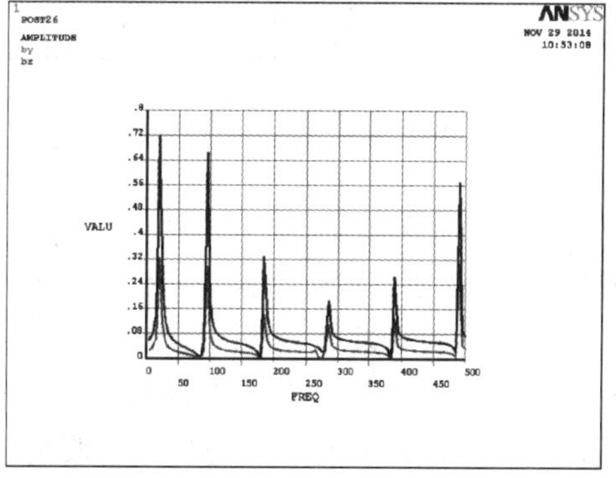

图 2　受力点位移响应曲线

3.2 辐射声场分析

为了预测波纹管引起的辐射噪声，需要建立其边界元模型及空气场点模型(距表面 1m 处)，如图 3 所示。使用傅里叶变换(FFT)将有限元计算得到的波纹管表面节点随时间变化的振动位移转化到频域，通过插值方法导入到边界元模型中，完成 FEM/BEM 数据传递，最后采用直接边界元法进行求解。

声谱分析是了解结构声辐射频率成分的主要方法。选取波纹管表面第 3 波上 1 个典型参考点进行声谱分析，结果如图 4 所示，波纹管表面声压级在 100Hz、480Hz 附近最大，与谐响应分析中的 2 个频段基本吻合，同时与波纹管的径向弯曲模态吻合（92Hz 附近）；其能量分布频带很宽，波纹管各频段振动均匀。

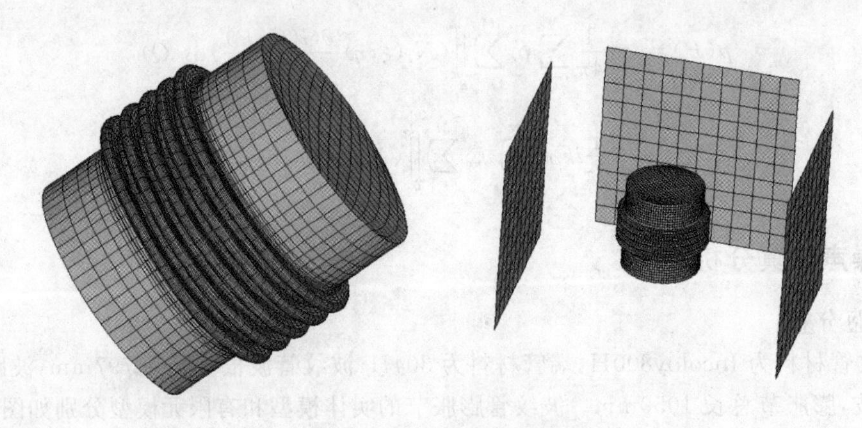

图 3 波纹管边界元模型及场点模型

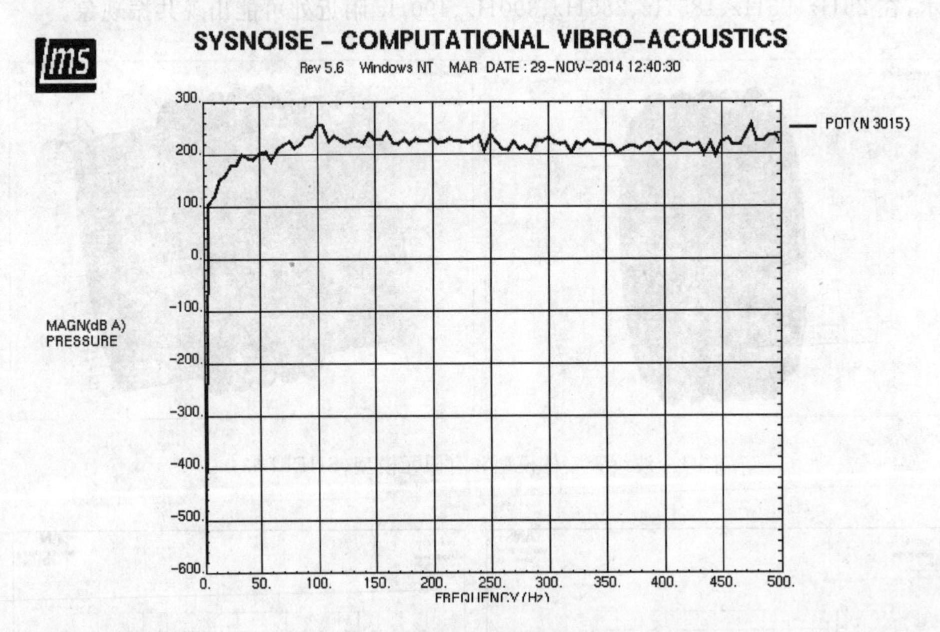

图 4 波纹管表面声压级频谱

利用 SYSNOISE 计算得到 0～500Hz 频率下距离波纹管 1m 处的辐射噪声。图 5 和图 6 分别为波纹管表面声压级和 1m 处场点辐射声压级。由图可知，波纹管在 5Hz、25Hz、95Hz 和 185Hz 下辐射噪声沿圆周方向对称分布，出现驻点现象；波纹管在 230Hz、285Hz、390Hz 和 490Hz 时的左右侧和前后侧出现不同声级分布的情况，波纹管在 390Hz 时前后侧辐射噪声最大，波纹管在 95Hz、490Hz 时辐射噪声也较大，与谐响应分析频率段相吻合。通过结构改进、避免管系频率和波纹管频率重合，可以减小波纹管的振动和辐射噪声。

4 结 论

(1)建立了波纹管有限元模型，进行谐响应分析，得到波纹管容易出现共振的频率范围。

(2)使用 FEM/BEM 方法完成波纹管辐射噪声预测。

由于时间和研究条件有限，本文的工作还有待进一步进行完善，主要有以下几点：

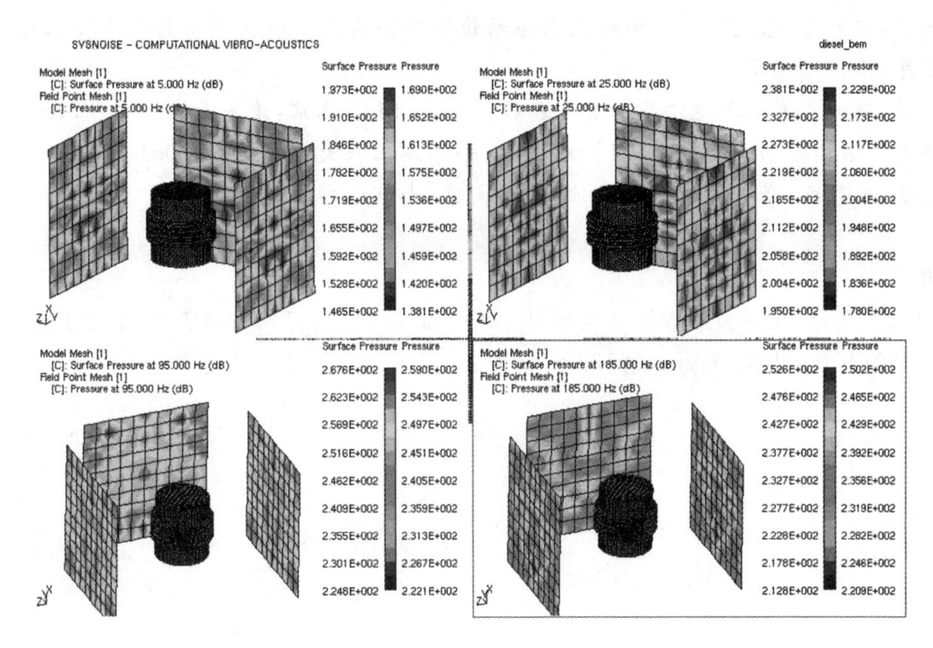

图 5　波纹管 5Hz、25Hz、95Hz 和 185Hz 时的声辐射图

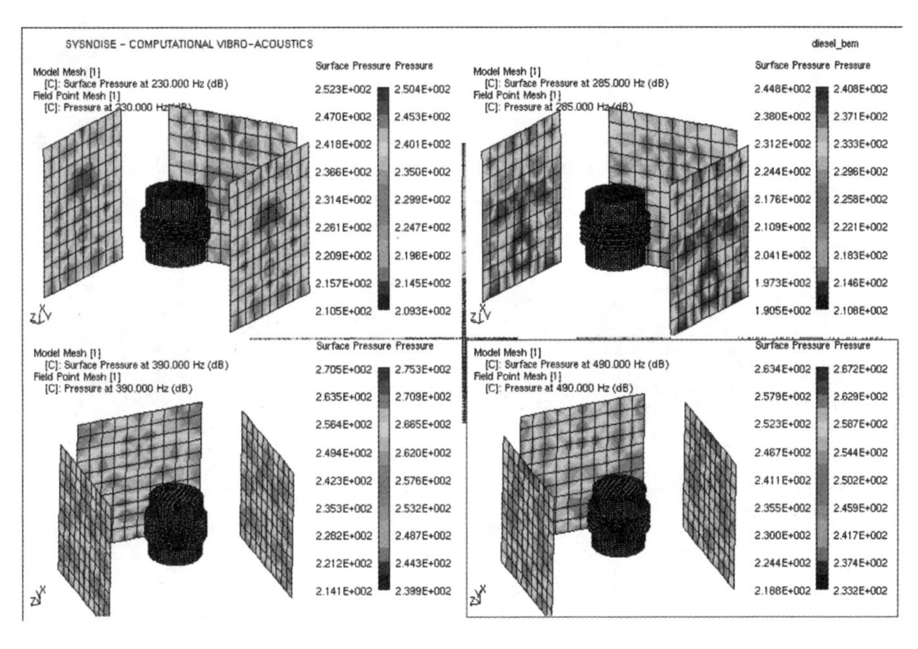

图 6　波纹管 230Hz、285Hz、390Hz 和 490Hz 时的声辐射图

(1)完善管路设备评价声压级的方法；

(2)波纹管优化设计减振降噪的措施及其评价；

(3)波纹管实际振动和噪声情况需要进行试验来验证。

参考文献

[1] Dayuan Zheng, Yipeng Cao and Wenping Zhang. Study of Side Thrust of Diesel Piston Based on Time-domain Finite Element Method. Applied Mechanics and Materials Vols. 229－231 (2012), P461－464.

[2] 郑大远．柴油机喷油系统振动噪声仿真研究[D]. 哈尔滨工程大学硕士学位论文，2013

[3] 曹贻鹏,郑大远,张文平．内燃机表面振动传递路径研究．现代振动与噪声技术论文集,河南郑州,2012 年 8 月,292—296 页

[4] 王勖成,邵敏．有限单元法基本原理和数值方法[M]. 北京:清华大学出版社,1997

[5] 何祚镛．结构振动与声辐射[M]. 哈尔滨:哈尔滨工程大学出版社,2001 [69]

[6] 杜功焕,朱哲民,龚秀芬．声学基础[M]. 南京:南京大学出版社,2001

作者简介

郑大远,男,工程师,从事波纹管膨胀节设计工作。通讯地址:河南省洛阳市高新区滨河北路 88 号;邮政编码:471000;邮箱:zhengdayuan@126.com

波纹管波形特征与性能关系分析

张道伟
(洛阳双瑞特种装备有限公司,河南洛阳　471000)

摘　要:分析了U形波纹管的波形特征,讨论了单层壁厚与波纹管补偿能力及强度的关系,讨论了波高及波距对波纹管应力状态及补偿能力的影响。

关键词:波纹管;波形特征;性能

Analysis about Bellows Convolution's Feature and Performance

Zhang Dao wei
(Luoyang Sunrui Special Equipment co., LTD., Luoyang　471000, China)

Abstract:. The convolution features of U shape bellows are analysised, the relationships about bellows single ply thickness with bellows compensation capability and strength are discussed, and the effects of convolution height & pitch about bellows stress state and compensation capability are discussed too.

Keywords: bellows; convolution's feature; performance

1　前　言

波纹管是能够补偿管道或设备位移的柔性密封元件,按照截面形状分为U形波纹管、Ω形波纹管、C形波纹管、S形波纹管、V形波纹管等。其中U形波纹管因成形工艺相对简单、补偿能力较大而最为常用,U形波纹管又分为无加强型和加强型两种。

U形波纹管的主要几何参数有波距q,波高h,波谷圆弧半径r,单层壁厚t,层数n,如图1所示。为了使波谷圆弧与波峰圆弧保持尺寸一致,波距q与波谷圆弧半径r就要保持一定的关系,即$q=4r+2nt$。在设计计算中,波谷圆弧半径r主要由成形模具尺寸决定,可以调节的范围很小,主要是通过调节单层壁厚、层数和波高来调节波纹管的承压能力和补偿量、刚度等性能参数。本文主要讨论无加强U形波纹管波形特征与其性能的关系。

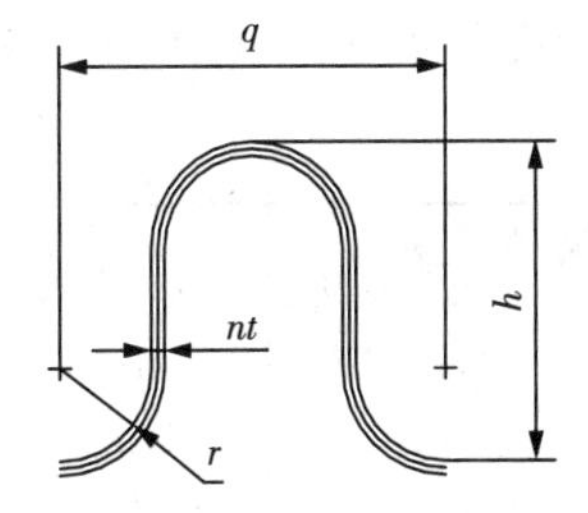

图1　U形波纹管几何参数

2　单层壁厚与性能的关系

2.1　单层壁厚与补偿能力的关系

波纹管的补偿能力可以由波纹管的单波允许补偿量和单位重量的补偿量来衡量。在同样满足设计强度和设计疲劳寿命的情况下，单层壁厚对波纹管补偿能力的影响是最为显著的，单层壁厚越小，补偿能力越大。

根据第10版EJMA标准[1]，波纹管疲劳寿命 Nc 的计算公式如下：

$$N_C=\left(\frac{c}{S_t/f_c-b}\right)^{3.4} \tag{1}$$

其中 St 为波纹管的总应力，b、c 和 fc 是与波纹管材料和制造因素相关的常数，各符号的含义详见第10版EJMA标准，下同。由此可以看出，当疲劳寿命一定时，波纹管的总应力就是确定的。波纹管的总应力 S_t 的计算方法如下：

$$S_t=0.7(S_3+S_4)+(S_5+S_6) \tag{2}$$

因此，波纹管总应力由两部分组成，即压力应力（S_3+S_4）和位移应力（S_5+S_6），压力应力与设计压力及波纹管几何参数相关，位移应力与波纹管几何参数及位移量相关。各个应力的计算公式如下：

$$S_3=\frac{Pw}{2nt_p} \tag{3}$$

$$S_4=\frac{P}{2n}\left(\frac{w}{t_p}\right)^2 C_p \tag{4}$$

$$S_5=\frac{E_b t_p^2 e}{2w^3 C_f} \tag{5}$$

$$S_6=\frac{5E_b t_p e}{3w^2 C_d} \tag{6}$$

对于大部分波纹管而言，压力引起的子午向薄膜应力 S_3 通常不到子午向弯曲应力 S_4 的10%，而位移引起的子午向薄膜应力 S_5 通常只有子午向弯曲应力 S_6 的1%左右，因此，波纹管的总应力主要是由压力引起的子午向弯曲应力 S_4 和位移引起的子午向弯曲应力 S_6 组成的。而在实际工程应用中，位移应力通常占总应力的80%左右，对总应力有决定性的影响。

由计算公式可以看出，位移应力主要与波纹管的单层壁厚、波高以及单波位移量相关，而与层数无关。因此，波纹管单层壁厚越小，位移应力也越小。虽然单层壁厚越小，压力应力也越高，但压力应力占总应力的比例很小，因此对总应力的影响也较小。同时，虽然为了满足强度要求，波纹管的层数需要增加，但增加层数并不增加位移应力。总体而言，在设计疲劳寿命，也即总应力一定的情况下，壁厚越小，单波位移量也就越大。

为了更加直观的分析单层壁厚对波纹管补偿能力的影响，以公称直径DN1100、设计压力1.6MPa、设计疲劳寿命1000次的波纹管为例，不同单层壁厚设计方案的计算结果如表1所示：

表1　不同壁厚波纹管设计结果对比

序号	许用应力 Sab(MPa)	$n\times t$ (mm)	波距 q (mm)	波高 w (mm)	$\frac{S_2}{S_{ab}}$	$\frac{(S_3+S_4)}{C_m S_{ab}}$	单波补偿量 (mm)	单波重量 (kg)	单位重量的补偿量 mm(kg)
1	115	6×1.0	86	66	0.87	0.96	23.95	23.4	0.90
2	115	4×1.5	86	78	0.69	0.97	29.8	34.3	0.87

（续表）

序号	许用应力 Sab(MPa)	$n\times t$ (mm)	波距 q (mm)	波高 w (mm)	$\frac{S_2}{S_{ab}}$	$\frac{(S_3+S_4)}{C_m S_{ab}}$	单波补偿量 (mm)	单波重量 (kg)	单位重量的补偿量 mm(kg)
3	115	2×2.5	86	87	0.79	0.99	17.44	32.2	0.55
4	115	1×4.0	86	94	0.89	0.98	11.51	27.1	0.43

由以上计算结果可以看出，在同样满足设计强度和设计疲劳寿命的情况下，随着波纹管单层壁厚的增加，其补偿能力不断下降。当单层壁厚由1.0mm增加到2.5mm时，单位重量的波纹管补偿能力降低了39%，当单层壁厚增加到4.0mm时，单位重量的波纹管补偿能力降低了52%。或者说，在相同的设计强度和单波补偿量情况下，单层壁厚越小，能够达到的疲劳寿命就越高。因此，在工程应用中，当波纹管需要很大补偿位移，或者应用在振动场合时，通常优先采用“薄壁多层”结构。但需要特别注意的是，由于“薄壁多层”波纹管的补偿能力大，即允许的单波位移量大，在压缩位移状态下，波纹管容易产生平面失稳(内压及外压时都存在)，而在拉伸位移状态下，则容易产生外压周向失稳，因此，在实际工程应用中，应根据应用经验对波纹管的最大单波位移量进行适当控制，避免波纹管因单波补偿量过大而导致的强度失效问题。

2.2 单层壁厚与强度安全的关系

虽然不同的层数与壁厚组合都可以满足强度设计的要求，但不同壁厚组合的强度安全余量是不同的。

以公称直径DN800的4波外压波纹管为例，不同单层壁厚设计方案的实测强度安全余量如表2所示。薄壁波纹管的试验照片详见图2，厚壁波纹管的试验照片详见图3。

表2 不同壁厚波纹管强度余量对比

序号	许用应力 Sab (MPa)	设计压力 (MPa)	$n\times t$ (mm)	波距 q (mm)	波高 w (mm)	$\frac{S_2}{S_{ab}}$	$\frac{(S_3+S_4)}{C_m S_{ab}}$	单波拉伸量(mm)	设计疲劳寿命(次)	实测失效压力(MPa)	强度安全系数
1	138	0.4	1×1.0	64	52	0.77	0.92	20.8	500	0.5	1.25
2	138	1.6	1×2.5	67	64	0.98	0.95	10.8	500	3.7	2.31
3	138	1.6	1×2.5	67	64	1.01	0.95	13.3	250	3.6	2.25

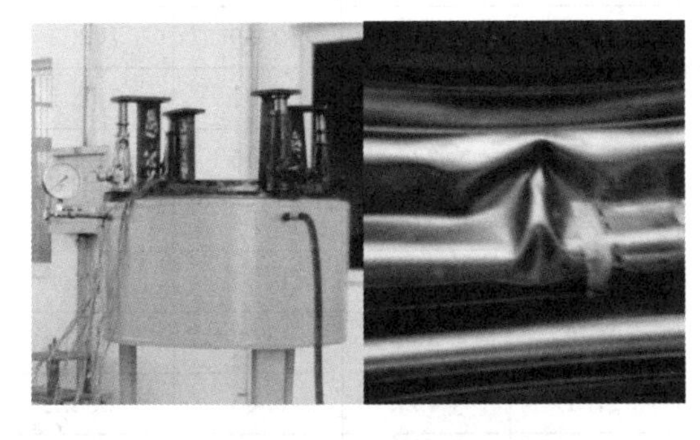

图2 壁厚1×1.0波纹管试验结果

图3 壁厚1×2.5波纹管试验结果

由表2的强度计算结果可以看出，虽然薄壁波纹管的设计应力水平低于厚壁波纹管，但薄壁波纹管的实测强度余量比厚壁波纹管降低了约46%。由此可见，波纹管的实际强度安全余量不但与设计应力水平有关，而且与单层壁厚及单波位移量密切相关。对于单层壁厚很薄的波纹管而言，即使设计强度满足要求，在设计位移状态下也可能出现强度失效的问题。出现这种现象的主要原因在于，在相同的设计疲劳寿命下，薄壁波纹管允许的单波位移量较大，而壁厚越小，位移对强度的影响又越显著。

通过以上分析可以看出，在疲劳寿命要求高，压力较低的应用场合，可以优先采用“薄壁多层”波纹管，以满足高疲劳的设计要求；而在疲劳寿命要求较低，压力较高的应用场合，可以优先采用“厚壁单层”波纹管，以确保波纹管有足够的强度安全余量。

3　波高与性能的关系

U形波纹管的波高由波谷圆弧、波峰圆弧和侧壁的直边部分构成，而受到成形工艺的限制，侧壁直边的长度不能太小，也不能太大，因此，波谷圆弧尺寸，即波距尺寸在很大程度上决定了波高的大小及其调节范围。在实际工程应用中，波高通常在波距的 0.65 至 1.25 倍之间。波距大小是由成形模具决定的，并与波纹管总壁厚相关，在模具圆弧半径一定的情况下，波距的调节范围是较小的。因此，波距的大小在一定程度上决定了波高的取值范围。

3.1　波高与应力的关系

波高对波纹管的压力应力和位移应力都有影响，但影响最大的是压力引起的波纹管子午向弯曲应力 S_4 和位移引起的波纹管子午向弯曲应力 S_6。由前述公式(4)可以看出，S_4 的大小与波高的平方成正比，因此波高是决定波纹管强度校核的关键几何参数之一，降低波高可以减小压力应力，提高波纹管强度。另一方面，波高与位移引起的波纹管子午向弯曲应力 S_6 密切相关，由前述公式(6)可以看出，S_6 的大小与波高的平方成反比，增加波高能够降低位移应力。由此可见，波高对波纹管强度和补偿能力的影响是相反的。具体影响程度如何，将通过以下分析进行说明。

3.2　波高与补偿能力的关系

为了更加直观地分析波高对波纹管补偿能力的影响，以公称直径 DN1100、设计压力 1.6MPa、设计疲劳寿命 1000 次的波纹管为例，不同方案的计算结果如表 3 所示：

表 3　不同波形参数组合设计结果对比

波形	许用应力 Sab (MPa)	波距 q (mm)	波高 w (mm)	$n\times t$ (mm)	$\frac{S_2}{S_{ab}}$	$\frac{(S_3+S_4)}{C_m S_{ab}}$	单波补偿量 (mm)	单波重量 (kg)	单位重量的补偿量 mm(kg)	单位长度内的刚度 (N/mm)(m)
小波距	115	60	51	6×0.8	0.89	0.99	20.6	19	1.08	335.3
	115	60	57	5×1.0	0.78	0.98	19.5	21	0.93	371.8
	115	60	62	6×1.0	0.63	0.98	22.4	27	0.83	351.9
	115	60	63	4×1.5	0.78	0.99	14.6	21	0.69	703.2
	115	60	66	2×2.0	0.83	0.98	11.5	19	0.61	712.1
	115	60	81	2×2.5	0.58	0.99	12.7	28	0.45	785.5
大波距	115	120	82	6×1.0	0.87	0.98	27.5	37	0.74	749.9
	115	120	98	10×1.0	0.46	0.99	38.6	74	0.52	680.4
	115	120	84	4×1.5	0.81	0.97	27.9	40	0.7	1038.4
	115	120	93	3×2.0	0.76	0.97	27.1	43	0.63	1083.8
	115	120	107	4×2.0	0.53	0.98	32.9	63	0.52	959.2
	115	120	139	7×2.0	0.27	0.97	49.2	135	0.36	763.3
	115	120	139	1×6.0	0.57	0.99	17.4	58	0.30	2086.2

从核算结果可以看出，不论是大波距还是小波距方案，波纹管单位重量的补偿量都随着单层壁厚的增加而逐渐降低，这与前述分析结果是一致的。

从核算结果还可以看出，虽然大波距波纹管的单波补偿量较大，但不论波距大小，波纹管单位重量的补偿量都随着波高的增加而逐渐降低。主要原因在于，当波高增加时，压力引起的波纹管子午向弯曲应力 S_4 迅速增加，为了控制 S_4 的大小，满足强度校核的要求，要么增加单层壁厚，要么增加层数。如果增加单层壁厚，则会增加位移应力值，从而降低了波纹管的补偿量。如果增加层数，虽然不会增加位移应力值，但却增加了波纹管的重量，由此降低了波纹管单位重量的补偿量。因此，在都满足强度校核的前提下，波高越高，波纹管的补偿能力越小。同时也要注意到，虽然都满足强度校核，但波高越高，压力引起的波纹管周向薄膜应力 S_2 越小，波纹管的总体压力应力水平越低，强度安全余量越大，对于承受外压状态的波纹管尤其如此。

另一方面，由于波高的大小受波距的影响较大，对于波距较大的波纹管，其波高的取值也相对较大，而波距较小的波纹管，其波高的取值也就较小，因此，不论单层壁厚是大是小，小波高小波距波纹管的补偿能力通常大于大波距大波高波纹管。尤其是在实际工程应用中，考虑到波数的取整因素，小波高小波距波纹管在补偿能力方面的优势就更加明显。

4 轴向刚度与波形特征的关系

刚度是波纹管膨胀节的重要性能指标之一，刚度越小，管道系统的柔性越好，膨胀节对管道支架或连接设备的位移反力就越小。此外，膨胀节刚度越小，其减振和隔振效果通常也会越好(排除共振情况)，因此，在许多工程应用中，经常遇到在给定的安装长度内，以膨胀节的刚度最小化为设计指标。

膨胀节的轴向刚度、横向刚度、弯曲刚度等均是以波纹管的单波轴向弹性刚度为计算基准的。无加强 U 形波纹管的单波轴向弹性刚度计算方法如下[1]：

$$f_{iu}=\frac{1.7D_m E_b t_p^3 n}{w^3 C_f} \tag{7}$$

从计算公式中可以看出，影响波纹管刚度的主要因素有单层壁厚、波高、层数、直径等，其中影响最大的参数为单层壁厚和波高。由于在波纹管设计中，不论采用什么波形参数组合，都首先要满足强度设计条件，在满足强度校核的前提下，才能对刚度性能进行对比，而单层壁厚、波高、层数等参数都与强度校核密切相关，因此，尚无法从公式(7)中直接判断单层壁厚、波高、层数对刚度的影响程度。

为了更加直观地分析波纹管刚度与主要波形参数的关系，仍以公称直径 DN1100、设计压力 1.6MPa 的波纹管为例，不同波形参数组合的计算结果如表 3 所示。为了对波纹管刚度性能进行定量比较，以每米长度内波纹管能够达到的刚度值为比较依据。

从表 3 的对比结果可以看出，不论波距大小，波纹管能够达到的最小刚度都随着单层壁厚的减小而减小，即通过减小单层壁厚可以使波纹管的刚度进一步降低。另一方面，在波纹管单层壁厚不变的情况下，增加层数也能使波纹管的最小刚度进一步降低。

从表 3 的对比结果还可以看出，在波纹管单层壁厚和层数都相同的情况下，波距越小，波纹管能够达到的最小刚度也越小。

因此，当膨胀节的安装空间十分有限，膨胀节又要求刚度尽量低时，可以优先采用小壁厚、多层数、小波距的波形参数组合。当然，采用强度更高的材料，在满足强度设计条件的前提下能够降低单层壁厚，也是降低波纹管刚度的有效途径。

5 结束语

单层壁厚和波高是影响无加强 U 形波纹管性能的两个最主要参数。通常而言，波纹管的单层壁厚越小，补偿能力越大，在相同应力状态下的强度安全余量也越小。在压力应力相当的情况下，波高取值越大，需要的单层壁厚越大或者层数越多，波纹管的补偿能力越小。由于大波距对应大波高，小波距对应小波高，因此大波距波纹管的补偿能力通常低于小波距波纹管。

参考文献

［1］Standards of the Expansion Joint Manufactures Association［S］，Seventh Edition. 2015.

作者简介

张道伟，男，1978 生，工学硕士，高级工程师，长期从事金属波纹管膨胀节的设计与应用研究工作。
通讯地址：河南省洛阳市高新技术开发区滨河路 88 号，邮编：471000。

波纹管位移应力及其对安全应用的影响

段　玫　陈友恒

（洛阳双瑞特种装备有限公司，河南洛阳　471000）

摘　要：本文通过有限元分析法，对压力、位移和压力位移组合载荷的应力场进行了分析，得出位移应力是波纹管平面失稳、波谷外鼓和周向失稳的重要影响因素，并给出了具体的应对措施。

关键词：波纹管；位移应力；稳定性；安全应用

The study of bellows stress due to deflection and the influence to safety application

DuanMei ChenYou-heng

（Luoyang Sunrui Special Equipment co.，LTD.，Luoyang　471000，China）

Abstract：The bellows stress fields induced by pressure，deflection and pressure-deflection combined load have been studied through finite element method，the results indicate that stress due to deflection is the most important factor for bellows in-plane squirm，internal pressure circumferential squirm and external pressure circumferential squirm，and some technique suggestionscorresponding to the bellows invalidation have been made.

Keywords：bellows；stressdue todeflection；stability；safetyapplication

1　前　言

从多年的应用实践中，尤其是从一些波纹管失效分析发现，一个设计完全符合标准要求的产品，在实际使用时也会出现一些问题。如内压轴向型膨胀节压缩位移状态下波纹管易产生平面失稳；内压轴向型膨胀节拉伸位移状态下波纹管易产生波谷外鼓；外压轴向型膨胀节拉伸状态波纹管易产生周向失稳。上述问题的共性是失效形式为强度和稳定性不满足使用要求，但都与波纹管位移量相关。

众所周知，当波形参数、工作条件确定后，波纹管的补偿量取决于其疲劳寿命，要求的疲劳寿命越高，波纹管单波补偿量越小；反之要求的疲劳寿命越低，波纹管单波补偿量就越大。很多国外标准强调不宜将疲劳寿命定得过高，因为这样会需要更多的波数，降低了波纹管的柱稳定性。但是当波纹管的设计疲劳寿命降到接近其适用范围的下限时，由位移引起的波纹管子午向弯曲应力很大，综合应力很高。实际上位移不仅引起子午向应力，也引起周向应力，某些工况下周向应力与子午向应力相当，对波纹管的强度和稳定性造成较大的影响。

目前波纹管的应力分析主要有工程近似法和有限元分析法。工程近似法是将波纹管进行简化，针对不同载荷引起的内力和变形，将波纹管视为直梁、曲梁、环板、圆筒等简单结构，利用材料力学的方法，推导出形式简单、适用于工程使用的设计公式。国内外各标准采用的均为工程计算法。显然工程计算法给出的只是波纹管在载荷下的最大应力或平均应力，无法给出波纹管的应力分布。

有限元分析法是将波纹管本体离散化，分割成有限单元，同时将外载荷离散化，根据能量原理，建立以节点位移为基本未知量的代数方程组，通过求解节点位移进而求出应变和应力。有限元法的特点是可以借助计算机，得到不同工况下波纹管的位移和应力分布，便于对波纹管的安全性进行分析。为了详细了解不同载荷对波纹管应力场的影响，对不同工况下的波纹管进行了有限元应力分析。

2　波纹管压缩位移对平面稳定性的影响

2.1　波纹管平面稳定性分析

通常认为波纹管平面失稳是由压力引起的，位移的影响很小。按照 EJMA－2015，承受内压的无加强 U 形波纹管，其平面失稳极限压力见式(1)：

$$p_{si}=\frac{1.3A_cS_y}{K_rD_mq\sqrt{\alpha}}=\frac{0.65S_y}{K_2K_r\sqrt{\alpha}} \tag{1}$$

式中：$\alpha=1+2\eta^2+\sqrt{1-2\eta^2+4\eta^4}$

$$\eta=\frac{K_4}{3K_2}$$

由式(1)可以看出，除去材料因素(S_y)，平面失稳压力主要与压力引起的周向应力系数(K_2)和子午向应力系数(K_4)相关，位移的影响仅体现在波距变化系数(K_r)上。

2.2　有限元分析

由 EJMA 标准关于平面失稳的表述可以看出，波纹管平面失稳极限压力主要与 S_2 和 S_4 相关。在进行压力试验时发现，当承受内压的波纹管没有位移时，其平面失稳的极限压力有较大的安全裕度；当波纹管既承受内压，又承受压缩位移时，常出现压力尚未达到出厂试验压力，波纹管已产生平面失稳。当波纹管采用薄壁多层且疲劳寿命较低、单波额定位移量较大时，该问题尤为突出。为了了解波纹管压缩位移与平面稳定性的关系，分别对承受内压、压缩位移和内压＋压缩位移三种工况下的波纹管进行了有限元分析。

波纹管承受内压载荷时的有限元分析结果见图 1(标示值为外表面应力值，下同)。

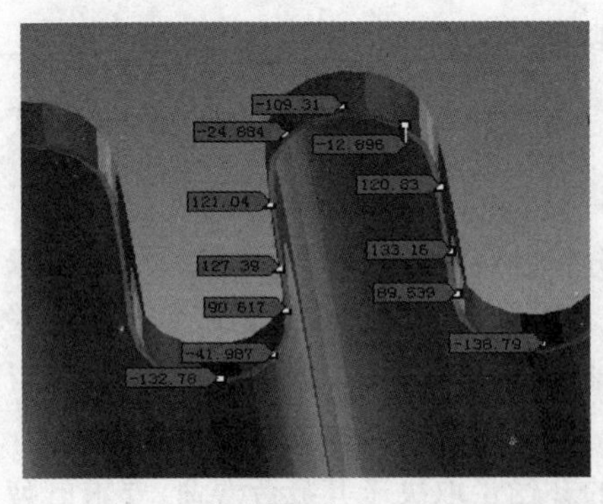

(a) 周向应力

(b) 子午向应力

图 1　内压引起的波纹管应力

由内压引起的周向应力在波峰和波谷均为压应力，在波纹侧壁的为拉应力；由内压引起的子午向应力在波峰和波谷均为压应力，在波纹侧壁为拉应力。周向和子午向最大应力均在波谷。压力引起的最大子午向应力大于最大周向应力。

波纹管承受压缩位移时的有限元分析结果见图 2。

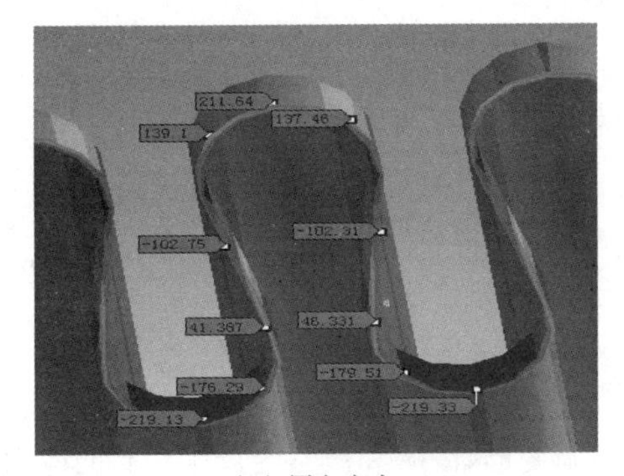

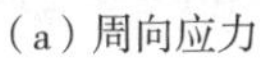

(a) 周向应力

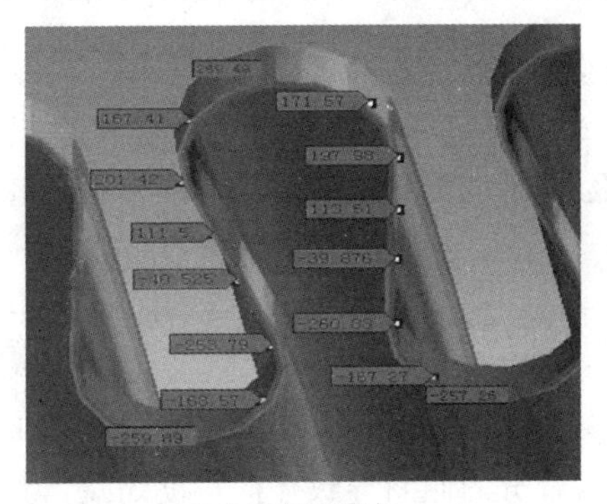

(b) 子午向应力

图 2　压缩位移引起的波纹管应力

由压缩位移引起的周向应力在波峰为拉应力，波谷为压应力，应力值相当；由压缩位移引起的子午向应力在波峰为拉应力，波谷为压应力，应力值相当。压缩位移引起的最大子午向应力大于最大周向应力。

波纹管既承受内压又有压缩位移时的有限元分析结果见图 3。

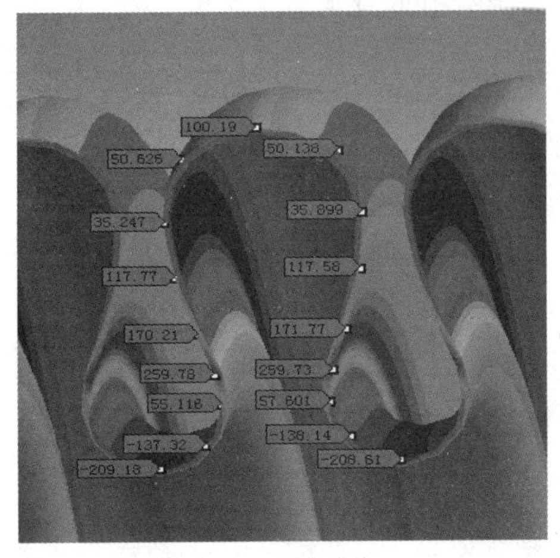

(a) 周向应力

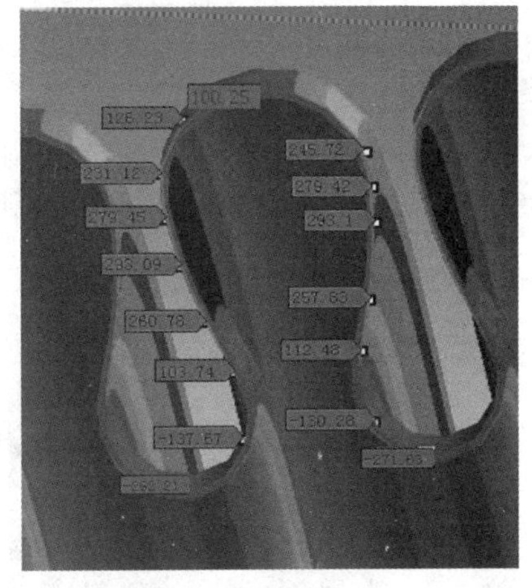

(b) 子午向应力

图 3　内压＋压缩位移引起的波纹管应力

该工况下最大周向应力处于波纹侧壁与波谷交界处，为拉应力；最大子午向应力处于波谷，为压应力。压力引起的子午向最大应力大于周向最大应力。

比较图 1 和图 3 可以看出，与仅承受内压的工况相比，内压＋压缩位移的工况下，最大周向应力增加了约一倍；最大子午向应力增加约 20%，应力的增加使得这些位置更早形成塑性铰，更易产生平面失稳。

2.3　避免平面失稳的措施

为了用较少的波数得到较高的位移量，很多应用场合选用薄壁多层结构的波纹管。对于此类波纹管，尤其应注意避免单波位移过大（疲劳寿命过低）引起的平面失稳。试验表明，对于多层波纹管，即使在预变位状态下工作，波纹管压缩位移量为许用值的 1/2 时，当设计疲劳寿命为 200 次时，在达到其允许设计压力时，波纹管已处于平面失稳的临界状态；设计疲劳寿命为 1000 次，达到设计压力时，波纹管处于平面稳定状态，达到 1.5 倍设计压力时，波纹管处于临界失稳状态；设计疲劳寿命为 2000 次，波纹管达到设计压力 1.5 倍时，波纹管仍处于平面稳定状态。由上述分析可以看出，通过增加设计疲劳寿命降低单波位移量、膨胀节进行预变位安装等措施，减小波纹管在最高压力时的压缩位移，提高波纹管的抗平面失稳能力。

3　内压波纹管拉伸位移对波谷外鼓的影响

3.1　波纹管波谷外鼓分析

EJMA－2015 中关于波纹管周向内压承受能力的描述为:波纹管波纹段的周向应力过大会造成沿圆周方向的屈服,并可能导致破裂。周向应力见式(2):

$$S_2=\frac{K_r q p D_m}{2A_c} \tag{2}$$

(2)式中只有 K_r 与位移相关,考虑的仅是位移引起波距变化的影响。实际上,当波纹管承受拉伸位移时,波腹平板部分的倾斜导致环向长度缩短,为了协调变形,波峰和波谷会产生较高的应力。

3.2　有限元分析

一般认为波纹管只有在压力很高的条件下,才会产生波谷外鼓。试验表明,当波纹管只承受压力载荷时,满足标准强度要求的波纹管,产生波谷外鼓的压力通常可以达到由 S_2限制的极限设计压力的 2.25 倍以上。但当波纹管既承受内压载荷,又承受拉伸位移载荷时,压力尚未达到 1.5 倍的设计压力,波纹管就有波谷外鼓的趋势,其表现形式为各波不再平行,有翘曲现象,与平面失稳外观很接近,但计算的平面失稳压力有较大的安全裕度。这种情况在大直径薄壁多层波纹管中易于发生。为了了解波纹管拉伸位移与波谷外鼓的关系,分别对承受内压、拉伸位移和内压＋拉伸位移三种工况下的波纹管进行了有限元分析。

波纹管承受内压载荷时的有限元分析结果见图 1。应力分析见 2.1。

波纹管承受拉伸位移时的有限元分析结果见图 4。

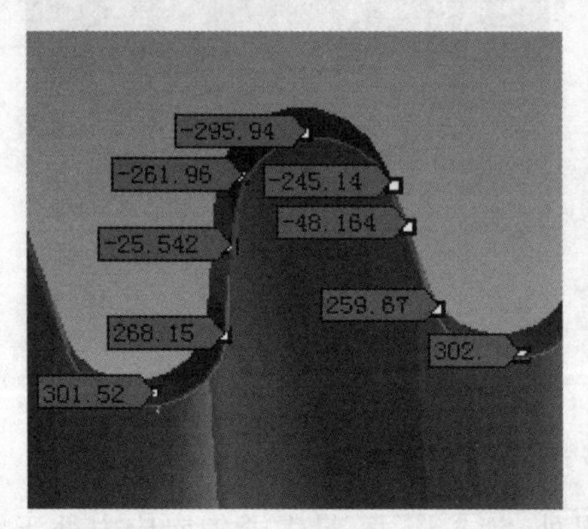

(a) 周向应力

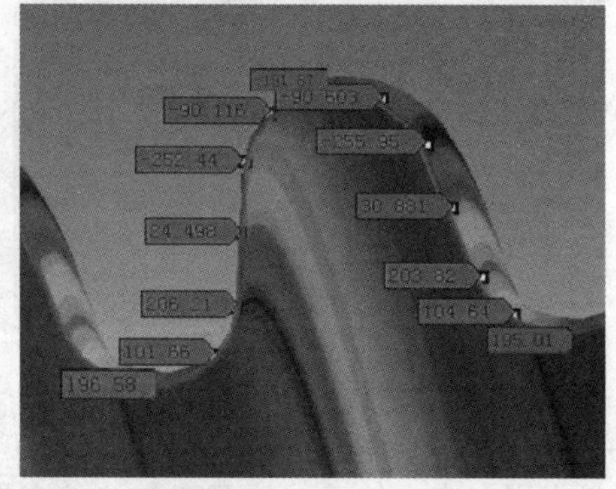

(b) 子午向应力

图 4　拉伸位移引起的波纹管应力

由拉伸位移引起的最大周向应力出现在波峰和波谷,波峰为压应力,波谷为拉应力,应力值相当;由拉伸位移引起的最大子午向应力出现在波峰和波谷,波峰为压应力,波谷为拉应力,应力值相当。拉伸位移引起的最大周向应力大于最大子午向应力。

波纹管即有内压又有拉伸位移时的有限元分析结果见图 5。

该工况下最大周向应力处于波峰、波谷处,波峰为压应力,波谷为拉应力,应力值相当;最大子午向应力处于波峰,波峰为压应力。

比较图 1 和图 5 可以看出,与仅承受内压的工况相比,内压＋拉伸位移的工况下,波谷最大周向应力由压应力变为拉应力,应力值约为前者的 2 倍,波谷处周向应力约为子午向应力的 3.5 倍,因而波纹管在承受内压＋拉伸位移时更易产生波谷外鼓。

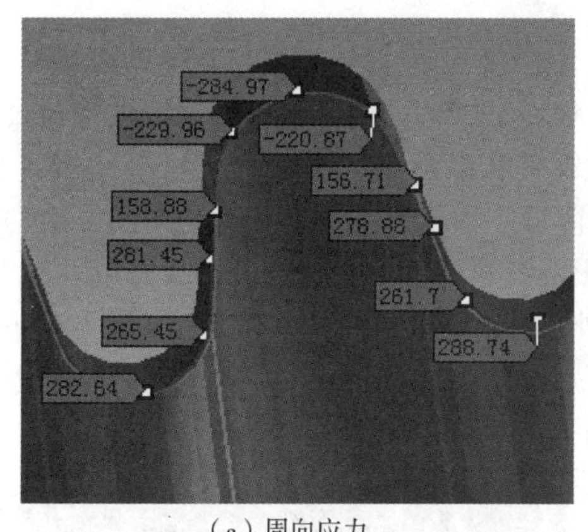

(a) 周向应力

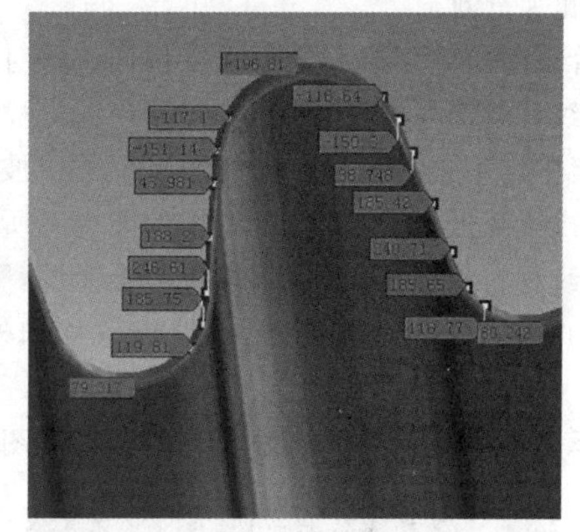

(b) 子午向应力

图 5　内压+拉伸位移引起的波纹管应力

3.3　避免波谷外鼓的措施

由于波谷外鼓一旦形成，波纹管的承压能力会有较大幅度的降低，对波纹管的安全使用影响较大，需引起足够的重视。

由图 1、图 4、图 5 的比较可以看出，波谷周向拉应力主要是由拉伸位移造成的。任何一个波纹管，当工作条件、波形参数确定后，其补偿位移的能力取决于设计疲劳寿命，疲劳寿命越低额定位移量越大。可通过降低周向薄膜应力，增加设计疲劳寿命降低单波位移量，膨胀节进行预变位安装等措施，减小波纹管在最高压力下的拉伸位移，提高波纹管抗波谷外鼓能力。

4　波纹管拉伸位移对外压稳定性的影响

4.1　外压稳定性校核方法分析

在对波纹管进行外压稳定性校核时，各国标准均将波纹管视为直径为 D_m、长度为 L_b、当量壁厚为 e_{eq} 的圆筒，按外压圆筒进行校核。e_{eq} 由波纹管截面惯性矩 1—1(见图 6)计算得到。

波纹管截面惯性矩见公式 4-2，当量壁厚 e_{eq} 的计算见公式 4-3。

$$I_1 = Nn\delta_m\left[\frac{(2h-q)^3}{48} + 0.4q\,(h-0.2q)^2\right] \tag{4-2}$$

$$e_{eq} = \sqrt[3]{12\,\frac{I_1}{(1-\nu^2)L_b}} \tag{4-3}$$

由于当量壁厚是由波纹管截面惯性矩得到的，通常较厚，按外压圆筒校核得到的波纹管外压临界失稳压力较高。

在实际应用过程中，对符合标准强度及外压稳定性要求的波纹管，当波纹管仅承受外压时，其临界失稳压力均满足 1.5 倍设计压力加温度修正的要求；当波纹管承受外压+拉伸位移的组合工况时，时有波纹管在出厂压力试验或工作状态下产生外压失稳的情况发生。

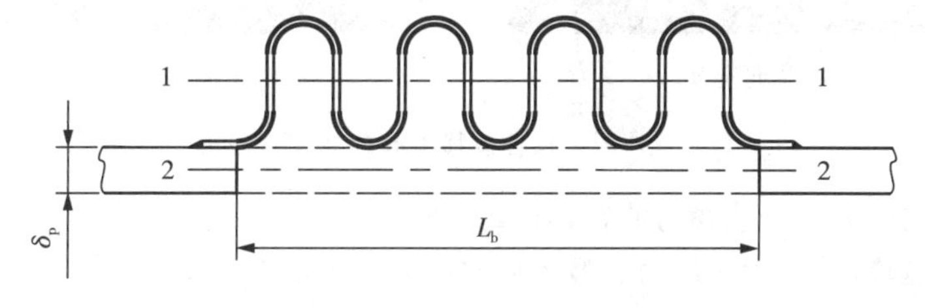

图 6　波纹管截面

4.2　有限元分析

当波纹管采用薄壁多层结构且承受拉伸位移时，往往在压力远低于按当量壁厚圆筒得到的外压失稳临界压力，波纹管就产生波峰塌陷，呈外压周向失稳状态(见第九章)。从外压稳定性校核公式可以看出，所有考虑因素中均不包含拉伸位移的影响。外压波纹管从纵向剖面看，相当于一个拱梁，当波纹管处于拉伸位移时，拱梁降低了拱高，其抗失稳的能力有所降低。由于外压周向失稳是瞬间发生的，且一旦发生波峰塌陷，波纹材料将会产生皱褶，很快就会泄漏，影响波纹管的安全使用。为了了解波纹管拉伸位移与外压稳定性的关系，分别对承受外压、拉伸位移和外压＋拉伸位移 3 种工况下的波纹管进行了有限元分析。

波纹管承受外压载荷时的有限元分析结果见图 7。

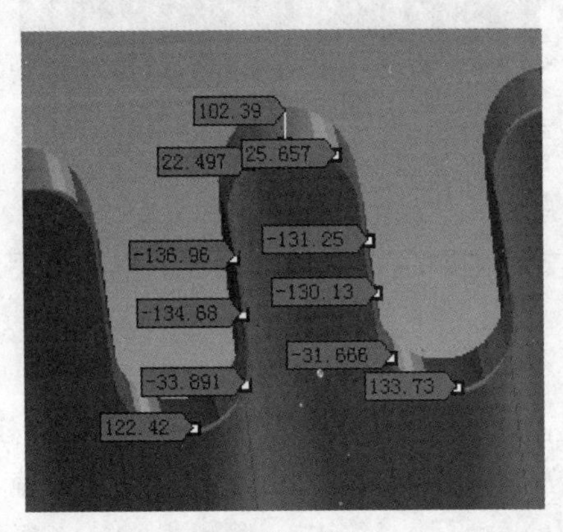

(a) 周向应力

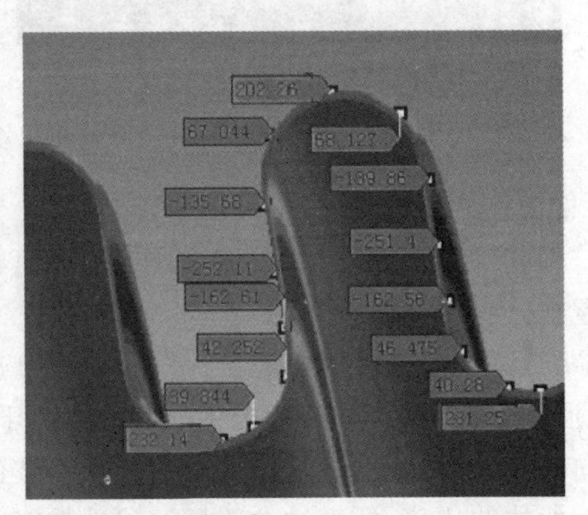

(b) 子午向应力

图 7　外压引起的波纹管应力

由外压引起的周向应力在波峰和波谷均为拉应力，在波纹侧壁的为压应力；由外压引起的子午向应力在波峰和波谷均为拉应力，在波纹侧壁为压应力。外压引起的最大子午向应力大于最大周向应力。

波纹管承受拉伸位移时的有限元分析结果见图 5。

波纹管既有外压又有拉伸位移时的有限元分析结果见图 8。

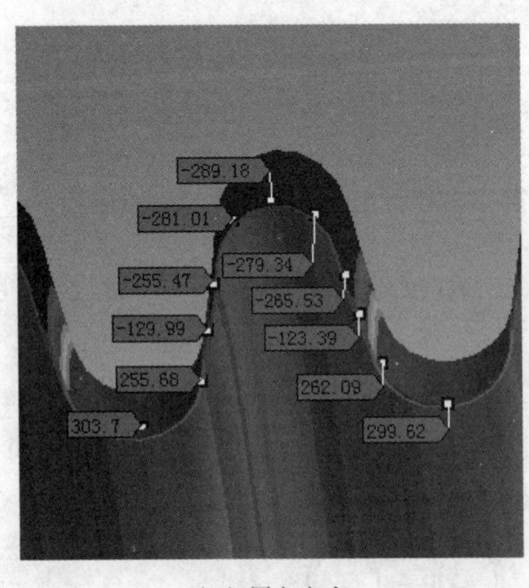

(a) 周向应力

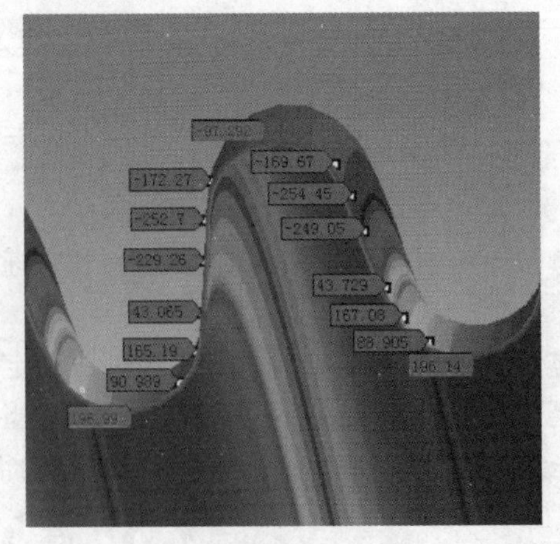

(b) 子午向应力

图 8　外压＋拉伸位移引起的波纹管应力

该工况下最大周向应力处于波峰与波谷，波峰为压应力，波谷为拉应力，应力值相当；最大子午向应力处于波纹侧壁靠近波峰位置，为压应力。最大周向应力大于最大子午向应力。比较图 5 和图 8 可以看出，与仅承受外压的工况相比，外压＋拉伸位移的工况下，波峰周向应力由拉应力变为压应力，应力值约为前者的 2.8 倍，因而波纹管在承受外压＋拉伸位移时更易产生波峰塌陷。

4.3 避免波纹管周向失稳的措施

由上述分析可以看出，波纹管外压周向失稳对其安全使用危害较大，应引起足够的重视。对用于外压型膨胀节的波纹管，可通过增加周向薄膜应力和子午向弯曲应力的安全裕度、提高设计疲劳寿命降低单波位移量、膨胀节进行预变位安装等措施，减小波纹管在最高工作压力（或试验压力）时的拉伸位移，提高波纹管的外压周向失稳能力。对用于易燃易爆、高压大直径的外压波纹管，建议进行拉伸位移状态下的压力试验，以确保其安全可靠性。

5 结束语

本文通过有限元分析对压力、位移和压力位移组合载荷的应力场进行了分析，得出位移应力是波纹管平面失稳、波谷外鼓和周向失稳的重要影响因素，可通过提高波纹管疲劳寿命、降低单波位移、采取预变位安装等措施，提高波纹管的安全可靠性。

作者简介

段玫，女，研究员，长期从事金属波纹管膨胀节的设计与研究工作。通讯地址：河南省洛阳市高新技术开发区滨河路 88 号，邮编：471000。

地震断裂带用波纹管伸缩节设计探讨

孟　延　赵志刚　王文刚

(南京晨光东螺波纹管有限公司,江苏南京　211153)

摘　要:波纹管伸缩节也称作波纹管补偿器或波纹管膨胀节,广泛应用于压力钢管系统,对于解决压力钢管因热胀冷缩引起的位移变化,减少压力损失,纠正少量安装偏差都有很大的作用。但是在水电站或引水工程的压力钢管系统,很多要穿越地震断裂带,在地震断裂带上地基沉降导致补偿量大,远超普通波纹管伸缩节的位移补偿能力,针对地震断裂带的特殊工况,尝试从伸缩节的类型选择,波纹管的参数选择,设计方法、设计思路等方面进行了探讨,设计出一种全新的双密封平衡型波纹管伸缩节,解决了地震断裂带的特殊工况。

关键词:地震;断裂带;压力钢管;水电站;波纹管;伸缩节;膨胀节;补偿器

Design discussion of bellows expansion joints used onearthquake fault zone

Meng Yan　Zhao Zhigang　Wang Wengang

(Aerosun-tola Expansion Joint Co. ,Ltd,Jiangsu Nanjing　211153)

Abstract: Bellows expansion joints also called bellows compensator or bellows expansion joints are widely used in the pressure piping system, for solving the penstock movement due to thermal expansion and contraction, reducing the pressure loss, to correct asmall amount of misalignment has a significant role. Hydropower penstock or diversion project, many across the seismic fault zone, there are many new requirements on seismic fault zone, the ordinary bellow expansion joints do not meet these requirements. For solving this seismic special work condition, we try the style selection of expansion joint,bellows' parameter selection,design method etc. ,and we R&D a new style expansion joint with double containment and balancing-device . This new type bellow expansion joints have solved seismic fault zone and its special work situation.

Keywords: Earthquake;seismic fault zone; pressure pipe; water power station;bellows; expansion joints; compensators

1　引　言

地震断裂带地质条件复杂,地震频发,地震及地基沉降多发、沉降量大且伴有较大水平位移发生,本文示例项目百年累计变形量可达水平 1.8 米，垂直 1 米，有些工程项目在地震断裂带的累计变形量更大。伸缩节在平滑的管线中是一个结构突变节点，其不仅在结构上发生突变，还形成了质量集中点，在地震加速度作用下，除给管线施加额外载荷，对伸缩节自身也带来载荷、位移等方面的影响，在伸缩节的设计中必须予以考虑。

在常规压力管道系统中使用的普通伸缩节主要有波纹管伸缩节，套筒伸缩节。伸缩节主要用于承受介质压力，吸收位移。其中套筒伸缩节仅能吸收轴向位移；而波纹管伸缩节可以吸收轴向位移，或者吸收轴向和/或少量横向位移、角位移的组合位移。目前波纹管伸缩节产品结构比较简单，主要有轴向型和小拉杆横向型，它们不能吸收地震断裂带的大位移和地震共同叠加的工况。

为适应大位移和地震共同作用，压力管道系统设计采用柔性管系结构，跨越主断裂带双向滑动支座、固定支座及适应变形能力较强复式波纹管伸缩节配套协调布置，断裂带的变形量均由复式万向波纹管伸缩节承担。伸缩节和滑动旋转支座组合成补偿单元，多个单元组合共同补偿断裂带水平和竖直方向位移。在此种类型的工况下常规的套筒式伸缩节，或者轴向型波纹管伸缩节和万能型波纹管伸缩节已经不能满足工程需要。

针对上述地震断裂带的特殊工况，需要一种新型的波纹管伸缩节来解决上述的特殊工况。

下面以某地震断裂带用伸缩节为例从设计思路、设计原则、设计方法、伸缩节的选型、波纹管的设计、结构件的设计等方面探讨该型波纹管伸缩节的设计。为保证波纹管伸缩节能满足在地震断裂带安全使用的要求，该工程主要设计输入条件如下：

(1)波纹管伸缩节规格为 DN4000，设计压力为 0.5MPa，温度为 50℃；

(2)波纹管伸缩节的补偿量为：轴向 100mm，横向 100mm，角向 1 度，疲劳寿命应大于 1000 次，伸缩节的轴向刚度不超过 3500N/mm；

(3)产品须设置减少次生危险的装置；

(4)地震烈度按 IX 考虑设计，地震设计加速度为 0.445g；

(5)伸缩节的使用寿命要求：30 年。

2 设计方法及遵循的标准规范

2.1 设计原则及工具：

以国家有关法律法规和行业规范做指导，以客户的技术规范为依据。压力管道系统对产品的可靠性要求极高，遵循压力管道、压力管道设计可靠性、实用性、经济性的原则。设计上采用自顶向下的设计方法，即先确定伸缩节的类型和结构形式，再设计各个零部件，核心是波纹管。波纹管的设计计算有严格的标准规范，标准规定了详细的计算方法，因此波纹管的计算采用计算机辅助的程序计算；对于伸缩节的复杂结构件，经典力学公式的假设模型和实际结构偏差较大，因此采用有限元分析技术计算。产品绘图设计采用 3D 软件建模，形象直观、可以尺寸驱动、眼见即实，易于避免设计中的尺寸错误。

2.2 设计遵循的标准与规范

产品设计的首要准则是国家法律法规、国家标准、行业规范和技术规范书和用户要求等。本项目根据产品行业特点采用如下标准规范和用户技术协议。

《金属波纹管膨胀节通用技术条件》(GB/T 12777—2008)

《美国膨胀节制造商协会标准》(EJMA)

《水电站压力钢管设计规范》(SL281—2003)

ASME《锅炉及压力容器规范(第 VIII 卷第二篇)》

2.3 设计方法

伸缩节的设计主要采用如下方法：计算机技术的设计计算、有限元分析计算、试验验证及参照成功案例。波纹管伸缩节中各承压、承力构件、焊接连接、防腐保护等均按照现行水利、水电、压力钢管、国家标准及规范进行设计。

◇ 波纹管设计主要运用了以 GB/T12777—2008 标准为依据的计算机程序计算。

◇ 结构件部分采用有限元分析计算：

有限元分析计算主要是采用 ANSYS 计算程序，并采用 ASME 第 VIII 卷第二篇《美国机械工程师协会标准》锅炉及压力容器规范对波纹管伸缩节结构件校核。

◇ 试验验证：

试验验证主要用于检验波纹管伸缩节各部分的设计是否安全、合理、可靠，选材以及制造质量是否满足使用要求。

◇ 工程应用观察：

工程应用是将设计制造的产品投入到工程项目中使用，在使用过程中观察产品的工作状态，这是最直接有效的验证设计的方法。

3 该波纹管伸缩节的设计

3.1 产品设计采用自顶向下的设计方法，先确定整体结构，再确定波纹管参数及各主要结构件型式及尺寸，最后确定各辅助零部件型式尺寸。

3.2 产品整体结构设计

以地震断裂带的特点和该工程项目对波纹管伸缩节的要求为依据，首先确定该伸缩节的类型和结构。该新型压力钢管波纹管伸缩节的产品结构及特点如下：

(1)通常情况规格书会给出伸缩节类型，在未给出类型时，就必须考虑伸缩节在管道中的布置位置、布置方式，管道的走向，支架的设置等，并加以综合考虑。结合本例中伸缩节的三向位移工况，选用的是复式万能型。

(2)波纹管伸缩节按盲板力约束型式分为约束型和非约束型，约束型产品的盲板力由产品的结构件吸收，而后者则相反，其盲板力要由管系中支架或设备承受。本例中产品要求吸收三向位移，采用复式结构，要求在波纹管吸收最大设计位移时能够约束盲板力作用，能够约束波纹管继续变形，因此产品结构既具有非约束型的特征又具有约束型的特点，可以说是一种介于两者之间又综合了二者优点的全新结构，暂且称作“综合约束型”，该结构由下面的平衡装置实现。

(3)从管系布置方式上考虑，理论上本例中管系可能会带来各个补偿单元位移分配不均的问题，极端情况下，补偿单元内的伸缩节可能吸收远大于设计态的位移，因此产品必须设置平衡装置，确保每个产品在地震断裂带任意工况下均能保持在安全位移范围内工作。

(4)目前，膨胀节的设计主要是针对内部介质做成单层结构，一旦波纹管损坏，就会造成介质泄漏，给设备和管线造成损失。为减少一次危险和次生危险造成的危害，产品整体设计采用双重安全措施即“双密封结构”。即：第一层为波纹管，主要针对一次危险设计；第二层为密封补偿结构，主要针对次生危险设计，在一次危险变成实际危害时，能有效减少危害损失。这样设计目的如下，在内层的波纹管失效破坏情况下，外层的密封补偿结构起作用，防止整个伸缩节破坏。同时密封结构还起到阻尼减震作用，在地震发生时可以有效提高管道的稳定性，减少地震危害，保持管道稳定。密封补偿结构采用特殊设计不仅可以吸收轴向位移，还可以吸收角位移，这是常规套筒式伸缩节所不具备的功能。

(5)产品结构如图 1 所示，图中把此种类型的伸缩节的主要结构和部件做了示意。

3.3 波纹管的设计

在产品设计中，以波纹管作为第一层安全措施，在波纹管外部设置“密封补偿结构”，构成双层密封结构。

波纹管作为产品的核心元件，也是产品设计核心。波纹管参数的确定需要综合考虑多个因素，如设计压力、温度、吸收位移类型和大小、波纹管的材料、单层壁厚、层数、波高、波距、波的形状，波纹管的成型方式等；还要针对本项目特殊要求进行特殊的设计，波纹管疲劳寿命＞1000 次、产品刚度≤3500N·m；根据 GB/T12777—2008“附录 A.4.1 自振频率的范围”规定膨胀节自振频率应该小于 2/3 的系统频率或

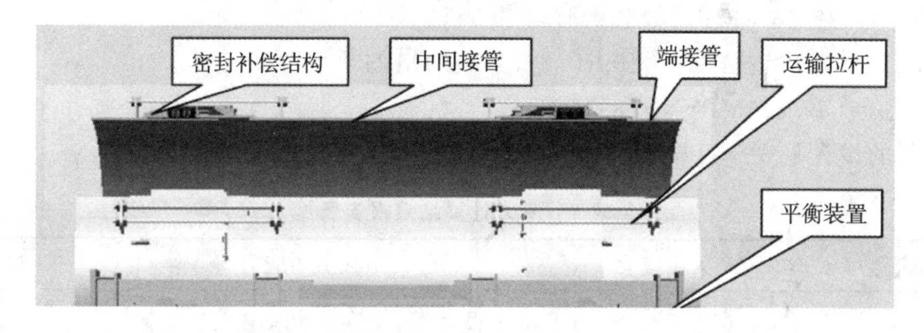

图 1　伸缩节结构简图

者至少大于 2 倍的系统频率，项目规定自振频率大于 8Hz，膨胀节频率按此计算。除了项目规定的位移外，还考虑了地震载荷下波纹管的位移及安装偏差产生的位移。波纹管的计算采用计算机程序计算，经过多次试算，最终选用波纹管为 U 形薄壁多层结构，这里不再列出详细计算过程，计算结果见“表 1 波纹管伸缩节计算结果汇总表”，设计计算结果完全满足工程项目要求。

表 1　波纹管伸缩节计算结果汇总表

条目	自振频率 Hz			产品轴向刚度 N/mm	疲劳寿命				
	轴向	横向	摆动		轴向	横向	角向	安装偏差	累计疲劳
结果	8.6	35.3	67.10	3017	3128	1539	4.7E+11	1E+08	0.95
评判标准	＞8	＞8	＞8	＜3500	＞1000	＞1000	＞1000	＞1000	＜1

注：疲劳寿命根据 EJMA 10th 中 4.12.1.5 条采用累积疲劳计算法。

3.4　主要结构件设计

主要结构件包括承压件及承力件。此部分主要包括内外部接管、双层密封装置等部分，这里以密封装置的有限元计算作为示例。这部分结构整体为环状，包含有管、环、筋等，结构复杂，以常规压力钢管等计算公式计算结果比较粗糙，已不能准确反映实际的应力情况，因此，我们对该部分结构进行有限元计算。

3.4.1　计算模型

模型示意见图 2。

3.4.2　有限元程序

有限元程序：ANSYS 11.0。单元类型：SHELL63（四边形）。

3.4.3　应力评定

采用 ASME 锅炉及压力容器规范（第 VIII 卷第二篇）压力容器建造另一规则评定。

a）总体区域：总体一次薄膜应力强度不得超过 Sm（许用应力）。在此区域中因弯曲应力很小，一次薄膜应力强度略大于环向薄膜应力。可沿用波纹管标准的方法，用环向薄膜应力代替薄膜应力强度。

b）局部区域：局部一次薄膜应力强度不得超过 1.5Sm。

c）应力集中区域：端头的应力集中区域，其中峰值应力强度不影响结构强度，如为循环应力则和二次应力一并计算疲劳寿命。

3.4.4　计算结果

设计压力为 0.5MPa，温度 50℃，考虑地震条件下产生的作用力，把这些力作为一次性外部载荷施加在模型上。计算结果见表 2 和图 3～9。所用 Q345R 材料 16mm 厚板材，在设计温度 50℃时的许用应力为 189MPa（根据 SL281—2003《水电站压力钢管设计规范》6.1.1 条规定取许用应力 0.55×345＝189MPa）

计算结果：

最大主应力　= 83.54　MPa < 189MPa

最大剪切应力 = 32.643MPa < 109(0.577×189)MPa

最大当量应力 = 59.516MPa < 189MPa

故，密封装置的设计是安全可靠的。

表 2　应力计算结果报告表

项目名称	最大主应力	最大剪切应力	应力强度
Results 结果			
最小	-18.954MPa	1.0367MPa	2.0734MPa
最大	83.54MPa	32.643MPa	65.286MPa

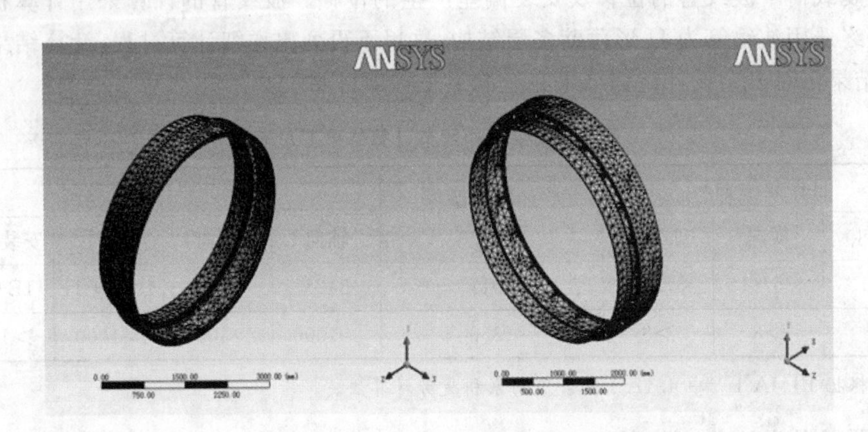

图 2　密封装置网络图

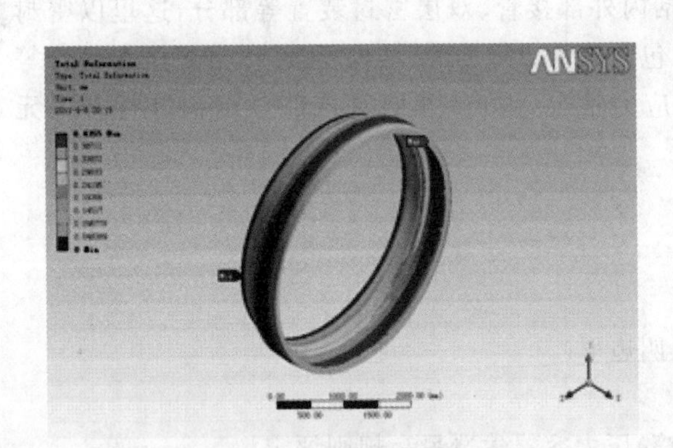

图 3　计算结果－变形位移

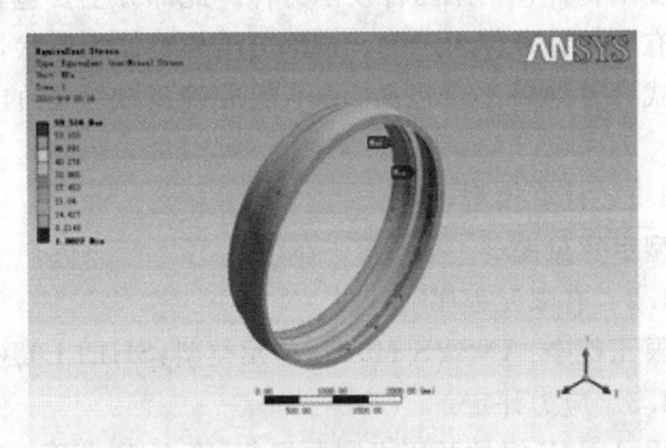

图 4　计算结果－当量应力

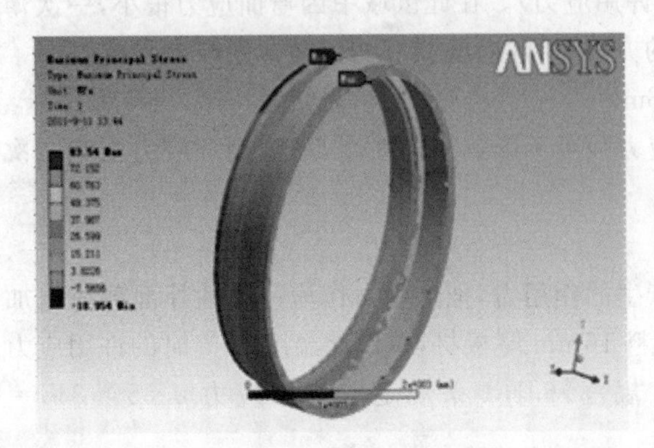

图 5　计算结果－最大主应力

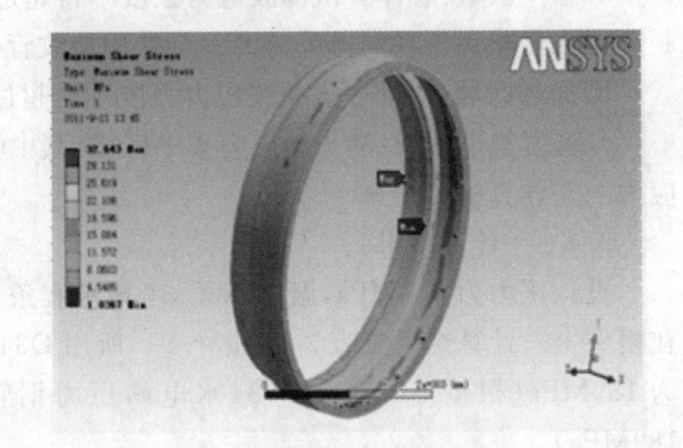

图 6　计算结果－最大剪应力

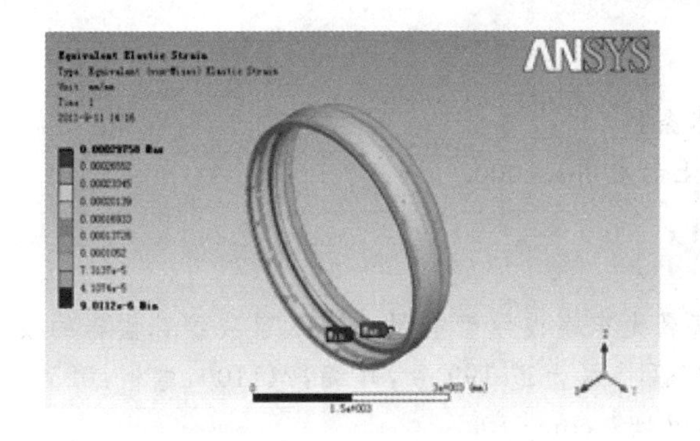

图 7　计算结果—应变(当量)

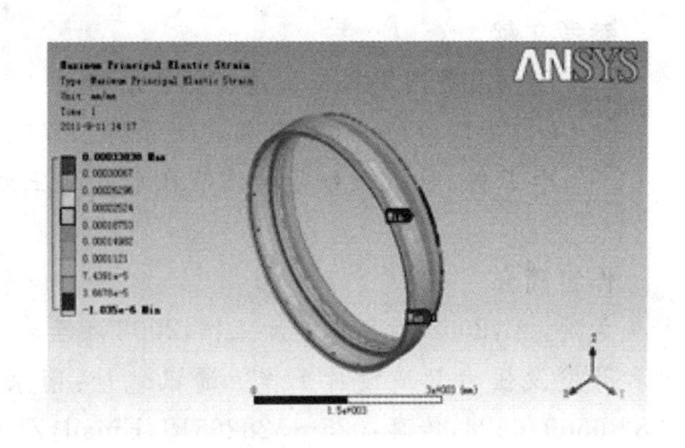

图 8　计算结果—最大主应变

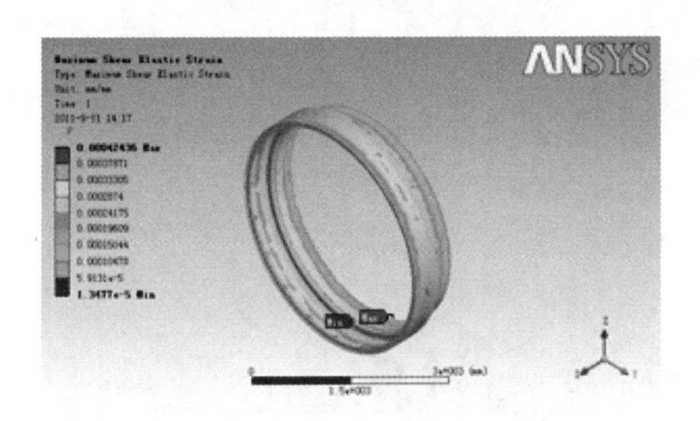

图 9　计算结果—最大剪切应变

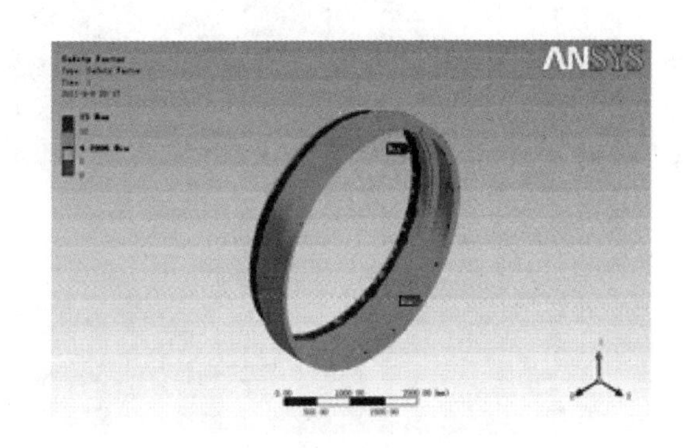

图 10　计算结果—安全系数

4　设计验证

4.1　疲劳试验采用原型波纹管,经过 2000 周次的疲劳试验,无破裂或裂纹出现,达到设计要求。

4.2　产品耐压试验及气密性试验按 GB/T12777—2008《金属波纹管膨胀节通用技术条件》要求执行,分别做了液压试验、气密性试验,均合格。

4.3　产品振动频率试验和刚度试验经过测试也满足设计要求。

经过上述试验验证,证明采用上述设计方法设计的产品输出满足设计输入条件,设计结果是可靠的。

5　结　论

本文针对地震断裂带工况复杂,对波纹管伸缩节有更多特殊要求,以某地震断裂带用波纹管伸缩节的设计为例,把膨胀节的设计放入到管道系统中,考虑膨胀节的选用、产品结构要求及特点等。采用自顶向下的设计方法,探讨了伸缩节的类型选择,结构设计计算,波纹管的参数设计;以标准规范为依据,采用计算机辅助方法计算波纹管,应用有限元技术设计结构复杂的膨胀节结构件,并运用 3D 软件进行产品的设计绘图。创新地设计了伸缩节"双层密封结构"、"平衡装置",以及对波纹管的参数选择设计。最后介绍了采用试验方法进行设计验证,试验的结果满足设计的各个参数,说明设计输出和设计的输入是符合的。采用合适的设计思路、方法及工具设计了一种全新的波纹管伸缩节,很好地解决了地震断裂带地基不稳定,位移情况复杂,各向位移异常大的特殊情况,解决了地震加速度对产品的位移分配,结构件的冲击等不利影响,设计产品的频率有效避开管线固有频率,防止形成共振,造成管线损坏。该产品已经安装于地震断裂带项目中并已投入使用,目前产品运行良好,确保了项目的正常运行。说明设计、生产的产品是满足工程要求并且是可靠的,但是由于项目需要 30 年的使用周期,后面的使用效果我们还要继续观察。

参考文献

[1] EJMA 美国膨胀节制造商协会标准.

[2] GB/T12777—2008 金属波纹管膨胀节通用技术条件.

[3] 李正良,等.《波纹管伸缩节在水电站压力管道上的应用》.2000.

作者简介

孟延,男,2002 年 8 月参加工作,2002 年至今在南京晨光东螺波纹管有限公司从事波纹补偿器的设计和开发及压力管道设计工作。通讯地址:南京市江宁区将军大道 199 号,邮编:211100,电话:025—5282 6569/6524,传真:025—52826519,Email:ZLmengy@163.com

基于 APDL 和 VB. net 的参数化有限元分析研究及在膨胀节设计中的应用

周 强

（南京工业大学波纹管研究中心，江苏南京 210009）

摘 要：有限元分析已成为膨胀节力学性能评定的重要手段。本文在充分研究膨胀节结构和性能特点的基础上，结合 VB. net 和 APDL 两种语言的功能和特点开发了基于 ANSYS 的膨胀节参数化有限元分析系统，实现了波纹管与结构件的建模、划分网格、加载和后处理的全程参数化设计，降低了有限元分析的难度，提高了产品方案设计的效率和质量。

关键词：APDL；VB. net；膨胀节；有限元；参数化

Development of Parametric Finite Flement Analysis Based on APDL and VB. net and Applilication in the FEA System of Expansion Joints

Zhou qiang

（Research center of Bellows Technique，Nanjing University of Technology，Nanjing 210009，China）

Abstract：Finite element analysis is concernful on designing of expansion joints. On the basis of fully studying the structure and capability of expansion Joints，connecting APDL and VB. net language，a parametric FEA system of expansion joints based on ANSYS has been developed which can realize all processes parameterized such as modeling，meshing，loading，solution and post process. The system reduces design difficulty and improves the product quality and design effect greatly.

Keywords：APDL；VB. Net；expansion joints；FEA；parametric

1 引 言

随着计算机技术的发展，有限元分析在工业设计中呈现普及应用之势，有限元的分析结果也受到越来越多的重视。作为一种薄壁、柔性管道元件，波纹管及其结构件是整个压力管道系统中的薄弱环节，由于膨胀节结构的特殊性，传统的力学分析方法难以全面评定其性能；在许多工程项目中，对波纹管及其结构件进行有限元分析已成为必不可少的选项。波纹管是一种超薄的非常规形状的结构，对于一般工程设计人员，有限元的建模、划分网格、载荷加载及后处理等都比较难以掌握，每次有限元分析往往都要花费较多的时间和精力，且得到的结果也不尽合理。对于重大的工程项目，从获取信息到参加竞标的时间往往很短，而在很短的时间内设计出切实可行、优于竞争对手的项目方案来，就成了一个现代化企业赢得市场的关键所在。本文作者在多年进行膨胀节设计的基础上，结合计算机技术，研发了基于 ANSYS 的膨胀节有限元参数化分析系统。该系统具有直观、准确、高效的优点，可以有效地提高企业的设计水平，增强企业的市场竞争力。

2　参数化开发技术

2.1　APDL 参数化设计语言

APDL(ANSYS Parametric Design Language)是 ANSYS 提供的一种参数化设计语言，利用 APDL 的程序设计语言和宏技术管理组织 ANSYS 的有限元命令，就可以实现参数化建模、参数化划网、施加参数化载荷与求解及后处理结果的显示，从而实现有限元参数化分析的全过程。在参数化的分析过程中可以修改各种参数达到分析不同材料、不同尺寸、不同载荷的多种设计方案，极大地提高分析效率，减少精力和时间。

APDL 语言在技术上为 ANSYS 有限元的二次开发成为可能，但在实际使用过程中并不是特别受欢迎。制约其广泛应用的因素主要有①APDL 作为一种嵌入式的解释性语言，其编程的方法较少以及程序的适应性、交互性、消息机制等功能不强；②界面设计功能较差，难以设计出友好的可视化界面；③只支持英文字符，复杂问题的描述比较困难。④参数化需伴随有限元分析的过程逐步进行，设计人员仍需对 ANSYS 有较好的理解；⑤APDL 缺少数据库访问技术。

2.2　VB. net 集成开发环境

在 Windows 操作平台下，VB. net 是具有图形用户界面的开发和创建应用程序的强有力工具，它具有强大的交互式程序开发能力、并有一套出色的数据库访问技术和文件处理技术，可以有效弥补 APDL 不支持数据库访问、难以编写可视化界面和复杂程序的不足。

通常，较为复杂的参数化程序都需要数据库的支撑，由于 APDL 语言不支持数据库的访问，目前大部分 APDL 的应用都只限于 ANSYS 的参数化建模过程，即前处理阶段，事实上 APDL 参数化是可以贯穿有限元分析整个过程的。本文通过对 ANSYS 的分析，利用 VB. net 强大的程序控制能力和数据库操作技术，编写参数化交互界面，并将 APDL 语言融合在 VB. net 程序设计语言里，在 VB. net 环境下编写程序控制有限元操作命令的执行顺序和运行方式，根据交互界面输入的结果自动生成对应的 APDL 宏文件，并对 ANSYS 的工具栏进行定制，通过定制的按钮来驱动宏文件的执行，从而实现 ANSYS 全部分析过程的参数化，降低了设计人员的技术要求。

3　参数化有限元分析系统的实现

3.1　参数化设计流程

本系统通过 VB. net 程序设计语言与 APDL 的混合编程，实现了有限元建模、分网、加载及其后处理系统的自动化，大大降低了设计人员的技术难度，使得一般的工程人员都可以进行有限元分析。图 1 为本系统的设计流程示意图。

3.2　VB. net 对 APDL 文件的控制

VB. net 作为一种广泛流行的程序开发工具，不但具有强大的数据库管理功能，同时也具有优良的文件管理功能。VB. net 可以实现文件本身和文件内容的创建、删除、查找、修改等一系列功能。VB. net 提供了三种访问方式：顺序访问、随机访问和二进制访问，相应的文件可分为顺序文件、随机文件和二进制文件。顺序文件中数据的读出及写入是按次序进行的，一般分为若干行，每行为一个记录，记录为顺序文件操作的基本单位。

在有限元参数化设计中，有限元分析的操作过程由一系列 APDL 宏文件来控制。每个 APDL 宏文件是若干个作命令的有序集合，每个操作命令可以看作一个记录，因此可以把 APDL 宏文件看作是顺序文件来操作。对于结构相似的物体的有限元分析的操作流程基本上都是相同的，不同的只是具体的操作

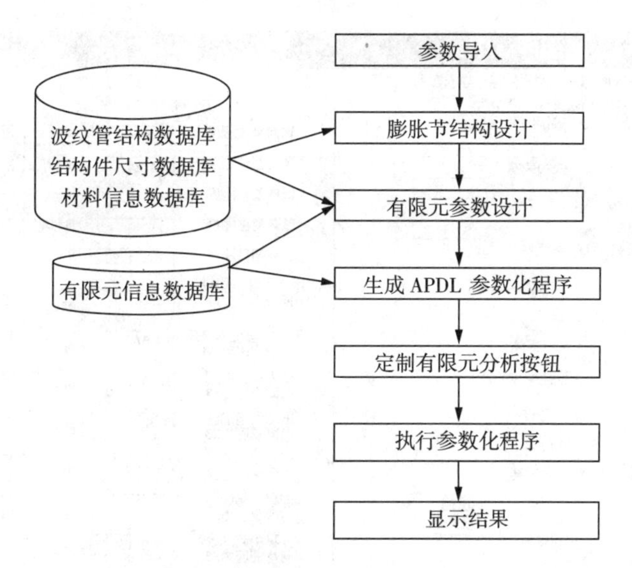

图 1　膨胀节参数分析系统示意图

命令和操作参数,因此其 APDL 宏文件具有较强的规律性,可以通过程序设计自动生成。在 VB. net 中,可以根据参数的变化,自动实现宏文件的生成和修改,从而实现由 VB. net 控制的有限元分析。

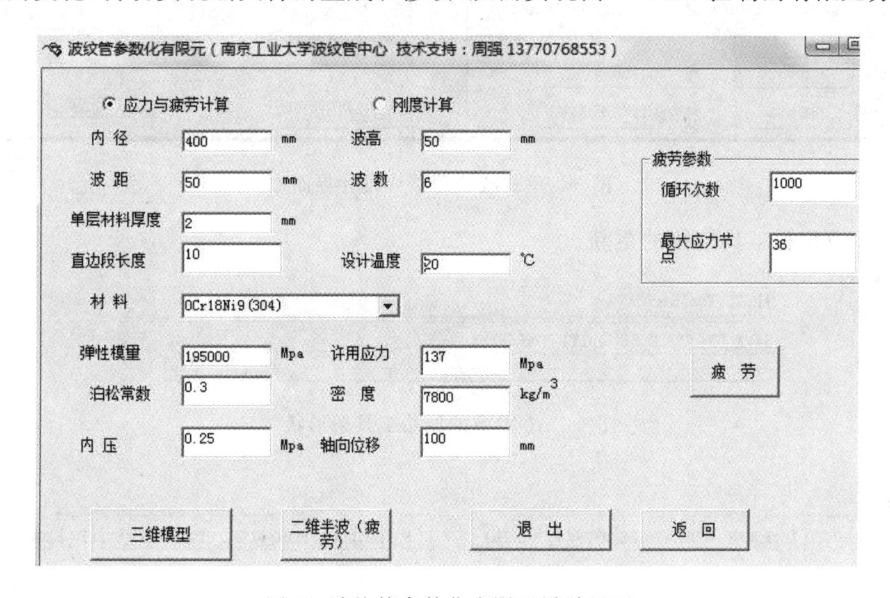

图 2　波纹管参数化有限元设计界面

4　膨胀节有限元分析系统模块

膨胀节的有限元分析系统分为波纹管有限元分析和结构件有限元分析,首先根据工况要求按照 GB/T12777—2008 或 EJMA 标准对波纹管和结构件进行结构设计,结构设计完成后相关参数会自动传递到有限元参数化设计模块中。图 3 为单式波纹管结构设计界面。

4.1　波纹管有限元分析系统

对于波纹管而言,结构上主要是波数和层数的不同,承受的载荷分为位移和压力两种载荷,而且加载的位置也较为固定,可以方便地通过坐标位置对模型进行控制。另外根据参数化建模的方式,可以研究得到模型中点、线、面、体的单元编号,这就为通过程序来控制有限元分析提供了可能。

波纹管结构设计完成后,点击“转入有限元分析界面”,即启动波纹管参数化有限元设计程序,如图 2。确定各类参数后,点击“生成宏文件”按钮即产生相应的 APDL 参数化程序,再点击“定制工具栏按

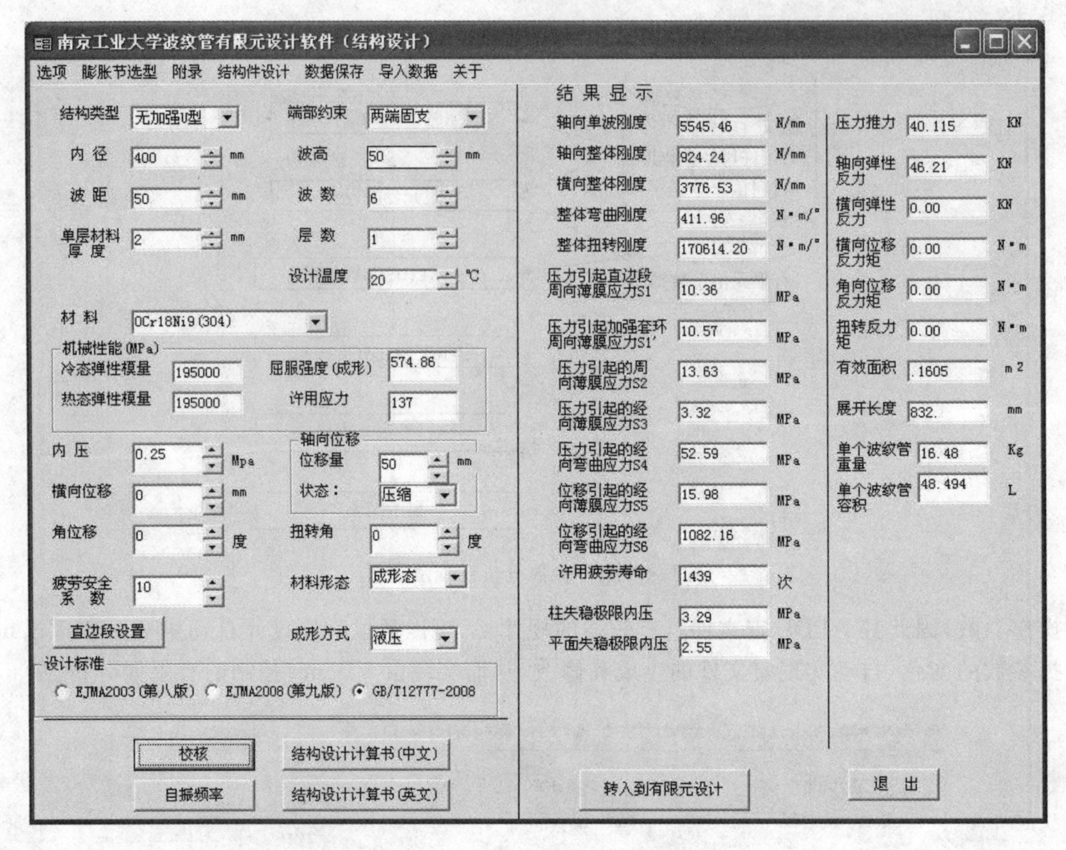

图 3　单式波纹管结构设计界面

钮”即实现了 ANSYS 的工具按钮的更新。

图 4　ANSYS 的原始工具条形状

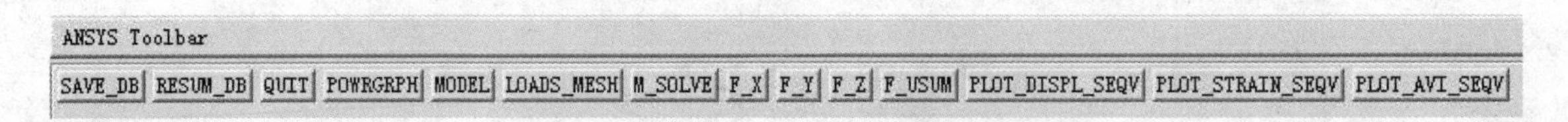

图 5　ANSYS 定制后的工具条形状

点击按钮“保存并启动 ANSYS”后，ANSYS 有限元分析程序自动运行，这时的工具栏按钮已变为图 5 的形式，点击“MODEL”按钮即生成波纹管模型，如图 6 所示。

再点击“loads_mesh”按钮，即实现模型网格的划分和载荷的加载。点击“M_SOLVE”进行有限元分析运算。求解完成后，依次点击后面的按钮，即可分别显示 X 向应力分布、Y 向应力分布、Y 向应力分布、总变形分布图、等效应力分布图、等效应变分布图、等效应力动画等，图 7 为等效应变分布图。除了对波纹管进行应力分析，还可进行刚度、疲劳寿命的分析，模型可以选择二维或三维结构。

4.2　结构件有限元分析模块

波纹管设计完毕后，再根据需要对万向环、马鞍板等结构件进行有限元分析。结构件的模型基本按照 GB/T1277 标准设计，同时也包含了一些标准上不能校核的结构形式，只需输入相应的几何参数即可实现有限元的分析。对于大尺寸的膨胀节，其结构件往往比波纹管更易破坏。例如对于大型万向铰链型膨胀节，其万向环的设计就很重要。图 8 显示的就是大型膨胀节中实际采用的一种万向环结构形式，对于这种空心,周边呈梯度状的结构难以直接进行常规的材料力学性能分析。

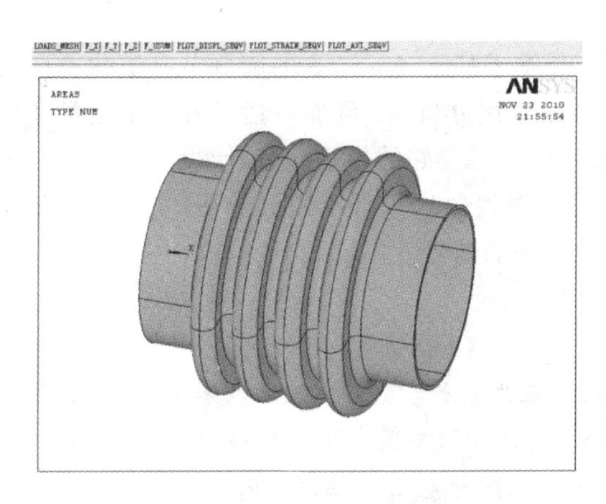

图 6　参数化生成的波纹管模型

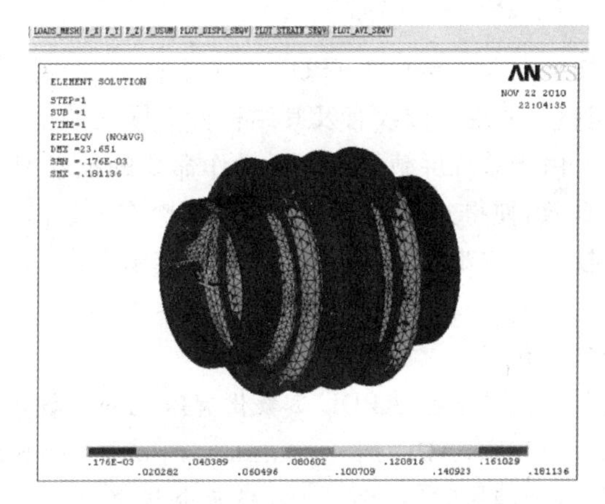

图 7　波纹管等效应变分布图

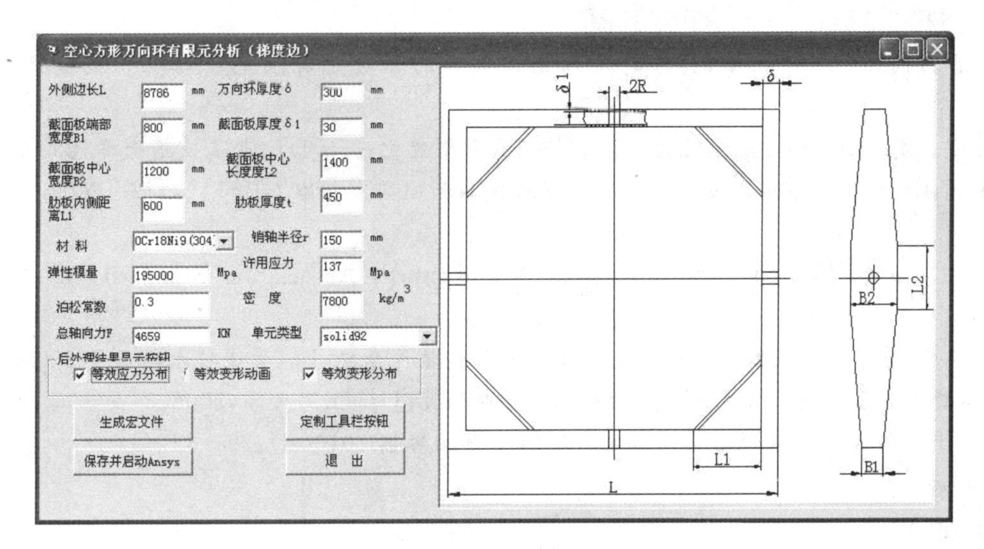

图 8　空心方形万向环有限元参数化设计界面

在本系统中只需在可视化界面上输入相关参数,点击相应按钮即可完成该结构的有限元分析。图 9 和图 10 为万向环的网格模型和变形图。对应图 8 的参数,可得到最大变形发生在销轴孔边缘,最大变形量为 1.77mm。

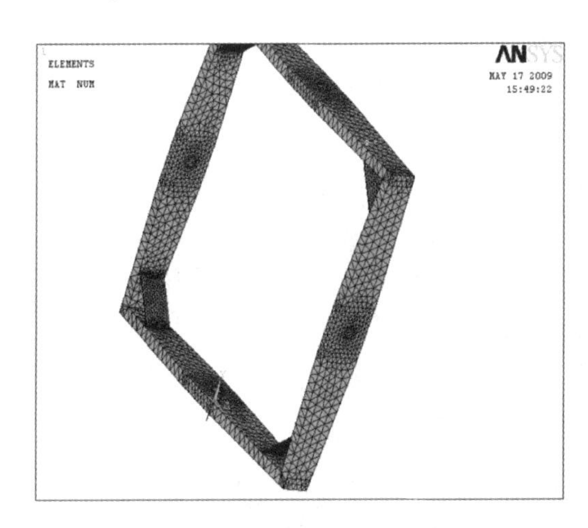

图 9　方形万向环网格模型

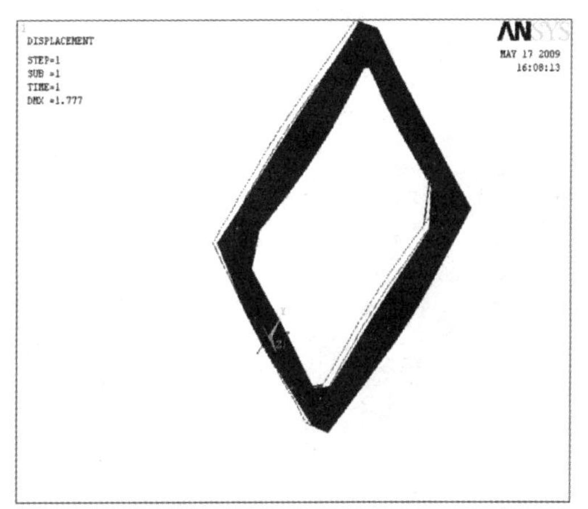

图 10　方形万向环变形显示图

5 结 语

本文结合 VB. net 和 APDL 两种语言的技术特点，开发了基于 ANSYS 的膨胀节参数化有限元分析系统，完整的实现了波纹管及其结构件有限元的全流程参数化分析，该系统包括了各种常见类型的膨胀节型式。由于系统屏蔽了有限元操作命令的技术细节和设计了友好的参数化设计界面，整个过程变得极为简单高效，使得几乎不懂得 ANSYS 操作的技术人员都能快速地进行有限元分析，极大的降低了有限元分析技术上的难度，为有限元技术的应用提供了更为广阔的前景。

参考文献

[1] 博弈创作室;APDL 参数化有限元分析技术及其应用实例[M]. 中国水利水电出版社,2004.1

[2] ANSYS APDL programmer's guide. ANSYS. Inc,2005,美国 ANSYS 公司

[3] 邓凡平;ANSYS10.0 有限元分析自学手册[M]. 人民邮电出版社,2009.1

[4] 赵琳,刘振侠,胡好生 . ANSYS 二次开发及在火焰筒壁温分析中的应用[J]. 机械设计与制造,2007.8:80－82

[5] 王雷,刑艳红 . 基于 ANSYS 的系列化零部件的参数化有限元建模[J],机械设计与制造,2008.6:86－88

[6] 薛波 . 基于 ANSYS 参数化设计语言的门式刚架优化设计[D]. 西南交通大学,2009.10

[7] 金属波纹管膨胀节通用技术条件 . 中华人民共和国国家标准 GB/T127777—2008. 国家技术监督局,2008

[8] The Eighth Edition Expansion Joint Manufactures Association Standard[S]. New York, EJMA,2003

[9] 沈玉堂,李永生 . 波纹管非线性有限元分析及其软件开发[J]. 管道技术与设备 2003.1:17－19

[10] 田晓涛 . 多层波纹管及膨胀节的有限元分析研究[D]. 上海大学,2006.3

[11] 郭平 . 加强 U 形波纹管的有限元计算[J]. 压力容器 2010(zl):79－82

作者简介

周强(1974—)，男，副教授，研究方向为机械设计与波纹管技术，联系电话:13770768553，电子邮箱:whitehall@126.com。

在役膨胀节有限元应力及疲劳寿命分析

周　强[1]　耿鲁阳[2]
（1. 南京工业大学波纹管研究中心，江苏南京　210086；
2. 南京工业大学高温装备技术研究所，江苏南京　210086）

摘　要：本文根据实际需要对在役的膨胀节进行了有限元应力分析，对其结构强度和疲劳寿命进行了校核．基于有限元分析结果的应力、疲劳寿命与理论计算的结果，对在役膨胀节的运行状况进行了评定。

关键词：膨胀节；有限元；对比

Expansion joint finite element stress analysis and fatigue life in service

Zhou Qiang[1]　GengLuyang[2]
（1. Bellows Research Center of Nanjing Tech University，Nanjing 210009，
China；2. High TemperatureTechnology Division，Nanjing 210009，China）

Abstract：According to Actual Need，The Finite Element Analysis for the Expansion Joint in working is completed. The stress and fatigue life of FEA of the Expansion Joint has been analyzed. Based on the FEA Results and the theoretical results，the Expansion Joint in working is evaluated.

Keywords：expansion joints FEA comparison

某化纤公司一换热器用膨胀节在省特检院进行定期检查时发现其工作状况与设计不符，该轴向型膨胀节发生弯曲变形，被认定为超出设计能力，要求进行维修或更换。由于该膨胀节与换热器都是进口设备，如进行更换可能代价很大，该公司希望对膨胀节目前的工作状况进行评估后再作考虑。

1　换热器基本参数，见表1

表1　第四预热器基本参数

<table>
<tr><td colspan="2">设备名称</td><td colspan="2">第四预热器</td><td>投入使用日期</td><td colspan="2">2005年3月</td></tr>
<tr><td colspan="2">容器类别</td><td colspan="2">Ⅲ</td><td>主体结构</td><td colspan="2">多腔</td></tr>
<tr><td rowspan="6">性能参数</td><td>换热面积(m²)</td><td colspan="2">364.5</td><td>支座型式</td><td colspan="2">卧式</td></tr>
<tr><td>保温方式</td><td colspan="5">保温棉</td></tr>
<tr><td rowspan="2">设计压力(MPa)</td><td>壳</td><td>10.9</td><td rowspan="2">设计温度(℃)</td><td>壳</td><td>350</td></tr>
<tr><td>管</td><td>12.0</td><td>管</td><td>350</td></tr>
<tr><td rowspan="2">使用压力(MPa)</td><td>壳</td><td>7.72/8.87(出/进)</td><td rowspan="2">使用温度(℃)</td><td>壳</td><td>260/316(出/进)</td></tr>
<tr><td>管</td><td>8.3</td><td>管</td><td>286/239(出/进)</td></tr>
<tr><td colspan="2">工作介质</td><td>壳
管</td><td>高压蒸汽
浆料</td><td>腐蚀裕度(mm)</td><td>壳
管</td><td>3.0
3.0</td></tr>
</table>

2　膨胀节工作状态及变形测量

该膨胀节安装于管道换热器中，右端管道有固定支架支撑；左端是盲端，靠近膨胀节有一滑动支撑，但远端没有支撑，在实际工作中由于自重、管系压力推力、气流振动等原因造成右端下沉，对膨胀节形成弯曲状态，导致轴向型膨胀节产生角位移补偿，原补偿器上具有的导向杆已被损坏。经双方测量，确认膨胀节工作时轴向拉伸28mm，角向位移4.3°。目前已对盲端增设弹性支架，确保膨胀节不再进一步弯曲。

图1　膨胀节实物图

3　膨胀节参数

膨胀节为带有均衡环的通用型膨胀节，波形参数见表2。波纹管材料为Inconel625，均衡环的材料为A516Gr70，该材料在设计温度下的屈服强度270MPa。

表2　膨胀节参数

类型	波形参数　(mm)					材料		额定最大位移(mm)
	内径	波高	波距	厚度	波数	波纹管	均衡环	
单式轴向型(带均衡环)	707	45.5	60	4×1	6	Inconel625	A516.Gr70	−54(轴向)

4　膨胀节应力计算

压力引起的直边段周向薄膜应力 S_1：79.85MPa；

压力引起的周向薄膜应力 S_2：97.55MPa；

压力引起的经向(子午向)薄膜应力 S_3：26.9MPa；

压力引起的经向(子午向)弯曲应力 S_4：413.9MPa；

位移引起的经向(子午向)薄膜应力 S_5：30.52MPa；

位移引起的经向(子午向)弯曲应力 S_6:1737.71MPa;

许用疲劳寿命:559 次。

5 有限元应力分析及疲劳寿命

有限元计算采用国际通用大型结构分析软件 ANSYSWorkbench14.0。

5.1 建立模型

由于该膨胀节变形后偏移中间轴线,不宜采用二维对称模型进行简化处理,本文中采用三维实体全模型进行有限元应力分析,实体模型如下图

5.2 单元的选取

有限元网格单元选取 solid187,有限元模型合计单元数 1820804,节点数 2886984。波纹管层与层之间绑定接触。

5.3 载荷的确定及加载

载荷为内压 8.9Mpa,一端固定,一端轴向拉伸 28mm,角向弯曲 4.3°。加载后的模型见图 3。

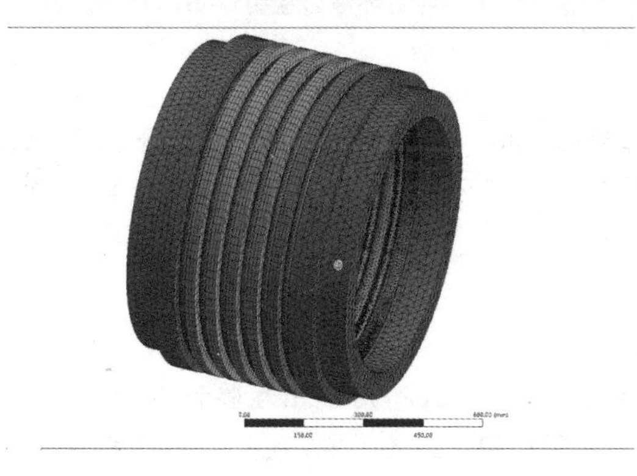

图 2 带均衡环的波纹管模型

图 3 波纹管模型局部图(波纹管壁为 4 层结构)

5.4 波纹管应力分析

膨胀节最大综合应力(Mises 应力)出现在波纹管波峰内侧,为 1767MPa,位于波纹管内层波峰处,该应力主要是由位移引起的二次应力,与根据 ASME－2013 标准计算出来的综合应力 St 结果基本一致。

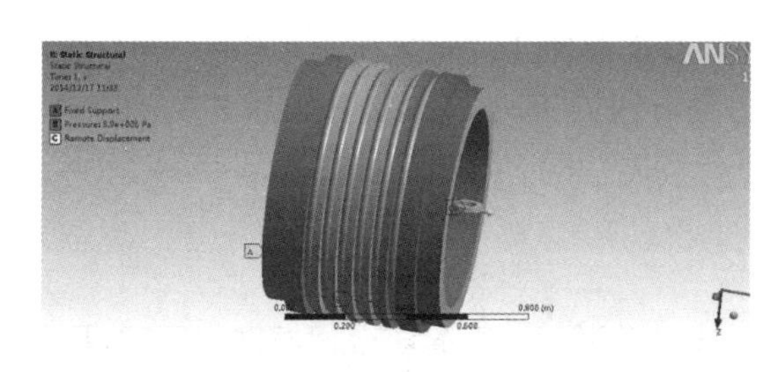

图 4 加载后的模型型

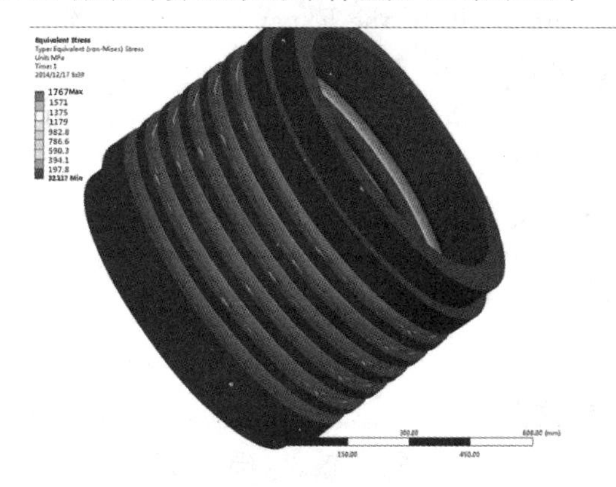

图 5 膨胀节整体受力云图

5.5 均衡环受力分析

均衡环最大受力在端部,最大综合应力为 184.5MPa。其局部最大值小于屈服强度,可以认为是安全的。

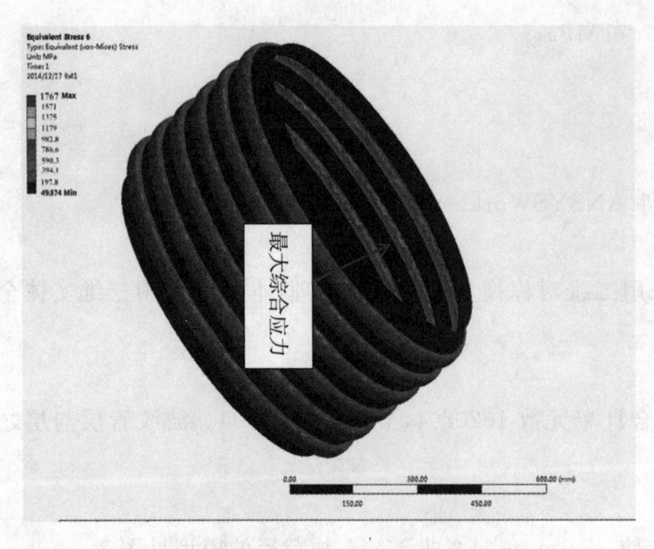

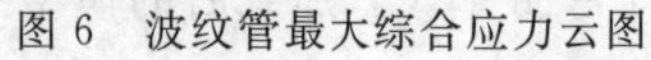

图 6　波纹管最大综合应力云图

图 7　端部均衡环综合应力(Mises 应力)云图

5.6　波纹管疲劳寿命

在波纹管应力分析基础上对波纹管进一步进行疲劳分析，其材料的 S－N 曲线取之于 ASME2013，在 ANSYS 分析中，疲劳分析是对应力集中地区域或节点进行疲劳分析，分析方法为雨流计数法，得到波纹管的疲劳寿命为 6981 次，按 10 倍的安全系数，有 698 次。

6　结　论

根据 ASME2013 标准的计算结果与有限元分析的结果较为一致，起到了相互验证的效果。其中膨胀节结构件的强度在工作条件下符合要求(外观检查也没发现有裂纹或不正常变形)。对于疲劳寿命，由于该段管道运行压力平稳、平时检修次数很少，年均消耗的疲劳寿命次数较少。另外该公司在发现膨胀节弯曲情况后，已采取措施确保膨胀节变形不再加剧的情形下，可以认定该膨胀节未达到疲劳寿命极限。

参考文献

[1] 钢制压力容器——分析设计标准．中华人民共和国行业标准[S]．JB4732—1995(2005 年)．

[2] Standards of the Expansion Joint Manufacturers Association(EJMA)[S]. Ninth Edition，New ork：EJMA，INC，2008.

[3] 2013ASME Boiler and Pressure Vessel Code[S]，VIII Rules for Construction of Pressure Vessel，Division 1.

[4] 刘凤臣，季旭．基于 ANSYS 的铰链型膨胀节结构强度分析[J]．机械设计与制造，2011 年 02 期

[5] 周强．外压轴向型补偿器加筋环板有限元应力分析[J]．第十二届全国膨胀节学术会议论文集，2012.8

作者简介

周强(1974—)，男，副教授，研究方向为机械设计与波纹管技术，联系电话：13770768553，E-Mail：whitehall@126.com

高压铰链型膨胀节铰链结构优化的对比分析

陈文学　卢久红　陈四平
（秦皇岛市泰德管业科技有限公司，河北　秦皇岛　066004）

摘　要：为了确保高压铰链型膨胀节的安全性和稳定性，在设计阶段，依据 GB/T 12777 标准对铰链结构件强度进行了理论校核计算，确定了各零件的材质和厚度。结合以往经验数据，首先对原有结构进行了初步的优化和加强，以适用于高压工况，再利用 ANSYS 有限元分析方法，查看了优化前后的应力分布和变形情况。然后根据对比分析结果对结构做了进一步的优化，最终确定了高压铰链型膨胀节的铰链结构。通过实际产品的生产验证，平面铰链型和万向铰链型高压膨胀节产品均通过了水压试验，承压能力非常稳定。经过一段时间对产品现场使用情况的跟踪，产品运行情况良好。该方案为今后高压铰链型膨胀节的优化设计及生产加工提供了一定的理论依据。

关键词：高压铰链型膨胀节；铰链结构；有限元分析；应力分布；变形；对比分析

The comparative analysis of the hinge structure optimization of the high-pressure hinge expansion joints

Chen Wen-xue Lu Jiu-hong Chen si-ping
(Qinhuangdao Taidy Flex-Tech Co. ,Ltd,Qinhuangdao,Hebei,China,066004)

Abstract: In order to make sure security and stability of the high-pressure hinge expansion joints, during the design phase, the intensity of the hinge structure was checked theoretically to determine the material and thickness according to the GB/T12777. Firstly, combinning with the previous data, the original structure was preliminary optimized and reinforced to apply to the high-pressure condition. Using finite element to comparare and analyze, and seeing the stress distribution and deformation before and after optimization. Secondly, the structure was further optimized and reinforced according to compared results to determine the hinge structure of the high-pressure hinge expansion joints. Finally. No matter what butt hinge always universal hinge passed the hydrostatic tests by production-proven, and the bearing capacity was extremely stable. The products run well after tracking the usage of the products. The program provided a theoretical basis for the design optimization and production of the high-pressure hinge expansion joints in the future.

Keywords: High-pressure hinge expansion joints Hinge structure; Finite element stress distribution Deformation; Comparative analysis

0 引 言

随着金属波纹管膨胀节产品应用范围的逐步扩大，膨胀节在逐渐的应用于强腐蚀性、高温、高压或低温、高压的工况条件下，尤其在化工项目上表现尤为突出，因此用户对产品的质量和安全要求也在逐步地提高。

铰链型膨胀节的主要优点是尺寸紧凑，便于安装，工程上应用比较广泛。铰链结构具有很大的强度和刚度，通常主要用于承受作用于膨胀节上的全部压力推力，也可以用于承受管道和设备的重量、风载或类似的外力。因此对铰链型膨胀节铰链结构的设计则尤为重要，高压工况下就更是重中之重。通过以往总结的经验数据来看，需要解决的主要问题就是消除立板根部的高应力区，避免安装铰链的筒节两端发生椭圆化变形，从而导致波纹管发生面失稳，降低膨胀节的安全可靠性，该问题在筒节比较短的情况下表现得尤为突出，需要提前预知防范，予以消除隐患。

本文以某化工项目聚乙烯装置用高压平面铰链型膨胀节为例，通过理论校核计算，并结合 ANSYS 有限元分析方法，通过对优化前后的结构进行对比分析，优化完善最初的设计，最终确定了高压平面铰链型膨胀节的铰链结构，通过实际产品的生产验证，满足了标准规定的各项检验和试验要求。本结构可适用于高压平面铰链和万向铰链型膨胀节。

1 理论校核计算及初步优化

1.1 膨胀节主要设计参数，见表 1。

表 1　单式平面铰链型膨胀节主要设计参数

变径管外径(mm)	变径管壁厚(mm)	变径管长度(mm)	设计压力(MPa)	设计温度(℃)	波纹管压力推力(N)
1205	22	565	3.3	150/－32.7	4043232.34

1.2 理论校核计算

按照 GB/T 12777—2008[1]《金属波纹管膨胀节通用技术条件》附录 C 中的 C.4.3、C.5、C.9.2 要求，对马鞍板、环板、铰链板和立板进行设计及校核，材料均选用 16MnDR，计算结果见表 2。

表 2　结构件计算结果

马鞍板(mm)	环板(mm)	立板(mm)	立板宽度(mm)	铰链板(mm)	许用应力(MPa)
$\delta=36$	$\delta=36$	$\delta=70$	$b=220$	$\delta=50$	157[2]

1.3 结构初步优化

以往大直径的或是压力较高的情况下，铰链结构通常按图 1 形式进行设计，但考虑本次产品的直径，肯定是无法满足 150℃温度下 3.3MPa 的高压工况，所以在设计时为了少走弯路，直接对图 1 原有结构进行了初步加强和优化，首先在变径管上对补强板的厚度进行了加厚处理，以提高立板在管体上生根点处的局部抗变形能力；其次是马鞍板与环板做相切处理，另一端立板增加侧向筋板并与环板也做相切处理，以增加受力面积和消除应力集中点；两端环板中间仍用筋板相连，且筋板加密一倍，提高刚性，形成整体的框架结构，目的就是分散消除立板根部的高应力区，避免变径管两端口发生椭圆化变形，从而导致波纹管发生失稳变形，而另一端法兰变径处产生高应力区。初步优化的具体结构形式见图 2。

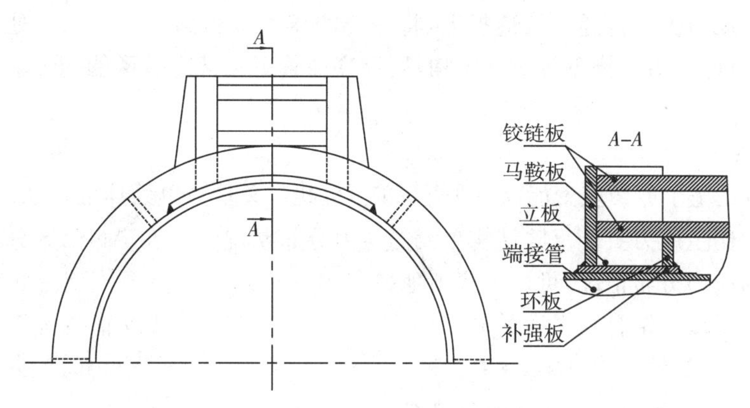

图 1　铰链与变径管的原有结构形式

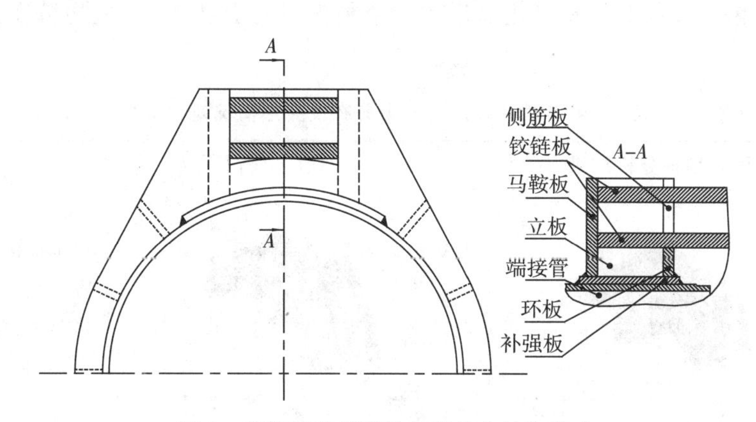

图 2　铰链与变径管的初步优化结构形式

2　ANSYA 有限元分析

2.1　三维建模

根据已知条件,分别对初步优化前后的高压平面铰链型膨胀节进行三维建模,见图 3、图 4。

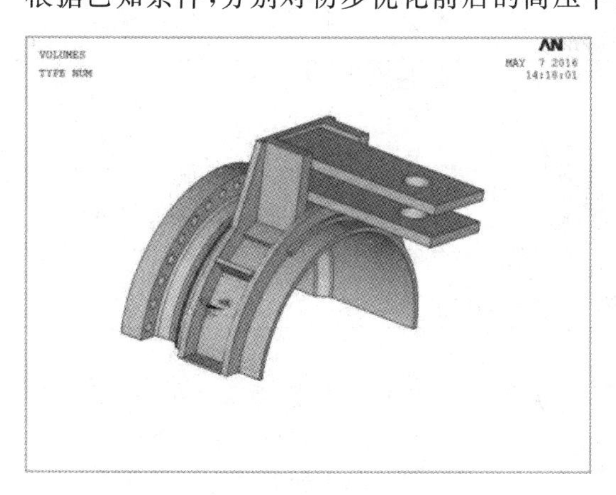

图 3　原有结构形式三维模型

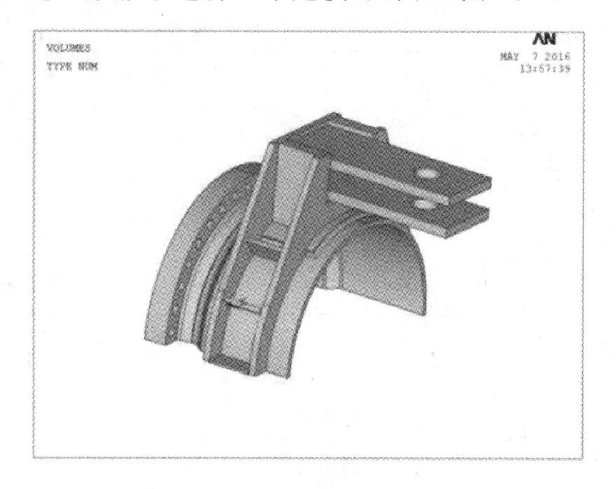

图 4　初步优化结构形式三维模型

2.2　有限元分析

2.2.1　施加约束

由于本模型的整体结构及载荷都是对称的,因此选取模型的一半进行分析计算。模型采用 ANSYS14.0 中三维实体 20 节点 186 单元进行实体建模[3]。材料的弹性模量为 194000MPa[2],泊松比为 0.3[4],对其进行网格划分,单元数 130667,节点数 216656。

波纹管所产生的压力推力传递到铰链板上，将一半的压力推力施加到销轴孔处，将3.3MPa内压施加到变径管和法兰内壁上；由于模型为对称结构，则在变径管下端部左右两侧施加轴对称约束，并将法兰端面视为固定端。

2.2.2　应力评定

Von Mises应力是基于剪切应变能的一种等效应力，其含义是当单元体的形状改变比能达到一定程度，材料开始屈服，它比主应力更能反映结构单元的应力分布状况[4]。在ANSYS分析软件中，应用等值线来表示模型内部的应力分布情况，可以更清晰地描述出一种结果在整个模型中的变化，进而可以快速确定模型中最危险的区域。结合材料力学和GB/T12777—2008有关波纹管结构件的评定标准，这里将结构件的评定条件定为：等效应力 $\sigma \leqslant [\sigma]^t$。

2.2.3　初步优化前后应力分布及变形情况对比

利用ANSYS有限元软件对初步优化前后的两个模型进行分析求解，应力分布及变形对比情况见表3。

表3　初步优化前后的应力分布及变形情况对比分析

分析项目		原有结构分析结果	初步优化后分析结果	对比情况
等效应力分布云图		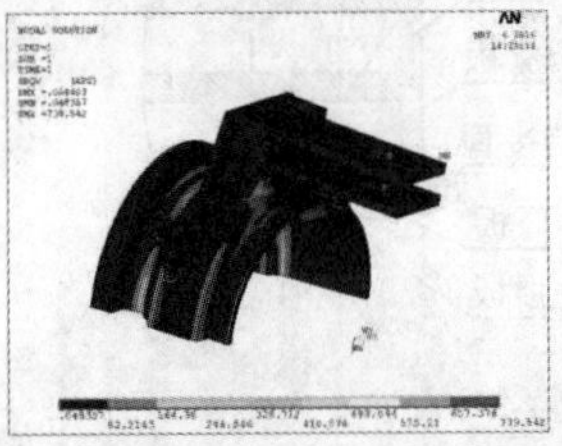	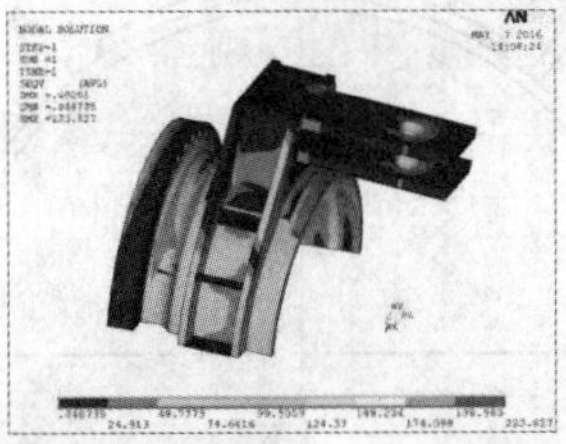	初步优化后降低515.72MPa，应力最大位置由立板右下角移至变径管变径处，总位移减小2.39mm
位移变形分布云图	X	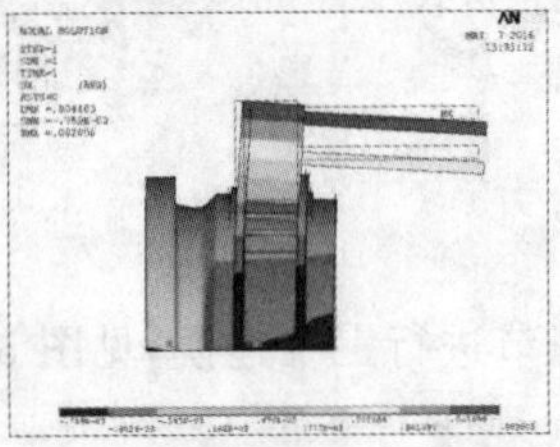	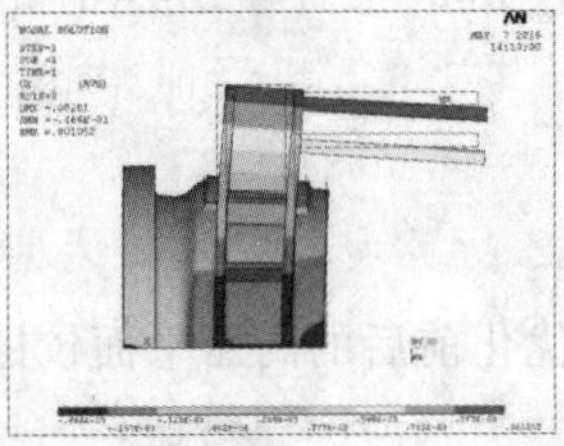	初步优化后变径管轴向方向变形量减小0.29mm
	Y	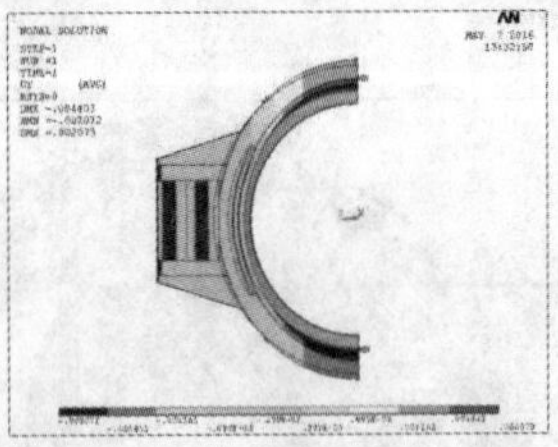	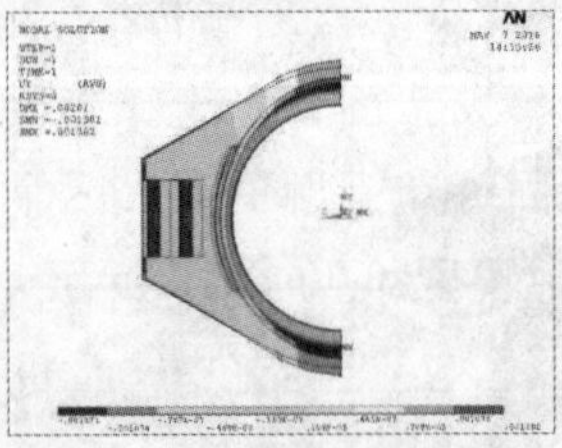	初步优化后变径管非铰链端口变形量减小0.69mm
	Z	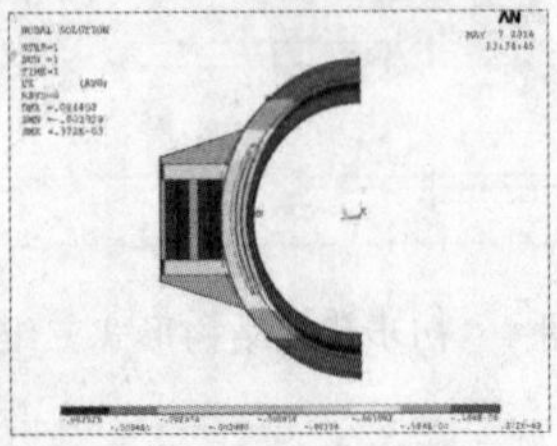	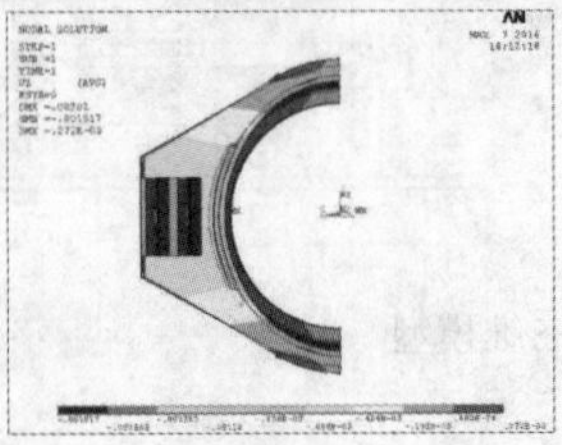	初步优化后变径管铰链端口变形量减小0.88mm

由表3初步优化前后的等效应力分布云图可以看出，结构经初步优化后，等效应力最大值由原来的739.54MPa减小为223.827MPa，降低515.72MPa，明显优化后的强度有了很大改善。应力最大位置由立板右下角移至法兰端变径管端口的变径处，立板根部的高应力区已经被消除，但是由于变径管与法兰连接处及变径管变径处结构的急剧变化，在该处又出现了新的高应力区，由于16MnDR在设计温度下的

许用应力为 157MPa，根据应力的评定条件等效应力 $\sigma \leqslant [\sigma]^{t}$，优化后的结构强度仍不能满足要求。由优化前后变形的对比情况可以看出，初步优化后总位移量由 4.40mm 减小到 2.01mm，减小了 54.3%，变径管轴向方向变形量减小了 0.29mm，比原方案减小了 75%；变径管非铰链端端口变形量减小 0.69mm，比原方案减小了 33%；变径管铰链端端口变形量减小 0.88mm，比原方案减小了 57.4%。从等效应力分布云图和变形情况来看，原来预测的问题已经解决，但是又出现了新的问题，结构还需进一步进行优化。

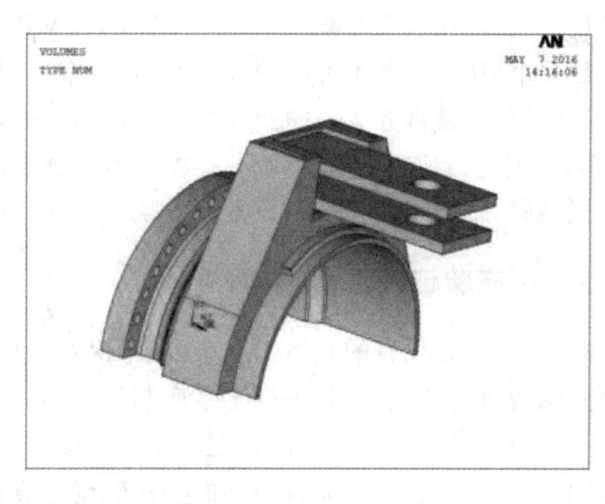

图 5　箱式结构形式三维模型

根据上述分析的结果情况，优化方案从以下两个角度考虑：

方案一，变径管的变径部分厚度由原来的 25mm 加厚至 35mm；

方案二，将铰链结构马鞍板外面加上 20mm 的盖板，将其变为箱式结构，具体结构见图 2－3：

表 4　进一步优化方案的应力分布图及变形情况对比

分析项目		优化方案一分析结果	优化方案二分析结果	对比情况
等效应力分布云图				方案二较方案一降低 17.83MPa 应力最大位置仍在变径管变径处总位移减小 0.298mm
位移变形分布云图	X			方案二较方案一变径管轴向方向变形量减小 0.04mm
	Y			方案二较方案一变径管非铰链端端口变形量减小 0.25mm
	Z			方案二较方案一变径管铰链端端口变形量减小 0.18mm

由表 4 方案一与方案二的分析对比可知，方案一等效应力最大区域仍旧出现在变径管变径处，且

162MPa＞157MPa，而方案二中 144MPa＜157MPa，根据评定条件等效应力 $\sigma \leqslant [\sigma]^t$，则方案二的整体强度满足要求；从表 4 各个方向的变形看出，方案二明显优于方案一，可以满足要求。后续又做了两个方面的分析计算，一是将方案一的变径厚度增加到 40mm 或减小到 20mm，等效应力都出现了增加现象，增加至 35mm 时等效应力为 162MPa，接近于满足要求；二是将铰链处变径管的厚度增加到 30mm 和 35mm，用来提高管体的整体刚度，但该方案效果不明显，等消应力降低均不超过 20MPa，无法满足要求。

3　生产验证及注意事项

3.1　结合该项目的具体工况条件，本次对高压平面铰链型和万向铰链型高压膨胀节均按照优化后的箱式结构进行了设计，并进行了生产制作。

3.2　根据以往的经验，因装配顺序和焊接工艺的不得当，焊后会导致立板根部发生焊接变形，该变形方向与膨胀节运行后，立板根部的变径管受力方向是一致的，这将加剧膨胀节在运行过程中的不稳定性，所以这个不利因素必须予以消除或降低，制作过程中装配顺序及焊接工艺要严格按照工艺文件执行，对焊接质量及变形进行严格的控制。

3.3　产品生产完成后按照 GB/T 12777 标准中第 6.5.4 条款的要求进行 1.5 倍的水压试验（见图 6）。平面铰链型和万向铰链型高压膨胀节产品均通过了水压试验，且承压能力非常稳定，无任何变形。

图 6　平面铰链型膨胀节产品水压试验

3.4　经过一段时间，对产品现场使用情况的跟踪，客户反映产品运行情况良好，非常稳定。从而也证明了该方案的可行性。

4　结　论

铰链型膨胀节要想适合在高压工况下运行必须注意以下几点：

4.1　消除铰链结构自身的弊病，即消除立板根部的高应力区，提高结构的整体刚性，分散力源，降低对筒节局部的作用力，避免铰链板处筒节两端口发生椭圆化变形，从而导致一端波纹管发生失稳，另一端形成高应力区，降低了膨胀节的安全可靠性。

4.2　在产品制作上，如果装配焊接工艺不合理，也将会在立板根部产生高应力区，并产生焊接变形，降低膨胀节的安全稳定性。

4.3　如果按照初步的优化方案无法满足压力和直径的要求，尤其是带变径的情况则可考虑按进一步优化的箱式结构进行设计，稳定性将会得到更大的提高，这个已经是经过证实的，但需要根据具体情况来选择，以免导致产品自重增加和成本提高。

4.4　铰链处筒节的长度和筒节的壁厚必须合理，尤其是带变径的厚度设计，因为控制变形要靠筒节自身的刚度和铰链结构的辅助加强来共同承担，所以该点也不可忽视。

参考文献

[1] GB/T 12777—2008,金属波纹管膨胀节通用技术条件[S].

[2] GB 150.2—2011,压力容器.第2部分:材料[S].

[3] ANSYS12.0 结构分析工程应用实例解析[M],张朝晖,北京:机械工业出版社,2010.

[4] 孙训方,方孝淑.材料力学[M].北京:高等教育出版社,2002.

作者简介

陈文学(1980—),男,工程师,主要从事压力管道及波纹管膨胀节的结构优化和产品制造工艺工作。通信地址:河北省秦皇岛市经济技术开发区永定河道5号,邮编:066004,电话:0335－8586150 转 6420,传真:0335－8586168,E-mail:cheng－5@163.com

转炉吹氧金属软管失效分析

齐金祥 陈四平
(秦皇岛市泰德管业科技有限公司,河北 秦皇岛 066004)

摘 要:本文结合某炼钢厂转炉炼钢用吹氧金属软管失效案例,采用宏观观察、扫描电镜分析、光谱仪等分析方法,对金属软管的开裂原因进行了分析,并提出了几点对该位置金属软管在设计、制造过程中应注意的问题和建议。

关键词:吹氧金属软管;网套;不锈钢丝;脆化

Analysis of converter oxygen lance metal hose failure

Qi JinxiangChen Siping
(Qinhuangdao Taidy Flex-Tech Co. ,Ltd)

Abstract: Combined with the failure of converter oxygen lance metal hose in a steel factory, the article analyzes the reason of metal hose broken by visual observation, scanning electron microscope and spectrum meter analysis. Issues and suggestion during design, manufacture of metal hose are emphasized for this application.

Keywords: Oxygen lance metal hose Braid Embrittlement of stainless steel wire

1 前 言

金属软管是以波纹管为核心元件的输送各种流体的管路配件,它主要由波纹管、网套和接头组成。波纹管是金属软管的本体,起着挠性的作用;网套起着加强、屏蔽的作用,它不仅分担金属软管在轴向、径向上静载荷,还在流体沿着管道流动产生脉冲作用条件下能够保证金属软管安全可靠的工作,它是金属软管的主要承力构件;软管两端的接头起着连接作用。金属软管具备了良好的柔软性、抗疲劳性、耐高压、耐高低温、耐蚀性等诸多特性,它相对其他软管(橡胶、塑料软管)的寿命就要高出许多,故它又具有较高的综合经济效益。随着现代工业的发展,对耐高温,耐高压的金属软管的需求量亦愈来愈大。

在一般工业领域中,除压力、温度之外,还存在着如疲劳、腐蚀、振动、压迫、冲击等苛刻的条件,在这样的情况之下,用金属软管来补偿管道的位置移动是最合适的了。吹氧金属软管是一种用于炼钢行业中转炉氧枪与输氧管道之间,可随氧枪上下运动的柔性元件。它具有孔径大、长度长、压力高、弯曲半径小且疲劳寿命高、要求内腔清洁等特点。

2 问题的提出

2015 年 12 月，某钢厂炼钢厂转炉吹氧金属软管在生产运行过程中突然开裂，造成生产突然中断。不仅造成了一定的经济损失，也存在着极大的安全隐患。为了消除隐患，避免类似事故的发生，需查出此金属软管失效断裂的原因。

3 现场情况

该金属软管为转炉炼钢用金属软管，具体参数为：公称通径：DN150mm；工作压力：1.2～1.6Mpa；产品长度：16500mm；波纹管材料：304；网套参数为（股数×每股钢丝根数×丝径）：96×11×0.6mm；钢丝材料：304；钢丝抗拉强度为：750MPa；波纹管的中径为：180.4mm。

该转炉约 20 分钟炼一炉钢，软管随氧枪上下运动 2 此，运行距离约为 5m，该软管从安装到损坏约 4 个月时间。发生断裂的位置为距氧枪端 4 米左右，该位置为氧管工作时 U 型弯右侧靠近氧枪位置（见图 1），发生爆裂的管子失效形态为：外部网套破裂，内部波纹管由该处爆出（见图 2），仔细观察破损部位网套可以发现，网套颜色已经变为黑色，上面附着着大量黑色物质（见图 3），有些部位网套已经脆化，用手可以轻易弄断（见图 4）。

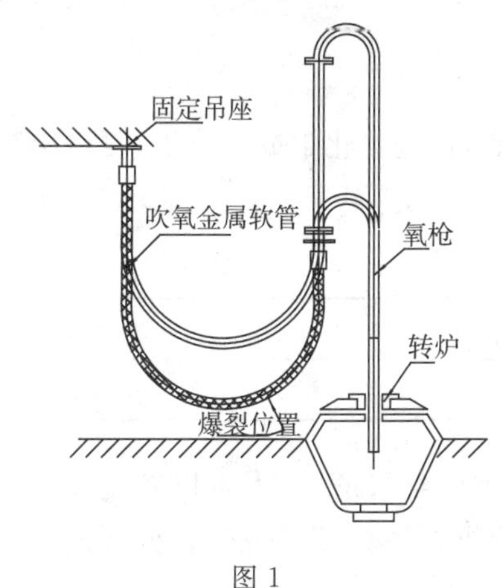

图 1

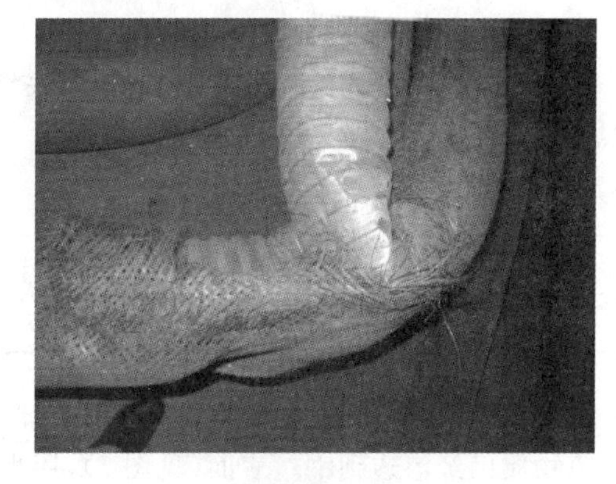

图 2

图 3

图 4

由现场可以看到，当氧枪降到最低端时，转炉中出现大量气体由转炉中喷出（气体颜色有黑色、黄色、灰色等），该气体直接喷吹到氧枪侧氧管 U 型弯位置（见图 5）。特别是在提枪过程中，喷出的气体更多，在氧枪的提枪过程中，由于氧枪处于红热状态，因此氧管水管外温度较高。新更换不久的氧管水管在线工作状态下距离氧枪 5m 以内的网套颜色已经变为黑色，其他位置的网套颜色正常（见图 6）。

图 5

图 6

3　问题分析

3.1　材料化学成分分析

在发生网套破损的管体外，我们取一段未发生问题的钢丝，用光谱仪进行化学成分分析，复检结果见表 1，钢丝化学成分满足要求；

表 1　好的钢丝化学成分

元素名称	Cr	Ni	Mn	Mo	Cu
含量	17.97	7.97	1.39	0.08	0.51

将发生断裂的网套钢丝表面黑色物质用清洗剂清洗干净后，用细砂纸打磨干净，可以发现表面有部分黑色物质已经渗透到钢丝表面(见图 7)，用光谱仪进行化学成分分析，复验结果见表 2。分析发现在钢丝中有 Zn 存在；

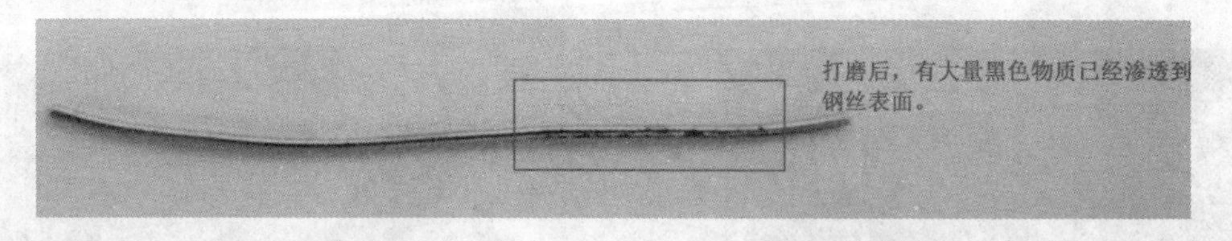

图 7

表 2　有黑色物质渗透到钢丝表面的钢丝化学成分

元素名称	Cr	Ni	Mn	Mo	Cu	Zn
含量	17.92	7.32	1.66	0.13	0.66	0.68

3.2　力学性能分析

用拉伸试验机复验未发生断裂的钢丝，抗拉强度为 880～910MPa，满足技术要求；

3.3　钢丝的能谱分析

在发生爆裂位置取一段钢丝，可以发现钢丝已经脆化，脆化位置用手轻轻一碰就可以折断(见图 8)。随后分别取脆化腐蚀折断后的钢丝 2 段，用手折断的钢丝 1 段进行能谱分析，分别对三段钢丝四个位置进行了能谱分析。

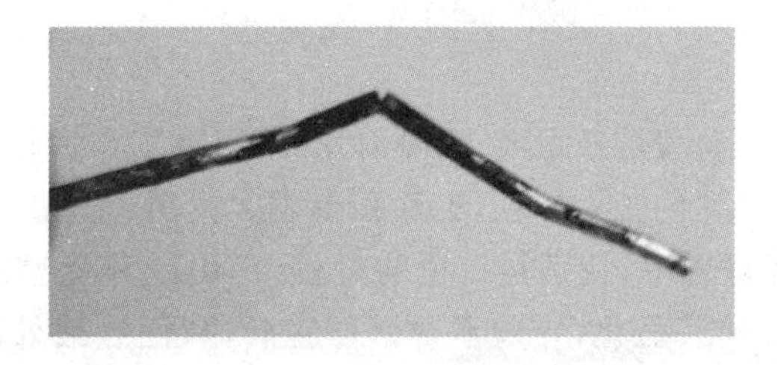

图 8

3.3.1　对腐蚀断裂的钢丝表面附着的黑色物质进行能谱分析发现，钢丝表面附着物中含有大量的Cl、Mg、Zn、S、Ca 等成分；

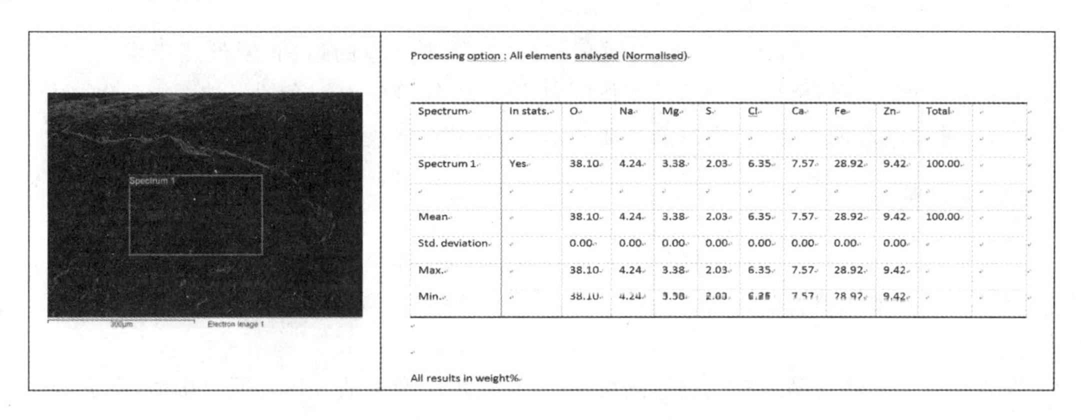

Processing option : All elements analysed (Normalised)

Spectrum	In stats.	O	Na	Mg	S	Cl	Ca	Fe	Zn	Total
Spectrum 1	Yes	38.10	4.24	3.38	2.03	6.35	7.57	28.92	9.42	100.00
Mean		38.10	4.24	3.38	2.03	6.35	7.57	28.92	9.42	100.00
Std. deviation		0.00	0.00	0.00	0.00	0.00	0.00	0.00	0.00	
Max.		38.10	4.24	3.38	2.03	6.35	7.57	28.92	9.42	
Min.		38.10	4.24	3.38	2.03	6.35	7.57	28.92	9.42	

All results in weight%

3.3.2　对腐蚀断裂的钢丝的腐蚀断裂截面进行能谱分析发现，腐蚀断裂的截面中含有大量的 Cl、Ca、Zn 等成分，Ni 的含量下降。

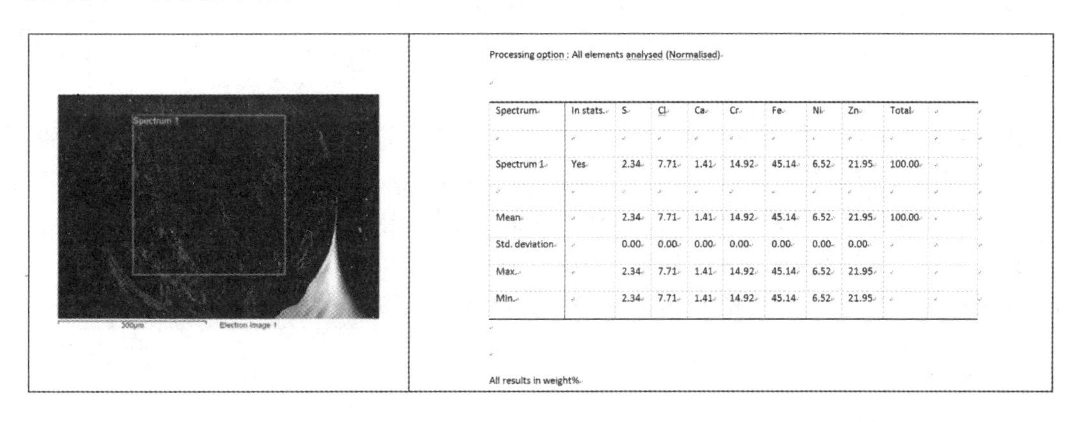

Processing option : All elements analysed (Normalised)

Spectrum	In stats.	S	Cl	Ca	Cr	Fe	Ni	Zn	Total
Spectrum 1	Yes	2.34	7.71	1.41	14.92	45.14	6.52	21.95	100.00
Mean		2.34	7.71	1.41	14.92	45.14	6.52	21.95	100.00
Std. deviation		0.00	0.00	0.00	0.00	0.00	0.00	0.00	
Max.		2.34	7.71	1.41	14.92	45.14	6.52	21.95	
Min.		2.34	7.71	1.41	14.92	45.14	6.52	21.95	

All results in weight%

3.3.3　对用手折断的钢丝的折断截面进行能谱分析发现，截面中含有 Cl，Ni 含量偏低于标准要求。

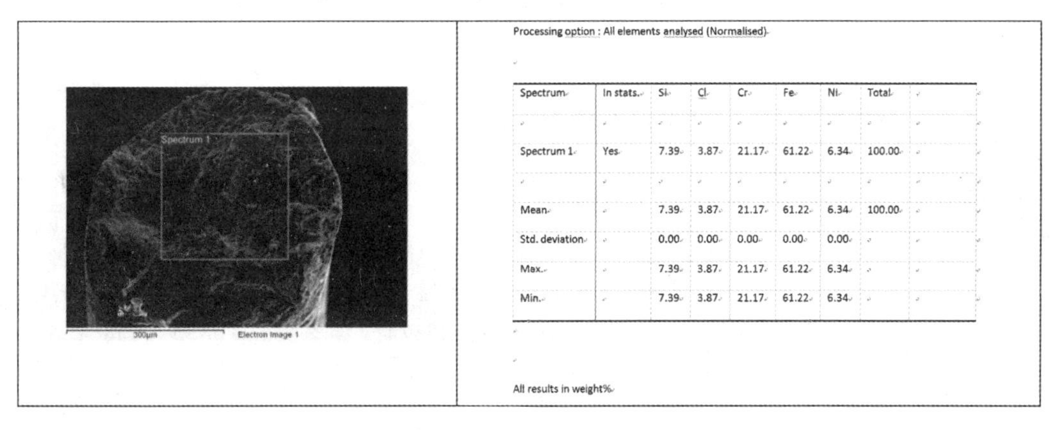

Processing option : All elements analysed (Normalised)

Spectrum	In stats.	Si	Cl	Cr	Fe	Ni	Total
Spectrum 1	Yes	7.39	3.87	21.17	61.22	6.34	100.00
Mean		7.39	3.87	21.17	61.22	6.34	100.00
Std. deviation		0.00	0.00	0.00	0.00	0.00	
Max.		7.39	3.87	21.17	61.22	6.34	
Min.		7.39	3.87	21.17	61.22	6.34	

All results in weight%

4　失效原因分析

由上述检验可知原始状态钢丝满足技术要求（不含 Zn），而在工作过程中转炉中产生大量气体（各种颜色）喷吹到网套上后，外层网套颜色变为黑色，上面积聚了大量黑色附着物。经能谱分析发现黑色物质中含有大量的 Zn。在转炉吹炼过程中，特别是提枪的过程中，周围环境温度很高，当温度大于 350℃时，锌便迅速穿透奥氏体不锈钢，并使其脆化，导致不锈钢丝脆断，从而导致外层网套局部强度降低，仅剩一层网网套承压。

一层网套爆破压力为：$P_{bs}=k_3\times k_4\times m\times n\times\sigma_b\times\cos\beta\times d^2/D_m{}^2=1\times0.7\times96\times11\times750\times\cos45°\times0.6^2/180.4^2=4.34\text{MPa}$

一层网套的最大工作压力为：$P_{bs}/4=4.34/4=1.085\text{MPa}$

最大工作压力为 1.085MPa，因此在外层网套破损后，随着氧枪的运动，断丝逐步增多，进而造成外层网套破损，而一层网套承压能力不能承受工作压力，导致波纹管失去网套的保护而导致轴向伸长，波纹管在内压作用下冲破网套的约束，产生过度弯曲变形，最终导致波纹管破裂。

5　方案及对策

5.1　失效部位均在氧枪下降到最低位置时的弯曲部位，此部位工况比较恶劣，现场在转炉上平台增加钢板进行隔离，同时关注现场金属软管使用情况，一旦发现网套钢丝有断裂现象应及时更换以防出现较大事故。

5.2　在该位置金属软管网套外包裹隔热材料，避免转炉中产生的气体与网套接触，降低网套表面温度，避免网套被腐蚀脆化。

5.3　因转炉炼钢的原材料中均不应含有锌，现场应查找炼钢过程中为什么有锌存在，消除腐蚀源。

5.4　锌可能为废钢中夹带物，炼钢过程中应注意控制。

6　结　论

6.1　网套是由于奥氏体不锈钢 304 与锌在高温条件下发生了锌脆，导致钢丝陆续发生断裂，剩余钢丝承载能力不足以承受波纹管内压时，就发生了瞬间软管断裂。

6.2　网套作为金属软管的重要承压原件，建议要加以保护，避免其被腐蚀破坏。

6.3　奥氏体不锈钢应尽量避开锌，尤其是高温条件下。

6.4　建议相关生产、科研机构增加不锈钢锌脆腐蚀机理的研究。

参考文献

[1] GB/T14525—2010 波纹金属软管通用技术条件

[2] 最新金属软管设计制造新工艺新技术及性能测试实用手册[M]，主编：陈嘉上，北京：中国知识出版社，2006.

[3] 管道用金属波纹管膨胀节的选型和应用

[4] 金属软管，主编：葛子余，北京：宇航出版社，1985.

作者简介

齐金祥，秦皇岛市泰德管业科技有限公司，从事膨胀节和金属软管的设计开发和应用工作，秦皇岛市开发区永定河道 5 号，邮政编码：066004　电话：0335－88586174　传真：Fax：0335－8586168　E-mail：qijx@taidy.com

水平管道拉杆受力分析及膨胀节选型

张振花　李海旺　陈四平
（秦皇岛市泰德管业科技有限公司，河北　秦皇岛　066004）

摘　要：本文介绍了在水平管道两个固定支座之间安装一个单式轴向型膨胀节，另外再在两个固定支座之间配置一组拉杆的设计方案。通过CAESARⅡ对固定支座和拉杆的受力计算得到的计算结果进行分析，此方案的水平管道拉杆在工作工况下不能承受单式轴向型膨胀节的压力推力，也不能减小固定支座的受力。如果想用拉杆来减小固定支架的受力，只有将拉杆拉在两端的固定支座上或两端的设备。通常情况下在水平管道上两个固定支座之间应设置压力平衡型膨胀节来减小固定支座的受力。

关键词：固定支座；单式轴向型膨胀节；拉杆；CAESARⅡ；压力平衡型膨胀节；减小固定支座的受力

Selection of expansion joint and stress analysis of horizontal pipe equipped with tie rods

Zhang Zhenhua　Li haiwang　Chen siping
（QINHUANGDAO TAIDY FLEX-TECH CO. ,LTD. ,Hebei 066004）

Abstract: In this paper, we introduced the design that a single expansion joint was installed between two main anchors in horizontal pipe, besides we also equipped one sets of tie rods on the expansion joint. Based on the result of stress compulation via the software CAESAR II, we concluded that the tie rods can't withstand the bellows thrust due to pressure and can't reduce the force compact on the main anchors. If the force compact on the main anchors must be reduced by tie rods equipped, the tie rods have to be attached to the main anchors or devices nearby. Normally we set pressure balanced expansion joint to reduce the force which main anchor suffered.

Keywords: Main anchor; single expansion joint; tie rods; CAESAR II; pressure balanced expansion joint; reduce force on the main anchor

1　前　言

膨胀节主要用于补偿管道由于温差、沉降、地震等引起的位移的变化。管道上安装膨胀节后会改变管道固定支座的受力。一般情况下，管道上安装约束性膨胀节，膨胀节的刚度反力会作用在固定支座上；管道上安装非约束型膨胀节，膨胀节的压力推力和刚度反力都会作用在管道固定支座上。

设计院或者业主有时在相对较长的水平直管段上设置单式轴向型膨胀节，再配一套承力拉杆（通常称为拉杆)的设计方法来补偿管道的轴向位移,用拉杆来承受波纹管的压力推力从而减小固定支座的受力,如图1所示。

2　水平管道拉杆布置

图1　水平管道拉杆承受轴向力

某钢厂净煤气管道如图2所示。设计者的本意是为了减小固定支座的受力,在两个单式轴向型膨胀节的两端设置了一组拉杆,拉杆承受波纹管压力推力的作用,使两个单式轴向型膨胀节没有压力推力的输出。

在膨胀节选型中一般水平直管段两个固定支座之间通常选择一个单式轴向型膨胀节,或者选择一个压力平衡膨胀节来补偿管道的轴向位移。图2中由三个固定支座可以选择两个轴向型膨胀节或两个压力平衡型膨胀节,两端的固定支座(GZ1 和 GZ3)为主固定支座,中间的固定支座(GZ2)为次固定支座。如果选择单式轴向型膨胀节两端的主固定支座承受波纹管的压力推力作用;如果选择压力平衡型膨胀节则两端的主固定支座不受波纹管压力推力的作用。按照图2的设计思路,轴向型膨胀节与拉杆可以看成约束型膨胀节。端板两侧拉杆两端都配有螺母并将螺母拧紧,端板和拉杆构成一个刚性构件,单式轴向型膨胀节只能吸收端板内侧的管段的轴向位移,两端板外侧与固定支座之间的管段的热伸长量将无法被单式轴向型膨胀节吸收,那么端板外侧管段产生的推力就会作用在两端的固定支座上。这种情况下两个固定支座之间由三段直管段组成。在布置管道时拉杆两端的端板外侧用螺母将拉杆和端板拧紧,端板内侧拉杆没有螺母与拉杆和端板固定。

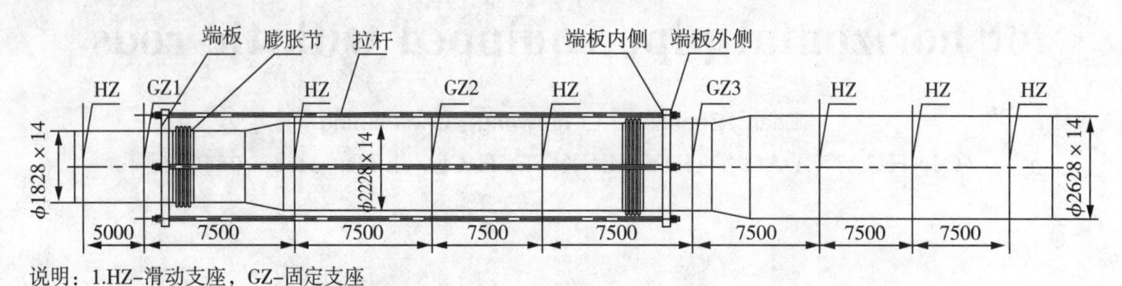

图2　某钢厂煤气管道布置示意图

3　利用 CAESARⅡ对管道进行应力分析

CAESARⅡ是现在常用的对管系和钢结构进行有限元分析的软件之一。利用CAESARⅡ可进行一次应力(安装工况)分析和二次应力(工作工况)分析。同时应对两端的固定支架的受力进行计算分析。应力分析模型如图3所示。

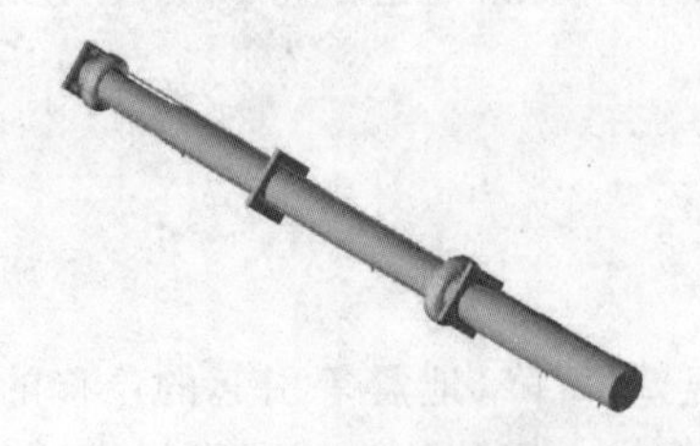

图3　应力分析模型

对管道进行一次应力和二次应力分析结果满足材料要求,对于图2中固定支座和拉杆在一次应力和二次应力下的支座和拉杆的受力如表 1 和表 2 所示。

说明：X 方向：管道轴线方向；Y 方向：管道轴线上下垂直方向；Z 方向：管道轴线里外垂直方向。

拉杆 1～拉杆 4：分别为模拟的 4 根拉杆。

表 1　固定支座和拉杆在一次应力下的受力

名称	F_X　N.	F_Y　N.	F_Z　N.	M_X　N. m.	M_Y　N. m.	M_Z　N. m.	备注
GZ1	−494699	−53141	−509	0	−13174	−49423	Rigid ANC
GZ2	−2453	−54613	673	0	871	−4106	Rigid ANC
GZ3	494571	−48295	−246	0	15964	−8176	Rigid ANC
拉杆 1	−52623	0	0	0	0	0	Rigid+X
	−52623	0	0	0	0	0	Rigid X
拉杆 2	−72518	0	0	0	0	0	Rigid+X
	−72518	0	0	0	0	0	Rigid X
拉杆 3	−68192	0	0	0	0	0	Rigid+X
	−68192	0	0	0	0	0	Rigid X
拉杆 4	−80516	0	0	0	0	0	Rigid+X
	−80516	0	0	0	0	0	Rigid X

表 2　固定支座和拉杆在二次应力下的受力

名称	F_X　N.	F_Y　N.	F_Z　N.	M_X　N. m.	M_Y　N. m.	M_Z　N. m.	备注
GZ1	−786340	−51244	859	0	−3424	−66404	Rigid ANC
GZ2	2572	−54247	1052	0	1661	−4275	Rigid ANC
GZ3	786213	−47364	312	0	1256	15401	Rigid ANC
拉杆 1	0	0	0	0	0	0	Rigid+X
	0	0	0	0	0	0	Rigid X
拉杆 2	0	0	0	0	0	0	Rigid+X
	0	0	0	0	0	0	Rigid X
拉杆 3	0	0	0	0	0	0	Rigid+X
	0	0	0	0	0	0	Rigid X
拉杆 4	0	0	0	0	0	0	Rigid+X
	0	0	0	0	0	0	Rigid X

由表 1 的计算结果可以看出，在一次应力下端板两端的固定支座和拉杆共同承受管道的压力推力的作用，中间次固定支座受力很小。此时管道没有长度变化，因此拉杆处于受拉状态，并承受一定的波纹管的压力推力的作用，但是拉杆的受力并没有完全承受波纹管的压力推力(经过计算波纹管的压力推力大于 700KN)。

由表 2 的计算结果可以看出，在二次应力的作用下，拉杆的作用力为“0”，不承受任何力的作用。波纹管的压力推力完全作用在端板两端的固定支座上。也就是说随着温度的升高管道伸长，波纹管受到压缩，两端端板之间的管道的伸长量由两个单式轴向型膨胀节补偿，端板两端外部与固定支座之间的管段的伸长量也向两端板之间移动，最后也被两个单式轴向型膨胀节吸收。这样，拉杆的螺母与端板外侧就会有很小的间隙，拉杆处于自由状态没有受到波纹管压力推力的作用。

如果该管段取消拉杆的布置，在两个固定支座之间设置压力平衡型膨胀节那么固定支座在一次应力和二次应力下的受力如表3和表4所示。

表3　固定支座在一次应力下的受力

名称	F_X N.	F_Y N.	F_Z N.	M_X N. m.	M_Y N. m.	M_Z N. m.	备注
GZ1	0	−18715	0	0	0	−25901	Rigid ANC
GZ2	0	−56950	0	0	0	193	Rigid ANC
GZ3	0	−55050	0	0	0	−1308	Rigid ANC

表4　固定支座在二次应力下的受力

名称	F_X N.	F_Y N.	F_Z N.	M_X N. m.	M_Y N. m.	M_Z N. m.	备注
GZ1	−17802	−18715	0	0	0	−25901	Rigid ANC
GZ2	−271	−56950	0	0	0	193	Rigid ANC
GZ3	17803	−55050	0	0	0	−1308	Rigid ANC

由表3可以看出，固定支架只起到了对管道的支撑作用，在水平轴向方向没有力的作用。从表4可以看出固定支座承受很小的波纹管的刚度反力和滑动支座的摩擦力的作用。

根据以上由CAESARⅡ对固定支座和拉杆分别在一次应力和二次应力作用下的受力结果我们可以看出，图2所示的拉杆在工作工况下不能承受波纹管的压力推力的作用，拉杆也不能减小固定支座的受力情况。拉杆只有在固定支座失效时对单式轴向型膨胀节起到保护的作用。如果想用拉杆来减小管道或者是固定支架的受力只有将拉杆拉在两端的固定支座上，或两端的设备上。如图1所示。通常情况下在水平管道上两个固定支座之间应设置压力平衡型膨胀节来减小固定支座的受力。

5　结束语

在水平管道上减小固定支座的受力方法最好的做法是设置压力平衡型膨胀节，这样的布置膨胀节的成本可能会增加，但是能给土建施工带来很大的方便，避免由于膨胀节的选型不当造成的不必要的损失。

参考文献

[1] GB/T12777—2008 金属波纹管通用技术条件．

[2] 唐永进．压力管道应力分析．北京：中国石化出版社，2003.

[3]CAESARⅡ中文用户手册　北京　北京艾思弗计算机软件技术有限公司，2001

[4] 李永生，李建国．波形膨胀节实用技术—设计制造与应用．北京：化学工业出版社，2000.9

作者简介

张振花，女，秦皇岛市泰德管业科技有限公司，从事波纹管膨胀节设计工作。通讯地址：秦皇岛市经济开发区永定河道5号，邮政编码：066004，电话：Tel：0335－8586150转6408，传真：Fax：0335－8586168；E-mail：zhangzhenhua_2009@126.com

FMTP 装置中金属膨胀节的失效分析与改进

唐 麒
（中薪油武汉化工工程技术有限公司，中国 武汉 430000）

摘 要：通过对 FMTP 装置运行时的一次金属膨胀节失效分析，发现标准化设计的导流筒不能满足磨蚀性较强的催化剂介质。最后通过设计和制造商双方的努力对膨胀节和管道等结构进行了改进并取得成功。

关键词：FMTP；膨胀节；甲醇制丙烯；失效分析

Invalidation Analysis and Improvement of Metal Expansion Joint in FMTP Unit

Tang Qi
(China Biomass Oil Wuhan Chemical Engineering Technology Co. ,Ltd. ,China Wuhan,430000)

Abstract: According to analysis the invalidation of metal expansion join in FMTP Unit, we found that standard designed internal sleeve can not meet the requirements of strong abrasive catalyst. Finally, through the efforts of engineer and manufacturer, we had made successful improvement of the structure of expansion joint and piping etc.

Keywords: FMTP; expansion joint; methanol to propylene; invalidation analysis

1 前 言

FMTP 为流化床甲醇制丙烯工艺，主要包括反应再生系统和烯烃分离系统两部分。该技术不同于传统的石油路线生产丙烯的技术，它有一个催化剂再生流程，需要催化剂在反应器中与气态原料接触，和原料气（含有烃类气体）反应，使催化剂表面结焦积炭[1]，所以该催化剂颗粒不仅硬度较大，温度高，还具有易燃易爆特性。此流程中与催化剂管道连接的设备均采取内衬耐火耐磨浇注料以达到降低设备壳体温度和减少设备内壁磨蚀的目的，但是输送催化剂的管道口径为 DN100，无法采取同样的内衬处理办法，并且设备布置非常紧张，工艺要求管道直接输送到设备中，这样管道无法通过自然补偿来吸收热膨胀位移，只有采取增加多个金属膨胀节的设计方案才能解决管道热应力的问题。

2 膨胀节设计情况

2.1 工艺参数

工艺介质为含有少量烃类气体的催化剂颗粒，具有磨蚀性和可燃性。操作温度为 450℃，设计温度为500℃，操作压力为0.085MPa，设计压力为0.3MPa，介质流向为自下而上。该管道材料为无缝不锈钢管，制造标准为GB/T 14976，规格为φ114×4mm。由于铁锈会导致催化剂失效，对管道有很高的洁净度要求，故选择奥氏体不锈钢材料。

2.2　管道布置与应力分析

管道沿着设备外壁呈垂直布置，共41.8米，穿过5层钢结构楼层，由于设备外壁温度比管道温度低300多摄氏度，无法按照常规设计思路将管道支架生根在设备上，让管道和设备保持同步膨胀。根据管道总的热膨胀量，用5个固定架将管道分成6截，在两个固定架之间用一个轴向型金属膨胀节来吸收热位移，一共设置了一个曲管压力平衡型和四个复式拉杆型轴向膨胀节，其中的拉杆主要起到导向的作用，可以降低膨胀节轴向失稳的风险。图1为用CAESAR Ⅱ应力分析软件建模的局部管道和设备模型，其中1020点和1030点之间为失效膨胀节位置，固定架50点和70点之间的距离为12米，为四段固定架之间最长的一段，其余三段长度均为8米。经过应力计算，管道一次应力和二次应力均在材料允许范围之内，裕量还有40%左右，所有固定架和导向架受力均不大于7000N，10点设备管口所受合成力和力矩均不大于500N和500N·m，应力计算结果符合规范要求。

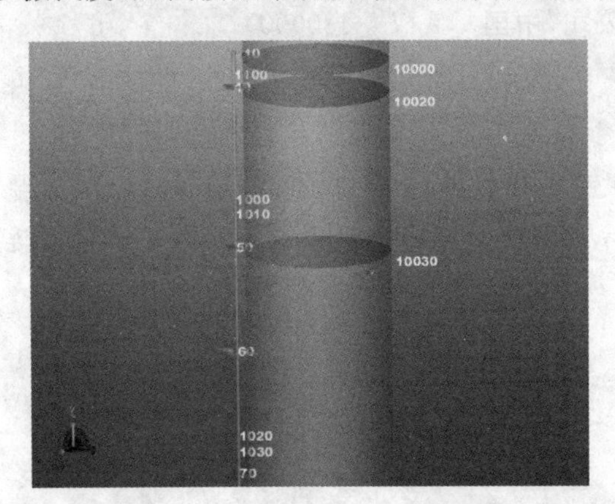

图1　CAESAR Ⅱ应力分析软件建模的局部管道和设备模型

2.3　膨胀节规格及制造图纸

根据工艺参数和管道布置以及应力分析结果，按照制造商产品选型样本，最后设计出金属膨胀节规格书和制造图纸。其中图2为失效膨胀节制造图，表1为失效膨胀节技术规格书。膨胀节根据标准规范和工况要求应该选择C类膨胀节[2]。

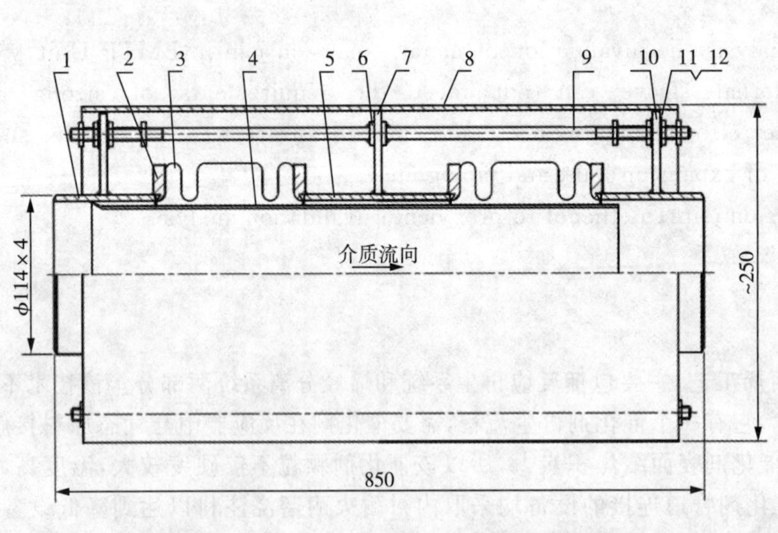

技术参数		
设计压力		0.3 MPa
设计温度		500℃
介质		催化剂
补偿量		轴向
		130mm
刚度		轴向
		≤63N/mm
设计疲劳次数		1000次

图2　失效膨胀节制造图

3　膨胀节失效现象及分析

位号为EJ－100－TU105－J－3的轴向型金属膨胀节在催化剂再生工段试运行第二天就出现了局部破裂，泄露出大量的催化剂颗粒，导致装置紧急停车。经过现场工程师分析，该膨胀节失效的原因主要有以下几点：

表 1　失效膨胀节技术规格书

膨胀节特性数据											
规格	型号	波纹管设计压力等级（MPa）	材料			长度（mm）	最大外径（mm）	最小内径（mm）	振动幅度	振动频率	设计循环寿命
			波纹管	内套筒	外罩						
DN100	复式拉杆型轴向膨胀节	0.6	321	0Cr18Ni9	0Cr18Ni9	850					1000

介质特性及参数								
名称	密度（Kg/m³）	流速（m/s）	压力（MPa）			温度（℃）		
			设计	操作	试验	设计	操作	安装
催化剂	32		0.3	0.085		500	450	21

端部连接形式							安装型式		
接管			法兰					水平	
规格	材料	标准号	规格及压力等级	连接面型式	材料	标准号或图号		垂直	√
φ114×4	0Cr18Ni9	SH3405-96							

位移					
操作位移量			设计位移量		
轴向（mm）	横向（mm）	角向（°）	轴向（mm）	横向（mm）	角向（°）
106			130		

膨胀节刚度值			膨胀节标准	
轴向（N/mm）	横向（N/mm）	角向（Nm/°）	设计标准	参照标准
≤63			GB/T12777	EJMA

备注	
	1.制造厂请按上面参数要求设计膨胀节波纹管的具体波数、波壁厚及其相关结构。 2.波纹管处采用隔热衬里，具体厚度请制造厂设计考虑。 3.外罩在安装后注意不要拆除。 4.补偿器大拉杆内侧不带螺母，外侧均带有球形垫圈和螺母。 5.膨胀节中介质流向为从自下而上。

3.1　导流筒失效

标准化设计的导流筒为缩径式的，即膨胀节内流道不平滑，带一定坡度和突起[2]。磨蚀性较强的催化剂介质会对此处突起部位造成严重的冲刷，导流筒被冲刷破裂后无法对波纹管进一步保护，最终导致波纹管磨蚀破裂，失效的膨胀节和导流筒分别见图 3 和图 4。

图 3　失效的膨胀节

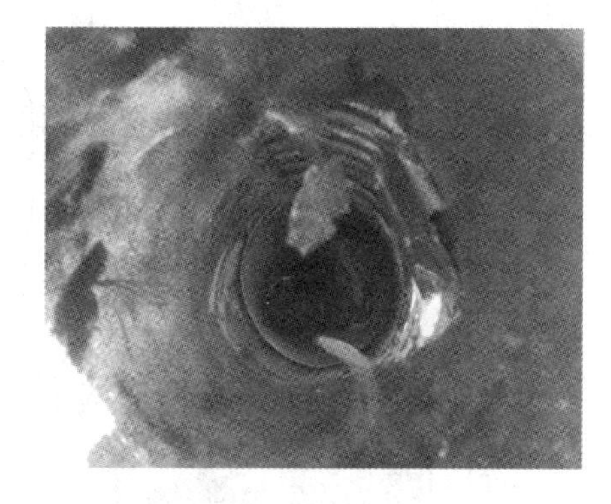

图 4　失效的导流筒

3.2　局部设计不合理

3.2.1　管道壁厚偏薄，原设计厚度仅考虑管道内介质最高温度和压力的因素，没有充分考虑焊接管架处的管道局部应力影响。

3.2.2　立管导向架数量设置过少，容易引起管道失稳和偏移。

3.2.3　膨胀节的轴向压缩补偿量设计过大，一方面会增加固定支架的推力，另一方面会造成膨胀节的工作负荷较重，波纹管变形过大。

3.3　施工不符合要求

3.3.1　固定支架强度不够，仅在立管上焊接两根 DN50 规格的钢管作为固定支腿，然后用混凝土浇筑固定，生根点强度非常差。现场发现支腿已经严重变形并且从混凝土中拔出。

3.3.2　施工方未按照膨胀节技术规格书的要求施工，并没有拆除拉杆内侧螺母，仅对内侧螺母松开了 30mm 距离，无法完全吸收操作工况下的管道热膨胀量，导致拉杆失稳变形(见图 3)，并且增大了对固定支架的推力。

4　改进措施

事故发生之后，应力工程师和膨胀节制造厂技术人员第一时间抵达现场，通过详细分析和共同努力当天就形成了整改方案和改进措施：

4.1　导流筒改进措施

将导流筒设计成为外置式，即在受压筒节外部，保证膨胀节内流道平滑无缩径无突起。然后在波纹管内增加陶瓷纤维材料防止高温、高速的催化剂颗粒进入波纹管内部，并且还可以起到隔热作用，降低波纹管材料高温氧化的影响。另外在导流筒缝隙处增加过滤网防尘装置，这样可以阻止催化剂颗粒进入波纹管内并且可以防止陶瓷纤维被介质带出来，进而影响催化剂的活性。改进后的膨胀节制造图见图 5 所示。

4.2　设计改进措施

首先对管道壁厚进行加厚设计，从原先的 4mm 增加到 6mm，这样不仅加强了管道的刚度防止管道失稳而且对固定支架焊接处起到了局部补强作用。然后在膨胀节附近增设导向架，要求第一个导向架与膨胀节的距离应不大于 4 倍管道外径，第二个导向架与第一个导向架之间的距离不得超过 14 倍管道外径[3]，另外要求膨胀节在出厂之前要进行预拉伸并且适当减少波纹管波数，减小工作工况下的轴向压缩补偿量。同时制造厂在生产过程中对膨胀节的同轴度偏差加强控制，提高精确度。

4.3　施工改进措施

将固定支架生根点固定在钢结构上，由之前的混凝土浇筑固定改为钢结构焊接固定，并且将钢管支腿改为筋板支耳，数量由两个改为对称布置的四个。另外在膨胀节和固定支架全部焊接施工完毕后，松开拉杆内侧螺母达到 100mm 以上距离，这样可以充分吸收管道的热膨胀量。

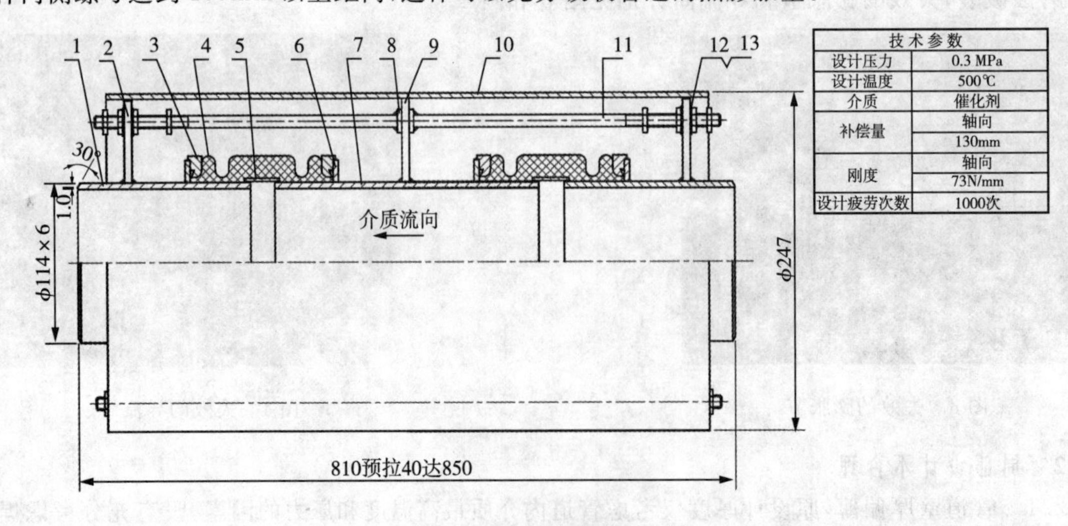

图 5　改进后的膨胀节制造图

5 结束语

FMTP 装置经过一段时间整改后再次开车，改进后的金属膨胀节均按照设计补偿量正常运行，最后该装置通过了中国石油和化学工业协会组织的由 11 名业内著名专家组成的鉴定委员会鉴定[4]，实践证明以上改进措施是比较成功的。希望通过本文对 FMTP 装置中金属膨胀节的失效分析与改进措施，能够对将来类似工况的金属膨胀节应用起到一个借鉴作用，避免同类事故的发生。

参考文献

[1] 耿玉侠，刘新伟．流化床甲醇制丙烯(FMTP)工艺技术简介．中国天辰工程公司[R]
[2] GB/T 12777—2008，金属波纹管膨胀节通用技术条件[S]
[3] 唐永进．压力管道应力分析(第二版)．北京：中国石化出版社[M]
[4]汪寿建．甲醇制丙烯 FMTP 工艺技术开发简介．中国化学工程集团公司[R]

作者简介

唐麒，1982 年出生，男，毕业于武汉理工大学，现工作于中薪油武汉化工工程技术有限公司，一直从事管道材料和管道应力分析方面的工作。个人电子邮箱：13866790776@139. com，通信地址：武汉市江夏区江夏大道特 1 号凯迪大厦，联系方式：18086069401。

催化裂化装置反应油气线膨胀节失效分析与防护

王盛洁　付春辉
（高桥石化，上海市浦东　200137）

摘　要：高桥石化2#催化裂化装置大油气管线复式铰链膨胀节2012年5月进行更新，2013年10月装置清焦后开工过程中出现了膨胀节波纹管失效泄漏，导致装置切断进料，重新更换膨胀节，延误了装置开工日期；此膨胀节在短期内出现失效泄漏，对装置的安稳运行带来严重影响，针对此情况，对波纹管材质的化学成分、金相组织进行了分析，找出失效的主要原因并提出相应整改与预防措施。

关键词：波纹管；失效；裂纹；腐蚀

Failure Analysis and Protection of Expansion Joints of Reaction Oil Gas Line in Catalytic Cracking Unit

Wang Shen-jie　Fu Chun-hui
GaoQiao petrochemical ShangHai PuDong200137

Abstract: GaoQiao petrochemical 2# catalytic cracking unit of giant oil and gas pipeline double hinge expansion joint may 2012 update, October 2013 device coke cleaning after the start process appeared expansion joint bellows leakage failure, cause the device to cut off the feed, to replace the expansion joint, delay device commencement date; the expansion joint in short-term inside leakage failure, and stable operation of the device brings serious influence. Aimed at this situation, the corrugated pipe material, chemical composition, metallographic analysis, find out the main cause of the failure and propose appropriate corrective and preventive measures.

Keywords: corrugated pipe; failure; crack; corrosion

在炼油企业的催化裂化装置中，波纹管膨胀节是影响催化裂化装置安全和连续生产的关键部件。波纹管膨胀节主要应用于高温、高速的空气管线部位，含反应产物的易生焦部位，高温含微量催化剂的高速烟气部位，高温含高浓度催化剂和烟气的低速部位。上述各部位的管线众多，走向多变，管线内工作介质温度高、成分复杂且含有较多的腐蚀性元素，如烟气中的硫化物（H_2S，SO_2 等），氯离子以及 CO、CO_2、NO_X 等，在应力作用下使膨胀节很快产生应力腐蚀开裂或者点腐蚀穿孔造成失效，这一现象在炼油厂催化裂化装置中普遍存在。这就要求波纹管膨胀节既要满足所要求的补偿性能，又要具有耐高温、耐腐蚀性能。但随着原料劣质化的运用，加剧了催化裂化装置中波纹管膨胀节的腐蚀和应力腐蚀的发生，造成了失效事故频繁发生。膨胀节的损坏不仅造成经济上的损失，而且给装置的安全生产带来严重威胁，膨胀节的质量事故控制是炼油厂设备管理中的一大难题。

1 失效情况

2#催化裂化装置2013年10月开工过程中,反应油气线大盲板抽出,工艺切换汽封后发现该处复式膨胀节前后波纹管均有泄露迹象,随即停下开工,紧急加工备件,导致装置延期开工一个星期。此次清焦检修是由于外电网跳电引起再生器催化剂架桥而导致的非计划停工。停工初期,对该膨胀节进行了着色检查,并未发现裂纹以及点腐蚀痕迹。具体位置如图1所示。在流程上该波纹管膨胀节位于沉降器和分馏塔之间。内接触油气,温度为500℃,油气中有少量S元素,含量约为0.5%。膨胀节的示意图如图2所示。

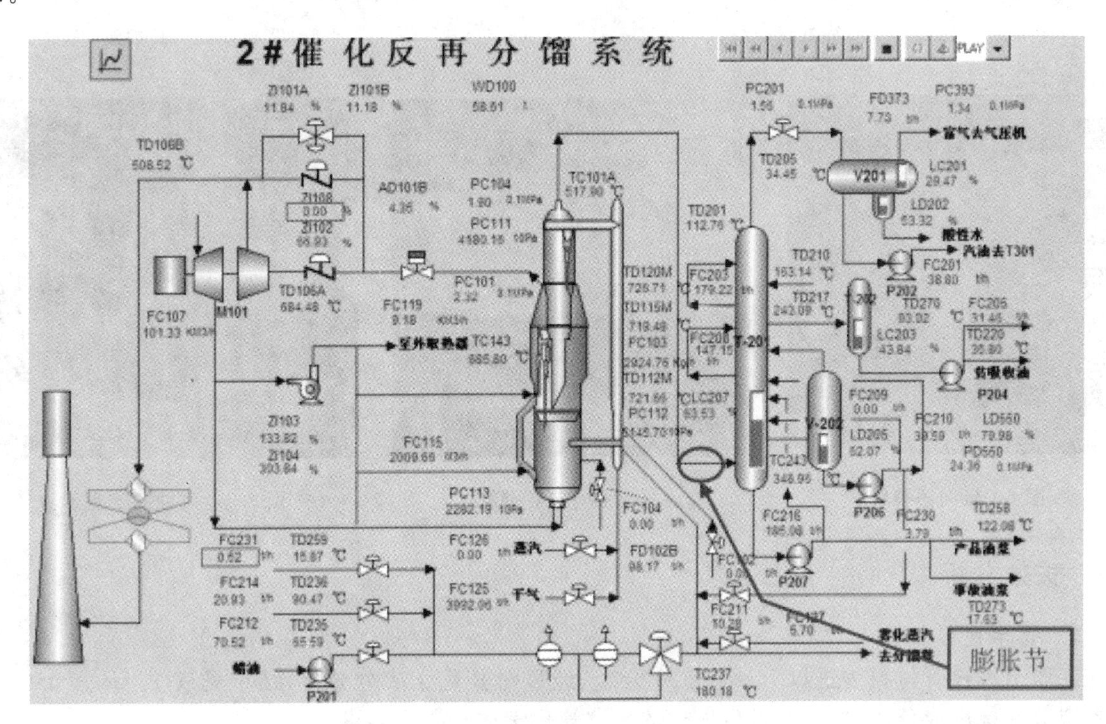

图1 2#催化反再分馏系统流程图

膨胀节西侧波纹解体后,发现内部有结焦(如图3所示)。从膨胀节外壁观察靠近波峰处长裂纹,其宏观形貌如图4,裂纹长约为320mm。从膨胀节内壁观察到的长裂纹,其宏观形貌如图5,裂纹长约为220mm。如图6、7、8分别为该膨胀节轴向短裂纹、周向短裂纹以及点腐蚀的宏观形貌图。

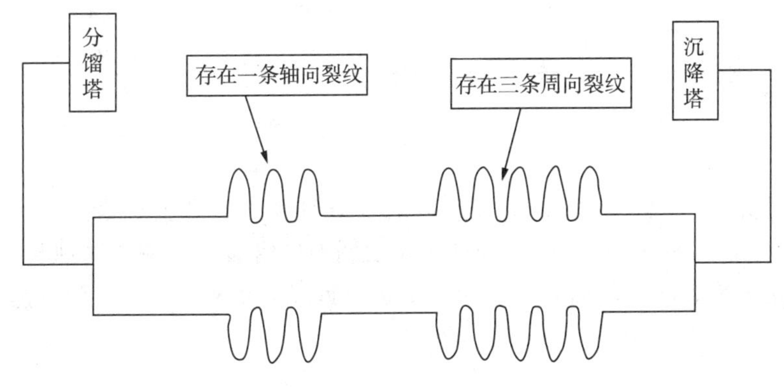

图2 膨胀节示意图

图3 内部结焦

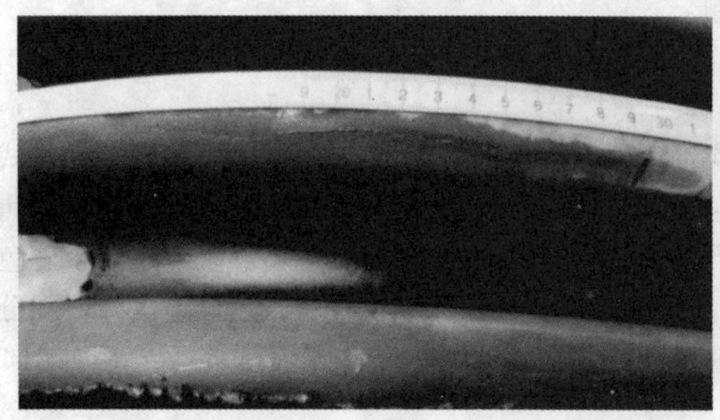

图 4 外壁波峰处长裂纹

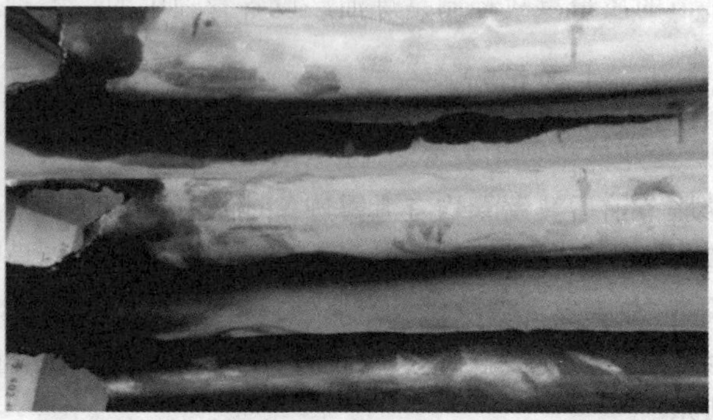

图 5 内壁观察到的长裂纹

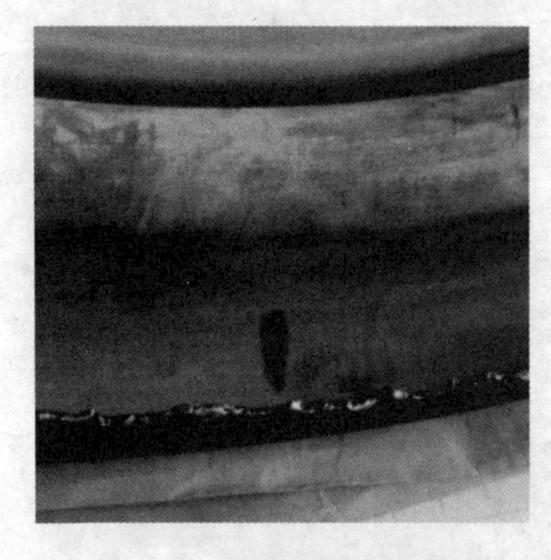

图 6 轴向短裂纹

图 7 周向短裂纹

图 8 点腐蚀的宏观形貌

2 失效分析

2.1 化学成分分析

该膨胀节波纹管材料为进口 Incoloy800 合金，经过对其化学成分分析，结果见表 1。从表 1 中实测波纹管成分和标准成分比较可知，发生失效的波纹管化学成分符合要求。

表 1 波纹管化学成分(wt. %)

化学成分	Al	C	Mn	Mo	Si	S	P	Cr	Ni	Ti
实 测	0.268	0.083	0.704	0.062	0.387	<0.005	0.014	20.42	30.70	0.335
标准含量	0.150～0.600	≤1.000	≤1.500	—	≤1.000	≤0.015	≤0.030	19.00～23.00	30.00～50.00	0.150～0.600

2.2 金相分析

2.2.1 波纹管抛光态形貌

以下为显微镜观察下的波纹管裂纹抛光态形貌。从图 9(a)波纹管表面裂纹抛光态形貌观察发现，波纹管裂纹呈现树枝状特征，且裂纹尖端有分叉现象(图 9(b))，种种迹象表明波纹管裂纹为应力腐蚀裂纹，此外，裂纹附近未发现夹渣、气孔、输送等冶金缺陷。结合波纹管截面裂纹抛光态形貌(图 9(c))分析可知，裂纹有延晶界扩展特征。

2.2.2 裂纹侵蚀态形貌

将波纹管失效部位(包括表面和截面，分别进行观察)和未失效部位试样用王水溶液侵蚀后在显微镜下观察显微组织和裂纹显微特征。图 10 为表面裂纹侵蚀态形貌，观察发现裂纹主要沿晶界扩展，裂纹前沿出现多个呈树枝状的分支裂纹，为典型的应力腐蚀开裂形貌。而从截面裂纹侵蚀态形貌观察发现(图

11(a)～(b)),失效波纹管也存在晶间腐蚀开裂特征,且晶界上有析出物出现(图 11(c))。未失效部位经侵蚀后发现沿管内壁也出现轻微晶间腐蚀现象(图 12(a)),且晶界上也有析出物出现(图 12(b))。由此也可以说明波纹管裂纹的发生是晶间腐蚀和应力腐蚀联合作用的结果,而晶间腐蚀优先发生。

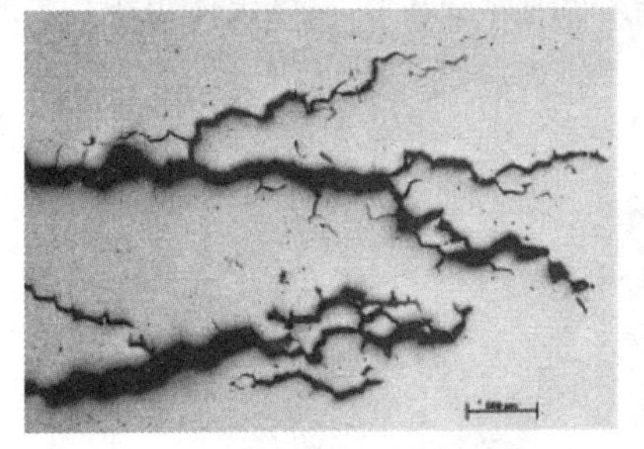

(a) 表面裂纹形貌

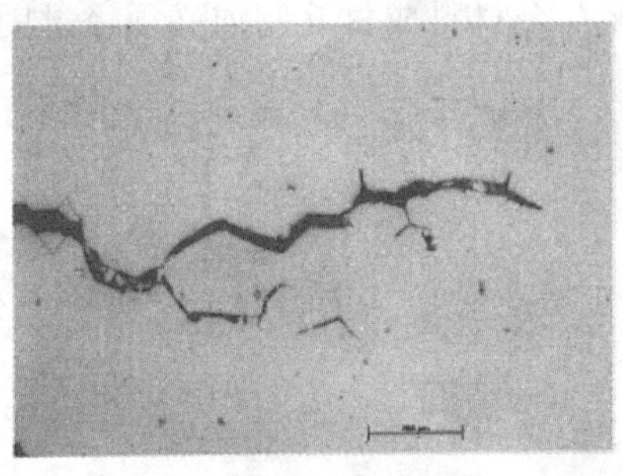

(b) 表面裂纹尖端形貌

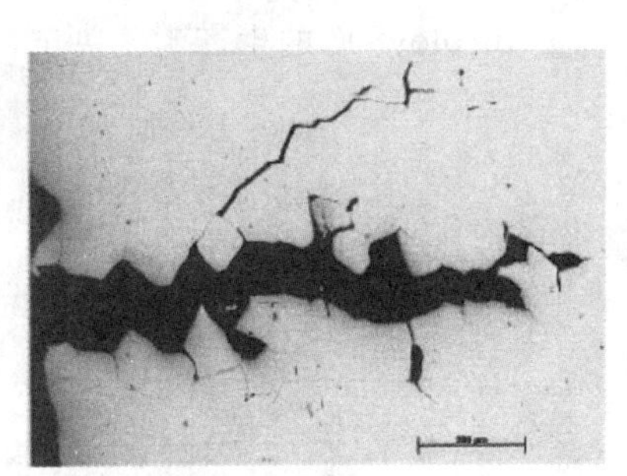

(c) 截面裂纹形

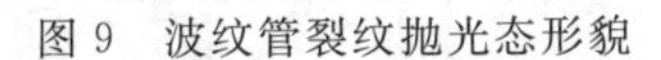

图 9　波纹管裂纹抛光态形貌

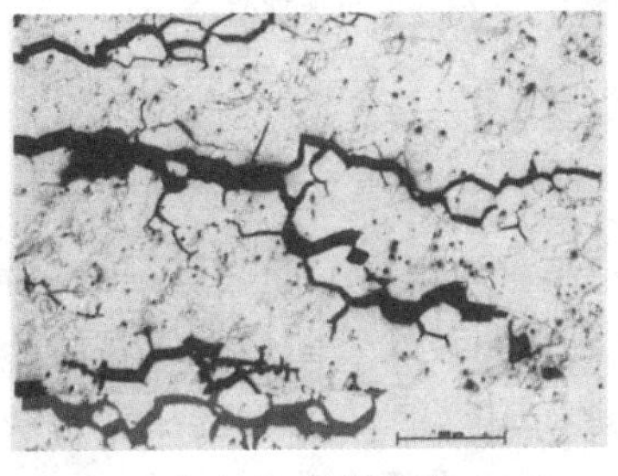

(a) 表面裂纹形貌

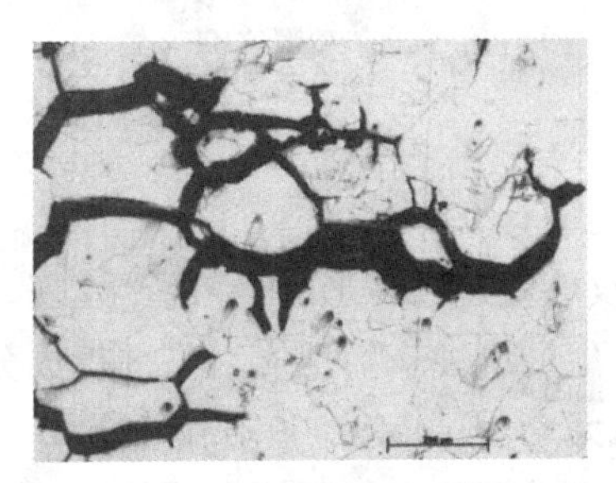

(b) 表面裂纹尖端形貌

图 10　表面裂纹侵蚀态形貌

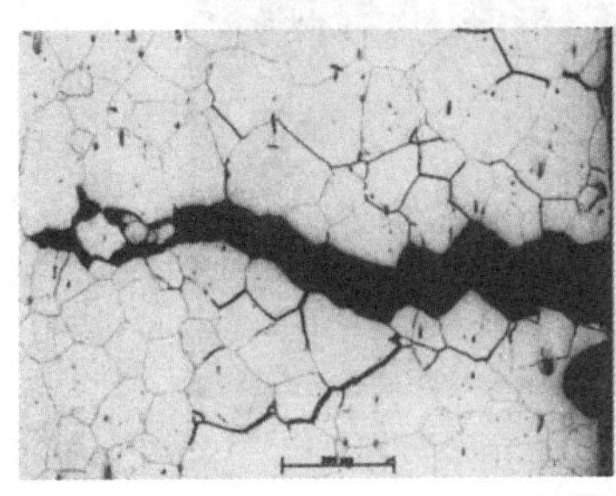

(a) 截面裂纹形貌

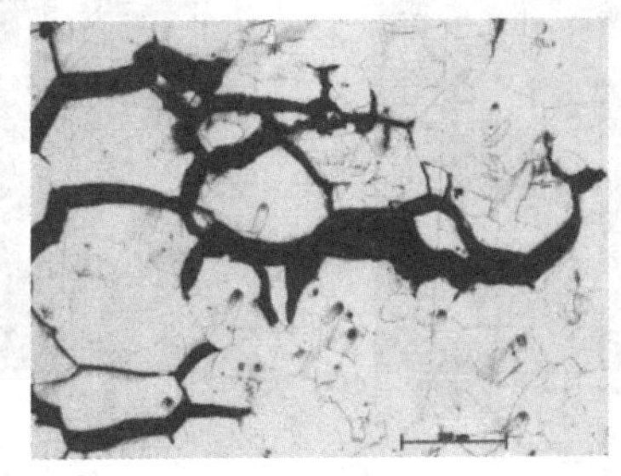

(b) 截面裂纹尖端形貌

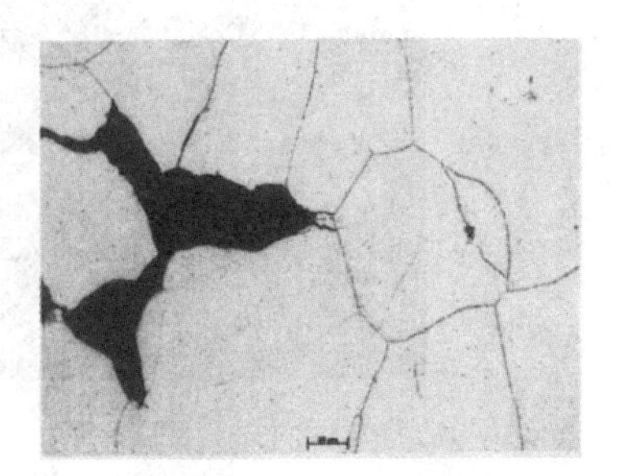

(c) 截面裂纹尖端高倍形貌

图 11　截面裂纹侵蚀态形貌

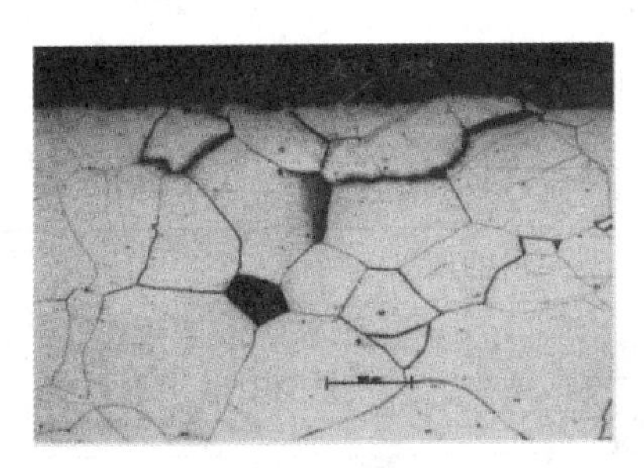

(a) 侵蚀态形貌

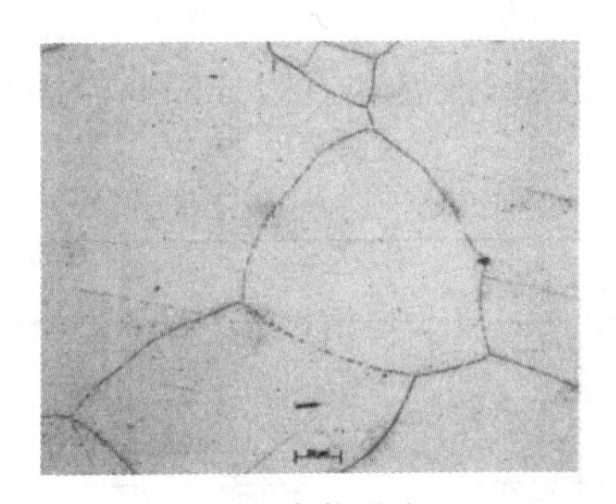

(b) 高倍形貌

图 12　未失效部位侵蚀态形貌

2.2.3　金相组织

图 13 波纹管显微组织形貌，从图中观察得知波纹管失效部位和未失效部位微观组织基本由奥氏体和晶界析出物组成，晶内有少量孪晶出现，未观察到由冷变形造成的滑移线。孪晶奥氏体的出现由镍基合金 Incoloy800 的生产工艺决定，该合金材料成材轧制前必须经过固溶处理以获得单一奥氏体组织。

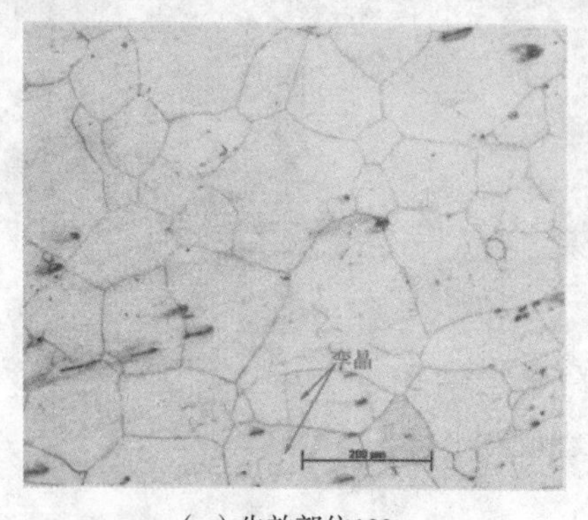

（a）失效部位100×

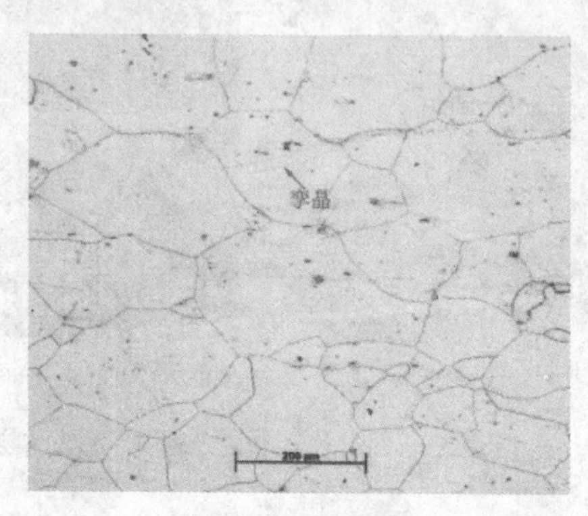

（b）未失效部位100×

图 13　波纹管显微组织形貌

2.2.4　微观断口分析

图 14 为波纹管微观断口形貌，经观察发现，断口较平齐，主要呈沿晶断裂特征，以沿晶断裂为主。对腐蚀裂纹及断口上的腐蚀产物用能谱仪进行成分分析，结果表明波纹管断口上的腐蚀产物中含有较高含量的硫元素和氧元素。Incoloy800 合金中的 S 含量不超过 0.015wt%，说明硫和氧元素均是来自于波纹管的传输介质或者外部的大气环境中，同时也是造成腐蚀破坏的主要介质。

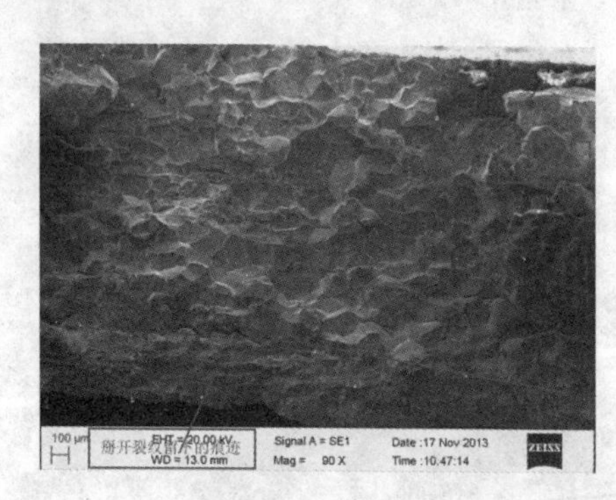

（a）周向裂纹微观断口形貌

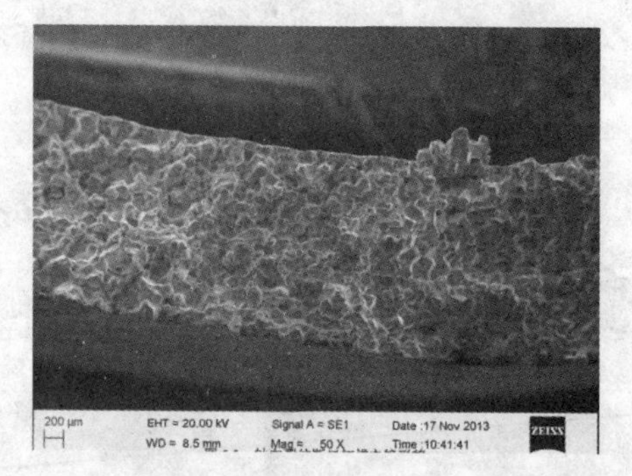

（b）轴向裂纹微观断口形貌

图 14　波纹管微观断口形貌

2.2.5　硬度测试

对膨胀节的波峰、波谷和直边分别取样进行维氏硬度测试，所得结果见表 2。

表 2　维氏硬度测试结果

试样位置	同一试样上不同点的硬度值(HV)					
波谷	184	189	190	186	185	183
波峰	249	251	246	249	251	256
直边	246	260	256	248	256	249

通过维氏硬度的测试结果可见波峰的硬度值大于波底的硬度值，而且硬度偏高，说明该膨胀节加工后未进行固溶处理。

3 分析与讨论

失效波纹管的工作温度在500℃左右，处于奥氏体不锈钢的敏化温度区间450～850℃之间，说明在生产运行过程中材质已发生敏化。此外，考虑到晶界有析出物，导致在腐蚀介质作用下，晶间耐腐蚀能力急剧下降，产生晶间腐蚀。

从断口的形貌及金相观察结果表明，断口主要为沿晶界断裂特征。而连多硫酸引起的应力腐蚀裂纹同为沿晶型特征。连多硫酸环境一般是加工含硫原油的装置在停工期间，残留在设备中的含硫腐蚀产物遇水与氧反应的生成物，其反应如下：

$$3FeS+5O_2 \rightarrow Fe_3O_4+3SO_2$$

$$SO_2+H_2O \rightarrow H_2SO_3$$

$$2H_2SO_3+O_2 \rightarrow 2H_2SO_4$$

$$FeS+H_2SO_4 \rightarrow FeSO_4+H_2S$$

$$H_2SO_3+H_2S \rightarrow mH_2S_xSO_6+nS$$

（m、n为不定系数，$x=2\sim5$）

其中FeS是工艺生产过程中高温含硫气体与钢材料直接作用而产生的，H_2O一般是来自空气或停工吹扫时形成的冷凝液，O_2则来自空气。该波纹管膨胀节的失效正是发生在装置非计划停工检修后开工的过程中，结合失效波纹管微观断口腐蚀产物中含量较高的硫元素和工作介质说明该波纹管膨胀节失效的原因为连多硫酸引起的应力腐蚀开裂。该波纹管膨胀节失效发生在装置停工检修后期气密过程中，且波纹管断口腐蚀产物中的硫含量较高，表明该膨胀节的波纹管在检修期间发生了连多硫酸应力腐蚀开裂。虽然Incoloy 800合金具有良好的抗连多硫酸的应力腐蚀能力，但该波纹管硬度过高，却增大了应力腐蚀敏感性。

和普通的压力容器相比，波纹管膨胀节的工作状况更加恶劣。除了承受工作温度、压力、介质方面的作用，还要产生很大的形变，通过变形来补偿管道所需的位移，位移引起波纹管高的轴向应力和弯曲应力导致裂纹以横向为主。该失效的波纹管裂纹位置正处于应力集中最大的波峰处，失效前，该波纹管膨胀节自更新以来经历多次计划和非计划的开停工，对其受力情况有一定影响。

4 结论及对策

该反应油气线的波纹管膨胀节失效，主要原因是其在使用过程中发生敏化并处于停工期间的连多硫酸环境中，在应力作用下，晶间腐蚀沿晶界扩展成为应力腐蚀裂纹。

为了有效防止应力腐蚀开裂的发生，维持装置的长周期运行，减少非计划停工。而在停车期间应尽可能防止连多硫酸的产生，需对易发生失效的膨胀节做重点监控，确保其在停工阶段不会发生失效情况。对冷加工后的膨胀节进行固溶处理，以降低硬度，从而降低其应力腐蚀敏感性。在工作温度550℃以下的情况下，使用具有更好的耐硫酸及氯离子应力腐蚀能力和耐点蚀、缝隙腐蚀性能，以及更好的耐晶间腐蚀能力的Incoloy825的波纹管膨胀节。

作者简介

王盛洁，男，设备员/工程师，上海浦东江心沙路1号炼油四部，18616738120，wangshengjie@sinogpc.com

油气管道用膨胀节失效分析

李　凯　刘　琳

（洛阳双瑞特种装备有限公司，河南　洛阳　471000）

摘　要：本文从化学成分、显微组织、裂纹与断口及晶界析出物等方面进行检测，得出膨胀节失效的原因是在正常运行过程中波纹管材料发生敏化，装置非正常停车后工作介质冷凝积聚产生连多硫酸等腐蚀介质，在晶间腐蚀和应力腐蚀的联合作用下发生开裂失效，并建议应对装置停车检修期间采取适当的预防措施。

关键词：敏化；连多硫酸；晶间腐蚀；应力腐蚀

Failure analysis of expansion joint in oil-gas pipeline

Li Kai　Liu Lin

（Luoyang Sunrui Special Equipment co. ，LTD. ，Luoyang 471000，China）

Abstract: In the paper the authous to chemical composition, microstructure, crack and fracture, grain boundary precipitates of alloys Incoloy800 bellows have been examined and analyzed, the expansion joint failure reason is that the bellows material sensitization occurred during normal operation, and the media condensed generating sulfuric acid and other corrosive media, which caused intergranular corrosion and stress corrosion. The combined effect of intergranular corrosion and stress corrosion caused cracking failure finally. The suggestion is given to take proper precautions during the unit shutting down for maintenance.

Keywords: sensitize; polythionic acid; intergranular corrosion; stress corrosion

1　前　言

某石化公司催化裂化装置的反应——再生系统到分馏系统的管道用膨胀节为复式铰链型，无保护罩，无内隔热和外保温，设计温度540℃（工作温度为500℃左右），设计压力0.25MPa，工作介质为反应油气（主要成分：烃类、水蒸气和含S组分），波纹管材料为Incoloy800合金。管线运行过程中操作工况一直很稳定。运行2年后装置临时停车，在15天后复开工过程中发现波纹管产生了裂纹。为查出波纹管开裂的真实原因，本文借助一系列的实验手段，具体分析了该失效膨胀节的波纹管产生裂纹的原因。

2 实验仪器

主要实验仪器包括：Leica DMI 5000M 金相显微镜、FEI Quanta 600 扫描电子显微镜、ICP 等离子体发射光谱仪、CS800 碳硫分析仪等。

3 实验结果

3.1 宏观分析

波纹管宏观形貌如图 1 所示。从图 1 中可以看出，失效波纹管呈一条主裂纹形貌特征，裂纹附近未见明显塑性变形，属于脆性断裂，初步判断应为应力腐蚀开裂[1]。分别从内、外表面观察发现，外表面裂纹肉眼可见长度小于内表面裂纹肉眼可见长度（图 1 中红色椭圆表示肉眼看见裂纹长度），因此初步判定裂纹起源于波纹管内表面，内表面裂纹扩展长度约为 12mm。此外，将失效波纹管进行线切割加工后，肉眼观察可见一些腐蚀产物附着在波纹管断口上面。

（a）波纹管外表面

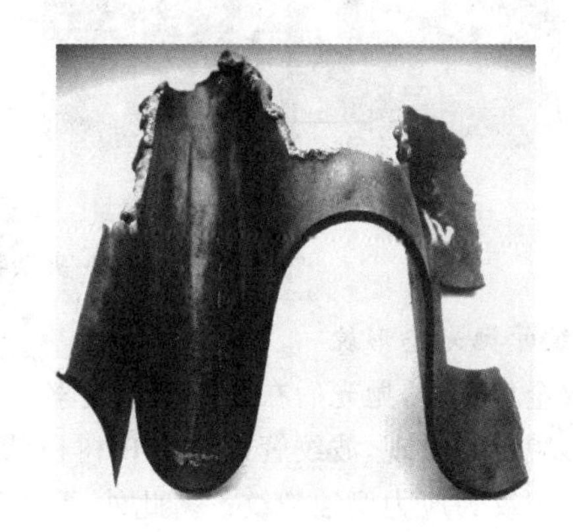

（b）波纹管内表面

图 1 波纹管宏观形貌

3.2 化学成分分析

波纹管化学成分的分析结果见表 1。从表 1 中波纹管材料的实测化学成分和标准成分比较可知，波纹管材料的化学成分符合 ASME SB409—2010《镍－铁－铬合金板材、薄板和带材》标准[2]要求。

表 1 波纹管化学成分(wt. %)

	Al	C	Mn	Mo	Si	S	P	Cr	Ni	Ti
实测值	0.268	0.083	0.704	0.062	0.387	<0.005	0.014	20.42	30.70	0.335
标准含量	0.150～0.600	≤1.000	≤1.500	—	≤1.000	≤0.015	≤0.030	19.00～23.00	30.00～35.00	0.150～0.600

3.3 金相分析

3.3.1 夹杂物

根据 GB/T 10561—2005《钢中非金属夹杂物含量的测定标准评级图显微检验法》标准[3]，参照附录 A（规范性附录）A、B、C、D 和 DS 夹杂物的 ISO 评级图，进行夹杂物评定，结果见表 2，夹杂物形貌见图 2。从表 2 中夹杂物结果来看，波纹管失效部位和未失效部位的夹杂物含量符合波纹管用钢对非金属夹杂物的要求。

表 2　夹杂物评定结果

编号	A	B	C	D	DS	图号
失效部位	0	0	0	2.5	0	图 3(a)
未失效部位	0	0	0	2.5	0	图 3(b)

（a）失效部位　　（b）未失效部位

图 2　夹杂物　100×

3.3.2　波纹管抛光态形貌

在裂纹处取金相试样，抛光后在显微镜下观察。图 3 为波纹管裂纹抛光态形貌。从图 3(a)波纹管表面裂纹抛光态形貌观察发现，波纹管裂纹呈现树枝状特征，且裂纹尖端有分叉现象(图 3(b))，这些典型特征表明波纹管裂纹为应力腐蚀裂纹[1]。此外，裂纹附近未发现夹渣、气孔、疏松等冶金缺陷。结合波纹管截面裂纹抛光态形貌(图 3(c))分析可知，裂纹有沿晶界扩展特征。

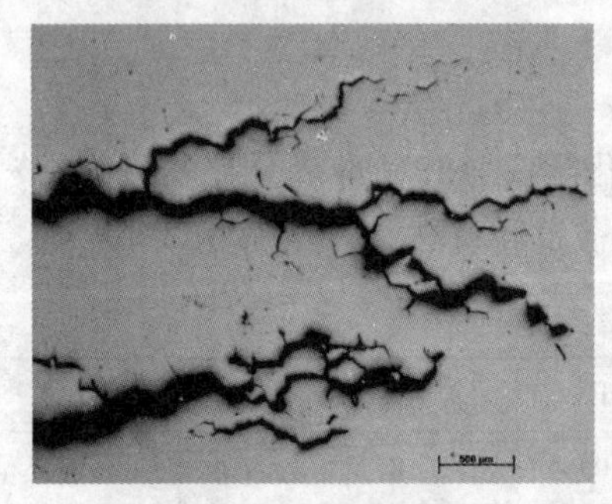

（a）表面裂纹形貌

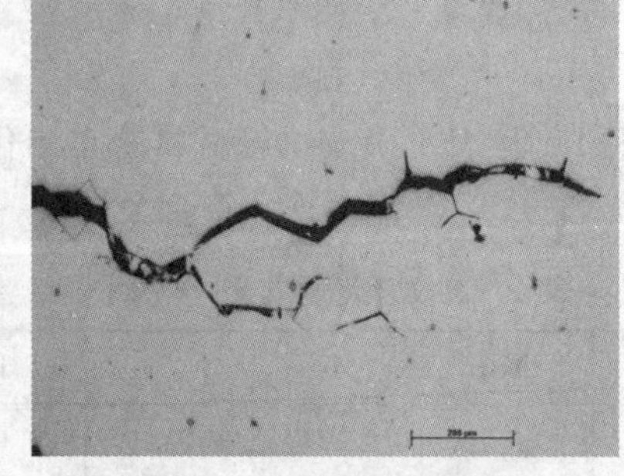

（b）表面裂纹尖端形貌

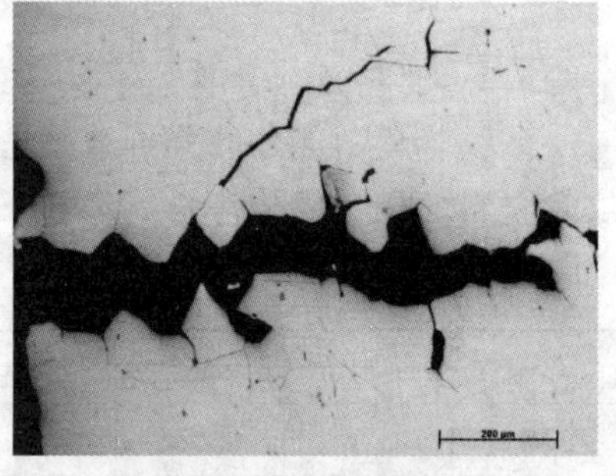

（c）截面裂纹形貌

图 3　波纹管裂纹抛光态形貌

3.4.3　裂纹侵蚀态形貌

将波纹管失效部位(表面和界面分别进行观察)和未失效部位试样用王水溶液侵蚀后在显微镜下观察显微组织和裂纹显微特征。图 4 为表面裂纹侵蚀态形貌，观察发现裂纹主要沿晶界扩展，裂纹前沿出现多个呈树枝状的分支裂纹，为典型的应力腐蚀开裂形貌[1]。

从截面裂纹侵蚀态形貌观察发现(图 5(a)～(b))，失效波纹管存在晶间腐蚀开裂特征，且晶界上有析出物出现(见图 5(c))。未失效部位经侵蚀后发现沿波纹管内壁也出现轻微晶间腐蚀现象(见图 6(a))，且是靠近波纹管内壁、可直接接触腐蚀介质的部位先发生了晶间腐蚀。从图 6(b)可以观察到晶界上也有析出物存在。由此可以判断波纹管优先发生晶间腐蚀，进而在应力腐蚀的促进作用下形成应力腐蚀裂纹。

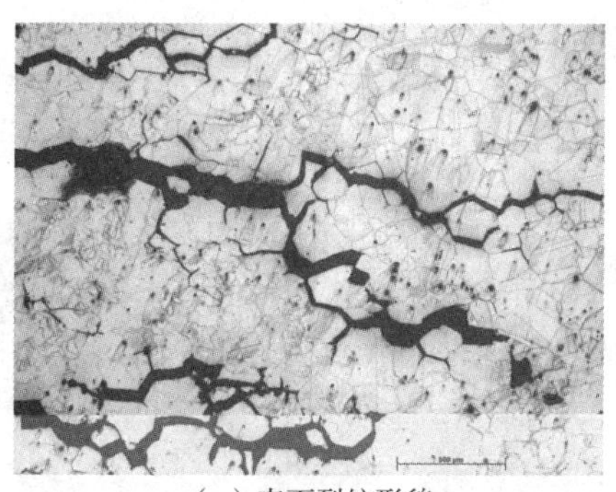

（a）表面裂纹形貌

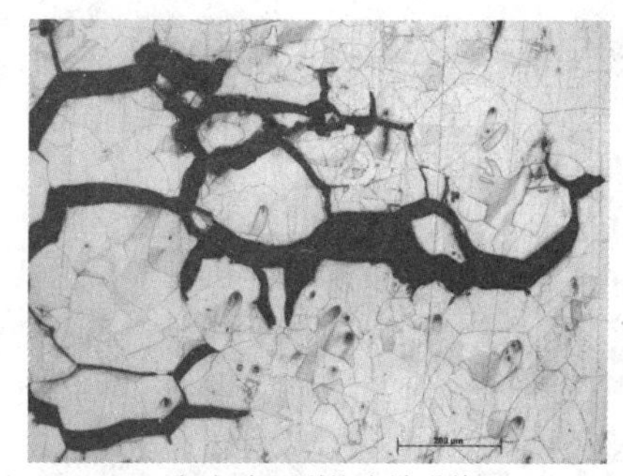

（b）表面裂纹尖端形貌

图 4　表面裂纹侵蚀态形貌

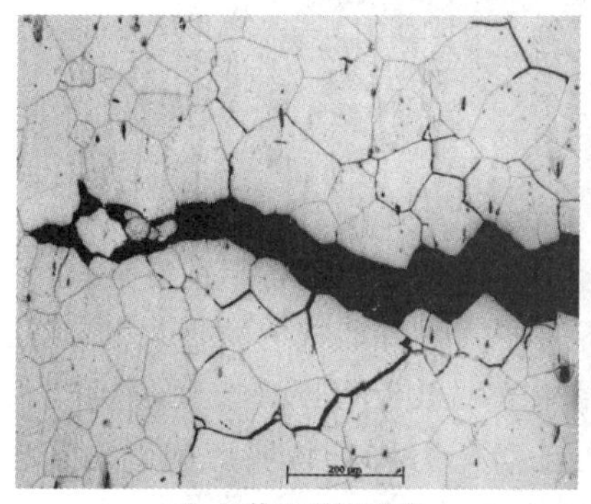

（a）截面裂纹形貌

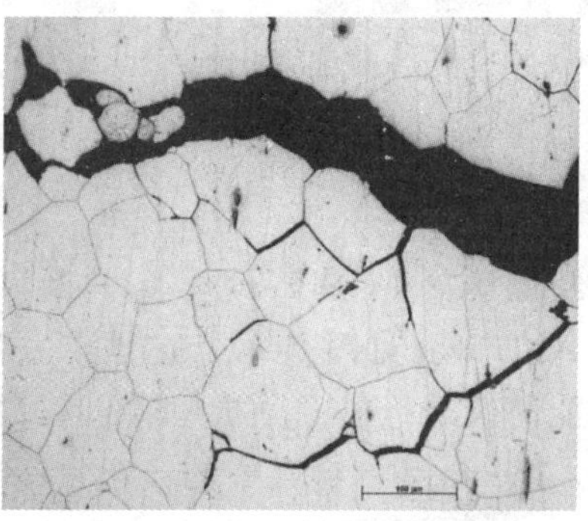

（b）截面裂纹尖端形貌

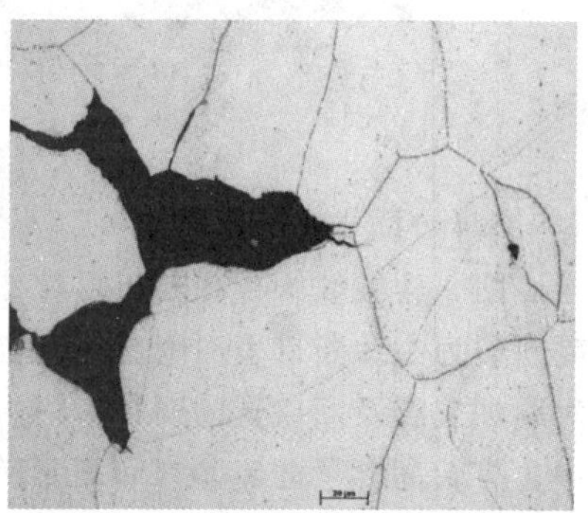

（c）截面裂纹尖端高倍形貌

图 5　截面裂纹侵蚀态形貌

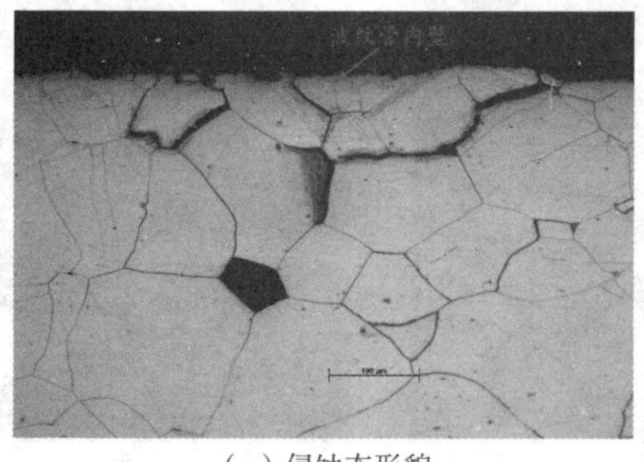

（a）侵蚀态形貌

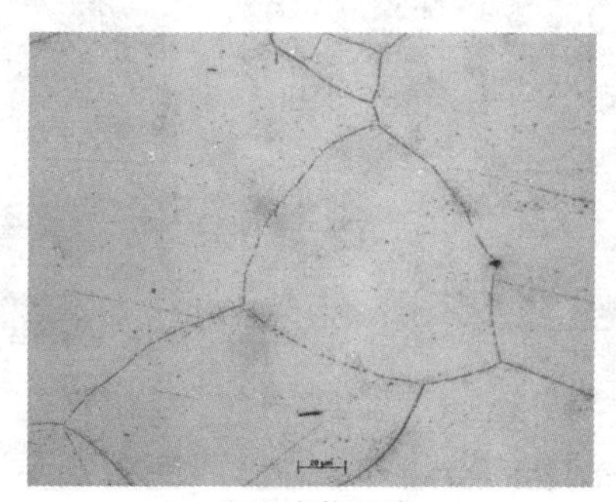

（b）高倍形貌

图 6　未失效部位侵蚀态形貌

对晶界析出物进行分析可知，晶界上的析出物主要是 Cr、C、Fe、Ni 等元素的富集（见图 7）。从图 8 并结合图 5、图 6 可知，波纹管失效部位和未失效部位微观组织基本都是由奥氏体组织和晶界析出物组成，晶粒度较粗大（约 3.0 级），晶内有少量孪晶出现，未观察到由冷变形造成的滑移线。

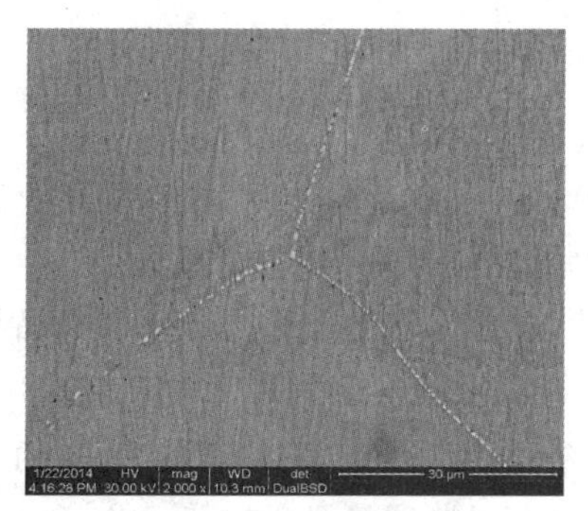

（a）晶界析出物

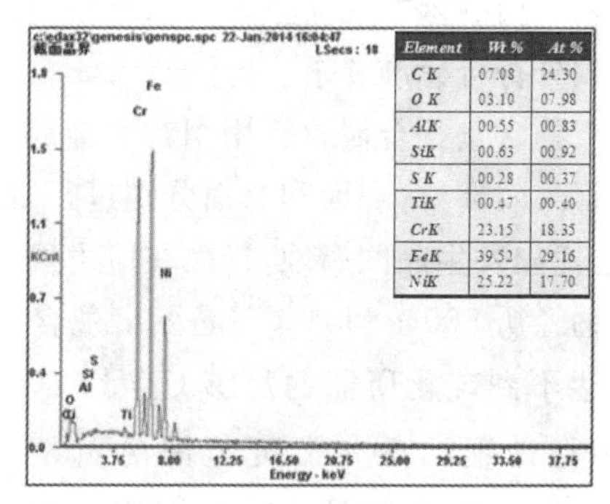

（b）晶界析出物EDS分析

图 7　晶界析出物分析

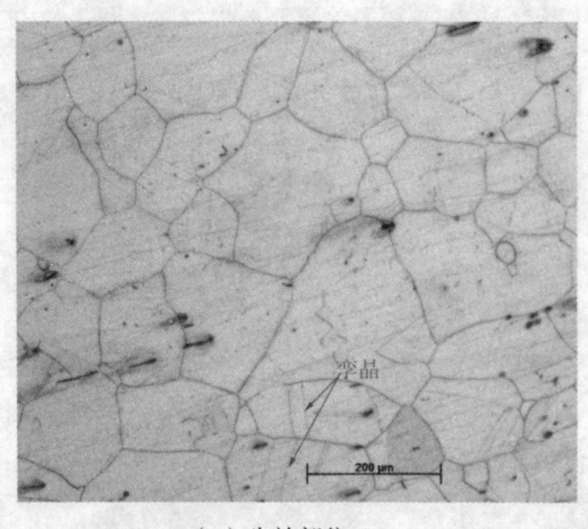

(a) 失效部位100×

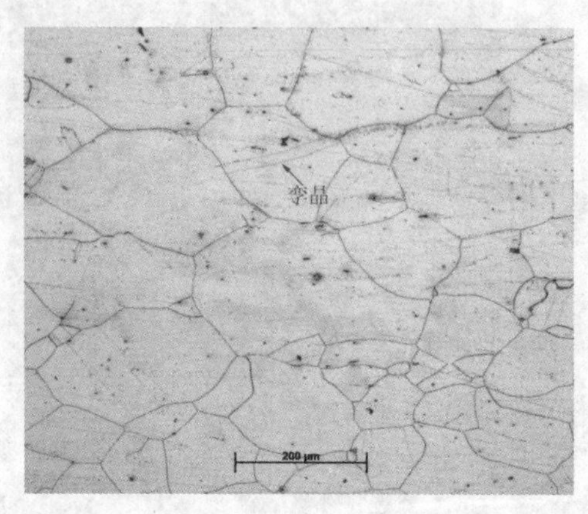

(b) 未失效部位100×

图8　波纹管显微组织形貌

3.4　微观断口分析

图9为波纹管微观断口形貌。经观察发现(图9(a)～(b)),断口较平齐,主要呈沿晶断裂特征,以沿晶断裂为主。断口表面附着泥纹状腐蚀产物(见图9(c)),这是应力腐蚀显微断口形貌的特征之一[1][4]。对腐蚀裂纹及断口上的腐蚀产物用能谱仪进行成分分析(见图10),结果表明波纹管断口上的腐蚀产物中含有较高含量的硫元素和氧元素。Incoloy800合金中的S含量不超过0.015wt%,说明硫和氧元素均来自波纹管内部的工作介质,同时硫和氧元素也是造成波纹管腐蚀破坏的主要介质。

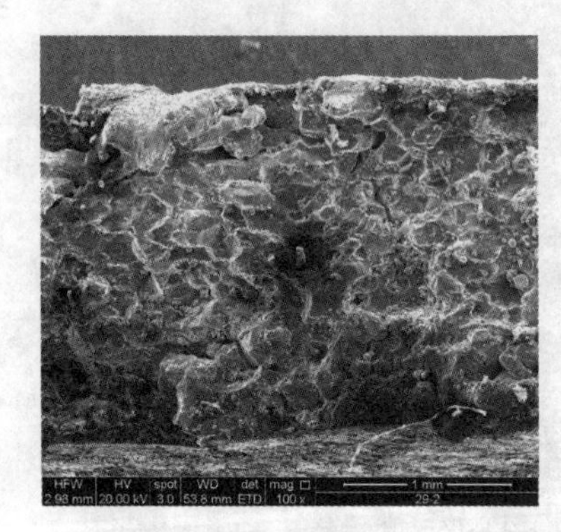

(a) 断口低倍形貌

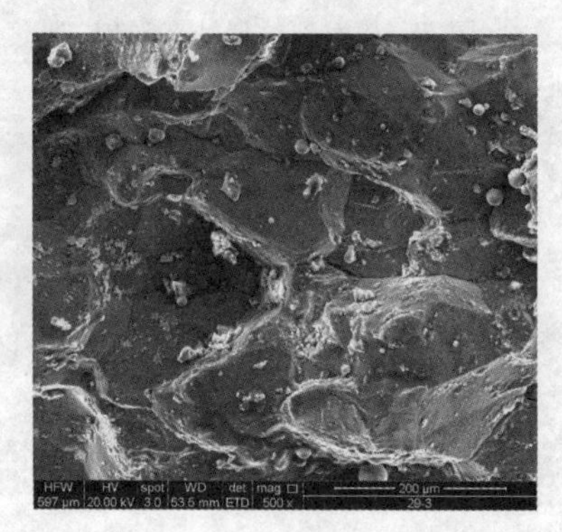

(b) 断口形貌

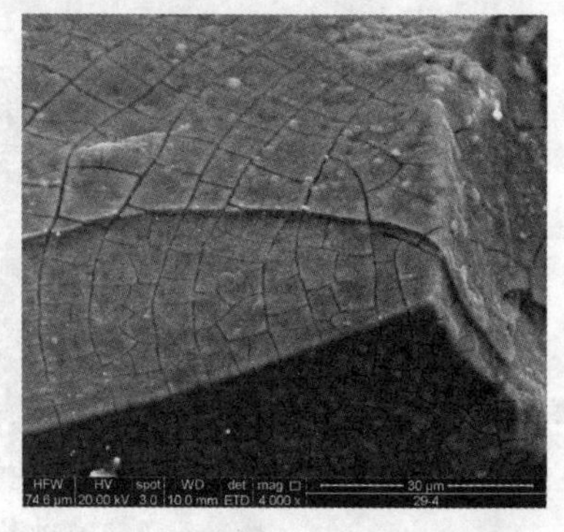

(c) 泥纹状腐蚀产物

图9　微观断口形貌

4　分析与讨论

宏观观察在裂纹周围未发现夹渣、气孔、疏松等冶金缺陷。

波纹管化学成分符合标准要求。

波纹管中夹杂物含量符合波纹管用钢对非金属夹杂物的要求。

通过对波纹管失效部位(表面和界面分别进行观察)和未失效部位观察分析,并结合宏观、微观断口分析可知,波纹管优先发生晶间腐蚀,进而在应力腐蚀的促进作用下形成应力腐蚀裂纹。

奥氏体不锈钢经历500～850℃,在晶界出现含Cr量很高的碳化物相析出分散在晶界,引起其附近Cr的贫化,以致达不到钝化所需的足够Cr量,此区成为阳极区发生优先溶解产生晶间腐蚀[5]。而文献[6]给出奥氏体不锈钢的敏化温度范围更宽,为400℃～850℃。虽然没有明确的实验数据表明Incoloy800合金的敏化温度,但是根据从金相显微组织中发现波纹管晶界有析出物,能谱检测晶界上的析出物主要是Cr、C、Fe、Ni等元素的富集,从一个侧面说明Incoloy800合金在500℃左右的生产运行中

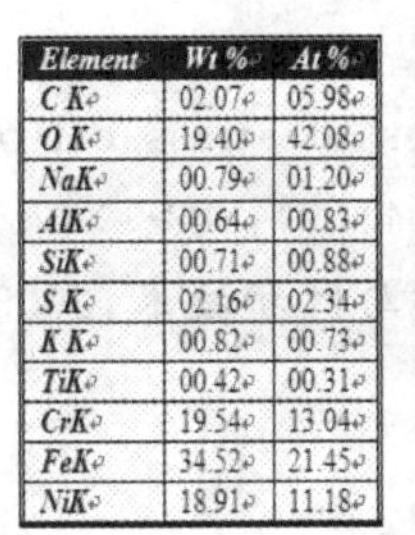

Element	Wt %	At %
C K	02.07	05.98
O K	19.40	42.08
NaK	00.79	01.20
AlK	00.64	00.83
SiK	00.71	00.88
S K	02.16	02.34
K K	00.82	00.73
TiK	00.42	00.31
CrK	19.54	13.04
FeK	34.52	21.45
NiK	18.91	11.18

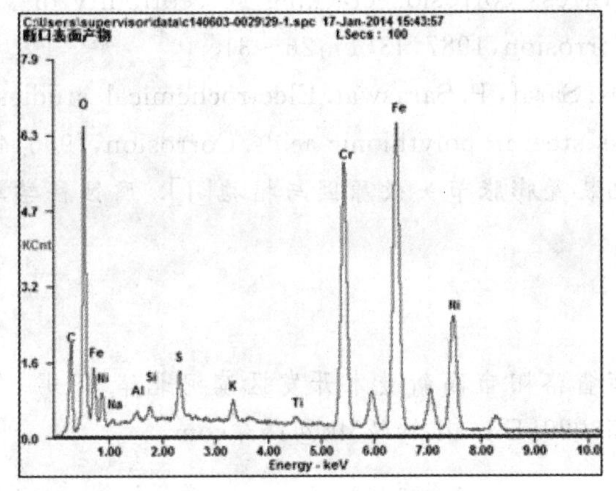

图 10　断口上腐蚀产物 EDS 分析

材质已发生敏化，从而加大波纹管发生晶间腐蚀的几率。

微观断口形貌以及金相观察的结果表明，波纹管断口主要为沿晶断裂特征，根据文献研究[7][8]，由连多硫酸引起的应力腐蚀裂纹是沿晶型特征，而氯离子引起的应力腐蚀裂纹则是穿晶型特征，由此判断该波纹管裂纹是连多硫酸引起的应力腐蚀裂纹。

该失效膨胀节正常运行过程中一直未出现泄漏，在一次非正常停车后对波纹管外表面作了渗透检测也未发现缺陷，停车约 15 天后再开车过程中便出现了两处泄漏点。对泄漏点作局部渗透检测，发现已出现微小的裂纹。在对波纹管取样过程中，瞬间出现长裂纹。

膨胀节在正常运行过程中，波纹管表面温度高达 500℃左右，工作介质中的烃类、水蒸气和含 S 组分等以气态形式存在，其中的 S 元素在高温下反应生成气态 H_2S。但是当装置停车后，波纹管表面温度骤降至环境温度，水蒸气、气态 H_2S 冷凝下来积聚在波纹管的波峰处，在混入氧气的氧化作用下，波纹管中的铁元素、水蒸气与 H_2S 经过复杂的化学反应生成连多硫酸[9]。连多硫酸作为一种腐蚀性较强的介质，不断侵蚀晶界上 $Cr_{23}C_6$ 析出相附近的贫铬区，于是便发生晶间腐蚀。此膨胀节失效的诱因便是由于装置非正常停车，而且未采取任何预防措施，如临时加伴热或吹扫来避免介质在波纹管处冷凝积聚，从而导致波纹管发生晶间腐蚀。

波纹管在装置停车后的 15 天内持续发生晶间腐蚀，且由于波纹管始终处于一种较高的应力状态，腐蚀介质的冷凝积聚导致波纹管同时发生应力腐蚀，应力腐蚀的叠加效应使得波纹管短期内便出现了微裂纹。当对波纹管取样时，由于有较大的外力作用导致波纹管的微裂纹迅速扩展。

5　结论与建议

(1)波纹管裂纹产生的原因是波纹管材料发生敏化，铬元素在晶界富集，导致晶界附近形成贫铬区；贫铬区在工作介质冷凝产生的连多硫酸的作用下优先溶解，产生晶间腐蚀；在应力作用下，晶间腐蚀区作为裂纹源扩展成为应力腐蚀裂纹。

(2)建议在装置停车期间采取适当的预防措施，比如增加伴热或吹扫装置，避免在波纹管处发生介质冷凝积聚，杜绝波纹管发生腐蚀破坏。

参考文献

[1] 赵志农. 腐蚀失效分析案例[M]. 北京：化学工业出版社，2008：19.

[2] Ⅱ Materials Part B Nonferrous Material Specifications，2013 ASME Boiler & Pressure Vessel Code.

[3] 中国标准化委员会编. GB/T 10561—2005. 钢中非金属夹杂物含量的测定标准评级图显微检验法[S].

[4] 李有柯. 应力腐蚀破裂失效分析[J]. 劳动人事部锅炉压力容器检测研究中心：金属构件断裂失效分析文集，1985：198.

[5] 黄建中，左禹. 材料的耐蚀性和腐蚀数据[M]. 北京：化学工业出版社，2002：157.

[6] 肖纪美，曹楚南. 材料腐蚀学原理[M]. 北京：化学工业出版社，2002：50.

[7] P. M. Singh, S. N. Malhotra. Stress corrosion cracking susceptibility of various aisi austenitic stainless steels in polythionic acids. Corrosion, 1987, 43(1): 26～31.

[8] S. Ahmad, M. L. Mehta, S. K. Saraf, P. Saraswat. Electrochemical studies of stress corrosion cracking of sensitized aisi 304 stainless steel in polythionic acids. Corrosion, 1985, 41(6): 363～367.

[9] 项忠维，张伟奎等. 催化裂化装置膨胀节失效原因与措施[J]. 腐蚀科学与防护技术，2005，17(2)：130.

作者简介

李凯，女，工程师。通讯地址：河南省洛阳市高新技术开发区滨河北路88号，邮编：471000，联系电话：0379－64829008，传真：0379－67256929，E-mail：ly725lk@163. com。

蒸汽管线直管压力平衡型膨胀节失效分析

张晓辉　齐金祥
(秦皇岛市泰德管业科技有限公司,河北　秦皇岛　066004)

摘　要:本文通过对某化工企业蒸汽管线用直管压力平衡型膨胀节的失效分析,阐述了该膨胀节发生失效的原因,并对蒸汽管线膨胀节的设计和使用提出了几点建议。

关键词:波纹管;失效;水锤;蒸汽

Failure Analysis OfStraight Pressure Balanced Expansion Joint ON Steam Piping System

ZHANG XIAO HUI QI JIN XINAG
(QinHuangDaoTaidy Flex-tech co. ,LTD. ,Qinhuangdao 066004,China)

Abstract:There is a failure analysis of straight pressure balanced expansion jointon steam piping system. Expound the failure reasons of the expansion joint,and give some suggestion to the expansion joint of Steam Piping System.

Keywords: bellows;failure;water hammer

2015年4月,某化工企业在新项目试运行期间,发现安装在蒸汽管道水平管段的直管压力平衡型膨胀节发生失效现象,导致该管道停气,系统停产。因此,查找问题发生的根本原因,解决问题,避免造成更大损失的任务迫在眉睫。

1　概　述

该膨胀节安装于蒸汽管道水平管道上(见图1),膨胀节所在管段管系图见图2. 管道系统温度—压力曲线见图3,实际工作参数见表1。

表1　管道参数表

公称通径 mm	DN800
工作压力 MPa	0.2～0.25
设计压力 MPa	0.35
工作温度℃	120
设计温度℃	160
工作介质	低低压蒸汽

图1　现场膨胀节失效照片

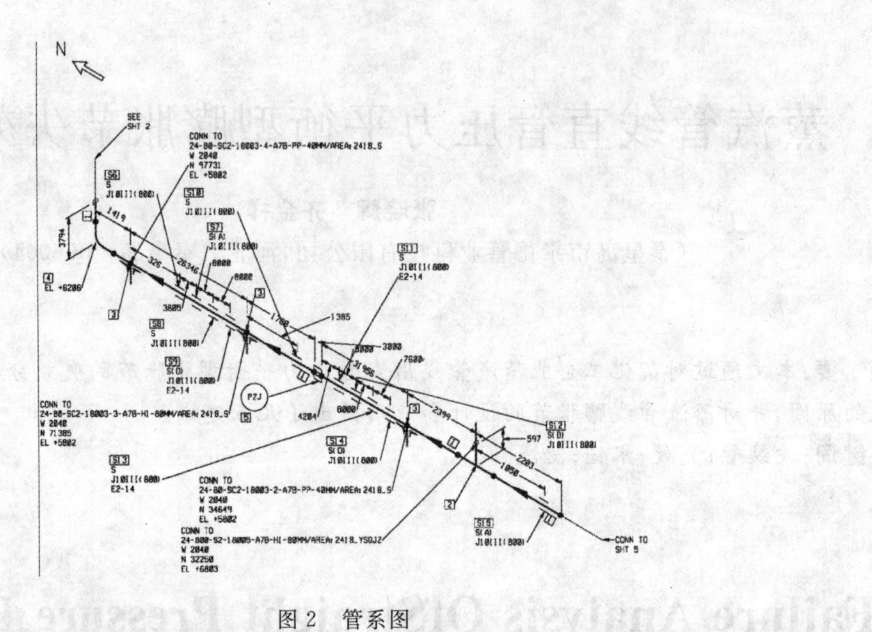

图 2　管系图

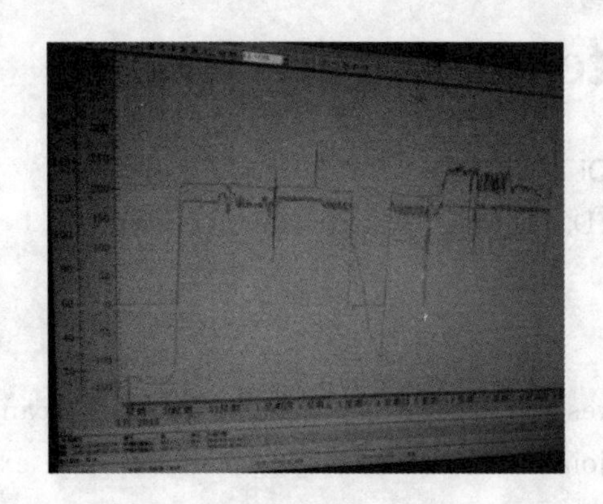

图 3　管系压力温度曲线

图 4　平衡波纹管失效图片

膨胀节的现场安装情况如图 1 所示，现场管道位置已经按安装要求进行了保温处理，而膨胀节位置未做保温处理。系统开始运行的第一个月，系统运行情况正常。系统停车再开车四天后，发现该膨胀节的工作波纹管运行正常，平衡波纹管发生扭曲变形，波纹管有些部分已经被拉直，有些部分产生了褶皱（见图 4），现场测量实际位移量为 130mm。

2　失效分析：

2.1　波纹管计算校核

此膨胀节为直管压力平衡型膨胀节，结构形式见图 5。波纹管具体参数见表 2 波纹管参数表。

表 2　波纹管参数表

<table>
<tr><td colspan="2">公称通径 mm</td><td>DN800</td><td colspan="2">设计压力 MPa</td><td colspan="2">0.35</td></tr>
<tr><td colspan="2">设计温度℃</td><td>160</td><td colspan="2">轴向补偿量 mm</td><td colspan="2">120</td></tr>
<tr><td colspan="3">波纹管材料</td><td colspan="4">316L</td></tr>
<tr><td rowspan="2">工作波纹管</td><td>直边段内径 mm</td><td>798</td><td>波高 mm</td><td>55</td><td>波距 mm</td><td>60</td></tr>
<tr><td>波数</td><td>8</td><td>壁厚 mm</td><td>0.8</td><td>层数</td><td>2</td></tr>
<tr><td rowspan="2">平衡波纹管</td><td>直边段内径 mm</td><td>1128</td><td>波高 mm</td><td>70</td><td>波距 mm</td><td>70</td></tr>
<tr><td>波数</td><td>8</td><td>壁厚 mm</td><td>1.0</td><td>层数</td><td>2</td></tr>
</table>

膨胀节波纹管材料为316L，材质性能见表3(316L材质性能表(ASTM A240))，材料的各项性能复验值见表4(316L各项性能复验参数表)。

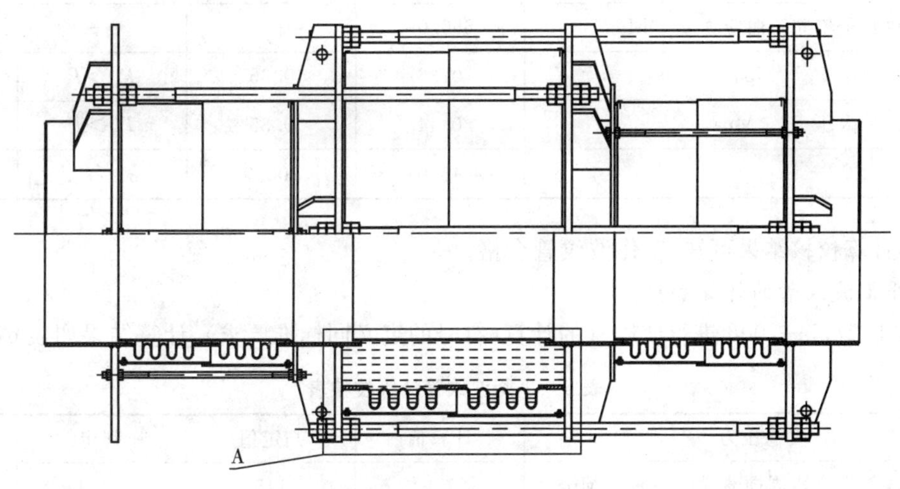

图5 膨胀节结构示意图

表3 316L材质性能表(ASTM A240)

屈服强度	抗拉强度	延伸率%	硬度HB	化学成分(%)								
				C	Si	Mn	P	S	Cr	Ni	Mo	N
≥170	≥485	≥40	≤95	＜0.03	＜0.75	＜2.0	＜0.045	＜0.030	16～18	10～14	2～3	＜0.1

表4 316L各项性能复验参数表

壁厚	屈服强度	抗拉强度	延伸率%	硬度HB	化学成分(%)								
					C	Si	Mn	P	S	Cr	Ni	Mo	N
1.0	274	624	58	80	0.0223	0.575	1.362	0.0283	0.0022	16.5	10.05	2.04	0.0132
0.8	276	629	57	81	0.022	0.508	1.435	0.0268	0.0028	16.58	10.06	2.03	0.0127

由以上复验结果可以看出，波纹管材料的各项性能指标满足标准要求。

2.1.1 工作波纹管的计算和校核

按照GB/T12777—2008进行波纹管的计算(符号的定义同标准要求)，计算结果如表5：

表5 工作波纹管计算校核表

应力/失稳压力	计算值	判定值	判定	判定结果
压力引起的波纹管直边段周向薄膜应力 σ_1 Mpa	27.58	115	$\sigma_1 \leqslant C_{wb}[\sigma]_b^t$	合格
压力引起的波纹管周向薄膜应力 σ_2 Mpa	50.29	115	$\sigma_2 \leqslant C_{wb}[\sigma]_b^t$	合格
压力引起的波纹管子午向薄膜应力 σ_3 Mpa	6.23	——	——	——
压力引起的波纹管子午向弯曲应力 σ_4 Mpa	236.81	——	——	——
位移引起的波纹管子午向薄膜应力 σ_5 Mpa	4.51	——	——	——

（续表）

应力/失稳压力	计算值	判定值	判定	判定结果
位移引起的波纹管子午向弯曲应力 σ_5　Mpa	660.09	——	——	——
柱失稳极限设计内压 P_{sc}　Mpa	0.36	0.35	$P_{sc}>P$	合格
平面失稳极限设计内压 P_{si}　Mpa	0.44	0.35	$P_{si}>P$	合格
$\sigma_3+\sigma_4$　Mpa	243.04	305.9	$\sigma_3+\sigma_4\leqslant C_m[\sigma]_b^t$	合格

由以上的计算校核结果可知，工作波纹管合格。

2.1.2　平衡波纹管的计算和校核

按照GB/T12777—2008进行波纹管的计算（符号的定义同标准要求），计算结果如表6：

表6　平衡波纹管计算校核表

应力/失稳压力	计算值	判定值	判定	判定结果
压力引起的波纹管直边段周向薄膜应力 σ_1　Mpa	27.94	115	$\sigma_1\leqslant C_{wb}[\sigma]_b^t$	合格
压力引起的波纹管周向薄膜应力 σ_2　Mpa	51.15	115	$\sigma_2\leqslant C_{wb}[\sigma]_b^t$	合格
压力引起的波纹管子午向薄膜应力 σ_3　Mpa	6.32	——	——	——
压力引起的波纹管子午向弯曲应力 σ_4　Mpa	259.13	——	——	——
位移引起的波纹管子午向薄膜应力 σ_5　Mpa	3.12	——	——	——
位移引起的波纹管子午向弯曲应力 σ_6　Mpa	513.33	——	——	——
柱失稳极限设计内压 P_{sc}　Mpa	0.37	0.35	$P_{sc}>P$	合格
平面失稳极限设计内压 P_{si}　Mpa	0.39	0.35	$P_{si}>P$	合格
$\sigma_3+\sigma_4$　Mpa	265.45	296.7	$\sigma_3+\sigma_4\leqslant C_m[\sigma]_b^t$	合格

由以上的计算校核结果可知，平衡波纹管合格。

通过膨胀节波纹管的计算和校核结果可以看出，该膨胀节的工作波纹管和平衡波纹管均复合设计要求判定合格。

2.2　冷凝液的影响

因该膨胀节在线正常运行一个月时间，系统正常运行时，膨胀节工作状态满足设计要求，与设计算条件相符。在系统停车又再次开车后，膨胀节发生了失效。失效部位为平衡波纹管部分，平衡波纹管发生扭曲变形，波纹管有些部分已经被拉直，有些部分产生了褶皱，平衡波纹管实际位移量达130mm。由现场了解可知：膨胀节安装在水平管段上，内部流通的介质为蒸汽，蒸汽温度为120℃，管道部位已经按施工要求进行了保温处理，而膨胀节位置未进行保温处理。从而导致蒸汽流经膨胀节时会结露，析出冷凝水。由于膨胀节自身结构的特点，水将积聚在膨胀节的平衡波纹管段（见图5和图6）。随着时间的推移水就会不断增多，特别是系统停车后，析出的冷凝水会不断增多，使得冷凝水聚积在平衡波纹管部位波纹管和接管的下腔。

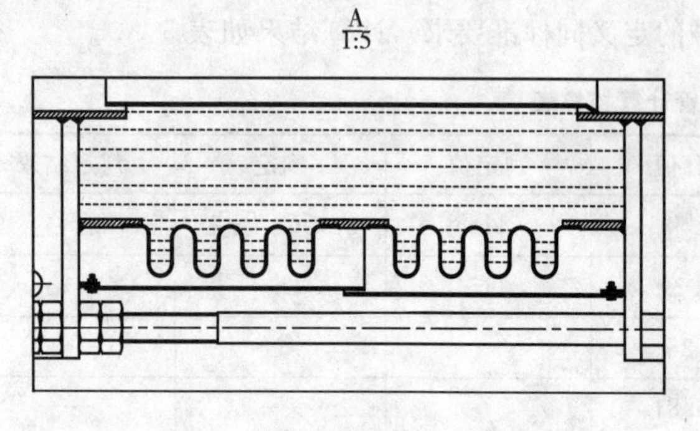

图6　平衡波纹管积水示意图

由现场的压力温度曲线（图3）可以看出管系停车后又启动，管内压力有瞬间急剧升高现象，由于膨胀节平衡波纹管部位已经有大量的冷凝水积聚，在系统再次启动时高速流动的蒸汽会带动膨胀节中的水一起流动造成了涟漪。随着蒸汽的带动，冷凝水在管道内慢慢形成了一定的规模(类似于波浪)，在平衡波纹管下腔内就会产生水锤，冷凝水在管道内形成浪涌式的撞击。同时当蒸汽接触到低温的冷凝水后会立即冷却，蒸汽的体积立刻减小(冷凝水的体积比蒸汽小约 1000 倍)，会暂时形成真空状态，因此管道内的冷凝水会被吸到这个真空空间，从而加大了水锤强度。

由于水锤产生的瞬时压强可能达到管道中正常工作压力的几十倍甚至数百倍，这种大幅度压强波动就导致了膨胀节波纹管发生了变形、失效。

3 整改措施及效果

结合现场工况及分析，采用了如下措施进行整改：

(1)按照原波纹管参数重新制作膨胀节；

(2)在两组平衡波纹管的中间接管最低点位置增加排液装置；

(3)管道运行前对所有管道(包括膨胀节)统一做保温；

(4)管道升压时要采取缓慢增压的方式避免出现压力急剧升高。

按照上述要求整改后的膨胀节运至现场后，从 2015 年 5 月至今，运行状态良好。

4 结 论

蒸汽和冷凝液共同作用形成水锤的影响是造成此次膨胀节波纹管发生失效的主要原因。管道内的低温冷凝水与蒸汽混合(会形成水锤)是非常危险的。但这样的情况又很普遍，如在冷凝水回收系统中或类似的系统中。这种类型的水锤形式也同样会发生在蒸汽配送管道和蒸汽用设备中。所以在蒸汽系统用膨胀节设计及安装使用时要尽量避免水锤的产生，可以采用增加排液装置、增加保温措施、缓慢升压、缓慢降压以及在管道中使用水锤消除器等措施避免。

参考文献

[1] GB/T12777—2008，金属波纹管膨胀节通用技术条件．

[2]《管道用金属波纹管膨胀节的选型和应用》中国石油和石油化工设备工业协会膨胀节分会

[3] 动力管道设计手册编写组．动力管道设计手册．北京：机械工业出版社．2006

[4] 金锥，等．停泵水锤及其防护．北京：中国建筑工业出版社．2004

作者简介

张晓辉，男，工程师，秦皇岛市泰德管业科技有限公司，从事波纹管膨胀节的设计。

邮政编码：066004；通信地址：河北省秦皇岛市经济技术开发区永定河道 5 号；电话 Tel：0335－8586150 转 6437；Fax：0335－8586168；E-mail：zxh1227@126.com。

旁通直管压力平衡型膨胀节呼吸孔接管断裂失效分析及防止措施

张振花　陈江春　陈四平
（秦皇岛市泰德管业科技有限公司　河北　秦皇岛　066004）

摘　要：本文介绍了直管压力平衡型膨胀节呼吸孔接管断裂的原因和产生断裂的部位，以及呼吸孔接管断裂对管系造成的影响。解决呼吸孔接管断裂的设计方案。

关键词：旁通直管压力平衡型膨胀节；呼吸孔接管；断裂；失效；防止措施；设计方案

Analysis on the rupture and prevention measures of blowhole tube which used in bypass straight pressure balanced expansion joint

Zhang Zhenhua Chen jiangchun Chen siping
（QINHUANGDAO TAIDY FLEX-TECH CO. ,LTD. ,Hebei 066004）

Abstract: This paper described the result of blowhole tube which used in bypass straight pressure balanced expansion joint discussing and researching and the part of the fracture. The effects of fracture of blowhole tube for piping. Design scheme for blowhole tube which used in bypass straight pressure balanced expansion joint.

Keywords: bypass straight pressure balanced expansion joint; blowhole pipe; rupture; failure; prevention measures design scheme

1　前　言

旁通直管压力平衡型膨胀节分为单式旁通直管压力平衡型膨胀节和复式旁通直管压力平衡型膨胀节，旁通直管压力平衡型膨胀节是由同一种规格的两个或四个波纹管，及其结构件组成。波纹管分别承受内压和外压的作用。该膨胀节的特点是体积小、成本低、导向性好，稳定性好，能于吸收管道的轴向位移并能平衡波纹管的内压推力。内压推力由自身构件平衡、承受。旁通直管压力平衡型膨胀节的管径相对较小，一般用于没有较大推力的场合，主要用于介质是热水或蒸汽的管线。旁通直管压力平衡型膨胀节的平衡波纹管和两端的封头组成一个密闭的型腔，为保持平衡，通常在这个密闭的型腔上开一个呼吸孔并焊接呼吸孔接管，呼吸孔接管另一端与旁通直管压力平衡型膨胀节的端接管连接并伸出膨胀节外面。这样平衡端的密闭型腔就通过呼吸接管与大气保持相通。达到排出密闭型腔中的气体的目的。

在旁通直管压力平衡型膨胀节的失效形式中呼吸孔将接管的断裂失效最为常见。某项目架空蒸汽管线直管段上安装的旁通直管压力平衡型膨胀节在安装后不久就在呼吸管焊接处出现了漏气的现象。经排查确认呼吸孔接管与旁通直管压力平衡型膨胀节的端接管的焊接位置发生了失效断裂。

2 旁通直管压力平衡型膨胀节以及呼吸管的结构

单式旁通直管压力平衡型膨胀节结构见图1

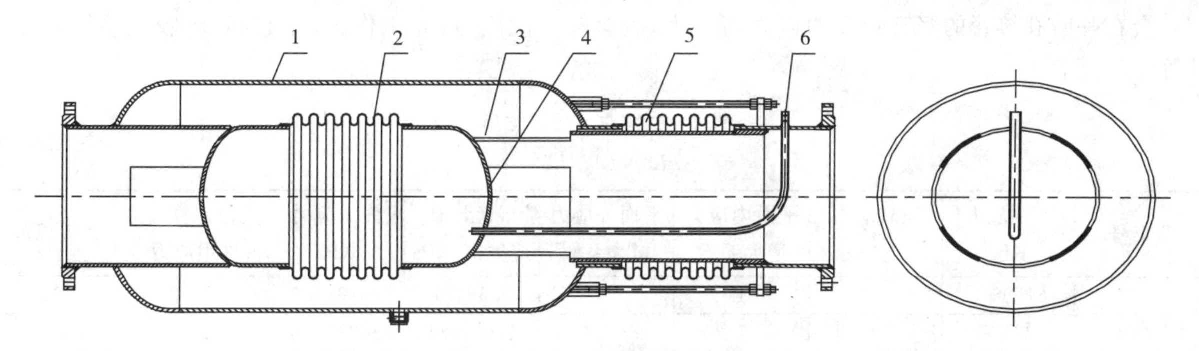

图1 单式旁通直管压力平衡型膨胀节结构简图

1—外管；2—平衡波纹管；3—连接管；4—封头；5—工作波纹管；6—呼吸孔接管

复式旁通直管压力平衡型膨胀节结构见图2

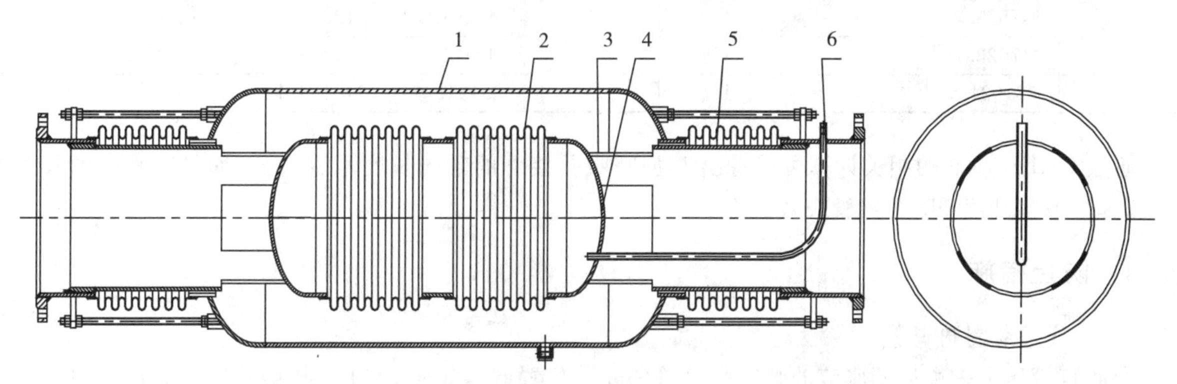

图2 复式旁通直管压力平衡型膨胀节结构简图

1—外管；2—平衡波纹管；3—连接管；4—封头；5—工作波纹管；6—呼吸孔接管

旁通直管压力平衡型膨胀节的呼吸孔接管为L型钢管，起到密闭型腔与外界连接的作用。当温度升高以后管道伸长，工作波纹管和平衡波纹管同时被压缩，由于工作波纹管和平衡波纹管是完全相同的，两波纹管的位移量也相同。呼吸孔接管就可以看成是两端固定的一段L型管段，随着温度和压力的变化L型管段的水平段和竖直段分别伸长。这就要求管道由足够的柔性否则就会失效。

3 呼吸孔接管断裂原因分析

3.1 安装位置的影响

旁通直管压力平衡型膨胀节的呼吸孔接管的安装位置如图1所示，当介质从膨胀节的一端的管道内部通过连接管上的豁口流到连接接管与外管之间使工作波纹管受到介质内压的作用，同时平衡波纹管受到介质外压的作用。从图1可以看出，呼吸接管位于平衡波纹管型腔的整体中心以下，并从连接管上的豁口处通过，这样当介质通过连接管的豁口时，由于介质流动产生的动力就会对呼吸孔接管产生冲击并引起振动。介质再次进入连接管内部时也会对呼吸孔接管的竖直管段也会产生冲击并引起振动。在频繁的振动和冲击下呼吸孔接管与平衡波纹管密闭焊接处就产生疲劳破坏，从而使呼吸孔管的焊接部位产生失效。

3.2 结构的影响

旁通直管压力平衡型膨胀节的呼吸孔接管的为L型，一般为直径为 $\varphi16$ 的无缝钢管壁厚2～3mm。呼吸孔接管两端分别与平衡波纹管的型腔和接管相焊接，因此可以将呼吸孔接管看成是两端固定的一段L型管段。随着温度的升高L型管段会产生轴向和横向的伸长。这就要求管段有自然补偿的能力，否则将会在L型管段较短的那一段焊接的位置产生较大的应力，从而发生断裂。一般情况下呼吸孔接管的水平段长度小于800mm，竖直段的长度应该的确定利用CAESARⅡ进行计算则最短不应小于200mm否则就会在呼吸孔接管的竖直管段的应力值变大，就会使二次应力（即工作工况）超标，呼吸孔接管破坏。计算结果见表1

表1　二次应力计算结果

$L3=L1-L2$

节桌号	弯曲应力 KPa	扭转应力 KPa	平面内应力增大系数	平面外应力增大系数	规范计算应力值 KPa	许用应力 KPa	规范计算应力占许用应力 %	管道规范
10	61596.3	0	1	1	70584.1	341726.9	20.7	B31.3
18	107729.3	0	1	1	116717.1	342276.5	34.1	B31.3
18	107729.3	0	1	1	116717.1	342276.5	34.1	B31.3
19	92828.1	0	1	1	99811.1	342169.7	29.2	B31.3
19	92828.1	0	1	1	99811.1	342169.7	29.2	B31.3
20	47523.7	0	1	1	48411.3	342236.2	14.1	B31.3
20	47523.7	0	1	1	48411.3	342236.2	14.1	B31.3
30	331024.9	0	1	1	331912.5	342458.1	96.9	B31.3

通过CAESARⅡ的相关计算可以看出L型呼吸孔接管的轴向长度不宜太长，而且竖直管的长度不能太短，否则容易使呼吸孔接管失效。

4 防止措施

4.1 安装位置的调整

旁通直管压力平衡型膨胀节的呼吸孔接管的安装位置调整如图3(呼吸孔接管的位置所示)所示，呼吸接管位于平衡波纹管型腔的整体中心以上，并沿着接管上没有的豁口处通过，这样当介质通过连接管的豁口时介质不直接冲击呼吸孔接管，这样介质对呼吸孔接管产生的冲击振动就会减小；由于呼吸孔接管整体在膨胀节的中心线上方，介质对呼吸孔接管的竖直段的冲击力也相应地降低。从而减少了使呼吸孔管失效的概率。但是此方案需要注意的是L型呼吸孔接管的水平方向的长度和竖直方向的长度存在一定的关系，否则会引起失效。

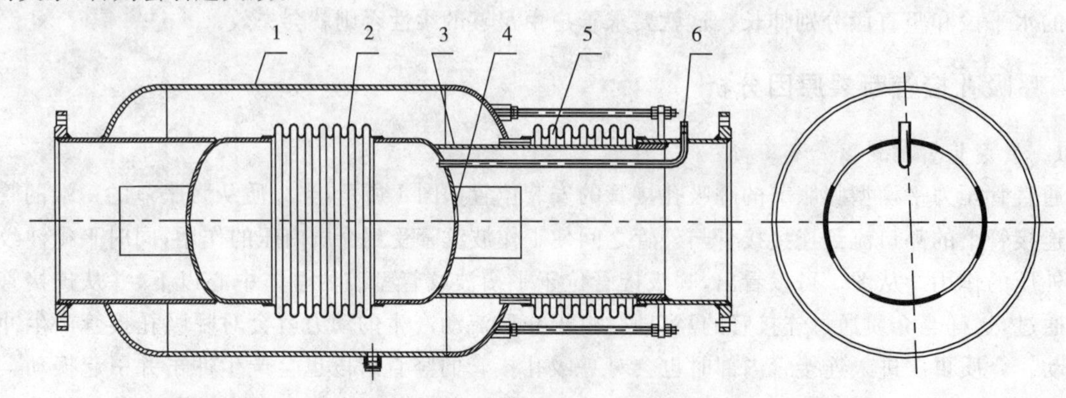

图3　呼吸孔接管的位置改变

1－外管；2－平衡波纹管；3－连接管；4－封头；5－工作波纹管；6－呼吸孔接管

4.2 形状和位置的改变

旁通直管压力平衡型膨胀节的呼吸孔接管由 L 型变成 1 型具体结构见图 4 所示

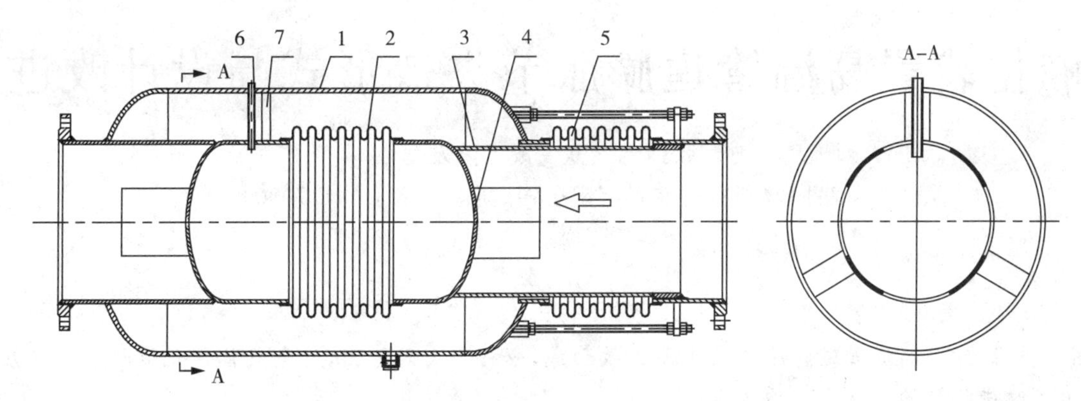

图 4 呼吸孔接管的位置和形式

1—外管；2—平衡波纹管；3—连接管；4—封头；5—工作波纹管；6—呼吸孔接管；7—支撑件

由图 4 可以看出，旁通直管压力平衡型膨胀节的呼吸孔接管在连接管圆周方向上的热膨胀基本与相连接的外管和封头基本一致，不会出现因呼吸孔接管两端固定而失效的现象。旁通直管压力平衡型膨胀节的呼吸孔接管在连接管轴线方向不再受介质从波纹管内部管道通过连接管豁口处流向波纹管外部管道的流动冲击，避免产生冲击振动。图 4 中的序号 7 支撑件的作用是连接旁通直管压力平衡型膨胀节平衡波纹管的型腔和外管使外管与平衡波纹管的型腔两者之间有效固定，不产生相对位移；另外介质沿介质流向的方向流动，通过呼吸孔接管时要先经过支撑件然后再通过呼吸孔接管，这样介质对呼吸孔接管的冲击力就会被支撑件分散开减小了介质对呼吸孔接管的冲击，避免了由于介质的冲击对呼吸孔接管产生的振动。降低了呼吸孔接管的失效概率。对于复式旁通直管压力平衡型膨胀节的呼吸孔接管和相应的支撑件位于两个平衡波纹管的中间位置。同时如果呼吸孔接管的管壁太薄可以在焊接位置增加防护套，确保焊接安全。

5 结束语

旁通直管压力平衡型波纹管膨胀节的呼吸孔接管在膨胀节的结构和功能上起着至关重要的作用，一旦呼吸孔接管断裂并盲目地将呼吸孔接管堵上，那么旁通直管压力平衡型波纹管膨胀节将不再满足自身压力平衡，从而导致固定支架承受管道的压力推力和膨胀节刚度反力的共同作用，还有将固定支座推到的可能。因此应从设计制造的源头防止旁通直管压力平衡型波纹管膨胀节的呼吸孔接管断裂才是最有效的办法。

参考文献

[1] GB/T12777—2008 金属波纹管通用技术条件。

[2] 唐永进．压力管道应力分析．北京：中国石化出版社，2003.

[3] 曹宝璋．旁通式压力平衡型膨胀节平衡段呼吸孔接管断裂失效分析及防止措施．第十届全国膨胀节学术会议论文集．2008.10

作者简介

张振花，女，秦皇岛市泰德管业科技有限公司，从事波纹管膨胀节设计工作。通讯地址：秦皇岛市经济开发区永定河道 5 号，邮政编码：066004，电话：Tel：0335－8586150 转 6408，传真：Fax：0335－8586168；E-mail：zhangzhenhua_2009@126.com

催化装置高温管道膨胀节失效形式与设计改进

张道伟　寇　成　陈友恒

（洛阳双瑞特种装备有限公司，河南　洛阳　471000）

摘　要：总结了高温管道膨胀节的主要失效形式，分析了失效原因，结合具体催化裂化装置的应用案例，提出了改进设计的思路和具体方案。

关键词：催化裂化装置；高温膨胀节；失效分析

Failure form and design improvment of FCC high temperature expansion joint

Zhang Dao wei　Kou Cheng Cheng You heng

（Luoyang Sunrui Special Equipment co. ,LTD. ,Luoyang 471000,China）

Abstract:. According to application cases of FCC expansion joint, familiar failure forms of FCC high temperature expansion joint are summarized, and the failure causations are analysised, and the design improvement ideas and detailed schemes are proposed.

Keywords: FCC Device; high temperature expansion joint; failure analysis

流化床催化裂化（简称 FCC）装置由四个部分组成[1]：反应－再生系统、分馏系统、吸收稳定系统和能量回收系统。反应－再生系统主要是在催化器作用下，将原料油转化为油气，并对催化剂进行再生。分馏和吸收稳定系统是将反－再系统生成的油气通过除粉、分馏、稳定精馏等获得液化气、汽油、柴油等。能量回收系统是通过烟机和余热锅炉将反－再系统的高温烟气的热能和动能进行回收。由于能量回收系统操作温度高，管道直径大，输送距离长，因此采用的膨胀节较多。能量回收系统的管道又分为两种类型，一种是内部采用隔热衬里结构的管道，称为冷壁管道，另一种是内部无隔热衬里结构的高温管道，称为热壁管道。本文主要讨论安装在高温管道中的膨胀节。

1　高温管道膨胀节特点

1.1　管道工况特点

烟机入口高温管道位于催化装置的三旋出口至烟气轮机之间，用于将从三旋出来的高温、高流速烟气输送到烟气轮机，推动烟气轮机做功，实现对烟气能量的回收。烟机系统是催化装置的核心能量回收设备，是整套催化装置反应－再生系统的主要动力来源，烟机系统的长周期安全运行对于整个炼油厂的开工运转起着至关重要的作用。

该段管道的设计压力通常在0.35MPa左右，设计温度在650℃左右。典型的烟机入口管道布置方案见图1。该段管道的显著特点是温度高、直径大、壁厚薄。

该段管道的工作介质为高温烟气，介质最高温度可达700℃。由于烟气轮机属于高速旋转设备，为了确保其安全性，与其相连的管道和膨胀节都采用无内部隔热衬里的热壁结构，以防止内部衬里脱落物对烟气轮机造成损坏。为了防止高温烟气的热能大量损失，同时也为了防止管道高温对周围设备和操作人员的伤害，管道外部设置有保温层。因此，此段管道的实际金属壁温接近介质操作温度。

近几年来，随着国内催化装置的处理量不断增加，管道直径也越来越大。从最初的DN800，逐渐增加到DN1200，最近几年新建装置的管道直径则达到了DN2500。由于管道全部采用耐高温的奥氏体不锈钢，材料成本较高，因此管道的壁厚通常都尽量小。

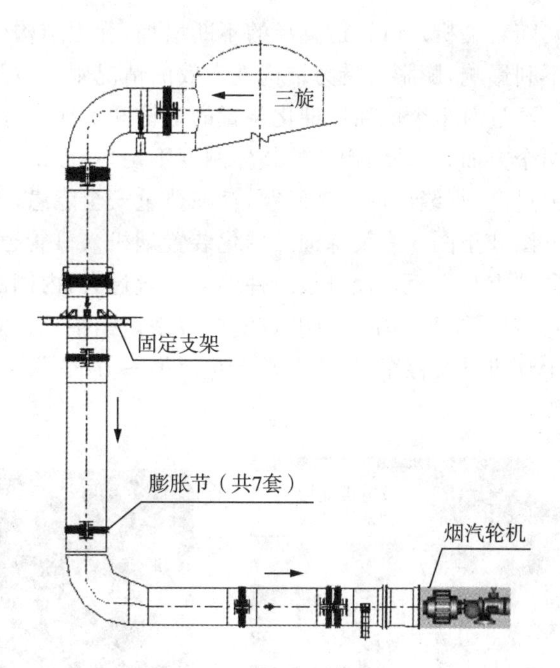

图1　典型烟机入口管道布置图

1.2　膨胀节特点

由于管道直径大，压力又比较高，因此波纹管的压力推力也很大。以DN1600mm的管道为例，波纹管的压力推力可以达到800kN，管道支座和设备无法承受如此巨大的载荷，因此，烟机入口管道都选用约束型膨胀节。在典型的管道布置方案中，通常采用6套单式铰链型膨胀节和1套复式铰链型膨胀节补偿管道位移，如图1所示。

典型单式铰链膨胀节的结构如图2所示，由波纹管、端管、销轴、铰链板、立板、马鞍板等组成，波纹管的压力推力通过销轴、铰链板、立板等主要受力结构件传递到膨胀节的筒节上，由管道承受，从而避免压力推力作用在管道支座和设备上。当膨胀节直径大、压力高时，为了增加筒节的刚度和强度，可以将马鞍板改为环板结构。

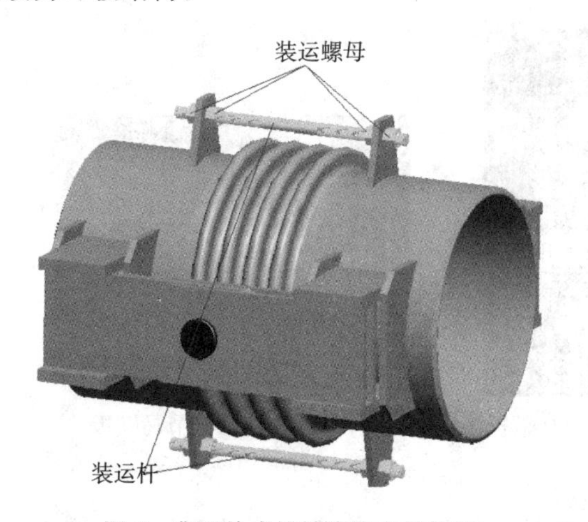

图2　典型单式铰链膨胀节结构图

烟机入口管道膨胀节的主要特点是温度高、直径大，主要受力结构件的工作条件非常苛刻。

2　高温膨胀节主要失效形式

膨胀节的失效包括两个方面，一是波纹管的失效，常见失效形式有腐蚀、失稳、爆裂及疲劳，二是受力结构件的失效，常见失效形式有过量变形和焊缝开裂。多数膨胀节的失效都是由于波纹管的失效导致的，膨胀节结构件的失效主要出现在直径大、压力高的约束型膨胀节中。

由于烟机入口管道温度高，对膨胀节的安全可靠性要求也很高，因此自2000年以来，安装在该管道中的膨胀节波纹管材料基本上都选用耐温、耐蚀和疲劳性能都非常优异的镍基合金Inconel625，波纹管的安全可靠性得到了有效保障。从十几年来的实际应用情况来看，波纹管发生失效的情况比较罕见。

随着烟机入口管道直径的不断增加，受力结构件的工作条件也越来越苛刻，再加上高温对材料性能的不利影响，膨胀节受力结构件失效的情况则日益凸显，值得引起行业内的广泛关注。

经过对多个炼油厂催化装置的走访和实地查看，发现烟机入口管道高温膨胀节的主要失效形式集中在两个方面，一是结构件的整体刚度不足，变形量过大，影响膨胀节的安全工作；二是关键受力件的局部应力过高，焊缝出现开裂问题，存在严重安全隐患。

图 3 至图 5 为某炼油厂催化装置烟机入口管道高温膨胀节结构件过量变形情况。这些失效情况的共同特点是立板－铰链板组件的变形量过大，内侧副铰链板与销轴脱开，铰链板和销轴的受力状况严重恶化，极易出现销轴折断和铰链板拉裂。销轴或铰链板一旦发生断裂，膨胀节将产生整体失效，必将导致整个烟机系统停车，后果非常严重。另一方面，发生变形的内铰链板还可能通过保护罩挤压波纹管，使波纹管产生凹陷和泄漏。

图3　铰链膨胀节铰链板变形情况（一）

图4　铰链膨胀节铰链板变形情况（二）

图5　铰链膨胀节铰链板变形情况（三）

这种情况主要是由于膨胀节的立板、环板筒体组合件的整体刚度不足引起的。立板组件的变形使与立板直接焊接的铰链板产生相应的变形，再加上膨胀节销轴长度较短，销轴末端与内铰链板平齐，没有挡圈约束，当内铰链板发生变形时，销轴即与内铰链板脱开，导致销轴和铰链板受力状况严重恶化。

图 6 至图 8 为某炼油厂催化装置烟机入口管道高温膨胀节结构件焊缝局部开裂情况。

图6　铰链膨胀节马鞍板开裂情况（一）

图7　铰链膨胀节马鞍板开裂情况（二）

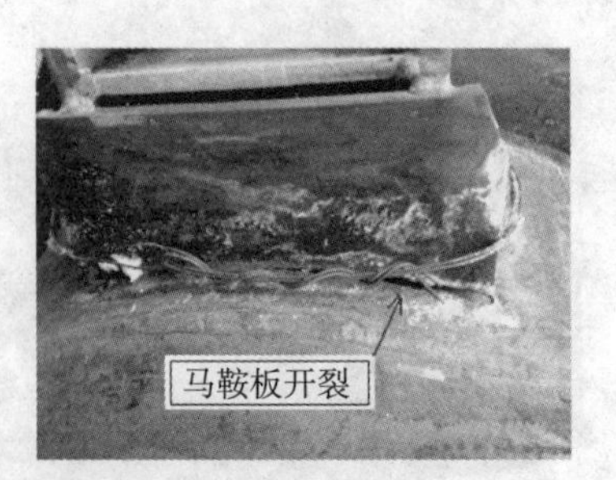

图8　铰链膨胀节马鞍板开裂情况（三）

膨胀节马鞍板焊缝开裂主要是由于局部应力过高引起的。外马鞍的开裂和脱落可能导致膨胀节整体失效，同样会产生烟机系统停车的严重后果。

3 设计改进方案

3.1 设计方案分析

大直径铰链型膨胀节端管组件的设计方案通常有两种，一种是“双环板”加强结构，在立板两侧设置加强环板，以提高端管组件的强度和刚度；另一种是“环板＋马鞍板”加强结构，在立板一侧设置加强环板，另一侧设置马鞍板。

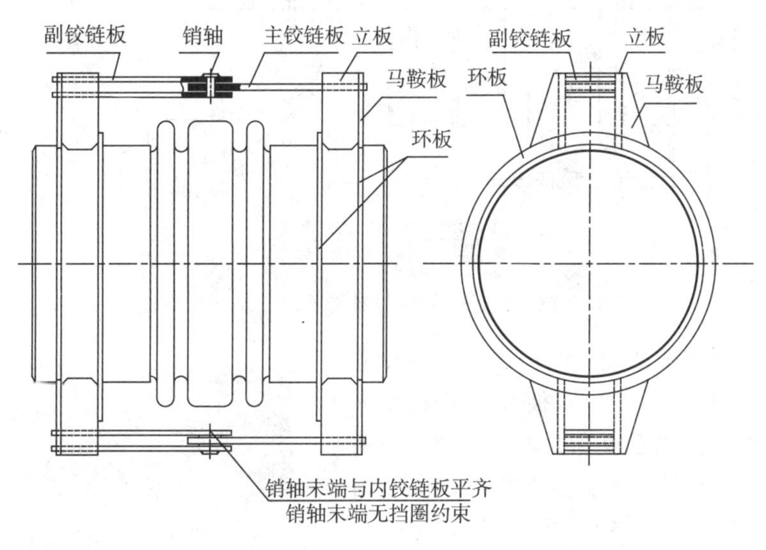

图 9 “双环板”铰链膨胀节结构示意图

图 9 为图 3 所示膨胀节的设计结构图。此设计方案采用了“双环板”加强结构，还在立板外侧的环板上增加了一个马鞍板。该方案的特点是立板宽度小，厚度大，环板高度小，铰链板宽度小。环板上的马鞍板对立板加强效果较好，但其不足在于环板高度太低，立板宽度太小，导致“立板－环板”组件的整体刚度严重不足，从而使立板和铰链板发生了很大的变形。

为了进一步分析端管组件的应力分布和变形情况，对包含副铰链板的端管组件进行了有限元分析计算，分析软件采用 ANSYS－R14.5。筒节的外径 φ1620mm，厚度 14mm，立板的厚度 42mm，宽度 270mm，环板的厚度 16mm，高度 50mm，副铰链板的宽度 210mm，厚度 16mm。有限元分析计算结果如图 10 和图 11 所示。

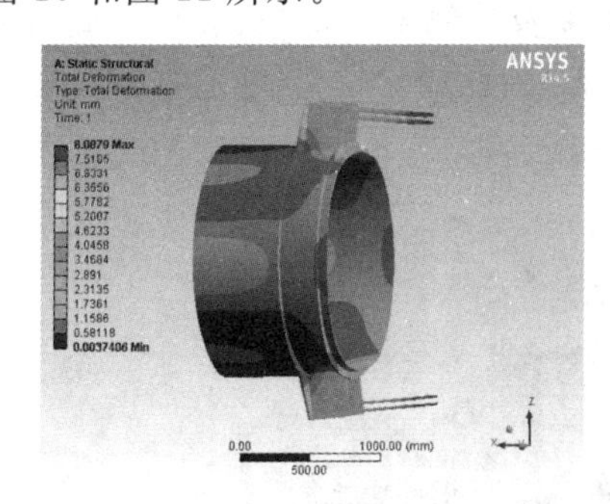

图 10 “双环板”铰链膨胀节变形情况

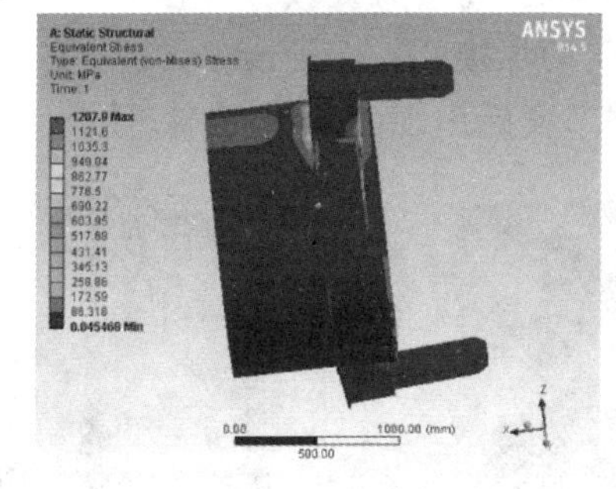

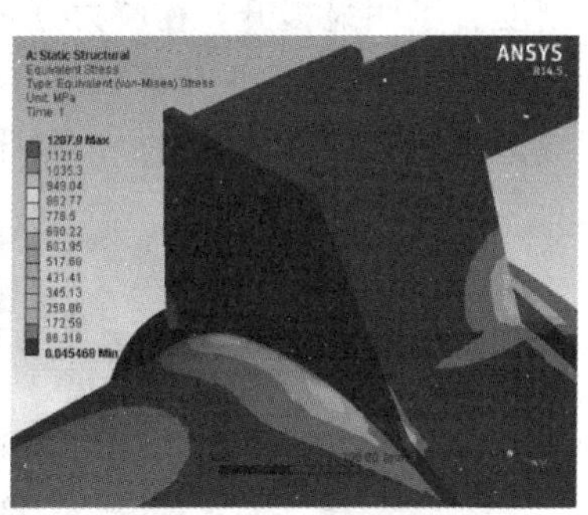

图 11 “双环板”铰链膨胀节应力分布情况

由分析结果可以看出，该膨胀节端管组件的变形量较大，最大变形超过了 8mm，位于副铰链板的销轴孔位置；两侧的副铰链板由初始的平行状态变成了向内收缩的状态，分析结果与实际变形情况（见图 3）十分吻合。端管组件的高应力区域分布在立板两侧的环板部位，最高应力区域位于立板与内侧环板的焊接处，由于是压应力，因此危害较小。

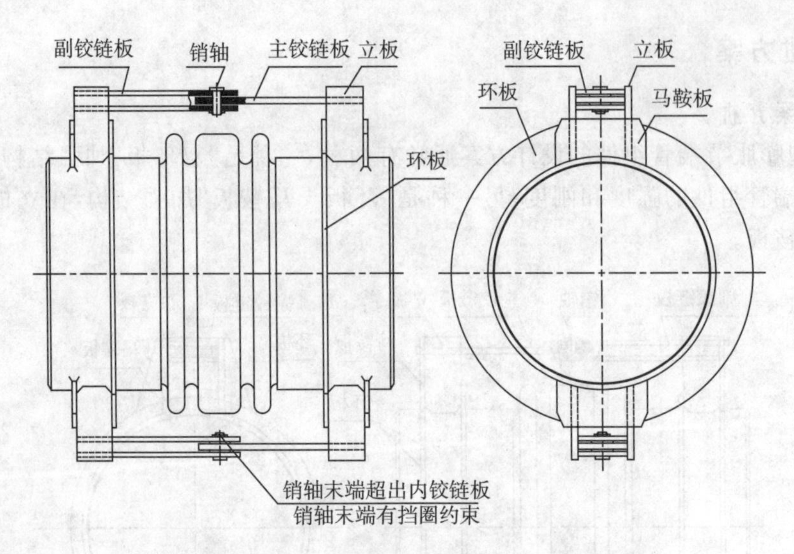

图 12　“单环板＋马鞍板”铰链膨胀节结构示意图

图 12 为图 6 所示膨胀节的设计结构图。此设计方案采用了“单环板＋马鞍板”结构，立板外侧只有马鞍板，无环板。该方案的特点是立板宽度大，厚度小，环板高度大，铰链板宽度大，与图 9 方案基本相反。由于内侧环板较高，立板宽度较大，“立板－环板”组件的整体刚度较大，变形量较小。其不足在于立板外侧只有马鞍板，无环板整体加强，马鞍板两端与端管为不连续结构，应力集中非常明显，焊缝受力状况十分恶劣，导致马鞍板焊缝发生开裂。

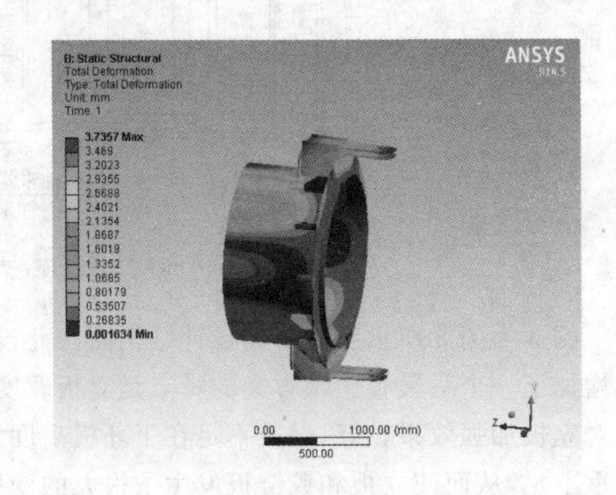

图 13　“单环板＋马鞍板”铰链膨胀节变形情况

图 12 的筒节尺寸与图 9 相同，立板的厚度 32mm，宽度 360mm，环板的厚度 16mm，高度 205mm，副铰链板的宽度 300mm，厚度 16mm。有限元分析计算结果如图 13 和图 14 所示。

由分析结果可以看出，该膨胀节端管组件的变形量减小了 53.8％，最大变形降到了 3.74mm，结构件的刚度有了明显提升。在应力分布方面，高应力区域分布在马鞍板两端及外侧部位，立板和环板应力较低；最高应力区域位于马鞍板与端管的焊接处。由于该应力是拉伸应力，因此危害较大，容易造成马鞍板焊缝撕裂。有限元分析结果与膨胀节实际出现的问题（见图 6）十分吻合。

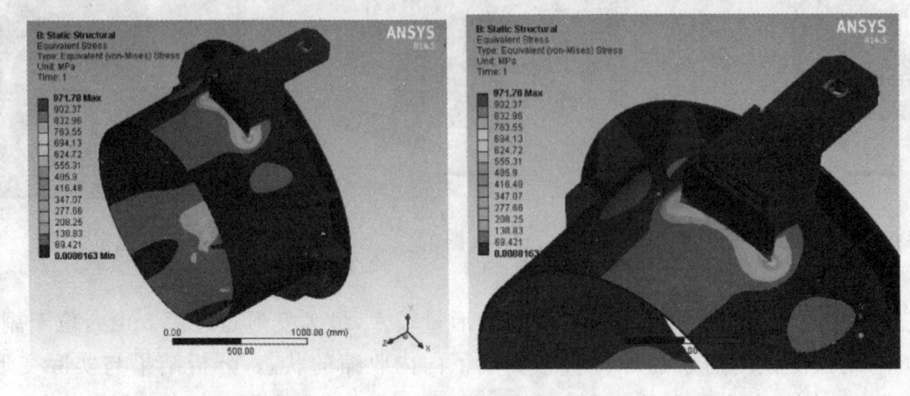

图 14　“单环板＋马鞍板”铰链膨胀节应力分布情况

3.2 设计方案改进

为了彻底避免以上问题，确保膨胀节的长期安全运行，需要对膨胀节的设计方案进行改进和优化。

由以上分析可知，上述两种方案各有优点和不足，设计方案改进的重点在于提高“立板－环板”组件的整体刚度，同时避免局部应力集中。根据这一原则，提出的改进设计方案如图11所示。

改进设计方案采用“双环板＋盖板”结构，立板、环板及铰链板尺寸均与图12相同，在立板内外两侧均设置环板，进一步提高端管组件的整体刚度。同时，在立板左右两侧增加了盖板和筋板，其余筋板取消。通过环板、盖板和筋板形成对立板的“大包围”结构，使立板与内外环板及筒节在更大范围内形成“一体化”结构，将由波纹管产生的巨大压力推力分散到膨胀节端管的更大范围内，从而大大降低膨胀节立板和端管的局部应力和变形，显著提高膨胀节的整体安全性与可靠性。“双环板＋盖板”结构的有限元分析结果如图16和图17所示。

由分析结果可以看出，改进方案的变形量和应力水平都大大降低了。端管组件的最大变形量只有1.36mm，比图9和图12所示方案分别降低了83.2%和63.6%，结构件的刚度得到了显著提升。改进方案的应力分布非常均匀，避免了应力集中，消除了局部焊缝开裂的隐患。

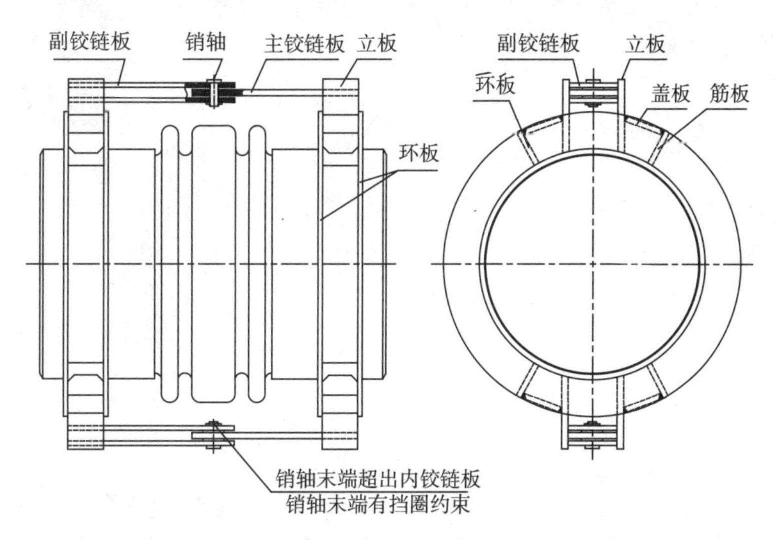

图15 铰链型膨胀节改进设计方案简图

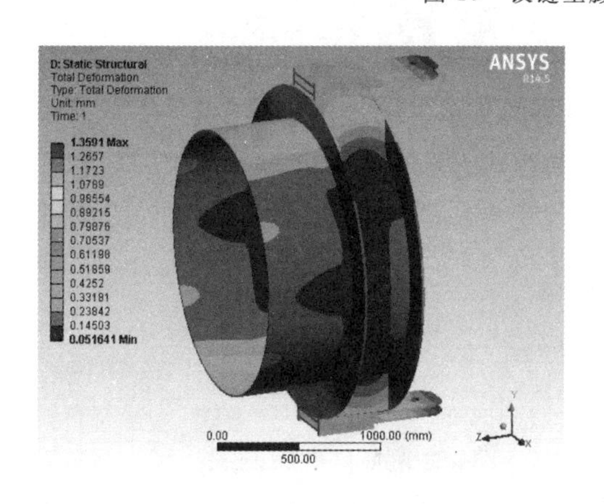

图16 “双环板＋盖板”铰链膨胀节变形情况

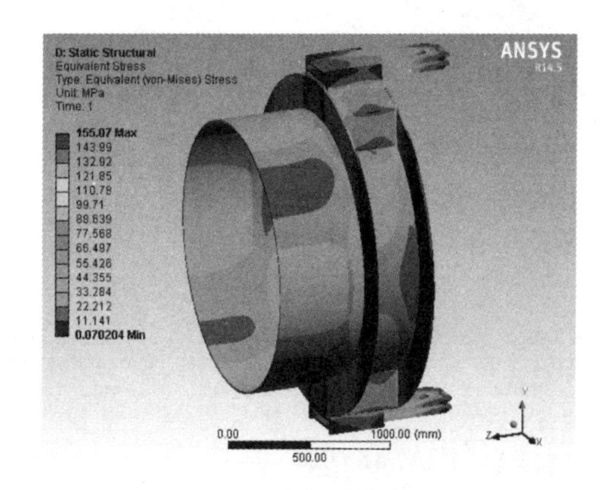

图17 “双环板＋盖板”铰链膨胀节应力分布情况

此改进设计方案已经在金陵石化350万吨/年催化装置、上海石化350万吨/年催化装置、中化泉州340万吨/年催化装置、云南石化330万吨/年催化装置、石家庄石化220万吨/年催化装置等国内重大催化装置的烟机入口管道膨胀节中得到了应用，提高了膨胀节的安全可靠性，获得了良好的应用效果。

4　结束语

本文对催化装置烟机入口高温管道和与其配套的膨胀节的工作特点进行了分析，结合具体催化装置的应用案例，梳理了高温管道膨胀节的常见失效形式，详细分析了失效原因，提出了改进设计的思路和具体方案，并通过有限元建模分析计算，验证了改进方案的效果，提升了高温膨胀节的安全性与可靠性。

参考文献

[1] 李维英．石油炼制一燃料油品[M]．北京：中国石化出版社，2000.10

作者简介

张道伟，男，1978 生，工学硕士，高级工程师，长期从事金属波纹管膨胀节的设计与应用研究工作。通讯地址：河南省洛阳市高新技术开发区滨河路 88 号，邮编：471000。

连通管膨胀节开裂分析与修复

陈孙艺
（茂名重力石化机械制造有限公司，广东　茂名　525024）

摘　要：为了找出某夹套连通管膨胀节开裂的原因，对其设备及膨胀节的设计、制造、安装和运行进行了调研，对开裂形貌进行了宏观分析，据现场情况对正常内压和外来管线引起的非正常扭转作用下膨胀节波形的受力进行了计算分析，结果表明，开裂波形旁边的安全阀溢流管的另一端被U形管卡固定后，连通管在运行中受到扭，波形发生了扭转变形屈服导致开裂。最后提出了更新改造对策和同类设备的制造新技术。

关键词：膨胀节；应力分析；失效分析

Cracking Analysis & restore of Expansion Joint on Connecting Tube

CHEN Sun-yi
The Challenge Petrochemical Machinery Corporation of Maoming, Maoming, Guangdong, 525024;

Abstract: In order to find out the cracking reason of one expansion joint on connecting tube, the desgin, fabrication, installation and operation of equipment and expansion are investigated. The shpe of crack is analyzed in macro. Stresses of expansion is calculated according to normal inside pressure and unnormal torsion. The result shows that expansion is cracking as torsion yield, because overflow pipe of safety valve on the connecting tube had been fixed on its other end by U shape bolt. Improvement for that case and new technology to fabricat same equipment are advanced at last.

Keywords: expansion joint; stress analysis; failure analysis

1 引　言

某设备主体由两条直立的夹套管通过端弯头把内管连接，端弯头段

没有夹套，两条直的夹套之间通过连通管连接，连通管水平安装，直的夹套和连通管上都分别带有膨胀节，设备各管件外表面都包裹有隔热层，如图1所示。设备于2011年10月投用，正常运行约4年后，发现连通管处有渗漏，在线拆开隔热层检查，发现膨胀节的一个波形开裂。

业主根据具体情况分析，采取临时补焊堵漏的方法止住了漏点。因担心该方法的可靠性以及夹套诸多其他膨胀节的安全性，如果事故扩大需要装置停车，会造成巨大经济损失，因此需要对波形开裂的原因

进行分析，提出完善的措施。

2　现场基本情况

(1)案例设备基本情况。有关结构及工况参数见表1，开裂的双波U形膨胀节按GB 16749—1997《压力容器波形膨胀节》设计制造及验收，实物见图2，膨胀节及其所在连通管的设计图分别见图3和图4。规格φ102mm×3mm，波高40mm的U形双波膨胀节中的一个波开裂，连通管上开裂的波形旁边设有安全阀接管引出口，没开裂的波形旁边设有其他附件。

裂纹位于波顶与环板的过渡连接部位，沿着时钟约1点半到5点半的周向弧形，长度约达150mm，占周长的⅜，穿过制造膨胀节的圆筒体纵向焊缝。据业主当时PT检测及当时所拍照片放大观察，裂纹连贯，有两个低的台阶，但是没有发现分支，无法判断明显的启裂点，也无法判断裂纹起于内表面还是外表面。开裂表面无明显凹痕。

据业主介绍，设备操作平稳，装置环境正常。

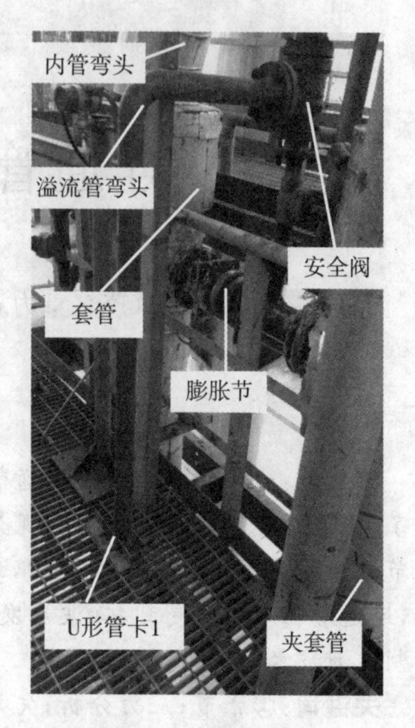

图1　连通管现场

表1　结构及工艺参数

名称	内管	夹套
内直径 D_i/mm	φ168×7	φ203×7
设计压力 p/MPa(g)	5.5	0.7
设计温度 T/℃	−45～150	170
介质	浆液	冷冻水
膨胀节设计计算壁温 T/℃	90	20

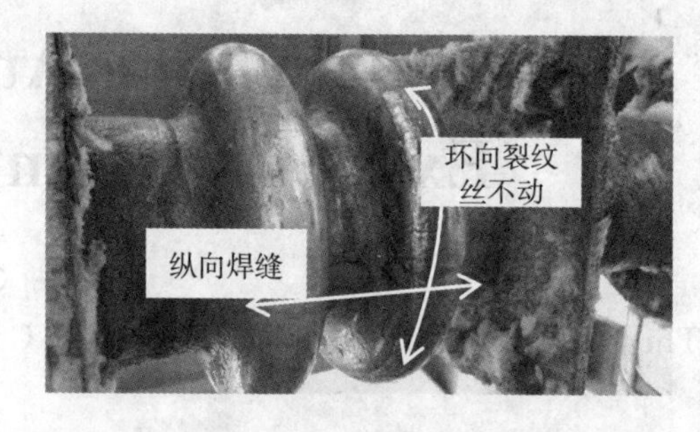

图2　连通管膨胀节开裂方位

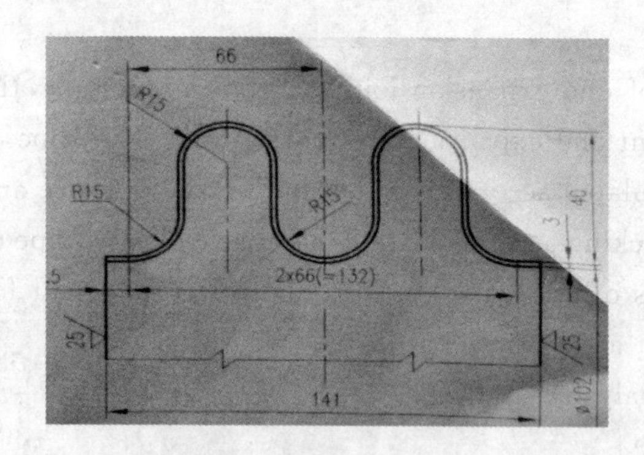

图3　膨胀节设计图

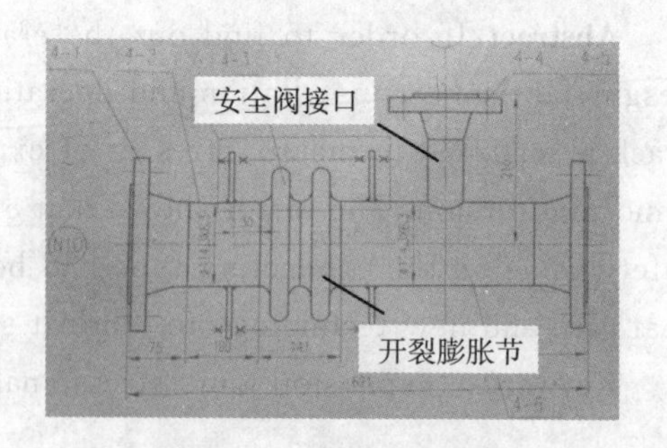

图4　连通管设计图

(2)同类设备情况。同一厂家制造与案例基本情况相同的设备已有18年，未出现过膨胀节失效现象。

还有某同类装置该设备膨胀节为单波膨胀节，材质为SA516GR60，该材质属于中压低温压力容器碳素钢，其特点是抗温变、抗冲击、抗硫氢腐蚀能力强，该处膨胀节自装置投产以来20年未发生过任何问题。

3　调研及应力分析

3.1　有关调研

(1)设计选材分析。针对同类设备该处膨胀节曾使用过一个波形的结构,从受力上与两波结构比较,肯定两波结构更优良。针对同类设备该处膨胀节曾使用SA516GR60材质,而失效膨胀节材质为0Cr18Ni9不锈钢,是否是造成事故的原因再分析。依据规范,304材料适用场合为氯离子含量低于25PPm,经分析失效膨胀节内水的氯离子含量72PPm,但是另外一个同类设备用户的水中氯离子含量达134PPm,没发生类似膨胀节意外损坏事故。

未对膨胀节外保温棉进行腐蚀介质分析,但是仅凭氯离子的多少还不能完全确认膨胀节开裂是否与腐蚀有关,如果有关的话,开裂部位应位于膨胀节下部杂质浓度较高的部位,而与现实不符。因此,结合裂纹无分支等初步判断选用这种材质应能满足使用要求。

(2)膨胀节制造过程调研分析。该设备膨胀节由设备制造厂委托膨胀节专业厂于2010年12月制造,采用冷成型技术制作,由钢板卷焊成圆筒形,两端加装盖板在液压加压下让筒体充压,在外圆面受卡具约束的而鼓胀成形,设计要求名义厚度为3mm,实际下料厚度4mm。工序为:原材检验(含理化复验)—筒体下料—筒休卷园—筒体纵缝氩弧焊接,焊接(带焊接试板)—筒体校圆—筒体焊缝RT检测—筒体固溶处理—水压成形—焊缝PT检测—UT测厚—外观外形尺寸检验—水压试验—酸洗钝化。经查设备竣工资料,膨胀节制造资料齐全且各项检测项目齐全并合格,当地特种设备监督检验所监检出具有监督检验证书。膨胀节到设备制造厂后进行试板理化检验及外观外形尺寸检验,结果合格。

(3)设备制造过程审查。夹套联通管为整体制造,包括两端法兰的连通管总长为621mm。设备经整体水压试验合格,设备制造过程经第三方监理公司人员驻厂监检,地方特种设备检测院检验合格,并出具监检证书后出厂。

同类设备制造业绩。于1995年国产化制造成功,至今为国内石化企业制造的同类超过110套,之前从未发生过膨胀节开裂问题。

(4)设备安装过程调查。设备现场安装时是否存在强力组装或其他不规范行为造成膨胀节受损,没有有关记录,凭工程管理人员回忆已无从确认当年情况。

图5　连通管现场

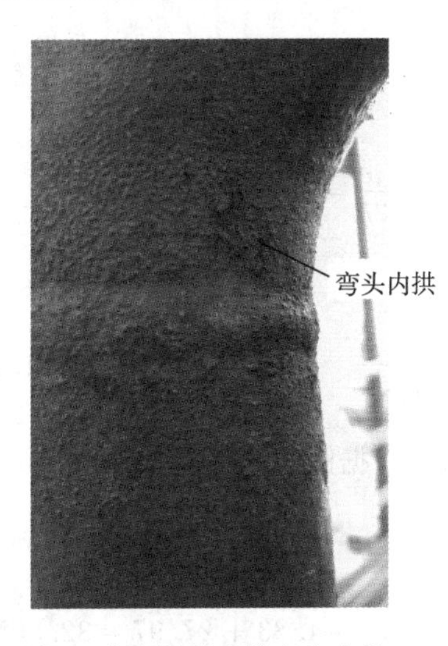

图6　安全阀引出管弯头内拱

图7　夹套管端部弯头

但是现场调研发现膨胀节旁边的管线安装问题。根据图1所示现场,安全阀溢流管折弯向下方穿过第四层平台格栅处被U形管卡1固定得非常死,φ51×2mm的溢流管从第四层平台引至地面中,还有图5所示其他管卡限位,妨碍了溢流管及安全阀的自由移动。运行中,垂直的夹套管随温度变化发生上下伸缩时安全阀被溢流管线拉住,无法同步上下伸缩,相互约束力首先传递到离安全阀最近的膨胀节波形上。

检查图1中的溢流管弯头，其外拱也与图6所示内供一样，出现油漆脱落和表面锈蚀，而所连接的前后直管的漆面基本完好，说明该弯头存在变形行为。

检查图1中的内管弯头，其与夹套管相连处的外保温层包裹铝皮已轴向脱开约40mm，如图7所示。内管弯头没有夹套，垂直上下的夹套管才有夹套，说明夹套管确实存在垂直上下的伸缩位移，且与弯头相连处两者变形位移不协调，在伸缩位移的反复循环作用下，累积损坏致铝皮脱开，并且开口逐渐增大。

(5)膨胀节安装调查。膨胀节组装成连通管后，其上面的保护杆螺母一直是紧固连接的，图8是初步拆开保温棉时的照片，从中很难确认膨胀节保护杆在设备安装后是否松开。

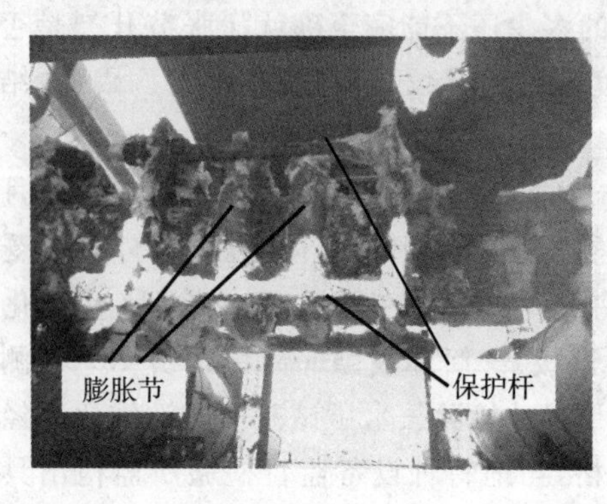

图8　膨胀节保护杆

(6)设备使用过程调查。设备投用约4年时间，设备内部环境以及外部环境未发生过异常情况。

(7)其他因素。设备安装框架比较高大，在风载、振动等因素的作用下它们的位移变化会通过平台管卡及溢流管传递到连通管上。

综合以上调研结果，初步判断这是一起偶然的个性事故，可能与设备安装有关，应深入分析以进一步确认。

3.2　受力分析

开裂离不开应力的作用，应力水平除正常工况外，还与非正常安装有关。

3.2.1　内压作用下膨胀节受力分析。根据GB 16749—1997《压力容器波形膨胀节》标准中的式(6-4)和式(6-5)来计算波形的经向薄膜应力和经向弯曲应力，即

$$\sigma_m = \frac{ph}{2mS_p} = \frac{0.7\times 40}{2\times 1\times 2.9} \approx 4.83\text{MPa} \tag{1}$$

$$\sigma_w = \frac{p}{2m}\left(\frac{h}{S_p}\right)^2 C_p = \frac{0.7}{2\times 1}\left(\frac{40}{2.9}\right)^2 \times 0.42 \approx 27.97\text{MPa} \tag{2}$$

式中设计压力 p，MPa，波高 $h=40$mm，有效厚度实测结果取 $S_p=2.9$mm，壳壁层数 m 取1，系数 $C_p=0.42$ 是根据另两项系数

$$\frac{w}{2h} = \frac{66}{2\times 40} \approx 0.825 \tag{3}$$

和系数

$$\frac{w}{2.2\sqrt{D_m S_p}} = \frac{66}{2.2\sqrt{145\times 2.9}} \approx 1.463 \tag{4}$$

查GB 16749—1997的表6.2而得。根据图3，波距取 $w=66$mm，平均直径 $D_m=145$mm。比较得 $\sigma_m < [\sigma]_p^t = 117$MPa，薄膜应力校核通过。

组合应力

$$\sigma_p = \sigma_m + \sigma_w = 4.83 + 27.97 = 32.80\text{MPa} \tag{5}$$

3.2.2　膨胀节受扭力分析。综合上述分析，建立图9的设备受力模型设备常温安装后，运行中夹套管 A_1A_2 和 B_1B_2 的垂直向上热膨胀位移 ΔH 按下式计算

$$\Delta H = \alpha \times A_1A_2 \times \Delta T = 1.7\times 10^{-5} \times 7452 \times 130 \approx 16.5\text{mm} \tag{6}$$

式中，夹套管材料的线膨胀系数 $\alpha=1.7\times 10^{-5}$ mm/mm·℃，A_1A_2 是夹套管安装支座到连通管处的

高度，7452mm；ΔT 是夹套内管的温度升高，取 130℃。

相对而言，ΔH 也就可以等效视作溢流管段 EF 被向下牵制的位移，保守地假设溢流管段 $CDEF$ 在整体上是刚性的，同时非保守地假设溢流管位移对连通管的作用只转换为扭转，建立图 10 的溢流管受力模型。

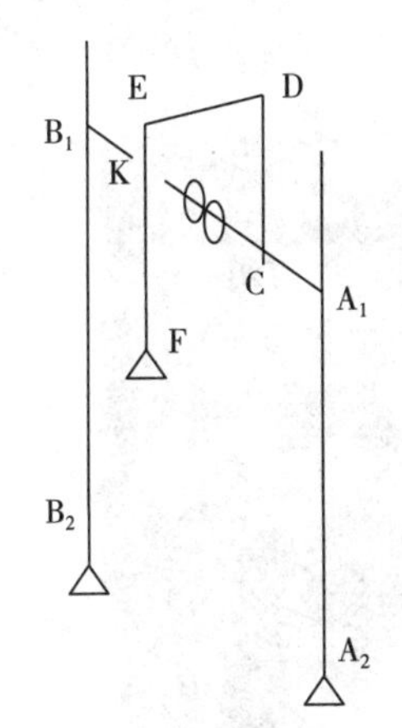

图 9 设备受力模型

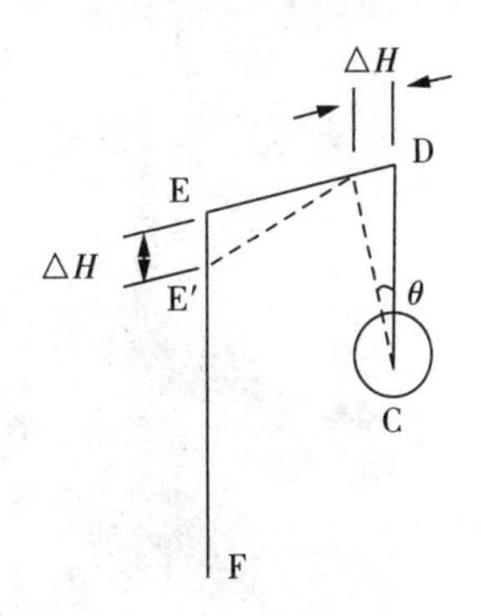

图 10 溢流管受力模型

膨胀节承受的扭转角位移为

$$\theta = \arctan\frac{\Delta H}{CD} = \arctan\frac{16.5}{650} \approx 1.454^\circ \tag{7}$$

式中，溢流管 CD 段长度 650mm，则离安全阀距离最近的膨胀节波形顶部受到的附加剪应力 τ 参照圆筒受扭转时壁厚上的平均剪应力公式计算，为[1]

$$\tau = G\gamma = GR\frac{\theta}{L} = 7.12\times10^4\times94\times\frac{1.7\times2\pi}{281\times360} \approx 676.0\text{MPa} \tag{8}$$

式中，膨胀节材料的剪切弹性模量，根据 $G=E/(2(1+\mu)$，钢材 μ 一般取 0.3，不锈钢的拉伸弹性模量 $E=1.85\times10^5$MPa，那么 $G=1.85\times10^5/(2\times(1+0.3))=7.12\times10^4$MPa；膨胀节的波顶半径根据图 3 得 $R=94$mm；安全阀接管中心 C 与连通管的安装端面 K 的距离 $CK=421$mm，安全阀接管中心 C 与波形开裂处 N 的距离 $CN=140$mm，L 是波形开裂处 N 与连通管的安装端面 K 的距离，$L=CK-CN=421-140=281$mm。

3.2.3 膨胀节应力分析。不锈钢的剪切流动限 $\tau_s=(0.55\sim0.60)\sigma_s$[1]，根据设计温度 170℃ 查 GB 150.2—2011 表 B.2 的 S30408 钢板的高温屈服强度为 $R^t_{p0.2}=150.6$MPa，这里取 $\sigma_s=R^t_{p0.2}=150.6$ Mpa，保守地取 $\tau_s=0.55R^t_{p0.2}=82.83$ Mpa。另外查得不锈钢冷作硬化后的剪切强度限 549MPa[1]，退火后的剪切强度限 510MPa[1]。

取膨胀节的波底半径 $R=54$mm，则其受到的附加剪应力 τ 为

$$\tau = G\gamma = GR\frac{\theta}{L} = 7.12\times10^4\times54\times\frac{1.7\times2\pi}{281\times360} \approx 388.3\text{MPa} \tag{9}$$

比较得，内压作用下波形经向的组合应力 $\sigma_p < 1.5R^t_{p0.2}=225.9$MPa，应力校核通过。虽然溢流管段整体刚性的假设不太实际，但是扭转作用下波形的周向的剪应力 $\tau >> 0.55R^t_{p0.2}$，剪应力约是剪切屈服强度的 4.7 倍，实际上应发生了扭转变形屈服。保守地忽略膨胀节制造成形及焊接过程中的残余应力，忽略运行中的热应力及其他应力的影响，按冯·米泽斯（*R. von Mises*）准则计算内压和扭转组合作用下的塑性等效应力

$$\sigma_{eq} = \sqrt{\frac{1}{2}[(\sigma_p-\tau)^2+\sigma_p{}^2+\tau^2]} = \sqrt{\frac{1}{2}[(32.8-676)^2+32.8^2+676^2]} \approx 697\text{MPa} \tag{10}$$

综合上述分析，波形发生了扭转变形屈服导致开裂。

4　成因分析及对策

在上述分析的基础上，对其他单位的给类装置调查中没有发现溢流管被U形管卡扣住的现象，溢流管可自由升降，如图11所示。

a）溢流管折弯向下后未被扣住

b）溢流管折弯向下处设漏斗

图11　同类设备的溢流管

4.1　成因分析

该裂痕穿过制造膨胀节的圆筒体纵向焊缝，沿着靠近波顶的位置向纵缝两侧扩展，说明具有一定的扩展能量，应与较大的应力有关，而上述针对调研发现问题所进行的应力分析结果也说明了较高的应力水平，波形开裂与运行介质及操作参数关系不大。

内压作用下波形经向的组合应力校核通过，波形开裂与设备及膨胀节的设计关系不大。

由于确定总的应力水平的主要因素是扭转，膨胀节实际下料厚度比名义厚度加厚1mm对降低扭转应力作用不大，波形开裂与设备及膨胀节的制造关系不大。

波底处在制造成形中减薄相对少且其受到的附加剪应力低，所以在应力最高的波顶与环板连接处开裂，开裂变形后应力释放，裂纹不再延伸。

虽然类似膨胀节波顶开裂现象偶有发生[2]，各种原因较为复杂，但是由于本案例主要原因基本清晰，开裂部位较薄，裂口在膨胀节内部未排除水的情况下经过手工电弧焊接后破坏了表面，是否存在疲劳或其他因素与扭转组成复合损伤，已不便分析。

4.2　技术管理对策

(1)应急对策。膨胀节破裂后，应力已得到部分释放，在降低参数操作下，采用手工电弧焊在线补焊堵漏的方法止住了漏点，由于母材较薄，管内从开裂处往外渗水，全位置施焊不便，焊缝不是很厚，质量不会很好，如果此时松开紧固安全阀溢流管的U形管卡，可能溢流管的回位变形会给堵漏焊缝增加新的扭转应力，重新开裂，因此应维持现状，加强巡检检查。但是现已补焊的裂缝焊接未必可靠，考虑意外情况，为保证装置继续安全运行，生产上需采取临时措施，设计制造备用的环形卡具。

(2)更新对策。在设备大修时，更换新制造的连通管，连通管是否需要修改设计，报装置总设计单位的确定。

(3)改造对策。设备大修时，将安全阀出口管线断开，在断口下方增加接水漏斗，避免溢流管段整体刚性，使安全阀不受管线牵连。

(4)验证对策。设备大修时，现场拆开安全阀出口管固定管卡，检查管卡与管子位置变化情况，确认上述分析判断的实际情况。

(5)产品制造对策。该设备的制造由部件分散出厂改为组装连通管后的整体出厂,避免现场不正确装配连通管。其中连通管制造时,波纹管两端面轴向安装长度按GB 16749—1997标准的式(10-1)进行调整。

(6)设备安装对策。设备安装后,确认膨胀节保护杆两端的螺母适当松开,让膨胀节正常工作。

5 结 论

膨胀节波形开裂与设备及膨胀节的设计、制造或运行关系不大,连通管上开裂波形旁边的安全阀溢流管被U形管卡固定后,连通管在运行中受到扭,波形发生了扭转变形屈服导致开裂。临时补焊堵漏的方法是可靠的,该夹套诸多其他膨胀节具有安全性。连通管更新改造后已安全运行一年多,效果良好。

参考文献

[1] 苏翼林. 材料力学(上册)[M]. 北京:人民教育出版社,1979.

[2] 王鹏,孙永哲. 不锈钢膨胀节开裂失效原因分析)[J]. 石油和化工设备,2012,15(9):32-36.

作者简介

陈孙艺,男,1986年毕业于华南工学院化工机械专业,获学士学位,2006年毕业于华东理工大学化工过程机械专业,获工学博士学位,从事承压设备及管件的设计开发、制造工艺、失效分析及技术管理,现任公司副总经理兼总工程师,教授级高级工程师。Email:sunyi_chen@sohu.com

关于烧结烟气脱硫前管道用补偿器失效分析及改进措施

魏守亮　钱　玉　孟宪春　王春月

(秦皇岛北方管业有限公司,河北　秦皇岛　066004)

摘　要:本文通过工程实例,对冶金行业烧结烟气脱硫前管道用补偿器失效进行分析,阐述了用254SMO奥氏体不锈钢制作补偿器波纹元件,其适用性是有限的。提出强酸性腐蚀介质条件下,采用奥氏体不锈钢与高分子非金属材料复合制作补偿器波纹元件改进措施。

关键词:腐蚀失效;奥氏体不锈钢与高分子非金属材料复合波纹元件

Failure analysis andImprovement measures of the compensator for the pipeline used in sintering flue gas desulfurization

Wei Shou-liang　Qianyu　Meng xian-chun　Wang chun-yue

(QINHUANGDAO NORTH METAL HOSE CO. ,LTD. QINHUANGDAO 066004,CHINA)

Abstract: In this paper the failure analysis of the compensator for the sintering flue gas desulfurization in the metallurgical industry by the engineering examples, expounds the 254SMO austenitic stainless steel used for making corrugated compensator element,its applicability is limited. In this condition, the improvement measures of the bellows in the bellows of the composite of the austenitic stainless steel and high polymeric non metallic materials are presented

Keywords: Corrosion failure Austenitic stainless steel and high polymer non metallic materials composited; bellows

1　概　述

烧结烟气脱硫是一种资源优化、控制污染、节水环保的新工艺。脱硫副产物也是富含 SO_2气体,便于生产硫酸,硫磺等化工产品,利用价值大。但烧结烟气脱硫前烟气具有一定的腐蚀性。安装在管道上,用于补偿管道热位移的补偿器波纹元件选用耐腐蚀材质 254SMo,投产使用三个月后相继出现不同程度的腐蚀泄漏。这样不仅影响烧结生产稳定运行、污染环境,而且极易使作业人员有害气体中毒,引发安全事故。查明补偿器失效原因,拿出改进措施。是我们补偿器生产厂家应尽的责任。

2　补偿器失效分析

2.1　补偿器的工况条件

设计压力0.1MPa;实际运行压力10KPa左右;

补偿量:轴向补偿量:70mm;

设计介质温度为:350℃;介质组分(见表1),实测波纹管的外壁温度130～85℃。

表1

组分	SO_2	HF	NH_3	HCL	CO_2	CO	N_2	H_2O	粉尘,mg/Nm^3
%	13.3	0.1	2.3	0.7	3.8	0.6	47.1	32.1	100

2.2　补偿器参数

补偿器DN3600　波数4　波高75　波距80

波纹元件材质　254SMo　厚度2.0

2.3　补偿器设计校核

按设计压力0.1MPa、设计温度350℃及上述的波纹元件参数我们对波纹补偿器的波纹元件强度进行了重新计算校核,理论计算结果表明:补偿器波纹元件的承压能力、额定位移量、耐温能力均满足设计要求。

2.4　补偿器波纹元件化学成分分析

从失效的补偿器波纹管上截取试样进行材料化学成分分析,结果见表2。

表2　材料化学成分分析结果及成分规范(W/%)

	C	Si	Mn	P	S
波纹管	0.014	0.36	0.68	0.019	0.0004
254SMo	≤0.02	≤0.8	≤1.00	≤0.03	≤0.01
	Cr	Cu	Ni	Mo	N
波纹管	19.90	0.63	17.81	6.08	0.19
254SMo	19.5～20.5	0.5～1.0	17.5～18.5	6.0～6.5	0.18～0.22

表中同时列出254SMo的化学成分规范要求。分析结果表明波纹元件材料化学成分符合254SMo的规定要求。

2.5　补偿器腐蚀失效分析

2.5.1　管道内介质取样分析

球团脱硫前烟气温度350℃,介质组分见表1。由于波纹元件的外壁直接与大气接触,当管壁降低到100℃露点温度以下时,水分析出成冷凝水,酸性气体溶于水形成强腐蚀性的酸;我们对管道内烟气的冷凝水取样进行成分分析,发现该液体呈强酸性PH值仅为1.85,氯化物高达285911mg/L(Cl^-含量相当高),氟化物299mg/L,另外含有一定量的S^{2-}　SO_4^{2-}　其中F^-具有极强的腐蚀性,能强烈地腐蚀金属、玻璃和含硅的物体。

2.5.2　失效波纹元件组织形态及腐蚀产物分析

我们将破坏的波纹补偿器部分波纹元件送国家钢铁材料测试中心进行联合试验分析,宏观形貌如图1所示。波纹元件整体呈现黄褐色,内表面腐蚀较严重,附着物较多。肉眼观察到腐蚀穿透壁厚发生泄漏处有腐蚀孔洞,孔洞长度方向达4mm;腐蚀孔洞位于波纹元件波峰偏45°角的焊缝位置,如图1中箭头所指位置,腐蚀孔长度方向平行焊缝。从送检的酸洗后图2试样可以看出,内表面存在大量不同深浅的腐蚀坑。

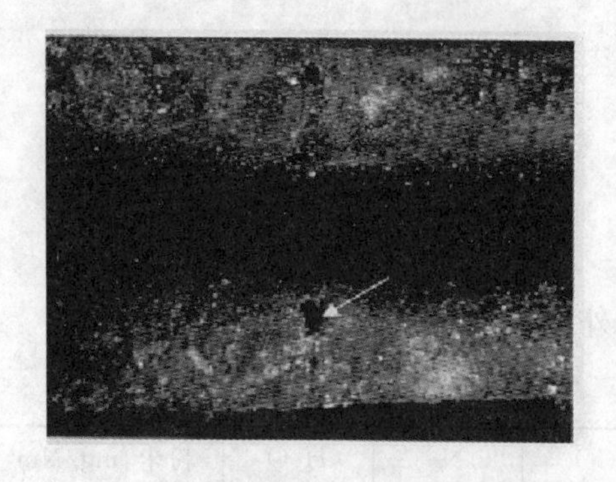

图 1

图 2

在电镜下观察截取的试块表面形态，如图 3～图 4 示。焊缝区泄漏孔附近内表面呈斜坡凹陷，有腐蚀产物覆盖，焊缝腐蚀产物脱落区域可以看出枝晶状组织形态。内表面母材区也有较多腐蚀凹坑，有腐蚀产物填充。采用 X 射线能谱半定量分析方法对内表面进行成分分析，看出腐蚀产物中含有较高含量的 S、Cl 等腐蚀性介质成分。由于条件限制，未能对 F 作出分析。

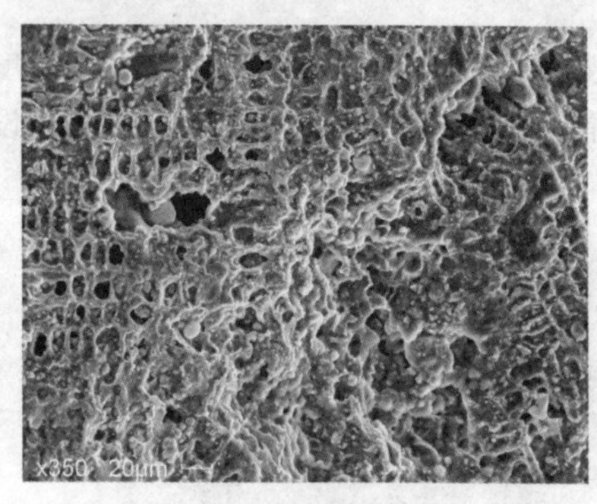

图 3

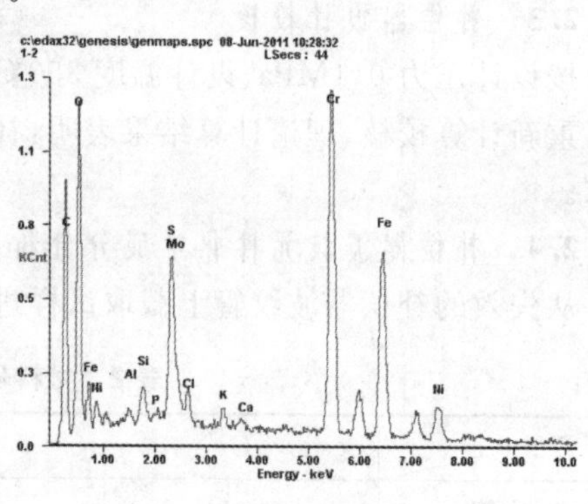

图 4

从波纹元件上穿过焊缝位置作剖面金相，图 5～图 6 分别为观察到的焊缝、母材区域组织形态。试样基体组织为等轴奥氏体晶粒，有明显的变形流线；焊缝区为枝晶组织。内表面观察到较多的腐蚀凹坑，焊缝区腐蚀明显比母材区腐蚀严重。

图 5

图 6

2.6　波纹管失效的主要原因

由于管内介质中存在较高含量的含 Cl、S、F 的腐蚀性成分，这样在强腐蚀性介质条件下波纹元件发生严重点蚀、晶间腐蚀，当金属波纹补偿器在工作时，波纹元件在压力和位移作用下，应力水平相当高，波峰和部分波谷的局部基本在塑性范围内工作，部分处于拉应力状态，将引起局部电化学腐蚀，使电极电位较低的部位失去电子，显著增加腐蚀的阳极溶解速度，拉应力和电化学介质共同作用下。波纹元件由开始的严重点蚀、晶间腐蚀通过波壳的温度和压力变化进而扩展为应力腐蚀，使波纹补偿器快速泄漏失效。

3　金属波纹补偿器腐蚀失效曾经采取对策及已取得效果

3.1　波纹元件材质的优化选取

波纹元件是补偿器中的关键部件，材料选用正确与否直接涉及补偿器的使用寿命和系统能否正常工作。不同的介质，不同的温度及气候条件所造成的腐蚀不一样，对于不锈钢的波纹元件造成的腐蚀有：应力腐蚀、晶间腐蚀、露点腐蚀、点蚀及缝隙腐蚀等，在冶金行业根据十几年前的经验，波纹管材质选用为300系列不锈钢，如SUS304　SUS321 SUS316L可以满足使用要求。但由于近十几年炼铁工艺及矿石的变化出现严重的腐蚀问题。

有关金属波纹补偿器的腐蚀问题，10年前，我们与国家科研机构及重点高等院校合作进行分析研究。通过优化波纹元件材质，即将耐蚀材料（Incoloy800、254SMo、Incoloy825）应用到制作金属波纹补偿器波纹元件上，另外将波纹元件内壁及与筒节环焊缝涂敷防腐涂料，使波纹元件与腐蚀环境隔离。初步解决了冶金行业高炉煤气管道短期大面积腐蚀失效难题。

3.2　波纹元件材质的选取254SMo可行性分析

254SMo是一种奥氏体不锈钢。由于它的高含钼、以及高铬、镍和氮含量，化学成分规范要求见表2。它具有极优良的耐点蚀、缝隙腐蚀及耐应力腐蚀破裂的性能。铜的添加改善了在某些酸中的耐腐蚀性，是性价比优良的耐蚀材料。在近十年来，大批的高炉煤气管道波纹补偿器波纹元件选用254SMo材质，使用效果良好，根据补偿器的工况条件及介质组分表1，其工况条件与高炉煤气管道类似，补偿器波纹元件材质选用254SMo应该是可行的。

3.3　金属波纹补偿器现有防腐措施存在的问题

在用254SMo材质制作波纹补偿器波纹元件时，多年的使用中我们发现个别金属属波纹补偿器在使用3—5年左右，极个别的甚至在3个月左右，波纹元件出现腐蚀穿孔现象。见图7、图8。可见利用金属耐蚀材料（Incoloy800、254SMo、Incoloy825）制作波纹元件，其适用性也是有限的。

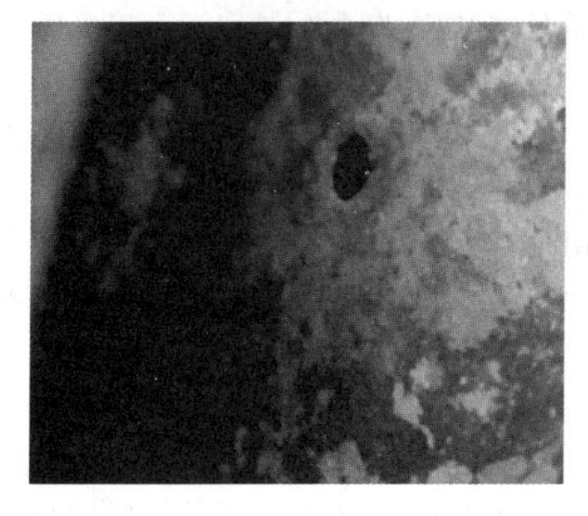

图7

图8

为防止露点腐蚀，采取提高波纹元件温度的措施，可对波纹元件进行外壁保温隔热处理，由于膨胀节是一个特殊的受力构件，既要承受高的压力，又要有良好的柔性，还要有一定的疲劳寿命。这就决定了它是整个管线的薄弱环节，为了便于随时检测。膨胀节波纹元件的外部一般不保温。可见球团活性焦干法脱硫系统在运行或检修时，补偿器波纹元件的外壁温度降低到烟气露点以下是不可避免的，露点腐蚀发生是必然的。

4　奥氏体不锈钢与高分子非金属材料复合制作波纹补偿器的耐蚀机理

由金属材料学知识可知，金属材料的腐蚀分为：(1)均匀腐蚀(2)电化学腐蚀(3)点蚀(4)缝隙腐蚀(5)应力腐蚀(6)晶间腐蚀。由于材料本身的特性及工作环境条件的不同，所产生腐蚀种类也不同。但所有金属材料都是晶体结构，晶体是由多边形的晶粒构成的，晶粒与晶粒之间存在着晶界，任何金属的晶界均易集中存在夹杂物、化合物、偏析、晶格畸变扭曲、内应力等缺陷。其耐蚀性总比晶粒差些，晶界是金属被腐蚀的薄弱部位，见图3、图4。

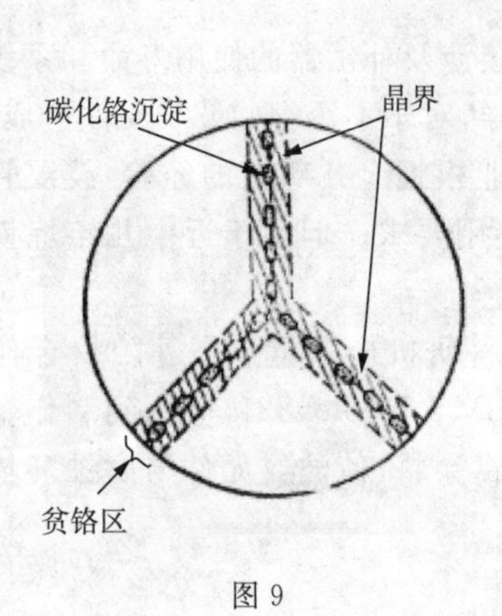

图9

图10

高分子非金属材料属大分子量长链结构，无晶界存在。具有C－F化学键的高分子材料具有高度的化学稳定性，对强酸、强碱、强氧化剂、有机溶剂均耐腐蚀。常用作耐腐蚀设备及其衬里。并且它是含氟单体共聚而得的有机弹性体，具有密封功能。

5　用奥氏体不锈钢与高分子非金属材料复合制作波纹元件的可行性分析

波纹元件采用奥氏体不锈钢和高分子非金属材料层（F－4）复合，奥氏体不锈钢材料已被GB/T12777—2008《金属波纹管膨胀节通用技术条件》列入常用波纹管材料。根据补偿器工况条件、波纹元件几何参数、奥氏体不锈钢材质特性进行应力及疲劳寿命计算，应力评定高分子非金属材料层（F－4）不参与计算，这样考虑更安全。由于高分子非金属材料属大分子量长链结构，断裂伸长率远大于奥氏体不锈钢，在同样工况条件下，其疲劳寿命远大于奥氏体不锈钢，高分子非金属材料层（F－4）为GB/T15700—1995《聚四氟乙烯波纹补偿器通用技术条件》波纹元件材料。两种材料组合使用从成型工艺上是成熟的、可靠的。并已批量生产得到验证。结构见图11，

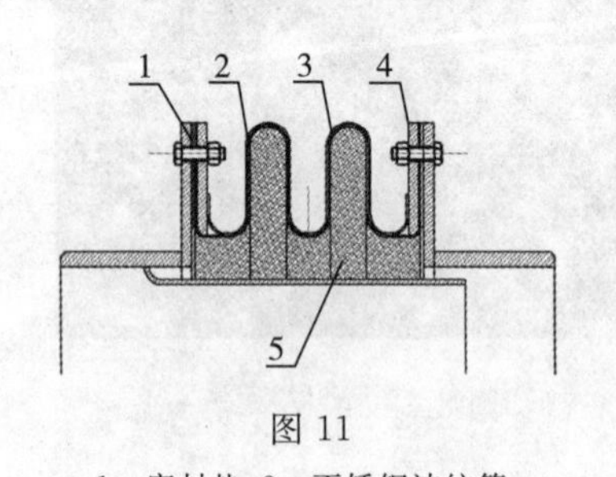

图11

1－密封垫；2－不锈钢波纹管；
3－内衬四氟；4－压紧法兰；5－隔热材料

上述两种材料组合使用时更能发挥其各自材质优点。这种结构的波纹管不会产生晶界腐蚀和点蚀。由于高分子非金属材料为柔性体，变形应力极小。组合成型后的波纹管总应力水平下降，再加上高分子非金属材料化学性能的稳定性，防止了点蚀、晶间腐蚀、应力腐蚀所引起的腐蚀开裂。当介质温度大于260℃时，在导流筒与波纹元件之间加隔热材料降低至260℃以下。利用奥氏体不锈钢与高分子非金属材料复合制作的波纹补偿器，应用在山东某钢厂、河北某钢厂及天津某钢厂的烧结脱硫前烟气管道上，到目前为止正常运行三年多使用效果良好无腐蚀泄漏现象发生。因此用奥氏体不锈钢与高分子非金属材料复合作为波纹补偿器的波纹元件是成熟的、是可行的。

6　结　语

为解决目前冶金行业管道腐蚀问题，从材料的防腐性能、使用寿命、承压能力、成本等方面综合考虑，用奥氏体不锈钢与高分子非金属材料复合作为波纹补偿器的波纹元件，实践证明是行之有效的。同时对今后主要生产工艺或技术发生新的变化后怎样避免可能带来负面影响也是一个提示。并且愿同有关专家和技术人员密切协作，不断完善解决在补偿器防腐领域出现的新问题。

参考文献

[1] 赵麦群,等. 金属的腐蚀与防护[M]. 北京:国防工业出版社,2002.

[2] 唐永进. 压力管道应力分析[M]. 北京:中国石化出版,2003.

[3] 李永生,李建国等. 波形膨胀节实用技术[M]. 北京:化学工业出版社,2000.

[4] 段玫,钟玉平等. 金属波纹管膨胀节通用技术条件 GB/T12777—2008[S]. 北京:中国标准出版社,2008.

作者简介

魏守亮(1965—),男,河北秦皇岛人,高级工程师,学士,从事波纹膨胀节、波纹金属软管设计研究工作。电话:(0335)7501650,E-mail:weishouliang2007@163.com

高炉冲渣水系统泵座固定支架焊缝开裂、膨胀节补偿器失效分析及对策

魏守亮　钱　玉　孟宪春　王春月

(秦皇岛北方管业有限公司，河北　秦皇岛　066004)

摘　要：本文通过工程实例，对高炉冲渣水系统泵座固定支架开焊、膨胀节补偿失效进行分析，并对膨胀节的承压强度、补偿能力及管线的力学性能进行校核。膨胀节补偿失效是冲渣水系统泵座固定支架开焊的原因。提出将原膨胀节导流筒取消并在其内设置了既能承压密封，又不会使冲渣循环水沉淀结垢的套管式伸缩节。保证了高炉冲渣循环水系统的顺行。

关键词：高炉冲渣水系统；固定支架开焊；沉淀结垢；膨胀节补偿失效；套管式伸缩节

Failure analysis and Countermeasures of the fixed support for the opening and expansion joints of the pump holder in the blast furnace slag flushing water system

Wei Shou-liang　Qianyu　Meng xian-chun　Wang chun-yue

(QINHUANGDAO NORTH METAL HOSE CO. ,LTD. QINHUANGDAO 066004,CHINA)

Abstract: This paper through engineering examples, of blast furnace rushed slag system of water pump fixing seat bracket welding, expansion joint failure of compensation are analyzed, and checking of the mechanical properties of the section of the bearing strength, compensation ability and pipeline expansion. The failure of expansion joint compensation is the reason of the welding of the pump seat of the flushing slag water system. It is proposed that the original expansion joint can be removed and the casing pipe expansion joint which can not be deposited in the slag circulating water is set up. To ensure the smooth running of the circulating water system of blast furnace slag.

Keywords: blast furnace slag flushing water system; fixed support open welding; deposition scaling; expansion joints compensation failure; sleeve type expansion joints

1　概　述

随着高炉向大型化发展和高炉有效容积利用系数提高，对高炉炉渣处理能力也提出了更高的要求。高炉炉渣水淬工艺是目前我国高炉炉渣处理主要方法。大量高炉冲渣废水循环利用，可以节约新水补

充，减少高炉废水外排量。把排污对环境污染降到最低限度。在实际生产过程中，由于受环境温度，渣温和补新水温度量等情况影响，冲渣循环水的温度在 65℃至 80℃范围内波动。为了吸收管道由于温度变化产生的热位移以及降低泵的振动。在泵的出口设置轴向型膨胀节。图 1 为冲渣工艺流程。运行一年多时间后，在巡检时发现，安装膨胀节管道泵座固定支架焊口开裂，严重影响冲渣水系统正常运行。事故发生后我们对膨胀节的承压强度、补偿能力及管线的力学性能进行校核，并对膨胀节进行全面检查，发现膨胀节导流筒与波纹间及波纹内有大量白色沉淀结垢淤堵。当管道温度升高时，膨胀节波纹元件无法压缩。导致安装膨胀节管道的泵座固定支架受力超标致使开裂。下面就高炉冲渣水系统泵座固定支架开焊、膨胀节补偿失效作详细分析，并拿出相应的对策，下面膨胀节在结构设计中做一些特殊的考虑做一介绍。

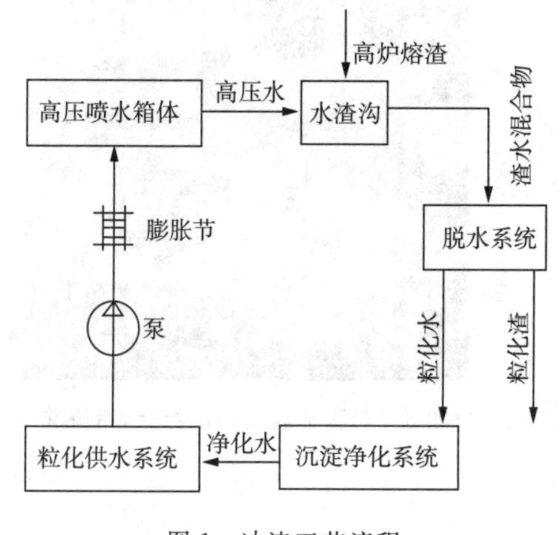

图 1　冲渣工艺流程

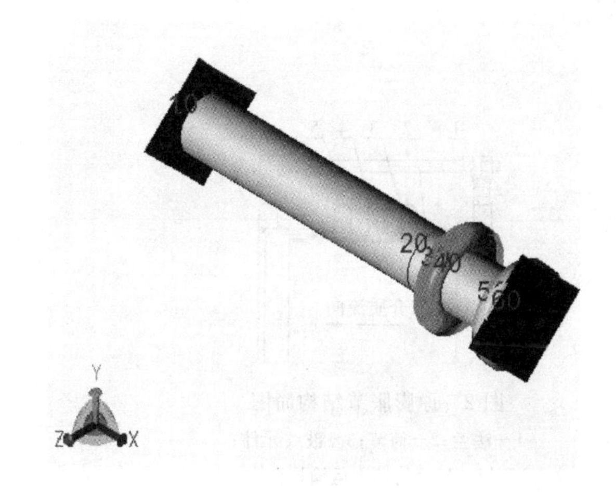

图 2　冲渣管线模型

2　泵座固定焊口开裂、膨胀节补偿失效分析

2.1　膨胀节的工况条件

设计压力 1.0MPa；实际运行压力 0.8MPa 左右；补偿量：轴向补偿量：30mm；疲劳寿命：10×1000 次；介质：高炉冲渣循环水；介质温度为：80℃；

2.2　膨胀节参数

公称直径 DN1000mm、波数 3、波高 75mm、波距 80mm；波纹元件材质：304、厚度 1.2mm、层数 4；轴向刚度 $K_X=1423$N/mm，有效面积 $S=907625\text{mm}^2$。

2.3　膨胀节设计校核

根据以上参数我们对波纹膨胀节的强度进行了重新计算校核，理论计算结果表明：膨胀节强度、承压能力、额定位移量、疲劳寿命及耐温能力均满足设计要求。

2.4　泵出口管线力学计算及泵座固定焊口开裂原因分析

根据冲渣管线路由，我们把高压喷水箱体、泵视为固定支架，用美国 Intergraph 公司 CAESARⅡ 2016 软件建模。见图 2。对整个管道及固定支座进行力学分析。结果是泵座固定支架受力 73 吨，满足泵座受力不大于 100 吨的设计要求。管道二次应力最大值 0.353MPa，满足规范要求。何种原因使泵座固定焊口开裂？进一步对现场查看发现，管道的温度在变化，而我们测量膨胀节波纹元件波距几乎没有变化。初步分析得知，膨胀节补偿失效。此时我们把膨胀节假设为刚性单元。用 CAESARⅡ 2016 软件，又对整个管道及固定支座进行力学分析。结果是固定支座受力 659 吨，远大于 100 吨设计要求。通过上述分析，膨胀节补偿失效是泵座固定焊口开焊的原因。

2.5　膨胀节补偿失效分析

高炉渣场产生的废水远远不能满足高炉冲渣耗水需要，在冶炼过程中，高炉产生大量废水，除回收渣场废水外，还回收高炉煤气清洗、设备冷却等其他系统产生的废水用于冲渣系统。这种废水，成分因原、燃料成分、冶炼操作条件而异。废水循环系统尽管经过软化、沉淀、过滤及各种基本方法的组合使用。废水在循环的过程中，随着温度降低有大量二氧化碳逸出，重碳酸盐分解，生成难溶于水的碳酸钙沉淀。为降低介质的压力损失、保证介质流动平稳，保护膨胀节波纹元件不受磨损，膨胀节内设置导流筒。见图2，由于波纹元件的特殊性，循环废水在管道内流动时，波纹内的废水相对静止，这些沉淀的碳酸钙日积月累，由少成多在波纹内沉淀、结垢及淤堵。图3为补偿失效膨胀节去除导流筒后，在波纹内沉淀、结垢情况。当波纹内充满沉淀物时，使膨胀节无法吸收由于温度升高管道热膨胀而使波纹元件压缩的位移，及膨胀节补偿失效。

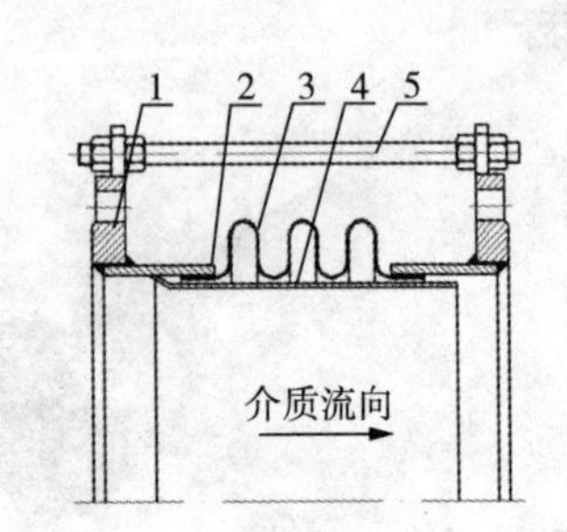

图2　原膨胀节结构简图

1—法兰；2—筒节；3—波纹元件；
4—导流筒；5—运输拉杆

图3　膨胀节波纹内沉淀、结垢情况

3　防止膨胀节补偿失效采取的对策

由于高炉冲渣循环水是利用高炉其他系统产生的废水，其水中成分很难改变或投入巨大的成本才能彻底净化，从改变循环水质方面会得不偿失。下面从膨胀节的结构入手，作一些特殊的优化设计。保证高炉冲渣水系统顺行。

3.1　防止冲渣循环水进入膨胀节U型波纹内形成沉淀

通过2.5节分析得知，冲渣循环水进入膨胀节U型波纹内形成沉淀是膨胀节补偿失效的原因。采取的对策是将原轴向型膨胀节的导流筒取消，在其内设置套管式伸缩节，见图4。采用芯管与套管组合方式，加V型密封圈，组装定位后从填料阀处填注柔性石墨填料。套管式伸缩节、轴向型膨胀节均单独按1.5倍的设计压力试压合格进行组装，并在两端法兰处加金属缠绕垫与管道法兰连接紧固密封。

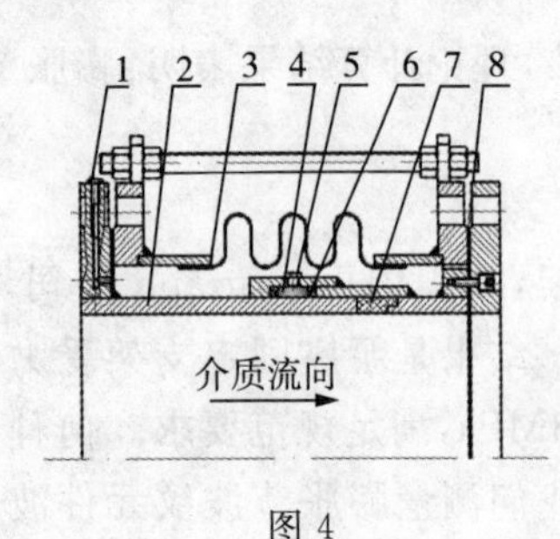

图4

1—检查丝堵；2—芯管；3—膨胀节；4—石墨填料；
5—填料阀；6—V型密封圈；7—橡胶补偿垫；8—金属缠绕垫

3.2　套管伸缩节膨胀缝结垢问题的解决

膨胀节安装在管道上是为了吸收管道温度变化产生的热位移，在套管伸缩节内设置膨胀缝。见图4。我们采用了橡胶补偿垫镶嵌在固定套管上。利用橡胶垫的弹性吸收管道由于温度变化产生的热位移，其内径与伸缩节芯管的内径一致。这样在套管伸缩节膨胀缝处就不存在低于芯管内径的凹面出现。由于冲渣循环水在不间断的流动，套管伸缩节膨胀缝沉淀结垢问题迎刃而解。

3.3　定期检查膨胀节波纹内积水情况

为了防止套管伸缩节泄漏造成冲渣循环水进入膨胀节U型波纹内形成沉淀，在伸缩节一侧法兰处设有排污检查丝堵。在管道上安装膨胀节时，该丝堵旋转至管道的最低端，以便于排污。每个月进行巡检时，拧开丝堵检查膨胀节波纹内积水情况。如有发现波纹内存水，说明套管伸缩节出现渗漏。增加检查的频次，及时排污。制定年度检修计划时考虑予以修复或更换。

4 结束语

某钢铁公司高炉冲渣水系统由于安装膨胀节管道的泵座固定支架焊口开裂。使冲渣水系统无法正常运行，严重影响高炉顺行。我们通过对膨胀节的承压强度、补偿能力及管线的力学性能进行校核，确认膨胀节补偿失效是导致泵座固定支架焊口开裂的原因。又对膨胀节补偿失效的原因进行分析，采取了将原有膨胀节导流筒取消，在其内设置了既能承压密封，又不会使冲渣循环水在内沉淀壁结垢套管式伸缩节。该种组合结构膨胀节成功应用于某钢铁公司。使用三年后未出现渗漏、补偿失效现象。这为我们今后处理类似问题积累了经验。

参考文献

[1] 林万明，等．高炉炼铁生产工艺．北京：化学工业出版社，2010.

[2] 唐永进．压力管道应力分析．北京：中国石化出版，2003.

[3] 李永生，李建国等．波形膨胀节实用技术．北京：化学工业出版社，2000.

[4] GB/T12777—2008《金属波纹管膨胀节通用技术条件》，北京：中国标准出版社，2008.

作者简介

魏守亮(1965—)，男，河北秦皇岛人，高级工程师，学士，从事波纹膨胀节、波纹金属软管设计研究工作。电话：(0335)7501650；E-mail：weishouliang2007@163.com

舰用波纹管的设计、研制和验收

顾培坤　李自成　顾寅峰　何锐裕
（无锡金波隔振科技有限公司，江苏　无锡　214028）

摘　要：本文论述了舰用抗冲击、耐海水腐蚀波纹管的设计、研制和验收。

关键词：波纹管；设计；研制；验收

Design development and acceptance of Bellows of the warship

Gu Peikun、Li Zichen、Gu Yinfeng、He Ruiyu
（Wuxi Jinbo vibration Isolation Tech Co. ,Ltd. ,Wuxi,214028,China）

Abstract：This paper mainly discussed that the design, development and acceptance of the impact and seawater corrosion resistant bellows.

Keywords：Bellows；Design；Development；Acceptance

1　前　言

随着海军的发展壮大，舰船的大型化，对与之相配套的管路附件波纹管的要求也越来越高，要求其具有良好的抗冲击性能和耐海水腐蚀性能。

本波纹管用于军舰机炉舱内循环冷却海水的自流循环系统管路，连接汽轮循环水泵和主冷凝器，作用于海水的吸入和排放。它不但要吸收设备及管路在运行中产生的振动，还要满足舰船在全天候海况下航行，因船体变形强制管路变形和温差热胀冷缩造成的补偿位移；更要满足实战要求，具备足够的强度，承受外部非接触水中爆炸所引起的垂向、横向和纵向的冲击，内部由于轴系运转及舰船姿态变化所产生的冲击，同时必须能长期经受海水的冲蚀和腐蚀，确保其安全可靠性。

因此，在选材、设计、制造等方面，均提出了更高的具体要求。通过对国内外相关技术的分析、总结，科学采用新材料、新工艺、新技术，经大量试验验证，大胆进行综合改进，确保了产品质量，满足了用户的要求。下面就以 DN950 规格的产品进行论述。

2　设计

2.1　设计条件

2.1.1　波纹管的设计数据为：波根直径 $d=980$mm，波距 $q=120$mm，波高 $h=100$mm，厚度 $t=$

5.0mm,层数 $z=1$,见图 1。

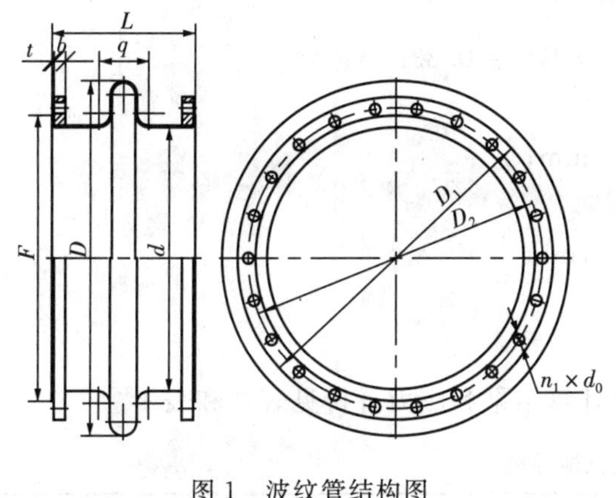

图 1　波纹管结构图

2.1.2　设计温度:100℃

2.1.3　材料:BFe10－1－1;

根据国外经验,以前多采用 B5,本次决定采用 BFe10－1－1。两种材料力学性能对照如表 2 所示。两种材料相比较伸长率相当(BFe10－1－1 略低),而抗拉强度 BFe10－1－1 较高。在抗腐蚀性上,BFe10－1－1 合金中的 Fe 和 Mn 的加入大大改进了这种材料的抗浸蚀性能。在清洁的海水里,该合金可避免应力腐蚀开裂和高温点脱镍。因此该合金对清洁或有一定污染的海水及江湾水有很好的抗腐蚀性,性能较好。最后综合考虑,选取 BFe10－1－1。

表 1　B5 和 BFe10－1－1 主要力学性能对比

牌号	抗拉强度(MPa)	许用应力 σ_b(MPa)	许用应力 σ_b^{100}(MPa)	延伸率%
B5	215			30
BFe10－1－1	275	92	90	28

2.1.4　设计工作力:0.2MPa;

2.1.5　补偿量:由设备与管道温差产生的轴向位移为 3mm;安装误差或遇台风、战事等使船体摇晃产生的一次性或几次到几十次的位移,轴向为 2mm,径向为 2mm(或转角为 2 度)。

2.1.6　为方便安装和维修,以及法兰的防腐蚀问题,结构采用两端翻边松套法兰型式。

2.1.7　使用寿命:30 年

2.2　校核计算

2.2.1　符号的意义

σ_1－内压在波纹管直边段中所产生的周向薄膜应力,MPa;

σ_2－内压在波纹管中所产生的周向薄膜应力,MPa;

σ_3－内压在波纹管中所产生的子午向薄膜应力,MPa;

σ_4－内压在波纹管中所产生的子午向弯曲应力,MPa;

σ_5－位移在波纹管中所产生的子午向薄膜应力,MPa;

σ_6－位移在波纹管中所产生的子午向弯曲应力,MPa;

σ_t－综合应力,MPa,$\sigma_t=0.7(\sigma_3+\sigma_4)+\sigma_5+\sigma_6$;

Dm－平均直径,$Dm=d+h$　mm;

C－壁厚附加量,mm,$C=C_1+C_2C_3$

2.2.2　壁厚附加量的确定

BFe10－1－1 耐腐蚀性能见表 2

表 2　BFe10－1－1 耐腐蚀性能参数表

介质	温度℃	流速 m.s^{-1}	质量损失 g.(m^2.d)$^{-1}$	腐蚀速度 mm.a^{-1}
天然海水	室温	3	1.055	0.043

根据腐蚀速度求出 30 年所需的腐蚀裕度 $C_1=0.043*30=1.29\approx1.3$mm;

钢板负公差 $C_3=0.1mm$(实测值);

理论成型减薄量 $C_2=(t-C_3)-(t-C_3)*(d/D_m)^{1/2}$

$=(5-0.1)-(5-0.1)*(980/1080)^{1/2}=0.23mm$;

实测成型减薄量为0.8mm,见下面研制部分的数据;

壁厚附加量 $C=C_1+C_2+C_3=1.3+0.8+0.1=2.2$,mm;

30年后计算壁厚 $tp=t-C=5.0-2.2=2.8mm$;

初始计算壁厚 $tp_1=t-C_2-C_3=5.0-0.8-0.1=4.1mm$

2.2.3　计算结果

按《EJMA》的电算结果如下:

2.2.3.1　按30年后的计算壁厚 tp 为2.8mm时的计算结果和应力分析见表3和表4

表3　波形参数及性能数据

波根外径 d	波高 h	波距 q	每层厚度 t	层数 z	单波位移 e	有效面积 cm^2	单波刚度 N/mm	最大工作压力 P_{max}
980	100	120	2.8	1	3	9161	3817	0.26

最大工作压力 $P_{max}=0.26MPa>0.2MPa$,满足要求。

表4　各部位的应力及应力评定

σ_1	σ_2	σ_3	σ_4	σ_5	σ_6	σ_t
12.0	16.9	3.8	78.4	1.2	88.9	172.3
$<\sigma_b$	$<\sigma_b$	$<\sigma_b$	$<1.5\sigma_b$	$\sigma_t<2\sigma_b^{100}(172.3<2*90=180)$		

$\sigma_3+\sigma_4<Cm\sigma_b$(3.8+78.4=82.2<3×90=270).满足要求。

从应力分析可知,其应力均在允许的范围内。

综合应力 $\sigma_t<2\sigma_b^{100}$,不用考虑低周疲劳。

2.2.3.2　按初始计算壁厚 tp_1 为4.1mm时的计算结果和应力分析见表5和表6

表5　波形参数及性能数据

波根外径 d	波高 h	波距 q	每层厚度 t	层数 z	单波位移 e	有效面积 cm^2	单波刚度 N/mm	最大工作压力 P_{max}
980	100	120	4.1	1	3	9161	10171	0.58

表6　各部位的应力及应力评定

σ_1	σ_2	σ_3	σ_4	σ_5	σ_6	σ_t
6.6	11.3	2.4	34.4	2.2	130.7	158.7
$<\sigma_b$	$<\sigma_b$	$<\sigma_b$	$<1.5\sigma_b$	$\sigma_t<2\sigma_b(155.3<2\times90=180)$		

$\sigma_3+\sigma_4<Cm\sigma_b$　(2.2+130.7=132.9<3*90=270),满足要求。

从应力分析可知,其应力均在允许的范围内。综合应力 $\sigma_t<2\sigma_b$,不用考虑低周疲劳。

如果按设计工作力为0.2MPa计算的试验压力0.3MPa进行水压试验,很难检验出厚度为4.1mm的焊缝强度是否存在缺陷,按初始厚度为4.1mm的最大工作设计压力为0.58MPa,因此可提高到0.6MPa进行水压试验。

2.2.3 水压试验压力为0.6MPa的应力分析见表7

表7 各部位的应力及应力评定

σ_1	σ_2	σ_3	σ_4
16.8	30.6	7.3	112.1
$<\sigma_b$	$<\sigma_b$	$<\sigma_b$	$<1.5\sigma_b$

$\sigma_3+\sigma_4<Cm\sigma_b$ (7.3+112.1=119.4<3×90=270)

满足要求.

2.3 固有振动频率

2.3.1 轴向振动

计算固有频率 93Hz ;实测固有频率99Hz;误差:6.5%

汽轮循环水泵的激励频率<8.33Hz,小于波纹管振动频率的50%,不会产生共振。

2.3.2 横向振动

固有频率 f1	一次谐波 f2	二次谐波 f3	三次谐波 f4	四次谐波 f5
2217	6085	11896	19767	29517

由于横向振动频率远大于轴向振动频率,轴向振动频率已大于激励频率50%,因此,横向振动频率也大于激励频率50%,不用测试。

3 研制

3.1 工艺设计

3.1.1 焊接工艺评定

焊缝采用手工钨极氩弧焊,编写焊接工艺规程,并对试块进行拉伸、正反弯曲、宏观金相、探伤等检验。最终确定焊接工艺参数如下表8、表9:

表8

母材				焊材		
牌号	标准号	厚度(mm)	产品允许厚度范围(mm)	牌号	标准号	规格(mm)
B10	GB/T2040—2002	5	2.5~10	HSCNiNi	Q/725-1064-1998	φ3.0

表9

层/道	焊丝规格(mm)	焊接电流(A)	电弧电压(V)	焊接速度(cm/min)	钨极		喷嘴内径(mm)	氩气流量(L/min)		氩气纯度
					类型	规格(mm)		焊枪	背保气	
打底	φ2.5	130	15	15	铈钨	φ3.2	18	15-18	18-22	≥99.99%
填充	φ2.5	145	16	16			18	15-18		
盖面	φ2.5	140	16	16			18	15-18		

3.1.3 成形压力和成形力的计算

成形压力是波纹管管坯在液体压力的作用下发生塑性变形成形波的压力。成形力是波纹管在成形时,成形机压合成形模片所需要的力。按计算值试压,然后再进行修正。

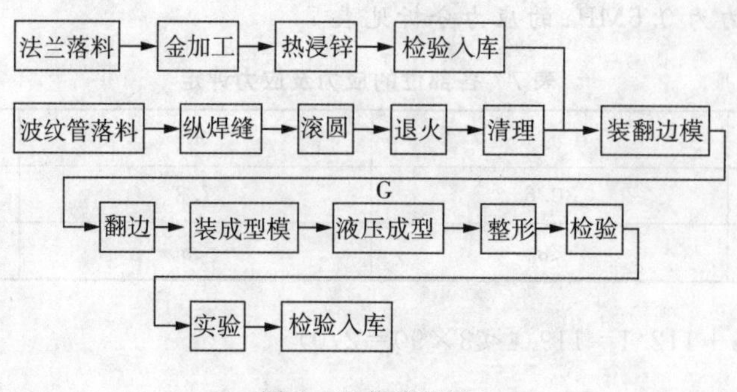

图 2　工艺流程图

3.1.4　工艺流程图

3.1.5　模具工装设计及制作

根据波纹管的结构，在设计模具时要充分考虑波纹管的成型工艺。因波纹管两端翻边，，故在设计模具时要将法兰考虑进去。模具如下图示：

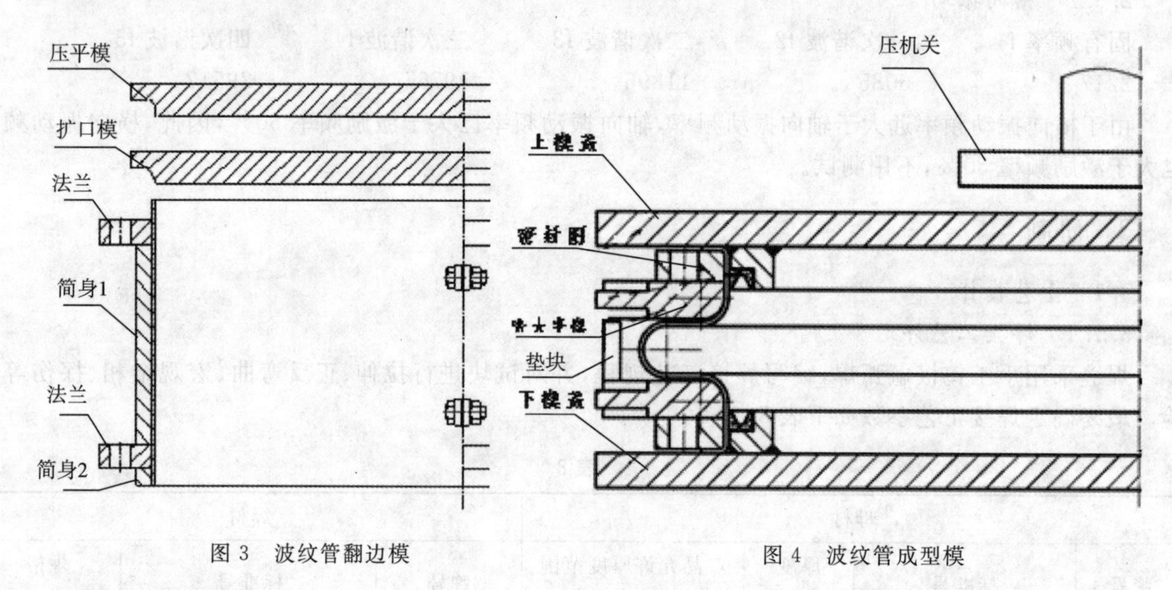

图 3　波纹管翻边模　　　　　　　　　　图 4　波纹管成型模

3.1.6　生产制作

依据采购文件采购了相关材料，根据全套生产施工图纸，制定了波纹管的工艺总方案，并进行了工艺评审，严格控制生产中的每一个环节，按要求完成了波纹管样件的加工。

研制过程中编制了《材料采购清单》，相关产品在合格供方名录中选择，生产用原材料由供应商根据图纸要求进行采购与质量控制。

3.1.6.1　管坯的焊接

图 5　纵焊缝

根据焊接工艺规程要求，焊前焊丝进行酸洗，清洗后尽快烘干；板材坡口及其边沿 25mm 范围内用钢刷清理氧化层，并用丙酮擦洗板材坡口及紫铜垫，待丙酮挥发干后焊接。

3.1.6.2　波纹管的成型

因 Q235 材料的延伸率、屈服强度等与 BFe10－1－1 相近，我们在正式产品成型前，用碳钢按设计参数进行了试模，以确定成型参数、工艺等。通过第一次试模后，分别对模具、成型参数、工艺等进行了修正后，我们用碳钢板进行了第二次试模，基本确定好参数后，进行正式的 BFe10－1－1 材料波纹管的试制。

现场制作图如下：

图 6　现场翻边

图 7　现场成型

3.1.6.3　成型减薄量的检测

在第一次试制成型后，我们将管坯解剖，进行厚度测量。经测量，管坯经成型后，波峰处最薄，材料厚度由 4.9mm 减薄为 4.1mm，减薄量为 0.8mm。具体变化如下图记号笔标示三角部分，波峰处减薄量最大，依次向波谷处递减。

图 8

4　试验检验

4.1　试验概述

根据研制技术要求书编写了《波纹管试验大纲》，大纲详细规定了样机的检验项目、要求和方法，具体检验项目如下：外观检查、尺寸检查、水压试验、气密性检查和位移试验等。

4.2　试验过程

4.2.1　外观检查

将波纹管膨胀节置于工作台上进行外观检查，应满足：

(1)波纹管管坯焊接接头表面应无裂纹、气孔、咬边和对口错边。

(2)波纹管表面不允许有裂纹、焊接飞溅物和大于板厚下偏差的划痕和凹坑等缺陷。

(3)波纹管表面不应涂漆，保持 B10 管材的本色。

4.2.2　尺寸检查

将波纹管膨胀节置于工作台上进行尺寸检查：

波纹管管坯的纵焊缝以最少为原则，相邻焊缝的间距应大于 250mm，其焊缝条数不多于 2 条。

(1)板材的拼焊采用氩弧焊或等离子焊，板材拼焊对口错边量、焊缝的凹陷深度及余高应小于等于板厚的 10%。

(2)波纹管的波高、波距、波纹管总长的未注公差尺寸的极限偏差应符合 GB1804 中 JS18 级要求，两端法兰同轴度公差小于等于 5mm，两端法兰平面应与主轴线垂直，垂直度偏差为公称通径的 1%，且小于等于 3mm。

(3)膨胀节长度允许偏差±2.5mm，垂直度允差为 1%DN，且小于 3mm，同轴度允差为 5mm。

4.2.3　水压试验

将波纹管膨胀节固定在试验台架上，两端用盲板法兰、装运螺栓固定后进行水压试验。试验时，充入 0.6MPa 的水压，保压 30min，检查膨胀节各连接部位应无渗漏，波纹管无失稳现象。

4.2.4　气密性试验

水压试验试验合格后进行气密性试验。

将波纹管膨胀节固定在试验台架上，两端用盲板法兰固定后进行气密性试验。试验时，充入 0.2MPa 的压缩空气，保压 10min，检查膨胀节各连接部位应无渗漏，结构件应无明显变形，波纹管应无失稳现象。用煤油浸润检查全部焊缝，应无渗漏现象。

4.2.4　位移试验

位移试验包括轴向位移、径向位移和角向位移。

将波纹管膨胀节置于工作台上，让波纹管处于自由状态，分别进行轴向径向和角向受力，分别验证波纹管的轴向最大位移 5mm、径向位移 2mm 和角向位移 2 度的变形量，经检测，各项变形后均未产生失稳等异常现象，去除压力后均能基本上恢复原状。

4.2.5　疲劳试验

综合应力 $\sigma_t < 2\sigma_b^{100}$，疲劳寿命与管路相当，不用考虑低周疲劳[3]。按腐蚀量计算，使用寿命大于 30 年。

5　验　收

波纹管的研制严格贯彻《武器装备质量管理条例》，按 GJB 9001B《质量管理体系要求》的要求，编制了质量保证大纲，确保了产品研制过程中各环节的质量，完成了方案设计、技术设计、样机制作、样机试验检验等研制过程的全部工作，经各项规定的试验验证，其主要功能、性能指标均满足上述要求。

6 总结

国外生产的此类型波纹管，由三部分板材冲压焊接而成，有三条环焊缝，即波峰处一条，两端的直边段靠近法兰处翻边各一条，环焊缝在应力最大处，增加了焊缝损坏的风险。本波纹管管采用整体液压成型，而且整体翻边，突破了厚壁波纹管的整体液压成型的关键技术问题，没有环焊缝，提高了波纹管的安全可靠性。

由于筒体翻边作为密封面，解决了法兰的腐蚀问题，采用碳钢材料加热浸锌，节省了费用，提高了安装的互换性。

由于液压成型的实际减薄量远大于EJMA的理论减薄量，本波纹管的实测减薄量为0.8mm，理论减薄量为0.23mm，偏差71%，因此引用计算壁厚时要特别注意。另外，初始壁厚(4.1mm)和预期寿命时的壁厚(2.8mm)相差46%，所以要以两种壁厚进行校核计算，才能判别那种情况的综合应力较大，确保安全。

本文介绍了强腐蚀、厚壁波纹管的整体液压成型的设计、制造的一些心得体会，希望能起到抛砖引玉的作用，希望同行也能介绍一些先进经验，共同提高波纹管的制造水平。

参考文献

[1] STADARDS OF THE EXPANSION JOINT MANUFACTURERS ASSOCIATION,INC.

[2] 国家标准“钢制压力容器”GB150

[3] 国家标准“压力容器波形膨胀节”GB 16749

[4] 国家标准“铜及铜合金带材”GB/T 2059

[5] 国家标准“金属波纹管膨胀节通用技术条件”GB/T 12777

[6] 何锐裕．波形膨胀节实用技术——设计、制造与应用．化学工业出版社，2000.

[7] 林高用“稀土含量对BFe10—1—1铁白铜在流动人工海水中的腐蚀行为影响”《腐蚀科学与防护技术》2010.11

作者简介

顾培坤，无锡金波隔振科技有限公司董事长兼总经理，无锡市波纹管厂厂长，中国压力容器学会膨胀节专业委员会委员。

波纹膨胀节波纹管层间串压鼓包的原因分析与工艺改进措施

曹宝璋　曹　泽

（江苏百新波纹管有限公司，江苏泰州　225505）

摘　要：山东滨海开发区某一 DN900PN1.2 热力管线架空敷设于两热电厂之间，选用复式轴向型波纹膨胀节作为热力补偿元件，用户位于两供汽站之间，受热电厂生产负荷影响，为保证用户的正常生产要经常进行负荷切换，因此补偿器经常正反流向供汽。该系统于 2012 年投入运行，运行压力 1.0MPa，运行温度 200℃，工作介质：蒸汽。2015 年 4 月 20 日在流向切换时一台复式轴向型波纹膨胀节波纹管发生严重不均变形，继而波纹管出现鼓包现象，没有发生爆裂和泄漏，现场初步分析由于流向切换频繁，波纹管经常处于大变形、大应力循环，导致波纹管与筒节连接环向焊接接头发生应力疲劳破坏，引发裂纹导致层间串压引发鼓包失效。本文探讨了复式轴向型波纹膨胀节产生层间串压的因素，分析了波纹管与筒节之间焊接接头可能存在的缺陷，研究了波纹管与筒节之间焊接接头的失效型式，提出了解决办法与工艺改进措施。

关键词：波纹管；串压；焊接接头；应力；裂纹；鼓包

Cause analysis of the string pressure drum package of bellows expansion jointAnd process improvement measures

Cao Baozhang　Cao Ze

(Jiangsu new corrugated pipe Co. , Ltd. , Taizhou, Jiangsu 225505)

Abstract: Shandong Binhai Development Zone a DN900PN1.2 of thermal pipeline overhead laying between two power stations, choose double axial bellows expansion joint as thermal compensation device, the user is located in two for the gas station between, under the influence of thermal power plant production load, for guaranteeing the user's normal production is frequently switching load. Therefore, the compensator often flow of forward and backward steam supply. The system was put into operation in 2012, operating pressure 1.0MPa, operating temperature of 200 degrees, the working medium: steam. April 20, 2015 flow switch in a double axial corrugated expansion corrugated tube is severely uneven deformation, then bellows bulge phenomenon, no burst and leakage, a preliminary analysis of possible flow switching frequency, corrugated tube often in large deformation, should stress cycles, leading to a corrugated pipe and tube joint ring welding joint stress fatigue destruction, crack initiation in interlayer on pressure caused by bulging failure occurs. This paper discusses the double axial bellows expansion joints of interlayer on pressure factors, analysis of the corrugated pipe and the cylinder section between welding defects may exist in the joints and study between the corrugated pipe and the cylinder sections of welded joints failure type, put forward the solutions and measures to improve the process.

Keywords: corrugated pipe; On pressure; welded joint; stress; crackle; swelling

0 引 言

山东滨海开发区某一 DN900PN1.2 热力管线架空敷设于两热电厂之间，选用复式轴向型波纹膨胀节作为热力补偿元件。用户位于两供汽站之间，受热电厂生产负荷影响，为保证用户的正常生产要经常进行负荷切换，因此补偿器经常正反流向供汽。该系统于 2012 年投入运行，运行压力 1.0MPa，运行温度 200℃，工作介质：蒸汽。2015 年 4 月 20 日在流向切换时一台复式轴向型波纹膨胀节波纹管发生严重不均变形，继而波纹管出现鼓包现象，没有发生爆裂和泄漏。现场初步分析由于流向切换频繁，波纹管经常处于大变形、大应力循环，导致波纹管与筒节连接环向焊接接头发生应力疲劳破坏，引发裂纹导致层间串压引发鼓包失效。其串入波纹管层间介质的量值只能克服波纹管的环箍力，使其鼓包。鼓包后的波纹管由于其空间突然放大，内压载荷很快释放，引起的鼓胀压力小于波纹管材料的强度极限，因此鼓包后波纹管没有发生爆裂。情况发生后，对其安全性进行评估，首先对管线进行降压，实施在线旁路运行，以保证用户的正常生产。

1 复式轴向型波纹膨胀节设计

1.1 波纹膨胀节技术条件

(1)设计压力：1.2MPa，

(2)操作压力：1.0MPa，

(3)设计温度：220℃，

(4)操作温度：200℃，

(5)额定轴向位移补偿量：120mm，

(6)波纹管材料：304

(7)连接型式：焊接

(8)介质流向：双流向

(9)结构型式：复式轴向型(图 1)

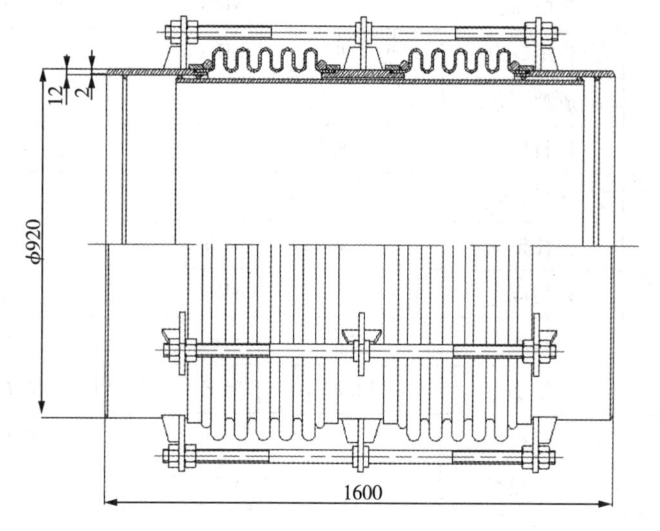

图 1 复式轴向型波纹膨胀节

1.2 波纹膨胀节设计设计参数

(1)波距：60mm

(2)波高：55mm

(3)波数：5+5

(4)波纹管层数：5

(5)单层壁厚：1.2mm

(6)安全循环次数：1000 次

(7)安全系数：10

1.3 设计校核计算

采用南京工业大学波纹管设计计算软件进行校核设计计算，计算结果见表 1

表1 波纹管设计计算书

膨胀节类型		复式轴向型波纹膨胀节		压力引起的应力		S_1	24.77	MPa
波纹管类型		无加强U型			加强套环周向薄膜应力	$S_{1'}$	26.22	MPa
设计压力 MPa		1.2			波纹管周向薄膜应力	S_2	42.13	MPa
设计温度℃		220			加强件周向薄膜应力	$S_{2'}$		MPa
设计位移	轴向	120	mm		紧固件周向薄膜应力	$S_{2''}$		MPa
	横向	0	mm		波纹管经向薄膜应力	S_3	5.68	MPa
	角向	0	°		波纹管经向弯曲应力	S_4	158.57	MPa
单波当量轴向位移		12.	mm	位移应力	波纹管经向薄膜应力	S_5	6.34	MPa
波纹管	直径	920	mm		波纹管经向弯曲应力	S_6	762.52	MPa
	波高	55	mm	疲劳寿命安全系数			10	
	波距	60	mm	波纹管许用疲劳寿命		$[N_c]$	5624	次
	波数	5+5			单波轴向刚度	f_i	9525.45	N/mm
	壁厚	1.20	mm		整体轴向刚度	K_x	952.55	N/mm
	层数	5			整体横向刚度	K_y	1305.83	N/mm
	材料	06Cr19Ni10(304)			整体弯曲刚度	K_θ	1999.91	N. m/°
	弹性模量	181400	MPa		柱失稳极限压力	P_{sc}	1.7	MPa
	屈服强度	391.55	MPa		平面失稳极限压力	P_{si}	2.75	MPa
	许用应力	126	MPa					
	成型工艺	液压						
	材料形态	成形态						
加强套环	材料	Q245R						
	弹性模量	184800	MPa					
	许用应力	125	MPa		中间接管		300	mm
	长度	30	mm		压力推力	F_p	907.0031	KN
	厚度	12.00	mm		波纹管展开长度	L_z	782	mm
加强环	材料				波纹管有效面积	A_e	0.7558	m^2
	弹性模量		MPa		波纹管重量	W	107.05	Kg
	许用应力		MPa	反力(矩)	轴向弹性反力	F_x	114.31	KN
	截面直径		mm		横向弹性反力	F_y	0.00	KN
紧固件	材料				角向位移反力矩	M_θ	0.00	N. m
	弹性模量		MPa		横向位移反力矩	M_y	0.00	N. m
	许用应力		MPa	扭转	扭转角	Φ	0.00	°
	截面直径		mm		扭转刚度	K_t	3097420.00	N·m/°
					扭转反力矩	M_t	0.00	N. m

从校核设计计算结果来看,计算结果符合复式轴向型波纹膨胀节技术条件要求,且:柱失稳极限压力 $P_{sc}=1.7$MPa,平面失稳极限压力 $P_{si}=2.75$MPa,满足设计压力1.2MPa的设计条件,其波纹管许用疲劳

寿命$[N_c]$＝5624 次大于 1000 次的要求，产品结构和计算结果都合格，排除设计缺陷问题。

2　焊接缺陷

2.1　多层波纹管直边段端口封边焊接缺陷

多层波纹管直边段端口封边焊接工艺不合理，会导致层间串压，这是潜在缺陷。产品出厂试验，由于是常温试验以及保压时间的关系，波纹管内部串压很难立即发现。

2.2　多层波纹管直边段端口与筒节外搭接焊接接头

多层波纹管直边段端口与筒节外搭接焊接接头，从理论上分析比较合理，而无损检测 RT 对此种外搭接焊接接头的透照检验有一定的局限性，特别是异种钢的焊接。若焊接工艺参数执行不严谨，会产生焊后延迟裂纹，RT 透照检验很难发现其缺陷部位。

3　失效分析

该管道 2015 年 4 月 20 日在流向切换时一台复式轴向型波纹膨胀节波纹管发生严重不均变形，继而波纹管出现鼓包现象，没有发生爆裂和泄漏。现场初步分析由于流向切换频繁，波纹管经常处于大变形、大应力循环，导致波纹管与筒节连接环向焊接接头发生应力疲劳破坏，引发裂纹导致层间串压引发鼓包失效。引发层间串压主要是波纹管与筒节连接环向焊接接头产生应力疲劳破坏，引发裂纹导致层间串压，其次是波纹管与筒节连接环向焊接接头焊接不充分、熔深不够、假焊以及管坯套装间隙偏大导致结合力下弱开裂，造成工作介质渗入波纹管层间引发鼓包。如图 1 所示。

3.1　解剖

DN900PN1.2MPa 复式轴向型波纹膨胀节波纹管经解剖发现与现场分析属于流向切换频繁，波纹管经常处于大变形、大应力循环，导致波纹管与筒节连接环向焊接接头发生应力疲劳破坏，工作介质串入波纹管最外层第五层与第四层之间引发鼓包现象相吻合。波纹管内部四层波纹形状没有发生变形，外层(第五层)与第四层发生层间分离，在内压力作用下出现波纹鼓包(见图 1)。说明波纹管与筒节焊接熔融结晶时多层波纹管没有熔为一体，层与层在焊接过程中出现离析现象，五层波纹管端口熔融不充分。因波纹管与筒节焊接时大多是手工氩弧焊，在焊接过程中焊工要不断送丝，并同时旋转工件，以实现连续施焊。其中不免会引弧息弧，操作不当或空间湿度偏高，都能引起局部碳超标或焊接节点局部碳化脆变。且波纹管与筒节之间是异种钢焊接，易埋下微气孔或会产生延迟裂纹，系统流向切换频繁，波纹管经常处于大变形、大应力循环，导致波纹管与筒节连接环向焊接接头发生应力疲劳破坏，引发裂纹导致层间串压引发鼓包失效。

3.2　分析

为什么内部四层没有发生串压，经研究分析，多层波纹管与筒节对接前，按工艺要求要对端口进行封边，一般采用手工氩弧焊或滚焊，封焊后端口不可能一样整齐，需进行修磨，才能保证封焊后的端口整齐。由于手工氩弧焊封焊过程中的手势、焊接电流、电压的波动以及焊枪的摆动角度都会影响端口封焊的效果，滚焊受波纹管单层壁厚限制，否则电阻滚焊达不到效果。对失效波纹管打磨端口封焊层后发现熔融程度有差别，即熔深不一致。在二次焊接过程中，端口封焊熔深不一致的地方在二次熔融过程中，会产生结晶速率差别，且外层冷却结晶快。内部冷却结晶稍缓，内部几层同时收缩，产生残余热应力，一定周期下裂纹穿透薄弱环节，引发泄漏。其原因可能表层经 PT 检测后，发现裂纹或气孔进行过修补，外层波纹管相当于一层密封层，短时间内层间未达到饱和压力状态且工厂试验为常温状态，内渗水份未发生膨化，运行也没有达到设计压力、设计温度。故使用一段时间后，层间压力大于渗入层波纹承压能力而发生鼓包，发生外层波纹剥离膨大鼓包。如图 2 所示。

图 1 鼓包的波纹管

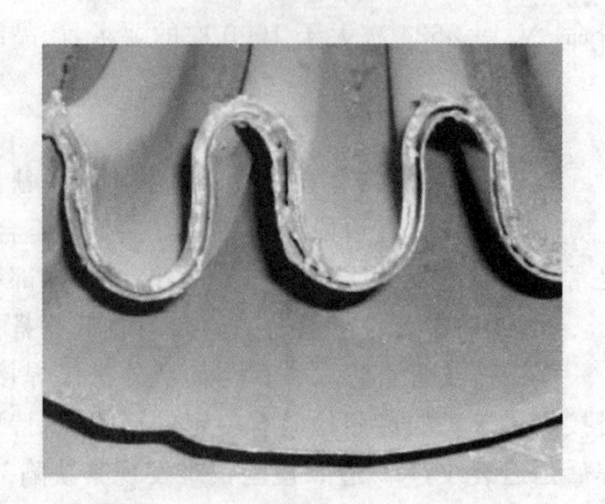

图 2 解剖后的波纹管鼓包形态

4 工艺改进措施

多层波纹管膨胀节在热力管道系统应用比较广泛，尤其是蒸汽介质经常正反向流动的动力管道，运行压力大、温度高，单个波纹管膨胀节的补偿位移量大，温度波动大，一旦流向切换频繁，波纹管经常处于大变形、大应力循环，导致波纹管与筒节连接环向焊接接头发生应力疲劳破坏，引发裂纹导致层间串压引发鼓包失效。因此预防多层波纹管层间串压显得特别重要，也是本文讨论的关键，根据多层波纹管膨胀节位移变形波动特征，针对多层波纹管与筒节搭接焊无法检查潜在缺陷和很难及时发现的难点，应从以下几个方面入手可有效控制多层波纹管层间串压的发生。

4.1 多层波纹管层间间隙的控制

多层波纹管层间间隙的控制是保证多层波纹管与筒节焊接质量的关键。多层波纹管整体液成型后，层与层之间受到内压力的挤压力几乎胀贴为一体。但多层波纹管直边段受内外模夹持，在整个成型过程中其变形不明显，若层与层之间间隙大，成型过程中容易渗透水渍，波纹膨胀节在高温状态下，层间水份会突然气化膨胀。当气化膨胀产生的内压力超过材料的强度极限，会引发爆皮现象，下弱波纹膨胀节波纹管的承压能力，易产生整个波纹膨胀节爆裂失效，引发事故。因此，多层波纹管层间间隙的控制是保证多层波纹管与筒节焊接熔敷所必须的条件，层间间隙与波纹管直径、管坯单层壁厚有关。GB/T12777—1999 标准中 5.3.1.7 多层波纹管各层管坯的套合间隙，对于公称直径不大于 1500mm 的波纹管，不应大于 0.8mm；对于公称直径大于 1500mm 的波纹管，不应大于 1.5mm。笔者认为此提法对于多层波纹管层间间隙略为宽松，且没有考虑波纹管管坯单层壁厚负偏差的因素，这样多层波纹管层数越多其层间间隙累积越大，不利于焊接熔敷。对此 GB/T12777—2008 标准没有推荐多层波纹管各层管坯的套合间隙值，其原因是基于套合间隙值应与直径、单层壁厚关联，推荐值不确定。笔者根据多年的实践累积经验，提出多层波纹管各层管坯的套合间隙推荐值(见表 1 供参考)，以达到控制多层波纹管层间间隙的目的，为焊接熔敷提供保证。

4.2 多层波纹管层间脱水

多层波纹管液压成型过程中虽然严格控制套合间隙，但间隙不可避免，液压成型是通过水在管坯内增压做功使管坯屈服鼓胀压制成型，波纹管管坯端口在成型过程中带压的水渗透进入波纹管层间。成型后多层波纹管层间会滞留一定量的水分，无法自动析出，应在多层波纹管直边端口封边前将层间水份排除，才能保证直边端口封边后层间无残留水分。因此应采用无氧烘烤工艺进行脱水，即采用电炉加热进行烘烤。烘烤工艺为：电炉空炉预热至 100℃，管坯入炉，加热至 250℃，加热速度 100/h，保温 2h，随炉冷却，取出管坯。在加热的同时打开真空泵，抽掉炉内水分，这样多层波纹管才能确保彻底脱水。烘烤后的波纹管应在 4h 内进行直边端口封边，以免空间湿度再次渗入层间，这样才能保证波纹管层间脱水质量。

表1 多层波纹管各层管坯的套合间隙推荐值

通径 间隙 壁厚	50～200	250～500	250～500	600～1200	1300～2500	12600
0.5	0.2	0.3	0.4			
0.6	0.25	0.4	0.5			
0.8	0.3	0.4	0.5	0.6		
1.0	0.3	0.4	0.5	0.6		
1.2	0.3	0.5	0.6	0.6	0.6	0.8
1.5	0.4	0.5	0.6	0.6	0.8	0.8
2.0～3.0	0.4	0.5	0.6	0.8	0.8	1.0

4.3 多层波纹管直边端口封边工艺与评定

除控制多层波纹管各层管坏的套合间隙以及采用烘烤脱水之外，多层波纹管直边端口封边工艺尤其关键，多层波纹管直边端口封边 GB/T12777—2008 标准中 5.3.1.3 推荐“多层波纹管自边端口应采用氩弧焊或滚焊封边，使端口各层熔为整体”。就是说多层波纹管直边端口的封边是根据单层壁厚来确定是采用氩弧焊还是采用滚焊封边，氩弧焊封边是针对单层壁厚能够接受熔敷且不易熔穿的工艺。相反滚焊封边是对单层壁厚不能接受熔敷且易熔穿的工艺，滚焊封边是通过电阻滚焊能够使端口各层熔为整体的特定工艺。因此波纹管单层壁厚厚电阻滚焊不能使端口各层熔为整体，只能采用氩弧焊封边才能够使端口各层熔为整体。本文推荐当单层壁厚小于等于 0.8 时，端口采用滚焊封边；当单层壁厚大于等于 1.0 时，端口采用氩弧焊封边。这样比较经济，电阻滚焊电流范围小易于控制，氩弧焊封边也具有可操作性，氩弧焊封边应配套自动匀速圆周运动的旋转工作台，以保证连续施焊和熔敷的均匀性和一致性。

为保证多层波纹管直边端口氩弧焊或滚焊封边各层熔为整体的可靠性，对氩弧焊或滚焊封边的端口焊接质量应进行焊接工艺评定。编制 PWPS 和 PQR 作业指导书和评定报告，以指导生产作业，评定报告试验参照相关标准做层与层之间撕裂试验，其撕裂断口应位于母材部位为合格。

4.4 多层波纹管与筒节焊前检测试验方法

多层波纹管直边端口氩弧焊或滚焊封边各层熔为整体后，在与筒节施焊之前应对多层波纹管直边端口的封焊质量进行检测和试验。

1)氩弧焊封边

将波纹管直边氩弧焊封边的端口借助旋转工作台进行打磨，磨平后进行目视检查，焊缝无裂纹、气孔、夹渣等缺陷。检查合格后进行 100%PT 检测，焊缝缺陷符合 NB/T47013.5—2015 标准 I 级要求为合格。

2)滚焊封边

将波纹管直边滚焊封边的端口借助滚剪机，沿滚焊焊道外边缘圆周方向剪裁多余部分。借助旋转工作台进行打磨端口，磨平后进行目视检查，焊缝无裂纹、气孔、夹渣等缺陷，检查合格后进行 100%PT 检测，焊缝缺陷符合 NB/T47013.5—2015 标准 I 级要求为合格。

4.5 多层波纹管与筒节焊接接头焊接方法的改进

将封边检查合格的多层波纹管直边端口与筒节对接焊接，多层波纹管套入筒节后其焊道宽度为各层波纹管壁厚之和的 1.5 倍。根据 PWPS 和 PQR 作业指导书和评定报告参数进行焊接，其焊接方法参照(图 3 多层波纹管与筒节焊层要求)。焊层 1 为密封焊，焊层 2 为过渡层，焊层 3 为覆层，亦称之为三区熔敷焊。这样的焊接工艺能够使焊接充分，不易出现假焊，避免焊接过烧、碳化，焊道饱满，不易产生延迟裂纹。从焊接工艺上排除多层波纹管层间串压的发生，三区熔敷焊能够分解波纹管工况条件下的位移引起的交变应力。在波纹管直边段加强套环的保护下，焊道几乎处于无交变应力状态下工作，更安全可靠。

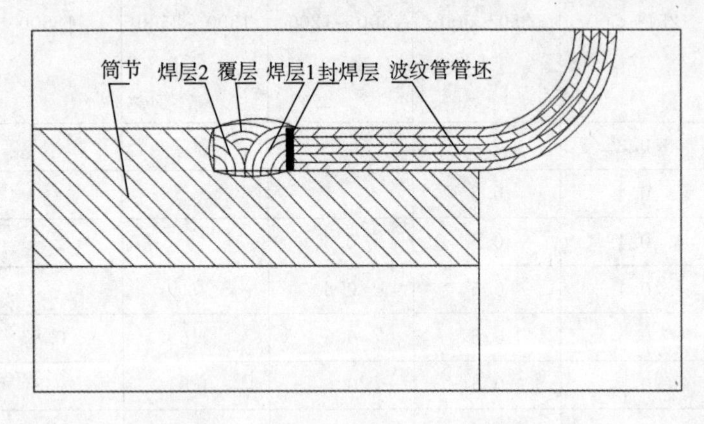

图3　多层波纹管与筒节焊层要求

5　结束语

文中讨论了引起波纹膨胀节层间串压鼓包的原因，分析了波纹膨胀节层间串压鼓包的因素，提出了工艺改进措施。

本文主要提出多层波纹管通过对套合间隙的控制和端口封边的措施、端口封边的检测试验以及多层波纹管与筒节焊层的施焊方法的改进，从工艺措施上改良了传统工艺。对今后多层波纹管膨胀节的制造和质量控制具有指导意义，使热力管网特别是输送高温蒸汽又需要双向流动的动力管道安全可靠。

作者简介

曹宝璋，男，高级工程师。从事波纹管设计与工艺管道研究。

通讯地址：江苏泰州市姜堰区白米镇通扬西路118号，邮编：225505；电话：0523－88336105；传真：0523－88331090；E-mail：jsbxcbz@126.com

高温气体介质工况下膨胀节导流筒遮热效果分析

李世乾　张道伟　闫廷来

（洛阳双瑞特种装备有限公司，河南　洛阳　471000）

摘　要：管道在内部高温气体介质，又无内隔热及外保温的情况下，其设计温度按照设计规范应取95％介质最高温度，此时与管道相连的结构件设计温度亦应取不低于95％介质最高温度。当介质温度高达700℃时，受力结构件设计温度应取665℃，此温度下，304H不锈钢的许用应力为36.4MPa，此时约束型膨胀节的受力结构件校核较难通过。本文通过改变导流筒的结构及位置，使得导流筒起到对结构件及波纹管遮热降温的作用，达到管道补偿器长期安全使用目的。

关键词：膨胀节；导流筒；遮热；热屏障；高温；热分析

HeatShield Effect Analysis of Expansion Joint Sleeve in High Temperature Gas Medium Condition

Li shiqian Zhang daowei Yan tinglai

(Luoyang Ship Materials Research Institute, Luoyang 471039, China)

Abstract: The pipeline at an internal high temperature gaseous media, With no insulation inside and outside, the design temperature shall be 95% of the maximum temperature of the medium in accordance with design specifications, design temperature for the structure connected to the pipe should not be low than 95% of the maximum temperature. When the medium temperature up to 700 ℃, force bearing structure design temperature shall be taken as 665 ℃, at this temperature, 304H stainless steel allowable stress is low at 36.4MPa, then, the constrained expansion joint force bearing structure stress is difficult to check through. By changing the structure and location of the sleeve, the sleeve can play a heat shield role to the structure and bellows, Finally, the long-term safety operation of the pipeline compensation can be achieved.

Keywords: Expansion joint; Sleeve; Heat shield; Thermal barrier; High temperature; Heat analysis

1　引言

遮热板作为一种隔热、热防护和保温节能技术被广泛地应用于热辐射防护设备等工程中，如汽轮机中用于减少内外套管间的辐射传热，应用于储存液态气体的低温容器，用于超级隔热油管，用于提高温度测量的准确度的热电偶等[1][2]。

本文通过对膨胀节的导流筒作用进行进一步认识和分析，得出通过设置导流筒，改变传统导流筒的设置位置，使得导流筒变成遮热筒，起到为膨胀节结构件及波纹管遮热降温的作用，达到提高约束型管道膨胀节长期使用可靠性目的。

2　遮热导流筒的设计方案

膨胀节行业内设计人员在设置导流筒时原则是尽可能短，避免悬臂结构在流体冲击下的震动，但也要保证在最大位移状态下，导流筒能够起到遮住波纹管，起到导流和保护波纹管免受流体冲刷的目的，如图 1 所示。均未认识到导流筒对波纹管能够起到遮热降温的作用，并且改变导流筒的位置还能够为约束型膨胀节承力结构件降温，使得结构件工作温度降低，此时的工作温度对应的材料许用持久强度值大，有利于结构件在高温蠕变温度范围内长期使用。

为达到为立板、环板结构件可靠降温的目的，设计了如图 2 所示的膨胀节导流筒结构，通过设计进口导流筒和出口导流筒，出口导流筒的活动端伸入进口导流筒，这样气体介质在流动过程中沿着介质流向几乎不会窜入导流筒与波纹管之间的气体间隙，形成了近似封闭空腔的传热。封闭空腔内的热传递方式包括辐射、对流和热传导，其中由于气体几乎不流动，对流传热量很小，气体的热导率很低，热量传递也很小，主要的传热来自空腔高温和低温壁面的辐射热传递。此封闭空腔相当于增大了总传热热阻，经过一个环形封闭空腔的传热量比介质直接接触筒体时要低很多，因此筒节外壁温会有降低。

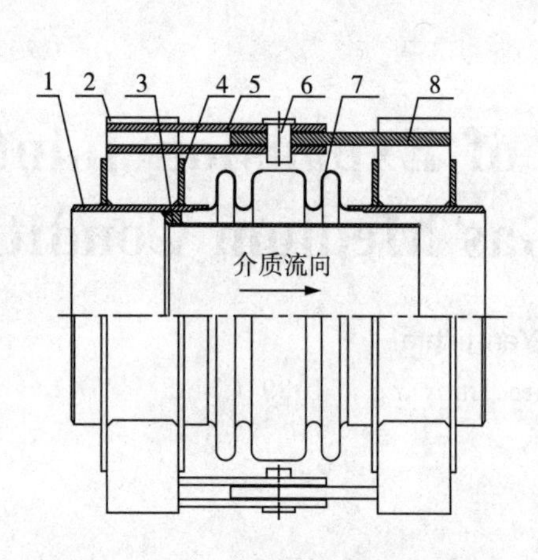

图 1　传统的膨胀节导流筒布置位置图

1—端管；2—立板；3—导流筒；4—环板；5—副铰链板
6—销轴；7—波纹管；8—主铰链板

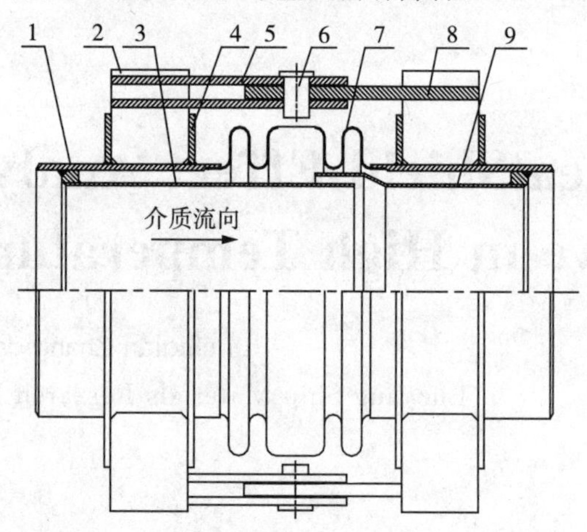

图 2　新结构的膨胀节导流筒布置位置图

1—端管；2—立板；3—进口导流筒；4—环板；5—副铰链板
6—销轴；7—波纹管；8—主铰链板；9—出口导流筒

3　结构件及波纹管温度场计算热力学理论模型

3.1　热力学理论模型介绍

选用多层圆筒壁传热模型，由于导流筒与筒节内壁之间存在换热气体空腔，需要对空腔的传热进行等效处理，以当量热导率来表征 δ_2 尺寸的空腔传热。

空腔传热的简化计算：

含气体空腔的传热问题复杂，包括气体的导热传热、对流传热、腔体两壁面的辐射传热，又由于气体导热系数小、腔体内的对流传热量少，因此只考虑两壁面的辐射传热。辐射传热量与导热传热量进行等效，腔体的传热能力表现为当量导热系数。

由

$$q_r = \frac{\sigma(T_1^4 - T_2^4)}{\dfrac{1}{\varepsilon_1} + \dfrac{1-\varepsilon_2}{\varepsilon_2}\dfrac{r_1}{r_1}} = \frac{2\pi\lambda_{eq}(T_1 - T_2)}{\ln(r_2/r_1)}$$

得：

$$\lambda_{eq}=\frac{\sigma(T_1^4-T_2^4)\ln(r_2/r_1)}{2\pi(T_1-T_2)(\frac{1}{\varepsilon_1}+\frac{1-\varepsilon_2}{\varepsilon_2}\frac{r_1}{r_2})}$$

式中 ε_1 为导流筒外表面的黑度，ε_2 为筒节内壁的黑度。T_1、T_2 为热力学温度。

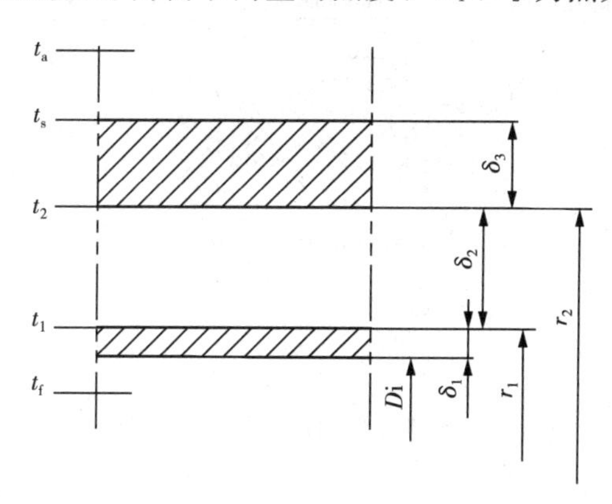

图 3　带封闭空腔的多层圆筒壁传热模型

3.2　热分析边界条件的计算

由于介质流速高 30m/s，此时导流筒内壁及筒节内壁与介质的换热热阻极低，可以认为导流筒内壁及筒节内壁与介质同温度。

外部表面换热系数的计算：

表面换热系数包括对流换热系数和辐射换热系数，尤其是当表面温度比环境温度之差较大时，不可忽略辐射换热，此时的辐射换热量要大于对流换热量。

辐射换热系数 α_r 按下列公式计算：

$$\alpha_r=\frac{5.669\varepsilon}{T_s-T_a}\left[\left(\frac{273+T_s}{100}\right)^4-\left(\frac{273+T_a}{100}\right)^4\right]$$

式中：α_r—外表面材料辐射换热系数；

ε—外表面材料的黑度。

无风时，对流换热系数 α_c 按下列公式计算：

$$\alpha_c=\frac{26.4}{\sqrt{297+0.5(T_a+T_s)}}\left(\frac{T_s-T_a}{D}\right)0.25$$

式中：α_c—对流换热系数，；

D—外径。

有风时，对流换热系数按下列公式计算：

当 $WD\leqslant 0.8\mathrm{m^2/s}$ 时，

$$\alpha_c=\frac{0.08}{D}+4.2\frac{W^{0.618}}{D^{0.382}}$$

当 $WD>0.8\mathrm{m^2/s}$ 时，

$$\alpha_c=4.53\frac{W^{0.805}}{D^{0.195}}$$

式中：W—年平均风速，m/s。

表面换热系数 $\alpha_s = \alpha_r + \alpha_c$。

4　遮热导流筒对膨胀节温度场的影响及结果分析

4.1　使用遮热导流筒并对遮热段保温时膨胀节立板根部的温度计算

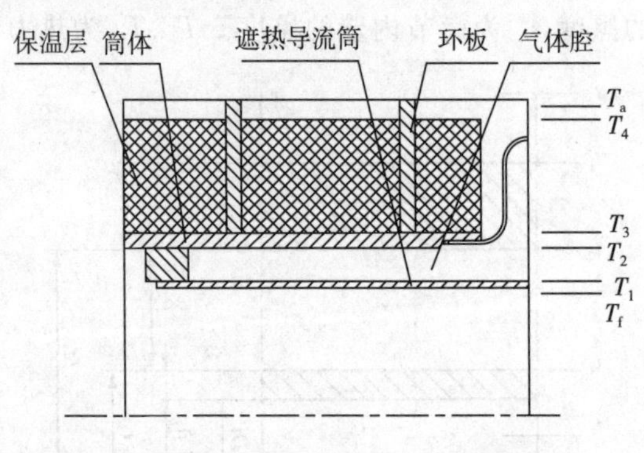

图4　遮热段保温的端管组件示意图

表1　遮热段保温的端管温度场计算表

介质温度	700	℃	温度验算				
环境温度	20	℃	假设温度			验算温度	
环境风速	3	m/s	*T*1=	699	℃	699.8	℃
表面对流换热系数	10.2444	W/（m²*℃）	*T*2=	697	℃	696.8	℃
表面辐射换热系数	1.9724	W/（m²*℃）	*T*3=	697	℃	696.4	℃
表面总换热系数	12.2168	W/（m²*℃）	*T*4=	48	℃	48.7	℃
环形气体腔当量导热系数	5.0250	W/（m*℃）	*q*=	3123.22308	W/m^2	48.65347728	
保温后表面可按照大空间表面自然对流传热计算							
表面辐射率	0.3						
导流筒内径	1.148	m	导热系数			定性温度	
导流筒外径	1.16	m	24.893	W/（m*℃）	导流筒	699.5	℃
筒体内径	1.196	m					
筒体外径	1.22	m	24.858	W/（m*℃）	筒体	697	℃
保温层外径	1.42	m	0.1165	W/（m*℃）	保温层	372.5	℃
环形气体腔当量导热系数计算							
热导热系数	0.0827	W/（m*℃）		内部流体定性温度			
热对流当量导热系数	0.0102	W/（m*℃）	瑞利数*Rac*=	0.024814852	698	特征长度*Lc*=	0.002927
热辐射当量导热系数	4.9322	W/（m*℃）	普朗特数*Pr*=	0.610250411			
两辐射面的辐射换热	2027.9723		热导率λ=	0.082653482			
内辐射面的表面发射率	0.8		运动粘度*v*=	0.000111309			
外辐射面的表面发射率	0.8		热扩散率*a*=	0.00018329			

立板根部温度为696℃，与内部流体介质温度相比几乎没有降低。说明使用遮热导流筒时如果对遮热段外部进行保温，则立板根部温度没有降低，起不到遮热的降温的作用。因此可以得出，使用遮热导流筒的前提是对遮热段的外部严禁保温。

4.2　使用遮热导流筒与非遮热导流筒的膨胀节立板最高温度对比分析

为了分析出非保温状况下，使用遮热导流筒对于约束型膨胀节受力结构件—立板及环板的降温作用，本小节进行了使用遮热导流筒与非遮热导流筒的膨胀节立板最高温度对比分析，分析计算结果见表2和表3。使用遮热导流筒的立板根部温度为495℃，使用无遮热导流筒的立板根部温度为663℃，可见遮热导流筒的作用显著，可以比较明显的降低立板设计温度。

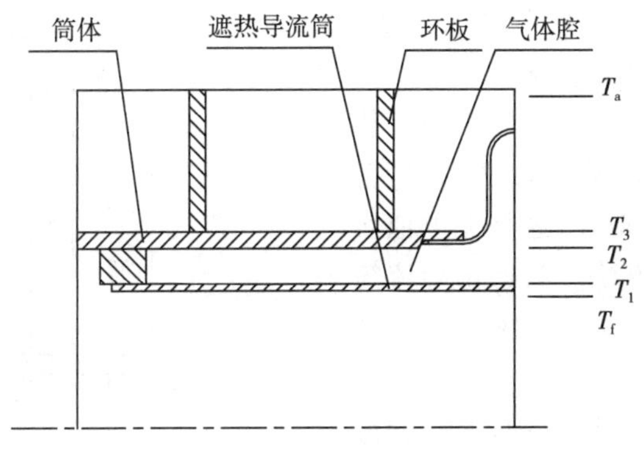

图 5　使用遮热导流筒的端管组件示意图

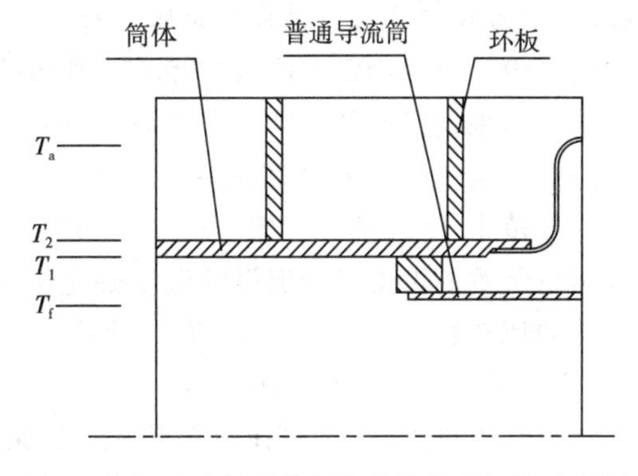

图 6　使用无遮热功能导流筒的端管组件示意图

表 2　使用遮热导流筒的端管温度场计算表

介质温度	700	℃		温度验算			
环境温度	20	℃		假设温度		验算温度	
环境风速	3	m/s	T_1	691	℃	690.9 ℃	
表面对流换热系数	5.0409	W/(m^2*℃)	T_2	514	℃	514.1 ℃	
表面辐射换热系数	32.5124	W/(m^2*℃)	T_3	495	℃	494.6 ℃	
表面总换热系数	37.5532	W/(m^2*℃)					
环形气体腔当量导热系数	3.7583	W/(m*℃)	q	136633.4	W/m^2	494.6463	
表面辐射率	0.8						
导流筒内径	1.148	m		导热系数		定性温度	
导流筒外径	1.16	m		24.837	W/(m*℃)导流筒	695.5 ℃	
筒体内径	1.196	m					
筒体外径	1.22	m		22.2585	W/(m*℃)筒体	504.5 ℃	
环形气体腔当量导热系数计算							
热导热系数	0.0744	W/(m*℃)	流体横向外掠单管			外部流体定性温度	
热对流当量导热系数	0.0316	W/(m*℃)	Nu	137.2574	*Re*=	89618.25	257.5
热辐射当量导热系数	3.6523	W/(m*℃)			*Pr*=	0.658378	
两辐射面的辐射换热率	132901.7720				*λ*=	0.044805	
内辐射面的表面发射率	0.8						
外辐射面的表面发射率	0.8						

表 3　使用无遮热功能导流筒的端管温度场计算表

介质温度	700	℃	温度验算				
环境温度	20	℃	假设温度			验算温度	
环境风速	3	m/s	T1	700	℃	取金属内壁温度=介质温度	
表面对流换热系数	5.1251	W/(m^2*℃)	T2	663	℃	662.9	℃
表面辐射换热系数	53.6165	W/(m^2*℃)					
表面总换热系数	58.7416	W/(m^2*℃)					
			q	289466	W/m^2	662.8535	
表面辐射率	0.8						
筒体内径	1.196	m					
筒体外径	1.22	m	24.641	W/(m*℃	筒体	681.5	℃
			流体横向外掠单管			外部流体定性温度	
			Nu	120.2574	*Re*=	69889.43	341.5
					Pr=	0.646416	
					λ=	0.051994	

4.3　导流筒对波纹管温度的影响分析

波纹管设计温度确定方法分为经验法和传热分析法。

经验法是根据已有装置中允许的波纹管在实际工况下测温获得。传热计算法是根据传热学基础理论并结合有限元分析验算的方法得出，各管道设计规范中，通常都会考虑＋30～＋50℃的温度裕量，这是无类似实际工况运行装置的设备及管道设计温度确定的可靠方法。为得出导流筒对波纹管的遮热影响效果，建立了有导流筒无隔热保温的波纹管温度计算模型，模型见图 7，计算结果见表 4。

从计算结果可以看出，在有导流筒无隔热保温的膨胀节中，波纹管温度约为介质温度的 0.7 倍，降温效果显著。

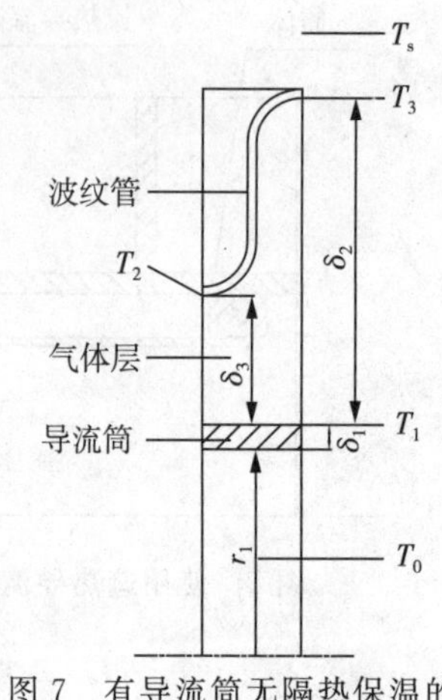

图 7　有导流筒无隔热保温的波纹管温度计算模型

表 4　有导流筒无隔热保温的波纹管温度场计算表

有导流筒无隔热无保温（无保护罩）温度梯度（多层圆筒壁模型）						返回目录		
假设温度/℃			求解温度			几何尺寸		
介质温度t_0	700	℃				导流筒内径Φ_1	1120	mm
导流筒外t_1	695	℃ ！输入	t_1'	694.86		导流筒厚度δ_1	6	mm
波峰t_3	473	℃ ！输入	t_3'	473.69	473.69	气体层厚δ_2	110.5	mm
环境温度t_s	20	℃！输入	q_1(用于计算波峰)	75357.16		导流筒距波谷δ_3	32.5	mm
表面传热系数α_s	39.10	W/(m^2·℃)	q_2(用于计算波谷)	71106.97				
环境条件及材料参数			辅助计算用			波谷温度计算		
介质温度	700	℃ ！输入	r_1	560		假设波谷温度t_2	486	℃ ！输入
环境温度	20	℃ ！输入	r_2	566		波谷温度t_2'	485.76	
风速	3	m/s ！输入	r_3（波峰）	676.5				
波纹管材料的黑度	0.76	！输入	r_2'（波谷）	598.5				
导流筒材料 λ不锈钢	24.865	W/(m·℃)	表面传热系数α_{s2}	40.59				
气体层当量λ	9.6758	W/(m·℃)						

4.4　遮热导流筒遮热效果有限元分析

为验证传热学理论计算的准确性，建立了有限元分析模型，定义材料属性—热导率，加载上述计算的边界条件，计算的稳态温度场云图如图 8 所示。

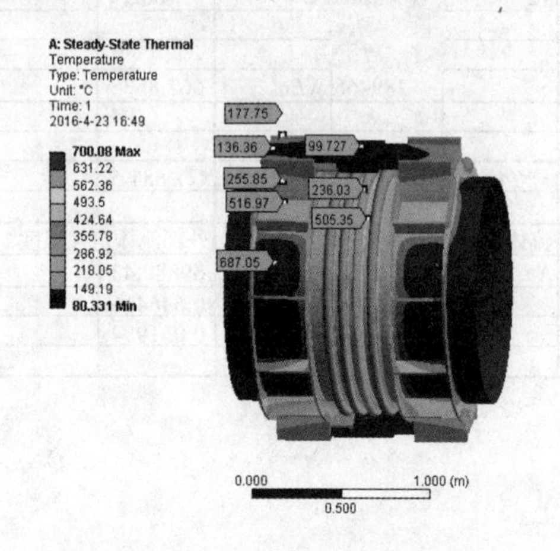

图 8　带遮热导流筒的膨胀节温度场云图

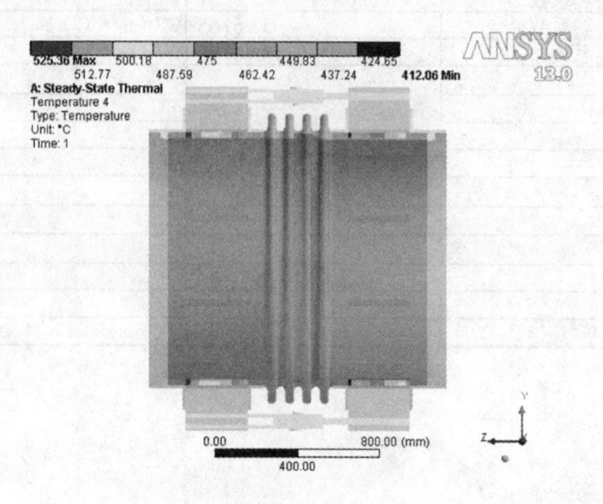

图 9　立板与筒节焊缝线的温度云图

从图 8、9 可出看出，立板最高温度在近内环板侧，温度为 523℃，较 0.95 介质温度(665℃)有较大的降低，说明导流筒设计为遮热结构对于非保温膨胀节受力结构件的降温有比较显著的作用。

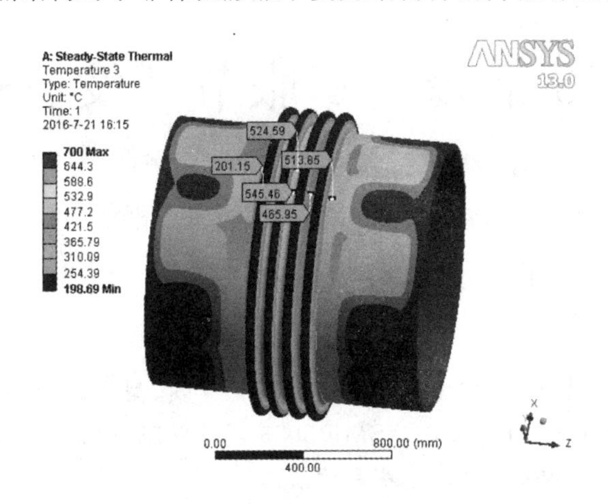

图 10　气体腔的温度场云图

图 10 所示为气体腔的温度场，可以看出，介质温度为 700℃时，波纹管最高温度不高于 550℃。说明设置导流筒后，波纹管的降温效果也比较显著，显示了导流筒的热屏障作用

5　结论

(1)改变导流筒的位置能够使得导流筒对立板、环板等受力结构件起到遮热的作用，可以降低关键受力结构件的工作温度，此时，可取 0.8 倍介质温度作为结构件的设计温度，若使用非遮热导流筒，应取 0.95 倍介质温度作为结构件设计温度；

(2)设置导流筒对气体介质工况下波纹管的遮热作用比较显著，此时可取 0.8 倍介质温度作为波纹管设计温度；

(3)在无实际装置运行经验的情况下，本文给出的波纹管及结构件温度计算方法所得出的温度值可以作为结构件及波纹管设计温度的确定依据。

参考文献

[1] 李建锋，等．新型耐温耐压多层结构管道及其壁温计算[J]. 动力工程学报，2015，35(5)：418～423.

[2] 杨世铭，等．传热学[M]. 北京：高等教育出版社，2006：432～434

[3] D. J. Peterson. Better piping and expansion joint design. Senior Flexonics Inc., Pathway Division

作者简介

李世乾，男，工程师，从事波纹管膨胀节设计研发工作。

通讯地址：河南省洛阳市高新区滨河北路 88 号；邮政编码：471000；邮箱：lishiqian725@126.com

ASME 5083 铝合金膨胀节开发、试验及分析

王文刚

（南京晨光东螺波纹管有限公司，江苏　南京　211153）

摘　要：本文介绍了 ASME 5083 铝合金膨胀节的设计开发、型式试验，通过对材料性能、波纹管参数选择及型式试验数据结果的分析，研究采用 ASME 5083 制作膨胀节的可行性，以及材料性能对膨胀节性能的影响，为开发新材料膨胀节提供依据、思路和方法。

关键词：ASME 5083，铝合金膨胀节，波纹管，延伸率，屈强比

Development Test and Analysis of ASME 5083 Aluminum Alloy Expansion Joint

Wang Wengang

（Aerosun-Tola Expansion Joint Co. Ltd，Jiangsu，Nanjing，211153）

Abstract：This article introduces the design，development and type test of ASME 5083 aluminum alloy expansion joint，based on the analysis of material properties，data selection of bellows and type test result，research the feasibility of expansion joint made by ASME 5083，and the influence of expansion joint performance cause by material properties，provide the basis，thought and method for developing new material expansion joint.

Keywords：ASME 5083，Aluminum alloy expansion Joint，Bellows，Elongation，Yield ratio

1　引言

铝合金是工业中应用最广泛的一类有色金属结构材料，在航空、航天、汽车、机械制造、船舶及化学工业中已大量应用。铝合金密度低，但强度相对较高，具有优良的导热性、导电性和抗蚀性，工业上广泛使用，使用量仅次于钢。正是由于其优良的导热性及较好的延展性，在空分行业中越来越多地用于膨胀节的制造。以往此类膨胀节的核心元件波纹管材料主要采用铝镁合金 ASME 5052，但随着行业的发展，产品规格要求越来越高，原有的材料已不能满足要求，我们寻求开发新产品，采用强度更高的材料来制作波纹管。

2　设计开发

2.1　材料选择

根据相关标准，选择同为铝镁合金系列的 ASME 5083 作为备选对象进行对比，两种材料的机械性能

数据见表1.

表1 ASME 5052与ASME 5083的机械性能对比

材料	设计温度(150℉)下的许用应力 Ksi	抗拉强度 Ksi	屈服强度 Ksi	延伸率%
ASME 5052	6.3	25.0～31.0	最小9.5	20
ASME 5083	11.4	40.0～51.0	18.0－29.0	16

从上表可以看出,ASME 5083的各项强度指标明显优于ASME 5052,不过其延伸率较低,但可以通过调整波形参数,尤其是降低波高来满足要求。两种材料均采用搅拌摩擦焊(FSW),试验结果证明焊缝强度不低于母材。经过对比分析及初步计算,我们决定选用ASME 5083来作为新产品的波纹管材料。

2.2 波纹管设计

此类产品的结构相对简单,均为通用型,所以膨胀节的设计主要是波纹管的设计。波纹管行业应用最为广泛的材料是奥氏体不锈钢,其延伸率一般在40%左右,而铝合金中延伸率较高的ASME 5052只有20%,与之相比,ASME 5083延伸率更是低至16%,成型时极易开裂。我们在设计中采用了较低的波高和较大的波距来适应材料的变化,并最大限度地为生产加工提供便利。

根据EJMA,对于由内径为D_b的筒体加工的波纹管,其波纹管成型应变ε_f的计算公式如下:

$$\varepsilon_f=100\sqrt{\left[\ln\left(1+\frac{2w}{D_b}\right)\right]^2+\left[\ln\left(1+\frac{nt_p}{2r_m}\right)\right]^2}$$

其中:w—波高;

n—波纹管层数;

t_p—单层材料的实际厚度,即考虑到在成型过程中厚度减薄;

r_m—波纹管波纹的平均半径。

从中可以看出,在口径、层数、壁厚一定的情况下,降低波纹管的波高w以及增大波距即增大r_m,均可以降低波纹管成型应变,以满足ASME 5083较低的延伸率。

从强度的角度考虑,一般情况下,压力在波纹管中所产生的子午向弯曲应力较大,降低波高会有利于应力的改善。但是,此产品的口径较大,环向膜应力易超标。经过计算,压力在波纹管中所产生的环向膜应力S_2确实比较临界。EJMA中S_2的计算公式如下:

$$S_2=\frac{PD_mK_rq}{2A_c}$$

其中:P—压力;

D_m—波纹管波纹的平均直径;

K_r—周向应力系数;

q=波距;

A_c=单个波纹横截面的金属面积。

根据此公式分析,增大波距q直接增大了S_2,降低波高相应减少了单个波纹横截面的金属面积A_c,也导致S_2的升高。

因此,降低波高、增大波距虽然降低了波纹管成型应变,但却导致了压力在波纹管中所产生的环向膜应力的升高,即延伸率与强度成了一对矛盾体。同时,减小波距虽然能快速降低S_2,但却增加了加工成型的难度,性能与生产又形成了一对矛盾体。对此,我们选用多套参数方案反复计算、对比,在一对对矛盾体之间进行平衡、优化,终于选择出了最优的方案,各项指标均能满足性能、标准、生产、用户等全方位的要求。

此外,在设计中还遇到了疲劳寿命分析的困难。当前主流的国际、国内波纹管计算标准中,疲劳公式的适用范围均不包含铝合金，其中 EJMA 及 ASME B31.3 均只适用于奥氏体不锈钢，ASME VIII－1 A26 适用于奥氏体不锈钢和 UNS N066XX 及 UNS N04400 系列合金，GB/T12777 适用于奥氏体不锈钢和耐蚀合金。为此，我们经过查询、协调及分析，采用了一家知名国际大公司的疲劳寿命经验公式，该公式是建立在大量试验数据的基础上推导而成的。实际上，前述的各权威行业标准中的疲劳公式也都属于是经验公式。最终，我们采用的经验公式也得到了第三方认证机构的认可，顺利地解决了问题。

3 型式试验

3.1 试验程序规定及结果

在波纹管设计完成后，我们对整套产品进行了详细结构设计并成功制作出样件，根据 EJMA、ASME VIII－1 及 GB/T12777 等相关标准及客户要求，进行了一系列的验证试验，主要包括压力波动试验、带压疲劳试验(45 次)、压力曲屈试验、压力破坏试验及疲劳寿命破坏试验等，试验程序规定及结果如下：

3.1.1 压力波动试验的规定

对 5 件试验件进行压力波动试验，最大波动压力 0.83MPa(即设计压力)，最小波动压力 0.0415MPa，波动频率不超过 10 次/分，波动次数 1500，不得失稳或破坏。

试验结果合格，均无异常变化。

3.1.2 带压疲劳试验的规定

继续对上述试验件进行带压疲劳试验，波纹管内部压力保持 0.83MPa，轴向位移为±15.24mm，每分钟循环次数不超过 10 次，循环次数 45 次(波纹管计算寿命为 45 次，用户要求的疲劳寿命为 30 次)。试验装置如图 1 所示。

图 1 带压疲劳试验装置

试验结果显示循环次数为 45 次，均无异常，疲劳寿命满足设计要求。

3.1.3 压力试验的规定

压力试验分两部分，压力曲屈试验用于检测稳定性，压力破坏试验属爆破性强度试验。试验步骤、内容如下：

压力曲屈试验：将试验件两端固定，缓慢加压，每次加压 0.13MPa，直至波纹管失稳(试验压力下的波距和加压前的波距相比最大变化率大于 15%)，失稳压力小于设计压力的 1.5 倍即 1.245MPa 为不合格。

压力破坏试验：产品打压至 1.245MPa 以上确认稳定性合格后继续加压，每步加压后卸载，直至失稳压力的两倍(2.49MPa)，后连续加压，每次加压 0.3MPa，测量波距，直至波纹管开裂(压力突降)，记录压力。破坏压力小于 2.49Mpa 为不合格，此数值为设计压力的 3 倍。

本阶段试件共 6 件，NO.1～NO.5 是在上述要求的压力波动、带压疲劳试验的基础上继续做压力试验，NO.6 直接做压力试验。

试验结果见表 2，发生开裂时的产品如图 2 所示。

表 2 压力试验结果表

试件号	压力曲屈试验结果	压力破坏试验结果
NO.1	失稳压力 1.25MPa，合格	波纹管开裂压力 2.10MPa，不合格
NO.2	失稳压力 1.25MPa，合格	波纹管开裂压力 2.10MPa，不合格

（续表）

试件号	压力曲屈试验结果	压力破坏试验结果
NO. 3	失稳压力 1.25MPa，合格	波纹管开裂压力 2.10MPa，不合格
NO. 4	失稳压力 1.30MPa，合格	波纹管开裂压力 2.10MPa，不合格
NO. 5	失稳压力 1.30MPa，合格	波纹管开裂压力 2.10MPa，不合格
NO. 6	失稳压力 1.32MPa，合格	波纹管开裂压力 2.19MPa，不合格

试验结果表明，失稳压力均大于 1.245MPa，测试合格。但是波纹管开裂都在标准线以下发生，其中前 5 件做完压力波动、带压疲劳试验之后的试验件开裂压力 2.10MPa，第 6 件直接做压力试验，虽然开裂压力略高，但仍然不合格。

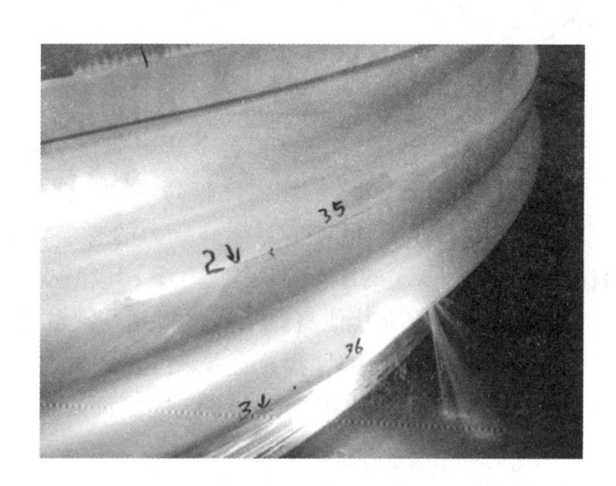

图 2　发生开裂时的产品

3.1.4　*疲劳寿命破坏试验的规定*

另取两件试验件（NO.7、NO.8）进行疲劳破坏试验，波纹管内部压力保持 0.83MPa，轴向位移为±15.24mm，每分钟循环次数不超过 10 次，直到波纹管被破坏。记录破坏位置，割下破坏位置并提交外方客户。

试验结果，两件试验件分别在循环 389 次、417 次时发生疲劳破坏，远高于设计寿命 30 次及计算寿命 45 次。发生疲劳破坏的产品如图 3 所示，疲劳裂纹位于波谷；沿破坏位置切割下来并寄给外方客户的产品局部如图 4 所示。

图 3　发生疲劳破坏的产品

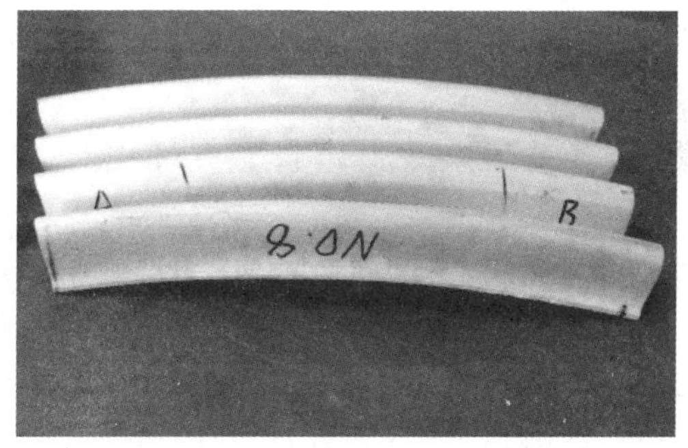

图 4　沿破坏位置切割的产品局部

3.2　试验结果分析与解决办法

综合试验过程及数据不难发现，压力波动试验、带压疲劳试验、压力曲屈试验和疲劳寿命破坏试验结果均取得了较为满意的效果，结论都是合格的，唯有压力破坏试验的波纹管开裂压力与合格标准尚有一定的差距。在确认理论计算、加工图纸无误的情况下，为慎重起见，我们又重新制作了一件试验件（NO.9），在美方客户及专家的见证下，再次进行压力破坏试验。结果该试验件开裂压力仍然只有 2.19MPa，与前 6 件基本相当。

针对试验结果的不合格，我们查阅相关资料，进行了仔细的分析。我们注意到，ASME 5083 的屈强比较高。材料的屈服点（屈服强度）与抗拉强度的比值，称为屈强比。屈强比低表示材料的塑性较好，屈强比高表示材料的抗变形能力较强，不易发生塑性变形。根据表 1 中的数据计算，ASME 5052 的屈强比为 0.31－0.38，而 ASME 5083 的最大屈强比为 0.725，后者明显高出。高屈强比材料的屈服强度与抗拉强度比较接近，在压力的作用下材料应力达到屈服点后，很快上升达到抗拉强度，导致破坏压力偏低。另外，有文献研究表明，一些高屈强比材料，如双相钢，变形时应力、应变分配极为不均匀，这种不协调变形会促使材料内孔洞或裂纹的产生，诱发材料的断裂。

综合以上，我们分析正是由于 ASME 5083 高屈强比的特性，导致其承受较高压力时，在波纹管已产生屈曲变形的情况下较快地诱发材料断裂，从而未能达到理论计算的爆破压力值，外方专家也原则认同我们的观点。最终，基于实际介质工作压力远低于原设计压力的事实，采取降低设计压力，即降至最低试验爆破压力的 1/3 的方法来解决与标准不相符的问题。新的设计压力为 2.1/3＝0.7MPa。至此，全部试验结果均已合格。

4　结论

(1)选用 ASME 5083 制作铝合金膨胀节理论可行，并能成功加工出各项尺寸参数合格的产品。

(2)由于 ASME 5083 的屈强比较高，导致此材料制作的波纹管爆破压力低于设计压力的 3 倍。

(3)降低设计压力，既能满足爆破压力的要求，又能更好地满足各项应力校核要求。同时，由于降低设计压力，导致 S_3、S_4 的减少，综合应力 S_t 相应减少，疲劳寿命 N 得以提高，综合性能得以改善。

(4)选用双相钢等其他高屈强比材料制作波纹管时，应关注其爆破压力实测值与理论值的符合情况。

通过材料选择、理论计算、产品研制、型式试验，并对试验结果进行分析，最终成功地开发出 ASME 5083 铝合金制膨胀节，应用于空分系统中更高规格、更大口径的装置中。

参考文献

[1] EJMA. TENTH EDITION. Standards of the Expansion Joint Manufacturers Association. [S]. New York：Expansion Joint Manufacturers Association，INC. ，2015.

[2] ASME. Section VIII，Division1. Rules for Construction of Pressure Vessels[S]. New York：The American Society of Mechanical Engineers，2015.

[3] ASME. Section II. Materials Part B[S]. New York：The American Society of Mechanical Engineers，2015.

[4] 李永生，李建国．波形膨胀节实用技术——设计、制造与应用[M]. 北京：化学工业出版社，2000.

[5] 牛玉华，魏晓汉，吴有邦．ASME“U”钢印波纹膨胀节的设计[J]. 压力容器，2004，21(9)：17—21.

[6] 陈立苏，撒砾，魏晓汉．ASME“U”钢印波纹膨胀节的设计验证[C]. 第十二届全国膨胀节学术会议论文集。合肥：合肥工业大学出版社，2012：54—59.

[7] 许以阳．双相钢的变形协调和断裂特性研究[D]. 上海：上海交通大学，2014.

作者简介

王文刚，男，高级工程师，毕业于合肥工业大学，现就职于南京晨光东螺波纹管有限公司，从事设计工作。通讯地址：南京晨光东螺波纹管有限公司，邮编：211153；电话：025－52826565；传真：025－52826563；E－mail：wangwg@aerosun－tola.com

哈氏合金 N10675(B3)材料膨胀节制作工艺探讨

高利霞
(南京三邦新材料科技有限公司,南京　211155)

摘　要:本文通过对某公司甲基丙烯酸甲酯(MMA)项目用 N10675 材料膨胀节的设计制造工程案例,阐述了 N10675 材料膨胀节整体液压成型的设计及制造工艺的难点及重点,为今后此类膨胀节的设计及制造提供了一种思路和方法。

关键词:N10675 哈氏合金材料;膨胀节设计;膨胀节制造;制造技术难点

Hastelloy N10675(B3)expansion joint material production process Discussion

Gao Li-xia
(1. Nanjing sanbom New Material Technology co. ,ltd. ,Nanjing 211155,China)

Abstract: Based on a company of methyl methacrylate(MMA) with design and manufacturing engineering projects Case N10675 material expansion joint,expansion joint material,elaborated N10675 hydroformed overall design and manufacturing process difficulties and priorities for the future of such expansion joints design and manufacturing offer a new idea and method。

Keywords: Hastelloy N10675, Expansion joint design, Expansion Joint Manufacturers, Manufacturing Technical Difficulties

1　前言

我公司承接了某甲基丙烯酸甲酯(MMA)项目多波膨胀节设计制造任务,规格型号为 DZUF1.5－500－20/10/1,材料为 N10675(B3),目前国内此材料的膨胀节较少,且无相应的设计制造经验可借鉴,我公司也是首次制造,为完成此项工作,特成立专项项目组聘请国内专家进行技术攻关。

2　波形参数设计及校核

根据客户提供的膨胀节工艺参数及结构简图,对膨胀节进行了优化设计,以满足客户膨胀节轴向、横向和角向位移及疲劳设计寿命的要求。

2.1　客户的设计工艺参数及要求见表1。

2.2　满足客户工艺要求的设计参数

根据客户位移量及疲劳设计寿命要求，确定膨胀节成型前的厚度及设计波数，依据GB/T12777－2008《金属波纹管膨胀节通用技术条件》及ASTM B333《镍－钼合金板、薄板和带材》哈氏合金N10675材料的相关要求，合理确定膨胀节成型过程的弯曲半径，并按GB/T12777－2008《金属波纹管膨胀节通用技术条件》中的刚度及疲劳寿命计算公式进行校核。膨胀节的最终设计参数见表2：

表1　膨胀节工艺条件参数

设计压力　P　MPa	0.15
设计温度　T　℃	150
内　径　D_b　mm	500
轴向位移量　mm	20
横向位移　mm	10
角向位移	1°
波纹管材料	N10675
层　数	多层
疲劳寿命　次	≥7000
疲劳寿命安全系数	10

表2　膨胀节设计参数

成型方式	整体成形
内直径　D_b　mm	508
波峰外径　D_w　mm	614
直边段外径 D_0　mm	512
平均直径　D_m　mm	563
波　高　h　mm	51
波　距　w　mm	48
成形前单层厚度 S　mm	1.0
波　数　n	7
层　数　m	2
腐蚀裕量　mm	0
直边长度　mm	64
膨胀节高度(含端部)　mm	520
波纹管型式	无加强U型

2.3　膨胀节工艺参数的计算与校核

依据GB/T12777－2008《金属波纹管膨胀节通用技术条件》标准中无加强U型膨胀节的相应公式，对DN500膨胀节的各项应力、疲劳寿命、膨胀节的轴向刚度、轴向位移、平面失稳压力进行计算及校核，其结果详见表3～表8。

表3　各项应力计算

应力分类	整体成形(图样尺寸计算值)	计算结果
内压引起波纹管直边段周向薄膜应力 σ_1　MPa	$\sigma_1=\frac{pD_0^2L_4E_b^tk}{2(mSE_b^tL_4+S_ckE_c^tL_cD_c)}=$	19.12
内压引起波纹管周向薄膜应力　σ_2　MPa	$\sigma_2=\frac{pD_m}{2mS_p}\left(\frac{1}{0.571+2h/w}\right)=$	9.4
内压引起波纹管径向薄膜应力　σ_3　MPa	$\sigma_3=\frac{ph}{2mS_p}=$	2.01
内压引起波纹管径向弯曲应力　σ_4　MPa	$\sigma_4=\frac{p}{2m}\left(\frac{h}{S_p}\right)C_p=$	61.03
位移引起波纹管径向薄膜应力　σ_5　MPa	$\sigma_5=\frac{E_b(S_p+C_2)^2e}{2h^3C_f}=$	6.48

(续表)

应力分类	整体成形(图样尺寸计算值)	计算结果
位移引起波纹管径向弯曲应力 σ_6 MPa	$\sigma_6=\frac{5E_b(S_p+C_2)^e}{3h^2C_d}=$	795.8
组合应力 MPa	$\sigma_p=\sigma_3+\sigma_4$	63.04
	$\sigma_d=\sigma_5+\sigma_6$	802.28
	$\sigma_t=0.7\sigma_p+\sigma_d$	846.4

表 4　各项应力评定结果

应力评定	图样尺寸计算值	计算值评定
$\sigma_1\leqslant[\sigma]^{150}=209$ MPa	19.12	合格
$\sigma_2\leqslant[\sigma]^{150}=209$ MPa	9.4	合格
$\sigma_3\leqslant[\sigma]^{150}=209$ MPa	2.01	合格
$\sigma_p=\sigma_3+\sigma_4\leqslant1.5[\sigma]s^{150}=313.5$ MPa	63.04	合格
$\sigma_t=0.7\sigma_p+\sigma_d\geqslant2[\sigma]s^{150}=418$MPa	846.4	考虑疲劳寿命〔N〕=7000 次

表 5　疲劳寿命校核

单波当量轴向位移　e_1　mm	11.17	$(N)=\left(\frac{12820}{T_f\sigma_R-370}\right)^{3.4}/n_f=7272$ 次
7 波整体当量轴向位移　e　mm	78.19	

表 6　轴向刚度校核

设计温度下单波理论刚度:f_{iu150}　N/mm	$f_{iu}=1.7\frac{mD_mE_b^t}{C_t}\left(\frac{S_p+C_2}{h}\right)^3$	2056.75
设计温度下整体理论刚度 f_{u150}　N/mm	$f_{u150}=f_{iu150}/n$	293.82

表 7　平面失稳压力校核

$P_{Si}>P_{设}=0.15$ MPa	$P_{Si}=0.74$ 合格

表 8　柱失稳压力校核

$P_{Sc}>P_{设}=0.15$ MPa	$P_{Sc}=0.93$ 合格

2.4　膨胀节计算及校核结论

(1)膨胀节平面失稳压力 0.74MPa>设计压力 0.15MPa,满足膨胀节使用要求;

(2)膨胀节轴向整体位移 20mm、横向位移 10mm、角向位移 1°状态下,计算疲劳寿命为 7272 次,满足标准及客户要求的疲劳寿命 7000 次;

2.5　膨胀节的详细图

根据客户的条件图以及要求,最终膨胀节的结构设计详细图见图 1:

3　膨胀节制作技术方案

3.1　N10675 哈氏合金材料

该产品的波纹管和内衬筒组件材质均为 ASTM B333 UNS N10675 ALLOY B3(以下简称为 B3)。B3 是一种以镍、钼、钴等元素组成的镍基高温合金,含镍量约为 65%。B3 镍基合金材料是在哈氏合金 B2 的基础上改进的新材料,提高了材料的热稳定性,从而提高了耐蚀性能,同时,改善了热成形与冷成形性能。近年来,已经越来越多地应用于化工装备的生产制造中。目前,国内暂无该材质波纹管的液压成型经验可参考,且 B3 板材较为贵重,为保证膨胀节产品的成型率,制作过程中针对以下几个方面进行探讨。

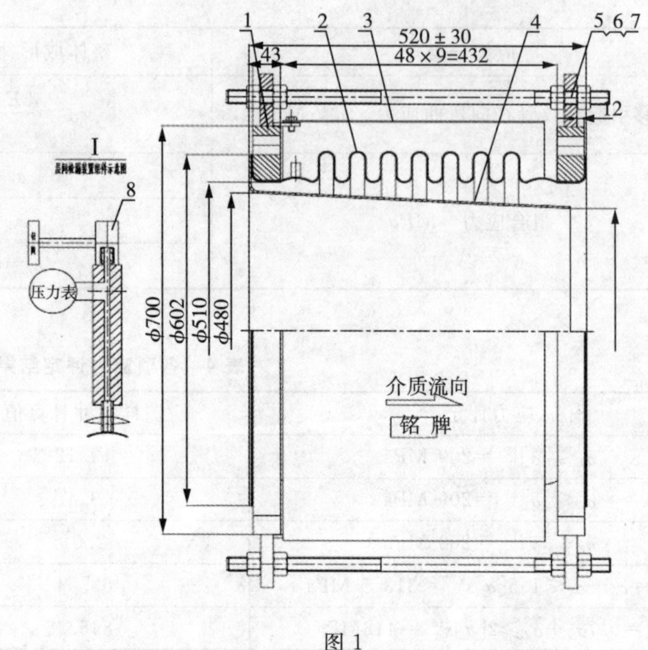

图 1

1—法兰;2—B3 波纹管;3—保护罩;4—导流筒;5—支耳;6—拉杆;7—螺母;8—层间检测组合件

3.2　原材料性能

此膨胀节 B3 板材共有 1mm(波纹管管坯用料)和 3mm(内衬筒用料)两种规格。采购时应满足 ASTM B333 标准,且固溶状态交货,原材料到厂后,应复验原材料化学成分及力学性能,,确保板材性能符合标准要求。为保证膨胀节成型过程中不因应力产生裂纹,且消除管坯卷制时产生的应力,并对焊缝进行性能恢复,对原材进行固溶处理,表 9 为波纹管管坯用 1mm 的 B3 材料实测固溶前后力学性能值与标准值对比。

表 9　B3 板材力学性能对比

B3/1mm	抗拉强度/MPa	屈服强度/MPa	延伸率/%
标准值	758	352	40
热处理前实测值	877	492	37.5
热处理后实测值	827	446	57.5

由上表可以看出,B3 板材在固溶热处理后的抗拉强度和屈服强度变化不大,但延伸率有较为明显的提升,有利于波纹管的压制成型。建议在液压成型工序前增加了管坯的固溶热处理,以提升管坯的冷变形能力。

3.3　热处理过程中的注意事项

B3 材料热处理敏感行较强,热处理的方式及温度不当,材料容易造成龟裂。在热处理之前和热处理过程中,应始终保持膨胀节清洁和无污染,这一点非常重要。在加热过程中,膨胀节不能接触硫、磷、铅及其他低熔点金属,否则会损害合金的性能,使合金变脆。加热炉最好为电炉,如采用燃气或燃油炉,燃料中的含硫量越低越好,根据材料厂家推荐,天然气和液化石油气中的硫的总含量不大于 0.1%(V),城市煤气中硫的含量不大于 0.25g/m^3,燃油中硫含量应少于 0.5%(W)为较好。图 2 为膨胀节成型后采用电炉固溶处理示意图。图 3 为固溶处理后膨胀节(未涂抹耐高温保护涂料),图 4 为表面涂抹 KBC－12 耐高温保护涂料,涂料与 B3 材料在高温时发生反应,B3 表面被严重腐蚀见图 5,导致的膨胀节最终报废。

炉气必须洁净并以微还原性为宜,应避免炉气在氧化性和还原性之间波动,加热火焰不能直接接触工件。膨胀节入炉前必须支撑,避免高温下发生不良变形。膨胀节升温速度尽可能快,必须待炉温达到热处理温度后膨胀节才能入炉。出炉后应快速水冷,用浸入法或全面积均匀喷淋,严禁采用水管浇注,以防冷热不均,导致发生异常变形或撕裂。

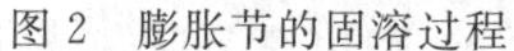

图 2　膨胀节的固溶过程

图 3　固溶后膨胀节

另一种方法就是热成形,热成型的优点是可一次成形,能避免加工硬化,如果成形温度能控制好,还可免去热处理。但热成形过程中温度变化很大,且每个区域都有不同,甚至与模具直接接触的表面可能要远低于金属内部的温度,很难测量和控制,一旦在加工过程中局部材料进入敏感温度区,产生微裂纹等缺陷,便很难在后期的固溶热处理中消除。经过试验,最终选择了冷成形工艺,成型后整体固溶处理,压制方法优先选用模压。

冷成形过程中,变形率较大时要采用分步成形工艺。分步成形要进行中间热处理,宜选用固溶热处理,温度控制在 1000℃以上。选择固溶热处理工艺,温度达到 1060～1080℃。加工件最终压制成形后还要再进行一次固溶热处理,消除残余的应力,避免影响后续的焊接质量。

图 4　涂高温涂料固溶的膨胀节

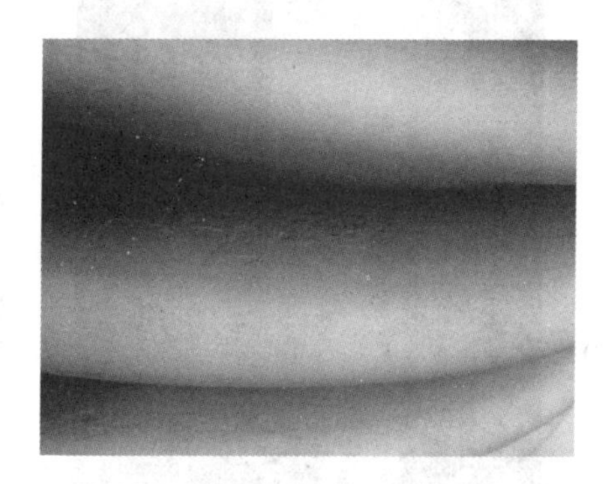

图 5　未涂高温涂料固溶的膨胀节

3.4　焊接性能测试

B3 材料的拼接焊缝,应采用钨极氩弧焊(GTAW)焊接方法,并采用纯度 99.999%的氩气保护,保证焊缝及热影响区不被氧化,膨胀节焊接之前,必须采用刮刀的方式去除坡口和母材表面的附着物和氧化层,氧化膜和杂质的存在会影响焊缝和热影响区的性能。焊接应选用小电流,避免过慢的速度,不摆动,层间温度控制在 100℃以下,采用正、背两面氩气保护,避免合金元素高温氧化烧损。压制前应将焊缝表面打磨光滑，去除焊缝表面较厚的氧化层并辅以酸洗。B3 材料焊缝的氧化层很坚硬，直接酸洗难以去除，在压制成形过程中很容易产生细微的裂纹，对焊缝的性能造成影响。

波纹管管坯纵向焊接接头经 100％RT 检测后合格，符合 GB16749－1997 中附录 B 合格要求。

3.5　冷压成型性能测试

公司之前从未压制过 B3 材质的波纹管，国内也无参考先例证明 B3 波纹管是否可以冷压成型。为了避免浪费 B3 板材，我们在进行该任务号之前先行试压了一件 DN200 的单波波纹管来测试 B3 板材的冷变形能力。经测试，B3 板材的冷变形能力能满足此膨胀节的变形率，基本可以保证该产品的顺利成型。为保证材料的使用性能及消除成型过程中的残余应力，成型后膨胀节应进行固溶处理。

3.6　翻边结构的可行性

受客户对产品总长度的限制，该膨胀节的波纹管与法兰为直接翻边连接，无两端接管（如图 1 所示）。同时，为了避免波纹管波高过大干扰法兰的连接螺栓，该波纹管两个端波的波高小于中间波的波高，加大了波纹管的液压成型难度。鉴于 B3 板材的特殊性，先采用不锈钢的管坯进行试压，以测试模具的适用性及该波纹管型式的可行性。

经测试，成型后的不锈钢波纹管波形参数基本符合图纸要求，翻边情况良好，证明模具尺寸完全可以满足波纹管的压制需求。

3.7　内衬筒翻边制作

此膨胀节的内衬筒为锥形翻边管（如图 1 所示），由于翻边量单边为 125mm，B3 材料的加工难度较大，为方便制造，将其拆分为翻边环板和锥管两部分，先冲压出翻边环板，再与锥管进行组焊，保证图纸要求尺寸。同时，为了确保冲压出的翻边环板尺寸符合要求，在用 B3 板材进行冲压前，先用不锈钢板材进行了冲压测试，并不断调整模具尺寸，以确保 B3 材质的翻边环板能一次冲压成功。经试验，最终翻边结构内衬筒制造后符合图纸要求。

3.8　B3 膨胀节表面处理工艺

在产品酸洗钝化前，先将试制的一件 DN200 的波纹管在含 60％的 HNO_3 溶液中行了酸洗钝化，以验证酸洗质量。结果，波纹管在酸洗钝化过程中发生严重腐蚀现象，局部出现纸片式破损（如图 6 所示）。经反复酸洗试验发现 B3 材质不耐 HNO_3 腐蚀，与 HNO_3 发生反应。经过反复试验各种酸洗膏，试验证明应采用不含硝酸的氢氟酸酸洗膏进行酸洗钝化，酸洗后表面如图 7 所示，能满足材料的使用要求。

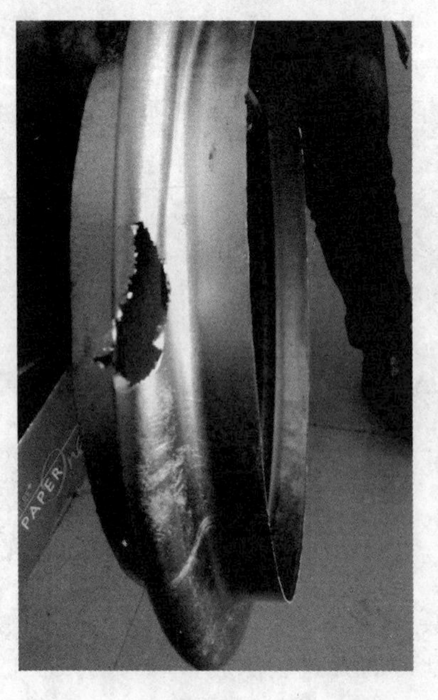

图 6

图 7

4 结语

经过制作过程中各工序的反复试验,,甲基丙烯酸甲酯(MMA)项目多波 B3 材料膨胀节 DZUF1.5－500－20/10/1 试制成功,在试制的过程中技术难点总结如下,供大家参考、借鉴:

4.1 为保证膨胀节压制过程中的质量,成型前管坯需进行固溶处理。

4.2 为保证波纹管的酸洗质量,应采用不含硝酸的氢氟酸酸洗膏进行酸洗钝化。

4.3 为保证焊缝不被氧化,应采用纯度 99.999%氩气进行保护,并采用氩弧焊、小电流焊接。

4.4 为保证材料性能的均匀行,应采用冷成型,成型后固溶处理的方式。

4.5 B3 材料在热处理过程中,表面应洁净、无油污等杂质,且不应涂抹高温防氧化膏,以免与 B3 材料在高温下发生反应。

参考文献

[1] GB/T12777－2008,《金属波纹管膨胀节通用技术条件》[S]. 北京:国家标准出版社,2008.

[2] GB16749－1997,《压力容器波形膨胀节》[S]. 北京:国家标准出版社,1997.

作者简介

高利霞,女,工程师,主要从事金属波纹管膨胀节产品设计与工艺工作。通讯地址:江苏省南京市江宁区横溪镇横云南路 248 号。

2205双相不锈钢膨胀节焊接工艺研究

康华宁
（南京三邦新材料科技有限公司，南京　211155）

摘　要：介绍了膨胀节制造材料2205双相不锈钢，分析了母材的焊接性，选用钨极氩弧焊进行焊接工艺评定，结合验结果提出焊接过程中的控制措施，提高焊接质量。

关键词：2205双相不锈钢；钨极氩弧焊；焊接工艺评定

Welding technology of 2205 duplex stainless steel expansion joint

Kang hua-ning
(Nanjing Sanbom Metal Clad Material Co. ,Ltd Nanjing211155)

Abstract: Describes the expansion joint manufacturing material 2205, analyzed the base material weldability, the choice of TIG welding procedure qualification, combined with the experimental results presented in the welding process control measures to improve the quality of welding.

Keywords: 2205 duplex stainless steel; TIG; Welding procedure qualification

引言：

铁素体－奥氏体双相不锈钢的名字是来自于其室温微观组织，其中铁素体相与奥氏体相约各占一半，一般量少的相含量也需要达到30%。在20世纪30年代就知道有双相不锈钢，它时快时慢的开发过程明显周期性的镍短缺的影响。从20世纪80年代初开始，由于认识到氮作为一种合金元素可以起关键作用，钢的焊接性和耐蚀性有了明显的改善。至今这种钢已被用于广泛邻域，主要用于要求优异耐腐蚀性的场合。

2205作为现代双相钢中的一种，具有优异的耐腐蚀性和高强度，已广泛用于石油天然气输送、海洋工程、化学工业等行业。

1　母材焊接性分析

焊接工艺评定选母材为AMSE SA240 S32205双相不锈钢，化学成分与力学性能见表1、表2。

表1 AMSESA240 S32205双相不锈钢化学成分

材料	C	Si	Mn	P	S	Cr	Ni	Mo	N
S32205	0.030	1.00	2.00	0.030	0.020	22.00～23.00	4.50～6.50	3.0～3.5	0.14～0.20

表2 AMSESA240 S32205双相不锈钢力学性能

材料	抗拉强度/MPa	屈服强度/MPa	延伸率/%
S32205	655	450	25

1.1 氢致裂纹

虽然2205双相不锈钢被认为是抗氢致开裂的，但由于含氢量很高和组织控制不良的综合作用产生氢致裂纹。因此焊材中或周围环境中氢的质量浓度较高时，则会在焊接双相不锈钢时出现氢致裂纹和脆化。

1.2 控制铁素体一奥氏体的平衡

焊缝为得到平衡的两相组织可以通过综合控制成分和热控制过程来予以调整。高的镍含量或高的氮含量能有效地降低 Cr_{eq}/Ni_{eq} 比值，得到较高的铁素体固溶线温度，而较高的温度就能形成奥氏体，同时也促使奥氏体在冷却时更快形成，完成更多的铁素体一奥氏体转变。

预热和控制层间温度也可以在一定的限度内来降低焊接冷却速度，从而使铁素体一奥氏体相变更完全，有时也可以用焊后热处理，但必须采取措施防止脆化。

1.3 中温脆化

2205双相不锈钢含有50%的铁素体，在475℃(885°F)脆化温度范围内停留后，会降低韧度。但由于其较高的氮含量，其韧度降低就慢得多，不如铁素体不锈钢那样敏感。所以α相析出时间较长，故对一般焊接影响不大。

2205双相不锈钢在600～1000℃温度区间停留，会生成金属间化合物的析出相，最重要的金属间化合物是σ相(近似为FeCr)，形成σ相需经一定的时间，一般1～2Min萌生，3～5Min σ相增多并长大。

因此，焊接2205双相不锈钢时应采用小热输入，快速冷却，消应力处理时应避开中温脆化温度区间。

2 焊接工艺设计

2.1 焊接方法与材料的选择

结合上述分析，考虑到2205双相不锈钢有较高的屈服强度，冷加工性能较奥氏体不锈钢困难，结合膨胀节生产制造选用手工钨极氩弧焊(GTAW)进行焊接。

选用的焊接材料为直径2.4mm的ER2209焊丝。焊接材料所对应的主要化学成分见表3所示。

表3 焊接材料主要化学成分

焊接材料	C	Cr	Ni	Mo	Mn	Si	P	S	N	Cu
ER2209	0.03	21.5～23.5	7.5～9.5	2.5～3.5	0.50～2.0	0.90	0.03	0.03	0.08～0.20	0.75

2.2 坡口类型与焊前准备

坡口采用机加工的方法制备，顿边0～1mm，母材板厚14mm采用60°X对称坡口。焊接位置为1G。

2.3 保护气体

采用GTAW施焊，结合上述分析选用保护气为纯度为99.99%的氩气和氮气混合气体(添加2%～3%的氮气)。保护气的氧含量应低于0.25%(2500ppm)。

2.4 焊件清理

焊缝接口处两侧用纤砂布轮或砂轮打磨清理氧化物和其他污染物，清理总宽度不得小60mm，焊接过程中发现污染则应随时进行清理或清洗。

焊件焊接区及焊丝用丙酮或无水酒精清洗后，应待完全干燥后才能进行施焊。

2.5　焊接工艺参数的选择

工艺参数见表4，严格控制热输入，焊前不预热，施焊过程中严格控制层间温度≤100℃，正面保护气Ar+2.5%N2流量为10～15L/min，背面保护气Ar+2.5%N2流量为15～20L/min。

表4　GTAW焊接工艺参数

层次	焊接方法	焊材型号	焊材规格(mm)	电流极性	焊接电流(A)	焊接电压(V)	焊接速度(cm/min)
打底	GTAW	ER2209	2.4	直流正接	100～120	10～13	6～9
填充	GTAW	ER2209	2.4	直流正接	120～160	10～14	10～14
盖面	GTAW	ER2209	2.4	直流正接	120～140	10～14	10～14

3　焊接工艺评定试验

3.1　焊接工艺评定试验结果

焊接工艺评定按ASME IX《焊接和钎接评定一焊接和钎接工艺，焊工、钎接工、焊机和钎机操作工的评定标准》标准，各项性能试验按照相关标准要求对焊接接头进行试验。试验项目包括常规的拉伸试验、弯曲试验、夏比V型坡口冲击试验、硬度试验，力学性能试验结果见表5所示。

表5　力学性能试验结果

母材	厚度(mm)	抗拉强度(MPa)	弯曲实验 $a=180°$ $D=4S$	−40℃夏比V冲击吸收功/J		硬度HV10	
				焊缝区	热影响区	焊缝区	热影响区
S32205	14	785,790	侧弯	107,106,106	144,133,128	275	267

根据金相组织分析母材区、焊缝区、热影响区组织均为奥氏体和铁素体两相组织。见图1母材区、图2热影响区、图3焊缝区。

图1　母材区250×　　图2　热影响区250×　　图3　焊缝区250×

4　结论

4.1　通过采用合理的焊接工艺，获得焊接质量较高的接头。经各项性能试验结果显示，焊接接头具有良好的强度、塑性及韧性，符合标准要求，能保证生产制造及设备使用。

4.2　手工钨极氩弧焊对于2205双相不锈钢是一种高质量的焊接工艺，应广泛用于膨胀节的实际生产中。

4.3　通过对热输入的限制、对层间温度的控制、保护气中添加2.5%的氮气等一系列措施，能较高的提高焊接质量,使焊接接头获得良好的性能。

参考文献

[1]吴玖. 双相不锈钢[M]. 北京:冶金工业出版社. 1999.6:346-366.

[2]张文钺. 侯胜昌等. 双相不锈钢的焊接性及其焊接材料[J]. 焊接设备与材料. 2004.2.33(1).

[2]陈祝年. 焊接工程师手册[M]. 北京:机械工业出版社. 2002.1:1078-1079.

作者简介

康华宁(1987—),男,江苏南京人,助理工程师,主要从事焊接技术工作。通讯地址:江苏省南京市江宁区横溪镇横云南路248号。

钛制波纹管膨胀节热成型研究

孙尧[1]　赵孟欢[1]　高丽霞[1]　周景蓉[1]　康华宁[1]　蔡善祥[2]
（1. 南京三邦新材料科技有限公司，南京　211155；2. 合肥通用机械研究院，合肥　230031）

摘　要：由于钛材料存在塑性变形能力差、冷变形抗力大、回弹严重、焊接性能差等特点，在膨胀节制造过程中存在材料易发生开裂、回弹严重、波形不满足工艺要求等问题，针对上述问题文本研究了热载体油系统对筒体进行加热的方法（保持高温状态下 320℃～350℃进行压制，并在热成型过程中控制温度和压力），使得膨胀节的整体参数能更好地满足图纸要求，并最终形成一套完整的热成型波纹管膨胀节工艺、制造规程和验收标准。

关键词：膨胀节；热载体油；高温

Titanium Bellows study high-temperature molding

Sun Yao[1]　Zhao meng-huan[1]　Gao Li-xia[1]　Zhou jing-Rong[1]　Kang Hua-ning[1]　Cai Shan-xiang[2]
(1. Nanjing State New Material Technology Co, Ltd, Nanjing 2111552;
Hefei General Machinery Research Institute, Hefei 230031)

Abstract: Because of titanium has poor plastic deformation ability, cold deformation resistance, serious rebound, poor welding performance and so on. In the expansion joint manufacturing process, the material is prone to crack, serious rebound, the waveform does not meet the technical requirements and other issues, In view of the above mentioned problem, the heat carrier oil system is used to heat the cylinder to keep the heat in high temperature 320℃～350℃, and control the temperature and pressure in the process of hot forming. The overall parameters of the expansion joint can meet the requirements of the drawing better, and finally form a complete set of thermal shaping bellows expansion joint, manufacturing procedures and acceptance criteria.

Keywords: expansion joint; heat conduction oil; heating

1　引言

金属钛呈银白色，具有熔点高、比重轻、机械强度高、耐低温、耐磨蚀、线钛塑性良好等特点；钛等有色金属波纹管在石油、化工、制药、环保等行业中得到越来越广泛的应用。在强度计算、结构设计、制造工艺、检测要求、经济效益上，钛材波纹管有突出的技术先进性和良好的经济性。其中，TA10 波纹管由于耐腐蚀能力远优于其他钛材波纹管，常被用于耐腐蚀要求较高的场合。但 TA10 材质伸长率偏小，导致

TA10 波纹管的制造难度很大，无法满足市场多样化的需求。

本项目是为了攻克 TA10 等钛制波纹管的制造难点，开发出更多钛材波纹管产品，更好地满足市场需求。

2 波纹管成型准备

2.1 设计依据与波纹管参数

波纹管公称直径 $D_N = 450$mm，设计压力为 $p = 0.25$MPa，设计温度为 20℃，轴向位移 10mm，依据 GB16749－1997《压力容器波形膨胀节》规定，设计选型为 ZDL450－0.25－1×3×3。设计波形参数见表 1。

表 1 波纹管参数

型号	ZDL450－0.25－1×3×3							
参数	直边波根内径 D_h(mm)	直边波根外径 D_0(mm)	波高 h(mm)	波距 W(mm)	波数 n	壁厚 δ(mm)	直边段长度(mm)	轴向位移 x(mm)
理论	Φ452	Φ458	35	50	3	3	60	10

2.2 材料准备

钛材冷变形抗力大、回弹严重、塑性变形能力差，在综合这三种因素之下，钛材选用延展性能高于标准所规定的延伸率 25%，以便满足压制过程中随弯曲、拉伸后，材料不发生开裂、回弹严重、波形不满足工艺要求等问题。

钛材在到厂之后，按要求查看质量证明书、材料标识、复验力学性能。满足试制要求入库，并转入生产。钛材性能见表 2、表 3

表 2 TA10 的化学成分

牌号	状态	化学成分%							
		Fe	C	N	H	O	Ti	其他元素	
								单一	总和
TA10	退火	≤0.30	≤0.08	≤0.03	≤0.015	≤0.25	余量	≤0.10	≤0.40
实测值		0.28	0.06	0.025	0.005	0.15			0.35

表 3 TA10 力学性能和工艺性能

牌号	厚度	室温力学性能			工艺性能	
		Rm/MPa	Rp0.2/MPa	A/%	弯芯直径/mm	弯曲角/度
TA10	3	≥400	275～450	≥25	5T	105
实测值		435	385	35	外表面无开裂	

2.3 钛板焊接

2.3.1 钛的焊接性能

钛的焊接性能具有许多显著特点，这是由于钛的物理化学性能决定的。在常温下，钛是比较稳定的，但在焊接过程中，液态熔滴和熔池金属具有强烈吸收氢、氧、氮的作用。随着温度的升高，钛吸收氢、氧、氮的能力也随之明显上升，大约在 250℃左右开始吸收氢，从 400℃开始吸收氧，从 600℃开始吸收氮；吸氢会造成焊接接头变脆，再加上氢原子的扩散及聚集形成气孔，易导致冷裂纹的产生，影响到焊接接头的疲劳强度。氧和氮会大大提高焊接接头的抗拉强度和硬度，降低焊缝的塑性。

2.3.2　焊接工艺

鉴于钛的焊接性能特点，为了获得强度和塑性都能满足波纹管成型要求的焊接接头：(1)做好焊前清理工作是保证焊接质量的重要措施之一。焊前清理包括工件清理和环境清理。认真清理焊接区环境、工装夹具及保护罩上的污物；对工件和焊丝进行酸洗处理，焊接之前刮除氧化膜。(2)焊接时采用焊枪、拖罩和背保护罩对焊接高温区进行保护。其气体流量保持适当，流量太大，易造成紊流，流量太小，易使空气混入，影响保护效果；保护气体选用纯度为 99.99%的氩气，防止焊缝中气孔的产生。(3)防止焊接接头热影响区的晶粒过分长大，焊接应选用小的线能量。(4)焊后进行消应力退火处理，防止冷裂纹的产生。焊接工艺如表 4。

表 4　TA10 薄板焊接工艺参数

厚度/mm	焊接方法	焊丝牌号	焊丝直径	保护气体	焊接工艺参数					焊后热处理
					电流(A)	电压(V)	焊接速度(cm/min)	气流量(L/min)		
								正面	背面	
3	GTAW	STA2R	Φ2.0	Ar 99.99%	120～140	14～15	8～10	12～15	10～12	680℃×30min 高温涂层保护

2.4　无损检测

钛板焊接后进行检验。钛板焊接后焊缝表面及热影响区均呈银白色；焊缝宽度 4～5mm，焊缝余高 0～0.5mm，热影响区宽度 2～3mm；焊接变形很小。外观检验合格后，对试件进行 100%RT 和 100%PT 检查，检查结果分别需符合 NB/T 47013.2－2015 标准Ⅱ级合格要求和 NB/T 47013.5－2015 标准Ⅰ级合格要求。

2.5　焊后热处理

钛焊接后，焊接接头会产生内应力，为防止冷裂纹以及压制过程中焊接接头开裂，在压制前对焊接完成的筒节进行退火。这种退火在后续压制过程中也会采用到。

钛在退火状态下使用，可降低强度、提高塑性，得到较好的综合性能，为减少热处理过程中气体对钛材表面的影响，热处理温度应尽可能选的低些。一般退火温度要高于再结晶温度，但低于 α 向 β 相转变的温度 100～120℃，这时所得到的是细晶粒组织。所以退火温度在试制过程中选用 680℃。在高温加热情况下，保温时间尽量选短些，保温时间选择 30min。

在高温下钛的化学活性很高，容易与炉气中的氢、氧、氮、氯等元素发生反应，对加工性能和使用性能产生不良影响，必须予以控制。钛能与氧和氮形成化学稳定性极高的致密氧化物和氮化物保护膜，随着温度的升高，氧化层逐渐增厚，热处理时必须对筒体内外表面进行涂层保护。为了消除氯化物对钛产生的应力腐蚀，在热处理前后搬运和清洗波纹管时要特别注意保护工件。

2.6　热载体供油系统

1. 产品型号：AEOTS－75－100

2. 产品指标：

(1)主要技术参数：

控制温度：20(最低)～350℃(最高)；

控制精度：PID±1℃；

控制方式：电脑 PC 板自动化微处理器；

加热媒体：热载体油(自备)；

加热方式：直接加热(无冷却)；

加热功率：加热功率可调 100kw；

电源：3 根 380V、50HZ；

报警装置：循环油温度超过上限值报警并切断电路。

油箱容积：500L

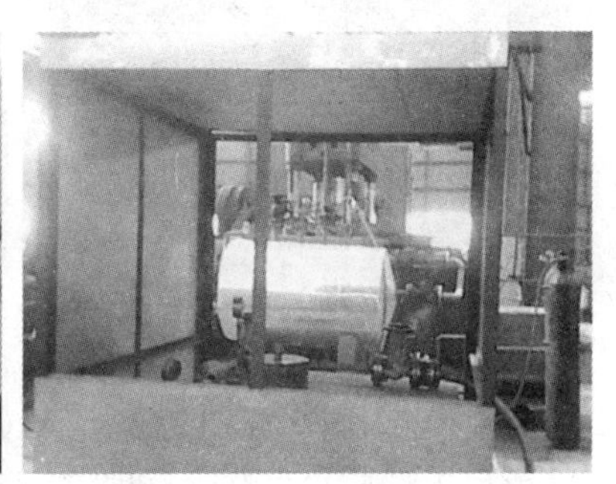

热载体油(GB/T4016－1983)，又称传热油、导热油，英文名称为 Heat transfer oil，所以也称热导油，热煤油等。热载体油是一种热量的传递介质，由于其具有加热均匀，调温控制温准确，能在低蒸汽压下产生高温，传热效果好，节能，输送和操作方便等特点，近年来被广泛应用于各种场合，而且其用途和用量越来越多。

热载体油系统的检查：

检查热载体循环系统(包括注油泵、热油循环泵)所有的管道、阀门。检查排污系统所有的管道、阀门。检查供汽系统所有的管道、阀门及保温层。检查除尘器的出灰口封闭情况。检查操作室内的电控仪表及保护装置。

并在检查后进行调试，调试是进一步考证安装质量、系统工作性能和熟悉操作要领，保证正常运行的重要工作，应有管理人员、技术人员、操作人员共同参加，在设备初次启动后的运行中，应对设备工况进行测定和记录，以保证今后系统的正常运行。

2.7　热载体油温度的选择

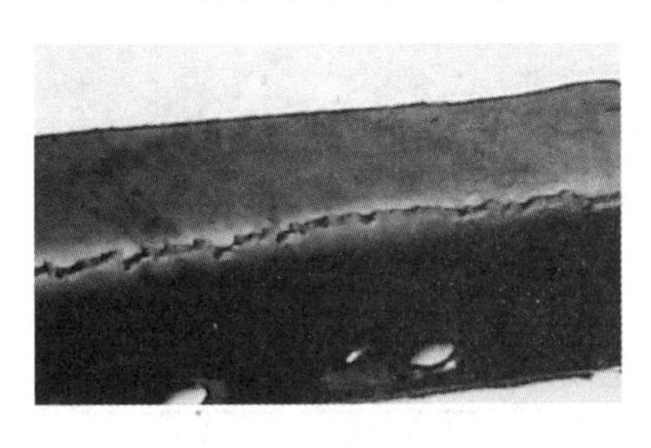
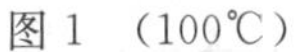

图 1　(100℃)

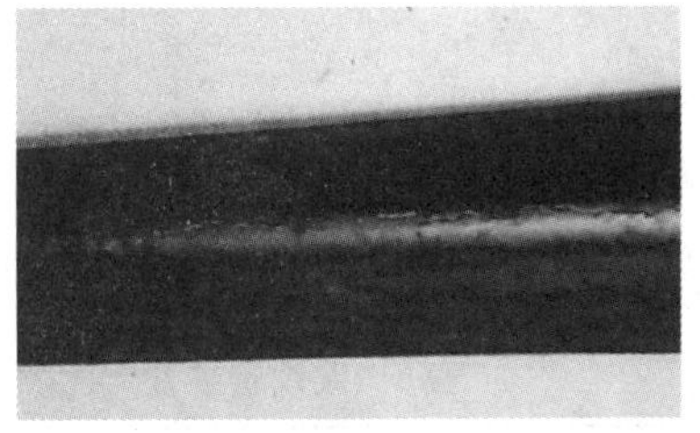

图 2　(300℃)

图 3　(350℃)

以上图 1、图 2、图 3 分别为 δ3 TA10 板不同温度下 90°折弯图示；

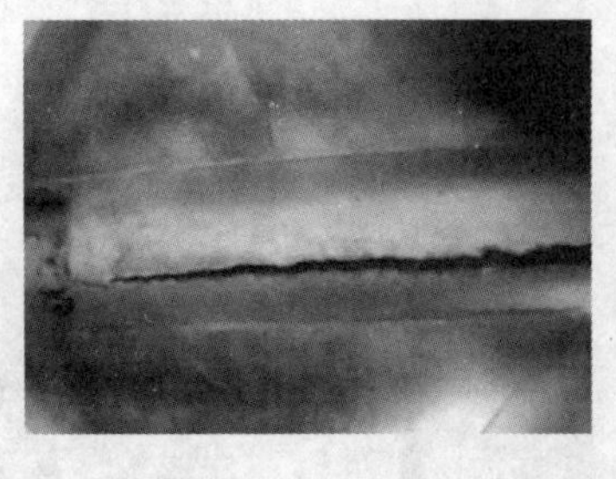

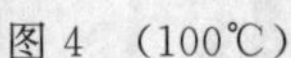

图 4 （100℃）

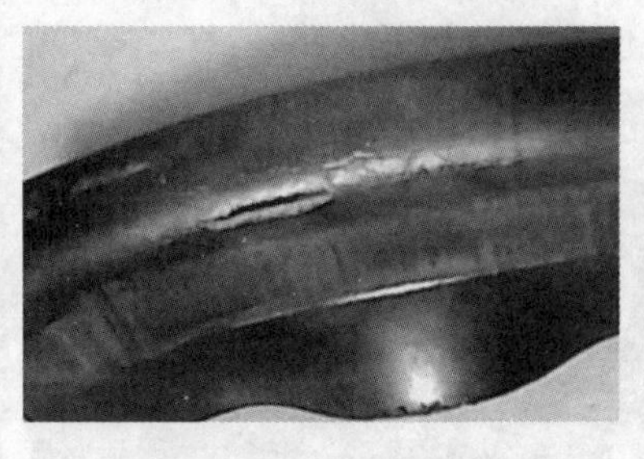

图 5 （300℃）

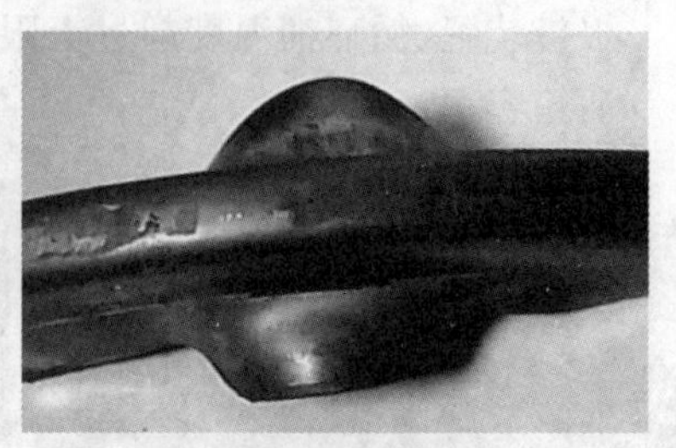

图 6 （350℃）

图 4、图 5、图 6 分别为 δ3 TA10 板不同温度下模拟波高 35mm、波距 50mm 单波波纹管成型图示。

由以上试验得出结论，钛板随着温度的升高，加工性能越好，成型率越高。所以我们暂定热载体油加热筒体的温度为 320～350℃之间，经评定，L－QB 热传导液最高使用温度为 300℃，L－QC 热传导液最高使用温度为 320℃，L－QD 热传导液最高使用温度为 350℃。所以我们最终选用 L－QD 热传导液。

波纹管的成型可采用液压成型、滚压成型和机械胀形等方法，但由于钛的冷变形抗力大、回弹严重、塑性变形能力差，以及加工过程中的冷作硬化等原因，采用热载体油的系统对筒体进行加热液压成型的方法。其特点是：成形过程中，TA10 筒体受热载体油的影响逐渐升温，伴随着温度的升高，其塑性变形也越好，用红外线温度仪测量将其加热到 320～350℃之间，然后进行压制；液压成形制造出来的波纹管质量较好，是波纹管的最常用成形方法。

3　波纹管成型

3.1　波纹管成型

钛材的工艺性能远远不如不锈钢等，因此波形参数要选择合适。钛的屈强比高，表示了钛在成形时塑性变形差。成型时对成型压力的控制要求很高。

为防止波纹管在成型过程中受损伤，成型之前对模具进行严格清理，不得有铁锈，颗粒状渣滓等缺陷，并用贴膜保护；管坯内外表面清理干净，并涂高温防氧化涂料，晾干。

采用热载体油系统对筒体进行加热，将其加热 320～350℃之间，然后进行压制；

装模，缓慢加压，当达到一定压力后，模具间的管坯薄壳发生鼓胀，鼓波后停泵保压，拆去模具之间的垫块，换成一次成型高度的垫块，启动压机，轴向压缩管坯，同时开泵增压，保持成型压力的波动在工艺要求的控制范围内，管坯的端模和中间模在油压机的轴向推压下继续移动，波形渐渐扩大，直至模具全部紧靠，即为并模，此间应检查模具的滑移情况，要确保相互间隙均匀，避免发生偏移。

并模后，保压、拆模、取出波纹管、一次成型结束。将半成型的纯钛波纹管坯进行退火热处理，再重复一次成型的步骤进行二次成型。

3.2　波纹管检查

波纹管成型以后，内外表面 PT 检查，无缺陷；波形平整，光滑，无尖波、肥细波等缺陷，波形尺寸完全符合 GB16749 的要求，并测量波纹管波峰、波谷和波侧中间位置三者之间的最小厚度，减薄量 10%。见表 5。

表 5　波纹管参数

型号	ZDL450－0.25－1×3×3						
参数	直边波根内径 D_b（mm）	直边波根外径 D_0（mm）	波高 h（mm）	波距 W（mm）	波数 n	壁厚 δ（mm）	直边段长度（mm）
理论	Φ452	Φ458	35	50	3	3	60
实测	Φ453	Φ459	34	52	3	2.70	60

4 性能测试

4.1 压力试验

膨胀节的耐压性能通过压力试验进行检验。试压前所有接口部的螺栓应装配齐全,紧固牢靠,并保证两端固定,防止膨胀节轴向长度形变、横向偏移或周向偏转。

设计压力 0.25MPa,DN450 的波纹管膨胀节进行了 0.31MPa 的水压试验,水中氯离子含量小于 25mg/L,保压 30min。膨胀节在试验压力下,无破坏、无泄漏,最大波距与受压前波距之比不超过 1.12,其测量结果见表 6

表 6 施压波距变形量

检测部位	膨胀节波峰外圆上均布取 3 处		
	1	2	3
施压前(mm)	50	50	52
施压后(mm)	55	56	57
变形量(%)	10.0	12.0	9.6

4.2 气密试验

膨胀节气密试验在压力试验之后进行。气密试验可采用水浸法或在膨胀节内腔充氨气,膨胀节表面刷肥皂水。加气压达 0.25MPa,保压十分钟,未见漏气气泡。

4.3 刚度试验

刚度试验在 YJ－35 膨胀节综合性能试验装置上进行。刚度试验结果见表 7。

表 7 刚度检测

压缩		拉伸		刚度		
压缩量(mm)	压力(N)	拉伸量(mm)	拉力(N)	压缩刚度(N/mm)	拉伸刚度(N/mm)	平均刚度(N/mm)
4.9	45221.5	5.4	47146.6	9228.9	8730.9	8979.9

4.4 疲劳试验

波纹管在专用的疲劳试验装置上进行,疲劳试验装置应保证能约束波纹管压力推力与位移反力,并能保证施加的轴向位移与波纹管轴线同轴。

按压力 0.25MPa,位移为 11mm 计算出预计疲劳寿命 $N=3000$ 次,如取安全系数 10,允许寿命为 300 次。循环位移量按薄壁多波位移计算公式得出 $e=e_1(n-0.7)=8.4\text{mm}$。循环试验速率,以位移在常温下各波间能较均匀地分配为原则,每分钟不超过 30 次。

实际疲劳试验至 640 次时波纹管发生泄露,泄露发生位置在波谷处,呈周向开裂,开裂以后裂纹扩展迅速。按公式 $N_s \geqslant 2[N]/T_f^{3\sim4}$,$T_f$ 在室温下取值为 1,则疲劳寿命与允许寿命比值为 2.0。实际疲劳寿命与允许寿命比值为 2.13,大于 2.0。符合 GB16749 的规定。

5 试制总结

产品制造完成后,我们通过对外观、外形以及各项性能进行检测,结果均能满足标准以及设计要求。公司试制的材质为 TA10 的膨胀节,经南京市产品质量监督检验所检测符合 GB16749－1997《压力容器波形膨胀节》标准。

参考文献

[1] GB/T12777－2008,《金属波纹管膨胀节通用技术条件》[S]. 北京:国家标准出版社,2008.
[2] GB16749－1997,《压力容器波形膨胀节》[S]. 北京:国家标准出版社,1997
[3] GB/T3621－2007,《钛及钛合金板材》[S]. 北京:国家标准出版社,2007
[4] ASME SB265－2010《钛和钛合金带材、薄板和板材》[S]. 北京:国家标准出版社,2010
[5] ASME SB265－2010《钛和钛合金带材、薄板和板材》[S]. 北京:国家标准出版社,2010

作者简介

孙尧(1984－),男,助理工程师,主要从事金属波纹管膨胀节产品设计与工艺工作。电话:13851755265,邮箱:147004611@qq.com

FSW 焊接工艺评定从 Code Case 2593－1 到 ASME IX 的变化和分析

王强　陈勇　张葆勇　周海峰
（南京晨光东螺波纹管有限公司，江苏　南京　211153）

摘　要：搅拌摩擦焊 FSW 是一种新型的焊接工艺，针对搅拌摩擦焊 FSW 焊接工艺评定标准从 Code Case 2593－1 到 ASME IX 的变化，我们从焊接工艺评定所需的各个重要参数进行对比和分析，通过对比和分析了解搅拌摩擦焊 FSW 焊接工艺评定的变化和发展，为以后搅拌摩擦焊 FSW 更好地利用和推广提供宝贵经验。

关键词：FSW；焊接工艺评定；Case2593－1；ASME IX

Difference andanalysis of the FSWwelding procedure qualification from Code Case 2593－1 to ASME IX

Wang Qiang　Chen Yong　Zhang Baoyong　Zhou Haifeng
（Aerosun-Tola Expansion Joint Co. ，Ltd. Jiangsu Nanjing 211153）

Abstract：FSW Is A Newly Welding Process. Focusing On The Change Of The FSW Welding Procedure Qualification From Code Case 2593－1 To ASME IX. Comparing And Analyzing Every Important Parameters Which We Need During The Welding Procedure Qualification. Providing Great Experience Of The FSW's Usage And Promotion According To The Change And Progress We Have Got During The Analyzing And Comparing Process Of The FSW Welding Procedure Qualification.

Keywords：FSW；welding procedure qualification；Case2593－1；ASME IX

前　言

搅拌摩擦焊 FSW（Friction Stir Welding）是由英国焊接研究所 TWI（The Welding Institute）1991 年提出的固相连接工艺。搅拌摩擦焊焊接过程是由一个圆柱体或其他形状（如带螺纹圆柱体）的搅拌针（welding pin）伸入工件的接缝处，通过焊头的高速旋转，使其与焊接工件材料摩擦，从而使连接部位的材料温度升高软化，同时对材料进行搅拌摩擦来完成焊接的。在焊接过程中，搅拌针在旋转的同时伸入工件的接缝中，旋转搅拌头（主要是轴肩）与工件之间的摩擦热，使焊头前面的材料发生强烈塑性变形，然后随着焊头的移动，高度塑性变形的材料逐渐沉积在搅拌头的背后，从而形成搅拌摩擦焊焊缝。

本文针对搅拌摩擦焊 FSW 焊接工艺评定在 Code Case 2593－1 和 ASME IX 中的各个重要因素的

变化进行对比和分析，谈谈 FSW 焊接工艺评定在 ASME 标准中的改变和发展。

1 Code case 及 ASME IX 焊接工艺评定标准

Code Case 是指一些供应商和制造商在执行 ASME 标准时，会碰到一些由于技术发展的原因，而 code 又没有涵盖的特殊情况，或者是属于 Code 可选的技术方案。这时 ASME 标准委员会就会把给这些供应商一些技术上的解答，并把这些问答形成案例收录到 code case 中。

焊接工艺评定是保证焊接质量的重要措施，它能确认为各种焊接接头编制的焊接工艺指导书的正确性和合理性。通过焊接工艺评定，验证按拟订的焊接工艺指导书焊制的焊接接头的性能是否符合设计要求，并为正式制定焊接工艺指导书或焊接工艺卡提供可靠的依据。目前 ASME 规范产品使用的焊接工艺评定标准为 ASME 锅炉及压力容器规范国际性规范第Ⅸ卷焊接和钎接评定标准 2015 版。

2 code case 2593－1 和 ASME IX 的关系

2007 年我公司承制某跨国石油公司冷能生产装置上的配套膨胀节，率先将搅拌摩擦焊应用于波纹管的纵缝焊接，其波纹管材料为 5052－0，由于该产品为 ASME 规范产品，其焊接需要进行相应的焊接工艺评定。由于当时 ASME Ⅸ卷中并没有对搅拌摩擦焊焊接工艺参数有任何规定，要将此新工艺用于 ASME 规范产品，也必须得到 ASME 技术委员会的认可，公司就此又向 ASME 技术委员会提出了申请，经过论证，ASME 技术委员会提供了关于焊接的规范案例：Code Case 2593－1，规定在满足相关焊接技术要求的前提下，允许搅拌摩擦焊工艺用于铝合金板 ASME 规范产品的生产，在这个 case 中详细规定了一下的 FSW 焊接工艺评定所需要的重要工艺参数，该 case 的批准日期为 2009 年 1 月 26 日。

在最新版的 ASME IX－2015 版中对 FSW 有相应详细的规定在 QW－267 中，FSW 已经列入了 ASME IX 规范，但是目前 ASME BPVC 案例 2015（ASME BPVC. CC. BPV－2015 Code）中仍然留有 Case 2593－1。虽然 Case 2593－1 仍存在，但是 FSW 焊接工艺评定需要按照最新的 ASME IX－2015 版进行评定。

3 FSW 在 Code Case 2593－1 和 ASME IX QW－267 的对比和分析

FSW 焊接工艺评定标准从 Code Case 2593－1 变为 ASME IX(QW－267)，我们从 Code Case 2593－1 和 ASME IX(QW－267)从焊接工艺评定所需的各个重要因素分别进行对比和分析。

3.1 接头和母材因素的对比分析

对于焊接评定所用的焊接接头和母材，从衬垫的材料，接头的设计，母材的类型，评定的厚度进行对比，表 1 中分别列举了 Code Case 2593－1 和 ASME IX 2015(QW－267)对这些重要因素的规定。

表 1 接头和母材的对比和分析

	ASME IX 2015(QW－267)	Code Case 2593－1
固定的衬垫	固定衬垫材料(当使用时)的改变，影响焊接冷却速率的衬垫设计(如从空冷到水冷，反之亦然)的改变	固定衬垫设计改变，或者固定衬垫材料的改变
接头的设计	评定的接头设计、包括边缘几何形状的改变	评定的接头设计、包括边缘几何形状的改变
接头间隙	接头间隙改变大于评定试件厚度的 10%。评定的 WPS 使用直接边缘接触的，允许的最大接头间隙 1.5mm	接头间隙改变大于评定试件厚度的 10%。或者 1mm 当母材的厚度大于 10mm

（续表）

	ASME IX 2015(QW－267)	Code Case 2593－1
母材类型/等级	母材改变为另一母材型号或等级或改变为其他母材型号或等级，如两种不同型号或等级的母材组成接头，则即使两者分别各自做过工艺评定，亦必须按这种组合来进行工艺评定	母材型号或等级，或者锻造条件的改变
评定的厚度	母材厚度改变大于 20%	母材厚度改变大于 10%

从表 1 对比中可以看出，ASME IX 2015(QW－267)相对 Code Case 2593－1，对固定衬垫有了更详细的描述，接头间隙的尺寸规定也发生了改变，对母材评定的厚度也有原来的 10%改变为 20%，从中可以看出 ASME IX 2015(QW－267)评定的范围更为广阔。

3.2 焊后热处理和保护气体因素的对比分析

对于焊接评定中所采用焊后热处理和保护气体，表 2 中分别列举了 Code Case 2593－1 和 ASME IX QW－267 对这些重要因素的规定。

表 2 焊后热处理和保护气体的对比

	ASME IX 2015(QW－267)	Code Case 2593－1
焊后热处理	下列每一种都需有单独的工艺评定： (a)对于 P. NO1 到 P. NO6 和 P. NO 9 到 P. NO 15F 的母材下列每一种都需有单独的工艺评定： (1)不进行焊后热处理 (2)PWHT 在低于下转变温度进行 (3)PWHT 在高于上转变温度进行(如正火) (4)PWHT 先在高于上转变温度进行，继之在低于下转变温度进行(即正火或淬火后继之以回火) (5)PWHT 在上转变温度、下转变温度之间进行 (b)对其他所有材料，应用以下的 PWHT 条件： (1)不进行焊后热处理 (2)PWHT 在指定的温度范围内进行	改变热处理的条件，温度范围
保护气体	对于 P－No. 6、P－No. 7、P－No. 8、P－No. 10H、P－No. 10I、P－No. 41 至 P－No. 47、P－No. 51 到 P－No. 53 和 P－No. 61 到 P－No. 62 的摩擦移动焊，增加或取消尾部或工具保护气或改变气体的组成或流量	增加或者取消保护气和背面保护气体 改变保护气和背面保护气体的气体成分

从表 2 对比中可以看出，ASME IX 2015(QW－267)对焊后热处理和保护气体针对不同材料进行了更详细的描述，ASME IX 2015(QW－267)比 code case 2593－1 对在使用 FSW 搅拌摩擦焊焊接时对材料的针对性更强。

3.3 焊接技巧的对比和分析

对于焊接评定中所用焊接技巧，表 3 中分别列举了 Code Case 2593－1 和 ASME IX QW－267 对这些重要因素的规定。

表3　焊接技巧的对比和分析

名称	ASME IX QW－267	Code Case 2593－1
单面焊改为双面焊	对于全焊透坡口焊缝，从双面焊改变为单面焊，但不反之	无
接头拘束	评定的接头拘束固定装置的改变(例如：从固定的砧垫到自动适应的或反之亦然)，或从单面焊到双面焊或反之亦然	评定的接头拘束固定装置的改变
控制方法	评定的焊接控制方法的改变	焊接控制方法的改变，力的控制、位置控制的改变
工具设计	(a)从评定为一种工具的设计或类型到另一个工具设计或类型 (b)评定的结构或尺寸超过下列应用限制： (1)肩部直径增大超过10% (2)肩部螺距增大超过10% (3)肩部外形(例如：肩部特征的增加或取消) (4)销钉直径增大超过5% (5)销钉长度比评定的销钉长度增加不超过下列二者中的较小者：评定销钉长度的5%或母材厚度1%。 (6)销钉锥角增大超过5° (7)凹槽螺距增大超过5% (8)销钉顶端的几何形状 (9)螺纹的螺距增大超过10%(如应用) (10)平面设计结果是在一个变化的总平面表面增大超过20% (11)平面的数量 (12)旋转销钉的冷却特性 (c)销钉的材料标准、公称化学成分和最低硬度	(a)从评定为一种工具的设计或类型到另一个工具设计或类型 (b)评定的结构或尺寸超过下列应用限制 (1)肩部直径增大超过10% (2)销钉直径增大超过5% (3)销钉长度增大0.05mm (4)销钉锥角增大超过5° (5)销钉螺距增大超过5% (6)销钉槽距增大超过5% (7)销钉顶端的几何形状 (c)销钉的材料标准、公称化学成分和最低硬度
工具操作	评定的旋转工具的操作改变超过下列限制： (a)旋转速率降低或增加超过10% (b)旋转的方向 (c)插入力增大超过10%或当控制插入方向时其位置建立点增大超过5%(除了当启动和停止时尾部向上和尾部向下期间) (d)任何方向的角度倾斜超过1度 (e)控制行进方向时，行进的力或行进速度增大超过10% (f)当使用自动适应的或拉回销钉工具时，在工具零件之间相关的运动范围 (g)行进路径曲率的最小半径减少造成销钉或肩部行进方向的反转 (h)在相同焊缝或其他焊缝的HAZ之间中的交叉点的角度或方向或同时发生的交叉点的数量	评定的旋转工具的操作改变超过下列限制： (a)旋转速率增加超过10% (b)旋转的方向 (c)插入力增大超过10%当使用力的控制时 (d)任何方向的角度倾斜超过1度 (e)行进速度增加超过15% (f)焊接设备的改变

从表3对比中可以看出，ASME IX 2015(QW－267)在code case 2593－1基础上增加了双面焊和单面焊规定，对工具设计方面，考虑到各个类型的销钉有了因此有更详细的描述，对工具的操作要求更规范，去除了对焊接设备的规定。

4 结论

FSW 焊接工艺评定标准 Code Case 2593－1 变为 ASME IX(QW－267)，我们从焊接工艺评定所需的各个重要因素分别进行对比和分析，可以看出 ASME IX(QW－267)在 Case 2593－1 的基础上，从母材接头、焊接过程都有了更为详细的描述，更能考虑到 FSW 实际焊接过程中所需的各个重要焊接因素。在 ASME IX 2015 发施行后，我公司按照 QW－267 中的规定重新进行了焊接工艺评定，重新编制焊接工艺规程(wps)，更为有效的指导和服务生产工作。

随着现代制造业的快速发展，FSW 这一新型焊接方法已经越来越广泛的使用于产品制造中，ASME 正式将 FSW 方法列入 ASME IX 卷中，而不是使用原来的 case 2593－1 进行评定，不可否认的 case2593－1 推动了 ASME IX QW－267 的发展，其 FSW 顺利上升为新版 ASME 标准正式内容，这也证明了中国航天科工集团在生产 ASME 规范产品的制造方面的国际影响力。

参考文献

[1] ASME BPVC. CC. BPV－2015 Code-Code Cases Boilers and Pressure Vessels，，2015ED

[2] ASME BPVC Sec. IX－2015，2015ED

[3] 程庆文，王文刚，牛玉华等．油气装备配套用铝合金膨胀节 ASME 规范案例的形成．天然气工业，2015，35(5)：102－106

[4] 张欣盟，杨景宏，王春生等．搅拌摩擦焊技术及其应用发展．焊接．2015(1)：29－32

作者简介

王强，男，工程师，南京晨光东螺波纹管有限公司从事工艺工作。通讯地址：南京晨光东螺波纹管有限公司，邮编：211153　电话：025－52826527，传真：025－52826571，E－mail：w_viking@163. com。

06Cr19Ni10在－196℃低温工况下使用的埋弧焊工艺研究

陈文学 陈四平 宋志强
（秦皇岛市泰德管业科技有限公司，河北 秦皇岛 066004）

摘 要：为了保证06Cr19Ni10不锈钢在－196℃低温工况下的使用安全，通过对其焊接性的分析，制订了合理的焊接工艺，并进行了焊接工艺评定试验，对焊接接头进行了相关的力学性能试验、化学试验和金相检验。评定结果和生产验证表明：采用合理的焊接工艺及措施，获得的焊接接头综合性能能够满足GB150和该工程的要求。亚稳定型奥氏体不锈钢应用于深冷低温工况下时，该焊接工艺具有一定的参考价值。

关键词：低温工况；焊接工艺评定；力学性能试验；化学试验；金相检验；综合性能
中图分类号： **文献标志码**： **文章编号**：

Report of 06Cr19Ni10 submerged arc welding procedure under working condition －196℃

Chen Wen-xue Chen si-ping Song zhi-qiang
(Qinhuangdao Taidy Flex-Tech Co. ,Ltd,Qinhuangdao,Hebei,China,066004)

Abstract: In order to make sure the safe operation of 06Cr19Ni10 stainless steel that is working under －196℃ low temperature, it need to analyse welding property to make reasonable welding technology, do qualification test of welding procedure, and carry out Mechanical property test, chemical test, and metallographic examination on weld joint. According to evaluation result and product test, it show that combination property of weld joint manufactured by reasonable welding process and measurement can satisfy requires of GB150 and its project. This welding technology offers a certain reference value to metastable austenitic stainless steel that is under profound hypothermia working condition.

Keywords: Low temperature operation; Qualification of welding procedure; Mechanical property test; Chemical test; Metallographic examination; Comprehensive property

0 引言

06Cr19Ni10亚稳定型奥氏体不锈钢不仅具有优良的抗氧化性能和耐腐蚀性能，而且具有优良的塑韧性和优良的冷加工性能，其次 06Cr19Ni10 钢还有良好的低温力学性能，由于其基本上不存在脆性转变，常在低温下使用，被广泛用于制造低温储罐、管道和深冷状态下运行的压力容器等[1]。为了满足设计及工程的要求，在生产前依据 NB/T47014－2011 的相关要求对 06Cr19Ni10 进行工艺评定试验，通过各项试验数据验证 06Cr19Ni10 材料的焊接工艺，是否能够满足－196℃低温工况下的安全使用。

1 母材性能分析

1.1 母材化学成分

表 1 06Cr19Ni10 母材化学成分(质量分数)(%)

	C	Si	Mn	P	S	Ni	Cr	Cu	N
标准值[a]	0.08	0.75	2.00	0.045	0.030	8.00～10.50	18.00～20.00	—	0.10
供应值	0.04	0.37	1.15	0.033	0.001	8.02	18.21	0.0909	0.04
复验值	0.052	0.42	1.14	0.028	0.005	8.13	18.00	0.0800	0.03

注："a"表示标准[2]值中除标明范围外均为最大值。母材交货状态：固溶酸洗

S 和 P 在各类钢种都会增加结晶裂纹倾向，是极易偏析的元素，S 和 P 在钢中能形成多种低熔点共晶，使结晶过程中极易形成液态薄膜，因此 S 和 P 是最为有害的杂质[3]。本次采购时严格按标准控制了 06Cr19Ni10 钢的 S 和 P 含量，由表 1 可以看出该材料各元素含量均符合标准的规定，且对有害元素 S、P 的控制比较低，避免产生裂纹，同时有利于提高低温韧性。

1.2 母材力学性能

对母材进行室温拉伸试验和低温夏比冲击试验，拉伸试验按标准 GB/T228.1－2010《金属材料拉伸试验第 1 部分：室温试验方法》进行，取样 2 件；冲击试验按 GB/T229－2007《金属材料夏比摆锤冲击试验方法》进行，取样 3 件。具体力学性能数据见表 2。

表 2 母材的力学性能

	规定非比例延伸强度 $R_{p0.2}$/MPa	抗拉强度 R_m/MPa	断后延伸率 A/%	夏比冲击功 －196℃ A_{KV}/J
标准值	≥205	≥515	≥40	平均值≥31[4]
提供值	385	652	54.5	平均值 180
复验值	425	745	50.5	平均值 185

1.3 母材焊接性分析

06Cr19Ni10 不锈钢具有较高的变形能力并且不可淬硬，所以焊接性良好，对于 06Cr19Ni10 在工艺方面可能出现的主要问题是焊接接头热裂纹和高温加热碳化物脆化；在使用方面可能出现的主要问题是焊接接头的耐腐蚀性能下降和低温冲击韧性的下降。主要工艺措施如下：

1.3.1 保证待焊区洁净度，减少母材和焊缝中的有害杂质含量，防止偏析和低熔点共晶物的形成。

1.3.2 降低焊缝含碳量，防止焊缝晶间腐蚀。

1.3.3 调整焊缝金属化学成分，使焊缝金属具有一定量的铁素体，既能避免热裂纹的产生，又能确保焊缝金属的低温韧性，同时还可以防止晶间腐蚀[1]。

1.3.4 采用较小的热输入和层间温度，减小熔池过热，增大冷却速度，防止粗晶，缩短热影响区在敏化温度区间(450℃～850℃)的停留时间，以防止晶间腐蚀。

1.3.5 减小横向摆宽，合理安排焊接顺利；避免强力组装，避免应力集中，减小焊接应力。

1.3.6 合理设计坡口，减小熔合比；并尽量减少焊缝的工艺缺陷。

2　焊接工艺评定试验

2.1　焊材选择

对于在低温工况下工作的奥氏体不锈钢，应保证焊接接头在使用温度的低温冲击韧性，结合该材料的化学成分、力学性能的匹配原则，该试验选用了 H08Cr21Ni10 焊丝与 SJ601 焊剂配合使用进行试验，执行标准为 NB/T 47018.4－2011。熔敷金属的化学成分和力学性能等均符合相关标准的规定，具体情况详见表 3、表 4。

表 3　熔敷金属的化学成分(质量分数)(%)

	C	Si	Mn	P	S	Ni	Cr	Mo	Cu	Ti
标准值[a]	0.080	1.00	0.5～2.5	0.030	0.020	9.0～11.0	18.0～21.0	—	—	—
供应值	0.022	0.58	1.34	0.017	0.012	10.29	19.53	0.05	0.01	—
复验值	0.034	0.34	1.38	0.019	0.007	9.24	18.66	0.033	—	—

注："a"表示标准值中除标明范围外均为最大值

表 4　熔敷金属的力学性能

标准值	屈服强度 MPa	抗拉强度 Rm/MPa	延伸率 A/%	铁素体含量 %	T 型角焊缝	X 射线探伤	纵向弯曲	冲击值 −196℃ A_{KV}/J
	—	≥520	≥35	双方协议	依照国标	Ⅰ	NB/T 47018	平均值≥31
供应值	—	550	39	3	合格	Ⅰ	合格	60、58、62
复验值	418	597	45	4	合格	Ⅰ	合格	46、41、50

2.2　坡口形式

试件采用平板对接，带钝边 V 形坡口，角度 70°±2°，钝边 5mm，组对间隙 0～1mm，如图 1 所示。

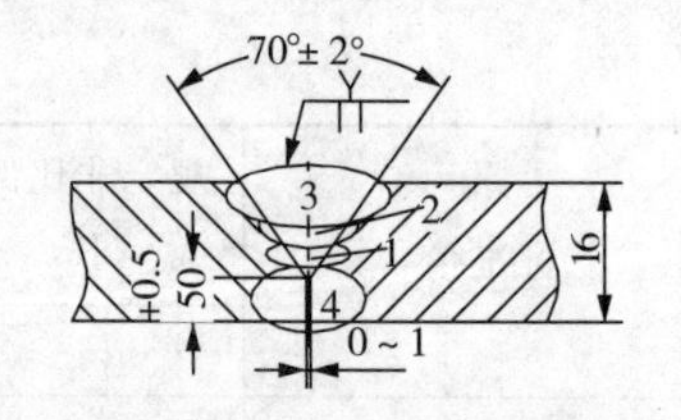

图 1　接头简图(尺寸单位 mm)

2.3　焊接工艺参数

焊接方法采用机动埋弧焊，设备型号 MZ－1000。焊丝选用 φ4.0mm 规格，焊前 SJ601 焊剂经 350℃烘焙 2 小时，放入恒温箱内随用随取；最大焊接线能量控制在 21KJ/cm；层间温度控制在 50～100℃，具体参数见表 5。

表 5　焊接工艺参数表

试件编号	层次	焊材	焊材规格 mm	焊接电源 种类极性	电流 A	电压 V	焊接速度 cm/min
B156	1	H08Cr21Ni10＋SJ601	Φ4.0	DCEP	475	32.1	55
	2	H08Cr21Ni10＋SJ601	Φ4.0	DCEP	530	32.3	54
	3	H08Cr21Ni10＋SJ601	Φ4.0	DCEP	550	32	55
	4	H08Cr21Ni10＋SJ601	Φ4.0	DCEP	550	32	55

2.4　注意事项

2.4.1　焊前坡口表面及两侧各 20mm 范围内的水分、铁锈、油污、氧化物等有害杂质必须清理干净，并见金属光泽。

2.4.2　在保证熔透和熔合良好的条件下，尽可能采用小电流、快焊速和多层多道焊工艺，并控制层/道间温度在 100℃[4] 以下。

2.4.3　焊接过程中严格控制焊接线能量，最大焊接线能量值不超过 21KJ/cm，宜选择较小的焊接线能量。

2.4.4　每道焊后需认真检查，彻底清除焊道表面熔渣及各种表面缺陷，尤其是接弧处，避免出现气孔缺陷。

2.4.5　各层焊道的接头应错开 30mm～50mm[4]，接弧处应保证熔合。

2.4.6　清渣及消缺工具选用不锈钢专用的不锈钢钢丝刷和角磨机。消缺修磨处不得存在细长狭窄深沟，不要破坏或改变坡口角度。

2.5　焊后检验及试验

2.5.1　X 射线无损检测：检测标准执行 NB/T 47013.2－2015，检测比例 100％，试件达到了Ⅰ级标准。检测后标记出缺陷位置，以便避开缺陷取样，保证弯曲试验和冲击试验的准确性和真实性。

2.5.2　力学性能试验：力学性能试验执行 NB/T 47014－2011《承压设备焊接工艺评定》标准要求，结果详见表 6、表 7、表 8。由表 8 数据可知焊接接头的焊缝区低温冲击韧性相对较低，但试件的焊接接头冲击韧性能够满足 ASME 规范标准[5]（A_{KV}≥27J 即侧膨胀量≥0.38mm）、GB 150－2011《压力容器》（A_{KV}≥31J）和 SH/T 3525－2015《石油化工低温钢焊接规范》（A_{KV}≥31J）的要求。硬度试验表明 06Cr19Ni10 不锈钢焊接接头的硬度最高区是热影响区。

表 6　焊接接头拉伸和横向弯曲试验结果

拉伸试验			横向弯曲试验	
试样编号	抗拉强度 MPa	断裂部位和特征	试样编号	侧弯（180°）
1	654	断焊缝，无缺陷	1	合格
			2	合格
2	648	断焊缝，无缺陷	3	合格
			4	合格

表 7　接头硬度（HV10）试验结果

试验位置	左母材	左热影响区	焊缝	右热影响区	右母材
上	173	204	183	188	181
中	178	191	177	192	176
下	176	209	185	189	177

表 8　冲击试验结果

试样编号	试样尺寸 mm	缺口类型	缺口位置	温度 ℃	冲击功 J	平均值	侧膨胀量 mm
1	10×10×55	V	焊缝区	－196	46	46	1.44
2	10×10×55		焊缝区	－196	41		0.95
3	10×10×55		焊缝区	－196	50		1.06
4	10×10×55		热影响区	－196	62	63	1.53
5	10×10×55		热影响区	－196	62		1.30
6	10×10×55		热影响区	－196	65		1.44

2.5.3　晶间腐蚀试验:用铜－硫酸铜－16%硫酸溶液对试样加热16h后,进行弯曲试验,弯曲后试样用10倍放大镜观察,试验结果情况见表9。

表9　晶间腐蚀试验结果

试样编号	弯心直径 mm	弯曲角度°	试验结果
1	5	180	未见裂纹,合格
2	5	180	未见裂纹,合格

2.5.3　金相检验:焊接接头宏观检验,未见裂纹气孔、夹渣、未熔合等焊接缺陷,焊缝熔合完好,结果合格;焊接接头100X微观检验,焊缝、热影响区、母材三区显微组织均为奥氏体＋铁素体。详见图2、图3。

图2　接头宏观断面

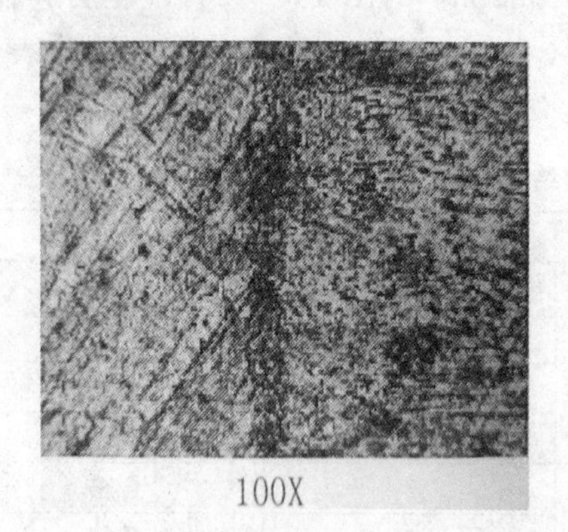

图3　金相组织

3　生产验证

3.1　实际产品检验情况

首台膨胀节焊接时严格执行了合格焊接工艺评定的焊接工艺,机动埋弧焊焊缝经100%RT检测,未见裂纹缺陷,合格率100%。产品总成后按产品设计图纸技术要求,对首件产品进行了水压强度试验和气密性检验,均未发现泄漏现象。

3.2　产品售后跟踪

经售后人员对产品现场使用情况的定期跟踪,客户反映产品运行情况良好,能够满足膨胀节在LNG项目上的使用要求。

4　结论

(1)06Cr19Ni10具有良好的低温韧性,焊接性优良,焊前不需预热,合理制定焊接工艺,并允许一定量的铁素体存在,以消弱焊缝的热裂倾向。按该工艺所获得的焊接接头,硬度最高区域是热影响区,低温韧性最薄弱的是焊缝区,但在－196℃低温工况下,抗拉强度、塑性、低温韧性和耐晶间腐蚀能力等均能够满足工程的要求。

(2)关于深冷低温条件下,焊缝金属铁素体含量的范围,标准中并没有规定,国内外的各种资料上推荐的范围也不一样。本次试验中对铁素体含量进行了控制和分析,但因试验的局限性,缺少大量数据的对比分析,所以未做介绍,以后再做进一步的研究。

参考文献

[1] 史耀武.焊接技术手册下.北京:化学工业出版社,2009.

[2] GB/T 4237－2015 不锈钢热轧钢板和钢带[S].

[3] 中国机械工程学会焊接学会.焊接手册.北京:机械工业出版社,2007.

[4] SH/T 3525－2015 石油化工低温钢焊接规程.

[5] ASME SA－240 压力容器和一般用途用耐热铬及铬镍不锈钢板、薄板和钢带.

作者简介

陈文学(1980－),男,工程师,主要从事压力管道及波纹膨胀节的结构优化和制造工艺工作。通信地址:河北省秦皇岛市经济技术开发区永定河道5号,邮编:066004,电话:0335－8586150转6420,传真:0335－8586168,E－mail:cheng－5@163.com

金属软管的光亮固溶处理工艺论述

陈文学　陈四平　齐金祥　卢久红　宋志强
（秦皇岛市泰德管业科技有限公司，河北　秦皇岛　066004）

摘　要：随着现代化工业的发展，工程上对耐高温、耐高压、耐腐蚀以及超柔性的金属软管的需求越来越大，质量要求也越来越高，为了提高金属软管的使用寿命和安全稳定性，消除加工硬化，软化金属提升柔性，获得更满意的金相组织，并获得无氧化光亮的表面，本文通过对金属软管的光亮固溶热处理进行简要的工艺论述，以满足不同工况的使用要求。

关键词：金属软管；寿命；加工硬化；提升柔性；金相组织；光亮固溶处理
中图分类号：TG156.94　文献标志码：B　文章编号：

The Process Discussion for Bright Solution Treatment of The Metal Hose

Chen Wen-xue　Chen si-ping　Qi jin-xiang　Lu jiu-hong　Song zhi-qiang
(Qinhuangdao Taidy Flex-Tech Co. ,Ltd,Qinhuangdao,Hebei,China,066004)

Abstract: With the development of modern industry, The demand for metal hose is increasing, especially in high temperature, high pressure, corrosion-resistant and ultra-flexible metal hoses. In order to improve the metal hose life and safety and stability, eliminate work hardening and soften metal to enhance flexibility, have a more satisfactory microstructure and get shiny surface without oxidation, it is essential that the metal hose is carried on overall bright solution treatment to meet using need of the different conditions.

Keywords: Metal hose; Life; Hardening; Enhance flexibility; Microstructure; Bright solution treatment

0　引言

金属软管是以波纹管为核心元件的输送各种流体的管路配件，其工作性质是在管道与管道、管道与设备、设备与设备之间的连接中起补偿作用的[1]。波纹金属软管（又名金属软管，不锈钢软管，不锈钢波纹软管，Metal Hose）是现代工业管路中的一种高品质的柔性管道。它是由薄壁不锈钢无缝管或纵缝焊管，经过高精度塑性加工成形的。由于波纹管轮廓的弹性特性，决定了波纹金属软管具有良好的柔软性和抗疲劳性，使它很容易吸收各种运动变形的循环载荷，尤其在管路系统中有补偿大位移量的能力。波纹金属软管具备了良好的柔软性、抗疲劳性、耐高压、耐高低温、耐腐蚀性等诸多特性，它相对其它软管（橡胶、塑料软管）的寿命要高出许多，故它具有较高的综合经济效益。

随着现代化工业的发展，波纹金属软管的应用范围越来越广，使用工况也越来越复杂。波纹管材料本身出厂状态都是经过热处理的，但是经过波纹管管坯卷制焊接以及波纹的冷加工成形后，波纹管的机械性能、耐高温、耐腐蚀以及整体的柔性都会受到不同程度的影响。为了确保金属软管表面的光亮美观、消除残余应力、获得单一的奥氏体组织和生产出高品质的金属软管，就必须考虑采用光亮固溶处理的办法来解决上述问题。

1　光亮固溶处理的原理

光亮热处理就是工件在热处理过程中基本不被氧化，表面保持光亮的热处理[2]。固溶处理是工件加热至适当温度并保温，使过剩相充分溶解，然后快速冷却以获得过饱和固溶体的热处理工艺[2]。

奥氏体不锈钢典型的热处理工艺是固溶处理。当工件加热到1050～1150℃时，适当的保温一段时间，使碳化物全部溶解于奥氏体，然后迅速冷却到350℃以下，得到过饱和固溶体，即均匀的单向奥氏体组织。这一热处理工艺的关键是快速冷却，要求冷却速度达到55℃/s，快速通过固溶后的碳化物再析出温度区（400～850℃），保温时间要尽量短，否则易出现晶粒粗大，影响性能和表面光洁度。

奥氏体不锈钢在加热保温的过程中，如果空气进入表面就会出现黑色氧化皮。为了保证基体的光亮度，在热处理炉炉膛中通以由氨气分解的氮气和氢气作为保护气氛，氮气是中性气体，在高温下保护工件不氧化、不脱碳而保持光亮，而氢气除保护光亮外，还有较强的还原作用，使工件更光亮并呈银白色，提高基体的光洁度。

2　金属软管光亮固溶处理的设备

金属软管光亮固溶处理选用的是光亮连续热处理炉，设备全貌如图1所示，炉子由加热和冷却两部分组成，连续热处理炉与其他热处理炉的不同之处在于工件在炉内是运动的，加热、保温、冷却是一个连续的过程。加热部分一般由两到三个区组成，由晶闸管整流元件配合自控仪表和热电藕来自动控温。第一区为升温区，要求工件温度由常温迅速升温到1000℃左右，二区、三区为恒温区，要求工件在运动过程中保持在1000～1100℃一段时间，在保温这段时间里，使工件内部晶粒全部均匀奥氏体化。每个区均有热电藕探温，以精确控制温度。

冷却部分与加热部分连为一体，中间有专用管路通以氨气分解气体，冷端末尾要用棉纱布等堵住以防气体外漏，加热端材料进口处要将气体点燃，使其处于燃烧状态。冷却部分用0～5℃的冷水冷却，一般用常温水冷却即可，冷却水不直接接触工件，而是通过冷却炉管或炉膛达到使工件由1000～1100℃迅速降温到350℃以下的目的，再缓冷至室温出炉。这样做可以避免已固溶的碳化物和其他合金化合物析出成第二相，使奥氏体成分均一，晶粒细化。

图2-1　金属软管光亮连续固溶处理炉

为了获得合格的金相组织，光亮固溶处理炉需要设置三个冷却段，并且可以单独进行调节。另一个关键问题是要求各部位的温度要保证均匀一致。马弗式光亮固溶处理炉是通过从马弗管外部均匀地进行加热，使金属软管通过时均匀受热，而要确保金属软管沿移动方向的组织均匀，就要保持金属软管在加热炉中的线速度不变。

3 光亮固溶处理可以解决的问题

3.1 提升耐腐蚀性能

不锈钢在腐蚀性介质和拉应力共存的条件下，可能产生应力腐蚀；在腐蚀性介质和高温环境共存的条件下，可能会产生晶间腐蚀，这两种腐蚀其隐蔽性和危害性往往会造成重大的工程事故。所以解决这个问题对产品而言是至关重要的。

波纹管管坯是由钢带经冷弯成形、TIG焊接和焊缝内外压延整平而成的，管坯焊后还要进行波纹的冷加工成形，使金属发生了不均匀塑性变形，在波纹管内部会产生较大的残余应力，降低抗应力腐蚀能力；连接部位经焊接后，焊缝及热影响区在许多腐蚀介质中易发生晶间腐蚀，其比应力腐蚀危害更大。通过光亮固溶处理可以有效提升金属软管的耐应力腐蚀和耐晶间腐蚀能力，延长管子的整体使用寿命。

3.2 消除加工硬化，提高柔性

波纹管在整个制作过程中，不锈钢会产生加工硬化，影响波纹管的整体柔性。消除不锈钢的加工硬化可以通过再结晶退火或固溶处理来解决，从而使波纹管的不锈钢材料得到软化。

3.3 获取满意的金相组织

要想获得满意的金相组织，光亮连续固溶处理炉需要设置三个冷却段，并且可以单独进行调节。另一个关键问题是要求各部位的温度要保证均匀一致。马弗式光亮连续固溶处理炉是通过从马弗管外部均匀地进行加热，使金属软管通过时均匀受热，而要确保金属软管沿移动方向的组织均匀，就要保持金属软管在加热炉中的线速度不变。根据材料不同的固有特性，通过对金属软管光亮固溶处理炉冷却段的控制，有效控制冷却速度，即可以获取满意的金相组织。

3.4 获得无氧化光亮的表面

不锈钢的主要合金成分有Fe、Cr、Ni、Mn、Ti、Si等。在退火温度范围内，Fe、Ni的氧化不是主要问题，但Cr、Mn、Si、Ti的氧化区间恰好在加热温度范围内，正是这些合金元素的氧化影响了不锈钢的表面光亮度，特别是铬的氧化使不锈钢表面脱铬，会降低不锈钢的耐蚀性。当Cr含量在17%～18%、Ti含量在0.5%时，H_2露点必须低于－60℃，才能避免Cr、Ti在800～1150℃加热区间内的氧化。

金属软管光亮连续固溶处理过程，是在H_2的保护气氛下进行的，只要气体纯度满足要求，通过H_2的还原作用完全可以使不锈钢金属表面恢复无氧化的光亮金属表面。

4 光亮连续固溶处理工艺

4.1 光亮连续固溶处理的温度控制曲线如图2所示。

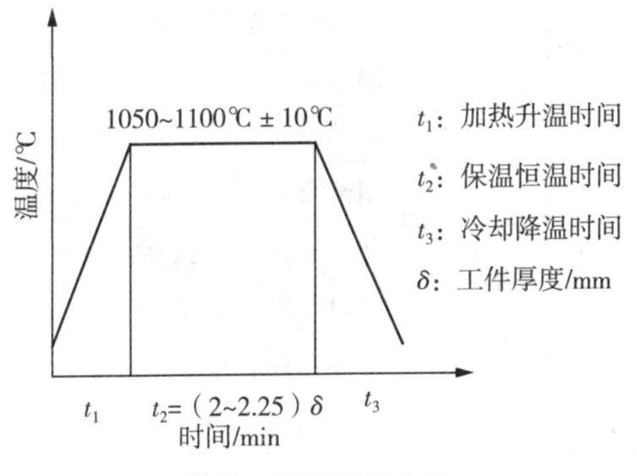

图2 温度控制曲线

4.2 虽然奥氏体系列的不锈钢化学成分、种类不同，但是固溶化处理加热温度的差别不大[3]，常标准[4][5][6]中奥氏体不锈钢固溶化热处理加热推荐温度范围见表1。

表1 常用奥氏体不锈钢的热处理温度

序号	牌号	热处理温度℃
1	06Cr19Ni10	≥1040
	SUS304	1010～1150
	A240304	≥1040

（续表）

序号	牌号	热处理温度℃
2	022Cr19Ni10 SUS304L A240304L	≥1040 1010～1150 ≥1040
3	06Cr17Ni12Mo2 SUS316 A240316	≥1040 1010～1150 ≥1040
4	022Cr17Ni12Mo2 SUS316L 316L	≥1040 1010～1150 ≥1040
5	06Cr23Ni13 SUS309S 309S	≥1040 1010～1150 ≥1040
6	06Cr25Ni20 SUS310S 310S	≥1040 1030～1150 ≥1040
7	06Cr18Ni11Ti SUS321 321	≥1040 920～1150 ≥1040
8	S31254	≥1150

4.3　金属软管光亮连续固溶热处理工艺见表2。

2　金属软管光亮连续固溶热处理工艺

工序号	工序名称	工序内容
1	烘炉	如果近期为首次开工，需提前进行烘炉。分解气进入炉膛前，先用氮气冲满炉膛，清除空气；然后再将净化后的分解气送入退火炉膛；分解气流量为 10～20m³/h
2	脱脂处理	固溶前对波纹管内外表面进行脱脂清洗，去除表面的油脂、锈斑、油漆、灰尘及其他影响光亮固溶处理质量的污物。注：摆放金属软管的传送带、转运小车及放料架也要定期清理
3	清洗风干	用清水对工件进行认真冲洗，再进行自然风干
4	参数设定	按 5.3 推荐的热处理温度进行设定温度参数，网带运行速度为 20～50cm/min，根据产品型式及材料厚度的不同，在炉内的连续运行时间约为 10～15min
5	入料	陆续将软管从炉子的加热端放入网带上，按照产品类型分 1～2 层码放整齐，每批放入量要根据炉膛的尺寸而定
6	光亮连续固溶处理	金属软管随网带缓慢进入炉膛，由室温迅速升温到 1000℃左右，然后在 1000～1100℃温度范围内，保温一段时间，再进入冷却部分，最后缓冷至室温出炉
7	检验	经退火后的金属软管表面需呈银白色的金属光泽。按技术要求检验随炉试件的硬度及金相组织等项目
8	停炉	停炉时，按停炉操作步骤进行操作；关闭电源后，用工业氮气冲满炉膛，清除炉内残余氨气和氢气

4.4　工序的防污染及措施

4.4.1　保证保护气的纯度，避免过程中增碳、增硫，以免引起不锈钢表面脆化和降低耐腐蚀性能。

4.4.2　与工件接触的工位器具必须保证洁净。

4.4.3　一旦受到污染，应该采取有效的消除污染措施，如酸洗钝化处理等。

5 光亮固溶处理的注意事项

5.1 光亮固溶处理温度是最重要的参数之一，过高或过低都将会直接影响到软管的质量，温度过高材料组织粗化，性能下降，温度过低固溶不完成，应力消除不彻底。温度选择必须科学合理。

5.2 对材料机械性能和晶粒度的影响：其他参数不变，保温时间越长，材料的抗拉强度和硬度越小，断面收缩率越大，材料晶粒度越粗。所以要严格控制好工件在炉内的运行速度。

5.3 奥氏体不锈钢含 C 量越高，材料冷加工后强度越大，保温的时间相对就要延长，热处理的速度就要放缓。

5.4 奥氏体不锈钢含 Ni 量越高，固溶临界点越高，保温的时间相对就要延长，热处理的速度就要放缓。

5.5 冷加工变形量越大，材料内应力越大，保温时间应较短，热处理速度相对就要加快。

5.6 在热处理炉内要保证保护气体的纯净度，这是个非常关键的问题，所以马弗罐密封性一定要好。

5.7 炉内冷却段要避免在 400℃～850℃ 区间停留，以免铬的碳化物在从晶界析出，使晶界处产生局部贫铬区，导致产生晶间腐蚀[3]。

5.8 通氨量不能太大，氨气不能完全分解，导致炉膛内残留氨偏多，会降低材料的抗腐蚀性。

5.9 热处理过程中必须远离和禁止接触可能引起污染的材料，如碳钢、马氏体不锈钢、铁素体钢、氯化物、氟化物、硫化物、低熔点元素及其化合物等等，以保证奥氏体不锈钢的清洁和不被污染。

5.10 奥氏体不锈钢不宜多次进行固溶处理，最多不能超过两次，原因是重复多次加热，会引起晶粒长大，给材料性能带来不利影响。

6 结论

6.1 通过多年来的验证，按照上述工艺及注意事项对金属软管进行整体光亮固溶热处理，产品质量一直非常稳定，但一定要做好过程控制。

6.2 金属软管光亮固溶热处理炉的设计选型很重要，应与工艺相匹配。

6.3 通过对金属软管进行整体的光亮固溶热处理，可以解决工程上对金属软管的一些性能需要，满足不同工况的使用要求。

参考文献

[1] 陈嘉上．最新金属软管设计制造新工艺新技术及性能测试实用手册[M]．北京：中国知识出版社，2006.

[2] GB/T 7232－2012，金属热处理工艺术语[S].

[3] 张文华．不锈钢及其热处理[M]．辽宁科学技术出版社，2010.

[4] GB 24511－2009，承压设备用不锈钢钢板及钢带[S].

[5] JIS G4305－2012 冷轧不锈钢板及钢带[S].

[6] ASTM A 240 用于压力容器和一般用途的铬和铬－镍不锈钢钢板、薄钢板和带钢的标准规范[S].

[7] GB/T 14525－2010，波纹金属软管通用技术条件[S].

作者简介

陈文学(1980－)，男，工程师，主要从事压力管道及波纹管膨胀节的结构优化和产品制造工艺工作。通信地址：河北省秦皇岛市经济技术开发区永定河道 5 号，邮编：066004，电话：0335－8586150 转 6420，传真：0335－8586168，E-mail：cheng－5@163.com

氟塑料复合金属膨胀节的制备

赵江波[1]　张龙龙[2]　张红娜[2]　王　亮[2]

（1. 中国石油工程建设公司，北京 100120　2. 石家庄巨力科技有限公司，石家庄　051530）

摘　要：本文介绍了一种具有抗蚀性能的管道膨胀节制备方法，用于解决管道膨胀节抗击腐蚀问题。其中，膨胀节内衬层为氟塑料涂层，基材层为奥氏体不锈钢。氟塑料复合金属膨胀节具有优良抗剧腐蚀性和抗氧化性，制备工艺相对简单、易实施，内衬层、基材层结合牢固均匀，是普通奥氏体不锈钢补偿器的换代产品。

关键词：氟塑料　复合金属基材　膨胀节

Preparation of fluorine plastic composite metal expansion joint

Jiangbo Zhao[1]　Longlong Zhang[2]　Hongna Zhang[2]　Liang Wang[2]

(1. China Petroleum Engineering and Construction Company, Beijing, 100120;
2. Shijiazhuang Jully Science & Technology Co., Ltd, Shijiazhuang, 051530)

Abstract: This article introduces a kind of preparation method for duct expansion joints which has very good corrosion resistance. This kind of fluorine plastic composite metal expansion joints has excellent anti-corrosion and oxidation resistance. The inner liner is the fluorine plastic coating, base layer is austenitic stainless steel. The preparation process is relatively simple and easy to implement, moreover, the combination of inner liner and base layer is firm and even. It is good replacement of the ordinary austenitic stainless steel expansion joint.

Keywords: fluorine plastic, composite metal substrate, expansion joint

1　前　言

氟塑料具有很强的抗氧化性和耐腐蚀性，因此常常用于制作氟塑料管材、板材等，用于剧腐蚀工业工艺设计技术中。但由于其耐磨性和强度较低，应用技术受到限制。在管道补偿器应用领域，用于传导剧腐蚀介质的非金属补偿器目前仅有 GB/T15700－2008《聚四氟乙烯波纹补偿器通用技术条件》，尚无金属与非金属复合材料制造补偿器的技术标准。氟塑料复合金属基材是国内外相关行业技术发展中工业技术的一次新创新和技术进步。采用氟塑料复合金属制造各类阀门、管件、线材、电缆产品，均成功应用于各行业领域。在氟塑料复合金属膨胀节技术中，有人将氟塑料作为高分子波纹阻蚀层，以解决工艺剧腐蚀管道的补偿问题，这项技术采用氟塑料制品作为不锈钢波纹管内衬，用于隔绝工艺管道剧腐蚀介质，达到膨胀节防腐的目的。还有人在氟塑料制品内壁设置金属波纹内支撑层，用于增强波纹管强度，满足承受介质压力的强度要求。这种氟塑料复合金属膨胀节的缺点是制造工艺繁杂，且受工艺技术不确定因素的影响，在液压成型波纹管时，易造成波纹管板材、氟塑料制品、支撑层之间进入成型液体，人为因素造成的液压成型技术不当导致各层之间间隙不均，等等。

2 概　况

氟塑料复合金属膨胀节采用一种新的制备工艺，克服已有技术缺陷而提供一种抗剧腐蚀性能好、制作工艺易于实施的具有抗蚀性能的管道补偿器及制备方法。

氟塑料复合金属膨胀节，它由波纹管和位于波纹管两端的工艺管道连接法兰、波纹管连接法兰组成，其特别之处是：所述波纹管由内衬层和基材层合成，其中，内衬层为氟塑料涂层，基材层为奥氏体不锈钢，基材层与内衬层的相接触的表面上密布微坑。氟塑料复合金属膨胀节结构型式如图1：

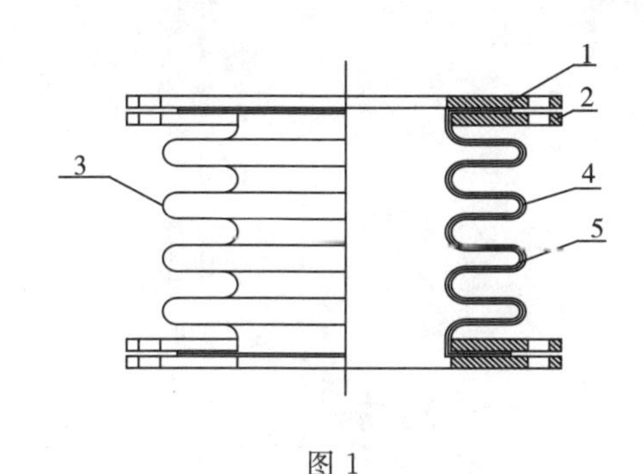

图1

1—连接法兰；2—松套法兰；3—金属波纹管；4—金属基材；5—氟塑料涂层

氟塑料复合金属膨胀节两端为活套法兰结构，氟塑料复合金属波纹管直边段将法兰包覆在外，法兰在波纹管直边段可自由转动。法兰与膨胀节工作介质相隔离。

氟塑料复合金属膨胀节，金属基材表面微坑的孔径为0.05～0.1mm，所述内衬层的厚度为0.3～0.4mm，基材层的厚度为0.6～1.2mm。

3 制　备

3.1　选定奥氏体不锈钢板基材，采取机械微粒喷射，使基材一侧面制成微坑层；

3.2　配制氟塑料浸渍液，所述氟塑料浸渍液由氟塑料、耐磨剂、润滑剂、碳纤维及蒸馏水组成，各组分按重量百分比计算为：

3.2.1　氟塑料45%。

3.2.2　耐磨剂和润滑剂55%(3:2. 其中固体物60%、工业用蒸馏水40%)。

3.2.3　碳纤维：PAN基碳纤维规格6K加入0.6～1.0%。它不仅具有碳材料的固有本征特性，又兼具纺织纤维的柔软可加工性，在有机溶剂、酸、碱中不溶不胀，耐蚀性出类拔萃。

3.2.4　蒸馏水余量。

其中，氟塑料采用浆料由乙烯和四氟乙烯1∶1交替共聚物构成；润滑剂采用二硫化钼(99%纯铅粉和97%纯二硫化钼两种原料)，耐磨剂采用石墨，两者重量比为3∶2。

3.3　喷涂，将氟塑料浸渍液，采取喷涂或浸渍方法，使其均匀敷着在基材微坑表面。

3.4　高温固化，对制成的氟塑料表面进行高温固化，固化温度为370℃，制成氟塑料复合金属板。

3.5　液压成型，将氟塑料复合金属板整体成型加工成波纹管。

4 产品特性

4.1　奥氏体不锈钢板基材，比如304、321、316L等，均可使用。由于采用氟塑料作为防腐层，因此在选用不锈钢金属材料时，对基材板的要求大为降低，故可选择价格较低的，比如采用304不锈钢板材。

4.2　氟塑料复合金属膨胀节制造的产品

4.2.1　规格Dn100～1500mm；

4.2.1　工作温度为－20～230℃；

4.2.3　工作压力为0.1～2.5MPa；

4.2.4　工作介质和适用条件满足相关标准规定；

4.2.5　连接形式为法兰连接，法兰应能满足工艺配管的标准要求。

5　结束语

氟塑料复合金属膨胀节，针对用于抗剧腐蚀的管道补偿器尚缺乏工艺性好、实用性强的金属与非金属复合材料制品问题，设计了一种氟塑料复合金属膨胀节及制备方法。所述氟塑料复合金属膨胀节以奥氏体不锈钢为基材，通过在基材表面上进行微粒高压喷砂，使其制成多孔微坑表面，然后对多孔微坑表面浸渍一定厚度的氟塑料.再将制成的氟塑料复合金属表面进行高温固化，最后采取液压成型技术，一次整体成型波纹管。氟塑料复合金属膨胀节具有金属材料的高强度和延展性，同时具有优良抗剧腐蚀性和抗氧化性，制备工艺相对简单，易实施，内衬层、基材层结合牢固均匀。氟塑料复合金属膨胀节其工作介质和适用条件满足 GB/T15700《聚四氟乙烯波纹补偿器通用技术条件》的相关规定，是用于替代普通奥氏体不锈

钢金属膨胀节的换代产品。

参考文献

GB/T15700《聚四氟乙烯波纹补偿器通用技术条件》

固溶处理对 Inconel600 膨胀节成形的影响

邢 卓 常 阳 李 民 曲 斌 聂 爽 张玉庆
（沈阳汇博热能设备有限公司，辽宁沈阳 110043）

摘 要：镍基合金 Inconel 600 膨胀节在成形时，沿焊缝边缘开裂。这是由于在无特殊要求的情况下，带材的供货状态是软化退火。虽经软化退火，但材料的强度和硬度还是较高，尤其是焊接接头的延伸率较低。对焊接后的膨胀节管坯进行比软化退火温度还高的固溶处理，强度和硬度下降，焊接接头的变形能力显著提高。经固溶处理后的管坯均能顺利压制成膨胀节。

关键词：Inconel 600；膨胀节；成形；软化退火；固溶处理

Influence of solution treatment on Inconel 600 expansion joint forming

XING Zhuo CHANG Yang LI Min QU Bin NIE Shuang ZHANG Yu-qing
(Shenyang Huibo Heat Energy Equipment Co. ,Ltd. ,Shenyang 110043,China)

Abstract: Cracking happened along the edge of weld when forming nickel-base alloy Inconel 600 shell into expansion joint. This is due to the material usually softening annealing without special requirements. Despite treatment by softening annealing, strength and hardness of the material were still higher, especially the elongation of welded joint was too low. Solution treatment should be carried out on the welded shell at temperature higher than softening annealing, , strength and hardness decreased, elongation increased dramatically. The welding shell can be formed into expansion joint successfully after solution treatment.

Keywords: Inconel 600; expansion joint; forming; softening annealing; solution treatment

0 引言

2012 年 5，6 月间，制造一批膨胀节部件（见图 1），材料为 Inconel 600 镍基合金，壁厚均为 2.5mm。这批膨胀节用于干法氟化铝生产的工艺管线中，介质为氟化铝粉末和 HF 气体，工作压力±0.1MPa，使用温度 450℃。在水压成形时，每件膨胀节管坯均沿焊缝边缘开裂（见图 2）。

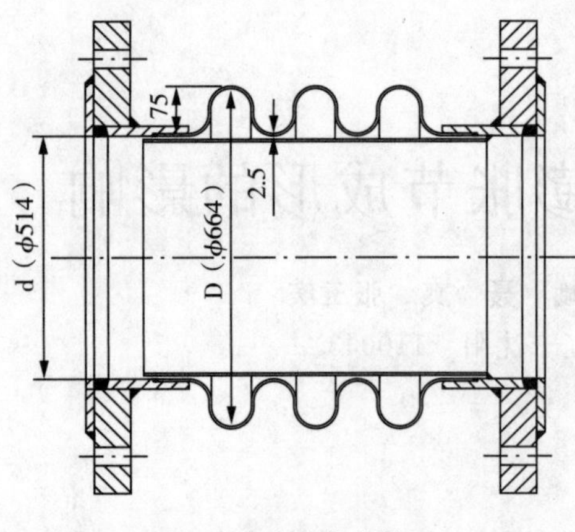

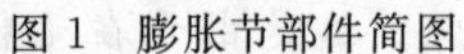

图 1 膨胀节部件简图　　图 2 膨胀节开裂图

1 材料特性

用于制造膨胀节的材料是美国 Special Metals 公司的镍基合金 Inconel 600。Inconel 600 是 Inconel 合金系统中最早的合金，是 Ni－Cr－Fe 合金系列的代表性材料，是耐蚀耐热合金。

1.1 化学成分

Inconel 600 的标称成分为 76Ni－15.5Cr－8Fe，化学成分见表 1。

表 1 Inconel 600 化学成分 （*wt*%）

材 料	Ni	Cr	Fe	Mn	C	Cu	Si	S
Inconel 600 标准值[1]（ASME SB168）	≥72.0	14.0～17.0	6.0～10.0	1.0 *	0.15 *	0.5 *	0.5 *	0.015 *
证书值（炉号 NX5532XG）	74.20	15.70	9.58	0.21	0.02	0.18	0.12	0.002

* 最多

1.2 力学性能

Inconel 600 合金一般为软化退火态供货。合金具有中等屈服强度（240～345 MPa）和较高的延伸率（55～35%），冷热加工性能及低温或高温的力学性能好，易于成形和焊接。冷成形具有加工硬化现象。高温力学性能显著优于奥氏体不锈钢，能在承受载荷的条件下在 600～650℃长期使用。软化退火态的硬度一般要求洛氏 HRB≤92。板材（或带材）的力学性能要求见表 2。

表 2 Inconel 600 的室温力学性能（软化退火态）（20℃）

标准	抗拉强度 R_m（MPa）	屈服强度 $Rp_{0.2}$（MPa）	延伸率 A_{50}（%）	硬度 HRB
Inconel 600 标准值[1]（ASME SB168）	≥550	≥240	≥30	—
证书值（炉号 NX5532XG 批号 CM72M）	690	340	35	85

1.3 耐蚀和耐热性[2]

Inconel600 合金在氧化中性介质中的抗氧化性能比纯镍好，抗氧化温度可高达 1180℃。含有高的镍使其耐还原性介质，无论在高浓度氯化物中，还是在含 OH^- 的苛性碱溶液中具有优良的耐应力腐蚀性能，尤其耐氯离子应力腐蚀。含铬量高也使其在高温氧化性介质中具有耐蚀性。尤其是耐干氯气和氯化氢腐蚀，温度可高达 650℃。因而，Inconel600 常用在高温下抗苛性碱和卤素的腐蚀，也广泛使用于高温氯气和高温氯化氢设施中。

Inconel600 合金使用的温度范围(−269～1093℃)很宽，广泛应用于化工容器和管道、热处理设备部件、航空发动机燃烧室以及核反应堆等。

1.4 热稳定性

Inconel 600 合金中含有 15%左右的 Cr，是以铬为主要合金元素的合金，因此，Inconel 600 合金和含铬的不锈钢一样也具有晶间腐蚀敏感性。

晶间腐蚀敏感性与其受到的热过程有关，当受到焊接热循环和不正确的加热或热处理后，焊缝金属或热影响区或母材会析出铬的碳化物，使晶界“贫铬”，这种现象叫“敏化”。在某些电解质溶液中敏化后的合金会加速沿晶界的腐蚀。

Inconel 600 敏化温度 550～850℃[3]。镍合金发生敏化的温度不是很高，所以叫“中温敏化”。

化工设备中应用的镍基合金部件在制造过程中应特别注意“中温敏化”这个问题，主要是反映在热处理的温度选择和焊缝金属及热影响区在敏化温度范围内停留时间上。镍基合金容器在成形或焊接后是否做热处理应慎重，若使用环境是能引起晶间腐蚀的电解质溶液，不能做中温 650℃左右的消除应力热处埋，只能做高温的软化退火或固溶处理。

曾有人建议膨胀节成形前用氧－乙炔火焰烤，将合金退火软化，这是没有道理的做法。不正确的加热是镍基合金制造中的大忌(除非做最终的固溶处理)。成形前的加热对膨胀节成形没有帮助，反而有害。因为，火焰烤达不到固溶处理的高温，可能会落在敏化的中温区间内；膨胀节成形是靠水挤压成形，有水，不可能实现热成形。

1.5 加工成形性能[2]

热加工(锻造、热轧或成形)的最高加热温度为 1230℃，当进行大变形量加工时，加热温度在 1040～1230℃，小变形可继续下降到 870℃。成形的低温区为 470～550℃。应回避在 650～870℃温度区间成形，在这个区间内材料的塑性较低，且处在中温敏化温度范围之内。当合金在低于 650℃变形时，强度会显著提高即加工硬化。

2 热处理

2.1 热处理种类

Inconel 600 供货状态有软化退火和固溶处理两种，软化退火温度为 920～1000℃[4]，固溶处理温度为 1080～1150℃[4]。

Inconel 600 在高温下有晶粒长大的倾向。晶粒开始长大的温度为 980℃[2]。弥散在合金微观结构中的铬的碳化物有阻止晶粒长大的作用。当温度达到 980℃时，碳化物开始集聚，阻止晶粒长大的作用减弱。当温度达到 1040℃[2]时，碳化物逐渐溶解即固溶，但合金在 1040℃短时间内会使合金软化而不会发生显著的晶粒长大。当对合金进行 1080℃以上的固溶处理时，碳化物完全溶解，导致晶粒显著长大，使合金最大程度的软化。

Inconel 600 合金在 1050℃以下进行固溶处理时，硬度值基本保持不变，在 1050℃达到最大值，在 1050℃以上则随固溶处理温度的升高而降低[5]。可见，提高固溶处理温度，降低硬度，利于膨胀节成形。

一般情况下，Inconel 600 板材或带材的供货状态为软化退火，软化退火态的晶粒较细。在低温、大多数中温和需要耐蚀及耐冲击的高温情况下，是希望获得细晶的，因细晶结构具有高的抗拉强度、疲劳强度、冲击韧性和耐蚀性。但由于细晶结构强度和硬度高不利于制造成形，这就是制造和使用的矛盾。为了成形，只有牺牲强度，提高塑性。

一旦产生了粗晶，热处理不能细化晶粒，只有经过一定程度冷变形再进行热处理发生再结晶才能细化。

2.2 加热

在固溶处理加热之前及加热过程中应始终保持工件清洁和无污染，这一点非常重要。在加热过程中不能接触硫、磷、铅及其他低熔点物质，否则会使合金变脆。应注意清除诸如标记漆、石笔标记、润滑油、各种液体及油污、燃料等污渍。

加热应在无硫气氛中进行。为了防止污染应用电炉加热。

加热时，工件应直接送入已升温(应稍高于固溶处理温度，这里设定为1100℃)的热处理炉中。炉子的功率要大，能迅速恢复炉温，尽量快地加热至所要求的温度保温。

2.3 固溶处理参数

电炉加热，保温温度1080℃，保温时间5分钟，水冷。

3 焊接工艺

3.1 焊接方法

钨极氩弧焊易于操作控制，焊缝成形好，无飞溅和熔渣，氩气流利于焊道冷却，焊接质量稳定。膨胀节的焊接采用手工钨极氩弧焊。

3.2 焊接材料

焊丝是美国技术合金公司的Techalloy 606焊丝，符合AWS A－5.14，ERNiCr－3标准。保护气体是焊接级氩气，纯度不低于99.99%。铈钨电极。

3.3 坡口形式

板厚为2.5mm，坡口按图3加工，组对时留2.5mm间隙，利于焊透。

3.4 焊接工艺参数

由于镍基合金的导热性较差，大电流焊接焊缝金属和热影区容易过热造成晶粒粗大，增大热裂纹敏感性，而且使焊缝金属中的脱氧剂Ti、Mn、Nb等元素蒸发导致焊缝出现气孔，接头力学性能和耐蚀性能下降。Inconel 600含Cr、Mo还要考虑焊接接头在“中温敏化”内的停留时间。

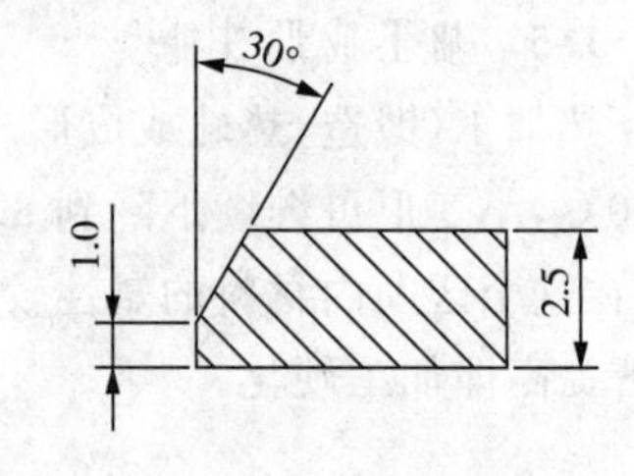

图3 坡口加工图

因此，应严格限制焊接热输入，即降低焊接电流，电弧电压或提高焊接速度，采用小直径焊丝小电流多层焊。对于钨极氩弧焊，德国ThyssenKrupp VDM公司建议热输入Q不应超过10kJ/cm[4]，层间温度不超过150℃，无须焊前预热。在施焊过程中实施上下拖罩氩气保护，使内外焊道均呈银白。具体的焊接工艺参数按表3，最大热输入7.2kJ/cm，符合德国技术规范要求。

表3 焊接工艺参数

焊接方法	层数	焊材及尺寸	电流种类及极性	焊接电流(A)	电弧电压(V)
钨极氩弧焊	2	ERNiCr－3，φ1.6	直流正接 DC^-	100～120	10～12

焊接速度 mm/min	钨极直径 mm	喷嘴直径 mm	氩气流量 L/min		
			喷嘴	正面拖罩	背面拖罩
120～150	3.0	18	10	12	14

4 模拟试验

取与制造膨胀节相同批次的Inconel 600(厚度＝2.5mm)做试验，分母材件和焊接件，模拟焊接和热处理过程，进行抗拉强度、延伸率、硬度和晶粒度测试。

4.1 强度和延伸率

图 4 和图 5 分别是母材和带焊缝的拉伸试样。拉伸试验前，试样的长度是相等的，均是 250mm。试验结果列于表 4。

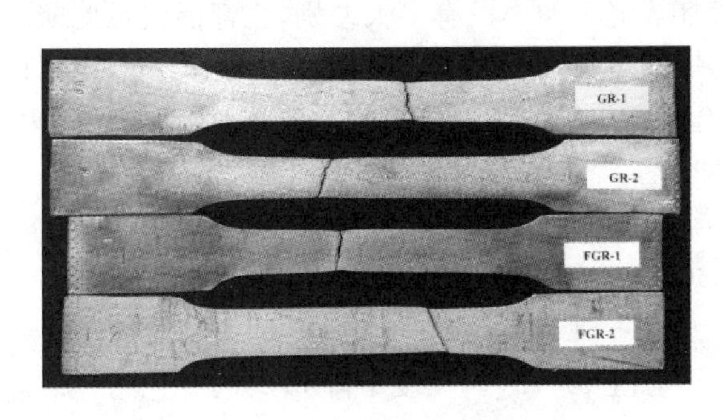

图 4 母材拉伸试样

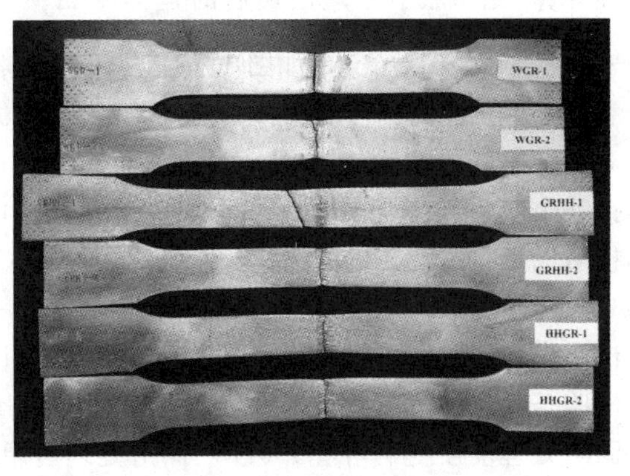

图 5 带焊缝的拉伸试样

表 4 Inconel 600 不同热处理状态下力学性能

项目	试样编号	试样状态	抗拉强度 R_m（MPa）	延伸率 A_{100mm}（%）	断裂位置和特征
母材试件	FGR－1	未固溶	670	34	塑断
	FGR－2	未固溶	665	33	塑断
	GR－1	固溶	551	40	塑断
	GR－2	固溶	548	42	塑断
焊接试件	WGR－1	未固溶	564	20	塑断焊缝
	WGR－2	未固溶	566	21	塑断焊缝
	GRHH－1	固溶后焊	516	36	塑断母材
	GRHH－2	固溶后焊	505	33	塑断焊缝
	HHGR－1	焊后固溶	530	35	塑断焊缝
	HHGR－2	焊后固溶	524	32	塑断焊缝

由母材的抗拉试验可以看出，固溶处理对母材的力学性能影响是非常显著的，抗拉强度由固溶前的（编号 FGR－1，FGR－2）均值 667.5MPa 下降到固溶后（编号 GR－1，GR－2）均值 549.5MPa，下降 17.6%。延伸率由均值 33.5%上升到均值 41%，上升 22%。

带焊缝的未固溶的试样（编号 WGR－1，WGR－2），均断在焊缝，抗拉强度均值 565MPa，与未固溶母材的抗拉强度相差 100MPa。延伸率均值只有 20.5%，低于材料标准要求的 30%。这组数据对比说明，未经固溶处理的膨胀节管坯的母材和焊接接头在力学性能上存在很大的不均匀性，焊缝的强度和塑性均较低，膨胀节成形在焊缝边缘开裂是必然的现象。虽然，采用的焊接工艺是成熟的，成形前焊接接头经过射线检测是合格的，但焊接接头无疑是力学性能的薄弱地带。

先固溶后焊接的试样（编号 GRHH－1，GRHH－2），一支断在母材，一支断在焊缝，抗拉强度均值 510.5MPa，延伸率均值 34.5%。这两支试样显示，焊缝的强度与固溶后的母材强度趋于相同，焊缝的塑性与固溶后的母材塑性比较接近。可以说明，采用先固溶后焊接的膨胀节管坯力学性能趋于均匀，更有利于成形。

先焊接后固溶的试样(编号 HHGR－1,HHGR－2),断在焊缝,抗拉强度均值 527MPa,延伸率均值 33.5%。这两支试样虽然都断在焊缝,但强度接近固溶后母材的强度,延伸率也达到标准要求的最低值。

经计算,此膨胀节管坯成形后的延伸率 $A=29\%$($A=\frac{D-d}{d}\times100\%$,$D$—波峰内直径($\varphi$664mm);$d$—波谷内直径($\varphi$514 mm),如图 1 所示。未经固溶的处理的管坯焊缝延伸率只有 20.5%,成形时在焊缝开裂是必然的。先固溶后焊接和先焊接后固溶的管坯焊缝延伸率没有多大差别,且都能满足此膨胀节成形对延伸率的要求,说明两种顺序都是可行的。但是,固溶处理不但可以降低强度提高塑性,也可以消除焊接残余应力,使膨胀节管坯的母材和焊接接头的金相组织和力学性能趋于一致,更加均匀化。因此,先焊接后固溶是最终正确的选择。

4.2　硬度

试验设备:超微载荷显微硬度仪,日本岛津 FM－300。

试验条件:载荷(Load)＝10gf;作用时间(Dwell)＝5s。

固溶处理前硬度平均值 190HV;固溶处理后硬度平均值 180HV。硬度下降 5.2%。

4.3　晶粒度

试验设备:德国蔡司金相显微镜 Axiovert 200 MAT。

按 GB/T 6394－2002 测定母材的平均晶粒度。固溶处理前晶粒平均截距 9.14μm,平均级别 10.3 级(见图 6);固溶处理后的晶粒平均截距 26.84μm,平均级别 7.2 级(见图 7)。固溶处理后晶粒长大近 3 倍。

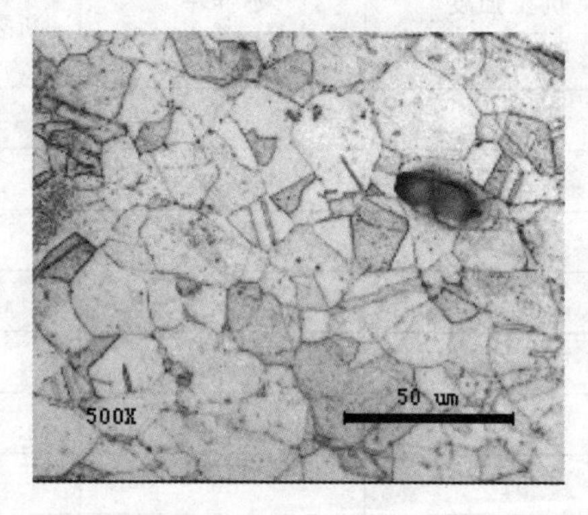

图 6　固溶处理前晶粒度

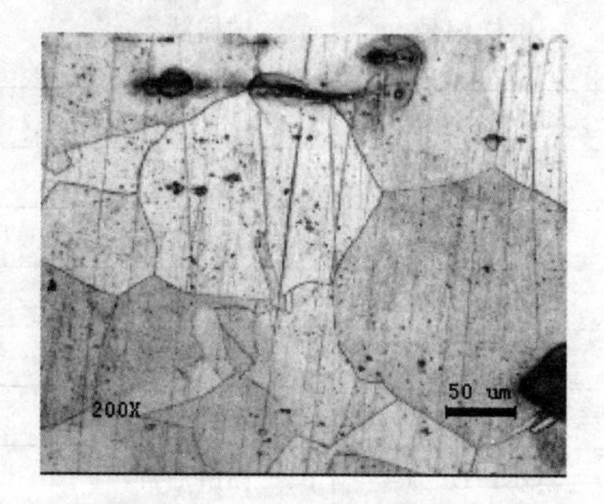

图 7　固溶处理后晶粒度

5　结语

无特殊要求时(如深冲成形或旋压成形),为了保持有较高的强度,Inconel 600 供货状态按常规标准要求为软化退火状态。在这种状态下,强度和硬度较高,不宜做大的变形。

将焊接后的管坯先进行固溶处理,再压制膨胀节,每一个均能顺利成形。将压裂的膨胀节管坯补焊后,经固溶处理后,进行第二次压形,每个膨胀节也压成了。图 8 为经固溶处理后成形的膨胀节,图 9 为补焊过的膨胀节焊道(酸洗后)。从实践上看,经焊接修复和固溶处理后的膨胀节,虽然金相组织晶粒粗大,强度下降,但也满足了使用要求。

可见,膨胀节压形开裂不是由焊接缺陷造成的,而是焊接接头的力学性能与母材的差别较大,不能满足制造膨胀节的变形要求。固溶处理软化了母材,使整个膨胀节管坯的组织和性能均匀化,从而提高了整体变形能力。

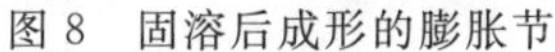
图 8　固溶后成形的膨胀节

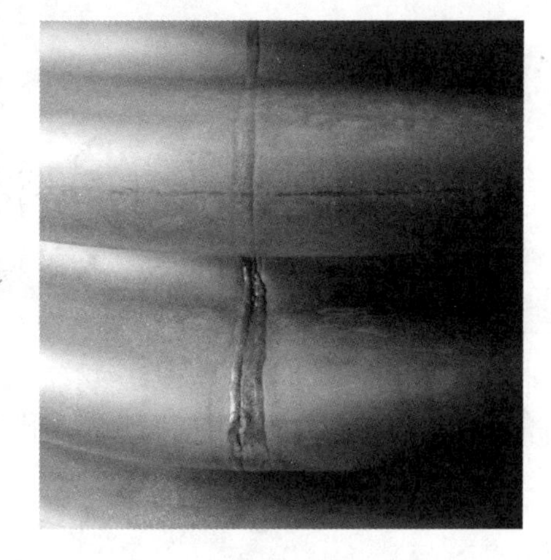

图 9　酸洗后的膨胀节焊道

参考文献

[1] ASME SA－168,Specification for Nickel－Chromium－Iron Alloys(UNSN06600,N06601,N06603,N06690,N06693,N06025,N06045)and Nickel－Chromiumcobalt－Molybdenum Alloy(UNS N06617)Plate,Sheet and Strip[S]

[2] SMC－027　Inconel ® alloy 600[Z]　Special Metals Corporation,Sept. 2002

[3] 全国压力容器标准化技术委员会. 镍及镍合金制压力容器:JB/T 4756－2006[S]. 北京:新华出版社,2006:154

[4] No. 4007　Nicrofer ® 7216/7216H－alloys 600/600H[Z]　ThyssenKrupp VDM,March 2002

[5] 王健美. 固溶处理温度对 Inconel 600 合金组织和性能的影响[J]. 理化检验－物理分册,2014,50(7):487－489.

作者简介

邢卓(1968—),男,教授级高级工程师,从事压力容器焊接工艺工作。通讯地址:110043 沈阳市大东区北海街 242 号沈阳汇博热能设备有限公司。

E－mail:xingzhuo0802@sina. com,电话:15640493225

具有横向位移的无加强 U 型波纹管位移疲劳试验方法探讨

吴建伏[1]　陈立苏[2]　盛亮[2]　张娟[3]　赵璇[2]

（1. 航天晨光股份有限公司，江苏，南京，211100；
2. 南京晨光东螺波纹管有限公司，江苏，南京，211153；
3. 陕西长青能源化工有限公司，陕西，宝鸡，721006）

摘　要：本文介绍了某工程金属波纹膨胀节疲劳试验现象，对具有横向位移的无加强 U 型波纹管疲劳试验的方法进行了探讨，以供同行借鉴。

关键词：波纹膨胀节、波纹管、疲劳试验、平面失稳

The displacement fatigue test method discussing of unreinforced u-shaped bellows with lateral displacement

Wu Jianfu　Chen Lisu　Sheng Liang　Zhang Juan　Zhao Xuan

(aerosun corporation, Jiangsu, Nanjing, 211100)

Abstract: Some engineering phenomenon for the fatigue test of metal bellows expansion joint are introduced in this paper. And discussing the test method of fatigue test for the unreinforced u-shaped bellows with lateral

Keywords: Bellows expansion joint; Bellows; Fatigue test; Plane instability

1　前言

金属波纹膨胀节具有承压和吸收位移的能力，在部分特殊场合，为确保金属波纹膨胀节的可靠运行，需对产品进行原样型式试验。型式试验中的疲劳试验，一般按照《金属波纹管膨胀节通用技术条件》GB/T12777－2008（以下简称 GB/T12777）或《美国膨胀节制造商协会标准》EJMA－2011（以下简称 EJMA）进行，GB/T12777 中规定试验循环位移应为轴向位移，试验循环位移范围应等于设计轴向位移量或设计相当轴向位移量；EJMA 附录 F《波纹管疲劳试验要求》中规定测试用波纹管试件应只作轴向位移循环，对波纹管试件位移的选择应考虑到失效循环次数能够在疲劳曲线的预计的范围之内，位移量不宜太大，不应造成波纹管的有害变形。一般的型式试验都能够按该试验方法得到满意合理的试验结果，但由于标准并未给出位移量的其它限制，对于部分具有横向位移的特定产品的定型试验，由于单波总当量轴向位移较大，在疲劳试验过程中造成了非预期的结果。下文结合某工程波纹管疲劳试验对疲劳试验方法进行探讨。

2 产品参数

某工程用DN700单式波纹膨胀节，产品设计参数见表1。产品投运前需进行型式试验，其中疲劳试验合格次数为设计疲劳寿命的1.5倍(按照EJMA，取10倍安全系数)。

表1 波纹管设计参数

设计温度(℃)	设计压力(MPa)	补偿量(mm)		波纹管参数					
		轴向	横向	波纹管内径(mm)	波高(mm)	波距(mm)	层数	壁厚(mm)	波数
95	0.3	±15	15	698	36	54	1	1	7

依据EJMA进行波纹管疲劳寿命计算，预计平均疲劳寿命1650次，取10倍的安全系数后波纹管设计疲劳寿命为165次，单波总当量轴向位移为16.31mm，平面失稳压力为0.71MPa，详细计算数据见表2。

表2 波纹管设计计算数据表

应力(MPa)						单波总当量位移(mm)	平面失稳压力(MPa)	设计疲劳寿命(次)
S1	S2	S3	S4	S5	S6			
52.92	68.39	5.54	112	21.31	1716	16.31	0.71	165

3 疲劳试验

根据EJMA附录F，膨胀节位移疲劳试验选取单波总当量轴向位移进行，按照单波总当量轴向位移为16.31mm计算得出试验用相当轴向位移为±57.1mm。

按内部加压0.3MPa进行轴向±57.1mm位移进行疲劳试验，在位移运行3次后(－57.1～＋57.1～－57.1mm为一次)波纹管开始出现平面失稳现象，见图1，继续进行位移疲劳试验，由于平面失稳造成位移不均，进行到第150次时波纹管出现开裂泄漏，见图2。按此参数进行第2件和第3件产品疲劳试验，波纹管同样在位移运行3次后开始出现平面失稳现象，并分别在205次和242次时出现波纹管开裂泄漏，见图3和图4。

图1 试验件1平面失稳

图2 试验件1疲劳开裂

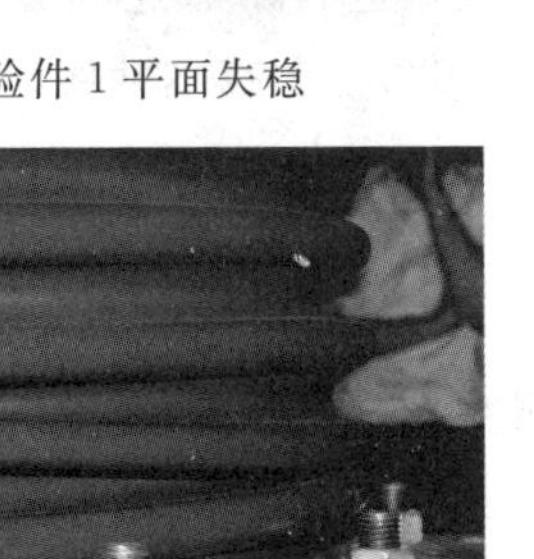

图3 试验件2平面失稳

图4 试验件2疲劳开裂

后与用户协商，改用模拟产品真实位移进行疲劳试验（即轴向±15mm，横向±15mm 同时进行位移疲劳试验），波纹管内部充入 0.3MPa 压力的空气，波纹管同时进行轴向和横向位移（轴向位移到达＋15mm 时横向位移达到＋15mm，轴向位移到达－15mm 时横向位移到达－15mm；位移从 0～－15～0～＋15mm～0 为 1 次），波纹管进行到 500 次位移时未出现波纹管平面失稳及开裂泄漏现象（该试验由用户在日本进行）。

为进一步探索轴向位移疲劳试验时波纹管平面稳定性，对该规格波纹管采用不同的参数进行试验，见表 3。波纹管内部充入 0.3MPa 压力的空气，进行位移进行疲劳试验，±57.1mm 位移 3 次后（－57.1～＋57.1～－57.1mm 为一次）波纹管开始出现平面失稳现象；－27.1～＋87.1mm 位移疲劳，位移运行 3 次后（－57.1～＋57.1～－57.1mm 为一次）波纹管开始出现平面失稳现象；0～＋114.2mm 位移疲劳，位移运行 5 次后（0～＋114.2mm～0 为一次）波纹管开始出现平面失稳现象；0～＋100mm 位移疲劳，位移运行 5 次后（0～＋100mm～0 为一次）波纹管开始出现平面失稳现象；0～＋90mm 位移疲劳，位移运行 8 次后（0～＋90mm～0 为一次）波纹管开始出现平面失稳现象；0～＋80mm 位移疲劳，位移运行 20 次后（0～＋80mm～0 为一次）波纹管开始出现平面失稳现象；0～＋60mm 位移疲劳，位移运行 500 次后（0～＋60mm～0 为一次）波纹管未出现平面失稳现象；＋30～＋130mm 位移疲劳，位移运行 5 次后（＋30～＋130～＋30mm 为一次）波纹管开始出现平面失稳现象；进行位移进行疲劳试验，±30mm 位移 500 次后（－30～0～＋30mm 为一次）波纹管未出现平面失稳现象。通过上述试验，发现该波纹管在 0.3MPa 压力下，总轴向位移量不超过 60mm（±30mm 或 0～＋60mm）进行往复试验时波纹管没有出现平面失稳现象，而在总轴向位移量超过 80mm（±40mm 或 0～＋80mm）进行往复试验时波纹管就会出现平面失稳现象。

表 3　不同试验工况下波纹管平面失稳次数

试验工况			出现平面失稳现象时试验次数
轴向位移（mm）	横向位移（mm）	压力（MPa）	
－57.1～＋57.1	0	0.3	3
－27.1～＋87.1	0	0.3	3
0～＋114.2	0	0.3	5
0～＋100	0	0.3	5
0～＋90	0	0.3	8
0～＋80	0	0.3	20
0～＋60	0	0.3	500 次未出现失稳现象
－30～＋30	0	0.3	500 次未出现失稳现象
－40～＋40	0	0.3	20
＋30～＋130	0	0.3	5

4　结论

进行疲劳寿命试验时，过大的轴向位移会使波纹管过早的产生平面失稳，该平面失稳出现在位移数次后，依据 EJMA 计算的平面失稳压力并不能真实反映；在平面失稳的情况下继续进行位移疲劳试验，由于平面失稳造成的位移不均，能够造成波纹管疲劳寿命试验次数的降低；EJMA 推荐采用轴向位移进行疲劳试验是保守和安全的试验方法，并不是真实设计位移的直接等效，部分具有横向位移的产品在采用 EJMA 推荐的轴向位移疲劳试验不能通过的前提下，可以采用设计参数直接进行疲劳试验。

本文仅就某工程用波纹管疲劳试验过程出现的现象进行了叙述和分析，该案例可供业内同行参考。本文未就产生上述现象进行力学模型的分析和推理，作为一个技术问题希望能得到行业内专家进行推理论证，并完善波纹管疲劳试验方法。

参考文献

[1] GB/T12777－2008 金属波纹管膨胀节通用技术条件
[2] EJMA－2011 美国膨胀节制造商协会标准

作者简介

吴建伏（1978.08－），男，高级工程师，主要从事波纹膨胀节设计工作，通讯地址：南京市江宁区天元西路 188 号，邮编：211100，联系电话：025－52825802，Email：jianfuwu@126.com

催化裂化装置烟机出口膨胀节位移试验分析

刘海威　段玫　张爱琴
（洛阳双瑞特种装备有限公司，河南　洛阳　471000）

摘　要：在制造车间对某石化单位用催化裂化装置烟机出口DN2800压力平衡型膨胀节进行了位移试验，位移试验在设计压力下进行，利用电子吊称显示测量力，记录了位移试验下的力和位移数据，为选取合适的恒力弹簧提供有力数据支撑，利于减少烟机进出口管嘴所受的外力。

关键词：催化裂化；膨胀节；烟机；位移试验

Analysis of Expansion Joint Movement Test in outlet pipeline of FCCU Flue gas expander

Liu Haiwei　Duan Mei　Zhang Aiqin
(Luoyang Sunrui Special Equipment Co. ,LTD. ,Luoyang 471000,China)

Abstract: The movement test of a pressure balanced expansion joint of outlet DN2800 pipeline in FCCU Flue gas expander was done at the factory. The movement test was performed on design pressure. A digital dynamometer was used for data acquisition, the data of loading weight and displacement was recorded,Using these data we can choose the appropriate constantforce spring,it will be good for decreasing the external stress on outlet pipeline of FCCU Flue gas expander nozzle.

Keywords: FCCU; expansion joint; flue gas expander; movement test

1　前言

催化裂化装置中的再生烟气含有大量可回收的能量，通过将再生烟气引入烟气轮机（简称烟机）回收其压力能带动主风机做功，以回收烟气能量，达到节能目的，因此烟机是催化裂化装置能量回收系统的关键设备。烟机在高温及含有催化剂粉尘的烟气中工作，操作条件极为苛刻，且烟机为薄壁结构，烟机进出口管嘴所受的外力和力矩的要求极为严格。为了保证烟机出口与管道的柔性连接，一般在烟机出口管道上设置弯管压力平衡型膨胀节，用以吸收烟机沿其轴线的水平位移和烟机出口垂直管道段的热膨胀位移。

位于烟机出口处的弯管压力平衡型膨胀节，其制造及设计除需考虑对烟机及管线位移的吸收外，还需对其作用于烟机的自重力和位移反力加以限制。为了解决这个问题，在实际的工程应用中，采用在弯管压力平衡型膨胀节外部增加土建桁架梁来安装固定恒力弹簧的方式，通过恒力弹簧将膨胀节下部吊起，使烟机上方的重量不作用到烟机出口法兰上，尽量减少了烟机管嘴受力，满足了烟机管嘴的苛刻受力条件。恒力弹簧载荷的过大或过小都会增加烟机管嘴的受力。

恒力弹簧的荷载是一般是通过计算烟机上方的重量和膨胀节位移反力得出的，但在一些催化裂化装置此位置曾发生过选取恒力弹簧载荷过大或过小的问题，影响烟机的使用寿命。本文对某石化单位用催化裂化装置烟机出口DN2800弯管压力平衡型膨胀节在出厂前进行了轴向位移试验，为选取合适的恒力弹簧提供有力数据支撑。

2　试验装置

2.1　固定支架装置

烟机出口弯管压力平衡型膨胀节外部有土建桁架梁用以安装固定膨胀节，为了模拟膨胀节现场实际安装工况，位移试验时需固定支架用以固定此DN2800弯管压力平衡型膨胀节，参考HG/T 21640《H型钢钢结构管架》设计方法同时结合膨胀节尺寸完成了固定支架装置设计，如图1示：

2.2　测力装置

测力装置如图2所示：

图1　固定支架装置示意图

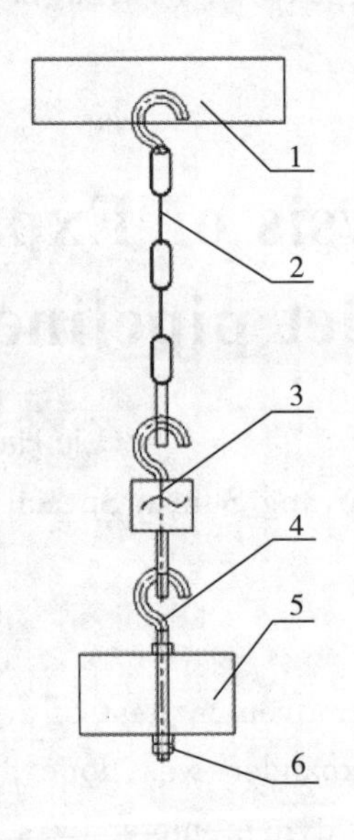

图2　测力装置示意图

膨胀节下方通过吊钩和手动葫芦与固定支架装置相连接，利用电子吊秤显示重量值，利用手动葫芦来对膨胀节施加轴向位移。由于此膨胀节现场通过四个恒力弹簧与固定支架相连接，故本位移试验共四个测力装置，布置方位与现场恒力弹簧实际安装方位一致。

3　试验流程

(1)膨胀节放置于固定支架上，同时测力装置安装就位。如图3示和图4示。

(2)将膨胀节缓慢冲气压至0.017MPaG(设计压力)。

(3)缓慢拉动四个手动葫芦，使膨胀节下端部抬升至76mm(膨胀节设计轴向位移值)，记录此时4个电子吊秤显示数。每抬升10mm记录一次。

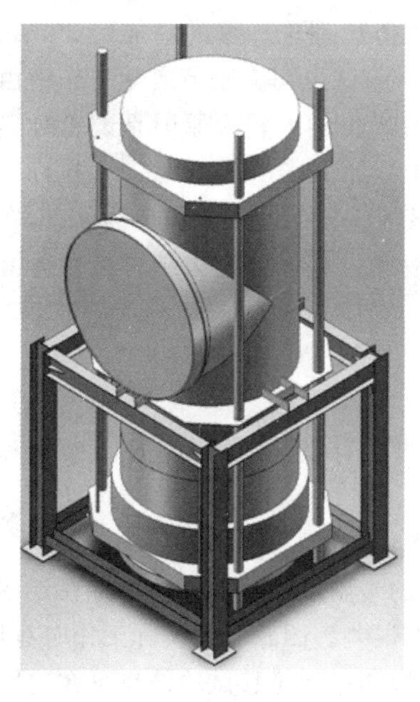

图 3　位移试验装置装配示意图

图 4　位移试验装置实物装配图

4　位移试验结果与分析

4.1　位移试验结果

在膨胀节内压为 0.017MpaG 下位移试验结果如表 1 示：

4.2　位移试验结果分析

以四个电子吊称显示总和值为纵坐标，位移值为横坐标，得出的位移一力曲线见图 5。

表 1　位移试验结果

位移值 (mm)	四个电子吊称总和 (kg)
0	850
10	14962
20	16158
30	17198
40	18200
50	18284
60	19114
70	18976
76	18626

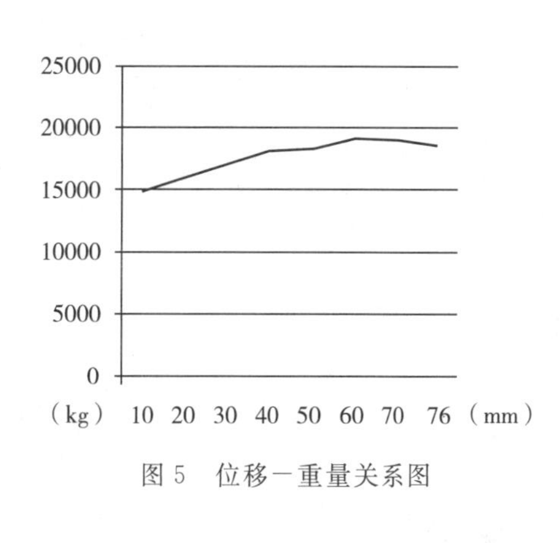

图 5　位移一重量关系图

由上述图 5 中可以看出在位移行程 10mm～60mm 范围内，位移一力关系曲线为近乎为直线，斜率值为 83kg/mm(813.8N/mm)；在位移行程至 60mm 时电子吊秤显示总和值达到最大值 19114kg；计算出的整个位移行程内斜率值为 55.5kg/mm(544N/mm)。

膨胀节理论计算的整体轴向刚度值为 298N/mm(20℃)，根据经验数据，波纹管实测刚度值基本与理论计算值接近。在实测位移行程 10mm～60mm 位移反力值比理论计算的增加约 25790N；在实测位移行程 60mm～76mm 位移反力值比理论计算的减少约 9550N；这说明膨胀节实际工作中由内部结构件之间的卡阻产生的摩擦力存在。分析轴向位移试验时摩擦力产生相差较大原因是试验时膨胀节下端筒节为铰支，位移试验时为 4 个人操作，四个点不可能完全同步施加位移，导致膨胀节上拉杆有偏转且与导向套接触，造成卡阻，从而产生摩擦力。膨胀节在催化裂化装置上安装时下端筒节为固支，在工作时有横向位移的情况下拉杆也发生偏转，与此位移试验过程类似，故此位移试验测力结果可在选恒力弹簧时作为参考。

5　结论

5.1　本文对烟机出口 DN2800 弯管压力平衡型膨胀节位移试验中的固定支架装置和测力装置进行了设计，满足了位移

试验要求。模拟了实际安装工况并对此膨胀节进行了位移试验。

5.2　位移试验结果表明膨胀节工作时因结构件之间的卡阻而产生的摩擦力存在。本次轴向位移试验造成增加摩擦力较大原因主要为测力过程中的人工操作误差。因膨胀节实际工作时有横向位移，使用工况与此位移试验过程类似，故此 DN2800 弯管压力平衡型膨胀节位移试验结果可在选取恒力弹簧荷载时作为参考，这为选取合适的恒力弹簧提供有力数据支撑，利于减少此烟机进出口管嘴所受的外力。

5.3　为了以后精确的选取恒力弹簧荷载，应优化膨胀节结构件设计，减少膨胀节工作时结构件之间卡阻现象，避免因结构件之间卡阻而产生较大摩擦力。从而不利于烟机管嘴受力的情况存在。

双层报警装置膨胀节检漏方法探讨

王春会
（洛阳双瑞特种装备有限公司，河南 洛阳 471000）

摘 要：本文总结了现用双层报警装置膨胀节检漏方法，并通过实例，对其加以验证，提出了有效的压力层间检漏法。

关键词：双层报警装置膨胀节 层间检漏法

Discussion on the Leak Detection of Expansion Joints with Double Layer Warning Device

WANG Chun-hui
（Luoyang Sunrui Special Equipment co. ,LTD. ,Luoyang 471000,China）

Abstract： This paper describes the existing leak detection of expansion joints with double layer warning device,examineing and verifying by example,gives effective method of leak detection between layers over proper pressure.

Keywords：Expansion joints with double layer warning device;Leak detection between layers

1 引言

双层报警装置膨胀节应用于炼油、化工等领域的一些重要装置上，一旦波纹管发生泄漏，报警装置上的表压会发生变化，提醒用户及时维护膨胀节。

2 泄漏报警装置原理

多层波纹管成形后，其层间存在一定间隙，当波纹管两端封焊完成后，层与层之间就形成了一个封闭的空腔。由于这个空腔对于整个波纹管而言是连通的，因此利用空腔内压力的变化就可以判断整个波纹管是否泄漏以及哪一层泄漏。在膨胀节正式运行之前，使波纹管层间保持一个高于或低于外界大气压力的压力值，当层间压力等于外界大气压力时，表明波纹管外层已经泄漏，当层间压力等于介质压力时，则表明波纹管内层已经泄漏。因

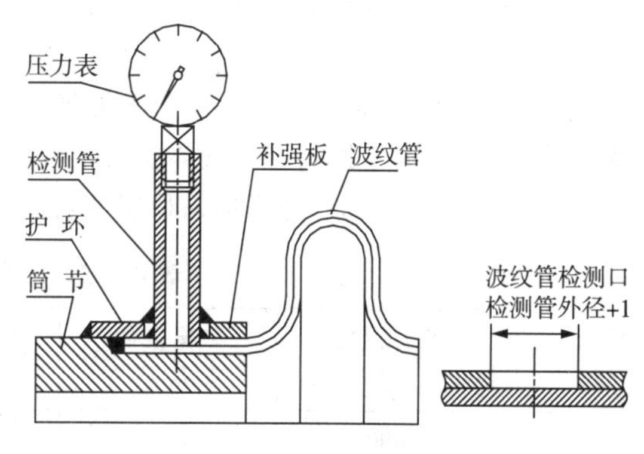

图 1 报警装置结构图

此，操作人员可以根据波纹管层间压力的变化情况，准确判断波纹管是否发生泄漏。其结构如图1所示。

3　现用检漏方法

目前，检漏方法很多，常用的有氦检漏、氨渗漏、抽真空等。氦检漏常用的方法一般可分为：负压法，喷吹法，吸枪法，容器积累法，简易包封积累法，正压真空法等。但这些方法应用于双层报警装置膨胀节的检漏时，不太实用，而且不利于环保。为此，我公司总结了一套适用于双层报警装置膨胀节的检漏方法，其顺序如下：

(1)层间密封性检验。先将带报警装置的检测管与波纹管组焊，再将波纹管完全封边，对波纹管与检测管间焊缝进行着色探伤检查，合格后往波纹管层间通入0.1MPa的氮气，保压5分钟，波纹管置入水中或焊缝涂皂液进行检漏。这一步主要考核波纹管与检测管间焊缝的质量。

(2)水压或气压试验。波纹管与筒体组焊后，焊缝进行着色探伤检查，合格后进行水压或气压试验，水压试验压力为设计压力的1.5倍加温度修正，气压试验压力为设计压力的1.1倍加温度修正。这一步主要考核波纹管的稳定性、结构件的强度及刚度，膨胀节的整体密封性能。

(3)单层承压能力试验。在步骤(2)的基础上，膨胀节内部压力保持不变，波纹管层间通入氮气，压力与膨胀节内相同。保压10分钟，焊缝涂皂液进行检漏。这一步主要考核波纹管单层承压能力及密封性能。

膨胀节内部充压，主要是为了防止内层波纹管失稳塌陷。缺点是波纹管内层发生泄漏时，不能检测出具体泄漏位置。

(4)抽真空检验。膨胀节出厂前层间抽真空，保压24小时，进行波纹管密封性检查。

4　实例

带报警装置复式拉杆型膨胀节，内部充压0.1MPa，进行抽真空检查。报警装置上的表压发生变化，具体见表1：

表1　两端波纹管表压值

	12h (MPa)	24h (MPa)	36h (MPa)	48h (MPa)
波纹管1	−0.05	−0.05	−0.05	−0.05
波纹管2	−0.05	−0.033	+0.033	+0.065

由表1看出，波纹管1完好，波纹管2表压逐渐升高，说明波纹管内层发生微小泄漏。

4.1　波纹管泄漏位置的确定

将膨胀节竖直放置，导流筒内注水，水面没过下部焊缝，波纹管层间充入0.1MPa氮气进行检测，如图2所示。

经过7小时，表压未发生变化，水中未见气泡出现。原因有两个，一是保压时间不够，二是压力较低。为了缩短检测时间，决定提高层间气体压力来检漏。这就必须对波纹管外压稳定性进行校核。根据GB/T 12777—2008附录A.2.6外压周向稳定性，校核过程如下：

表2　波纹管设计条件及波形参数

设计压力 MPa	设计温度 ℃	波根直径 mm	波高 mm	波距 mm	厚度 mm	波数 个
0.8	590	324	36	42	2×1.2	4

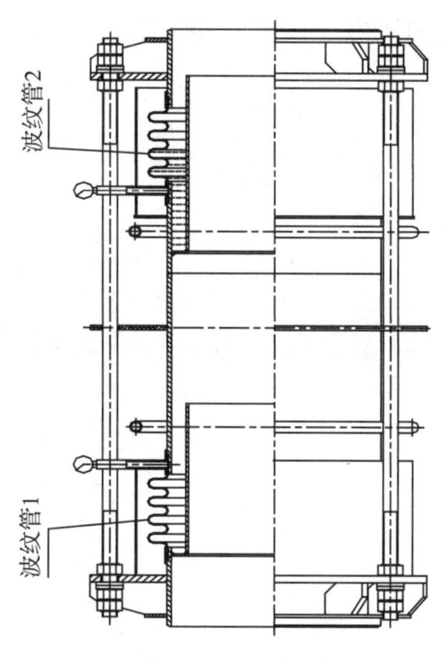

图 2　波纹管泄漏位置检测图

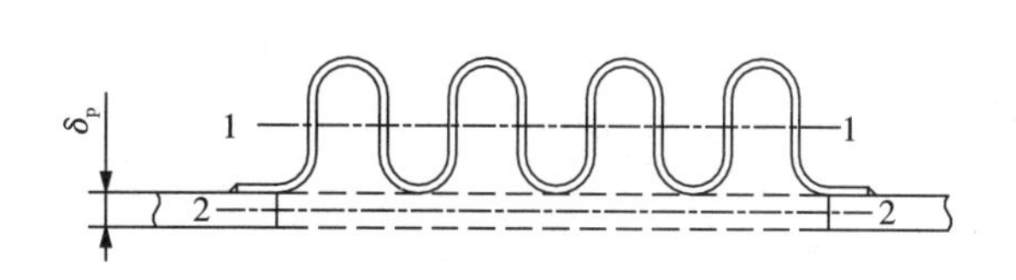

图 3　截面形心轴

(1)波纹管截面对 1—1 轴的惯性矩计算：

$$I_1 = Nn\delta_m \left[\frac{(2h-q)^3}{48} + 0.4q\,(h-0.2q)^2 \right] = 60686.8\text{mm}^4$$

(2)被波纹管取代的管子部分截面对 2—2 轴的惯性矩计算：

$$I_2 = \frac{L_b \delta_p^3}{12(1-u^2)} = \frac{4\times 42\times 2^3}{12\times(1-0.3^2)} = 121.2\text{mm}^4$$

(3)$\frac{E_b}{E_p}I_1 = \frac{207300}{195400}I_1 = 1.06I_1 > I_2$

波纹管视为管子的一部分，作为连续管子进行外压周向稳定性校核。

外压管子周向稳定性校核过程如下：

$\frac{D_O}{\delta_e} = \frac{324}{2} = 162\text{mm}$，$\frac{L}{D_0} = \frac{168}{324} = 0.519$ 得到系数 $A = 0.0013$，查 GB150－1998 图 6－7 得 $B =$ 86MPa，计算许用外压力

$$[p] = \frac{B}{D_0/\delta_e} = \frac{86}{162} = 0.53\text{MPa}$$

即波纹管可以承受 0.53MPa 的外压。

4.2　升压确定泄漏位置

波纹管层间压力慢慢升高，当压力升至 .2MPa 时，发现 2 处有间歇性不连续的气泡逸出，须注意力非常集中才能观察到。继续升压，当压力达到 0.28MPa 时，有连续性气泡不断逸出，很容易观察。

导流筒内继续注水，水面没过上部焊缝，发现气泡逸出部位未增加。

4.3　现象及结果说明

从上面的实例可以看出：(1)波纹管层间充 0.1MPa 氮气，数小时内未发现泄漏，说明低压力(小于 0.1MPa)，短时间(几小时内)的层间检漏法不适合检测微小泄漏；(2)波纹管层间压力升至 0.28MPa 时，观察到了连续性气泡，说明只有在适当高的压力下，才可以快速检测出微小泄漏。

5　结论及建议

层间检漏法，即波纹管层间通入气体，采用适当高压力，是一种比较有效的泄漏检测方法。所以建议

在以后的操作中，先进行波纹管外压稳定性校核，确定出合适的压力，再进行层间气密性检测。

参考文献

[1] 中国标准化委员会编. GB/T 12777－2008《金属波纹管膨胀节通用技术条件》[S].

[2] 中国标准化委员会编. GB150.1～150..4－2011《压力容器》.

作者简介

王春会，女，工程师，河南省洛阳市高新区滨河路 88 号，邮编 471000，电话 0379－67256021，邮箱 wangch725@126.com。

EJMA 在波纹管轴向自振频率的应用探讨

盛　亮[1]　刘　永[1]　张　娟[2]
（1. 南京晨光东螺波纹管有限公司，江苏南京，211153；
2. 陕西长青能源化工有限公司，陕西宝鸡，721405）

摘　要：EJMA 是目前关于波纹管设计、制造和使用最为权威的标准，也是各国制定膨胀节标准文件的基础，但是该标准在波纹管轴向自振频率的计算方面存在一定的异议。本文分别采果进行对比。结果表明三者在一阶和二阶频率基本保持一致，但是在高阶频率上，EJMA 理论计算结果与前两者相比有较大的误差。

关键词：EJMA，波纹管，自振频率，有限元，激光测振

The application research of EJMA in the bellows axial natural frequency

Sheng Liang[1]　Liu Yong[1]　Zhang Juan[2]
（1. Aerosun-Tola Expansion Joint Co.，Ltd.，Jiangsu Nanjing 211153；
2. Shanxi Changqing Energy&Chemical Co.，Ltd.，Shanxi Baoji　721405）

Abstract：EJMA is currently the most authoritative standard on the design，manufacture and use of bellows，but also the basis for countries to set expansion joint standards. However，there are some objections to the calculation of the bellows axial natural frequency. In this article，we use the Finite Element simulation method and Laser Vibrometer measurement method to obtain the bellows axial vibration frequency，and compared with the theoretical calculation results of EJMA. The results show that the three are consistent in the first and the second order frequency，but at the higher order frequency，the EJMA theory results in a larger error compared with the previous two.

Keywords：EJMA，bellows，Natural frequency，Finite Element，Laser Vibrometer

1　前言

金属波纹管膨胀节是重要的用于吸收管系位移的弹性元件，也可以用于隔振和降噪场合。如果波纹管的自振频率和管路系统的振动频率接近或一致，就会引起共振，从而影响整个管路系统的稳定性，甚至对其他重要设备产生破坏，因此分析波纹管的自振频率是非常有必要的。

EJMA 是目前关于膨胀节设计、制造和使用最为权威的标准，也是各国制定膨胀节标准文件的基础[1]，例如我国关于膨胀节设计、制造和使用的通用技术文件 GB/T 12777 就基本参照 EJMA 标准。在 EJMA 标准中有专门的章节介绍如何计算波纹管的轴向自振频率，但是在生产实践中发现，采用 EJMA

标准计算出的波纹管轴向自振频率与实测结果有较大的出入，本文将详细对这一现象进行说明，并对其产生的原因进行简要分析。

2　EJMA 标准对波纹管轴向自振频率计算的规定及运算实例

2.1　EJMA 标准对波纹管轴向自振频率计算的规定

EJMA 标准中明确规定[2]“膨胀节可用于高频低幅振动系统，为了避免膨胀节与系统发生共振，膨胀节自振频率应低于 2/3 的系统频率或大于 2 倍的系统频率”。

U 型单式膨胀节轴向自振频率 fn 按公式(1－1)计算：

$$f_n = C_i\sqrt{\frac{K_n}{W_1}} \tag{1-1}$$

式中：

K_n——波纹管轴向总刚度值，N/mm；

W_1——包括加强件的波纹管质量，介质为液体时 W 还应包括波纹间的液体质量，kg；

C_i——对于前五阶振型，C_i的取值见表 1。

表 1　波纹管轴向自振频率 C_i 取值

波数	C_1	C_2	C_3	C_4	C_5
1	14.23				
2	15.41	28.50	37.19		
3	15.63	30.27	42.66	52.32	58.28
4	15.71	30.75	44.76	56.99	66.97
5	15.75	31.07	45.72	59.24	71.16
6	15.78	31.23	46.20	60.37	73.57
7	15.78	31.39	46.53	61.18	75.02
8	15.79	31.39	46.69	61.66	75.99
9	15.79	31.39	46.85	61.98	76.63
10	15.79	31.55	47.01	62.30	77.12
>10	15.81	31.55	47.01	62.46	77.44

在这里特别指出，EJMA 标准第十版中波纹管轴向自振频率 C_i的参数只有波纹管在两端固定情况下有效，而本试验中由于波纹管处于一端固定一端自由状态下，因此需要对 C_i进行修正[3]，修正后的参数如表 2 所示。

表 2　修正后的波纹管轴向自振频率 C_i 取值

波数	C_1	C_2	C_3	C_4	C_5
1	7.12				
2	7.71	21.38	30.99		
3	7.82	22.70	35.55	45.78	52.45
4	7.86	23.06	37.30	49.87	60.27
5	7.88	23.30	38.10	51.84	64.04

（续表）

波数	C_1	C_2	C_3	C_4	C_5
6	7.89	23.42	38.50	52.82	66.21
7	7.89	23.54	38.78	53.53	67.52
8	7.90	23.54	38.91	53.95	68.39
9	7.90	23.54	39.04	54.23	68.97
10	7.90	23.66	39.18	54.51	69.41
>10	7.91	23.66	39.18	54.65	69.70

2.2　运算实例

某通用波纹管结构尺寸如图 1 所示，波纹管直边段外径 $D_o=278$mm，平均直径 $D_m=315.86$mm，厚度 $\delta=1.44$mm，层数 $n=1$，波数 $N=8$，波高 $h=39.3$mm，波距 $q=33$mm，自由长度 $L=296$mm，波纹管所用材料为 304 不锈钢。

EJMA 标准中给出了波纹管轴向总刚度的计算公式(1－2)：

$$K_n=\frac{1.7D_mE_b^t\delta_m^3n}{h^3C_fN} \quad (1-2)$$

式中：

D_m——波纹管平均直径，单位 mm；

E_b^t——波纹管设计温度下弹性模量值，单位 MPa；

δ_m——波纹管成形后一层材料的名义厚度，单位 mm；

n——波纹管的层数；

h——波纹管的波高，单位 mm；

C_f——波纹管的计算修正系数，见 EJMA 标准；

N——波纹管的总波数。

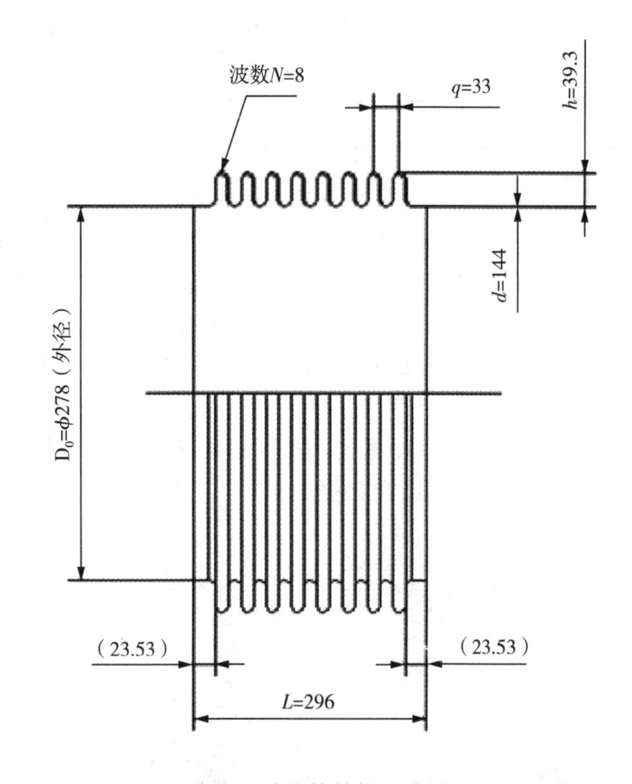

图 1　波纹管结构尺寸图

波纹管的刚度不仅仅是材料性质的函数，同时也是形状尺寸的函数[3]，即随着波纹管变形程度（位移量）的增加，其刚度值有所降低。计算波纹管的自振频率时，一般应根据波纹管的实际工作状况获取波纹管的实际刚度。如果波纹管的实际刚度难以获得，采用 EJMA 标准中的刚度计算方法也是可行的。对于本试验中所采用的波纹管，假设其轴向和横向位移均很小（假设为 0.01mm），根据公式(1－2)可以计算出该波纹管的初始弹性轴向总刚度 $K_n=358.55$N/mm。根据公式(1－1)可以得出波纹管的前五阶理论轴向自振频率，结果如表 3 所示：

表 3　采用 EJMA 标准计算出波纹管的轴向自振频率

	f_1	f_2	f_3	f_4
轴向振动	53.56	159.60	263.81	365.78

3　有限元模拟和激光测振仪检测波纹管的振动频率

3.1　有限元模拟分析波纹管轴向自振频率

利用有限元模拟软件 ABAQUS 对所测波纹管的轴向自振频率进行模态分析。图 2 为波纹管有限元网格结构图。利用 2.2 中波纹管的参数在 ABAQUS 中构造单波波纹管的模型，对其采用自由网格划分，其中波纹管轴向方向均布 20 个种子，径向方向均布 18 个种子，共划分 360 个单元，然后利用装配和约束关系构造 8 个波的波纹管。根据波纹管实际工作情况，对其一端约束，一端自由，最后对波纹管进行模拟运算，得到该波纹管前 5 阶的轴向振动频率，结果如表 4 所示。

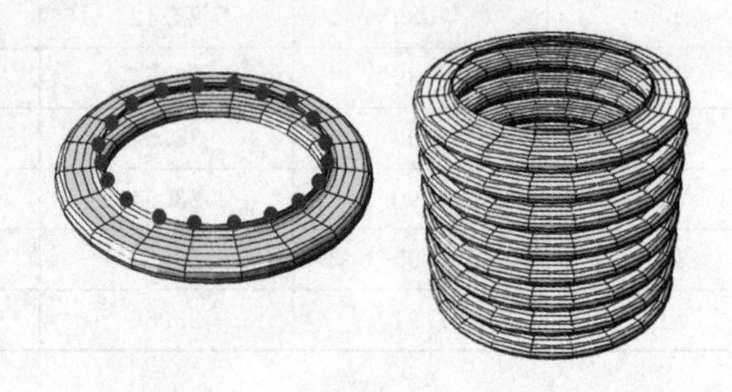

图 2　波纹管有限元网格结构

表 4　ABAQUS 模拟分析波纹管的前 5 阶轴向自振频率

	f_1	f_2	f_3	f_4
轴向振动	58.83	177.04	296.87	419.33

3.2　激光测振仪检测波纹管的振动频率

为验证 EJMA 标准理论计算的结果，现采用德国 POLYTEC 公司生产的激光测振仪（型号为 PSV－500）检测波纹管的振动频率，图 3 为波纹管振动检测图。试验采用 PZT 压电陶瓷传感器对波纹管进行激励，PZT 贴在波纹管首波位置。采用压电功率放大器 PPA（Piezo Power Amplifier）对输入电压进行放大。波纹管底部固定，顶部自由，在 FFT（Fast Fourier Transform）模式下采用周期性信号（Periodic Chirp）对波纹管进行面扫。测振仪的激光头与波纹管径向平行放置测量，并记录相应试验结果。

图 4 为采用 PSV－500 激光测振仪检测出的波纹管振动频谱图。该频谱图所有的峰值均为波纹管的激振频率（包括轴向和横向自振频率）。

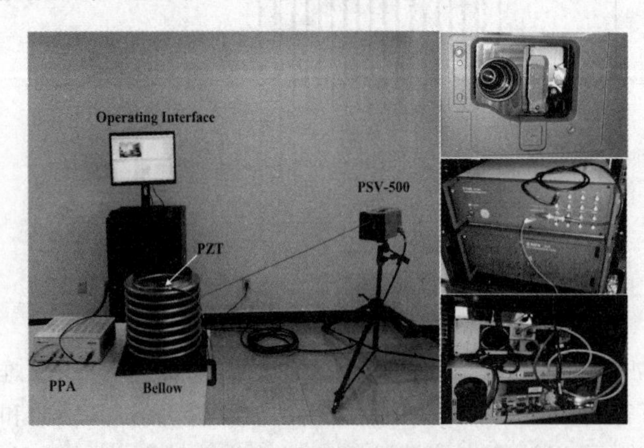

图 3　波纹管振动检测图

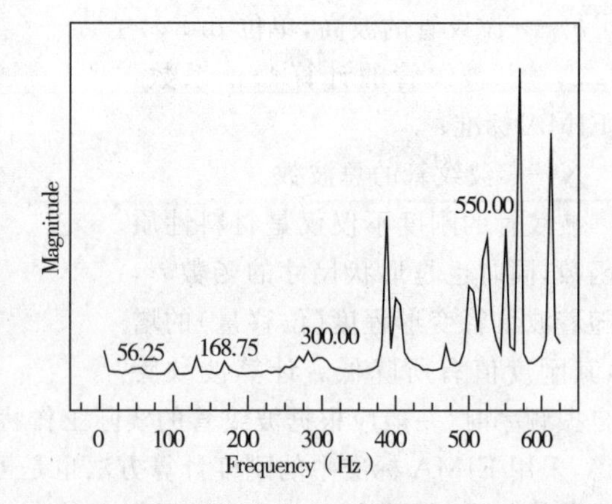

图 4　采用 PSV－500 激光测振仪检测出的波纹管振动频谱图

4　波纹管轴向自振频率结果对比分析及差异原因探讨

4.1　三种方法得到的波纹管轴向自振频率对比分析

将波纹管轴向振动频率的模拟结果和实测结果与 EJMA 标准计算结果进行比较，得到表 5。由表 5

可知，波纹管前五阶轴向自振频率的 ABAQUS 模拟结果与实测结果基本一致，误差均在 5%以内，说明本文所建立的有限元模型及模拟方法是正确的，能够准确描述该波纹管的实际工作状况。而 EJMA 标准计算结果与实测结果相比较，前二阶频率的计算结果比较准确，误差在 5%左右，而且随着波纹管振动阶次的增加，两者之间的相对误差也在逐渐的增大，但仍保持在一个数量级内（第五阶轴向振动频率相对误差最大，为 15.69%）。

表 5　三种方法得出波纹管的前五阶轴向自振频率比较

	ABAQUS	TEST	误差 1(100%)	EJMA	误差 2(100%)
一阶轴向	58.83	56.25	4.59	53.56	4.78
二阶轴向	177.04	168.75	4.91	159.60	5.42
三阶轴向	296.87	300.00	1.04	263.81	12.06
四阶轴向	419.33	——	——	365.78	——
五阶轴向	545.33	550.00	0.85	463.68	15.69

注：——表示仪器未检测出。

4.2　EJMA 标准计算波纹管自振频率与实测结果差异的原因探讨

先了解一下 EJMA 是如何推导出波纹管轴向自振频率的。

EJMA 标准中推导波纹管轴向自振频率公式时，将波纹管的质量按波数分割为有限个质点的弹簧体系，在两端固定条件下作纵向振动，然后基于伯努利－欧拉公式（Bernoulli－Euler）推导出波纹管的轴向自振频率公式[4]。

假设每个质点重量 m 代表波纹管每个波重量的一半，弹簧劲度系数为 k，波纹管的总波数为 N，则整个体系的自由度为 $2N-1$。通过多自由度弹簧理论可知整个体系的轴向自振频率为

$$f_n=\frac{1}{2\pi}\sqrt{\frac{k}{m}\left[2\left(1-\cos\frac{n\pi}{2N}\right)\right]} \tag{1-3}$$

式中，n 为模态数。

已知：

$$k=1000\times 2NK_n \tag{1-4}$$

$$m=\frac{W}{2N} \tag{1-5}$$

将(1－4)和(1－5)代入(1－3)可得出

$$f_n=\frac{1}{2\pi}\sqrt{\frac{1000\times 2NK_n}{\frac{W}{2N}}\left[2\left(1-\cos\frac{n\pi}{2N}\right)\right]}=14.234N\sqrt{1-\cos\frac{n\pi}{2N}}\sqrt{\frac{K_n}{W}} \tag{1-6}$$

令 $C_i=14.234N\sqrt{1-\cos\frac{n\pi}{2N}}$，于是就得到了公式(1－1)，也就是 *EJMA* 中关于波纹管轴向自振频率的计算公式。

但是这种推导方法忽略了波纹管内部各个波之间的相互作用和阻尼情况，因此并不能准确描述波纹管的自振频率，特别是高阶自振频率。

黎[3]等将波纹管看作弹簧结构研究了其轴向振动情况，给出了计算波纹管轴向自振频率计算公式，并且通过试验对公式进行了验证。结果表明：采用公式计算出的波纹管一阶轴向自振频率与实测结果基本一致，而二阶轴向自振频率两者最大相对误差为 23.4%。黎给出的波纹管轴向自振频率计算公式本质上与 EJMA 波纹管自振频率计算公式一致，因此其结果也与本文一致，但其采用传统的激振法进行测试，与激光测振仪相比易受外界因素影响，因此误差较大。蔡没有研究波纹管轴向三阶及三阶以上的振动情况。

李[5]等采用振动理论，分析了U形波纹管的轴向振动特性。通过连续模型和离散模型两种简化振动理论，计算出了波纹管前5阶轴向自振频率，发现连续振动模型下的理论值和试验值最大相对误差为24.36%，而离散模型下的理论值和试验值最大误差只有5.55%。在该文中，连续模型指的是将波纹管看作一细长等直匀质杆，在小变形下推导出波纹管的轴向自振频率公式。而离散模型指的是将波纹管看作具有N个单独质量和刚度的弹簧力学模型，从而推导出波纹管轴向自振频率公式。离散模型本质上是与EJMA标准一致的，而连续模型显然有较大误差。

吕[6]等将波纹管的扭转振动简化为薄壁圆筒模型研究了U型波纹管的扭转自振频率，并与有限元法进行对比，两者结果一致。波纹管扭转自振频率与轴向和横向自振频率相比较而言属于高频，对系统共振的影响较小，但是吕的简化模型不失为对波纹管振动的有益探索，而这种模型方式正是EJMA标准所忽略的，即忽略了波纹管内部的扭转变形的相互作用。

理论上对波纹管进行计算，都是基于假设和简化，而且均忽略波纹管内部的剪切应力和阻尼情况，并且假设波纹管有很完美的边界固定条件，再加上不同波纹管制造条件的不同，边界条件的差异，杨氏模量的变化(随温度有所变化)，外界条件的改变，几何缺陷等因素的影响，因此无论哪种理论都不能十分准确的描述波纹管的振动情况。而现有的EJMA标准关于波纹管自振频率的计算，只有在低阶轴向自振频率时相对误差不大，而对于波纹管高阶轴向自振频率时，理论计算和试验实测结果则有较大的差异，而且这种差异会随着波纹管轴向振动频率阶数的增加有恶化趋势，因此选择EJMA标准计算波纹管轴向自振频率时，应持谨慎态度。

5　结论

本文从EJMA标准出发，对波纹管轴向自振频率作了简单探讨。为了验证EJMA标准关于波纹管轴向自振频率计算公式的正确性，分别采用激光测振仪实测法和有限元模拟法获得了波纹管轴向振动频率，并与EJMA标准的理论计算值进行了对比，得出如下结论：

1)ABAQUS有限元分析能够很好地描述波纹管的轴向自振频率，而且与实测结果相吻合；

2)EJMA理论推导波纹管轴向自振频率公式时，忽略了波纹管内部各个波之间的相互作用和阻尼情况。这种情况下对计算波纹管低阶轴向振动频率时影响不大，但是对计算波纹管高阶轴向振动频率时则有误差增大的趋势。

参考文献

[1] 牛玉华．膨胀节常用国际标准和最新研究方向介绍[C]．第十二届全国膨胀节学术会议论文集，沈阳，2012:1—7.

[2] Standards of the Expansion Joint Manufacture Association(EJMA)，9th，2008.

[3] 黎廷新，李添祥．波纹管的轴向自振频率[J]．石油化工设备，1985，14(10):9—16.

[4] 戴学荧．对EJMA标准中波纹管自振频率计算方法的探讨[J]．管道技术与设备，1996，3—5.

[5] 李春惠，芮光雨，罗仕发．波纹管膨胀节的振动分析和试验研究[J]．石油化工设备，1986，15(12):17—23.

[6] 吕晨亮，于建国，叶庆泰．U型波纹管的扭转振动固有频率的计算[J]．工程力学，2005，22(4):225—228.

[7] 井町勇．机械振动学[M]．北京:科学出版社，1964.

作者简介

盛亮，(1982—)，男，高级工程师。从事波纹膨胀节的设计与研发工作。通讯地址:南京晨光东螺波纹管有限公司，邮编:211153。E-mial:shengliang@aerosun—tola.com。

铰链型直管压力平衡膨胀节的应用

宋志强　陈四平　陈文学
（秦皇岛市泰德管业科技有限公司，河北　秦皇岛　066004）

摘　要：本文通过某厂冷凝器进出口管道的改造，阐述了铰链型直管压力平衡型膨胀节在狭小空间内的应用。

关键词：狭小空间、铰链型直管压力平衡型膨胀节

Application of straight pressure balancedexpansion joint in narrow space

Song Zhiqiang　Chen Siping　Cheng wenxue
（QINHUANGDAO TAIDY FLEX-TECH CO. LTD，HEIBEI QINHUANGDAO　066004）

Abstract： In this paper，through the condenser of import and export pipeline reconstruction in one power plant，this paper expounds the narrow space in the application of straight pressure balanced expansion joint.

Keywords：narrow space，straight pressure balanced expansion joint.

1　前言

管系的正常运行不仅需要正确的设计和施工，还需要使用中正常的维护来保证。若随意改变管系的结构或某些组成部分，都有可能影响整个管系的正常运行，甚至造成管系的报废。同时，随意改动后也将给后期的整改带来不便。

某化工厂动力站凝汽器进出口管道由于地基沉降影响管系正常运行，现场采取了在管道下方弯头处浇筑水泥的方法来阻止其沉降。此举虽解决了管道继续沉降，但也带来了新的问题：由于冷凝器进出口处都安装的是单式轴向型膨胀节，无法约束内压推力，下方管道弯头的浇筑导致管道弯头处成为固定端。在内压推力的作用下，凝汽器被强制抬高，造成了上方汽轮机发生移位无法正常工作。同时膨胀节也全部在内压推力的作用下过度拉伸失效。

2　案例分析

现场管道走向及膨胀节分布见图 1：

现有膨胀节已被拉伸破坏无法正常使用，见图 2：

图 1　凝汽器进出口管道膨胀节分布图

图 2　凝汽器进口膨胀节

从上述资料可以看出，在现有管系中单式轴向型膨胀节显然是无法继续满足要求的。另外，从现场了解到，由于现有设备及管道都已就位，且设备沉重，改动成本巨大，因此该项目改造只能从膨胀节入手。若要从根本上解决管道上方汽轮机移位的问题，就必须限制膨胀节内压推力的输出。因此，需要一种约束型的膨胀节来替代原有膨胀节进行工作。

3　膨胀节设计条件

管道通径：DN1000mm；

设计压力：1.0MPa；

设计温度：65℃；

流通介质：循环冷却水；

轴向位移：20mm；

横向位移：15mm(单方向)；

安装长度：960mm。

4　改造方案

从现有条件可以看出，该管系改造的难点是膨胀节的改造。改造后的膨胀节要求不得有内压推力的输出。同时，还要求该膨胀节既能补偿管道的轴向位移，又能补偿较大的横向位移。此外，由于受到现场空间的限制，膨胀节的安装空间非常的有限，仅仅只有不到一米的长度。参照现场管道轴向，在现有的约束型膨胀节中，仅有直管压力平衡型膨胀节最为适合。由于安装空间的限制，这就导致现有的大多数膨胀节无法满足设计要求。通常结构的直管压力平衡型膨胀节虽可勉强满足空间及约束内压推力和补偿轴向位移的要求。但是，其吸收横向位移的能力非常有限。这就要求有一种特殊的直管压力平衡型膨胀节来满足这一要求。

由于新的膨胀节只需补偿单方向的横向位移即可，同时考虑到膨胀节安装长度有限，经过研究，我们决定将通常结构的直管压力平衡型膨胀节与复式铰链型膨胀节进行融合，使得新的膨胀节具有两种类型膨胀节的共同优点。其具体结构如下：

新膨胀节是在常用直管压力平衡型膨胀节的基础上进行的改造。膨胀节仍主要由两个工作波纹管、一个平衡波纹管以及端管组成，只是将原直管压力平衡型膨胀节的承力拉杆用长、短四套铰链板进行了代替，在保证可承受膨胀节内压推力的前提下，还可通过销轴的转动实现膨胀节横向变形的需求。另外，由于长度限制，立板与端板也进行了融合，在保证结构件强度的前提下大大缩短了膨胀节的制作长度。

新膨胀节工作时，管道的轴向位移作用与端板(1)时，通过两组工作波纹管(6)和平衡波纹管(5)的压缩或拉伸来实现吸收轴向位移的目的。当膨胀节发生横向位移时，两端的工作波纹管以销轴为中心产生角位移，平衡波纹管及其两侧的接管和端板在铰链板的作用下可视为刚性体，相当于复式膨胀节的中间接管将发生一定的偏转，从而达到了可吸收较大的横向位移的目的。而膨胀节的内压推力则由销轴、铰链板和端板来共同承担。

最后，该方案经过现场实际安装、使用的检验是可行、有效的，彻底解决了管系存在的问题，使管系恢复了正常的运行。

5 总结

通过上述案例我们得到了如下教训及经验：

(1)管系的正常运行是需要多方面进行保证的。任何一处的私自改动都有可能会影响整个系统的运行。若现场确需改动，必须在专业人员的指导下进行，以免由于对管系不了解或考虑不周而造成整个管系的失效。

(2)在狭小空间且轴向、横向位移同时存在的情况下，重新融合后的直管压力平衡型膨胀节是能满足使用要求的。这为相似工况膨胀节的设计提供了一些借鉴经验。

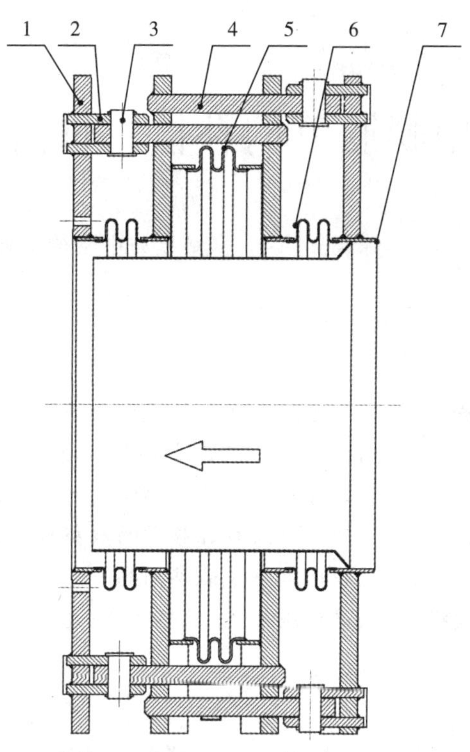

1–端板；2–副铰链板；3–销轴；4–主铰链板；5–平衡波纹管；6–工作波纹管；7–端接管

参考文献

[1] Standards of the Expansion Joint Manufactures Association[S],Inc. 9th 2008

[2] GB/T 12777－2008 金属波纹管膨胀节通用技术条件[S]

[3] SH/T 3421－2009 金属波纹管膨胀节设置和选用通则[S]

[4] 张道伟 张爱琴，大直径直管压力平衡型膨胀节结构件设计与判定[J]，第十一届全国胀节学术会议膨胀节设计、制造和应用论文选集，2010.10

作者简介

宋志强，男，秦皇岛市泰德管业科技有限公司，从事波纹管膨胀节的设计，秦皇岛市经济开发区永定河道5号，邮政编码：066004 电话：0335－8586150 转 6422 传真：0335－8586168 电子邮箱：szqiang003@163. com

利用膨胀节的补偿特性解决高炉风口位移问题的应用实例

武敬锋

（秦皇岛市泰德管业科技有限公司，河北　066004）

摘　要：由于地基上涨或热风围管因自重下沉等种种原因，很多高炉在运行一段时间后，风口同围管的相对位置会出现变化，尤其是在停炉大修后，常常会导致按原来理论尺寸设计的送风装置安装困难，即使勉强安装上，也存在膨胀节补偿量过大、波纹管变形严重等问题，给以后的安全运行埋下隐患。本文以实际工程为例，通过对风口位移量的数据分析，结合复式万向铰链型膨胀节的补偿特性，对膨胀节进行了少量的改造，合理地解决了此类问题。

关键词：高炉送风装置；风口位移；复式万向铰链型膨胀节

An application via the compensation property of expansion joint to solve the location change of blast furnace tuyere

Wu Jingfeng

（QINHUANGDAO TAIDY FLEX－TECH CO.，LTD.，Hebei　066004）

Abstract：The relative location of tuyere and bustle pipe will be changed after the blast furnace has been operated for a long time，some reasons such like the raise of furnace pedestal or bustle pipe sink which caused by its weight contribute to the location change，especially during the BF repairment，theAir Blowing Device which dimension in accordance with design drawing can't be installed properly，even the device could be installed with great effort，the location change cause the device to deform greater which may threaten the blast furnace steady running. Take actual project as example，this paper analysis the data of tuyere location change，modify the double gimbal expansion joint which tuyere stock relay on and solve the conflict between the tuyere stock dimension and tuyere actual location.

Keywords：Air Blowing Devicethe location change of blast furnace tuyereDouble Gimbal Expansion Joint

1　引言

国内某钢厂为响应国家节能减排、产业升级的号召，对其1080m^{3}高炉实施了大修改造工程。工程主要内容：更换高炉冷却壁、高炉内部重新砌砖、对炉体冷却系统升级、更换送风装置等。

由于热风围管(包括与其焊接在一起的变径管),风口三套等设备没有改造,该钢厂还是按照原来的理论尺寸订购了送风装置。

当已经制作完成的送风装置运抵施工现场时,由于风口同围管的相对位置已经出现了变化,导致送风装置安装非常困难,有些风口甚至安装不上,而且已经安装上的送风装置,其膨胀节部件的变形也是很大的,根本满足不了高炉正常运行的要求。

应该钢厂的邀请,笔者赶往了施工现场,对现场情况进行了深入了解,测量了相关数据,并对数据进行了分析整理,结合复式万向铰链型膨胀节的补偿特性,提出并实施了改造方案,合理地解决了该问题。

2 测量数据

该高炉有 20 个风口,将风口三套、弯头直吹管组件安装调整到位后,逐个测量以下尺寸:(1)变径管法兰中心(A 点)到弯头方法兰中心(B 点)的水平距离,即图 1 中的尺寸 X;

(2)变径管法兰中心(A 点)到弯头方法兰中心(B 点)的垂直距离,即图 1 中的尺寸 Y;

(3)变径管中心线和弯头直吹管组件的中心线误差 ΔZ。

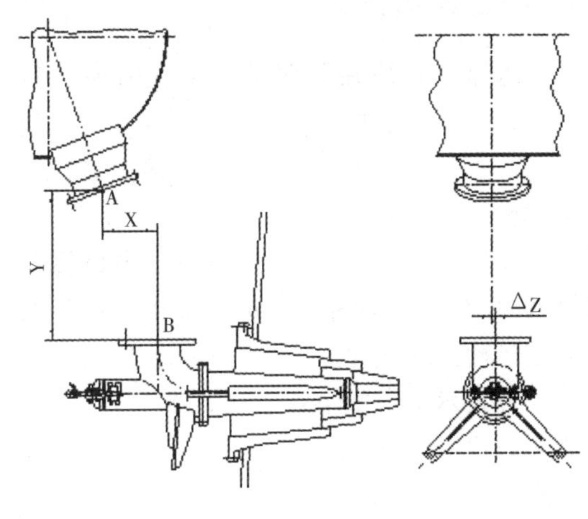

图 1

测量结果见表 1

表 1 围管和风口偏移量测量结果

风口序号	尺寸 X			尺寸 Y			中心线偏移量
	理论尺寸	实测尺寸	偏差	理论尺寸	实测尺寸	偏差	ΔZ(左为负)
1	688	676	−12	2190	2146	−44	9
2	688	695	7	2190	2140	−50	8
3	688	670	−18	2190	2130	−60	16
4	688	686	−2	2190	2121	−69	12
5	688	660	−28	2190	2156	−34	11
6	688	702	14	2190	2144	−46	11
7	688	708	20	2190	2138	−52	−14
8	688	693	5	2190	2115	−75	9
9	688	678	−10	2190	2128	−62	−16
10	688	683	−5	2190	2151	−39	6
11	688	666	−22	2190	2159	−31	13
12	688	649	−39	2190	2138	−52	−17
13	688	659	−29	2190	2133	−57	18
14	688	671	−17	2190	2119	−71	4
15	688	672	−16	2190	2090	−100	−14
16	688	674	−14	2190	2094	−96	−17
17	688	661	−27	2190	2091	−99	−20
18	688	676	−12	2190	2090	−100	−9
19	688	664	−24	2190	2098	−92	−16
20	688	671	−17	2190	2125	−65	−17
极值			−39/20			−100/−31	−20/18
均值			−12.3			−64.7	−1.15

3　分析测量结果

将 A 点作为基准点，以 B 点的理论值为 0 点，建立直角坐标系（中心线偏移量 ΔZ 数值都不是很大，暂时不予考虑），将 B 点的实际测量值描入该坐标系。

4　提出改造方案

本套送风装置所用膨胀节为复式万向铰链型膨胀节，该膨胀节的主要特点是：由两组万向铰链型金属波纹管补偿器组合而成，通过两组波纹管的角向位移组合，实现整个膨胀节的各向位移，且在运行过程中没有盲板力输出。膨胀节内部浇注耐火材料，伸缩缝为球面结构，缝隙尺寸小且不会随膨胀节变形而发生变化。

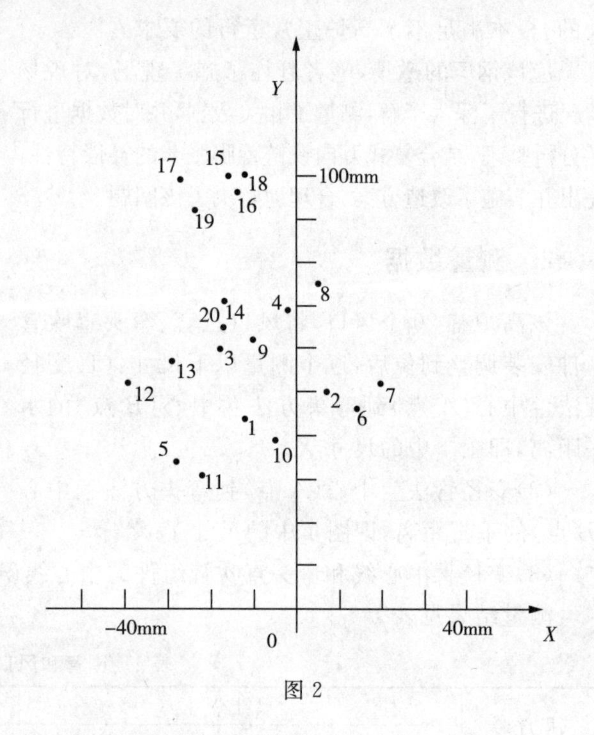

图 2

膨胀节技术参数如下：

流通介质：富氧热空气，

介质温度：1300℃，

介质压力：0.4MPa，

角向补偿量：$\Delta\theta=\pm3°$，

疲劳寿命：≥3000 次。

膨胀节简图见图 3。

方案一：根据风口偏移尺寸，逐个膨胀节进行改造。显然，这一方案工作量巨大，且备品备件工作也难以进行，而且更换备件时也极为麻烦。此方案予以否定。

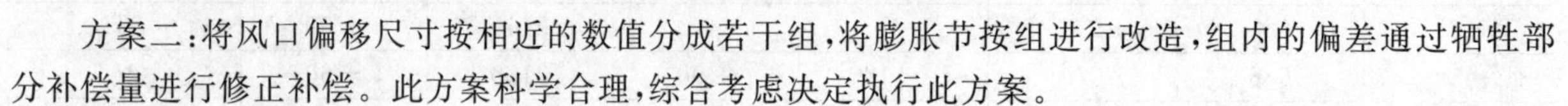

方案二：将风口偏移尺寸按相近的数值分成若干组，将膨胀节按组进行改造，组内的偏差通过牺牲部分补偿量进行修正补偿。此方案科学合理，综合考虑决定执行此方案。

由于膨胀节的设计最大角向补偿量为±3°，现拟利用一半的补偿量进行修正补偿，即 $\Delta\theta'=\pm1.5°$，根据膨胀节尺寸将角向补偿量转换为横向补偿量

$$\Delta Y=L\cdot\sin\Delta\theta' \tag{1}$$

ΔY——横向补偿量（mm）

L——复式铰链膨胀节销轴之间的距离（mm）

$\Delta\theta'$——角向补偿量（°）

将 L＝1218mm

$\Delta\theta'=\pm1.5°$代入

得 $\Delta Y=\pm31.9$mm。

ΔY 也可以放样得出（图 4），且还可以直接得出膨胀节方法兰中点（即 B 点）在膨胀节变形过程中的大致的移动轨迹曲线，将此曲线绘入图 2 的直角坐标系，得到图 5。

通过观察坐标系中的曲线位置和方法兰中心的 B 点实测位置发现：

（1）将该曲线竖直向上移动 40mm，到达图 6 中的 a 位置，可以看出 1＃、2＃、5＃、6＃、7＃、10＃、11＃共 7 个风口的 B 点实测位置大致分布在 a 曲线的两旁不远处。

（2）将该曲线向左偏上 70°移动 63mm，到达图 6 中的 b 位置，可以看出 3＃、4＃、8＃、9＃、12＃、13＃、14＃、20＃共 8 个风口的 B 点实测位置大致分布在 b 曲线的两旁不远处。

（3）将该曲线先竖直向上移动 40mm，再向左偏上 70°移动 63mm，到达图 6 中的 c 位置，可以看出 15

#、16#、17#、18#、19#共5个风口的B点实测位置大致分布在c曲线的两旁不远处。

所以，想要将此套送风装置顺利地安装和安全的运行，必须设法将膨胀节方法兰中点（即B点）的位置按上述要求进行改动。这些改动可以通过调整膨胀节直段、斜段的长度来实现：

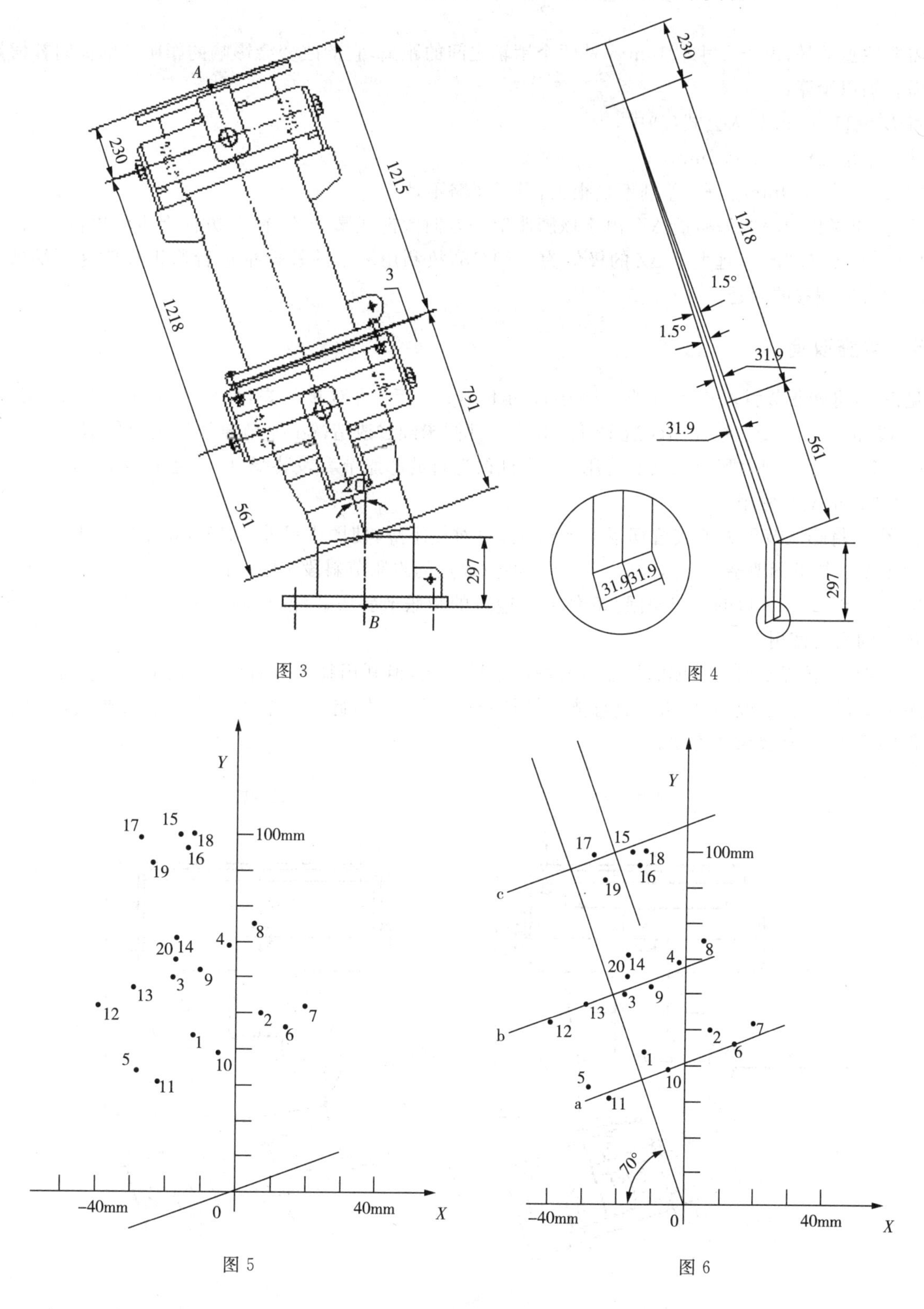

图 3

图 4

图 5

图 6

(1)方法兰中点竖直向上移动40mm，调节膨胀节斜段长度即可，即将图3中的尺寸297mm减少到257mm。

(2)方法兰中点向左偏上70°移动63mm，调节膨胀节直段长度即可，即将图3中的尺寸1218mm减少到1155mm。

(3)方法兰中点先竖直向上移动40mm，再向左偏上70°移动63mm，斜段、直段都需进行调节且调节尺寸同上。

需要注意的是，由于尺寸1218mm是两个销轴之间的距离，它的改变会影响的膨胀节的横向补偿量，此处需要加以验算：

将 $L'=1155$mm 代人公式(1)中，

计算结果 $\Delta Y'=\pm 30.2$mm，

同 $\Delta Y=\pm 31.9$mm 比较，差别不是很大，可以忽略不计。

此时，再考虑中心线偏移量 ΔZ，由于该膨胀节是万向铰链式膨胀节，在 Z 方向上也可以做角向的补偿，且 $\Delta Y'=\pm 30.2$mm，远大于 ΔZ 的极值为$-20/18$，故利用一半的补偿量进行修正补偿这一举措，也能解决中心线偏移的问题。

5　实施改造

见图7，将膨胀节斜段最下方的一段接管切下40mm后，再对接组焊，使图中尺寸297mm缩短为257mm，其他尺寸不变。按此图改造12件，其中7件同未经过改造的膨胀节直段装配，可满足1＃、2＃、5＃、6＃、7＃、10＃、11＃风口的安装使用。5件同改造过的膨胀节直段装配，可满足15＃、16＃、17＃、18＃、19＃风口的安装使用。

见图8，将膨胀节下方的接管切下63mm后，再对接组焊，使图中尺寸1215mm缩短为1152mm，其他尺寸不变。按此图改造13件，其中8件同未经过改造的膨胀节斜段装配，可满足3＃、4＃、8＃、9＃、12＃、13＃、14＃、20＃风口的安装使用。5件同改造过的膨胀节斜段装配，可满足15＃、16＃、17＃、18＃、19＃风口的安装使用。

可以看出，虽然膨胀节总体的尺寸需要做出3种改变，但利用膨胀节直段、斜段的装配关系，只需将膨胀节的直段、斜段各改一种，再通过总体装配得到第3种尺寸，此方法节约了大量的改造成本，也为以后备件的采购、更换提供了方便。

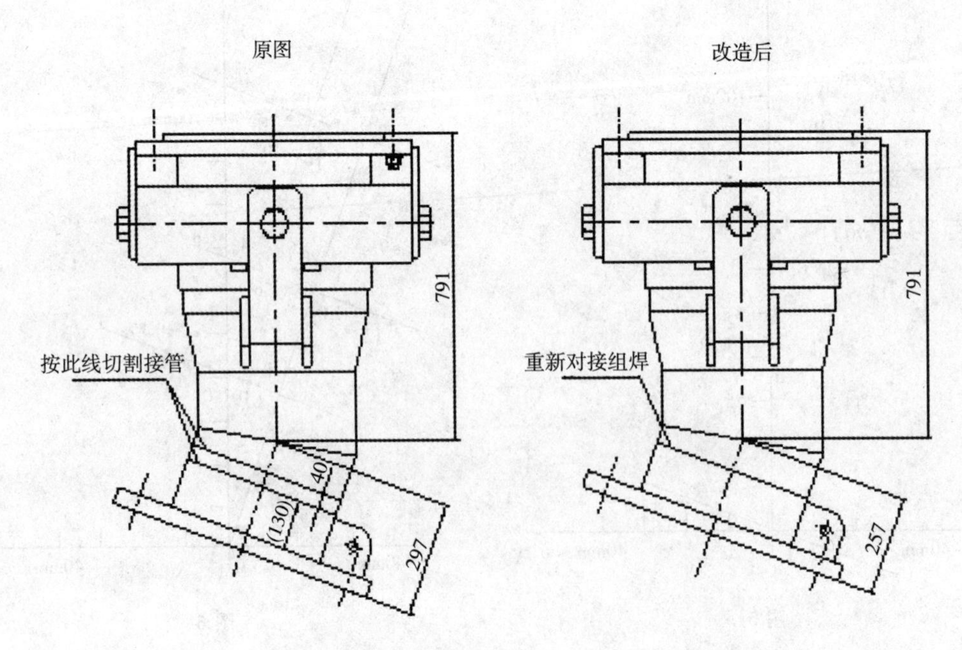

图7

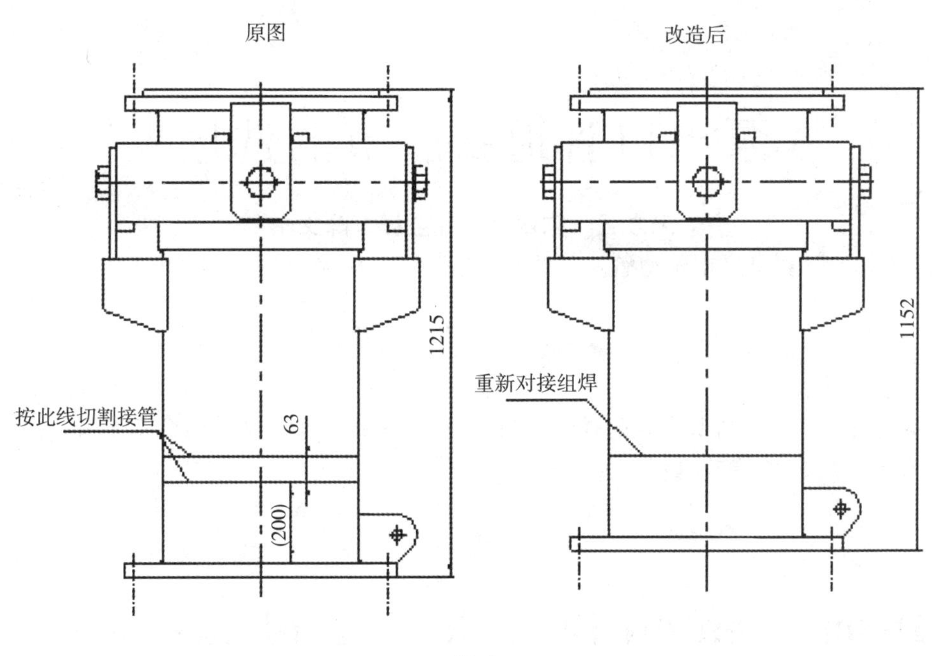

图 8

6 总结

经过改造后的膨胀节再次运抵现场后，顺利的进行了安装，其后的运行状况也令人满意。实践证明此方案是可行的，但是利用膨胀节的变形来补偿安装误差是不可取的，在许多的相关文献中都有明确的说明[1][2]，这只是补救该问题的权宜之计。为了从根本上杜绝此类问题的出现，在高炉的大修改造工程中最好将包括变径管在内的送风装置整体更换。

参考文献

[1] 李永生，李建国．波形膨胀节实用技术——设计、制造与应用．北京：化学工业出版社，2000
[2] EJMA 第九版，膨胀节制造商协会
[3] GB50372—2006 炼铁机械设备工程安装验收规范
[4] YB/T4191—2009 高炉进风装置

作者简介

武敬锋，男，秦皇岛市泰德管业科技有限公司，长期从事高炉送风装置的设计工作。通讯地址：秦皇岛市经济开发区永定河道 5 号，邮编：066004，电话：0335－8586150 转 6427，传真：0335－8586168，E－mail：wjf1112@163.com。

泵出口管道膨胀节的选用

宋志强　陈四平　齐金祥　陈文学
(秦皇岛市泰德管业科技有限公司,河北,秦皇岛　066004)

摘　要:本文通过某厂结晶泵出口管道的改造,阐述了膨胀节在选型时的注意事项。

关键词:泵出口管道,膨胀节选型

Discussion on the selection of expansion joint of pump outlet pipeline

Song Zhi-qiang　Chen Si-ping　Qi Jin-xiang　Chen Wen-xue
(QINHUANGDAO TAIDY FLEX-TECH CO. ,LTD. ,HEIBEI QINHUANGDAO　066004)

Abstract: In this paper, through the transformation of the export pipeline of a certain factory, this paper expounds the matters needing attention in the selection of expansion joints.

Keywords: pump outlet pipe, selection of expansion joint

1 前　言

膨胀节作为管道的柔性单元在管系中的应用是非常广泛的,它不仅可以吸收管系的各种位移,而且还具有增加管道柔性、减少管道振动的作用。型式不同的膨胀节可以满足不同的管系及使用工况,这就涉及膨胀节合理选型。如果膨胀节选用的不合理,不仅不能起到应有的作用,反而会导致管道系统发生问题。

2 案　例

某化工厂污水处理站结晶循环泵出口管道在安装使用后,便发现存在管路振动严重无法正常使用的问题。该管道走向如图 1 所示:

介质从垂直方向进入结晶泵,从水平管道排出。现场两台结晶泵并排布置。靠外侧结晶泵出口距弯头处距离为 4100mm,弯头处距垂直管段固定支架的垂直距离为 4000mm。靠内侧结晶泵出口距弯头处距离为 3000mm,弯头处距离垂直管段固定支架的垂直距离为 4000mm。原管路膨胀节的选型两条管路是相同的:结晶泵进口垂直管道布置的膨胀节为复式拉杆型膨胀节,结晶泵出口水平管路上布置的为弯管压力平衡型膨胀节。其中,水平管路与后续垂直管路由弯管压力平衡膨胀节的弯头进行连接。

管系设计条件:设计压力:0.2MPa;设计温度:110℃;工作介质:浓盐水;管道通径:DN600;管道材质

为 N08367。

3 原因分析

管道发现振动问题后现场立刻邀请专家及设计院相关人员针对结晶循环泵汽蚀及管道振动问题进行了讨论会诊。仅从管系的走向及固定点位置来看，膨胀节的选型没有太大问题，膨胀节可以吸收管系各个方向的热位移。而且，膨胀节均选用的是约束型膨胀节，已经将膨胀节对管道及设备的推力降到了最低。

通过现场进行查后发现，结晶泵出口管道上的弯管压力平衡型膨胀节采用的是三通结构，并没有采用弯头型式，且三通管内部也未设置折流板。此外，膨胀节波纹管为单层薄壁结构。现场结晶泵选择的是轴流泵，内部叶片结构如图 2 所示：

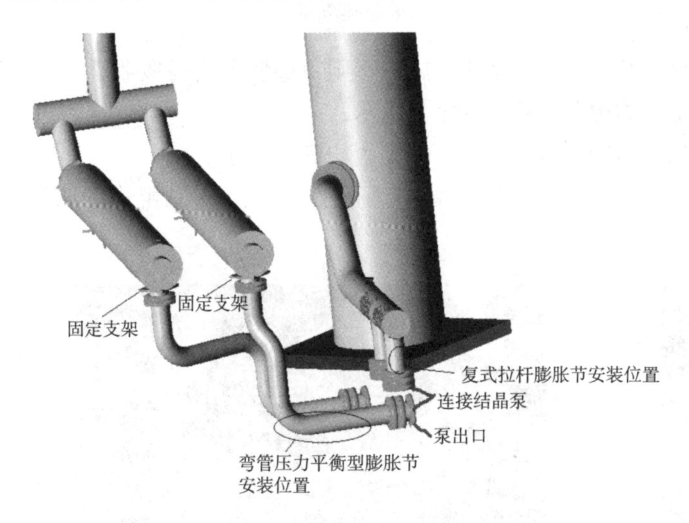

图 1 结晶泵进出口管道走向示意图

图 2 结晶泵泵叶结构

经过讨论分析，管道发生振动的主要原因有两方面：

① 泵出口管道上膨胀节选型不合理。所选膨胀节为三通结构的弯管压力平衡型膨胀节，其三通结构本身不利于介质的平缓输送，而内部又未设置折流板则使得介质从泵口出来后直接冲击在了膨胀节平衡端的封头上。由于弯管压力平衡型膨胀节平衡端仅有一端为固定，另一端仅可视为铰支，本身稳定型就较差。因此，封头受到冲击后便会产生振动。这就使得管道的振动情况更加的复杂和剧烈。同时，三通结构也使得管内介质流态更加紊乱，这也在一定程度上加剧了振动。另外，所选膨胀节波纹管为单层薄壁的结构，其固有频率较低，极易与管道发生共振。

② 结晶泵选型不够合理，泵的汽蚀余量与管系不匹配所致。结晶泵选择的是轴流泵，工作时泵出口的流态较差，汽蚀严重；

4 解决办法

通过振动原因的分析可以得出，解决管道振动有以下方法，即：

① 更改出口管道上的膨胀节。将膨胀节的自振频率与管道的自振频率错开，使其不发生共振。另外，改变原出口膨胀节的结构型式，水平管路与垂直管路直接以弯头连接，使介质可以更加平顺的进入垂直管道，减少介质对管道的直接冲击。同时也可避免介质冲击封头造成新的振动。

② 更换新泵，使得新泵的汽蚀余量满足现场管路需求。

③ 泵和膨胀节同时进行更换。

经过方案讨论比较，由于管道已经布置完毕，而且原泵选用的是轴流泵，管道直径已定，若进行更换，改造成本非常高。而更换膨胀节的方案则成本低廉，并且也更加的便于操作。。因此，现场决定采用第二种更换膨胀节的方案。

接下来就是膨胀节的具体选型问题。由于管道振动主要集中在结晶泵的出口管路，因此本次改造也主要针对的是结晶泵出口管路，泵进口管路不做更改，仍按原有布置进行。

改造时，直接取消了泵出口管路上的弯管压力平衡型膨胀节，用弯头直接将水平管路与垂直管路相连，使介质能更平顺的进入垂直管路。

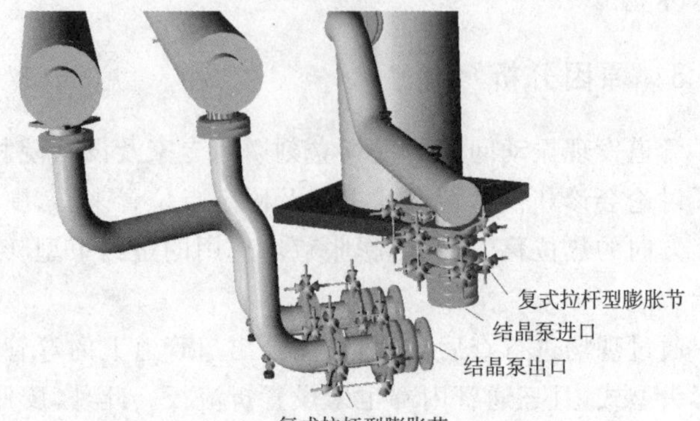

图 3　重新建立的管道模型

另外考虑到管道的走向、长度及施工的便利性，最终选择在结晶泵出口的水平管道上安装复式拉杆型膨胀节来吸收管系垂直管段的热位移，而水平管段的热位移则由膨胀节自身吸收。

确定改造方案后，重新对管系建模，进行了应力分析，模型如图 3 所示：

分析结果显示，节点应力在许用值范围内、管道位移及一次、二次应力均满足要求。

实际改造后通过现场使用情况观察，振动问题已经彻底解决，管路运行平稳，问题得到解决。改造后现场如图 4 所示：

图 4　改造后现场

5 总　结

通过以上案例可以看出，在管系设计时，膨胀节的选型不仅要考虑管系中管道的走向、固定支架的位置及受力情况、管道的热膨胀量、管内介质的压力、温度等因素，还要充分考虑其他与膨胀节管道相连可能对膨胀节运行造成影响的各种因素，例如与膨胀节相连设备的结构特点及性能、膨胀节自身结构的优缺点、流通介质的流向、流态和物质形态等因素。这些都会对膨胀节的运行造成影响，严重时甚至会影响整个管路的安全运行。

因此，进行膨胀节选型时必须将管系作为一个整体来考虑，选型时既要考虑膨胀节对管路支架、设备的影响，也要考虑管道所连接设备、阀门以及流通介质物质形态、流态等因素对膨胀节的影响。任何一种相关因素考虑的缺失，都有可能对管系的运行造成影响。只有综合考虑管系的各种因素，才有进行正确的膨胀节选型并使膨胀节在管路运行中发挥出其应有的作用。

参考文献

[1] Standards of the Expansion Joint Manufactures Association[S], Inc. 9th 2008

[2] GB/T 12777—2008 金属波纹管膨胀节通用技术条件[S]

[3] SH/T 3421—2009 金属波纹管膨胀节设置和选用通则[S]

[4] 李永生,李建国. 波形膨胀节实用技术—设计、制造与应用. 北京:化学工业出版社,2000.

作者简介

宋志强,男,秦皇岛市泰德管业科技有限公司,从事波纹管膨胀节的设计,秦皇岛市经济开发区永定河道5号,邮政编码:066004;电话:0335—8586150 转 6422;传真:0335—8586168;电子邮箱:szqiang003@163.com

高分子材料在烟气脱硫装置非金属膨胀节中的应用

尚丽娟

（航天晨光股份公司研究院，江苏 南京 211100）

摘　要：本文详细论述了在烟气脱硫装置用非金属膨胀节中，耐腐蚀高分子材料的选择和应用，对比了几种高分子材料的耐腐蚀性能，为非金属膨胀节厂家提供选材依据。

关键词：烟气脱硫；耐腐蚀；高分子材料；氟橡胶；聚四氟乙烯；三元乙丙橡胶

Application of polymer materials in non-metallic expansion joints of flue gas desulfurization equipment

Shang Lijuan

（Aero-sun Co.，Ltd.，Nanjing，Jiangsu，211100）

Abstract：This paper discusses mainly in the selection and application of corrosion resistant polymer materials in flue gas desulfurization apparatus with non-metallic expansion joints，and compares the corrosion resistance of several kinds of polymer materials to provide the material basis for the non-metal expansion joint manufacturers.

Keywords：Flue gas desulfurization；Polymer materials；Fluorine rubber；PTFE；EPDM

1　概　述

非金属膨胀节是由各种非金属材料复合而成的圈带（柔性元件）与金属部件构成的，主要功能是用来补偿或消除管道因温度变化而产生的热胀冷缩，同时也可以弥补相邻管道或设备之间较小安装误差，另外也可以作为震动隔离装置或减震装置使用。

圈带是非金属膨胀节减震或吸收管道位移的部分，主要包括气密封层、隔热层、绝缘层和法兰垫圈，其中气密封层是用来承受系统内部压力和抗化学腐蚀的，在烟气脱硫系统中，非金属膨胀节的寿命很大承受上就取决于所选用材料的耐腐蚀性能，常选用的耐腐蚀材料有三元乙丙橡胶（EPDM）、氟橡胶（FKM）、聚四氟乙烯（PTFE）薄膜以及 PTFE 浸渍涂膜，本文即将重点探讨这几种材料在烟气脱硫系统中的耐腐蚀性能。

2　烟气脱硫系统的烟气成分及工况条件

为了有效减轻燃煤烟气对大气环境的污染[1]，美国和日本从 70 年代开始就进行了烟气脱硫（FGD）

装置的研究和应用，目前国内采用的烟气脱硫方法大多数是石灰石/石膏湿法为主，全世界约90%的电厂采用这种脱硫方法，因此本文的讨论主要基于该种方法。在湿法脱硫系统中的烟气成分和工况如图1所示。

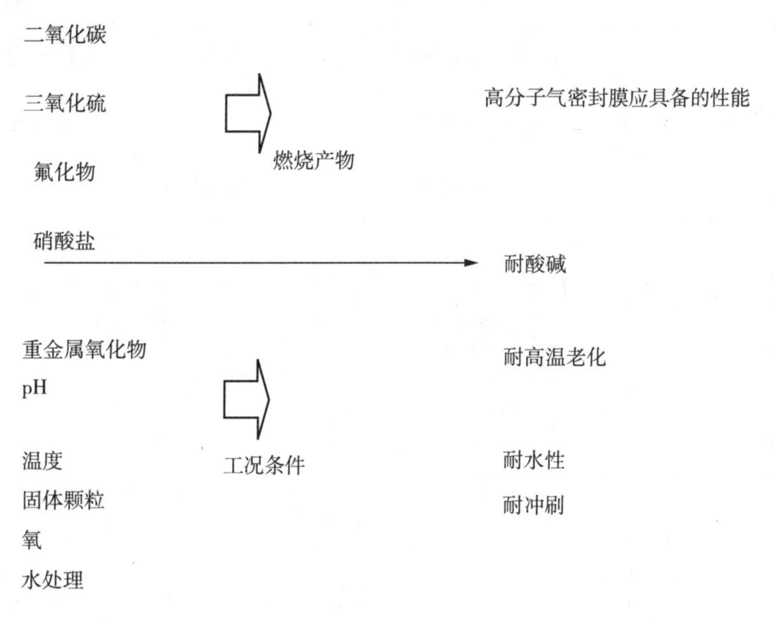

图1 烟气成分和工况条件

烟气在对材料产生有害影响的因素中，低于露点形成的冷凝液影响最大[2]。冷凝液腐蚀性很强，包括硫酸、亚硫酸、盐酸等，另外煤中所含的氯化物和氟化物会使得腐蚀问题变得更加严重，烟气对非金属补偿器的腐蚀强弱就取决于以上这些物质。在所有烟气成分中，硫酸的露点最高，以致通常提到酸的露点时，总认为是硫酸的露点，所以当烟气温度（>350℃）冷却下来时，硫酸总是最先冷凝的。燃烧无烟煤时，典型的硫酸分压为10^{-6}至10^{-5}，水蒸气分压为0.02至0.5巴，实际测得的露点为100至150℃，最高为180℃。因为水和硫酸的沸点相差很大，这两种成分在沸腾和冷凝时都会发生分离，这就意味着，在露点下冷凝时，尽管烟气中硫酸浓度低，但结露中的硫酸浓度却很高，可能达到65%到95%之间，这对于在这些部位的材料，是一个很大的考验。

除以上各种腐蚀以外，重金属氧化物和硝酸盐会产生较高的氧化还原电势也会导致产生腐蚀。另外，由于含酸以及氯化物的酸性水解作用，pH值变的很低的同时，很高的温度更会加剧腐蚀。

3 脱硫非金属膨胀节常用高分子材料耐腐蚀性能

在脱硫系统中，非金属膨胀节一般选用的耐腐蚀高分子材料有EPDM、FKM、PTFE薄膜和PTFE浸渍涂膜，由于PTFE浸渍涂膜的耐腐蚀性取决于纯PTFE，其材质本身耐腐蚀性肯定优于PTFE薄膜（填充改性PTFE的车削膜），所以针对烟气冷凝液成分及工况，本文仅对前三种材料进行耐化学品腐蚀试验*1。

3.1 材料配方

EPDM、FKM橡胶和填充PTFE树脂配方见表1。

表1 材料配方成型条件

EPDM配方		FKM配方		填充PTFE配方	
三元乙丙胶	100	三元氟橡胶	100	PTFE悬浮料	100

（续表）

EPDM 配方		FKM 配方		填充 PTFE 配方	
炭黑	30	SRF 炭黑	13	玻纤	10
氧化锌	5	氢氧化钙	6	总计	110
硬脂酸	1	氧化镁	3	成型温度	380℃
防老剂 4010	1	3＃硫化剂	2.5		
促进剂	2.5	总计	124.5		
碳酸钙	30	硫化条件	160℃×10min		
石蜡	10	压力	2MPa		
硫磺	1				
总计	180.5				
硫化条件	160℃×10min				
压力	2MPa				

3.1　制备试样

我们将上述三种材料分别加工裁剪成 25mm×25mm×2±0.1mm 的长方形和 25±0.5mm、厚度为 2±0.2mm 哑铃型试样，每个温度下，每种材质需要制作三对试样。

3.2　试验过程

（1）室温下，在空气中测量每种材质的长方形试样的尺寸并计算体积，结果取平均值 V_0；然后再测试每种材质的哑铃型试样的拉伸强度和伸长率，取平均值 TS_1 和 EL_1；

（2）将以上三种材质分别浸置于装有 150cm^3 不同溶剂的玻璃管[3]中（外径 38mm、长度 300mm），同时使用玻璃珠子放在液态中作为撞物以便将样本分开，如图 2 所示，轻松盖上管塞；

（3）然后将玻璃管置于调控好温度的水浴中，每个温度下，浸置 22 个小时。

（4）最后从试管中取出试样，马上移至全新测试溶液中冷却至室温，然后用没有绒毛和异物的过滤纸吸干，测量每个长方形试样的尺寸并计算体积，结果取平均值 V_1，并测试哑铃型试样的拉伸强度和伸长率，取平均值 TS_2 和 EL_2。冷却液体取出试样和测试之间间隔应该在 2 到 3 分钟之间。

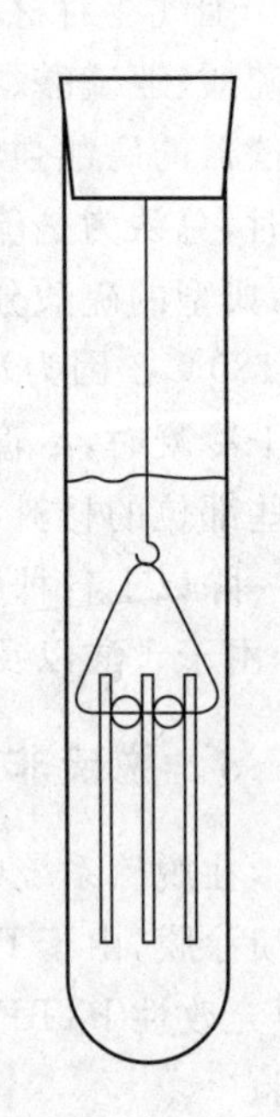

图 2　分隔方法

3.3　计算结果

（1）体积变化百分比：ΔV，%＝$(V_1-V_0)/M_0\times100$

（2）拉伸强度变化百分比：ΔTS，%＝$(TS_2-TS_1)/TS_1\times100$

（3）伸长率变化百分比：ΔEL，%＝$(EL_2-EL_1)/EL_1\times100$

3.4　耐腐蚀性能分析

通过实验，综合考虑体积变化率、拉伸伸长率变化以及其他物理性能，耐腐性性能从 1 至 5，耐腐蚀性能从高到低，得到的各种材质的耐腐性性能见表 2。

表2　脱硫非金属膨胀节常用耐腐蚀材质耐化学品性

<table>
<tr><th>化学品</th><th>浓度(%)</th><th>温度(℃)</th><th>EPDM</th><th>FKM</th><th>PTFE</th></tr>
<tr><td rowspan="7">H_2SO_4</td><td rowspan="2">10</td><td>RT</td><td>1</td><td rowspan="7">1</td><td rowspan="19">1</td></tr>
<tr><td>65</td><td>1</td></tr>
<tr><td rowspan="2">30</td><td>RT</td><td>1</td></tr>
<tr><td>65</td><td>2</td></tr>
<tr><td>50</td><td>RT</td><td>2</td></tr>
<tr><td rowspan="2">98</td><td>RT</td><td>2</td></tr>
<tr><td>70</td><td>5</td></tr>
<tr><td>H_2SO_3</td><td>10</td><td>RT
65</td><td>1</td><td>1</td></tr>
<tr><td rowspan="4">HCl 水溶液</td><td rowspan="2">10</td><td>RT</td><td>1</td><td rowspan="4">1</td></tr>
<tr><td>70</td><td>2</td></tr>
<tr><td rowspan="2">36</td><td>RT</td><td>1</td></tr>
<tr><td>70</td><td>2</td></tr>
<tr><td rowspan="3">HNO_3</td><td>10</td><td>RT</td><td>1</td><td rowspan="3">1</td></tr>
<tr><td>30</td><td>RT</td><td>1</td></tr>
<tr><td>50</td><td>RT</td><td>3</td></tr>
<tr><td rowspan="4">HF 水溶液</td><td rowspan="2"><65</td><td>RT</td><td>1</td><td>1</td></tr>
<tr><td>60</td><td>4</td><td>3</td></tr>
<tr><td rowspan="2">>65</td><td>RT</td><td>3</td><td>1</td></tr>
<tr><td>60</td><td>5</td><td>3</td></tr>
</table>

注：耐化学品性能从1到5依次从高到低，1：体积变化率10%以内，可长期使用；2：体积变化率20%以内，较稳定；3：体积变化率30%以内；4：体积变化率100%；5：完全不能使用。

从表2中，我们可以看出，PTFE在烟气冷凝物中，均耐腐蚀，可长期使用，耐腐蚀性能最佳，其次是FKM，FKM在HF酸水溶液中，温度达到60度时，不适宜长期使用，最后是EPDM，在脱硫系统中，特别是初期冷凝浓度较高的时候，容易被腐蚀，相应的物理强度降低。因此，根据本次试验，我们建议在脱硫系统中，特别是腐蚀严重的场合，不适宜选择EPDM橡胶作为耐腐蚀材料使用。

4　耐腐蚀高分子材料在脱硫非金属膨胀节上的应用

在脱硫系统中，特别是腐蚀严重的部位，非金属膨胀节气密封层耐腐蚀材料的选择尤为重要，其直接关系到膨胀节的寿命。

4.1　若干脱硫非金属膨胀节失效案例分析

(1)某电厂二期工程脱硫系统中，非金属膨胀节在投入使用半年后，先后多个出现损坏，导致烟气严重泄露，电厂采取紧急停机，更换圈带。分析原因：设计人员没有充分认知到烟气冷凝液的腐蚀严重性，在圈带设计中，用硅橡胶代替原来PTFE车削膜作为气密封层，硅橡胶具有良好的耐臭氧和耐候性，但不耐烟气成分，从而导致膨胀节失效。

(2)某电厂烟气脱硫系统中，总计使用五件非金属膨胀节，投入使用仅半年后，发现位于净烟气的两件泄露，其中一件漏气，一件漏水(见图3、图4)，从图片中可以看出损坏的膨胀节内侧破损面积较大、局部表面出现裂纹。分析原因：圈带设计中，选择PTFE浸渍玻纤布和硅橡胶作为气密封层，PTFE浸渍玻纤布厚度仅为0.3mm，虽然PTFE本身耐腐蚀性较好，但PTFE浸渍玻纤布的表层PTFE涂覆膜厚度受每种PTFE乳液的极限膜厚限制，薄且柔韧性差，遇到褶皱和外力时易开裂，而一旦该层损坏后，硅橡胶又不耐烟气冷凝液成分，从而导致膨胀节失效。

图 3　内侧表面破损处

图 4　破损处局部放大图

4.2　耐腐蚀材料的选择及结构设计

结合实验和实际使用使用情况，PTFE 车削膜和 FKM 在烟气脱硫系统中的耐腐蚀表现较好，在圈带的设计中，分为整体复合型和多层组合型结构，在脱硫系统中，特别是腐蚀严重的部位，采用图 5、图 6 的结构形式，可以有效保证膨胀节的寿命。

FKM 橡胶除了具有较强的耐腐蚀性能以外，还具有杰出的耐磨性，一般不需要针对烟气介质采取保护措施，可以直接在内侧使用，而 PTFE 车削膜具有优异的耐腐蚀性能，但耐磨耗性能较差，在组合型圈带结构中，将 FKM 橡胶和 PTFE 车削膜结合使用，可以充分有效地保证圈带的使用寿命。

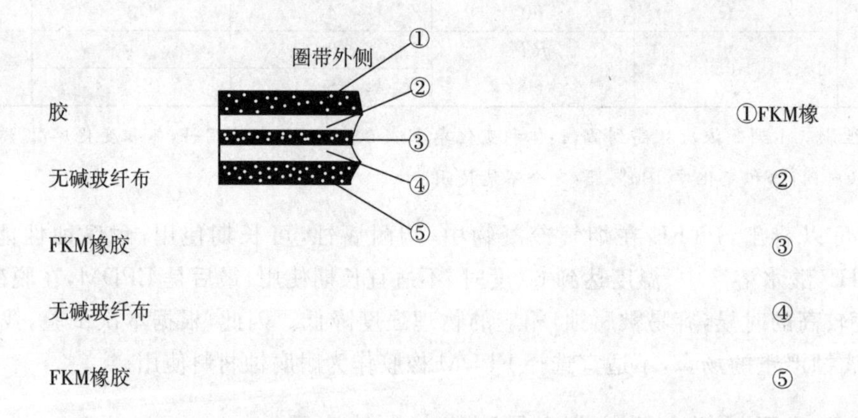

图 5　整体复合型圈带结构

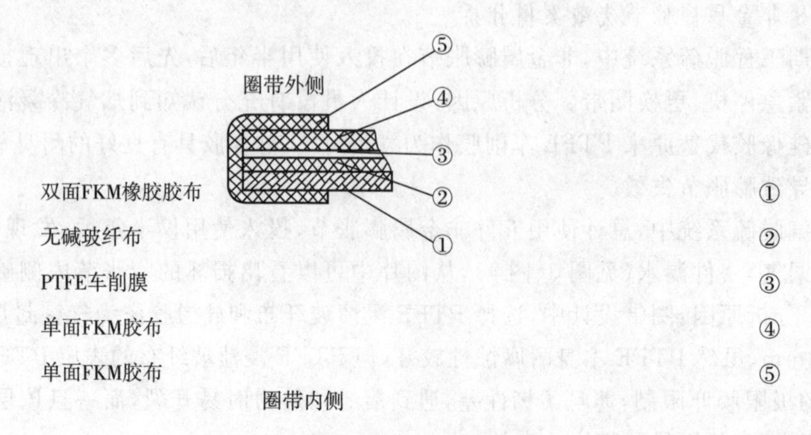

图 6　多层组合型圈带结构

5 结 论

在烟气脱硫系统中，选择气密封层的材质是否合适，直接关系到非金属膨胀节的使用寿命，本文通过对常用的高分子耐腐蚀材料进行实验及实际案例分析，得出：

(1)在EPDM橡胶、FKM橡胶、PTFE车削膜和PTFE浸渍涂覆膜四种常见的气体密封层中，在烟气冷凝液形成初期，腐蚀性最强，适合选用PTFE车削膜作为气密封层，其次是FKM橡胶，而PTFE浸渍涂覆膜单独使用效果不如PTFE车削膜。在冷凝液被大量稀释后或无冷凝液的其它部位，根据工况和使用经验，也可考虑选择EPDM橡胶。

(2)烟气脱硫装置中，腐蚀严重的地方，如GGH出入口，洗涤塔入口等处，建议使用FKM两布三胶结构或FKM橡胶和PTFE车削膜多层组合型圈带。

参考文献

[1] 刘海珠，郭永香．我国燃煤硫污染控制技术现状综述[J]. 能源环境保护，2005(02)；

[2] 邓徐帧，裴耀先，顾咸志．石灰石石膏湿法烟气脱硫装置的防腐蚀．电力环境保护，2002，18(2)；

[3] ASTM D471 橡胶性能的标准试验方法—液体影响；

作者简介

尚丽娟(1981—)，女，高级工程师，先后从事树脂合成、聚四氟乙烯树脂应用研究以及非金属膨胀节和橡胶膨胀节设计研究。通讯地址：南京市江宁区天元中路188号7楼，E-mail：shanglijuanslj@tom.com。

全外压直通式压力平衡波纹补偿器的应用

贾建平　薛维法

（北京兴达波纹管有限公司，北京　102611）

摘　要：本文描述了一种外压直通式压力平衡波纹补偿器，工作波纹管和平衡波纹管都处于外压工作状态，波纹管的波数不受内压柱状失稳临界压力的约束，使得单台补偿器在紧凑的距离内能够实现较大的轴向补偿能力。

关键词：直管压力平衡、全外压、波纹补偿器、轴向位移

An Externally Pressurized-Straight Pressure Balanced Explanation Joint

Jia Jian ping　Xue Wei Fa

(Beijing Xingda Bellows Co. Ltd. ,Beijing,102611)

Abstract: This paper describes an externally pressurized-straight pipe pressure balanced bellows expansion joint. The working bellows and balanced bellows are in external pressure working state. The number of convolutions is not subject to internal pressure column buckling critical stress constraints. The single compensator in the compact range can realize larger axial compensation ability.

Keywords: Straight pressure balanced; externally pressurized; Bellows explanation joint; axial displacement

1　引　言

一种外压直通式压力平衡波纹补偿器产品，工作原理与内压形式的直管压力平衡波纹补偿器一样，只是所有波纹管都工作在外压条件下。由于波纹管在外压条件下没有柱状失稳临界压力的限制，波数可以做很多，这样可以大大提高补偿器的补偿能力。

根据用户的要求在烟台 500 万平方米供热系统管线中，要使用波纹补偿器。补偿器的具体要求：

a. 通径　　$DN=400$mm

b. 工作压力　　$P=2.5$MPa

c. 工作温度　　$T=300$℃

d. 工作介质　　高温蒸汽

e. 轴向补偿量　　$\Delta X=260$mm

f. 轴向尺寸　　　　　　　　　$L \leqslant 3000$mm

g. 没有内压推力、介质流动阻力小，噪音要低

2　设计思想

普通能够吸收管线轴向位移的压力平衡式波纹补偿器主要有两种：内压直通压力平衡型波纹补偿器（图1），外压旁通压力平衡式波纹补偿器（图2）。

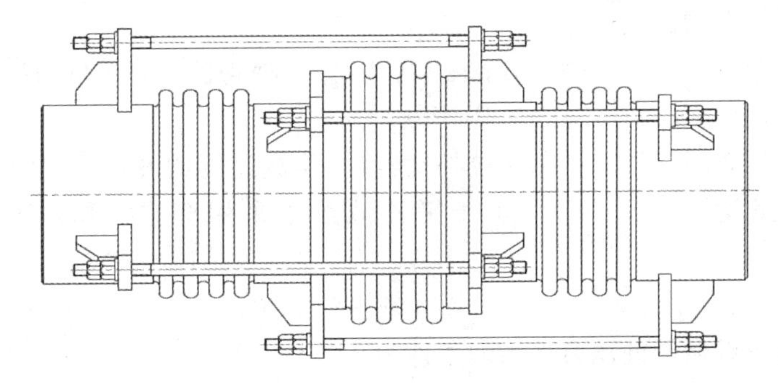

图1　内压直通压力平衡型波纹补偿器

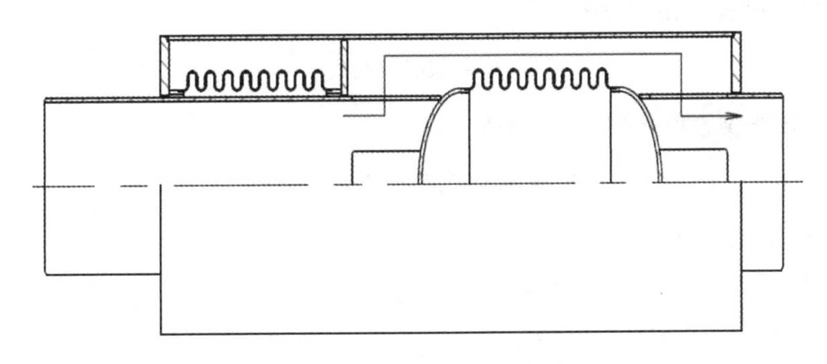

图2　外压旁通压力平衡式波纹补偿器

内压直通压力平衡型波纹补偿器由于工作波纹管与平衡波纹管承受内压，受柱失稳临界压力的约束，波数不能太多、补偿量无法满足使用要求。

外压旁通压力平衡式波纹补偿器其介质是通过旁通的方式流动，阻力大、噪音大，所以也无法满足介质流动阻力小噪音低的要求。

因此我们设计了一种外压直通式压力平衡波纹补偿器（图3）

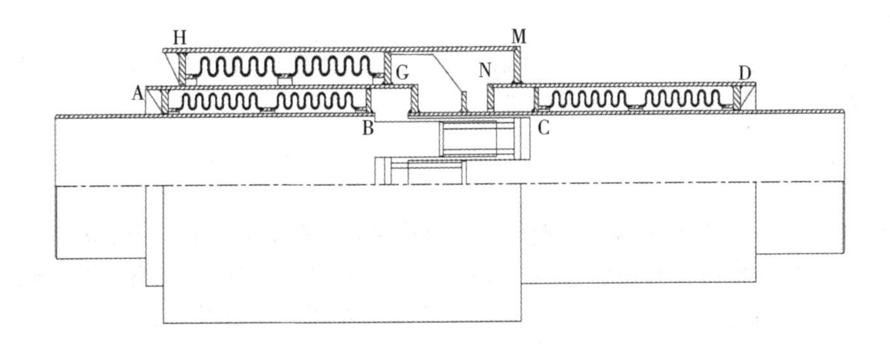

图3　外压直通式压力平衡型波纹补偿器

2.1　产品结构

图中由端环、两个小外筒和一个大外筒、两段小工作波纹管和一段大平衡波纹管，再加上两个端管共同组成一个全外压直管压力平衡型波纹补偿器。左端管在 B 点通过一个环板与左工作波纹管连接，左端管右侧是一种插翅结构，通过结构件与 M、N 环板以及大外筒 HM 和小外筒 ND 连接，D 点与右工作波纹管的右端连接。右端管在 C 点通过一个环板与右工作波纹管连接，端管左端侧是一种插翅结构，通过结构件与 G 点环板以及小外筒 AG 和平衡波纹管右端连接。平衡波纹管左端通过大外筒 HM 和小外筒 ND 与右工作波纹管的右端连接。

两个端管和三个外筒均承受内压力，同时也是传力部件，使得波纹管的压力推力相互平衡，对管道和支架没有压力推力的作用。

我们设计的这种外压直通式压力平衡波纹补偿器，工作波纹管的波数为(18＋18)个波，平衡波纹管波数为 16 个波，补偿量达到了 260mm，由于平衡波纹管采用套装，所以产品总长度也保证了 $L \leqslant 3000\text{mm}$。

2.2　受力分析

直管压力平衡型波纹补偿器的压力平衡的条件为：

$$F2=2F1 \qquad PA2=2PA1 \qquad \text{既}:A2=2A1$$

直管压力平衡型波纹补偿器的总刚度为：

$$K=2K1+K2$$

补偿量为 X 时，各波纹管位移均为 X，总刚度力为：

$$F\text{刚}=2K1X+K2X=KX$$

式中　P——设计内压；

$A1$——工作波纹管的有效面积；

$A2$——平衡波纹管的有效面积；

$F1$——工作波纹管的压推力；

$F2$——平衡波纹管的压推力；

$K1$——工作波纹管的刚度；

$K2$——平衡波纹管的刚度；

K——总的刚度；

X——补偿量；

F 刚——总刚度力；

F 摩——摩擦力。

图 3 所示外压直通式压力平衡型波纹补偿器，支架只需承受刚度力 F 和摩擦力 F 摩(F 刚＋F 摩)即可。没有内压推力。为了降低刚度力，我们做了预拉伸，预拉伸量为 100mm。

3　工作原理

假定左侧端管固定，工作时右侧端管向左移动。右侧工作波纹管被拉伸，同时 G 点向左侧移动，平衡波纹管被压缩，AG 小外筒也向左侧移动，左侧工作波纹管被拉伸。即两个工作波纹管被拉伸，平衡波纹管被压缩，补偿器总刚度是三个波纹管的总和。大外筒和小外筒 ND 通过结构件与左侧端管固定，没有位移。

4　结束语

在许多工况下，客户要求使用直通式压力平衡补偿器，以减少介质的流动阻力、降低噪音。同时又希望波纹补偿器具有较大的补偿量,这种外压直通式压力平衡波纹补偿器满足了客户的要求。

我公司设计的外压直通式压力平衡型波纹补偿器产品已投入使用两年多,工作状况稳定,完全满足了用户的要求。也为我们增加了新的产品,拓宽了市场。

作者简介

贾建平(1972—),男,高级工程师,北京1273信箱技术部,邮编102611,联系电话:010－89231296,传真:010－89231297,电子邮箱:jpjia@sina.com。

衬胶膨胀节的设计及其性能试验研究

周命生　端传兵　钱董乐　刘化斌　吴高强
(南京晨光东螺波纹管有限公司,江苏　南京　211153)

摘　要:本文介绍了一种全新的金属膨胀节内部衬胶的结构设计。为满足客户现场特殊介质管道的使用要求,我们对衬胶前后膨胀节的轴向刚度等性能进行了试验对比研究。

关键词:膨胀节;橡胶;结构;轴向刚度

Design of Rubber Lined Expansion Joint and Performance Test Research

Zhou Mingsheng
(Aerosun-Tola Expansion Joint Co. Ltd. ,Nanjing,211153,China)

Abstract: This article introduces the structure design of a new metal expansion joint: Rubber Lined Expansion Joint。In order to meet the requirements of the customer site special medium pipeline, We have made a comparative study on the axial stiffness of the expansion joint before and after the rubber lining。

Keywords: expansion joint; rubber; structure; the axial stiffness

1　前　言

普通的金属膨胀节材料常常无法满足特殊介质管道柔性设计的需要。对于含有氯离子、硫酸根离子的固液两相浆体流通介质的管道,膨胀节既要求很高的耐腐蚀性,还要具有良好的耐磨损性。这对膨胀节的选材及结构设计提出了挑战。

2　衬胶膨胀节的选材及结构设计

2.1　膨胀节的设计工况条件

膨胀节用于某工程含有氯离子浓度较高的固液两相浆体流通介质的管道中。

详细工况条件:设计压力:0.25MPa,设计温度:120℃,轴向位移:20mm,管道外径×壁厚:$\Phi325\times10$,法兰连接。管道及法兰材料 316L。

2.2　膨胀节设计方案选择

起初,我们的设计方案为:波纹管选用 316L 材料,接管、导流筒和法兰选用 316L。膨胀节整体内衬厚度 2mm 的聚四氟乙烯(PTFE),PTFE 衬里层翻边到法兰密封面。这样能够很好解决耐腐蚀问题。同时用活套厚壁导流筒来解决磨损问题。详见图 1。

经过与客户深入交流后，仔细推敲这个方案，我们发现存在较大的问题。由于浆料介质可以进入导流筒和波纹管之间，在工作温度100℃的烘烤下，浆体介质很快会固化，这将导致波纹管无法变形吸收位移。

然后我们提出了内部整体衬胶的设计结构方案。波纹管选用316L材料，接管和法兰选用碳钢。再选择一种柔性橡胶填充在波纹管内部并延伸到接管及法兰密封面，衬胶层基本厚度（接管内壁及法兰翻边层厚度）为6mm。橡胶层经过硫化工艺与金属膨胀节紧密贴合。这要求橡胶层既要具有较好的柔性，又要具有很好的耐磨性能。衬胶膨胀节结构详见图2。

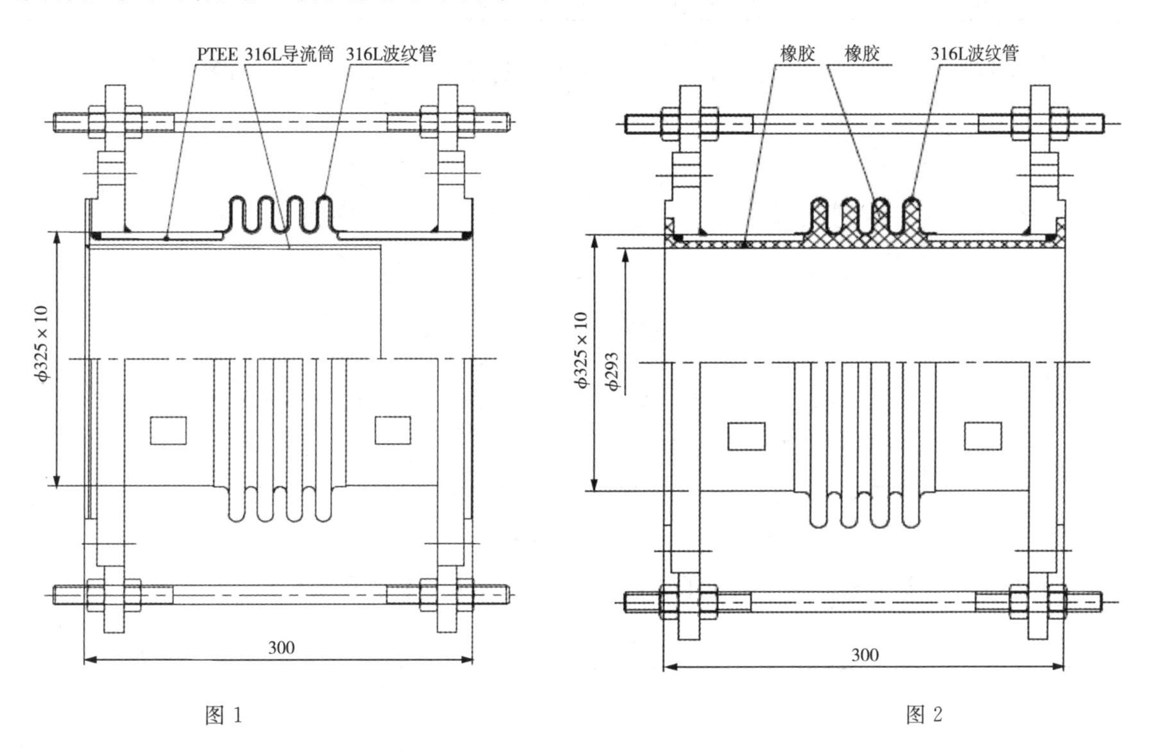

图1　　　　图2

衬胶膨胀节结构方案得到客户的认可。但衬胶层对膨胀节吸收位移及其刚度都会有较大影响，需要进一步实验验证。

3　衬胶膨胀节的位移及刚度试验

3.1　根据膨胀节的设计工况条件，波纹管设计参数表1

表1

内径(mm)	波高(mm)	波距(mm)	壁厚(mm)	层数	位移量(mm)	计算轴向刚度(N/mm)
Φ328	45	36	1.2	1	20	350

3.2　为提高衬胶层对波纹管轴向刚度影响的准确性，我们对衬胶前金属膨胀节做了刚度试验，其中位移为压缩位移。试验结果见表2

表2

位移(mm)	5	10	15	20	25	30	35	40	45	50
力(kN)(系列2)	1.15	2.25	3.47	5.15	6.8	8.82	10.7	12.34	14.5	16.3

（续表）

位移(mm)	5	10	15	20	25	30	35	40	45	50
力(kN)（系列 3）	0.99	2.24	3.65	5.23	7.03	8.9	10.8	12.75	14.72	16.55
力(kN)（系列 4）	0.69	2	3.37	4.85	6.51	8.38	10.27	12.4	14.5	16.55

根据表 2，作数据线性拟合线如图 3，由此得到膨胀节衬胶前的轴向刚度为 348N/mm。

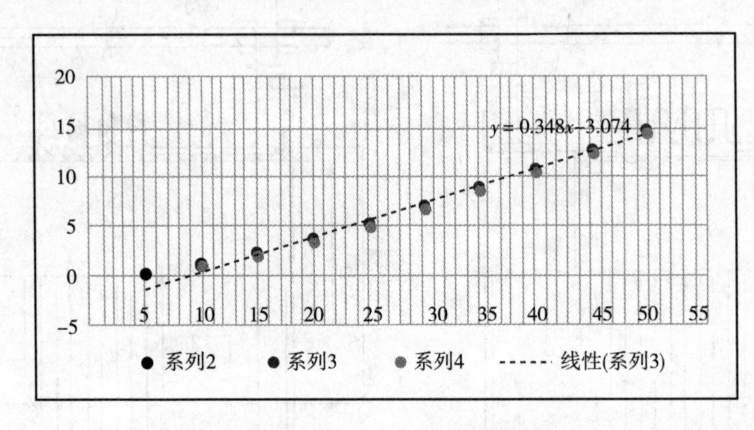

图 3　膨胀节衬胶之前刚度试验数据拟合

3.3　衬胶后我们对衬胶膨胀节也做了轴向刚度试验，其中位移为压缩位移。试验结果见表 3

表 3

位移(mm)	5	10	15	20	25	30	35	40	45	50
力(kN)（系列 2）	0.1	6.1	10.66	14.74	18.34	21.8	24.99	27.75	30.14	33.27
力(kN)（系列 3）	0.2	6.3	10.73	14.76	18.42	21.9	25.1	27.85	30.19	33.31
力(kN)（系列 4）	0.5	6.7	10.85	14.8	18.51	21.95	25.12	27.9	30.32	33.33

根据表 3，作数据线性拟合线如图 4：

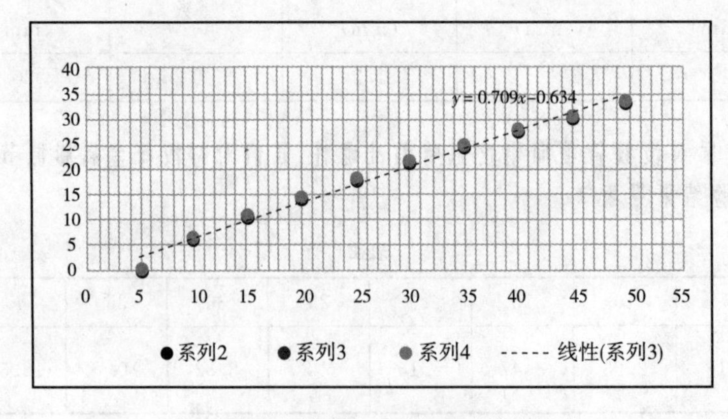

图 4　膨胀节衬胶之后刚度试验数据拟合

由此得到膨胀节衬胶后的轴向刚度为 709N/mm。

在做最大 50mm 的压缩位移刚度试验的同时，我们对衬胶层做了外观检查，衬胶层保持完好，没有出现脱胶或明显的隆起现象。

同时我们做了最大 35mm 拉伸位移，然后对衬胶层做了外观检查，衬胶层依然保持完好，没有出现脱胶或明显的凹陷现象。如图 5 所示。

从衬胶前后的膨胀节刚度试验结果可以看出，衬胶后膨胀节的轴向刚度大约是衬胶前轴向刚度的两倍。

上述试验结果反馈给客户，该设计方案得到客户的积极评价和认可。膨胀节可以满足现场工况条件和对设备受力的要求。对于内部衬胶层的耐磨损性能，还需要现场实际使用验证。

图 5　衬胶层外观

4　结　语

通过特殊结构设计，我们设计了一种全新的内部衬胶结构膨胀节，这种衬胶膨胀节已在实际管道中得到应用。衬胶膨胀节已申请得到国家实用新型专利。通过多种性能试验，证明该结构可以满足客户现场含氯离子的固液两相浆料流通介质的管道柔性设计需要。当然，作为一种全新结构膨胀节，其现场使用情况和使用寿命还需要客户现场的验证，我们将做持续跟踪。

参考文献

[1] EJMA 美国膨胀节制造商协会标准

[2] HG J32－90《橡胶衬里化工设备》

作者简介

周命生，男，高级工程师，长期从事膨胀节的设计开发工作，TEL：025－52826520、15996222040

Email：zmsxuxin@163. com

直管压力平衡式膨胀节性能测试分析与探讨

陈运庆
（诚兑工业股份有限公司，台湾 高雄）

摘 要：本文针对直管压力平衡式膨胀节性能测试及其测试结果，进行分析与探讨，供从事压力平衡式膨胀节与管线设计人员参考。

关键词：压力平衡式膨胀节、作动波纹管、平衡波纹管、压力平衡性、位移作动同步性

Analysis & Research of property Test for Pressure Balanced Type Expansion Joint

chen yunqing
（honestly against industrial co. ,LTD. ,Kaohsiung Taiwan）

Abstract：Analysis & Research of characteristic test for Pressure Balanced Type Expansion Joint，to let designer or relative people realize it's function

Keywords：pressure balanced type expansion joint，flow bellows，balanced bellows，tie pipe

1 前 言

压力平衡式膨胀节主要功能是降低主固定点承受膨胀节内压推力，仅承受热膨胀产生位移后，膨胀节产生相应弹簧反作用力。当口径越大或管内压力越高，管线主固定点之结构将随之变得越大。利用压力平衡式可大幅抵消内压推力，使管线主固定点之结构变小，进而降低整体管线工程制作费用。并供压力平衡式膨胀节验收参考。请各位专家对本案例进行指道。

本文所论及之压力平衡式膨胀节测试内容如下：

(1)位移同步测试；

(2)整体轴向弹性系数测试；

(3)压力平衡测试；

(4)整体耐压测试。

2 直管压力平衡式膨胀节设计参数

2.1 设计规格与要求

公称直径：$DN2200 \times L2000$mm；

设计压力：0.033MPa G(＝0.34kg/cm^{2}G)；

设计温度：100℃；

介　质：炼焦炉气，流速＝15m/s；；

试压压力：0.054MPaG（＝0.35kg/cm^{2}G），（常温/保持30分钟）；

位移量：轴向＝＋50mm/侧向＝±5mm；

疲劳寿命：3000次。

2.2　主要元件材质

法兰（Flange）：A105－PN10－RF；

端管/中间管（End/Middle Pipe）：A285 GR. C；

作动波纹管/平衡波纹管（Flow/Balanced Bellows）：SUS－316L；

侧环板组件（Side Ring Plate Unit）：SS－400；

拉力平衡连动管（Tied Pipe）：A285 GR. C；

内套管（Sleeve）：SUS－316L。

2.3　设计结构及工作原理

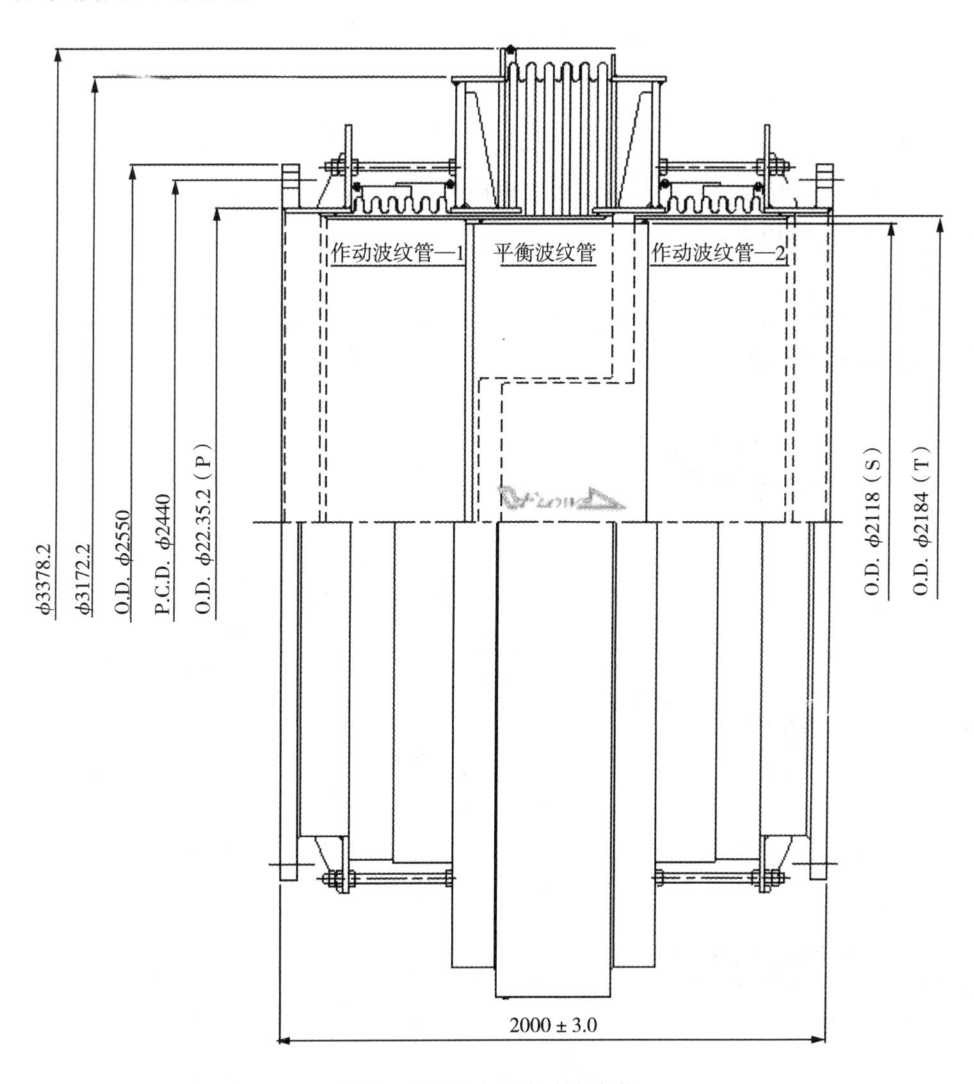

图1　直管压力平衡式膨胀节

2.3.1　设计结构，见图1（两侧作动波纹管/单式＋中间平衡波纹管/单式）

基本结构：作动波纹管（或称工作波纹管）、平衡波纹管、侧边环组件（或称端板）、端管、中间管、拉力平衡连动管（或称拉杆）、内套管。

2.3.2　工作原理：

平衡波纹管受压有效面积为工作纹管的两倍，由管内流体压力产生的推力为两侧工作波纹管推力之和，经由拉力平衡连动管(拉杆)运作而相互抵消。只剩下由轴向位移产生之弹簧反作用力，其中两者位移方向相反，作用力方向相同，所以轴向反作用力为两者之和。由于侧向变形量小，工作波纹管与平衡波纹管可吸收侧向位移；而其值之大小，可依两者之侧向弹簧常数计算分摊比例。但其侧向反作用力是非常大。

2.4　反作用力计算：

$$F_x = 2*K_f*(a/2)+K_f*a+2*K_b*(a/2)=(2*K_f+K_b)*a=K_t*a$$

式中：F_x—轴向反作用力；

K_{xf}/K_{xb}—作动波纹管/平衡波纹管之轴向弹簧常数；

$K_{xt}=2K_{xf}+K_{xb}$=合成弹簧常数(整体弹簧常数)；

a—轴向位移。

侧向为移计算：

$$b_b = b[2K_{yf}/(2K_{yf}+K_{yb})]$$

$$b_f = b[K_{yb}/(2K_{yf}+K_{yb})]$$

式中：b——侧向位移；

K_{yf}/K_{yb}——工作波纹管/平衡波纹管之侧向弹簧常数；

F_y——侧向反作用力(由工作波纹管产生)。

2.5　变形示意图，见图2。

当管段膨胀伸长产生轴向位移 $a$mm 时，膨胀节外侧两侧作动波纹管随着管段伸长，各被压缩轴向位移 $a$mm，平衡波纹管此时被轴向拉伸 $a$mm。膨胀节作动波纹管与平衡波纹管之反作用力因方向相同，为三者之和。

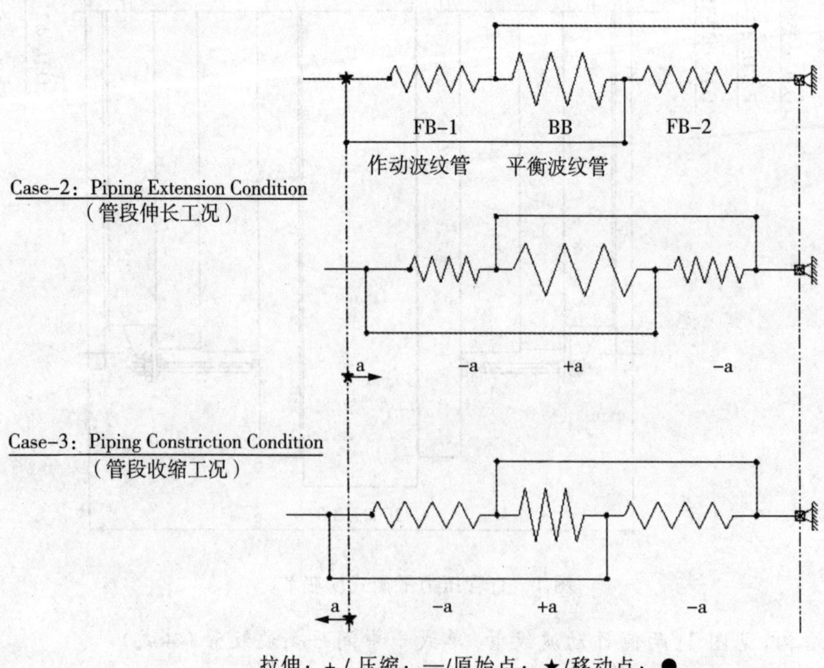

图2　变形示意图

2.6 计算结果

2.6.1 设计工况，见表1(波纹管本体计算结果汇总表)

表1 波纹管本体计算结果汇总表

项目	单位	作动波纹管	作动波纹管	整体膨胀节	设计限制	判断说明
P_d	Kg/cm^2	0.31	0.31	0.31		
T_d	℃	50	50	50		
S_1	Kg/mm^2	0.17	0.22		$S_1 \leqslant S_{ab}$	符合
S_{11}	Kg/mm^2	0.18	0.23		$S_{11} \leqslant C_{wc} * S_{ac}$	符合
S_2	Kg/mm^2	0.85	0.85		$S_2 \leqslant S_{ab}$	符合
S_3	Kg/mm^2	0.04	0.05			
S_4	Kg/mm^2	1.51	2.15			
S_3+S_4	Kg/mm^2	1.55	2.20		$S_1+S_4 \leqslant C_m * S_{ab}$	符合
S_5	Kg/mm^2	0.89	0.75			
S_6	Kg/mm^2	154.01	157.49			
S_T	Kg/mm^2	155.99	161.14		$S_T=0.7(S_3+S_4)+S_5+S_6$	
N_C	cycles	3,566	3,202	3202	3,000	符合
K_{srx}	Kg/mm	83.18	77.72	244.08	$K_{srx}=2K_{srxf}+K_{srxb}$	≤300
K_{sry}	Kg/mm	6,704	12,380			
P_{sc}	Kg/cm^2G	7.12	4.83	4.83	$P_{sc} \geqslant P_d$	符合
P_{si}	Kg/cm^2G	6.75	4.01	4.01	$P_{si} \geqslant P_d$	符合
F_x	kg	4209	3885	12303	$F_x=2F_{xf}+Fx_b$	
F_s	kg	14422	28844	0	$2F_{xf}-F_b=0$	符合
V	kg	33522	61900			

注：①设计工况条件下，计算值符合；

②作动波纹管，即工作波纹管。

2.6.2 试压工况，见表2(波纹管本体计算结果汇总表)

表2 波纹管本体计算结果汇总表

项目	单位	作动波纹管	作动波纹管	整体膨胀节	设计限制	判断说明
P_T	Kg/cm^2	0.55	0.55	0.55		
T_T	℃	30	30	30		
S_1	Kg/mm^2	0.30	0.40		$S_1 \leqslant S_{ab}$	符合
S_{11}	Kg/mm^2	0.31	0.42		$S_{11} \leqslant C_{wc} S_{ac}$	符合
S_2	Kg/mm^2	1.31	1.64		$S_2 \leqslant S_{ab}$	符合
S_3	Kg/mm^2	0.08	0.09			
S_4	Kg/mm^2	2.68	3.87			
S_3+S_4	Kg/mm^2	2.76	3.96		$S_1+S_4 \leqslant C_m S_{ab}$	符合

（续表）

项目	单位	作动波纹管	作动波纹管	整体膨胀节	设计限制	判断说明
S_5	Kg/mm²	0	0			
S_6	Kg/mm²	0	0			
S_T	Kg/mm²	1.93	2.77		$S_T=0.7(S_3+S_4)+S_5+S_6$	
N_C	cycles	>1000000	>1000000		≥3000	符合
K_{srx}	Kg/mm	84.26	78.93	247.45	$K_{srx}=2K_{srxf}+K_{srxb}$	≤300
K_{sry}	Kg/mm	4,360	9,341			
P_{sc}	Kg/cm²G	7.48	6.08	6.08	$P_{sc}\geqslant P_d$	符合
P_{si}	Kg/cm²G	7.35	5.44	5.44	$P_{si}\geqslant P_d$	符合
F_x	kg	0	0	0	$F_x=2F_{xf}+Fx_b$	
F_s	kg	25587	51174	0	$2F_{xf}-F_b=0$	符合
V	kg	0	0			

注：①试压工况条件下，计算值符合；
②作动波纹管，即工作波纹管。

2.7　性能测试

2.7.1　压力平衡试验，试验记录见表3。

膨胀节先行加压至0.1kg/cm²G，检查膨胀节气密性与各波纹管长度，检查结果无汇漏与长度无变化，继续加压，级距0.1kg/cm²gG。直至试压压力0.55kg/cm²G，检查结果无汇漏与长度无变化。代表作动两侧作动波纹管推力之和与一个平衡波纹管推力，经由拉力平衡连动管运作而相互平衡。所以在加压的过程中膨胀节的总长度是不变的。

2.7.2　整体耐压试验，试验记录见表3。

膨胀节加压至试压压力0.55kg/cm²G，保持30min.，检查结果无汇漏与长度无变化，各波纹管与侧边环皆不变形。代表整体结构之耐压强度与刚性足够。洩压后，各长度皆未变化。

表3　压力试验记录表

项目	内压 kg/cm²G	作动波纹管－1		平衡波纹管		作动波纹管－2		备　注
		A	A1	B	B1	C	C1	
1	0.00	558	558	553	553	418	413	试压前
2	0.10	558	558	553	553	418	413	检查气密
3	0.20	558	558	553	553	419	414	
4	0.30	557.5	557.5	552.5	552.5	419	414	
5	0.40	558	558	553	553	418	413	
6	0.50	558	558	553	553	418	413	
7	0.55	558	558	553	553	418	413	试压压力
8	0.00	558	558	553	553	418	413	洩压后

注：① 试压每阶段保压3分钟检查；
② 达到试验压力时，保压30分钟。

2.7.3　位移同步试验，试验记录见表4。

两作动波纹管之压缩量随轴向作动力成正比增加，斜率大致相同，代表两波纹管制作精度一致且均匀，弹性系数相同；平衡波纹管伸长量亦随轴向作动力成正比增加，代表平衡波纹管制作精度一致且均匀。两作动波纹管各阶段各被压缩量(绝对值)，等于平衡波纹管各阶段之伸长量，代表两者同步动作，制作安装功能正确。

2.7.4　轴向弹性常数：

侧边环组件变形量为 0mm，没变形，可视为刚性。是以轴向施力可等于两作动波纹管与平衡波纹管之弹簧反力和，测试之弹簧常数为 243.7kg/mm 小于计算值 244.08kg/mm。符合要求。

表 4　位移同步试验记录

誠兌工業股份有限公司
CHERNG DUEY INDUSTRIAL CORP.
壓力平衡式伸縮接頭K值測試記錄表
K VALUE OF PRESSURE BALANCE EXPANSION JOINT TEST RECORD

ISO 9001

客戶名稱 CUSTOMER NAME	中龍鋼鐵股份有限公司 DRAGON STEEL CORPORATION	日期 DATE	2008.10.28
工程編號 JOB NO.	W14-9703003/08C1LG054　EXP-120KG2-01-001	型號 TYPE	S-Profile作動同步性能
公稱口徑 NOMINAL DIMENSION	ND2200xL2000 (88")	(mm)	EJ-49

BELLOW 設計：	$X_{DES.}$ =	-50.0	mm	$K_{DES.}$ =	244.08	kg/mm	$F_{XDES.}$ =	12,204	kg

位置			Flow Bellows(1)		Flow Bellows(2)		Balanced Bellows		Combined		Remarks
	每次荷重	累計荷重	每次壓縮量	累計壓縮量	每次壓縮量	累計壓縮量	每次伸長量	累計伸長量	每次K值	累計K值	
	F(kg)	F_T(kg)	X(mm)	X_T(mm)	X(mm)	X_T(mm)	X(mm)	X_T(mm)	F/X	F_T/X_T	
起始值	0	0	0	0	0	0	0	0	--	--	
1th	1150	1150	-5.0	-5.0	-5.5	-5.5	5.0	5.0	230.0	230.0	
2th	1255	2405	-6.0	-11.0	-6.0	-11.5	5.0	10.0	251.0	240.5	
3th	1070	3475	-4.0	-15.0	-4.5	-16.0	4.5	14.5	237.8	239.7	
4th	1270	4745	-5.0	-20.0	-5.5	-21.5	5.0	19.5	254.0	243.3	
5th	1280	6025	-5.0	-25.0	-5.0	-26.5	5.5	25.0	232.7	241.0	
6th	1310	7335	-5.5	-30.5	-5.0	-31.5	5.5	30.5	238.2	240.5	
7th	1290	8625	-5.0	-35.5	-5.5	-37.0	5.5	36.0	234.5	239.6	
8th	1335	9960	-5.5	-41.0	-5.0	-42.0	5.5	41.5	242.7	240.0	
9th	1250	11210	-5.5	-46.5	-5.0	-47.0	5.5	47.0	227.3	238.5	
10th	760	11970	-4.5	-51.0	-4.0	-51.0	4.0	51.0	190.0	234.7	<244.08

五、PRESSURE BALANCED BELLOWS　K值曲線：

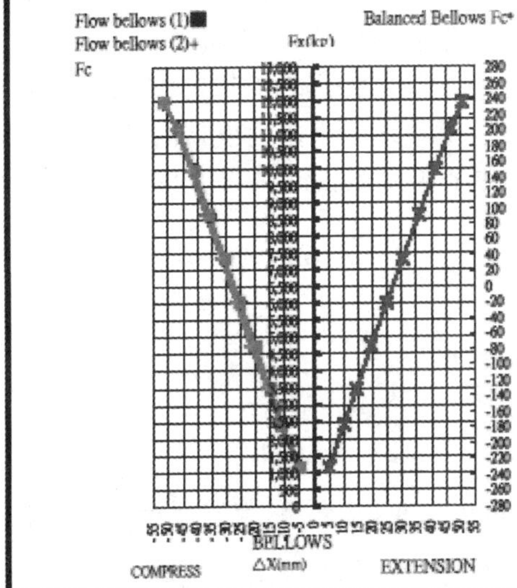

Flow bellows (1)■
Flow bellows (2)+
Fc
Balanced Bellows Fc•
Fx(kg)
BELLOWS
COMPRESS　ΔX(mm)　EXTENSION

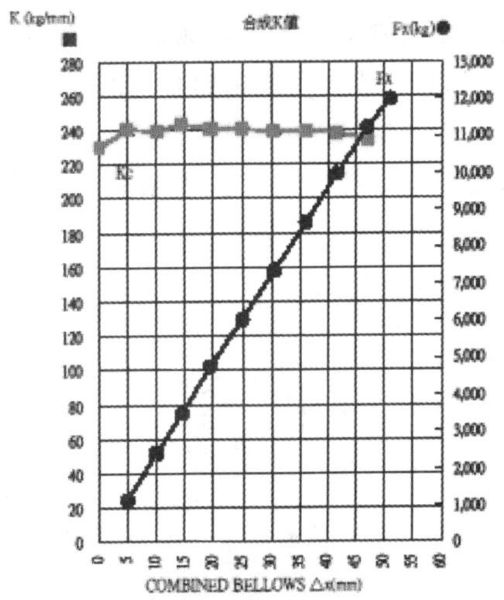

K (kg/mm)
合成K值
Fx(kg)●
COMBINED BELLOWS Δx(mm)

客戶代表		誠兌公司	QC 江淑君

3 膨胀节性能测试结果分析

由表3、表4可知：

3.1 作动波纹管—#1/—#2与平衡波纹管之弹性均质性比较

*三者累计变位量总和皆为51mm，差异量为0mm，代表波纹管均质性百分比100%，与侧边环刚性足够。

3.2 作动波纹管—#1/—#2与平衡波纹管之轴向位移作动同步性比较

*两侧作动波纹管各阶段曲线依压缩量呈直线性（在弹性范围内），斜率值相同，轴向位移作动同步性百分比100%。

*平衡波纹管各阶段曲线依拉伸量呈直线性，与作动波纹管比较，轴向位移作动同步性百分比100%。

*各阶段曲线呈直线性，斜率比值相同，三者轴向位移作动同步性百分比100%。

3.3 实测膨胀节承受整体弹簧反力与设计膨胀节整体弹簧反力比较

*实测膨胀节整体弹簧反力＝11970kg，（轴向位移为51mm）；

*设计膨胀节整体弹簧反力＝12549kg，（轴向位移为51mm）；

*实测膨胀节整体弹簧反力为设计膨胀节整体弹簧反力之比11970/12549＝95.39%，误差小于5%。

3.4 实测膨胀节整体弹簧常数与设计膨胀节整体弹簧常数比较

*实测膨胀节整体弹簧常数＝234.7kg/mm，（轴向位移为51mm）；

*设计膨胀节整体弹簧常数＝244.08kg/mm，（轴向位移为51mm）；

*实测膨胀节整体弹簧常数为设计膨胀节整体弹簧常数之比：234.7/244.08＝96.16%，误差小于5%。

3.5 膨胀节长度变化比较

*实测两侧作动波纹管长度在压力测试前后无变动，（在试压0.55kg/cm^{2}G工况下）；

*实测平衡波纹管长度在压力测试前后无变动。（在试压0.55kg/cm^{2}G工况下）；

*实测膨胀节整体长度在压力测试前后无变动。（在试压0.55kg/cm^{2}G工况下）。

4 结 论

直管压力平衡式膨胀节之性能测试，常因不了解或测试作业较繁琐，而易被忽略。最基本的测试是压力平衡，它包含本体结构之气密封性、耐压性及刚性，更进一步是要验证作动波纹管和平衡波纹管之平衡；若不平衡，将会产生额外力作用在管线支撑上，而造成支撑损坏。进阶的位移同步测试，是验证各波纹管之制作精度与均匀性。本文仅就直管压力平衡式膨胀节提出测试与结果分析，请各位同仁与专家指道。

参考文献

[1] EJMA - 9 TH EDITION

作者简介

陈运庆（1954—），男，总经理，主要经营各种膨胀节/高压软管、非金属/橡胶膨胀节之业务。通讯地址：台湾高雄市大发工业区华东路84号。

波纹管膨胀节失效修复技术与建议

付春辉

（高桥石化，上海市浦东　200137）

摘　要：波纹管膨胀节因具有良好的热补偿性能而被广泛应用于炼油催化裂化装置，但波纹管泄漏失效仍时有发生，一旦发生泄漏目前抢修手段比较单一，建议对波纹管失效修复技术进行探讨，形成各种有效的防护手段。

关键词：波纹管、泄漏失效、修复技术。

Bellows expansion joint failure repair technology and the suggestion

Fu Chun-hui

Gao Qiao petrochemical Shanghai Pudong　200137

Abstract: Bellows expansion joint has a good thermal compensation performance that is widely used in oil refinery catalytic cracking unit, but the corrugated pipe leakage failure still happen, once the leakage current repair method is unitary, Suggestions for bellows failure repair technology are discussed, formed a variety of effective means of protection.

Abstract: Bellows, Leakage failure, repair technology.

波纹管膨胀节因具有良好的热补偿性能而被广泛应用于炼油催化裂化等装置，但随着材质等级和结构型式的不断提高，金属波纹管膨胀节故障率较以前大大降低，但装置波纹管泄漏失效仍时有发生，一旦发生泄漏目前抢修手段比较单一，一般采用波纹管进行外包壳处理，这样使波纹管失去作用，对管系影响较大。建议对波纹管失效修复技术进行研究探讨，形成各种有效的防护手段加以固化，直至形成规范，为炼化装置的安稳运行及经济效益的实现保驾护航。

1　装置膨胀节波纹管常见故障

催化裂化装置波纹管膨胀节失效故障多，频率最高的是三旋出口烟气管道膨胀节，如下图某催化装置余热锅炉上、下入口水平段波纹管腐蚀泄漏如图 1 所示。某催化装置余热锅炉烟道上一只波纹管腐蚀泄漏情况如图 2 所示。

某催化裂化装置三级旋风分离器出口主线和辅线上的膨胀节腐蚀泄漏如图 3，泄漏主要原因为高温下应力腐蚀开裂、晶间裂纹。

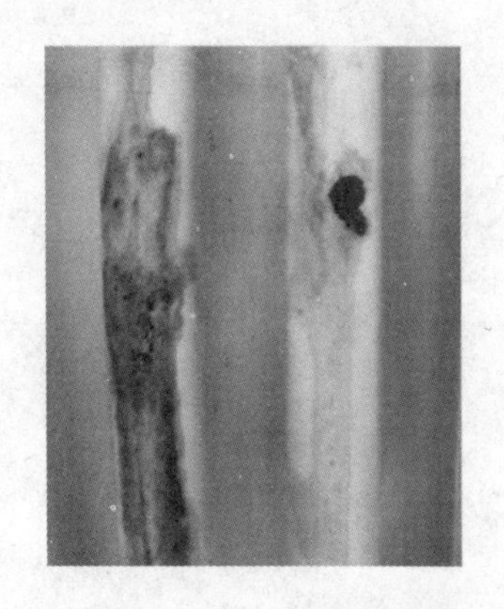

图1　波纹管波峰点蚀穿孔

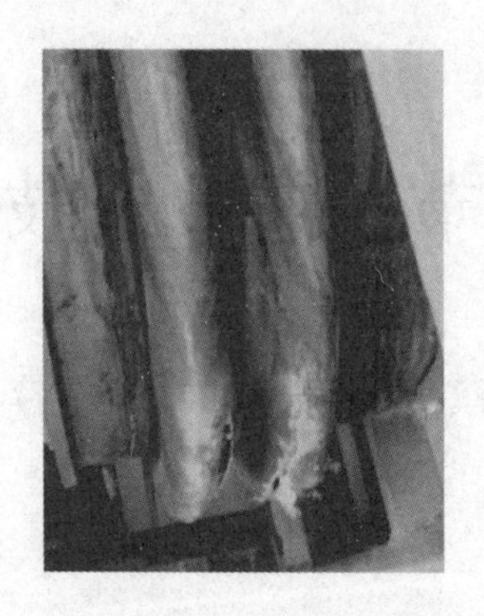

图2　波纹管下方波峰腐蚀泄漏

图3　波纹管波谷应力腐蚀开裂

某装置反应油气大管道上因连多硫酸腐蚀发生穿孔泄漏，如图5、图6所示。

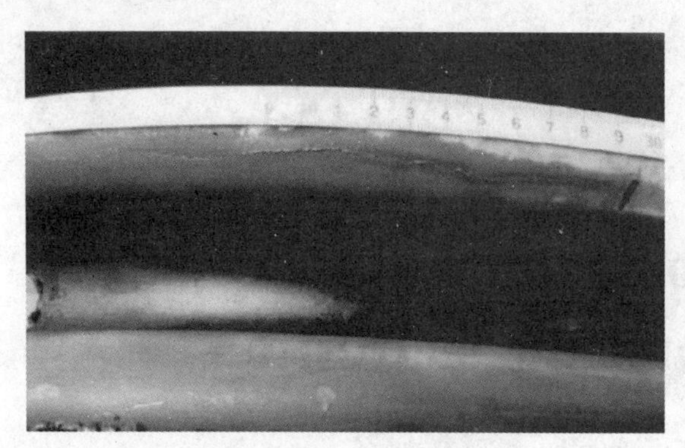

图5　油气管道膨胀节波纹管开裂

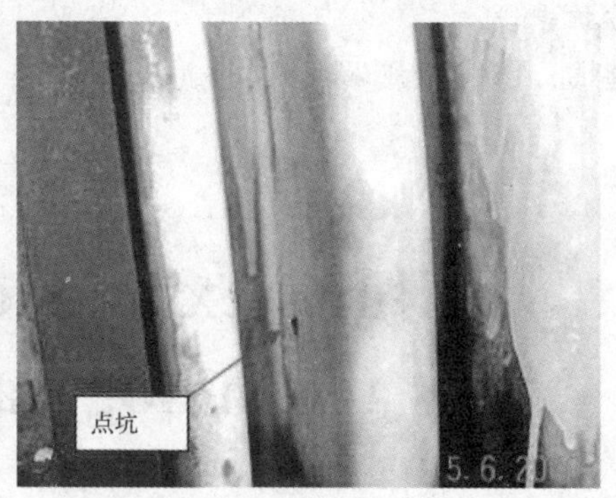

图6　波纹管点蚀

2　目前故障处理方式

当波纹管出现腐蚀泄漏、开裂等故障时，目前视各类情况常采用以下处理方式：

(1)油气介质不能动火作业或者压力微大于大气压时，用堵漏胶或铁胶泥等封堵以缓解泄漏；

(2)波纹管板材缺陷或焊接缺陷，可动火作业时将其打磨掉或者补焊、堆焊；

(3)波纹管腐蚀泄漏无法修复，可动火作业时及时进行整体包焊，此时波纹管失去热补偿功能，管系会承受较大的应力；

(4)无法实施包焊的泄漏、开裂等故障，需停工处理，待停工大检修时再整体更换膨胀节。

上述处理方式一般时间较长，需要现场动火作业，且使膨胀节失去原有作用，管线应力增加，当泄漏量较大时也难以采取应急措施进行包壳处理。

3　建　议

随着膨胀节腐蚀防护技术、波纹管材质等级和应用管理技术等方面的不断提高，催化裂化等装置膨胀节使用状况已大为改观，使用寿命大大延长，但仍不能较好地满足生产需要。建议膨胀节委员会进行深入分析探讨，研究波纹管膨胀节泄漏修复技术，形成相应的规范，解决装置所面临的问题，提高膨胀节的应用管理水平，为生产装置的安稳、长周期运行提供保障。

作者简介

付春辉(1978—)，男，高级工程师，上海浦东江心沙路1号，021—58611060。

旋转补偿器应用及检测技术研究

张　盼　李明兴　张玉杰　李晓旭　程文琪　于振毅　李延夫
（国家仪器仪表元器件质量监督检验中心，辽宁沈阳　110043）

摘　要：旋转补偿器作为较新型补偿器，以其补偿量大等特点，目前已广泛应用于管道系统中，但其生产、应用、检测等方面体系尚在建立与完善中，本文基于目前旋转补偿器的现状与应用前景，结合正在制定的标准，对其应用及检测技术进行介绍。

关键词：旋转补偿器、应用、检测

Application and Research on Detecting Technology of Rotating Compensator

Zhang Pan　LiMingxing　Zhang Yujie　Li Xiaoxu　Cheng Wenqi　Yu Zhenyi　Li Yanfu
（National Supervising and Testing Center for the Quality of Instruments and Components，Shenyang 110043，China）

Abstract：Based on the feature of large compensation，rotating compensator is widely used inpipeline as a new type of compensator. However，the system of its aspects such as production，application and examination remain in establishing and improving. In view of the current situation and application prospect of rotating compensator，the present study mainly introduced the application and detecting technology incorporated with its standard that is being developed.

Key word：rotating compensator、application、examination.

1　概述

旋转补偿器补偿量大，安装方便，安全可靠性高，寿命长，这些特点使其广泛应用于石油、石化、冶金、电力、集中供热等领域中实现管道补偿，另一方面，因其特点突出，还应用于旋转设备与管道的连接，实现设备与管道的密封连接。旋转补偿器是一种较新型、具有中国创造性的较成熟技术的管道补偿器，作为其他形式补偿器的补充，经过近年来的应用，已得到部分应用领域的认可；旋转补偿器的在某些场合的应用，使得工程造价更低、运行更安全、运行成本更经济。

2　旋转补偿器产品的结构及工作原理

2.1　旋转补偿器的结构

旋转补偿器主要有两种结构形式：直管型补偿器、变径管型补偿器。其构造主要有芯管、密封及锁紧机构、外套管、防脱及导向、接管等构件组成。旋转补偿器的结构如图1所示。

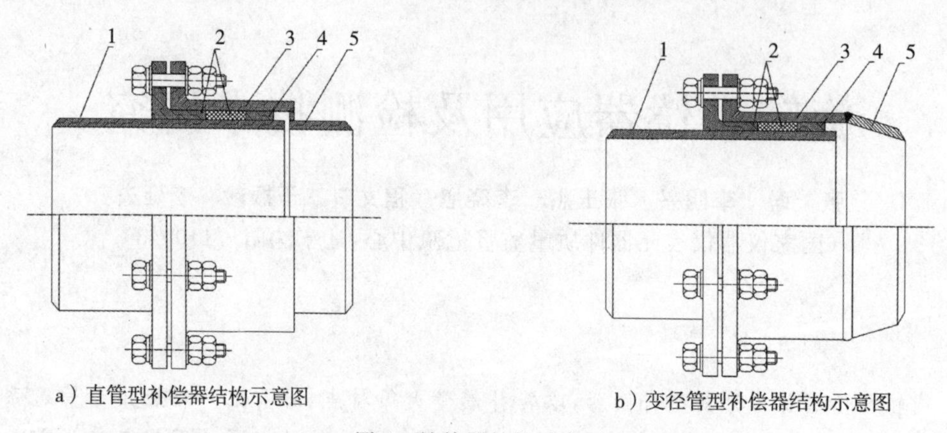

a）直管型补偿器结构示意图　　b）变径管型补偿器结构示意图

图1　补偿器结构示意图

1—芯管；2—密封及锁紧机构；3—外套管；4—防脱及导向；5—接管（直管）；6—接管（变径管）

2.2　旋转补偿器的工作原理

安装在管道上的旋转补偿器一般需两个以上组对使用，形成相对旋转吸收管道热位移，从而减少管道应力，其中π型组合补偿器工作原理如图2所示。

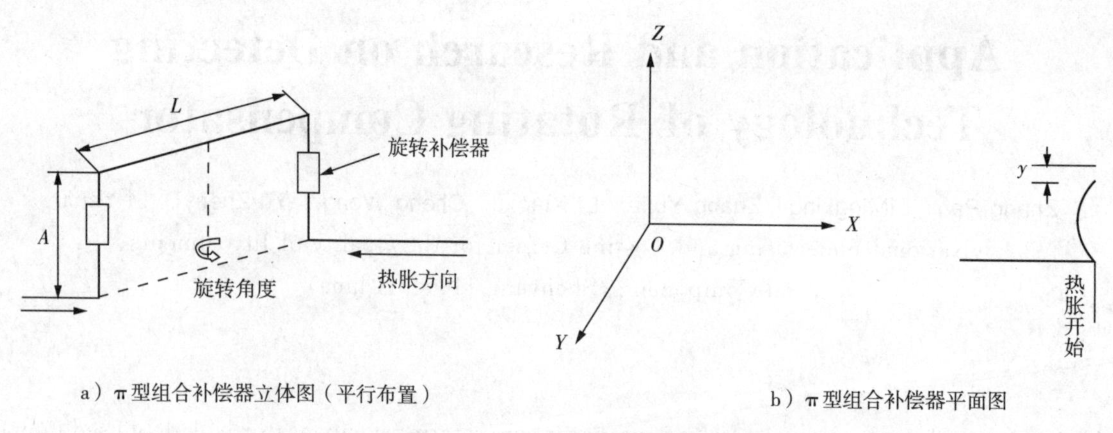

a）π型组合补偿器立体图（平行布置）　　b）π型组合补偿器平面图

图2　旋转补偿器动作原理图

图3　旋转补偿器应用现场

旋转补偿器通过成双旋转筒和 L 力臂形成力偶，使大小相等、方向相反的一对力偶，由力臂回绕着 z 轴中心旋转，以吸收力偶两侧管道产生的位移量。例如，应用在热网中的旋转补偿器被安装于2个固定支架中间时，热管运行时的两端有相同的热胀量和相同的热胀推力，将力偶回绕着 O 中心旋转了 θ 角，以吸收两端方向相对、大小相同的热胀量 Δ。$\Delta = L \cdot \sin(\theta/2)$，2个固定支架之间的总的补偿量为 2Δ。当补偿器不被安装在2个固定支架中心，而偏向热管较短的一端，在运行时的力偶臂L的中心O偏向较短的一端回绕来吸收两端方向相对、大小不等的膨胀量 $\Delta 1$，$\Delta 2$。长臂热管道的热胀量 $\Delta \mathrm{l} = 2L1\sin(\theta/2)$，短臂热管道的热胀量 $\Delta 2 = 2(L - L1)\sin(\theta/2)$，则2个固定支架之间的总的补偿量为 $(\Delta 1 + \Delta 2)$。当吸收热膨胀量时，在力偶臂旋转至 $\theta/2$ 时出现热管道发生最大的摆动 Y 值。该补偿器适应性较广，对平行路径、转角路径和直线路径及地埋过渡至架空均可布置。

3 旋转补偿器的应用

3.1 旋转补偿器的布置形式

旋转补偿器在管道上的布置形式有 10 余种，一般情况下应根据自然地形、管道走向确定布置形式。以下为旋转补偿器几种典型布置形式：

方形布置形式——可以吸收单侧或两侧管道的热位移；

两管在垂直方向平行布置形式——可以吸收单侧或两侧管道的热位移；

管道成一条直线时的布置形式——可以吸收两侧管道的热位移。

3.2 旋转补偿器的应用设计要点

旋转补偿器应根据介质流向安装，旋转角可以很大，但要控制摆动值，宜进行预偏装。补偿器吸收热位移较大时，应注意周围有无障碍物。避免管托过长，管托应根据热位移量进行偏装。补偿器的力偶臂应宜控制在 2～6m，减小旋转角。补偿器两侧一定距离内不宜设置导向支架，如设置导向支架、弹簧支架应考虑净偏移量。采用旋转补偿器后，固定支座间距增大，为避免管道挠曲，应适当设置导向支架。为了减小管道运行时的摩擦阻力，宜采用滚动支架或减阻滑动管托。当两条以上的管道并排安装时，要考虑管道不同时运行的最苛刻工况，合理布置管道。当一条管道 100％预偏装，另一条不采用预偏装时，可以减小两条管道的净间距。

3.3 旋转补偿器的优点

3.3.1 良好的密封性

旋转补偿器的密封型式为径向密封的工作原理，不产生轴向位移，密封腔内填以先进的密封材料，确保了优越的密封性能，并且无须维护，使得管网可长期运行。

3.3.2 安全性高

本体结构中选用整体锻钢件，刚性极好，不受水击(锤)的影响；材料选用碳钢或铬钼钢材料，无须考虑氯离子腐蚀和应力腐蚀的突发性破坏；工作原理是杠杆转动原理，是自由膨胀状态，不受管网压力和温度突然变化而导致的补偿极限的破坏。

3.3.3 便捷的维护保养

免维护旋转补偿器的密封填料都是柔性石墨，所采用的级别为核级或工业精密级且免维护，耐温－60℃～800℃。由于补偿器的内套管外部和外套管内部焊有挡环，两挡环之间装设有减小摩擦力的滚动环(滚珠)，减小了内套管对密封填料的磨损。补偿器密封及锁紧装置可应用多组弹簧的自然张力推压着填料压盖法兰，使磨损极为轻微的密封填料永远处于紧凑状态，从而使管道中的液体或气体介质不产生泄漏，当填料磨损量大时，弹簧张力无法满足调整，可用外力对弹簧压紧进行调整从而达到不停止工作状态下达到所要求的密封效果。

3.3.4 补偿距离长，压力损失小

一般可按 200～500m 设计一组旋转补偿器，并可以在管线两固定点之间直线上的任意位置布置；由于补偿器数量相对较少，旋转补偿器本身不产生压力降，长距离输送的压降相对较小，这点在实现远距离供热时尤其重要。

3.3.5 补偿能力强

与传统补偿方式相比，旋转补偿器的设计理念发生了较大的变化，由轴向补偿变为旋转补偿，一对补偿器补偿量可达到 500mm 甚至更大，补偿量较传统方式提高了 5～10 倍。

4 旋转补偿器的行业应用现状

旋转补偿器目前规模生产企业数量约在 30 家以上，且数量在逐年增加中，应用领域也在逐步地拓

展中。

4.1　城市热网工程行业

集中供热作为城市重要的基础设施之一，因其符合国家节能、环保的政策，近几年得到了较快的发展。热网建设中补偿器形式的选择作为热网工程的关键技术之一，直接关系到热网的安全性和经济性。旋转补偿器作为一种新型的补偿器，在补偿量、工程投资、运行可靠性等方面与传统补偿器相比，都有其独到之处，在外部条件允许的情况下，成为很多建设单位首选的补偿设备，近年来在热网工程中得到了越来越多的应用。

4.2　石油、石化行业

在石油化工装置的管道设计中，往往需考虑高温高压的工况。因此，在设计时要充分考虑管道产生的热胀情况。一般地，应优先考虑利用管道自身结构产生的柔性来吸收管道的热位移，当由于工艺操作条件、设备布置等情况的限制使得管道系统没有足够的柔性时，可采用补偿装置来吸收管道的热位移。由于旋转补偿器补偿能力强，管路压力降的改善可以减少石化装置的运行成本，热膨胀应力的改善则大大增加了管道系统本身在运行时的安全性，所以在石油化工装置的设计中，特别是长距离石油化工的管道设计中有着十分明显的优势。

4.3　电力、冶金行业

随着我国电力行业的持续发展及冶金的节能减排需求，进一步扩大了旋转补偿器的应用范围。例如应用在热电或冶金厂区的热水管网，在管道上设置旋转补偿器，以补偿管道的热伸缩，预防供热管道升温时，由于热伸长或温度应力而引起电力管道变形或损坏。应用在蒸汽管网时，适用温度范围可达到540℃。

4.4　架空管道行业

旋转补偿器具有补偿量大、布置形式多样、地形适应性强等特点，在架空管线设计过程中可充分利用管道的自然走向及地形高差变化进行设计，特别适合长距离、大管径、复杂地形热力管道的热补偿。补偿器本体采用直通式设计，压降小，相对其他补偿器，管系固定支架不承受盲板力，受力小，土建工程量小，同时由于补偿距离大，固定支架数量少，可在很大程度上节省管网总投资。旋转补偿器在完成补偿动作后，管系处于应力释放状态，很大程度上减少了管系的二次应力，增强了管系运行的安全性，减少了运行维护及检修量。

4.5　管廊工程

蒸汽管道设计时，管道的热胀冷缩通常采用管道自然补偿以及波纹管补偿的形式加以吸收。由于管廊上管道数量多、受力复杂，自然补偿与波纹管补偿所产生的巨大内压推力与弹性力会对整个管廊产生很大的推力，影响整个管道系统的安全运行。以往解决这一问题的方法是增加土建工程量、增大固定支柱的尺寸。但是，由于波纹补偿器的使用寿命、产品质量及安装精度等原因，管道经常出现腐蚀、拱起、泄漏和爆裂等问题，导致非计划停车或发生危及人身及设备安全的事故。自然补偿形式虽然安全性好、推力大，但补偿量小，而且每隔几十米就需绕一圈，导致管线数量增加，不仅浪费材料，还增加了管道的沿程阻力，降低了管道使用性能，增加了运行成本，而旋转补偿器的出现使得管廊上管道的布置设计有了新的理念。实践证明旋转补偿器在管廊工程的应用中可以明显减少补偿器的个数，从而降低了工程成本和缩短了工程时间。

5　旋转补偿器的质量状况

旋转补偿器具有补偿灵活，不易发生破裂现象等优点。但由于无国家标准及行业标准，企业标准规范性不强，生产工艺及生产能力差异性大，使得目前产品存在着一些问题，如尺寸、气密性、摩擦力、寿命等。在实际应用中，旋转补偿器的典型问题是摩擦力过大问题。企业标准中虽然未对旋转补偿器最大静摩擦力的范围进行判定，但过大静摩擦力会降低管系的补偿作用，增大对固定点的推力。

在全生命周期使用过程中，随着产品的运行，其旋转部件会不断破坏密封结构，从而降低密封性能。部分旋转补偿器很难在不对样品密封部分进行维修或是添加密封材料的情况下完成设计的使用寿命。

产生以上问题的主要原因:芯管及受压筒节动密封表面加工质量差,表面光洁度不高导致密封件损伤过度;预压紧力过大;芯管与受压筒节间隙设计不合理,缺少密封部位的防护措施、密封材料高温老化等。

出现以上质量问题,轻则使管线不能很好补偿进而不能实现设计目标,重则易造成管线损坏,产生介质泄漏,造成环境污染甚至人员伤亡等安全事故。

6 目前在生产及标准方面的管理

6.1 制造许可

为保障特种设备压力管道元件安全运行,明确安全责任,实现科学管理,有效防范事故发生,国家质量监督检验检疫总局在2006年10月出台了TSG特种设备安全技术规范"TSG D2001－2006压力管道元件制造许可规则","TSG D7002－2006压力管道元件型式试验规则",并开始实施压力管道元件许可证制度。

在这两项规则中,旋转补偿器作为除金属(非金属)波纹膨胀节、聚四氟乙烯波纹管膨胀节以外的其他型式补偿器被明确规定在"压力管道元件制造许可项目及其级别表"中,且规定为必须进行型式试验的典型产品。

根据《中华人民共和国特种设备安全法》《特种设备安全监察条例》,经国务院批准,质检总局于2014年10月30日公布了《质检总局关于修订〈特种设备目录〉的公告》(2014年第114号),旋转补偿器作为补偿器类仅保留的三种产品之一仍然榜上有名,以下是修订前后目录对比见表1.

表1 补偿器典型产品目录对比表

《TSG D2001－2006压力管道元件制造许可规则》		《质检总局关于修订〈特种设备目录〉的公告》(2014年第114号)	
类别	品种	类别	品种
压力管道用补偿器	金属波纹膨胀节	补偿器	金属波纹膨胀节
	非金属波纹膨胀节		非金属膨胀节
	旋转补偿器、球形补偿器、套筒补偿器		旋转补偿器
	金属软管		——

针对旋转补偿器,"TSG D2001－2006压力管道元件制造许可规则"规定了旋转补偿器制造专项条件,包括注册资金和职工人数、专业人员(技术负责人、质量控制系统责任人员、无损检测人员、焊接人员)、生产条件(生产工序、生产设备、工艺装备)、资料和技术文件等。

"TSG D7002－2006压力管道元件型式试验规则"强调旋转补偿器抽样原则应抽取具有代表性的密封结构和密封材料(成型材料或者非成型填料),且尽可能选择压力较高的产品。规定了旋转补偿器型式试验检验项目:表面质量、几何尺寸、原材料化学成分和力学性能、焊缝无损检测、热处理、耐压(压力)强度、气密性能、摩擦力等。

6.2 检验标准

旋转补偿器作为近年来发展起来的中国创造产品,以其优良的性能应用领域越来越广泛,国外产品与国内高端产品的技术性能较接近。国内许多企业具有自主研发的旋转补偿器的能力,部分企业获得了国家及国际发明专利。但国内旋转补偿器在地域、企业间的技术水平差异性较大,产品质量参差不齐。

因此，制订行业标准，将会规范国内旋转补偿器的制造，彻底改变国内旋转补偿器制造工艺不稳定，无相关产品标准及技术要求的局面，将全面、快速的提升产品质量。

通过对国内外旋转补偿器标准的查询，未查到国际标准、国家标准及行业标准。目前企业应用的制造依据包括企业标准或与客户签订的技术协议。由仪器仪表元器件标准化技术委员会组织，由国家仪器仪表元器件质量监督检验中心牵头编制的《旋转补偿器》参照了部分企业标准及产品的用户技术协议和国家特种设备安全技术规范相关要求，主要规定了旋转补偿器的技术内容、产品命名、主要技术参数、检验技术要求、检验规则、标志、包装、运输、贮存等内容。《旋转补偿器》标准已完成报批稿，预计 2016 年底发布。标准中规定的主要要求及试验方法如下：

6.2.1　外观

补偿器外套管、芯管及接管表面应光滑无氧化皮，镀层应无起泡、剥离、脱层，表面不应有深度大于公称壁厚的 5％且最大深度不应大于 0.8mm 的结疤、凹坑、重皮等缺陷。

所有碳钢结构件外表面应涂防锈底漆，连接端口处 50mm 范围内不应涂漆。

焊缝应圆滑过度，不应有裂纹、气孔、未熔合、未焊透等缺陷。焊缝表面的咬边深度不应大于 0.5mm，咬边连续长度不应大于 100mm，焊缝两侧咬边的总长不应超过该焊缝长度的 10％。

6.2.2　尺寸检查

补偿器芯管周长和圆度允差应符合表 2 要求。

表 2　芯管周长和圆度允差　　单位为 mm

公称直径	周长允差	圆度允差
≤500	±3	2
＞500～800	±4	3
＞800～1000	±6	4
＞1000～1200	±7	4
＞1200～1600	±9	6
＞1600	±0.6％DN	0.4％DN

表 3　补偿器总长允差　　单位为 mm

总长	允差
≤400	±2.5
＞400～1000	±4
＞1000	±6

补偿器外套管、芯管及接管壁厚值应不小于公称壁厚的 85％。

补偿器总长允差应符合表 3 的规定。

芯管外表面质量要求应符合图样规定。外表面镀铬的，镀层厚度宜为 25～35μm。

6.2.3　无损检测

补偿器承压纵向焊缝的射线检测方法按 NB/T 47013.2－2015 的规定；补偿器环向对接焊缝的射线检测方法按 NB/T 47013.2－2015 的规定，超声检测方法按 NB/T 47013.3－2015 的规定；补偿器角接焊缝的渗透检测方法按 NB/T 47013.5－2015 的规定；补偿器角接焊缝的磁粉检测方法按 NB/T 47013.4－2015 的规定；结果均应符合表 4 要求。

表 4　无损检测质量要求

序号	分类	质量要求
1	芯管、外套管、接管纵向焊缝	射线检测质量应不低于 NB/T 47013.2－2015 的Ⅲ级规定
2	补偿器中变径管与外套管对接环焊缝	射线检测质量应不低于 NB/T 47013.2－2015 的Ⅲ级规定 超声检测质量应不低于 NB/T 47013.3－2015 的Ⅱ级规定
3	补偿器中角接环焊缝	磁粉检测质量应不低于 NB/T 47013.4－2015 的Ⅰ级规定 渗透检测质量应不低于 NB/T 47013.5－2015 的Ⅰ级规定

6.2.4　耐压试验

试验压力按公式(1)计算：

$$p_{试验}=1.5p_{设计}\frac{[\sigma]_b}{[\sigma]_b^t} \tag{1}$$

式中：$p_{试验}$——补偿器中耐压试验压力，MPa；

$p_{设计}$——补偿器设计压力，MPa；

$[\sigma]_b$——补偿器材料在试验温度下的许用应力，单位为兆帕(MPa)；

$[\sigma]_b^t$——补偿器材料在设计温度下的许用应力，单位为兆帕(MPa)。

注：当承压部件材料不同时，分别以不同的材料参数进行计算，取其中的较小值。

试验时应保证补偿器两端有效密封，水压试验介质为自来水。缓慢加压至规定的试验压力，达到试验压力后保压10min，检查试件状况，补偿器在试验压力下，应无泄漏、无损伤、结构无明显变形。

6.2.5　气密性

气密性试验应在耐压试验合格后进行，试验介质为干燥洁净的无腐蚀性气体，试验时压力应缓慢上升至设计压力，达到试验压力后保压至少10min，检查试件状况，试验过程中压力下降应不大于设计压力的10%。

6.2.6　扭矩试验

试验介质为自来水，试验压力为设计压力。试验时补偿器一端固定于试验台固定端上，另一端与试验台动端连接，启动试验台动端，记录试验台动端由静止状态旋转360°过程中的最大扭矩值。扭矩允差应不大于公称扭矩的±55%。

6.2.7　疲劳试验

试验介质为自来水，试验压力为设计压力，试验过程中压力波动值应不超过试验压力的±10%。试验时补偿器一端固定于试验台固定端上，另一端与试验台动端连接。试验时压力应缓慢上升达到规定试验压力，按照额定的旋转角度往复旋转一个循环为一次，循环2000次后，检查补偿器，产品应无泄漏。

针对TSG D7002－2006中规定的原材料化学成分、力学性能及热处理，按照企业产品设计时选用的材料标准或工艺指标加以考核。

7　未来针对产品应用的建议

旋转补偿器作为中国创造产品，自问世以来已在市场运行十多年，其产品的优越性已被业内接受。就将来而言，产品的应用会出现以下趋势：

7.1　完善安全性

产品结构在各种技术的推进下正在逐点完善，比如原有的变径方式需要焊接，而现有技术已发展成一体化无焊接方式，所以安全性有较大的提高，同时设计先进方式(如有限元分析)引入使设计更完善。

7.2　密封长效性

产品的密封方式和密封材料的进步使产品密封性更稳定。

7.3　应用参数向高温高压超越

产品从低温低压已经向高温高压发展(目前较多业绩证明使用在压力15MPa、温度550℃的状态下使用良好)。

7.4　从架空管道向地埋管道的拓展

旋转补偿器已从架空管道向地埋管道发展，而且由于产品的优良性能使长距离输送管道对管道终端压力和温度损失降低，所以在长距离输送介质的管道中应用越来越广。

8　第三方试验机构的作用

旋转补偿器被纳入特种设备目录且规定为型式试验典型产品后，国家质检总局根据实验室检验检测能力，明确规定“中国特种设备检测研究院”、“国家仪器仪表元器件质量监督检验中心”（沈阳）、“江苏省特种设备安全监督检验研究院”、“沈阳市特种设备检测研究院”为包括旋转补偿器在内的补偿器型式试验机构。

多年来，型式试验机构严格按照“TSG D2001－2006 压力管道元件制造许可规则”要求，依据“TSG D7002－2006 压力管道元件型式试验规则”规定的型式试验机构必须履行的职责，在验证产品安全性是否满足安全技术要求的技术文件审查、样品检验测试和安全性能试验等工作中坚持公平、公正、科学、准确的客观态度，出具真实有效的特种设备型式试验证书，为评审机构提供可靠的判断依据。

同时，特种设备型式检验机构作为国家指定授权的检验机构，从事特种设备的监督检验、定期检验和型式试验等工作，开展产品质量评价，为国家和人民把好产品质量关，开展产品质量提升活动，提高整体行业质量。提供交流评价的平台，为行业、生产企业及用户提供优质服务的同时，还可为实现各方技术交流架起沟通协调的桥梁。具体服务如下：

8.1　标准制修订与标准宣贯

由于本产品的标准不成熟，在本产品规范过程中，检验机构应着重关注标准及检验细则的制修订及宣贯工作，并积极与企业、用户进行沟通，解决标准在应用中出现的问题。促进企业对标准的理解，做好新标准实施前的准备，提高企业生产标准化工作。

8.2　可靠性技术平台

检验机构可为企业提供可靠性设计验证试验服务。在新产品研制或现有产品改进时，需要对新产品的设计进行大量的试验进行验证。检验机构可以帮助企业设计科学的检验方法，并为企业提供专业的验证试验服务。

以旋转补偿器扭矩试验为例：目前国内采用的密封摩擦扭矩计算方法多源于经验公式。由于理论计算结果与实际情况差距很大，为了使用安全，也为了降低企业生产成本，提高利润，部分企业根据自身生产工艺进行开展了一系列有针对性的试验，从而得出符合自身情况的产品设计和制造方案。

第三方检验检测机构通过大量的产品检验数据、考核条件，对设计计算参数进行复核与考核，对促进产品设计改进，提高产品应用可靠性起到积极的作用。

8.3　检验能力支持

设计研发专用的检测仪器与设备，可依照企业自身情况，设计研制专用检测设备。根据企业实际情况，制定适合产品检验方案与检验细则，为企业提供完整的检测能力解决方案。

8.4　检测服务

提供型式试验、委托检验和仲裁检验等服务，提供产品质量评价可靠性研究与验证试验、产品失效分析等服务，为产品质量提升提供支持。

8.5　信息调研

型式试验机构在承担国家项目过程中积累了大量产品性能失效模式等数据，形成了相关数据库，可为企业提供查询、贡献服务。同时可根据企业需求，如产品前沿标准需求、未来应用需求、新领域需求等方面提供服务。

9　结　语

旋转补偿器作为较新型补偿器，在应用过程中也会遇到很多问题，行业对本产品的认可也将有一个渐进的过程．在本过程中，需要行业对其标准、制造、应用等环节加以关注与规范，让本产品成为传统补偿器的有效补充，推动压力管道补偿器的可靠性应用。

参考文献

[1] TSG D7002－2006《压力管道元件型式试验规则》

[2] TSG D2001－2006《压力管道元件制造许可规则》

[3]《质检总局关于修订〈特种设备目录〉的公告》(2014 年第 114 号)

[4] 李延夫，压力管道补偿器产品质量现状分析及质量提升建议[M]. 合肥：合肥工业大学出版社，2014，28～33.

[5] 胡良余，旋转补偿器在热网工程中的应用[J]. 能源工程，2007，27(4)：66～69.

[6] 徐志滨，刘亚光. GSJ－V 旋转补偿器的选型要点及注意事项[J]. 管道技术与设备，2006，14(3)：42～44.

GIS 管线现场改造案例分析

李　秋　宋　宇　丁艳萍　杨知我　李洪伟　徐丹辉　曲　斌　刘佳宁
（沈阳汇博热能设备有限公司，辽宁，沈阳 110168）

摘　要：本文针对某 GIS 管线固定支座损伤进行了应力载荷的理论分析计算，得出了损伤的原因，并给出了可能的解决办法和措施。通过碟簧力平衡结构力值的分析计算，以及该结构应用后的实际效果表明，新方案可有效地解决现有问题，该方案可推广到一般工程中，可有效地减少固定支座负荷推力的设计值。

关键词：载荷热应力；补偿器；支座；碟簧

Case analysis for GIS pipeline reconstruction

Li Qiu　Song Yu　Ding Yanping　Yang Zhiwo　XuDanhui　Qu bin　Liu Jianing
(Shenyang Huibo Heat Energy Equipment Co. Ltd, Liaoning, Shenyang 110168)

Abstract: Based on a GIS pipelinefixedbracket damage isstress load analyzed and calculatedin theory, it is concluded that the cause of the damage, the possible solutions and measures are presented. Analysis and calculated the forceof disc spring balance structure, and the actual effect of the structure of the application show thatthe new process can effectively solve the existing problems, this scheme can be extended to general engineering. It can effectively reduce the design value of fixed bracket loading thrust.

Keywords: loadbearing thermalstress compensator fixed bracket disc spring

1　前言

某高压开关公司的客户在南方城市的工程现场出现主母线管道固定支座推移的情况，我们对现场的管线布置进行了分析，发现这是一起典型的波纹管补偿器使用不当案例：在春季的时候客户进行了管道的安装，直管线的两端为固定支座，管线中间放置了波纹管补偿器，补偿器的拉杆在安装完成后全部锁紧。管线运行一段时间后，进入夏季，固定支座被推移动了数毫米。我们建议客户将补偿器拉杆两侧的螺母松开，加强固定支座的强度。

2　工程分析

作用在管系上的载荷分为一次应力载荷和二次应力载荷两大类，产生一次应力的载荷为：①压力载荷,②重力载荷,③试验载荷,④风及地震载荷,⑤雪载荷,⑥压力冲击载荷;产生二次应力的载荷为:①热膨胀变形,②安装时冷紧,③设备热膨胀,④设备不均匀沉降。对于本案例,分别取一次应力载荷中的压力载荷及二次应力载荷中的热膨胀变形载荷这两个主要载荷。

2.1 相关参数

2.1.1 管线参数

两端固定支座间距为 12m,工作压力为 $p=0.5$MPa,母线筒体管径 ϕ500mm,材料为铝合金,壁厚为 10mm。

2.1.2 波纹管补偿器参数

波纹管内径 $D_b=480$mm,波高 $h=24$mm,波距 $q=24$mm,波高 $h=22$mm,有效面积 $A_y=199504\text{mm}^2$。

2.2 固定支座受力计算

2.2.1 补偿器拉杆锁紧后,固定支座只受热膨胀变形载荷的二次应力,母线筒体应力为:

$$\sigma=E_t\alpha_t\Delta t=51.6\text{MPa}$$

其中,σ—应力;

E_t—管线材料在计算温度下的弹性模数,取 71.7GPa;

α_t—计算温度下的线胀系数,取 2.4×10^{-5}℃$^{-1}$;

Δt—温升,取 30℃。

固定支座受热膨胀应力推力载荷 F,大小为:

$$F=\sigma\cdot S=794330\text{N}$$

其中,铝合金母线筒体环形面积 $S=15394\text{mm}^2$。

2.2.2 补偿器拉杆松开后,固定支座只受压力推力载荷 F_p,及波纹管弹性反力(该力值远小于 F_p,忽略不计),大小为:

$$F_p=pA_y=99752\text{N}$$

由以上计算可以看出,补偿器拉杆锁紧后固定支座受力是松开后的 8 倍。因此,若将补偿器的拉杆锁紧,固定支座的强度必须足以抵抗管线热膨胀变形载荷的推力,若将补偿器的拉杆松开,固定支座只需承受压力推力载荷,支座受力可以大大降低。

3 碟簧力平衡结构的工程应用

在本案例中,由于工程施工已经结束,固定支座再次加固非常困难,只能做简单的维护。出于运行的可靠性,客户需要将固定支座推力再次降低,要求波纹管的补偿量±5mm,为满足客户需求,宜采用直管力平衡或碟簧力平衡等力平衡结构补偿器。

现场改造时,卸下法兰 4 个支耳上原有的螺杆,将调整好力值的 4 个碟簧机构通过支耳上的安装孔进行安装,完成后,向管线内充入额定压力的气体,压力稳定后,松开碟簧机构的锁紧螺母,补偿器进入正常工作状态。

以下是碟簧机构力值的分析计算。

安装 N=4 组碟簧机构,每个碟簧机构需提供的力值为:$F=F_p/4=24938$N

查 GB/T 1972,选用 A71×36×4×5.6 碟簧,2 片 1 组($i=2$),1 个碟簧机构用 $m=40$ 组,单片碟簧压平时负荷计算值 F_C 为:

$$F_C=\frac{4E}{1-\mu^2}\cdot\frac{h_0t^2}{K_1D^2}\cdot K_4^2=26712\text{N}$$

式中：$E=2.056\times10^{5}\mathrm{N/mm^2}$，$\mu=0.3$，无支承面碟簧 $K_4=1$，无支承面碟簧压平时变形量 $h_0=1.6\mathrm{mm}$，$K_1=0.69$。

2 片碟簧组成 1 组，1 组碟簧压平时负荷值：

$$F'_C=2F_C$$

则有：

$$F_1/F'_C=0.45$$

查 GB/T 1972 中 C.1，单片碟簧变形量与无支承面碟簧压平时变形量比值

$$f_1/h_0=0.47$$

由此，单片碟簧压缩变形量

$$f_1=0.75\mathrm{mm}$$

当轴向位移 x=±5mm 时，单个碟簧的位移量：

$$\Delta=x/m=\pm0.125\mathrm{mm}$$

补偿后，单片碟簧压缩变形量：

$$f'_1=0.88\mathrm{mm}$$

则 f'_1 可得

$$F'_1/F_C=0.57$$

碟簧组高度发生变化后，弹性力：

$$F'=F'_1\cdot i\cdot N=121807\mathrm{N}$$

弹性力变化值为：

$$\Delta F=F'-F_p=22055\mathrm{N}$$

当轴向位移 x=15mm 同理可得：

$$\Delta F=F'-F_p=-12137\mathrm{N}$$

改用碟簧力平衡补偿器后，理论上母线轴向推力至少减少为原来的－12.2～22.1%。

材料为 304 螺杆的螺纹大径 $d=24\mathrm{mm}$，有效截面积 $S=353\mathrm{mm^2}$，受力最大出现在补偿器拉伸最大位移时：

$$F_{max}=F'/4=30452\mathrm{N}$$

螺杆拉应力：

$$\sigma_L=F_{max}/S=86.3\mathrm{MPa}<[\sigma]=137\mathrm{MPa}$$

拉应力小于材料的许用应力，满足强度要求。

4　结　语

从上述计算可以看出，如以管道内压推力 F_p 作为基准，在补偿器拉杆锁紧情况下，固定支座受管线热膨胀力作用，力值为 $8F_p$；在补偿器拉杆松开情况下，固定支座受管线内压推力作用，力值为 F_p；在将补偿器更换为碟簧力平衡结构后，固定支座受部分不平衡力，力值为（－12.2%～22.1%）·F_p。

客户在应用碟簧力平衡结构的补偿器后，经过一年的运行，效果良好，固定支座未出现异常现象，验

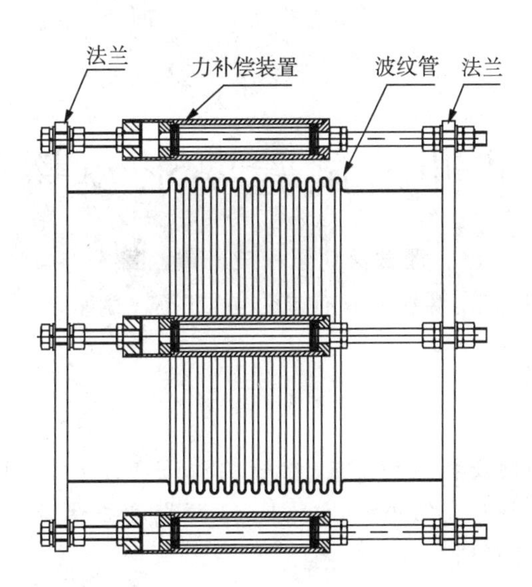

证了该方案的可行性。

参考文献

[1] GB/T 12777—2008 金属波纹管膨胀节通用技术条件
[2] GB/T 1972—2005 碟形弹簧
[3] GB 150.3—2011 压力容器
[4] 中石化集团上海工程有限公司. 化工工艺设计手册. 北京:化学工业出版社,2009.

作者简介

李秋,男,工程师,主要从事膨胀节的设计与应用工作;通讯地址:沈阳市东陵区浑南东路49—29号;邮编:110168,联系电话:024 8871 8477;Email:liqiu926@gmail.com

对比各标准冲击试验要求及豁免的判定

潘兹兵　于松波　戴　箐
（南京晨光东螺波纹管有限公司，江苏　南京　211153）

摘　要：简单介绍钢材脆断防止措施的发展，比较 ASME VIII－1、GB150 以及欧盟 EN13445 中对材料夏比冲击试验要求的区别，详细介绍 ASME VIII－1 规范冲击试验的豁免判定，并对冲击试验的免除在膨胀节的制造中的应用进行说明。

关键词：冲击试验；ASME VIII－1；豁免；膨胀节

Comparing the Difference of the Impact Test Requirements and the Exemption Judgement in Different Standards

Pan Zibing　Yu songbo　Daiqing
(Aerosun-Tola Expansion Joint Co. ,Ltd. ,Jiangsu Nanjing211153)

Abstract: Introducing the developments of steel brittle fracture prevention measures. Comparing the difference immunity judgements of shapy impact test in GB150 、ASME VIII-1 and the EN13445 . Introducing the immunity judgements of impact test in the ASME VIII-1 standard in detail and explain the application of impact test exemption in the manufacture of expansion joint.

Keywords: Impact test; ASME VIII-1; Impect test exemption; Expansion joint

1　概述

结构脆性断裂是压力容器产生破坏的主要方式之一，传统的设计计算以材料屈服强度作为设计依据，并未重视脆性断裂，工程中脆性断裂时的名义应力通常在低于设计应力时发生。当材料的厚度、应力等因素相同时，温度的高低直接影响着材料的韧性。随着温度的降低，铁素体材料的状态会从延性转为脆性，在结构的缺陷或应力集中处产生脆断性开裂，裂纹迅速扩展从而引发脆断破坏事故。针对上述情况对低温操作的钢材各个国家容器标准均提出了额外的要求。

1.1　ASME VIII 对防止钢材脆断规定的发展

ASME VIII 早期的防脆断措施是美国国家标准局基于在二次世界大战中发生的多起低温船舶失效事故总结后得出的结论，船舶用的低碳钢材在使用温度下的冲击功如能达到 14J，则可大大减少脆断可能性，为此取 20J 作为低碳材料在最低工作温度下夏比 V 形冲击功需满足的指标。由于按钢材标准在某一温度以上的一般低碳钢都能满足这一指标，便统一划定－29℃为低温容器，凡不低于－29℃时，满足材料标准所规定夏比 V 冲击功后由实际经验证实不致发生低应力脆断，可不作为低温容器，否则，应作为低温容器而由容器制造厂另加在 MDMT(最低设计金属温度)下的冲击试验并满足其评定要求。

随着断裂力学的发展，新版 ASME 规范组合了元件所受应力水平 σ(许用应力)、缺陷尺寸 α(规范的制定者根据容器制造和检测要求，并在总结和调查的基础上，定出了裂纹尺寸占元件厚度的比值)、材料种类以及元件的最低操作温度等因素，以 $K_1=\sigma\sqrt{\pi\alpha}\leqslant K_{IC}$

作为判断依据，其中 K_{IC}为材料的固有力学性能，与材料的种类和操作温度有关。如满足判断则说明元件不会失效，如不满足判断，则需要采取诸如更换材料、降低元件应力水平、提高使用温度等以满足该判断条件。由于 K_{IC}的试验确定过程耗时耗力，为此基于前人在一定条件下得到的 K_{IC}值和夏比冲击功 CVN 值在数值上的对应关系，将 K_{IC}值换成 CVN 值，在规范中仍沿用测量和评定 CVN 值的方法，但此时已与早期的经验方法完全不同，不再划定某一温度作为是否需要另加冲击试验的条件，而是将这一要求列于低温操作中，在较低温度下操作的容器，根据使用材料和厚度的不同按照上述原理加以判断是否需要作冲击试验。

1.2 GB150 对钢材防止脆断规定的发展

我国 GB150 也采用夏比 V 形冲击试验方法判定压力容器的低温冲击性能，原 GB150 规定以－20℃划定低温容器的界限，当属低温容器时(等于或低于－20℃)应在最低设计温度下另加冲击试验，并且列出了冲击功的合格值。

新版 GB150 将低温容器的界定温度由等于或低于－20℃改为低于－20℃，低温容器的材料必须在规定的使用温度下做夏比 V 形冲击试验。

1.3 EN13445 对低温防脆断的措施

欧盟标准 EN13445 对低温防脆断规定了三种情况，需要满足其中之一：

第一种情况：取在操作温度下其冲击功达 27 J 为满足，此法实际上是由第二种情况对屈服强度小于 460 MPa 的碳钢和碳锰钢由断裂力学原理导得，对含 Ni 量为 3%～9%的镍合金钢和奥氏体钢以及螺栓和螺母，则基于操作经验得出。

第二种情况：以断裂力学分析并结合实际操作经验的方法，此法比第一种情况更为灵活，对屈服强度不超过 500 MPa 的碳钢和碳锰钢以及低合金铁素体钢，以及屈服强度不超过 550 MPa 的奥氏体－铁素体钢，是由其适用的技术要求导得，它比第一种情况在材料厚度和温度方面可用得更宽，且并不拘泥于在操作温度下其冲击功达 27 J 为满足条件。

第三种情况：直接采用断裂力学分析的方法，此法适用于前两种方法都不适用时，但必须得到相关各方的认可。

2 冲击试验的免除

当材料的工作温度较高时，材料的脆性破坏情况不会发生，对材料的冲击韧性也就不必另提要求。然而在低温场合下国内外各标准对于材料是否冲击试验的判断也存在着许多不同之处。

2.1 GB150 中冲击试验的豁免判定

GB150 中规定设计温度低于－20℃的碳钢、低合金钢、双相不锈钢和铁素体不锈钢制容器以及设计温度低于－196℃的奥氏体不锈钢制容器为低温容器。低温容器的材料必须做夏比 V 形缺口冲击试验。冲击功必须满足相应的标准要求。

GB150 的免除规定：对于碳素钢和低合金钢制容器，其受压元件在低温低应力工况下使用，若其设计温度加 50℃(对于不要求焊后热处理的容器，加 40℃)≥－20℃，除另有规定外，不必遵循关于低温容器的规定。低温低应力工况是指受压元件的设计温度虽然<－20℃，但设计应力(该设计条件下，容器元件实际承受的最大一次总体薄膜和弯曲应力)小于或等于钢材标准常温屈服强度的 1/6，且不大于 50MPa

时的工况。其他都要按照材料篇规定的最低允许使用温度选取。GB150 中规定奥氏体不锈钢的设计温度≥－196℃时，可免做冲击试验。

2.2　ASME VIII 中冲击试验的豁免判定

对于 ASME 规范中材料做冲击试验的条件，应首先假定要做冲击试验，然后再来确定是否可以免除，在某一条款中要求做冲击试验，有可能在其它条款中被免除，也就是说"应进行冲击试验"的判断并不能作为最终论断，"冲击试验予以豁免"的判断才是最终的结论。

因此，对于能否豁免取决于是否取得豁免条件。

1989 年后 ASME 取消了低温容器的类别概念，不再将－29℃作为是否进行冲击试验的决定因素，判断材料的冲击试验的必要性与材料种类、公称厚度、最小金属设计温度(MDMT)及应力等因素都有关系。对于碳钢和低合金钢材料具体的评判步骤如下文所述：

2.2.1　UG－20(f)免除冲击条款：

如果满足以下条件，P－No.1 中 1 或 2 组材料的冲击试验可以免除。

(1)材料的控制厚度：

a. 对于 UCS－66 曲线 A 的材料：≤1/2″(13mm)

b. 对于 UCS－66 曲线 B、C 或 D 的材料：≤1″(25mm)

(2)整台容器按 UG－99(b)、(c)或 27－4 进行水压试验或按照 35－6 用气压试验。

(3)设计温度不低于－20 ℉(－29℃)，不高于 650 ℉(343℃)。由于季节性温度变化引起的操作温度偶然低于－29℃是允许的。

(4)热冲击或循环载荷不是设计的关键因素，见 UG－22。

若首先满足 UG－20(f)的条件，则可以免除冲击试验，否则转入下一步进行判断。

2.2.2　通过 UCS－66(a)进行判断：

控制厚度(对焊接结构，最大厚度限制于 100mm)

壳体、管接头、人孔接管、开孔补强板、法兰、管板、平封头板、永久性保留的焊缝衬垫、和焊接到受压元件上的对容器的结构完整性必不可少的附件等零件都应分别判断是否要进行冲击试验。

除非另有条款免除，对于最低金属壁温和控制厚度的交点落于代表材料的曲线下方，必须进行冲击试验。如果温度－厚度交点落于曲线上或上方，对母材可不做冲击试验。

图 1 中使用的厚度按 UCS－66(a)(1～3)定义有 4 种类型：铸件；除铸件外，其他用对接焊缝连接的材料；除铸件外，其他用角接焊缝连接的材料；除铸件外，其他非焊接件，如，螺栓连接的平封盖。能准确地给出被判断元件的"控制厚度"，这是正确判断材料免除冲击的前提条件，否则不能得出准确的结论。

不管什么材料，对于以下情况，必须进行冲击试验：

(1)如果焊缝处的控制厚度大于 4″(100mm)，并且 MDMT＜120 ℉(48℃)，必须进行冲击试验；

(2)控制厚度超过 6″(152mm)，非焊接元件，如果 MDMT＜120 ℉(48℃)，必须进行冲击试验。

若不符合第二步中必须进行冲击试验的两种情况并且也不满足控制厚度与 MDMT 交点落于对应材料曲线上或上方时，转入下一步进行判断。

2.2.3　通过 UCS－66(b)判断

(1)按 UCS－66(a)未得到免除冲击的元件，如果材料的比值(见图 2)$R=t_r E^* /(t_n-c)<1$ 根据 UCS－66(b)允许进一步降低由 UCS－66 确定的最低金属设计温度。另外，UCS－66(b)还对使用 UCS－66.1 提出了 2 条限制：

1 最低金属设计壁温不能低于－55 ℉(－48℃)，除非实际拉应力与许用应力的比值小于 0.35，在这种情况下，可不进行冲击试验，且－55°F(－48℃)的限制不适用；

2 所有的材料在－55 ℉(－48℃)以下均应做冲击试验，除非实际应力与许用应力的比值小于 0.35，

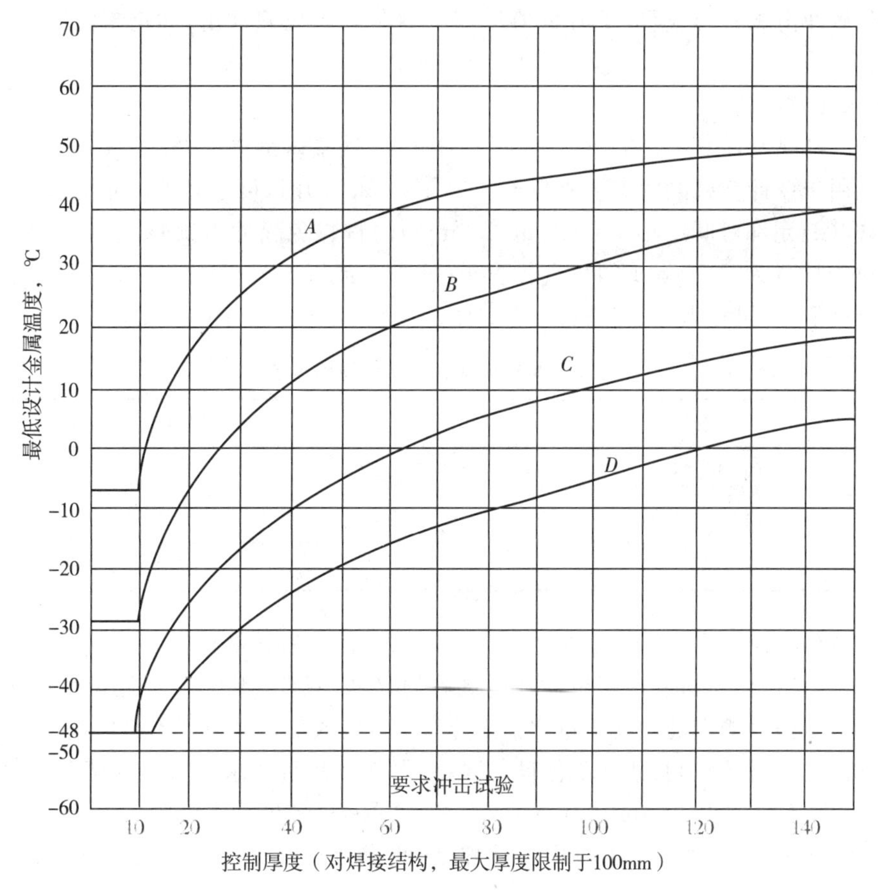

图 1　UCS－66 冲击试验豁免曲线

在此情况下，温度不低于－155 ℉(－103℃)可不做冲击试验。

(2)UCS－66(b)(1)(－b)允许将 UCS－66.1 和 UCS－66.2 用于承受非一次薄膜应力的元件，如平封头、管板、法兰等。

(3)对于用焊接连接的法兰，按 UCS－66(b)(1)(－c)，其 MDMT 可按与其相连的管颈或壳体确定温度降低值一样予以降低。

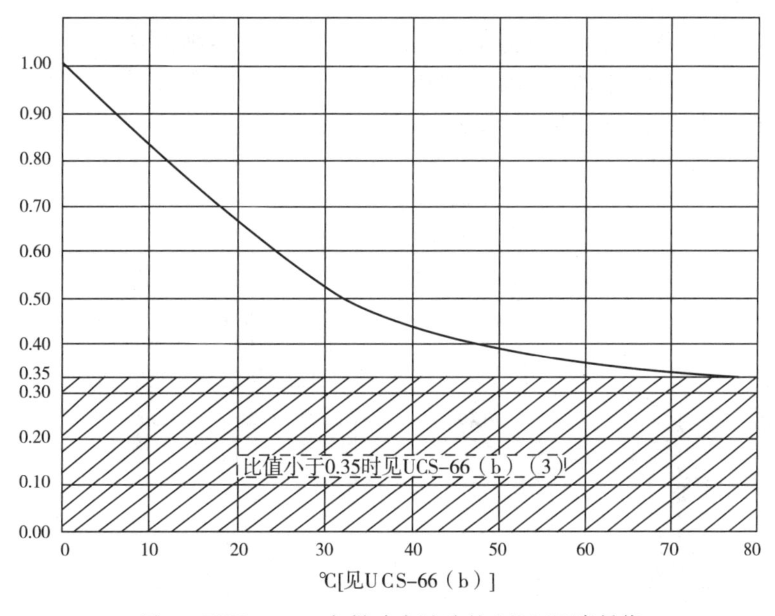

图 2　UCS－66.1 免做冲击试验的 MDMT 降低值

以上通过免做冲击试验的 MDMT 降低值进一步判断是否免除冲击，如仍未能获得豁免条件，则继续下一步判断。

2.2.4　其他判断条件

(1)UCS－66(c)规定，ASME/ANSI B16.5 和 B16.47 铁素体钢法兰以及 SA－216 GR WCB 制成的对开式活套法兰用于设计金属温度等于或高于－20 ℉(－29℃)时，可不必进行冲击试验。

(2)UCS－66(d)允许对厚度小于 0.10 in(2.5mm)的材料免除冲击试验，且 MDMT 不得低于－55 ℉(－48℃)。对于材料为 P－No.1 的小直径管子(NPS 4 或以下)，当厚度不超过对应于规定最小屈服强度值的以下厚度值时，可免做冲击试验，但 MDMT 不得高于－155 ℉(104℃)：

表 1　材料厚度和最低屈服强度值

SMYS, ksi(MPa)	厚度, in.(mm)
20～35(140～240)	0.237(6)
36～45(250～310)	0.125(3.2)
≥46(320)	0.10(2.5)

(3)UCS－66(f)规定最小屈服强度值大于 65 ksi(450MPa)的材料必须进行冲击试验。

(4)按材料技术条件由材料制造厂做过冲击试验的材料，只要 MDMT 不低于材料技术条件规定的温度或低于材料技术条件规定的温度不超过 5 ℉(3℃)，容器或部件制造厂不必再进行冲击试验。

(5)保留在焊缝上的衬垫和其他规范材料一样，必须判断是否要求进行冲击试验。对于衬垫属于曲线 A 的材料，如厚度不超过 1/4″(6mm)且 MDMT≥－20°F，可免做冲击试验。

(6)对于 P－No.1 材料，当进行了焊后热处理，而此焊后热处理又不是规范要求的，此时 UCS－68 允许将 MDMT 降低 30 ℉(17℃)。

2.2.5　有色金属、高合金钢的冲击免除判定

ASME 中除碳钢和低合金钢外，对于有色金属、高合金材料也都有相应的冲击免除判断条款：

(1)当有色金属符合下列条件时，可免除冲击试验：

① 轧制铝合金用于－452 ℉(－269℃)或以上；

② 铜和铜合金、镍和镍合金、铝合金铸件用于－325 ℉(－213℃)或以上；

③ 钛和锆用于－75 ℉(－59℃)或以上。

(2)UHA－51(C)中当高合金钢在规定的温度范围内做热处理，则需要进行冲击试验。

当高合金钢的 MDMT 值高于图 3 判断的最小设计金属温度时，可免除冲击试验。

通过以上层层筛选，如材料仍未得到冲击试验的豁免，只能进行容器的 MDMT 以下的冲击试验，冲击功必须满足设计所要求的值。

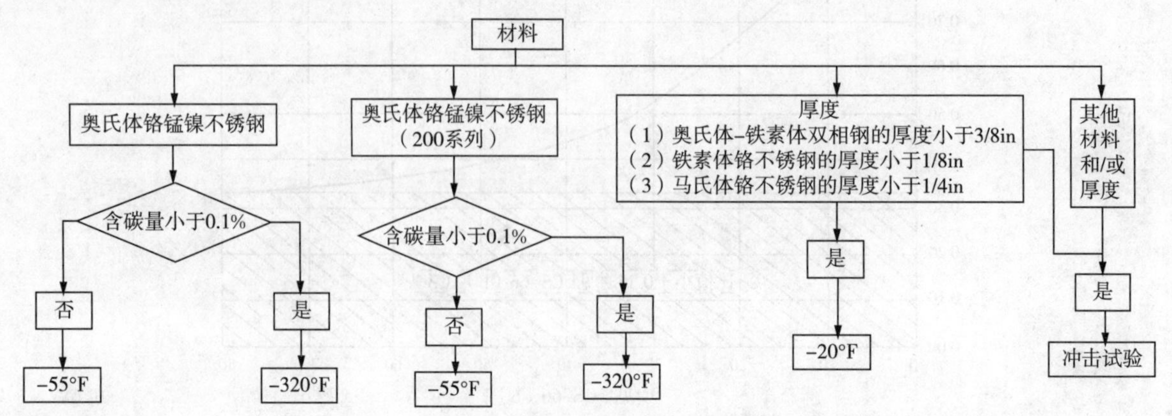

图 3　免做冲击试验的高合金钢的最小设计金属温度

3　冲击试验免除规定在膨胀节制造中的应用

按照GB16749或ASME规范设计、制造的膨胀节均应按照上述规定对承压部件进行冲击试验的要求判定。对于压力容器波形膨胀节主要承压部件有波纹管、与波纹管连接的接管和铠装环。现以加强型波纹膨胀节为例，简单介绍设计、制造中各承压部件材料的要求。

以某ASME规范产品为例，波纹管材料为SA－240 316L，厚度为双层1.5mm，接管SA－516 Gr.70正火态，厚度为30mm，整体铠装环SA－516 Gr.70正火态，厚度为42mm，设计最低金属温度不低于－29℃，现根据ASME VIII－1对波纹管和接管材料冲击免除进行判定。

对于波纹管，SA－240 316L依据UHA－51(d)(1)(a)含碳量不超过0.1%，MDMT高于等于－196℃不要求进行冲击试验，则可判定最低设计金属温度不低于－29℃情况下波纹管材料可免除冲击试验。

对于接管，SA－516 Gr.70经正火加回火处理属于UCS－66(a)曲线D，根据表UCS－66M冲击试验豁免曲线可以查的控制厚度t＝30mm时，最低设计金属温度为－32℃，－32℃＜－29℃因此接管材料可免除冲击试验。

对于整体铠装环，SA－516 Gr.70经正火加回火处理的材料，同样属于UCS－66(a)曲线D，根据UCS－66M冲击试验豁免曲线可以查的控制厚度t＝42mm时，可免冲击的最低设计金属温度为－24℃，－24℃＞－29℃，因此UCS－66(a)无法豁免。按UCS－66(a)未得到免除冲击的元件，如果材料的比值$R=t_rE^*/(t_n-c)<1$(或$S^*E^*/SE<1$)根据UCS－66(b)允许进一步降低由UCS－66确定的最低金属设计温度。而根据核算$S^*E^*/SE=0.507$，将0.507代入UCS－66.1纵坐标，可以确定MDMT的降低值为32℃，因此可以算出铠装环材料最低设计金属温度为－24－32＝－56℃＜－29℃，因此，按照UCS－66－b－(1)－a降低后得到的温度低于所要求的MDMT，则此材料可免除冲击试验。

综合以上可以判定按照ASME规范设计的此膨胀节承压部件材料均可免除冲击试验。

4　结　论

容器脆性断裂危害较大，所用材料具备良好的低温冲击韧性是必要的。灵活分析判断各标准对于材料是否进行冲击试验的条件，理清思路，全面理解规范，才能准确得出结论。在膨胀节的设计制造上，对承压部件材料冲击豁免的准确判别不仅能节省费用和时间，也使制造更加科学。

符号说明

t_r——已腐蚀的元件对所有载荷(UG－22所列)根据焊接接头系数求得的需要厚度，mm；

t_n——未扣除腐蚀裕量的元件公称厚度，mm；

E——焊接接头系数；

C——腐蚀裕量；

σ_b——钢材标准抗拉强度下限值，MPa；

E——接头系数。E^*等于E但不小于0.8

参考文献

[1] GB150－2011，钢制压力容器[S]

[2] ASME BPVC，Section Ⅷ Rules for Construction. Division 1[S]，Appendix26，2013Edition

[3]丁伯民．对GB150《压力容器》有关内容的商榷－低温容器及其钢材．化工设备与管道，2013，50(02)：8－14.

[4] EN 13445，Unfired pressure vessels[S]. 2009.

作者简介

潘兹兵，(1989—)，男，南京晨光东螺波纹管有限公司设计员，从事波纹膨胀节的设计、研究工作。通讯地址：南京市江宁开发区将军大道199号，南京晨光东螺波纹管有限公司，邮编：211153 联系方式：电话：025－52826565，Email：htcgpzb@163.com

膨胀节的 CRN 认证

于松波　梁　薇　潘兹兵
（南京晨光东螺波纹管有限公司，江苏　南京　211153）

摘　要：CRN(Canadian Registration Number)是加拿大注册号的简称，加拿大政府要求在其境内的锅炉，压力容器，承压管件，安全附件进行登记，凡是承压在一定压力以上的设备都必须进行 CRN 认证。本文旨在介绍膨胀节可以申请 CRN 认证的条件以及过程，以供借鉴。

关键词：膨胀节；CRN；加拿大

CRN Certification of Expansion Joints

Yu Song-bo　Liang Wei　Pan Zi-bing
(Aerosun-Tola Expansion Joint Co. ,Ltd. ,Jiangsu Nanjing 211153)

Abstract: CRN (Canadian Registration Number), the government require that all pressure equipment in Canadian including the boiler, pressure vessel, pressure pipe, safety accessories registration, must be registered in CRN when the pressure exceeds certain value. This study introduces the conditions of application and CRN certification process of expansion joints, for reference.

Keywords: Expansion joints; CRN; Canadian

1　概述

加拿大政府要求在其境内的锅炉，压力容器，承压管件，安全附件进行登记，凡是承压在一定压力以上的设备都必须进行 CRN 认证。压力容器在加拿大境内使用，一般都要先申请 CRN。

近几年来，随着中国制造企业各种认证的理解和加深，以及我国制造企业质量水平和管理水平的不断提高，特别是 ASME 锅炉压力容器持证企业的迅速增加，越来越多的国外厂商把采购目标转向中国，而我国制造企业提供的优质低价产品也屡屡在竞标中获得成功，所以取得 CRN 认证对开辟国际市场作用很大，认证合格后的产品可以自由地进入加拿大市场和投入使用。

2　CRN 认证的性质

2.1　CRN 认证的部门

加拿大是联邦制国家，联邦政府行使国家的外交、军事、财政等主要权力，其他权力则按宪法规定由联邦政府与省级政府分享。联邦政府仅负责核容器、省际移动压力容器、省际压力管道及联邦设施（包括军队、机场等)的管辖权。因此,加拿大联邦政府没有设立专门机构对全国范围内的锅炉压力容器、起重设备和游乐设施等进行统一监察及检验管理。转而由各省负责。

加拿大各省均有专职部门对锅炉、压力容器,及在本省地域内的移动式压力容器、压力管道等特种设备(设施)进行安全管理和检验。这些设备(设施)的设计、制造、使用、定期检验、事故处理、相关人员培训等均有地方法律予以规定。

2.2 CRN 认证的含义

CRN 是一个针对压力容器,管件等产品的一个区域注册系统。注册一般分为某个省的注册和全国性的注册。如果产品是一次性的安装,只需要在安装地所在省注册或者认证就可以了。但该认证只在该省有效。如果产品是卖往全国的,就要在各个省取得认证。

CRN 通常是有一个字母,4 个数字,小数点以及其后跟着的一到十位数字或三个字母组成的。小数点后面的数字代表该产品所注册的省份:

1—British Columbia;2—Alberta;3—Saskatchewan;4—Manitoba;5—Ontario;6—Quebec;7—New Brunswick;8—Nova Scotia;9—Prince Edward Island;0—New Foundland;T—Northwest Territories;Y—Yukon Territory;N—Nunavut.

例如,M12729.29T 表示 CRN 号为 M12729 的设计在 Alberta 首先注册,然后在 PEI 和 NT 注册。

2.3 CRN 认证的范围

该认证适用于承压在一定压力以上的承压设备及其部件的设计、制造和合格评价,包括锅炉、容器、管道、承压附件、安全附件以及组合件。

以安大略省为例,安大略省"消费者与工商服务部"负责锅炉压力容器等特种设备安全管理工作。具体监察与检验工作授权安大略省技术安全标准权威机构(TSSA)负责。TSSA 下设有 4 个业务部门。分别为:锅炉压力容器安全部门、电梯和游乐设施安全部门、燃料安全部门、公司服务部门。

锅炉压力容器安全部门主要负责锅炉压内容器制造安装和修理改造单位质量体系审查、制造监检、设计审查、定期检验、事故调查处理等。并负责操作工程师、操作工、电焊工的培训、考试和发证工作。

2.4 CRN 认证的效益

(1)提高企业的质量水平和管理水平,规范生产;

(2)提高国际知名度,开拓国际市场,提高企业经济效益。

3 膨胀节的 CRN 认证流程

压力容器的认证,一般是要通过北美的专业工程师进行,因为大部分省份要求注册工程师的预审和盖章签字,如安大略(Ontario),魁北克(Quebec),ACI Central(处理东部四省和三个自治区,还要求专业工程师的推荐表和推荐信)。

Fitting 的认证(如:阀门,管件,法兰等)制造厂可以直接提交到各个省的安全局进行认证,但是由于多数制造商不熟悉认证程序和要求,认证过程持续时间过长,而且成功率很低。不像压力容器,对各类 fitting 的认证要求是不同的,这更增加了 fitting 认证的难度。

膨胀节在 CRN 认证中分属于 Fitting 的认证。除了向现国内具备 CRN 认证资质的代理公司申请注册外,制造厂也可以直接提交到各个省的安全局进行认证。

代理公司通常经验丰富,选择代理公司可以节约大量认证时间,减少因修改设计文件,反复提交所花费的大量人力物力,认证通过的成功率。但是认证费用昂贵。

如果设备制造商熟悉 Fitting 认证的程序及要求,通过直接向使用项目所在地省份地的安全机构进行认证可以节约很大一部分认证费用。

3.1 CRN 认证的专业机构

由于 CRN 认证为区域性注册系统,所以认证的第一步为明确注册区域。根据产品使用地点的不同选择不同的注册机构。

加拿大共有 13 个省(地区),CRN 注册被授权给分管这 13 个地区的 7 个专业机构。

1－British Columbia——BCSA 官网:http://www. safetyauthority. ca/

2－Alberta——ABSA 官网:http://www. absa. ca/

3－Saskatchewan——TSASK 官网:http://www. tsask. ca/

4－Manitoba 官网:http://www. firecomm. gov. mb. ca/codes. html

5－Ontario——TSSA 官网:http://www. tssa. org/

6－Quebec 官网:http://www4. gouv. qc. ca

7－New Brunswick——ACIC 官网:http://www. acicrn. com/ACIproject. htm

8－Nova Scotia——ACIC

9－Prince Edward Island——ACIC

0(zero)－Newfoundland——ACIC

T-Northwest Territories——ACIC

Y-Yukon Territory——ACIC

N-Nunavut——ACIC

加拿大工业省份锅炉压力容器等特种设备管理的典型代表是安大略省和阿尔伯塔省。下面以阿尔伯塔省为例来予以介绍。

3.2 ABSA(阿尔伯塔锅炉安全协会)

ABSA 全称阿尔伯塔锅炉安全协会(Alberta Boilers Safety Association)是加拿大艾伯塔省负责承压设备安全的权威机构,按照加拿大艾伯塔省安全法令负责全省承压设备安全管理及有关法令的强制实施。

ABSA 总部位于加拿大艾伯塔省省会埃德蒙顿市,另外还在其他区域具有五个分支机构。ABSA 是一个非营利机构,由政府及相关单位组成的 5 人委员会负责全权事物。

ABSA 主要负责特种设备设计及程序审核、认可及注册;年度注册及定期检验;电力工程师、焊工、在用检验员考试、认证及注册;新建造承压设备检验;承压设备制造企业体系审核;安全培训与教育;事故的调查等。

3.3 提交注册资料

选用代理公司注册与直接注册所需要的流程是一样的,只是执行具体注册的单位不一致。首次注册可以去当地的注册部门官方网站寻求联系方式,与具体相关部门联系。这些机构会给出注册相关的程序及要求。

膨胀节在 CRN 认证中分属于 Fitting 的认证。以阿尔伯塔省为例,具体的流程如下:

3.3.1 ABSA 注册表

a. 在 ABSA 官网下载并填写表 AB－31《设计注册应用程序表》;

b. 完成表 AB－41《关于 Fitting 注册的法律申明表》,并需提供两件原件。原件需要专门的公证员签字见证。

表 AB－31《设计注册应用程序表》

ABSA
the pressure equipment safety authority

Design Registration Application

Mail Form to: ABSA
9410 – 20th Avenue
Edmonton, AB
Canada T6N 0A4

AB-31 2014-12 Page 1 of 2

Date of Application: ____________

Please fill out a separate form for each design/procedure you wish to register.
Note: Two sets of drawings (folded) and one set of calculations are required to be submitted.

☐ **New submission**
☐ **Resubmission -Ref. Tracking No.:** ____________
☐ **Revision** **CRN:** ____________
☐ **Repair or Alteration**
CRN: ____________ **A #** ____________

FOR ABSA OFFICE USE ONLY:
Tracking No. ____________
Date Received ____________
Design Surveyor Assigned ____________
Anticipated Response Date ____________

A Manufacturer's Company Name (Plant Owner for Piping Submission): ____________
Mailing Address: ____________
Contact Person: ____________
Phone Number: ____________
Fax Number: ____________
E-Mail Address: ____________

B Submitted by (**If other than shown in A**) Company Name: ____________
Mailing Address: ____________
Contact Person: ____________
Phone Number: ____________
Fax Number: ____________
E-Mail Address: ____________

Main Drawing No(s). (or Fittings Catalogue No.) ____________
Design currently registered under CRN ____________ *(Ensure that proof of this registration is attached.)*
Description/Type of Boiler/Pressure Vessel/Fitting/Piping: ____________
Date Registration is required: ____________
Rush Rate Authorized ☐ Approved By: ____________

Category of design/procedure:
☐ Vessel/Boiler Code of Construction Sect ______ Div. ____
☐ Piping (Form AB-96 attached)
☐ Fitting (Form AB-41/Statutory Declaration, with original signatures must be attached)
☐ Repair or Alteration
☐ Welding Procedure
☐ Other (specify)

(Invoicing Instructions)
Invoice to be sent to: ☐ A ☐ B ☐ Other *(specify below)*
Return drawings to: ☐ A ☐ B ☐ Other *(specify below)*
Company Name: ____________
Mailing Address: ____________
P.O. # or Reference No. ____________

ABSA
the pressure equipment safety authority

Design Registration Application

Mail Form to: ABSA
9410 – 20th Avenue
Edmonton, AB
Canada T6N 0A4

AB-31 2014-12 Page 2 of 2

Minimum Required Information from the Submitter for Pressure Vessels, Heat Exchangers and Boilers

Please Check off the Appropriate Box

A	DESIGN SUBMISSION INCLUDES THE FOLLOWING:	Yes Provided	No N/A
A.1	Complete form AB-31 (Page 1)	☐	☐
A.2	Proof of other province registration, as applicable	☐	☐
A.3	Design drawing **Note:** With professional engineer's stamp and signature if required by Code of Construction	☐	☐
A.4	ASME code calculations and/or proof test results, as applicable	☐	☐
A.5	If cannot be calculated per Code and Finite Element Analysis method has been used, FEA report shall meet AB-520 requirements with professional engineer's stamp and signature	☐	☐
B	**DESIGN DRAWING INCLUDES THE FOLLOWING:**		
Design Conditions			
B.1	Code of Construction, edition and addenda	☐	☐
B.2	Identifying degree of radiographic examination (or UT)/detail description extent of RT4, if applicable	☐	☐
B.3	MAWP and design temperature; test pressure	☐	☐
B.4	Minimum design metal temperature, as applicable	☐	☐
B.5	If designed with cyclic service, provide applicable pressure and/or temp. cycle and # of cycles	☐	☐
B.6	Service fluid and specific gravity	☐	☐
B.7	Heat treatment, holding time and temperature, as applicable	☐	☐
B.8	Impact testing temperature and energy or exemption paragraph(s), as applicable	☐	☐
B.9	Corrosion allowance	☐	☐
B.10	If Code Case is applied, provide Code Case Number	☐	☐
B.11	For Boilers-Heating surface area and steaming capacity, as applicable	☐	☐
Dimensions			
B.12	Material specification for all pressure retaining components	☐	☐
B.13	Vessel diameter and wall thickness	☐	☐
B.14	Vessel length (minimum and maximum, as applicable), volume	☐	☐
B.15	Head type with appropriate rad./dia. and nominal & specified min. thk. after forming	☐	☐
B.16	Nozzle location diameter and wall thickness	☐	☐
B.17	Nozzle reinforcement pad diameter and thickness	☐	☐
B.18	Flange and associated gasket parameters and bolt sizes	☐	☐
B.19	Weld details and sizes	☐	☐
B.20	Inspection openings, size and location	☐	☐
For Fixed Tubesheet Heat Exchanger			
B.21	Mean metal temperatures for shell and tubes	☐	☐
B.22	Specify all design and operating conditions that are considered in the design of the main components of the heat exchanger	☐	☐

By signing below, the submitter agrees that it is his/her responsibility to ensure that the above required information is provided in the submission.
Failure to provide the minimum required information specified above may result in delay of review or refusing registration of the design.
Signature: ____________ Date: ____________

表 AB－41《关于 Fitting 注册的法律申明表》

AB-41 2005-02

Alberta
MUNICIPAL AFFAIRS

ABSA
the pressure equipment safety authority

STATUTORY DECLARATION
Registration of Fittings

In this space, show facsimile of manufacturer's logo or trademark as it will appear on the fitting.

I, ____________,

____
(company title, e.g. vice president, plant manager, chief engineer) (must be in a position of authority)

of ____________
(name of manufacturer)

located at ____________
(plant address)

do solemnly declare that the fittings listed hereunder, which are subject to the Safety Codes Act
(check one)

☐ comply with the requirements of ____________ (title of recognized North American Standard) which specifies the dimensions, materials of construction, pressure/temperature ratings and identification marking of the fittings, or

☐ are not covered by the provisions of a recognized North American standard and are therefore manufactured to comply with ____________ as supported by the attached data which identifies the dimensions, materials of construction, pressure/temperature ratings and the basis for such ratings, and the marking of the fittings for identification.

I further declare that the manufacture of these fittings is controlled by a quality control program which has been verified by the following authority, ____________ as being suitable for the manufacture of these fittings to the stated standard. The fittings covered by this declaration, for which I seek registration, are ____________

In support of this application, the following information, calculations and/or test data are attached:

____

DECLARED before me at ____________ in the ____________ of ____________

this ____________ day of ____________ (Month), __ ______ (Year)

(print) ____________

____
(Signature of Applicant)

(sign) ____________
(A Commissioner for Oaths)

For Office Use Only

To the best of my knowledge and belief, the application meets the requirements of the Safety Codes Act and CSA Standard B51, Clause 4.2, and is accepted for registration in Category ____________

Registration Number: ____________ ____________
(For the Administrator/Chief Inspector of Alberta)

Date Registered: ____________ Expiry Date: ____________

The information you provide is necessary only for the administration of the programs as required by the Alberta Safety Codes Act and Regulations in the Boiler Discipline.

3.3.2　制造公司资质

a. 制造公司产品质量体系证书副本(ASME 和 ISO 证书);

b. 制造公司产品宣传册。

3.3.3　设计文件

a. 详细的设计文件:

膨胀节图纸、计算文件。

b. 产品压力测试

根据设计要求进行压力试验,实验要求符合标准规定,提交试验报告。

3.4　注册资料确认

当以上程序都已经按要求提交,ABSA 会返回注册资料确认单。注册工程师审核完成后,根据制造公司提交的注册登记号码,ABSA 会返回成功注册表单。详见图 1《设计注册确认表与注册成功表单》。

ABSA
the pressure equipment safety authority

9410 - 20 Ave N.W.
Edmonton, Alberta, Canada T6N 0A4
Tel: (780) 437-9100 / Fax: (780) 437-7787

CONFIRMATION OF DESIGN REGISTRATION SUBMISSION

Attention: Liu Yong　　**E-Mail: sunbin@aerosun-tola.com**

The following was received from you on 2014-12-11.
When making inquiries about this submission, please quote Tracking Number: 2014-10245.

Type of Submission: New Submission
Category of Design: Fitting
Type of Design: Addition To Acc. Fitting
Manufacturer's Name: AEROSUN-TOLA EXPANSION JOINT CO LTD
Submitted by: AEROSUN-TOLA EXPANSION JOINT CO LTD
Invoice to be sent to: Manufacturer
Main Drawing #: SEE AB-41 SCOPE OF REGISTRATION
Surveyor Assigned: GREG BRANDON
Phone #: (780) 433-0281 ext 3386　**Fax #:** (780) 437-7787
E/Mail: brandon@absa.ca

Comments:
We have scheduled this review on priority service (10 working days), although we cannot promise the expedited review at this time due to the amount of submissions being received on expedited service. This is a first come first serve basis. Regular fee will be charged if we are unable to do a review on the rush basis.

***Please note: Effective immediately ABSA's Edmonton office operations has temporarily relocated to: Suite 101, 9119-82 Avenue, Edmonton, Alberta, Canada T6C 0Z4.
Our phone numbers will not change.
We expect to be at the temporary location until Spring of 2015. Thank you.

Important note for Manufacturer's outside of Canada:
CSA B51-09 *"Boiler, Pressure Vessel and Pressure Piping Code"* requires that Manufacturers located outside of Canada who manufacture and export boilers and pressure vessels to Canada shall hold an ASME Certificate of Authorization, and shall ensure that all boilers and pressure vessels exported to Canada are stamped with the appropriate ASME symbol, and are registered with the National Board.

ABSA
the pressure equipment safety authority

Celebrating 20 years 1995 – 2015

9410 - 20 Ave N.W.
Edmonton, Alberta, Canada T6N 0A4
Tel: (780) 437-9100 / Fax: (780) 437-7787

January 16, 2015

Attention: Liu Yong
AEROSUN-TOLA EXPANSION JOINT CO LTD
NO 199 JIANGJUN ROAD
JIANGNING, NANJING
JIANGSU,

The design submission, tracking number 2014-10245, originally received on December 11, 2014 was surveyed and accepted for registration as follows:

CRN : 0D12729.2　　**Accepted on:** January 16, 2015
Reg Type: Addition to Acc. Fitting　　**Expiry Date:** October 12, 2022
Drawing No. : SEE BELOW As Noted
Fitting type: EXPANSION JOINTS

The registration is conditional on your compliance with the following notes:

Longitudinal welds in SA-240 / ASTM A240 material for bellows shall be subjected to 100% radiography to justify the stated joint efficiency of 1.

For attachment of the RFSO flange shown on drawing A-2302843, the internal fillet weld shall be 6 mm minimum, and the external fillet weld shall be 9.8 mm minimum, in accordance with ASME B31.3-2012 Figure 328.5.2B.

This registration includes drawings A-2308742/A-2308724 Ver B, A-2302843 Ver B, A-2302832 Ver B, A-2302833 Ver B, A-2302834 Ver B, A-2308958 Ver B, A-2308919 Ver B, and A-2308944 Ver B.

This registration is valid only for fittings fabricated at the location(s) covered by the QC certificate attached to the accepted AB-41 Statutory Declaration form. This registration is valid only until the indicated expiry date only if the Manufacturer maintains a valid quality management system approved by an acceptable third-party agency until that date. Should the approval of the quality management system lapse before the expiry date indicated above, this registration shall become void.

An invoice covering survey and registration fees will be forwarded from our Revenue Accounts.

If you have any question don't hesitate to contact me by phone at (780) 433-0281 ext 3386 or fax (780) 437-7787 or e-mail brandon@absa.ca.

Sincerely,

BRANDON, GREG

图 1　设计注册确认表与注册成功表单

3.5　注册费用

注册费用的多少取决于产品的复杂程度与注册工程师花费的在产品注册上的时间。所以保证图纸及计算文件的正确性、减少填写注册表时的错误及疏漏,能够有效提高注册效率节约时间及成本。

3.5　发票及说明

支付完成注册费用后,ABSA 会根据本次注册,提供发票与说明书。说明书详细列举了注册费用的组成。

4　膨胀节的 CRN 认证存在的主要问题

4.1　语言

所有资料,包含图纸,计算文件,提交的注册表格,全部需要使用英语。

4.2　设计

4.2.1　许用应力

ASME 规定当设计温度低于蠕变温度时,许用应力为材料有效抗拉强度的 1/3.5 和最小屈服强度的

2/3 中的较小值。这与我国确定许用应力的方法不同。故在设计过程中应按照 ASME 标准选取许用应力。

4.2.2　焊接接头

ASME 规规范中，焊接接头系数取决于该焊接接头形式和无损检测程度，需要考虑不同接头型式的焊接接头系数。同时规范也允许降低接头系数免除无损检测要求，这在国标中是不允许的。

我国对钢制压力容器的无损检测以射线和超声检测为准，对铝制压力容器以射线检测为准；而 ASME 规范以射线检测为准，确实无法进行射线检测时允许用超声检测代之。

4.3　材料

国标材料与 ASME 材料不完全对应，在设计时应尽量避免使用非 ASME 材料。

4.4　设计文件

4.4.1　计算书

设计计算书可以采用 ASME 认可的软件程序计算，但在提交的时候还是要求手算验证，并提供完成的计算公式与出处。

除波纹管计算外，认证还需要提交所有承压承力构件及焊道的计算。

4.4.2　图纸

要注意国内图纸与北美标准差异，主要体现在一些细节(焊缝、尺寸标注等)。

最大的不同在于设计人员需要在图纸上标注焊接接头的位置。国内的设计文件一般三级签署，设计、校对、审核，但在 ASME 中，必须要有批准。

图纸如果出现变更，通常需要对图纸全部换版升级，其他所有文件需要同步变更。

4.5　其他

采用商业软件(如 PVElite)计算时，所取参数需符合 ASME 和本地惯例；

破坏试验需符合 ASME 试验程序和试验压力的要求；

5　结　语

执行 CRN 注册给膨胀节的设计、制造和检验等工作增加了许多难度，了解并熟悉 CRN 要求对膨胀节设计、制造等会有很大帮助。希望本文能为执行 CRN 认证的膨胀节的设计提供借鉴和参考。

参考文献

[1]林伟明．加拿大特种设备安全管理[M]．北京：中国计量出版社，2005：9－10.

[2]谭英培．锅炉的 PED 认证程序和要求[J]．商务认证，2009，(11)：34－35.

钢套钢保温管滑动支架隔热效果优化研究

张仲海　吴建伏　陈为柱
（航天晨光股份有限公司，江苏　南京　211100）

摘　要：滑动支架在热力管道中有着广泛的应用，但由于支架存在热桥效应，至使其散热损失严重。本文在分析传统支架热桥效应的基础上，提出了几点减小热桥效应的改进措施，并据此提出一种新的滑动支架技术方案，该方案不但结构简单、便于工程应用，而且热桥效应与传统支架相比有较为明显的减弱，具有良好的工程应用价值。

关键词：热力管道；滑动支架；热桥效应；

Improvement of heat insulation effect of sliding support for heat insulation pipe

Zhang Zhonghai　Wu Jianfu　Chen Weizhu
(Aero-sun Co. ,Ltd. ,Nanjing,Jiangsu,211100)

Abstract: The sliding bracket in the heat pipe is widely used, but due to the thermal bridge effect exists in support, to make the heat loss serious. Based on the analysis of the traditional support of thermal bridge effect, the improvement measures for reducing thermal bridge effect is put forward in this paper, and a new sliding support technical scheme is proposed accordingly, the scheme not only has the advantages of simple structure, easy to engineering application, and thermal bridge effect with traditional support compared to a relatively weakened obviously, it has certain engineering application value.

Keywords: Heat insulation pipe; Sliding bracket; Thermal bridge effect;

1　概述

近几年来，城市热力管网发展迅速，尤其是直埋管道敷设技术更是得到了广泛的应用。目前，我国正处于高速发展时期，而能源紧张却制约了经济的发展，因此节能减排已成为我国的长期基本国策。由于供热行业是用能大户，因而也是节能减排的重点对象。近些年来，国内外学者在直埋供热管道保温技术和固定墩结构优化技术做了大量的研究，得出了很多有价值的成果，为供热系统的低能耗、稳定运行做出了贡献[1-4]。

根据《城市热力网设计规范》的规定，管道支架散热是按照管道总的散热量乘以“散热损失附加系数”

的方法进行计算的。从规程规定的数据看，由支座、补偿器和其他附件产生的热损失的“散热损失附加系数”取 0.15～0.20，当附件保温较好、管径较大时，取较小值，当附件保温较差、管径较小时，取较大值。可见，支架的散热损失占管道总热损的比例很大，支架的散热损失之所以很大，是因为支架处存在热桥，导致整个供热管网系统散热损失巨大。对于直埋钢套钢保温管网系统来说，管道的外保温系统已经在广泛研究和优化的过程中日趋完善，有效地降低了整个供热管网系统的热量损失。鉴于此，对于保温措施完善的直埋供热管网系统来说，支架处的散热损失量在整个供热管网热量中所占的比例就更大。对于直埋保温管网而言，管网里分布着大量滑动支架，为了降低供热管网的输送热损失，进一步提高整个供热管网的输送效率，有必要对钢套钢保温管的滑动支架处的热桥效应进行研究，对影响支架处的热桥效应的因素进行分析，寻找既能有效降低支架的热桥效应又能满足整个供热管网系统稳定性的滑动支架新方案。

2　传统支架散热损失分析

2.1　传统支架的热桥效应

热力管道支架的散热损失之所以如此严重，是因为支架处存在热桥效应[5]。所谓热桥效应，即热传导的物理效应，由于热力管道支架是由钢支架和保温材料构成，而钢的导热系数是保温材料（以微孔硅酸钙或玻璃棉为例）导热系数的1500倍左右，由于热流有“趋利避害”的特性，驱使热量大量的从支架处散失，导致支架处的热流密度加大，温度场相应的发生变化，于是就产生了热桥效应。为了降低供热管网的输送热损失，特别是支架处的热损失，进一步提高整个供热管网系统的输送效率，我们有必要对供热管网支架处的热桥效应进行研究，对影响支架处的热桥效应的因素进行分析，寻找既能有效降低支架处的热桥效应又能满足支承性能的热力管道隔热支架新方案。

本文将以热力管道滑动支架为研究对象来探讨支架的热桥效应并提出改进措施，进而提出一种新型的高效隔热滑动支架方案。在目前的工程应用中，基本都采用如图 1 所示的滑动支架方案，这种传统滑动支架是由管夹和支腿组成，其中支腿由两块支撑板和滚轮组成。

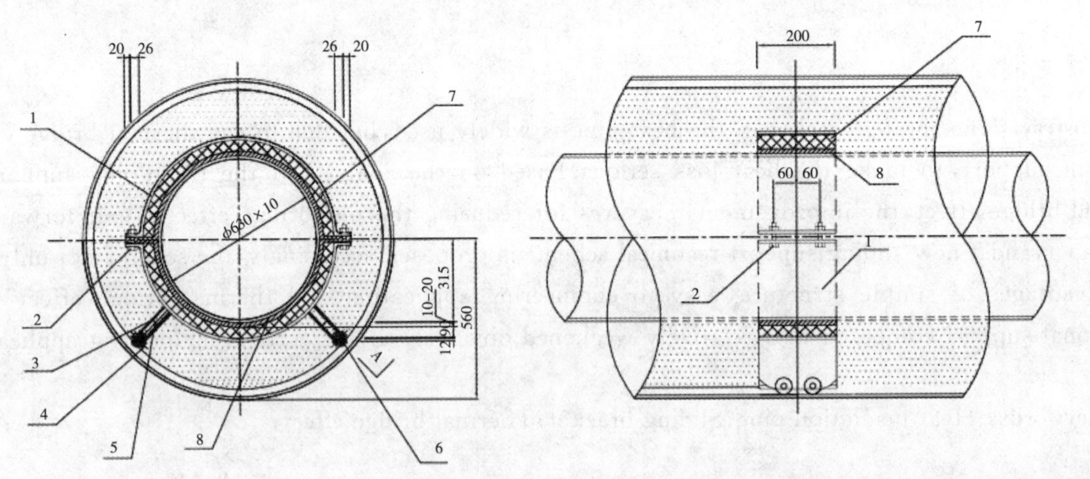

图中，1为管夹，2为带帽螺栓，3为支撑板，4为带帽螺栓，5为肋板，6为钢板滚柱，7为隔热瓦块，8为软质隔热层。

图 1　传统支架结构图

现利用 ANSYS 软件中的 Steady-State Thermal 模块来对以上的传统支架结构进行热分析，来说明传统支架的热桥效应。分析模型如图 2 所示，支架置于外套钢管上，支架周围包覆玻璃棉保温材料，两块支撑板间为空气层，玻璃棉与外套管之间留有一定间隙的空气层。热载荷施加情况如下：在管夹内侧表面上施加 200℃的温度载荷，在外套管上施加温度为 22℃、换热系数为 11.63 的空气对流载荷。经计算得出如图 3 所示的温度分布云图，从图上可以很明显地看出，在远离支架的保温材料处，温度分布均匀，而在支架处高温区沿着支架的支撑板向下扩散，而且支架处末端的温度远远高于远离支架的保温材料末端的温度，由此分析可以看出传统支架热桥效应明显，从而导致其热损失过大，既不利于节约能源，也会对外套管上的防腐层造成伤害，因此有必要研究支架结构，以期降低支架处的热桥效应，提高支架的防隔热性能。

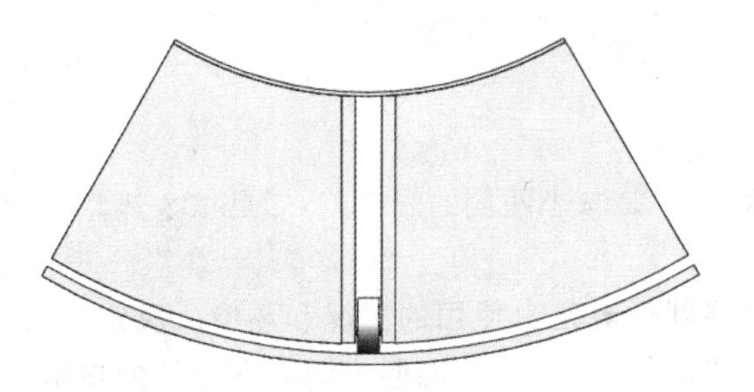

图 2　传统支架热桥分析模型

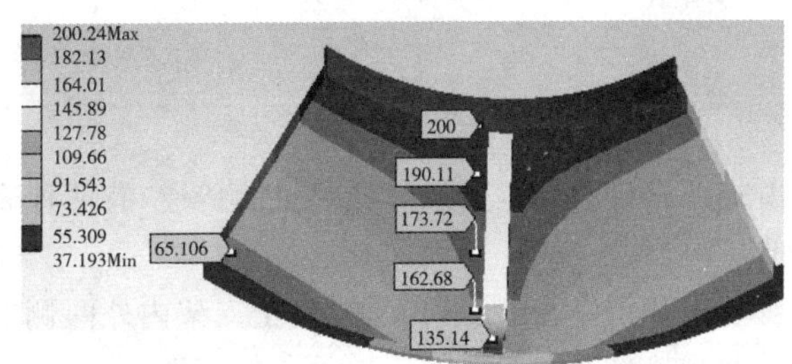

图 3　传统支架温度分布云图

2.2　降低支架热桥效应的几点措施

钢套钢保温管滑动支架中的热桥效应，也是热传导的物理效应。它的形成是因为支架的刚性连接处的导热系数比起周围与之接触的材料有较好的热传导性，导致此处的热流密度加大，温度场相应的发生变化。传统的钢套钢保温管滑动支架如图 2 所示，其主体部分是由两块支撑板组成，为简化分析并根据传热学理论，可将传统支架的导热问题视为平壁导热。

已知平壁的两个表面分别维持均匀而恒定的温度 t_1 和 t_2，壁厚为 δ，导热系数为 λ。无内热源的一维稳态导热微分方程式为

$$d^2t/dx^2=0 \tag{1}$$

是求解温度分布的出发点。对此微分方程式连续积分两次，得其通解为 $t=c_1x+c_2$，式中 c_1 和 c_2 为积分常数，可解得温度分布为

$$t=\frac{t_2-t_1}{\delta}x+t_1 \tag{2}$$

由于 δ、t_1、t_2 都是定值，所以温度成线性分布。换句话说，温度分布曲线的斜率是常量，即

$$\frac{dt}{dx}=\frac{t_2-t_1}{\delta} \tag{3}$$

将该式代入傅里叶定律式 $q=-\lambda\frac{dt}{dx}$，即可得

$$q=\frac{\lambda(t_1-t_2)}{\delta}=\frac{\lambda}{\delta}\Delta t \tag{4}$$

对于表面积为 A，且两侧表面各自维持均匀温度的平板，则有

$$\Phi=A\frac{\lambda}{\delta}\Delta t \tag{5}$$

热量传递是自然界中的一种转移过程，与自然界中的其他转移过程，如电量的转移有类似之处。各种转移过程的共同规律性可归结为

$$\text{过程中的转移量}=\text{过程的动力}/\text{过程的阻力} \tag{6}$$

在平板导热中，可将(5)式写成(6)的形式，即：

$$\Phi=\frac{\Delta t}{\frac{\delta}{A\lambda}} \tag{7}$$

式中：热流量 Φ 为导热过程的转移量；温差 Δt 为转移过程的动力；分母 $\delta/(A\lambda)$ 为转移过程的阻力，也即为热阻 R，

$$R=\frac{\delta}{A\lambda} \tag{8}$$

由式(7)可以得出，要想降低热量的传递，有两种途径：一是减小两侧的温度差，二是增大热量传递过程中的热阻。

对于钢套钢保温管滑动支架，由于支架内外两侧的温度一般是由使用的工况和环境所决定，所以为了有效减小热量通过支架的传导而向外流失，即降低支架的热桥效应，只能通过增大支架处的热阻来解决。通过式(8)可分析得出，可通以下 3 种途径降低支架热桥效应：

(1)增大 δ，即增加支架的有效长度，以延长热量的传输路径；

(2)减小 A，即减小支架的横截面积或支架两侧与其他表面的接触面积；

(3)减小 λ，即减小支架材料的导热系数。

3　新型高效隔热支架

3.1　新型高效隔热支架技术方案

为了解决供热管道滑动支架热桥效应的问题，本文在充分利用 1.2 节中降低热桥效应的措施，提出了一种新型高效隔热支架方案，该支架结构如图 4 所示，由梅花型支架和与之配套的内衬筒构成。所谓梅花型支架是由若干个依次相连的、朝向相反的整圈曲面波所组成，其基本构成单元的横截面图如图 5 所示，由波 a 和波 b 组成，波 a 和波 b 开口相反，其中波 a 的开口朝向基圆 d 的圆心，波 b 的开口背向基圆 d 的圆心，并且波 a 和波 b 在 c 点处光滑连接。波 a、波 b 的波形可为圆弧、椭圆弧、三角形、抛物线、正弦波等等，例如，图 5 中的支架波形为半圆弧，图 6 中左图 401 的支架波形为正弦波，右图 402 的支架波形为三角形。

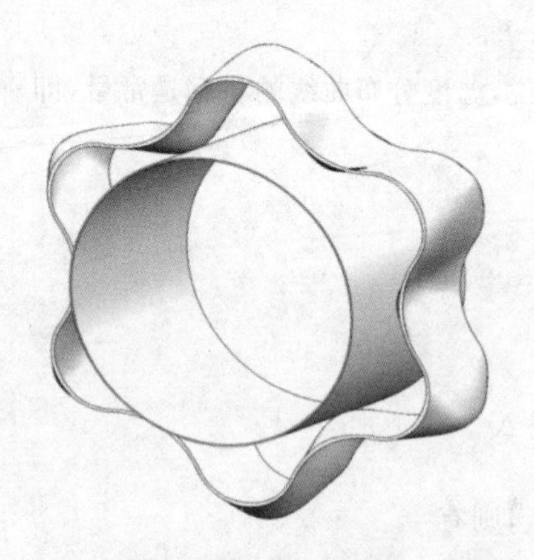

图 4　新型支架三维图

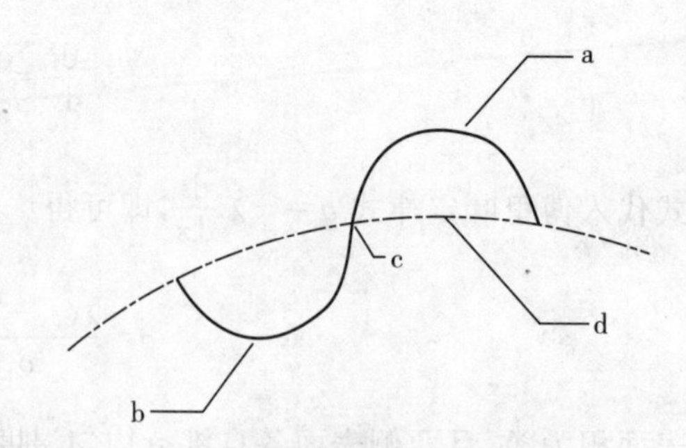

图 5　新型支架波形基本构成单元

由于这种新结构所固有的特性，与传统支架相比，其具有如下几点优势与改进：

(1)梅花型支架是由若干个依次相连的、朝向相反的曲面波而组成的一种新型结构，该结构使得支架的内、外侧与其相邻物体的接触形式均为点接触，与传统支架相比，接触面积变小。

(2)因为梅花型支架的特殊曲面结构，支架内外侧两接触点间的热量传递路径变长；

(3)梅花型支架是由一系列沿圆周方向均匀分布的曲面波组成，其在结构上不具有方向性，因此便于成形、运输和安装。

(4)由于梅花型支架结构的独特性,其环境适应能力很强,通过适当的选取波形、波高、波数等参数,可将其直接安装在很薄的空气层中。

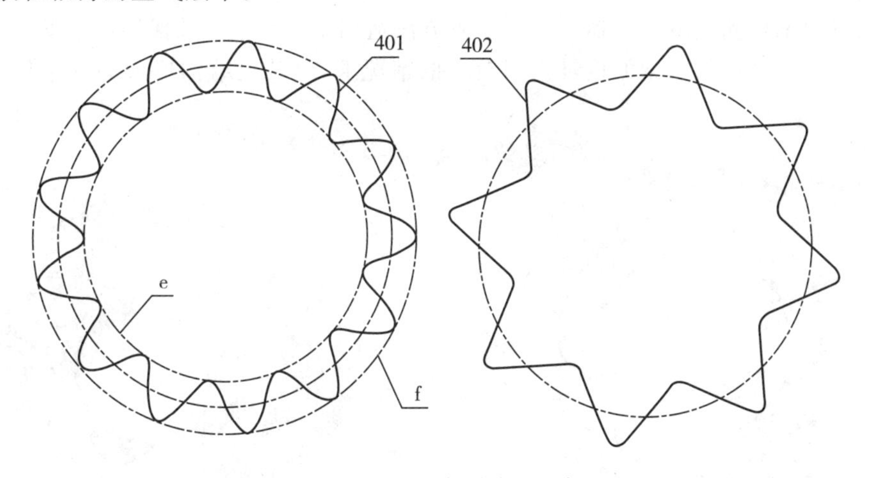

图6 正弦形、三角形波形示意图

3.2 新型支架隔热效果的分析与对比

现利用ANSYS软件中的Steady-State Thermal模块来对所提出的新型支架结构进行热分析,比较新型结构与传统结构的热桥效应。在这次对比分析中,传统支架使用1.1节中的数据,为了使对比分析更具可比性,新型支架中的内衬筒和外套管的尺寸均与传统支架一致,且在支架内、外侧分别填满玻璃棉保温材料,即两种方案中支架所处的布置环境一致,另外,新型支架上的载荷施加情况也与传统支架一致,即在内衬筒内侧施加200℃的温度载荷,在外套管上施加温度为22℃、换热系数为11.63的空气对流载荷。经计算得出新型支架的温度分布云图如图9所示,将之与传统支架并列放置进行对比如下。从图9中可以看到,新型支架处虽也有高温区向下扩散的情况,但扩散幅度明显小于传统支架,而且新型支架末端的温度为111.44℃,比传统支架末端的135.14℃小了近24℃。由此可见,与传统支架相比,从防隔热角度看,本文中所提出的新型支架方案能可靠地降低热力管道支架的热桥效应,具有更好的防隔热性能。

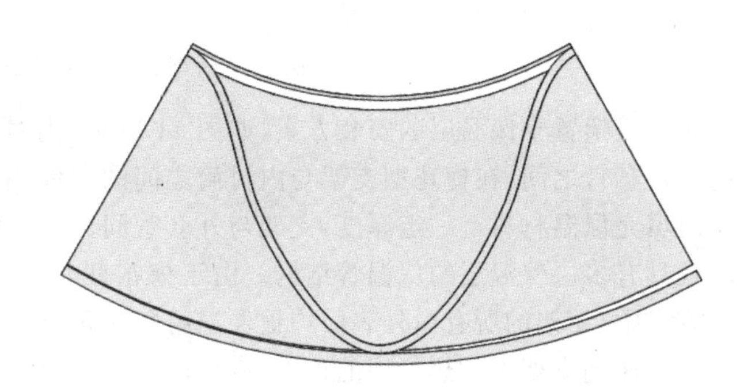

图7 新型支架有限元分析模型

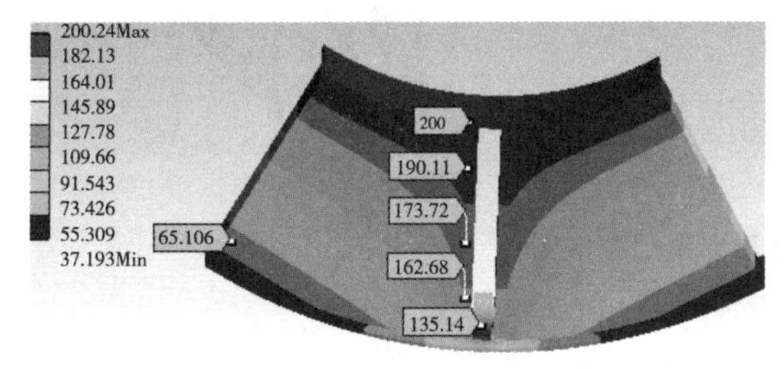

图8 传统支架温度分布云图

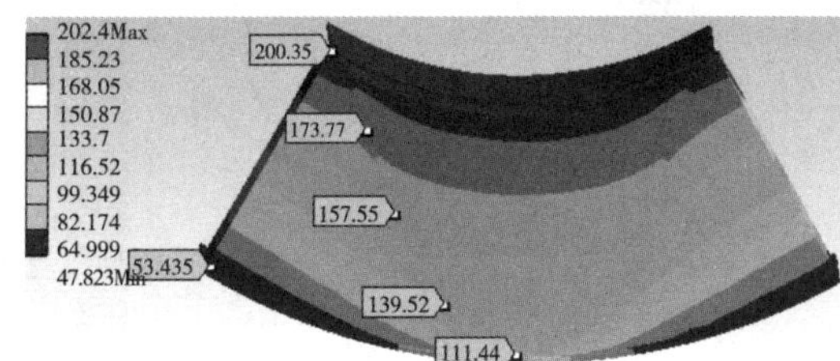

图9 新型支架温度分布云图

4 新型隔热支架的工程应用

由于梅花型支架结构的独特性,其环境适应能力很强,通过适当的选取波形、波高、波数等参数,可将其直接安装在很薄的空气层中,也可像传统支架一样置于保温层中。对于支架置于空气层的安装方案如

图 10 所示，内衬筒套在工作管的保温层上，梅花型支架置于内衬筒和外套管之间，梅花型支架完全处于空气层当中。这种结构可以在有效降低支架热桥效应的同时起到空气层隔热、排潮等作用，也可以很方便地在支架里设置泄漏检测线或传感器。这种布置方法适用于口径较小或保温层厚度不大的保温管，尤其是对于小口径管道或者可供支架的设计空间较小的情况下，与其他结构形式的支架相比，具有不可替代的优势。

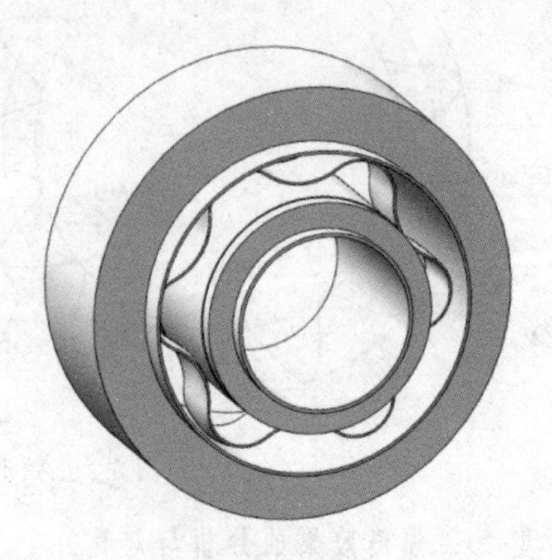

图 10 新型支架直接置于空气层布置图

对于支架置于保温层的安装方案，如图 11 所示，内衬筒套在工作管的保温层上，梅花型支架置于内衬筒和外套管之间，在梅花型支架与内衬筒之间的空间内填满保温材料，在梅花型支架与外套管之间的空间内填充保温材料至一定厚度，支架与外套管间留有一定厚度的空气层。这种布置方式适用于保温层较厚且具有多层保温层的保温管结构。由于梅花型支架具有多个波纹，其本身的表面积比较大，在这种布置方式中，支架的所有内外表面均被保温材料所包裹，当热量在支架内部传递的过程中，从内层硬质保温层上传递到支架上的热量中的很大一部分会耗散在软质保温层中，最终通过支架传递到外套管上的热量会显著减少，因此按此种方式使用本发明的新型支架能在很大程度上降低支架的热桥效应，节能能源，并有效降低成本。

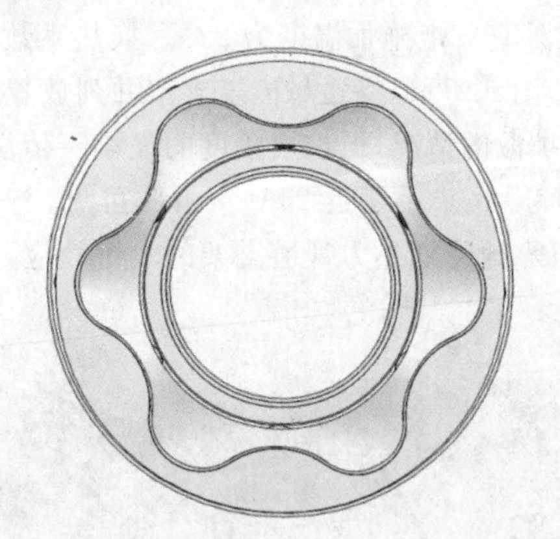
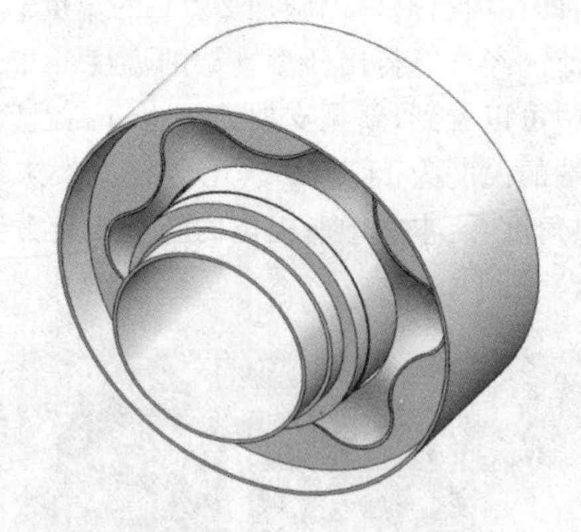

图 11 新型支架置于保温层布置图

5 结 论

传统钢套钢保温管滑动支架的热桥效应显著，支架的散热损失过大，不利于节约能源。本文提出的新型钢套钢保温管滑动支架与传统支架相比，结构简单、安装和运输方便、应用环境多样，能有效减小支架处的热桥效应，实现高效隔热、节约能源，具有良好的工程应用前景。

参考文献

[1]温小波．浅析直埋供热管道散热损失[J]. 山西建筑,2010,26(15):187—188.

[2]樊洪明,史守峡．地下直埋管道的温度场分析[J]. 哈尔滨工业大学学报,1999,32(5):60—65.

[3]吴国忠,陈超．埋地管道传热数值模拟网格划分方法[J]. 大庆石油学院学报．2005,29(2):82—84.

[4]莫理京,马家滋．直埋蒸汽管道保温层外表面温度的探讨[J]. 煤气与热力,2000(05):178—180、183.

[5]杨春光,高霞．真空绝热板中的热桥效应及其优化措施[J]. 真空,2010,47(3):18—82.

作者简介

张仲海,男,工程师,主要从事管道系统的研发工作,通信地址:江苏省南京市江宁区天元中路188号航天晨光股份有限公司研究院,pc:211100,E-mail:zzh368@163.co

小机排汽管道的系统设计与讨论

周海龙　王文刚　梁　薇　于松波　谢　月
（南京晨光东螺波纹管有限公司，江苏　南京，211153）

摘　要：本文主要是对未知具体机组大小的配套小机排汽管道，利用理论知识与CAESARⅡ应力分析软件，从初步管径选择，到最终应力分析与压力损失计算进行系统的设计与讨论。以减少项目协调次数，缩短协调沟通周期，以为客户提供更便捷更可靠的服务，以便争取更多系统整包工程。

关键词：CAESARⅡ；小机排气管；应力分析；系统整包

IDesign and Discussion of the BFPT Exhaust Pipeline System

Zhou Hailong　Wang Wengang　Liang Wei　Yu Songbo　Xie Yue
（Aerosun-Tola Expansion Joint Co. Ltd.，Nanjing，Jiangsu 211153）

Abstract：The paper design and discusses from the initial diameter selection，to the final stress analysis and the pressure loss calculation for the unknown unit size BFPT exhaust pipeline，with the help of the theoretical knowledge and CAESAR Ⅱ stress analysis software. In order to reduce project coordination number，shortening the period of communication，that provide more convenient and more reliable service，so as to strive for more systems engineering project.

Keywords：CAESARⅡ；BFPT exhaust pipeline；Stress analysis；systems engineering project

1　前　言

随着我国电力事业的不断发展，小机排气管道的设计技术已渐趋于成熟。就现有的市场需求而已，已经形成了单一的膨胀节采购到整体排汽管道的整体采购的转变。但整体管道的前期布局与设计仍需各大设计院协助完成，但就具体的膨胀节设计而已，膨胀节制造厂家的理论知识水平相对于设计院而已是有相对的优势的。这很大程度上增加了最终业主的协调工作量，给实际采购过程增加了很多不必要的麻烦。根据近两年来日常的工作协调经验，更多的业主希望膨胀节制造商能够更多更早的介入到整个排气管道的设计过程，承担更多的设计任务，以减少协调沟通过程，以促使项目更快更早的完成，缩短协调周期。本文将针对一未知具体机组大小的配套小机排气管道进行系统设计与讨论。

2　管径的确定

管径应根据流体的流量、性质、流速及管道允许的压力损失等确定。对于大直径的厚壁合金钢等管道管径的确定，应进行建设费用和运行费用方面的经济比较。

2.1　管径计算方式

2.1.1　设定平均流速并按下式初步计算管道内径，再根据工程设计规定的管子系列调整为实际内径。最后复核实际平均流速。

$$D_i = 0.0188\,[W_0/\nu\rho]^{0.5} \tag{2-1}$$

式中

D_i——管子内径(m)；

W_0——质量流量(kg/h)；

ν——平均流速(m/s)；

ρ——流体密度(kg/m^3)。

以实际的管子内径 D_i 与平均流速 ν 核算管道的压力损失，确认选用管径为可行。如压力损失不满足要求时，应重新计算。

2.1.2　设定每 100m 管长的压力降时，可按照下式初步计算管道内径，再根据工程设计规定的管子系列调整为实际内径，最后复核实际每 100m 压力降。

$$D_i = 0.0188[W_0/\upsilon\rho]^{0.5} \tag{2-2}$$

式中

μ——流体的运动粘度(mm^2/s)；

ΔP_{100}——每 100m 允许压力降(kPa)。

当管道的走向，长度，阀门和管件的设置情况确定后，应计算管道的阻力，据此以确定最终管径。

3　管道压力降理论分析

在一般的压力下，压力对于液体密度的影响很小，即使在高达 35MPa 的压力下，密度的增大值仍然很小，因此，液体可以视为不可压缩流体。气体密度随压力的变化而变化，属于可压缩流体范畴，但当汽体管道进出口端的压差小于进口段压力的 20%时，仍可近似的按不可压缩流体计算，其误差在工程允许范围之内。此时，汽体密度可按以下不同情况取值：当管道进出端的压差小于进口压力 10%时，可取进口或出口段的密度；当管道进出口端的压差为 10%～20%时，应取进出口平均压力下的密度。当气体管道进出口端的压差大于进口端压力 20%时，应按可压缩流体计算。

3.1　确定流体的流动状态

流动状态可用流体的雷诺 Re 表示，雷诺数可用式 3－1 计算

$$Re = \frac{di' u\rho}{\mu_a} \tag{3-1}$$

式中

Re——雷诺数；

di'——管内径，mm；

u——流速，m/s；

ρ——流体密度，kg/m^3；

μ_a——流体动力粘度，mPa·s。

3.1.1　当雷诺数≤2000 时，流体的流动处在滞留状态，管道的阻力只与雷诺数有关。

3.1.2　当雷诺数为 2000～4000 时，流体的流动处在临界区，或是滞流或是湍流，管道的阻力还不能做出确切的关联。

3.1.3　当雷诺数符合式 3－2 判断式时

$$4000 \leqslant Re < 396\left(\frac{di'}{\varepsilon}\right)\lg\left(3.7\,\frac{di'}{\varepsilon}\right) \tag{3-2}$$

式中

ε——管壁的绝对粗糙度，mm；

ε/di'——管壁的相对粗糙度。

此时，流动状态虽为湍流（过渡区），但管道的阻力是雷诺数和相对粗糙度的函数。

3.1.4　当雷诺数符合式3-3判断式时

$$Re \geqslant 396\left(\frac{di'}{\varepsilon}\right)\lg\left(3.7\frac{di'}{\varepsilon}\right) \tag{3-3}$$

此时，流动状态处于粗糙管湍流区（完全湍流区），管道的阻力仅是管壁的相对粗糙度的函数。

3.2　管道压力降

流体在管道中流动时的压力降可分为直管压力降和局部障碍所产生的压力降。局部障碍系指管道中的管件、阀门、流量计等。

$$\Delta p_p = \Delta p_f + \Delta p_t \tag{3-4}$$

式中

Δp_p——管道压力降，kPa；

Δp_f——直管压力降，kPa；

Δp_t——局部压力降，kPa.

考虑到估计的直管长度和管件数量的不准确性，计算出的 Δp_p 应乘以1.15安全系数作为设计值。

3.2.1　直管压力降可按公式4-5计算

$$\Delta p_f = \lambda\frac{L}{di'}\frac{\rho u^2}{2} \tag{4-5}$$

式中

L——直管长度，m；

di'——直管内径，mm；

λ——摩擦系数；

其他符合同前。

3.2.2　局部阻力系数法，可按公式4-6计算

$$\Delta p_t = \sum k\left(\frac{\rho u^2}{2}\right)\times 10^{-3} \tag{4-6}$$

式中，k—— 每个管件、阀门等的阻力系数。

4　管道应力分析软件CAESAR Ⅱ 简介

我们在小机排汽管道设计中经常用使用到的CAESARⅡ 功能模块如下：

4.1　输入与建模

* 平行式图形输入，使用户可边输入边直观查看模型（单线、线框、实体图）；
* 丰富的约束型式，对边界条件提供最广泛的支撑型式；
* 阀门库、补偿器库、弹簧库和法兰库，并且允许用户扩展自己的模型库；
* 交互式的清单编辑输入格式；
* 用户控制和选择的程序执行方式；
* 可选择的补偿器建模方式；
* 冷弹簧单元；
* 弯头，三通应力强度因子（SIF）的计算和库。

4.2 静态分析

* 通常可使用 CAESAR Ⅱ 推荐的载荷工况，对于特殊情况，用户自定义载荷工况；
* 热弯曲；
* 弹簧设计选项。

4.3 输出输入能力

CAESAR Ⅱ 输出报告包括如下：输出方式提供灵活的互动方式，用户可选择各载荷工况下的计算结果，并可用输出图像方式显示变形、力、弯矩，应力和振动的，以及动画视频。用户需要看哪一部分就可选择相应部分的输出结果。

5 小机排气管道的系统设计过程简介

根据我公司多年的设计经验得出，对于小机排气管道而已，最终业主及设计院所需要解决的问题主要有三点：

(1) 排气管道的设计能够满足正常主机排气量的需求；

(2) 排气管道的布置所产生的压力损失能尽可能的小，以达到节约能耗最大需求；

(3) 排缸口与凝汽器接口受力能满足各设备的接口受力需求。

所以整个排汽管道的设计计算均是围绕客户所关心的这三个问题而展开，根据现有的常规的协调过程，一般由设计院根据客户所提供的要求，而前期预先进行管线管径的选择，而根据现场的工程布置图，初步进行管道走向及支吊架位置布局。并根据膨胀节厂家的样本进行膨胀节选择，并进行简单的应力校核。后转交给各膨胀节制造厂商进行膨胀节的校对审核，若膨胀节制造商对于膨胀节的设计参数及各性能参数无异议，则结束协调过程，继而进行排汽管道的生产采购。

对于常规的机组按照以上的设计协调流程是完全可以的，但是若涉及新的机组，尤其是国外项目的机组，由于国外项目缺乏设计院的前期协调沟通，会增加膨胀节制造商家的设计协调难度，这也是导致国际项目订单极少的原因。为了更好的进入国际市场，这就需要我们膨胀节制造商能更多地承担起以往设计院承担的任务与工作量。

根据我公司近两年来接手的国际项目，总体的设计协调过程如下图 1 所示。

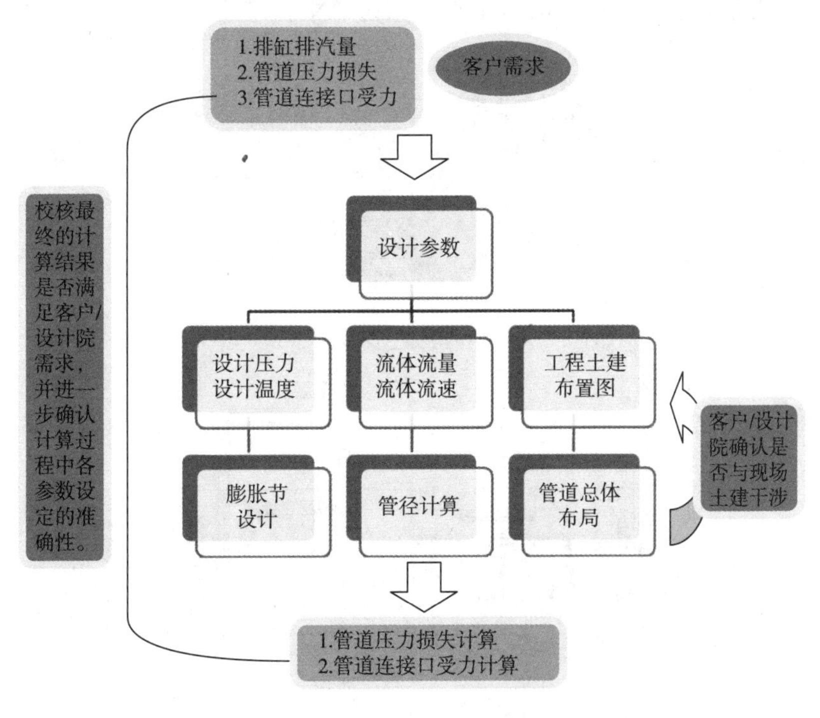

图 1 设计流程图

客户／设计院确认是否与现场土建干涉；

校核最终的计算结果是否满足客户／设计院需求，并进一步确认计算过程中各参数设定的准确性。

6　小机排气管道的系统设计实例简介

6.1　小机排气管道的设计参数与要求

6.1.1　小机排汽管主要工作参数

设计温度：150℃；设计压力：－0.1MPa（全真空），0.25MPa；

介质：蒸汽；管道材料：Q235－B；

波纹管及导流筒材料：SUS304；蒸汽密度：$\rho=0.046\mathrm{kg/m^3}$；

流体动力粘度：$\mu_a=14.2\mathrm{mPa\cdot s}$；流量：$Q=55\mathrm{t/h}$；

流速：$u=110-120\mathrm{m/s}$；压力降：$\Delta P\leqslant15\%\mathrm{P}$；

排汽压力：$P=6.2\mathrm{kPa}$.。

6.1.2　设备口附加位移及载荷要求

（1）排汽口布置管口附加位移，见表1（单位：mm）

表1　单排汽口布置管口附加位移

	X	Y	Z
小机排汽口	1.0	3.0	－3.0
凝汽器接口	2.0	3.0	－3.0

（2）排汽口受力要求

凝汽器接口　$F_X\leqslant5000\mathrm{N}$；$Fy\leqslant20000\mathrm{N}$；$Fz\leqslant5000\mathrm{N}$

$M_X\leqslant5000\mathrm{N.m}$；$My\leqslant30000\mathrm{N.m}$；$Mz\leqslant30000\mathrm{N.m}$

汽轮机接口　$F_X\leqslant5000\mathrm{N}$；$Fy\leqslant20000\mathrm{N}$；$Fz\leqslant5000\mathrm{N}$

$M_X\leqslant5000\mathrm{N.m}$；$My\leqslant30000\mathrm{N.m}$；$Mz\leqslant30000\mathrm{N.m}$

两接口合力与合力矩要求：$F_R\leqslant20000\mathrm{N}$；$M_R\leqslant30000\mathrm{N.m}$

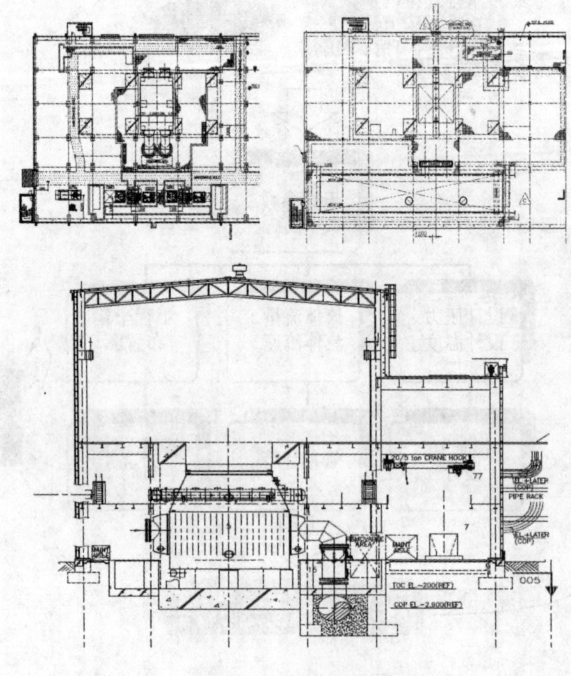

图2　工程土建平面图

6.2.3 工程土建平面图

6.2 小机排汽管道的设计与建模

6.2.1 小机排汽管管径计算

由于客户提出的介质平均流速要求为 $u=110-120\text{m/s}$，介质流量流量：$Q=55\text{t/h}$。

可根据管径计算方法一，计算得出排管内径 $1876\text{mm}\leqslant D_i\leqslant1960\text{mm}$。从经济角度，初步选择管子内径为1900mm。根据强度计算，接管壁厚10mm。

6.2.2 排汽管道方案设计

根据现场工程土建平面图，并与业主沟通，可初步设计排汽管道布置方案如图3排汽管道布置图。

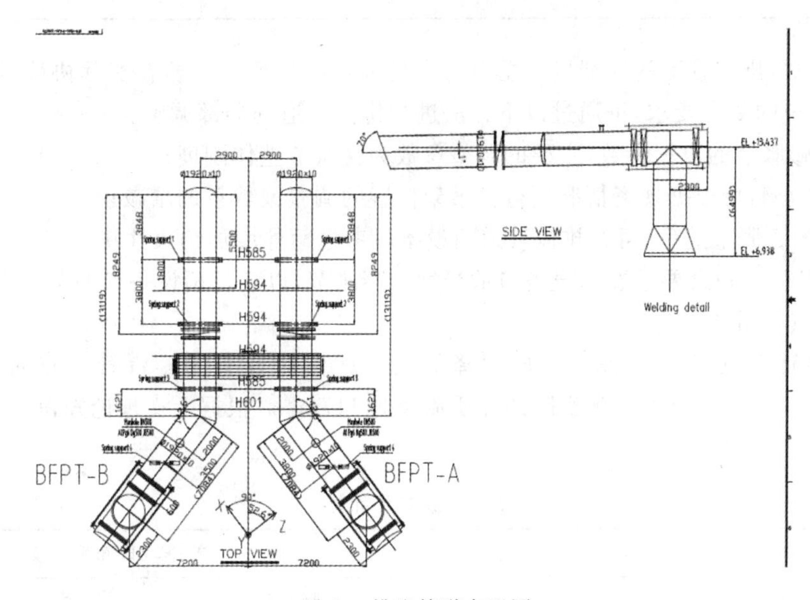

图3 排汽管道布置图

6.2.3 排汽管道建模

根据管道布局，及接口热位移状况，该排汽管道选用曲管压力平衡型补偿器，并根据排汽管道设计温度，设计压力，设计位移，进行膨胀节的选型与计算。

应用CAESAR Ⅱ，建立管道模型如图4排汽管道模型。并根据客户所提的设计要求，进行模型参数设置。

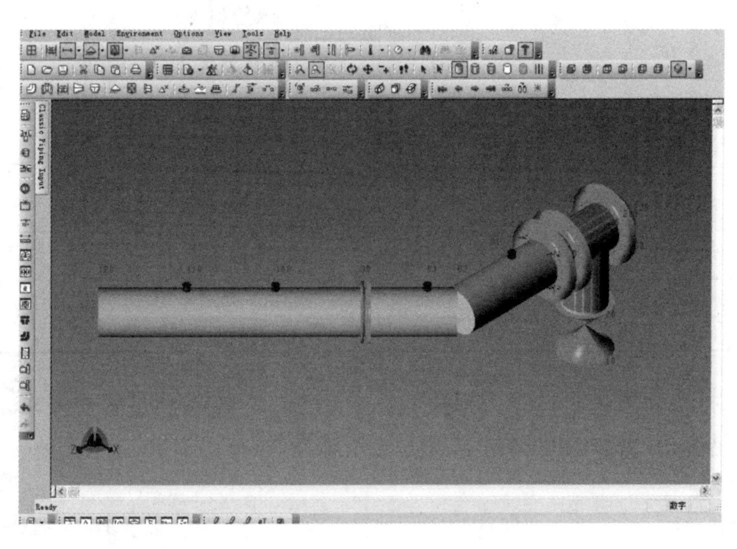

图4 排汽管道模型

6.3　小机排汽管道的管口应力分析

根据 CAESAR Ⅱ 所建模型进行应力分析，所得结果如下，见表 2：

表 2　模型应力结果

	F_x(N)	F_y(N)	F_z(N)	F_R(N)	M_x(N.m)	M_y(N.m)	M_z(N.m)	M_R(N.m)
汽轮机器接口（节点 10）	－3200	－2920	1745	4670	－2892	－4204	－16626	17392
凝汽器接口（节点 120）	3200	－18714	－1745	19066	599	－26779	－11580	29181

从表中结果可知，排汽管道的两端接口受力均满足客户所提要求。若在实际协调过程中，管道的热力结果无法满足客户的受力要求，可通过以下方法进行排汽管道的局部调整。

(1) 通过调整膨胀节的数据参数，主要的调整参数为膨胀节整体刚度；

(2) 支吊架的微调，可根据现场情况进行支吊架位置的调整或数量的增减；

(3) 排汽管道的膨胀节选型，可在排汽管道两设备口考虑额外增加约束性膨胀节，调整整个管线的受力布局。遇特殊情况，客户会要求在两设备口适当增加膨胀节，以满足两设备口的震动需求。

6.4　小机排汽管道压力损失计

压力损失主要体现在管道的进出口压力降的大小。针对现有的排汽管道布局，排汽管道内径 1900mm，可根据公式 2－1，反推得到实际的介质流速为 117m/s. 根据上文理论知识，压力降计算如表 3 压力降计算：

表 3　压力降计算

		单排汽口布置方案	
雷诺数 $Re=\frac{di'u\rho}{\mu_a}$		竖直管道	水平管道
		720	720
流体的流动状态		滞流状态	
直管压力降 $\Delta p_f=\lambda\frac{L}{di'}\frac{\rho u^2}{2}$	竖直管道压力降	0.021	
	水平管道压力降	0.051	
局部压力降 $\Delta p_t=\sum k\left(\frac{\rho u^2}{2}\right)\times10^{-3}$		入管口 k	0.25
		突然增大 k	0
		标准三通管 k	1
		蝶阀 k	0
		出管口 k	1
		局部压力降 Δp_t	0.346
管道总的压力降 $\Delta p_p=\Delta p_f+\Delta p_t$		0.418	

由理论计算得出，排汽管道进出口压力损失我 6.7%P ≤ 15%P，满足客户要求。

若最终结果不满足客户的需求，可通过以下方法调整参数：

(1) 增加管道的口径

(2) 降低介质流速。

(3) 减少管道走向中的局部阻力降点，以减小局部压力降

7 结论

根据以上理论与实例分析计算结构可以得知，客户所提的三点要求，初步设计的方案布局是完全可行的。进一步验证了在计算过程中的初步设定值完全是符合要求的。

综上所述，最终结果的正确性完全验证了整个设计方案的可行性及可靠性。在整个设计过程中，除总体布局的布置及最终设计结果需要客户验证确认外，其他的设计均无须与客户协调沟通，极大地减少了沟通协调次数，并最大限度地缩短了沟通协调过程。整个方案的设计套餐为以后的商务方面能够更多的接手系统整包项目提供了理论设计基础。

随着国内经济的飞速发展，更多的中国公司在逐渐走向世界，为了更进一步的服务于国外公司，需要的是我们国内公司能够提供更多更便捷的服务与更实际更经济的产品。

参考文献

[1] GB/T 12777－2008，金属波纹管膨胀节通用技术条件[S]. 中华人民共和国国家质量监督检验检疫总局，2008

[2] 张德姜. 石油化工装置工艺管道安装设计手册[M]. 北京：中国石化出版社，2000

[3] CAESAR Ⅱ 操作手册[M]. 北京艾思弗计算机软件技术有限公司，2001

[4] GB50316－2008，工业金属管道设计规范，国家质量技术监督局与中华人民共和国建设部，2008

作者简介

周海龙，(1988—)，男，南京晨光东螺波纹管有限公司设计师，从事波纹膨胀节的设计、研究工作。通讯地址：南京市江宁开发区将军大道199号，南京晨光东螺波纹管有限公司，邮编：211153

联系方式：电话：025－52826563，Email：zhouhailong@aerosun－tola. com

600MW 给水泵汽轮机排汽管应力分析

蔺百锋
（航天晨光股份有限公司，南京　211100）

摘　要：针对曲管压力平衡型膨胀节应用于火电厂给水泵汽轮机排汽管道遇到的一些问题反馈，本文利用 CAESAR Ⅱ管道应力分析软件对排汽管道进行了精确建模分析，较好地解决了存在的问题，总结出了降低排汽口和凝汽器口部受力的方法。

关键词：波纹管膨胀节；给水泵汽轮机；排气管道；冲转；管道应力

IStress Analysis of Bellows Expansion Joint for 600MW Small Turbine Exhaust Steam Pipe

Lin Baifeng
Aerosun Co.，Ltd. Nanjing　211100

Abstract：Using CAESAR Ⅱ make precise modeling analysis，this paper well solves the existing problems that universal pressure balanced expansion joints used in the feed pump turbine exhaust steam pipe of coal-fired power plant，and concludes useful methods to lower the force and moment of exhaust port and condenser nozzle.

Keywords：bellows expansion joint，feed pump turbine，exhaust steam pipe，flush，pipe stress

1　引　言

火电厂的给水泵汽轮机（简称小汽机）与凝汽器之间的排汽管道，管径大、距离短，加之为保证设备正常运转，小汽机出口及凝汽器入口均有严格的力和力矩要求，自然补偿无法满足要求，所以必须设置膨胀节，用以吸收管道自身热膨胀以及小汽机出口与凝汽器入口的附加初始位移，又不能产生较大的反力。曲管压力平衡型膨胀节具有吸收三向位移的能力，而且可以自身平衡管道压力推力，较好地解决了此问题，见图 1（曲管压力平衡型膨胀节用于小汽机排汽管道）。我公司最早的成功应用案例可以追溯到 1988 年的山东某电厂 300MW 机组（DN1600），代表性的业绩有上海某电厂 600MW 机组（DN2200）、上海某电厂 900MW 机组（DN3000）、山东某电厂 1000MW 机组（DN2600），配套业绩遍及上汽、东汽、哈汽、南汽、杭汽等等，每年均有数额可观的订货。

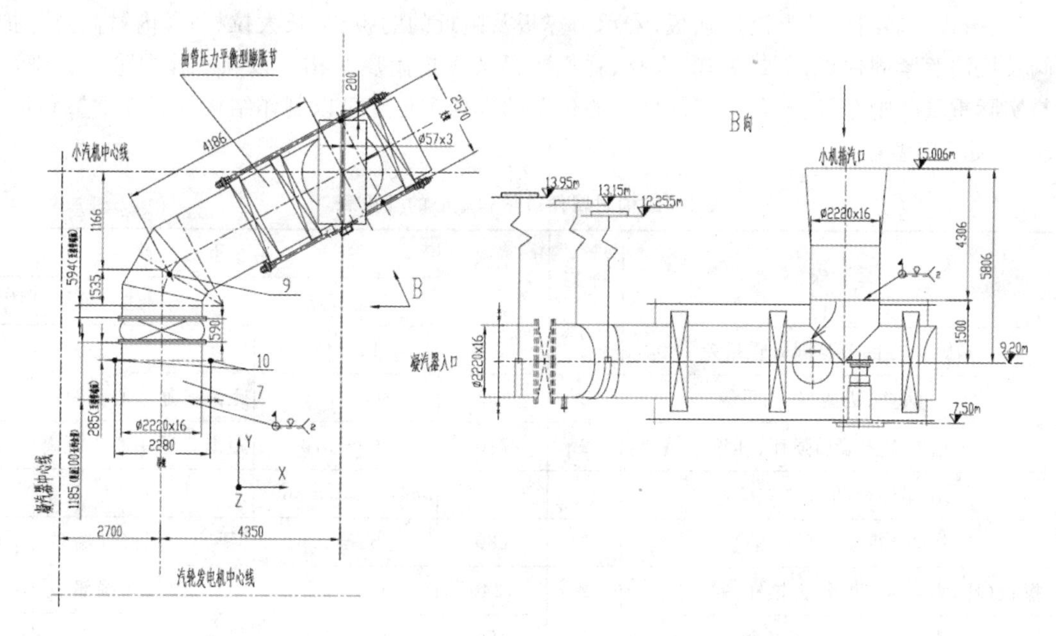

图 1　小汽机排汽管道

2　分析过程

2.1　原因分析及解决方法

近年来，产品在该系统的应用也接到一些问题反馈，主要有：①安装时发现运输固定用小拉杆螺母松动、承受盲板力的大拉杆螺母松动；②安装完后小汽机汽缸盖被顶起，安装调试困难；③小汽机冲转试车过程中发生汽机轴振动，无法完成冲转，甚至造成轴瓦损坏；④运行中弹簧支座顶部的托盘柱发生倾斜，影响安全运行；技术方面要做深入分析。

问题①可能是生产中螺母就没有拧紧或者长途运输颠簸后造成松动，应该严格出厂检验、解决好长途运输产品固定问题、给用户配备专用的"安装调试指南"，安装前对所有螺母进行再检查，避免此类问题对产品运行造成不利影响。

问题②、③、④可能涉及技术设计方面的问题，要做深入分析。如图 1 所示，整根排气管系的支撑点除过两端的小汽机口部和凝汽器口部外，中间重量全部由几组弹簧支吊架承担，所以几组弹簧的设计尤为关键，问题②、③可能都与弹簧的载荷大小、位置不准确有关，问题④与弹簧支座顶部摩擦力有关。

我公司自 1996 年引进美国 COADE 公司的管道应力分析软件 CAESAR Ⅱ（以下简称 CⅡ）后，即用该软件开展了膨胀节产品应用于管系后各种工况的应力、位移、支吊架、设备口部反力等一系列柔性管分析工作，曲管压力平衡型膨胀节应用于小汽机排气管道也做了该方面的柔性管分析工作，行业内文献也多有该方面的研究报道，但以往的 CⅡ 建模不很精确，管道中一些结构附属件（如环板、拉杆、内衬筒、封头等）的重量、重心位置没有准确模拟，特别是小汽机排汽管的长度一般较短，整根管系大部分长度就是曲管压力平衡型膨胀节本身，更有必要用 CⅡ 软件重新对该管系进行分析模拟，解决以往遇到的技术问题。本文以某电厂 600MW 机组用 $\Phi2220\times16$ 给水泵汽轮机排汽管道为例进行分析讨论。

2.2　建模

2.2.1　准确重量模拟

考虑可以有两种方法实现对结构附属件重量的精确模拟，一是用"刚性单元"，二是用"集中力"，CⅡ 往往将集中力作为一种外载荷进行工况分析，冷态时不考虑该集中力，而且这里仅是模拟丢失的重量，所以采用"刚性单元"进行准确重量模拟比较恰当。具体的做法是求解出重量差以及结构附属件重心位置，然后用"刚性单元"模拟，按此方法进行精确建模的结构附属件包括：①方排汽口反法兰；②方圆节及内部支撑件；③直插式三通组件及整流加强板；④承力撑板及附近的肋板、全长大拉杆；⑤内衬筒及外护套；⑥真空蝶阀及反法兰紧固件等；⑦封头；⑧人孔、弹簧支吊架管道附属结构。该项工作要分解仔细，确保模型重量与实际重量的吻合，以及各个零部件重心位置的准确定位。可以制作结构附属件重量和重心配重表(见表1)，便于模型输入。

表1　结构附属件重量和重心的配重表

序号	名　称	种类	重量 小计 N	重心位置		
				CⅡ节点	描述	距离 mm
1	方法兰、方圆节与圆管重量差	1	8560	10－12		
2	入孔法兰、法兰盖、把手等	2	800	380－390	距离三通中心点距离	750
3	三通工作波端加强环、耳板	2	710	360－370	距离三通中心点距离	1255
	工作端外套和内衬一起输			44－46,64－66		
4	中间接管上的耳板等等	2	280	54－56	距离中间接管端部	462.5
5	撑板(环、大耳板、肋板、大拉杆一半重量)	2	7240	72－75	距离接管端部	170
6	蝶阀及反法兰螺栓等	1	81500	110－120		
7	蝶阀后吊架吊杆、弧板等	2	1100	128－130	距离蝶阀下游端面	443
8	两块导流弧板	2	5600	310－320	距离三通中心点距离	－366
9	三通平衡端加强环、耳板、导向筒(肋板)	2	780	330－340	距离三通中心点距离	－1255
10	平衡端外套		450	202－204		
11	三通下弹支支耳	1	500	36－260,37－270	距离中心线	1285、235
12	平衡端撑板(环、大耳板、肋板、大拉杆一半重量)	2	7240	213－245	距离接管端部	170
13	封头	2	6840	210－250	距离接管端部 (210－240)	110

2.2.2　模型中考虑的其他问题

① 带摩擦的弹簧支座：小汽机排汽管系统中的弹簧支架处由于有水平位移，必然有水平向摩擦力，膨胀过程中，该摩擦力将传递到设备口部进而改变口部受力，模型中应进行模拟，初步取碳钢材料间摩擦系数0.3。

② 斜接弯头：经过计算"等间距斜接弯头的等效半径"得知，小汽机排汽管道的斜接弯头属于窄间距斜接弯头，故按该类模型输入斜接弯头的块数和弯曲半径，以准确模拟斜接弯头。

③ 平衡端波纹管内横向承重内衬筒：小汽机排汽管道曲管压力平衡型膨胀节为水平安装，为将平衡端封头等构件重量传递给三通处支撑弹簧，减小平衡端波纹管横向剪力，平衡波纹管内设计有传递重量的内衬筒(或承重板)，见图2平衡端波纹管内横向承重结构，承重结构一侧与三通焊接，另一侧跨过波纹管后与封头端接管内壁可以滑动，精确模型也对其进行模拟，并且考虑滑动产生的摩擦力，取碳钢材料间摩擦系数0.3。

④ 大拉杆球螺母转动摩擦力：

大拉杆末端球螺母的转动摩擦将限制波纹膨胀节的横向柔性，新修订的美国《膨胀节制造商协会》标准对此也有说明，CⅡ建议对工作波纹管横向刚度值增加10%来模拟该摩擦力。

⑤ 其他

输入工况分别考虑正常工作温度37.3℃，最高工作温度150℃，工作压力－0.095MPa，气压试验压力0.15MPa，管子规格Φ2220×16。建立后的精确模型如图3所示。

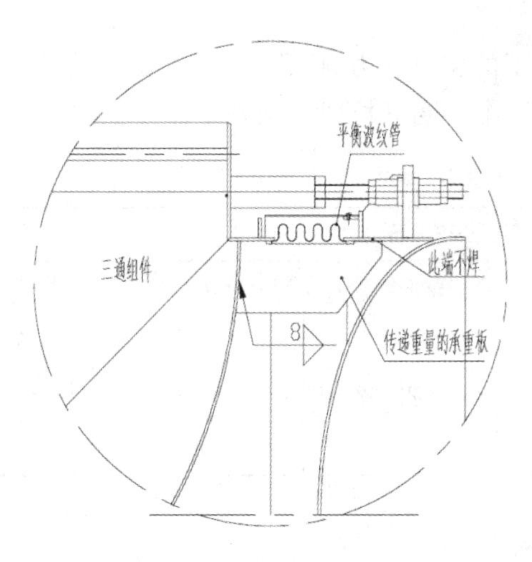

图 2　平衡端波纹管内横向承重结构

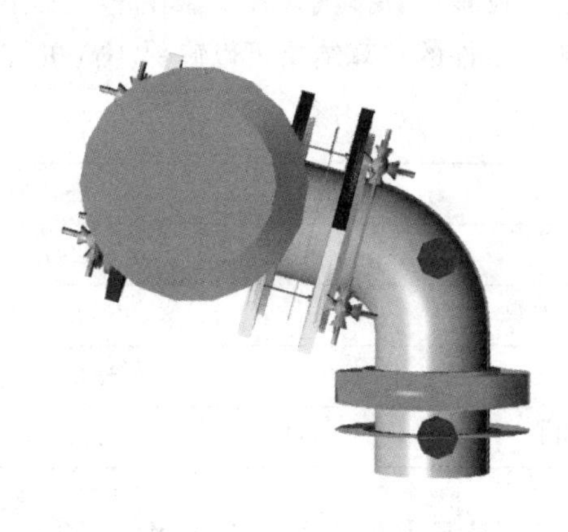

图 3　CⅡ模型图

3　分析结果

正式运行调试之前的检查工作很重要，要仔细核查配重质量和重心位置、约束、弹簧、压力和温度等工况参数，以及精确模拟时考虑的其他情况。

通常情况下，选用曲管压力平衡型膨胀节后，管系在冷态、纯热态下的应力水平都不高，很容易满足强度和柔性判据，较难满足的是膨胀节对小汽机排汽口以及凝汽器入口的力和力矩要求。膨胀节对小汽机排气口的力和力矩要求，有两种判据：

① NEMA 判据：任何接口处施加在汽轮机上总的合力和合力矩不应超过 $F_R + 1.09M_R \leqslant 2982.33D_m$；$F_R$和 M_R越小越好，考虑到汽轮机排汽口结构形式，重力方向受力最好为向下。

② 汽机厂家对力和力矩提出具体数据，如排汽管子规格为 $\Phi2220\times16$ 时，小汽机后汽缸排汽口处必须有向下的力，其所受最小向下力不小于 22246N，最大不得超 44100 N；允许力矩：$My\leqslant\pm34300$ N·m，$Mx\leqslant\pm34300$ N·m；$Mz\leqslant\pm34300$ N·m。

凝汽器入口处的结构强度和刚度一般较高，所以，膨胀节对凝汽器入口的力和力矩要求也较容易满足判据，实际应用中尽量将力和力矩调试小一些即可。本项目以第二种判据进行判断。

根据排汽管安装和运行情况，模型分以下工况进行分析和改进：冷态、正常工作温度、最高工作温度三种工况分析。小汽机排汽管正常工作压力为全真空，从宏观分析管线应力角度来看，各点的应力值都很小，不是分析的重点。故在下面各工况的分析结果中不予列出应力结果，仅列出主要节点的受力和位移结果。主要节点说明：10：小汽机排气口；140：凝汽器入口；260、270：三通附近弹簧支座；99：蝶阀前（靠近补偿器）弹簧吊架；130：蝶阀后（靠近凝汽器）弹簧吊架。

3.1　冷态工况（持续载荷）

主要校核计算安装后环境温度下的各点应力、位移、支承点受力、接口受力等，即我们通常说的"冷态调零"，为小汽机排汽管安装过程提供数据支持。受力分析结果见下。

CASE 6(SUS)W＋P1＋H						
	Forces(N)			Moments(N. m)		
节点号	Fx	Fy	Fz	Mx	My	Mz
10	2994	－5176	－39781	2307	－10919	1647
140	－3684	1003	－5278	32838	－7450	14836

3.2　正常工作温度工况(操作工况二)

主要校核计算排汽管补偿器在正常工作温度37.3℃下的各点应力、位移、支承点受力、接口受力等，符合判定条件的计算结果可以确保小汽机排汽管在正常工作温度下长期安全稳定工作。受力分析结果见下。

CASE 5(OPE)W+D1+T2+P2+H						
	Forces(N)			Moments(N. m)		
节点号	*Fx*	*Fy*	*Fz*	*Mx*	*My*	*Mz*
10	−1559	−8333	−33869	−23192	10981	−870
140	−3711	3319	−17878	−1563	−20059	9529

3.3　最高工作温度工况(操作工况一)

校核计算排汽管补偿器在最高工作温度150℃下的各点应力、位移、支承点受力、接口受力等，小汽机的最高工作温度一般出现在冲转试车过程中，汽轮机负载小，排汽压力高时，符合判定条件的计算结果可以确保小汽机排汽管在最高工作温度下安全稳定工作，顺利度过冲转试车过程。受力分析结果见下。

CASE 4(OPE)W+D1+T1+P1+H						
	Forces(N)			Moments(N. m)		
节点号	*Fx*	*Fy*	*Fz*	*Mx*	*My*	*Mz*
10	−1446	−6766	−25698	−17467	7326	210
140	−2627	1008	−20784	−10893	−27988	9849

3.4　弹簧报告

节点号	数量	弹簧号	垂直位移(mm)	热态载荷(N)	安装载荷(N)	刚度(N/mm)	水平位移(mm)	载荷变化率(%)
99	2	TD60−18	8.016	35000	37545	317	1.481	7
130	2	TD60−17	7.997	25000	26804	226	4.445	7
260	1	TD60−17	−11.289	27000	24453	226	0	9
270	1	TD60−19	−11.282	52000	47312	416	0	9

以上结果均满足判据要求。

4　结论与建议

本文结合曲管压力平衡型膨胀节应用于火电厂给水泵汽轮机排汽管道遇到的一些问题反馈，用CⅡ软件对该管系进行了分析模拟，较好地解决了存在问题，形成如下结论与建议。

(1)CII软件可以用于分析给水泵汽轮机排汽管道系统膨胀节，以及其他有类似严格口部受力要求的管系，一些结构附属件的重量、动连接处的摩擦等应得到模拟体现。

(2)降低波纹管弹性刚度，降低大拉杆球面螺母摩擦力对减小热态下小机排汽口和凝汽器入口受力有较大作用，应该在布置尺寸允许的情况下，通过合理选择波纹管波形参数、膨胀节结构尺寸降低弹性刚度；提高球面螺母摩擦副间光洁度，涂装润滑油可以降低球面螺母摩擦力。

(3)三通附近的弹簧位置、载荷以及支座顶部托盘与膨胀节支耳间的摩擦力对小机排汽口受力有较大影响；跨过曲管膨胀节后，靠近凝汽器附近的弹簧位置、载荷对凝汽器口部受力有较大影响。可以通过降低弹簧刚度，降低托盘与支耳间摩擦系数，预设弹簧安装载荷等方法将小机排汽口和凝汽器入口受力分别降到最低，考虑到汽轮机结构形式，一般建议任何工况下小机排汽口均为向下载荷。

(4)有时候，现场做0.15MPa充水试验，模型输入时应该考虑水压试验工况，通过设置合理的临时支撑措施，降低水压试验时排汽管应力状况及口部受力。

(5)CII软件是利用有限元的梁单元对管系从宏观上进行的柔性分析，并没用给出节点所处管子截面内的局部应力分布，局部应力分析应该通过其它方法或软件进行局部的结构分析，以确定补强方案。

(6)给水泵汽轮机排汽管道内介质为高速流动的湿蒸汽，流速可达80米/秒，高速流动的湿蒸汽可能对膨胀节以及小汽机带来哪些影响，能否对其动态性能进行分析是今后改进的方向。

CⅡ软件在管道应力分析领域，尤其在柔性设计方面，给管道工程师带来了极大便利，通过CII对带有膨胀节管线的建模分析，对膨胀节产品设计技术以及该产品在给水泵汽轮机排汽管道等系统中的应用技术均有促进作用。

参考文献

[1] 国家质量监督检验检疫总局，GB/T 12777—2008金属波纹管膨胀节通用技术条件，北京：中国标准出版社，2008.12

[2] Standards of the Expansion Joint Manufacturers Association, Inc. 9th 2011.

[3] 北京艾思弗计算机软件技术公司，CAESARⅡ中文用户手册，北京，2003.12

作者简介

蔺百锋(1978—)，男，高级工程师，从事金属波纹管膨胀节的设计与应用研究工作。通讯地址：南京市天元中路188号，邮编：211100，联系电话，025－52826596，电子信箱：baifeng_lin@163.com

设备管口的模拟方法

王伟兵

（洛阳双瑞特种装备有限公司，河南　洛阳　471000）

摘　要：与管道相连的设备管口是管道应力分析的重点，在分析过程中，应保证设备管口在运行过程中设备管口的应力不能超过设备的允许值。CAESARⅡ是全世界范围内被普遍接受的应力分析软件，本文通过CAESARⅡ软件对设备管口运用三种不同的边界条件进行了模拟，通过具体的实例对三种不同的模拟方法的结果进行了对比，计算结果表明：在计算设备管口的应力时，应考虑设备管口的初始位移。对于受力比较敏感或者要求比较严格的管口，还应计入管口柔性，使得计算的结果更加接近工程实际。

关键词：设备管口；CAESARⅡ；管口柔性；

The simulation of Nozzles in Equipment

Wang Weibing

（Luoyang Ship Materials Research Institute，Luoyang　471000，China）

Abstract：：The equipment nozzle is the key point of stress analysis，we must make sure that equipment nozzle restraint doesn't exceed its allowed value in the process of analysis. The software of CAESARⅡ is accepted worldwide in stress analysis. The equipment nozzle is simulated by using three kinds of different boundary conditions in CAESAE Ⅱ. The simulation results were compared through example of three kinds of different boundary conditions. The calculation results show that：The initial displacement of equipment nozzle should be considered in calculating stress of nozzle. The flexible nozzle also should be considered in calculating stress of sensitive or strict nozzle，making that the results is close to the engineering practice.

Keywords：Equipment nozzle；CAESARⅡ；Flexible nozzle；

CAESAR Ⅱ软件是以梁单元模型为基础的有限元分析程序，广泛应用于石油、化工及电力等行业的大型管道应力分析[2]。应力分析中，设备管口的受力是关键的校核点，在常规的计算里，一般将设备管口当成“固定点”或者由设备专业提供的设备管口的“端点位移”，在单独计算管道对于设备点的作用力[1]。这种模拟方法忽略了与设备相连的管道将力和力矩作用于设备时，设备壁会变形，认为管道与设备的连接时完全刚性的，分析模型将不真实，在计算管道对设备的作用力时，会导致非常保守的结果，对于温度引起的作用力更是如此。因此要考虑设备管口的柔性来降低计算的保守程度[2]。

1　设备管口不同模拟方式

1.1　固定架法

这种模拟方法最为粗糙，它关注的是设备对管道的固定效果，忽略了其他的特性。设备的管口处，通常存在初始位移——通常为热胀位移、设备沉降。如图1，当设备热胀时，会对管道有初始位移作用，管口的初始位移会增大所连接管道的受力，如果不考虑设备的热涨位移，那么计算结果是不保守的。

1.2　位移法和刚性杆法

位移法需要根据温度和材料计算出管口的位移，然后将此位移作为边界条件输入节点的“displacement”中进行管口载荷的计算和校核(如图2)。但是该计算方法需要人为计算管口的位移，较为繁琐。

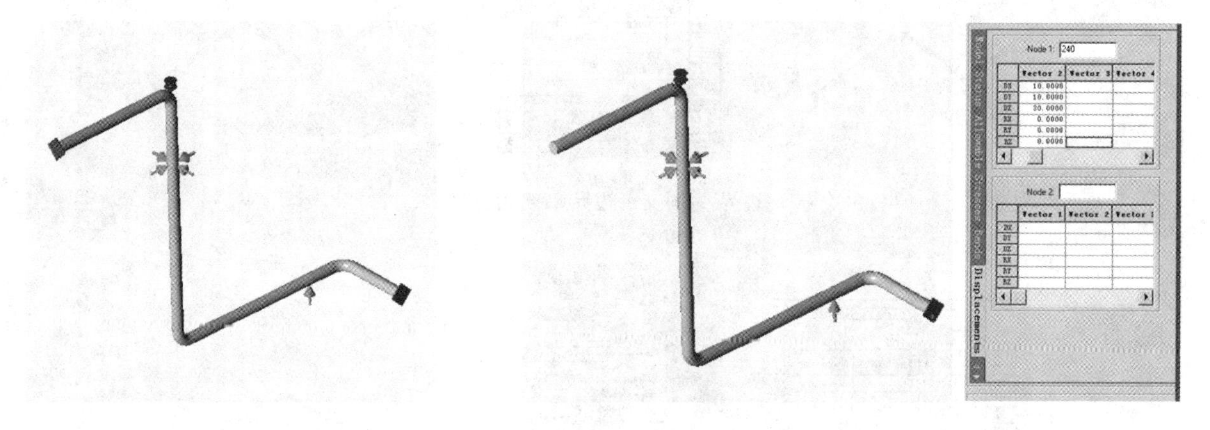

图1　固定架法模型　　　　图2　位移法“displacement”

刚性杆法[3]是用一个无重量、带温度的刚性元件来模拟设备管口位移的方法。由于刚性杆是一个无重量的刚体，因此对管道的一次应力没有影响，又刚性杆带有温度，可以把设备的热涨位移传递到管口，符合实际情况。该方法省去了人工计算热胀位移的繁琐步骤，相对比较简单快捷，模型如图3所示。

1.3　管口柔性——WRC297

位移法和刚性杆法都将设备管口当成刚性元件来考虑，但是真实的管口都有一定的柔性，实际运行过程中管口有微量变形，只要能够满足相关标准的要求，这个变形是可以被接受的。比如压力容器管口的接管是允许微量变形的，只要其应力能够满足WRC297的要求，那么这个微量变形就是可以接受的。在计算管道应力的时候，引入管口柔性分析，对于改善管道的二次应力有一定的积极作用，因此在计算设备管口受力要求苛刻的管道时，可以引入管口柔性，适当降低管口的受力。

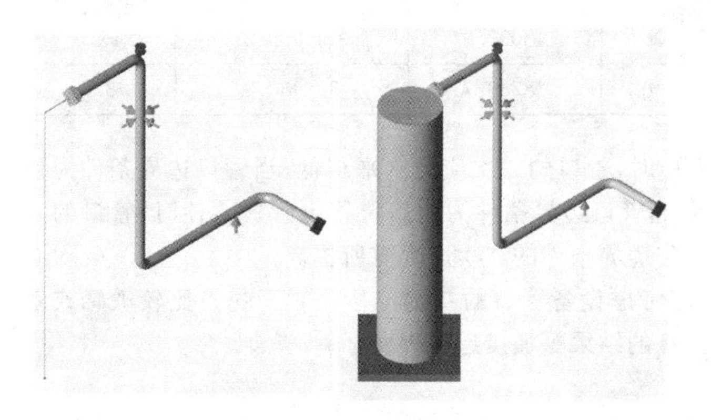

图3　刚性杆法模型

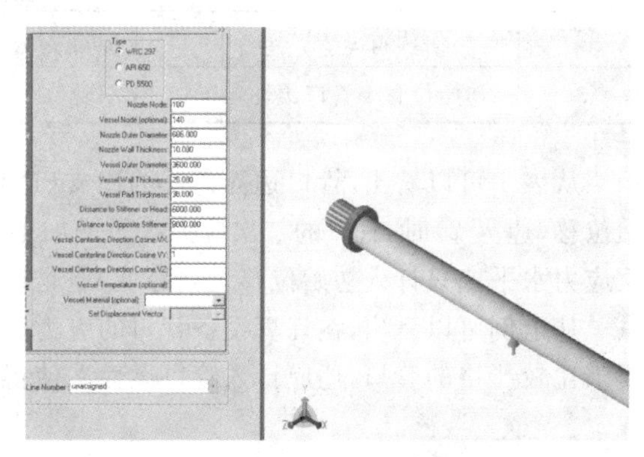

图4　柔性管嘴模型

2　某设备管口不同模拟方式的应力对比

设计条件：设计压力 0.35MPa；设计温度：250℃；设备直径 ϕ3600mm，壁厚 25mm；管道直径 ϕ606mm，壁厚 10mm；设备管口为节点 100。

边界 1：管口固支；

边界 2：管口设置初始位移；

边界 3：管口设置初始位移＋管口柔性

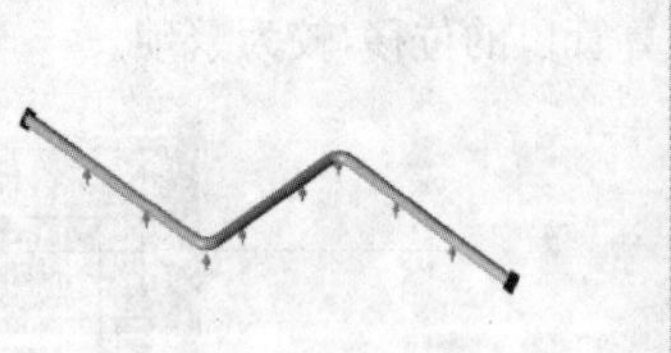

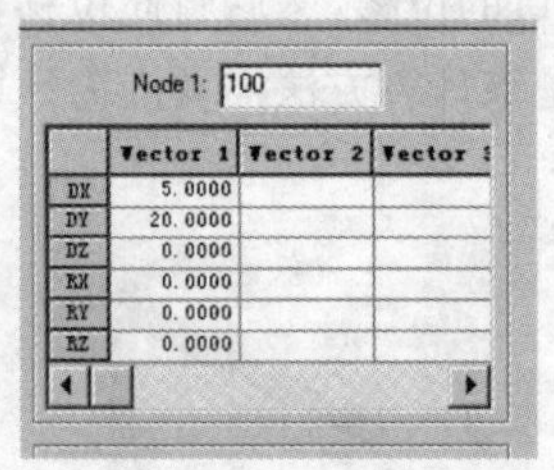

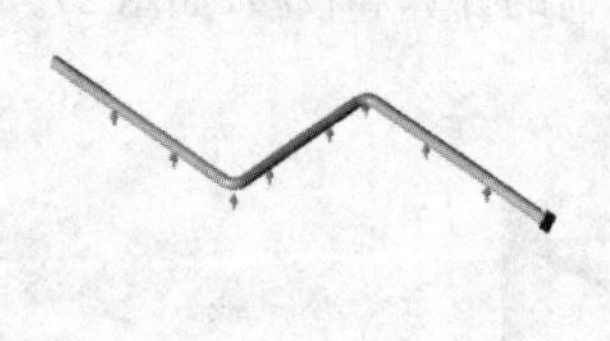

边界 1：固支　边界 2：初始位移

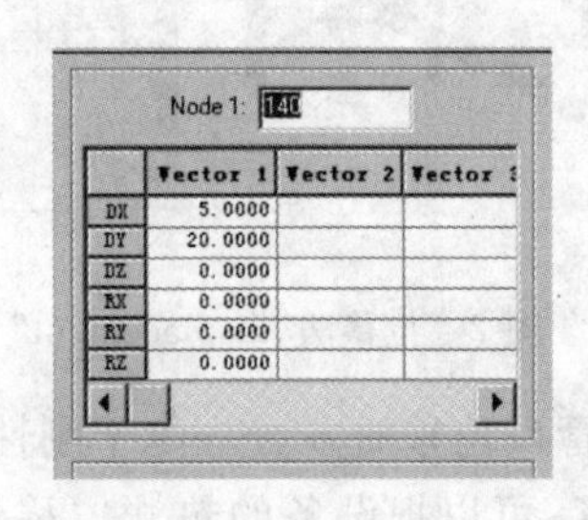

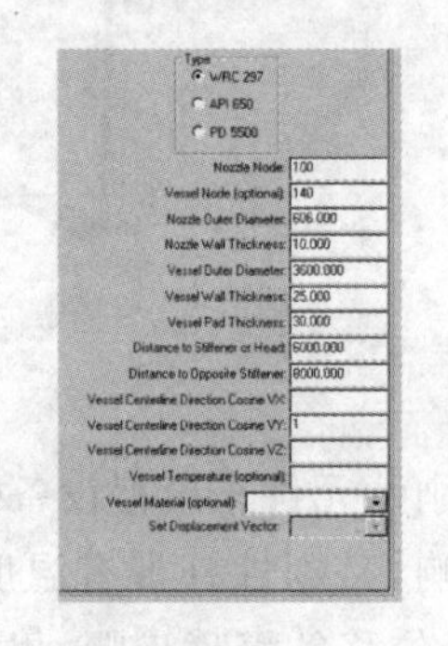

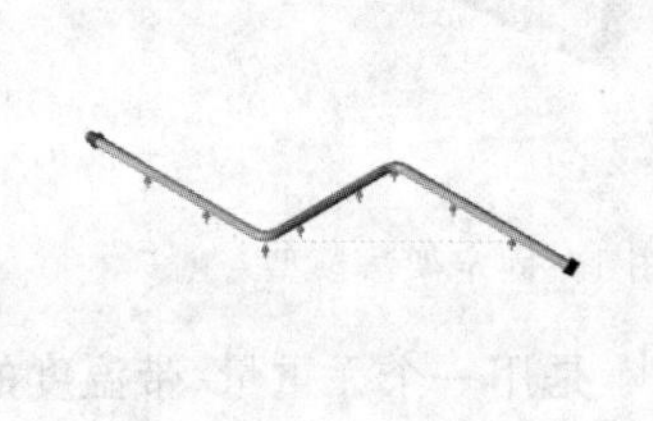

边界 3：初始位移＋管口柔性

表 1　不同模拟方式的应力对比

边界	管口边界条件	Load Cases	节点	Code Stress KPa	Allowable Stress KPa	Ratio %
1	固支	EXP	100	27000.3	331395.5	8.1
2	初始位移	EXP	100	43022.0	331395.5	13.0
3	初始位移＋管口柔性	EXP	100	28789.7	331933.9	8.7

从表 1 可以看出，管口边界条件为固支(边界 1)时，管口的二次应力水平很低；当管口边界条件为初始位移(边界 2)时，管口的二次应力水平增加很多；当管口边界条件为初始位移＋管口柔性时，管口的二次应力水平比只计入初始位移大幅降低，但是比固支边界条件的二次应力有所提高。

从上例可以看出，在计算设备管口的应力时，应考虑设备管口的初始位移。对于受力比较敏感或者要求比较严格的管口，还应计入管口柔性。使得计算的结果更加接近工程实际。

3　结　论

本文详细介绍了利用 CAESARⅡ软件对设备管口应力分析的模拟方法，并通过具体的实例对三种方法的计算结果进行了对比分析，得出以下结论：设备管口的简单核算可采用固定架法；设备管口的详细模拟应采用刚性杆或者初始位移法，对于设备管口受力要求苛刻的场合还应考虑管口的柔性。

参考文献

[1] 张德姜．石油化工装置工艺管道安装设计手册[M]．北京：中国石化出版社，2000：657－678.

[2] 唐永进．压力管道应力分析[M]．北京：中国石化出版社，2003：91－92

[3] CAESAR Ⅱ Technical reference. Version 4. 3[M]. Last revised 2/2001

作者简介

王伟兵，男，工程师，从事波纹管膨胀节设计研发工作。通讯地址：河南省洛阳市高新区滨河北路88号；邮政编码：471000；邮箱：zzu616@163. com

某电厂抽气管道应力分析

李　杰

（洛阳双瑞特种装备有限公司，河南　洛阳　471000）

摘　要：电厂抽气管道是指从汽轮机各汽缸抽汽到高/低压加热器及除氧器的管道，主要用于加热进入锅炉的给水，提高能量利用效率。本文结合管路柔性设计，对某电厂抽气管道进行了应力分析，使得管道应力满足规范应力要求，同时输出了弹簧数据表及膨胀节柔性件设计依据，同时结合其实例，对应力分析的整个分析过程及应注意的几个问题进行了详细讨论，可供相关的应力分析工程师参阅，共同探讨。

关键字：抽气管道；应力分析

Stress analysis of power plant extraction pipeline

Li Jie

（Luoyang Sunrui Special Equipment Co. ，LTD. ，Luoyang 471000，China）

Abstract：Extraction steam pipeline which is mainly used for feeding water of heating boiler, improving the utilization efficiency of energy refers to the extraction steam from steam turbine's cylinder to high/low pressure heater and deaerator pipeline. In this paper, combined with flexible pipeline design, the extraction of a certain power plant piping is analysised about stress. Analysising result meet s the requirements of specification stress, and outputs the spring data table and design basis of flexible expansion joint. Combined with its instance at the same time, the analysis of the stress analysis process and several questions that should be paid attention to are discussed in detail. It is valuable for relevant stress analysis engineer refer to and discuss.

Keywords：extraction steam pipeline；stress analysis

管道在内压、持续外载以及热胀、冷缩和其他位移等载荷作用下，其最大应力往往超过材料的屈服极限，使材料在工作状态下发生塑性变形，另外高温管道的蠕变和应力松弛，也将使管系上的应力状态发生变化。管道应力分析实质是对管道进行包括应力计算在内的力学分析，并使得分析结果满足标准规范的要求，从而保证管道自身和与其相连的机器、设备以及土建结构的安全。本文结合管路柔性设计，对某电厂抽气管道进行了应力分析，抽汽管道是从汽轮机各汽缸抽汽到高/低压加热器及除氧器的管道，主要用于加热进入锅炉的给水，提高能量利用效率，对应力分析的整个分析过程及应注意的几个问题进行了详细讨论，可供相关的应力分析工程师参阅、探讨。

1　应力分类的设计思路

应力分类的设计思路主要对不同种类的应力区别对待，根据它可能产生的效应和对于破坏所起的作用不同，给予不同的限定。

一次应力是指由于外加荷载，如压力和重力等作用而产生的应力。一次应力满足与外加荷载的平衡关系，始终随所加荷载的增加而增加，当其值超过材料的屈服极限时，管道就发生塑性变形而破坏，其与管道的强度相关。

二次应力是指由于热胀、冷缩和其他位移受到约束而产生的应力。二次应力的特征结构；对于平面“Z”型管路，当中间管腿是有自限性的，它不直接与外力平衡，当载荷超过材料的屈服极限时，由于管道局部的屈服和产生少量塑性变形就能使应力降低下来，应力会重新分布，使材料的应变达到自均衡，其与管道的疲劳寿命相关。

2 常见管路柔性补偿方案

对于无补偿器安装的管路，通常采用自然补偿的方式，多见于管道介质流向变化较多、弯头使用较多的场合。管路补偿中补偿器得到了大量的应用，常见的补偿器有“π”型补偿器，波纹补偿器、旋转补偿器，套筒补偿器，在化工、炼油等架空管线中，波纹补偿器得到了大量的应用，本文主要讨论在管路设计中大量采用的波纹管补偿器。

对于长直线管线，常采用分段管路的轴向型膨胀节和外压膨胀节；对于短管腿的“L”型管路可以采用复式拉杆和复式铰链型膨胀节，对于长管腿的“L”型管路可以采用三铰链（三个铰链型膨胀节组合应用）较短时，可以采用复式拉杆和复式铰链结构进行补偿，当中间管腿较长时，可以采用三铰链结构；对于平面外“Z”型管路补偿，与平面“Z”型管路补偿方案基本类似，只不过三铰链型结构要采用两个单铰和一个万向铰组合的方式。

3 抽气管道柔性设计输入条件

工作压力：0.84MPa；

工作温度：337℃；

管道材质：20♯，主管：Φ1020×14mm，联合管：Φ610×12mm，Φ508×10mm；

保温层厚度：100mm；

保温层材质：聚氨酯保温层；

管口附加位移：$X=-14.39$mm，$Y=12.2$mm，$Z=-14.28$mm；

局部放大

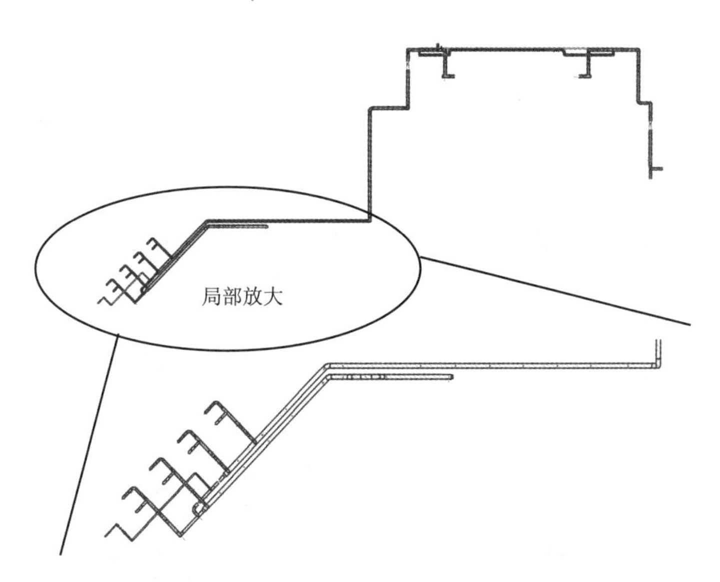

图1 某电厂抽气管道管路布置图（注：管道布置图有地坪标注）

4　管路应力分析的步骤和方法

4.1　确定基本柔性设计方案

首先明确管路的整体走向，结合设计输入条件对不同走向的热补偿量进行计算，明确基本的柔性设计方式，确定管系中固定管架的位置，结合管系计算受力，初步确定膨胀节的位置及铰链膨胀节等的位移量大小，图 2 为结合此项目所进行的基本柔性设计方案，包含固定点位置，位移补偿方式及膨胀节位置的确定等。

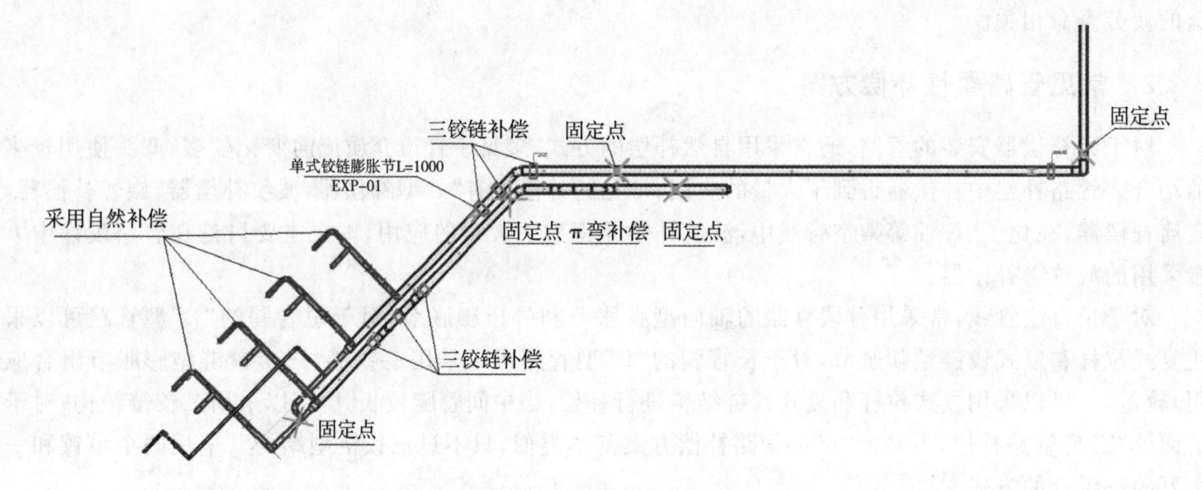

图 2　某电厂抽气管道初步柔性设计方案

4.2　CAESAR Ⅱ柔性模型计算

CAESAR Ⅱ管线柔性分析软件是被广泛采用的应力分析软件，通常确定基本柔性设计方案后的管线结合具体的工程规定进行应力分析，使得管线应力一次应力和二次应力满足规范应力要求，管口的受力满足设备受力要求，同时获得支吊架的设计载荷大小。

本管路补偿具体实例囊括了常见管路补偿的多种形式，典型的补偿方式在 CAESAR Ⅱ中的模型如图 3 所示。通常在初算阶段，膨胀节可以采用快速建模使用简单模型来建立方式，其特点是效率高，便于模型的调整和修改，对于复式拉杆和复式铰链型膨胀节的建模，可简化为轴向刚度无穷大的方式建立，对于铰链(万向)型膨胀节可以通过“零”长度的膨胀节来快速建模，本模型中的铰链膨胀节均为复杂模型结构。

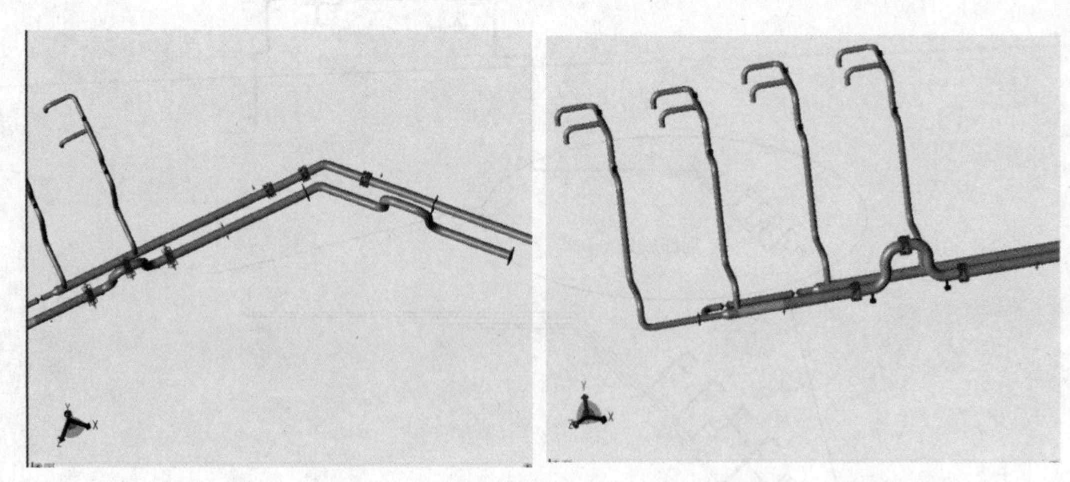

A.自然补偿和长直线三铰链补偿　　　　B.自然补偿和斜“L”型三铰链补偿

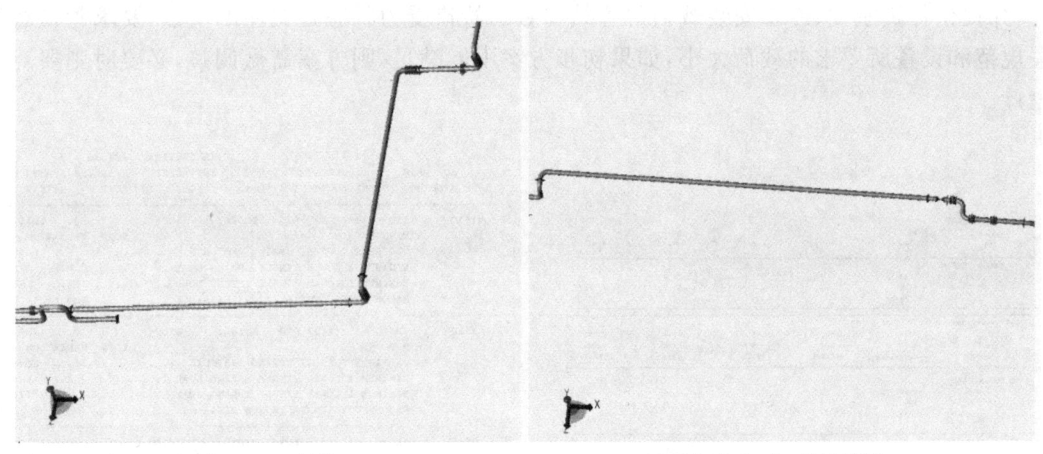

C.平面外“Z”型补偿　　　　　　D.平面内“Z”型三铰链补偿

图 3　某电厂抽气管道典型管路柔性补偿方案

4.3　模型的计算与结果的输出

4.3.1　应力状态

管系的整体应力计算要满足规范应力的要求，对于应力不同的情形，针对一次应力和二次应力分别予以对待。当一次应力不满足规范要求时，考虑增加支架的数量，调整管道的跨距，必要时调整支吊架的形式；当二次应力不满足规范要求时，可以调整柔性设计方案，采用补偿器进行补偿，必要时可以借助于改变管路的走向来满足应力的要求。

```
Piping Code: B31.3        = B31.3 -2010, March 31, 2011

CODE STRESS CHECK PASSED        : LOADCASE 4 (SUS) W+P1+H        一次应力通过

Highest Stresses: (    KPa      ) LOADCASE 4 (SUS) W+P1+H
Ratio (%):                    29.5        @Node    1690
Code Stress:               35438.7        Allowable Stress:       120222.5
Axial Stress:              17215.9        @Node    2780
Bending Stress:            33781.8        @Node    1690
Torsion Stress:             4813.9        @Node    1690
Hoop Stress:               34860.0        @Node    2780
Max Stress Intensity:      43879.9        @Node    1690

CODE STRESS CHECK PASSED        : LOADCASE 5 (EXP) L5=L3-L4       二次应力通过

Highest Stresses: (    KPa      ) LOADCASE 5 (EXP) L5=L3-L4
Ratio (%):                    44.7        @Node    3000
Code Stress:              136409.2        Allowable Stress:       305325.1
Axial Stress:              79244.0        @Node    2780
Bending Stress:           136406.5        @Node    3000
Torsion Stress:            13577.1        @Node    1898
Hoop Stress:                   0.0        @Node    1498
Max Stress Intensity:     139766.2        @Node    3000
```

图 4　管路应力计算结果

4.3.2　支吊架受力及管口受力状态

支吊架的受力载荷计算结果可以为支吊架的设计选型提供依据，同样包含冷态和热态受力载荷，如果项目针对支吊架受力设计大小有明确限制，则补偿方案需进一步调整，针对弹簧支吊架，软件会形成弹簧数据表，并提供弹簧刚度、冷态安装载荷等弹簧参数。管口受力状态是关注的重点，要求管口载荷大小满足相关规范和设备所要求的载荷大小，如果初步方案不能满足，则方案需做调整，必要时则要对管口进行加强设计。

Node	Load Case	FX N.	FY N.	FZ N.	MX N.m.	MY N.m.	MZ N.m.
2130	Prog Design VSH (弹簧)						
	3(OPE)	0	-22214	0	0	0	0
	4(SUS)	0	-26748	0	0	0	0
	MAX		-26748/L4				
2180	Displ. Reaction (管口载荷)						
	3(OPE)	11585	3936	10587	23332	-9706	22030
	4(SUS)	-622	-4379	193	4885	960	1899
	MAX	11585/L3	-4379/L4	10587/L3	23332/L3	-9706/L3	22030/L3
2210	Prog Design VSH						
	3(OPE)	0	-21686	0	0	0	0
	4(SUS)	0	-25842	0	0	0	0
	MAX		-25842/L4				
2230	Rigid +Y (支架)						
	3(OPE)	0	-18201	0	0	0	0
	4(SUS)	0	-21221	0	0	0	0
	MAX		-21221/L4				
2260	Rigid +Y						
	3(OPE)	0	-53803	0	0	0	0
	4(SUS)	0	-49471	0	0	0	0
	MAX		-53803/L3				

```
                                          THEORETICAL  ACTUAL
     NO.  FIG.       VERTICAL    HOT     INSTALLED   INSTALLED SPRING HORIZONTAL
NODE REQD NO.  SIZE  MOVEMENT    LOAD      LOAD        LOAD     RATE   MOVEMENT
------+---+-----+---+---------+-------+---------+--------+------+-------
  1610   1  ZH3    14   29.816  23976.     28850.          0.  1635.  21.617
        CHINAPOWER                                    LOAD  VARIATION =   20%
        ** VARIABLE SUPPORT SPRING DESIGNED .................  LONG RANGE
           MINIMUM ALLOWED SINGLE SPRING LOAD .......... ( N.)   17161.240
           MAXIMUM ALLOWED SINGLE SPRING LOAD .......... ( N.)   36773.453
           RECOMMENDED INSTALLATION CLEARANCE .......... (mm.)     960.120
------+---+-----+---+---------+-------+---------+--------+------+-------
  1930   1  ZH3    13   29.070  22256.     25804.          0.  1220.  25.867
        CHINAPOWER                                    LOAD  VARIATION =   16%
        ** VARIABLE SUPPORT SPRING DESIGNED .................  LONG RANGE
           MINIMUM ALLOWED SINGLE SPRING LOAD .......... ( N.)   12812.658
           MAXIMUM ALLOWED SINGLE SPRING LOAD .......... ( N.)   27454.428
           RECOMMENDED INSTALLATION CLEARANCE .......... (mm.)     899.922
------+---+-----+---+---------+-------+---------+--------+------+-------
  2010   1  ZH2    13   26.153  21880.     26668.          0.  1831.  38.081
        CHINAPOWER                                    LOAD  VARIATION =   22%
        ** VARIABLE SUPPORT SPRING DESIGNED .................   MID RANGE
           MINIMUM ALLOWED SINGLE SPRING LOAD .......... ( N.)   12812.658
           MAXIMUM ALLOWED SINGLE SPRING LOAD .......... ( N.)   27454.428
           RECOMMENDED INSTALLATION CLEARANCE .......... (mm.)     620.014
------+---+-----+---+---------+-------+---------+--------+------+-------
```

图 5　支吊架载荷及管口载荷计算结果　图 6　弹簧(支吊架)表

4.3.3　节点位移计算

软件可以输出冷态和热态工况下节点的位移量，应力分析工程师可以以此输出结果为依据避免管道在热态状态下与其他管路和结构件的干涉问题，同时可对补偿器柔性件的位移补偿设计提供依据，从膨胀节建模的两个端节点位移输出结果中可以读取膨胀节补偿位移量的大小，也可以与初步设计阶段计算的补偿器位移量进行比较，形成膨胀节数据表，为膨胀节的设计提供依据。

DISPLACEMENTS REPORT: Nodal Movements
CASE 3 (OPE) W+D1+T1+P1+H

长直三铰链

Node	DX mm.	DY mm.	DZ mm.	RX deg.	RY deg.	RZ deg.
748	-0.001	-0.004	-0.979	-0.0006	0.0001	-0.0005
749	1.096	-0.122	-3.673	-0.0136	0.0017	-0.0060
750	3.775	-0.280	-4.797	-0.0146	-0.0001	-0.0067
760	35.288	-0.000	-4.650	-0.0111	-0.0021	0.0030
770	68.522	-0.000	-4.235	-0.0074	-0.0036	-0.0008
780	101.756	-0.000	-3.590	-0.0038	-0.0054	0.0002
783	134.990	-0.000	-2.751	-0.0001	-0.0066	-0.0000
786	168.224	-0.000	-1.757	0.0036	-0.0076	-0.0001
789	201.458	-0.000	-0.645	0.0072	-0.0083	0.0003
792	208.064	-0.056	-0.413	0.0079	-0.0084	-0.0012
795	209.173	-0.061	-0.374	0.0080	-0.0084	-0.0012
798	213.327	-0.062	-0.226	0.0084	-0.0085	0.0018
801	218.076	-0.023	-0.057	0.0084	-0.0085	0.0020
805	219.680	-0.000	-0.000	0.0086	-0.0085	0.0013
807	221.337	-0.000	0.059	0.0088	-0.0085	0.0003
810	221.341	-0.000	0.059	0.0088	-0.0085	0.0003
820	224.390	0.004	39.193	0.0088	-6.4948	0.0003
829	196.703	-0.048	113.622	0.0090	-6.4993	-0.0004
830	124.452	-0.137	146.694	0.0064	-6.5017	0.0010
838	70.980	-0.189	148.651	0.0062	-6.5017	0.0013
839	-1.255	-0.223	181.715	0.0019	-6.4964	0.0035
840	-28.926	-0.170	256.096	0.0006	-6.4892	0.0056
850	-28.888	-0.169	257.131	0.0006	-6.4892	0.0056
860	-25.839	-0.092	259.254	0.0006	6.1851	0.0055
861	-25.835	-0.092	259.147	0.0006	6.1851	0.0055

节点位移量

膨胀节两端节点角位移

图 7　管路节点位移及柔性件设计位移量计算结果

5 应力分析应注意的其他方面

应力分析的整个过程往往需要结合计算结果对柔性设计方案和管路模型进行调整，直到满足配管、设备和土建等专业的相关要求，同时软件数值分析是仅仅是一种分析的方法和工具，往往与工程应用还是存在差异，具体的管路补偿方案的合理性及可操作性需要大量的工程应用经验的积累和支撑。

在这个设计过程中，管口受力载荷计算是关注的重点，柔性设计先满足受力的要求，再通过调整方案，如改变支吊架型式等来满足力矩的要求；在支吊架受力的计算结果中，对于较大载荷的支吊架受力要给予关注，如果出现明显的支吊架受力过大，就需要检查设计方案的正确性和可行性，很有可能是管路的柔性不足所导致；在热态支吊架输出结果中，需要检查有无支架脱空现象，可以通过调整支吊架的位置来避免此现象的产生，但热态工况下支吊架脱空设计也可以作为特殊设计在工程上应用；在承重支架设计中，考虑恰当的摩擦副设计，如果支架受力较大，采用钢钢摩擦副容易引起较大的摩擦力，从而对支吊架的稳定性带来影响。

6 结 语

本文涉及管路的柔性设计方案，某电厂抽气管道柔性设计是2015年度在工作中遇到的项目实例，项目在进行中与设计院进行了多次沟通和协调，同时对方的配管也经历的多次修改，最终柔性方案得到设计院认可，形成了公司产品膨胀节的设计依据。本文结合某电厂抽气管道柔性设计，对应力分析的整个流程、步骤和方法进行了梳理，同时对应注意的几个问题进行了详细讨论，可供相关的应力分析工程师参阅，共同探讨。

作者简介

李杰，男，工程师，从事波纹管设计工作，E—mail：lijie725@126.com

催化裂化烟机入口管线振动特性分析

杨玉强　钟玉平

（洛阳双瑞特种装备有限公司，河南　洛阳　471000）

摘　要：本文以某石化公司烟气入口管线为例，采用有限元方法计算了烟气入口管线的模态，频率响应以及膨胀节的振动传递特性等，为管道膨胀节选型及管道减振隔振措施提供依据。

关键词：催化裂化；烟气管道；有限元法；振动模态；频率响应；振动传递特性

Vibration Analysed for Flue Gas Turbine inlet for CCU

Yang Yuqiang　Zhong Yuping

(Luoyang Sunrui Special Equipment co. ,LTD,Luoyang 471000,China)

Abstract: The numerical simulation analysis on the flue gas turbine inlet for CCU in a petroleum refinery was performed by using FEA. The mode, requency response and vibration transmission of expansion joint of flue gas turbine inlet for CCU were obtain in this paper. The results show that vibration analysed has provided an effective means for gas duct design of expansion joints selected and pipeline vibration.

Keywords: CCU; flue gas pipe; FEA; modal; frequency response; vibration transmission

1　引　言

催化裂化装置中以烟气轮机为主要设备的能量回收系统，利用再生器中产生的大量高温烟气，经过三级旋风分离器除去其中所含的绝大部分催化剂固体颗粒，直接送入烟气轮机推动转子做功，达到能量回收的目的。催化裂化烟气管道虽然是整个烟气能量回收系统的辅助设施，但却是烟机安全、长周期运行的重要保证。

国内外学者对烟气管道做了大量的研究工作，但大都是对烟气管道及膨胀节、吊架等附件的设计和选用方法进行探讨[1~6]，或者对烟机人口和出口管道的安装方法、检查注意事项以及调整方法逐一进行的分析[7]。也有研究人员对烟气管道进行了腐蚀与失效分析[8]。石油大学文联奎[9]建立了烟机入口管道的力学模型，用自编的有限元程序对管道的热应力和自重应力进行分析，分析烟机入口管道出现开裂、褶皱现象的原因，并提出了相应的改进措施。马金华[10]等针对烟机出口管道中膨胀节的失效，用ANSYS软件建立了三维有限元实体模型，对其进行了有限元应力计算，且提出了改进建议。总之研究人员大都侧重于研究管道的设计原则、管道和膨胀节的腐蚀原因分析及防腐措施方面，较少涉及管道振动特性方面的研究。管道振动噪音给工作人员和居民生活带来较大影响，振动故障或降低动力机械的效率，引起管道设备机械损坏失灵等。因此对烟气管道系统的振动进行计算研究非常重要。本文以某石化公司烟气入口管线为例，采用有限元方法计算了烟气管道进行振动特性分析。为管道膨胀节选型及管道减振隔振措施提供依据。

2 基本参数

计算范围从三旋出口管线钢架固接处(标高 37775 mm)至烟机入口主管线，其三维结构如图 1 所示。

2.1 烟机入口(三旋出口)主管线基本参数

本文计算与分析三旋出口主管线及其膨胀节振动等结果，表 1 和表 2 列出管线的主要参数，其他部件参数，限于篇幅从略。

表 1 烟机入口管线设计条件

项目	设计压力(MPa)	设计温度(℃)	介质	管道材料
参数	0.361	670	烟气等	316H

表 2 特殊件材质及规格

名称	规格(mm)	长度(mm)	材质	备注
弯头	ø2220×18	R=2300	316H	2 个
偏心大小头	ø2220×ø1820×18	1000	316H	1 个

2.2 管道系统建模

在三维软件 CATIA 中建立烟气管道主要构件的几何模型，然后导入有限元软件 MSC. Patran 中，划分有限元网格，如图 2 所示。所有的管壁采用四节点或三节点板壳单元，管道敷层为三层结构，外壁、隔热层和耐磨层之间完全耦合，模拟保温钉结构。膨胀节拉杆及铰链板采用梁单元或杆单元模拟，弹簧支吊架采用弹簧单元(bush 或 spring)模拟。有限元模型重量与管道实际重量存在较大差距，所以需要根据总布置要求，通过加载集中质量的方法来进行调整，满足管道实际结构的重量分布情况。

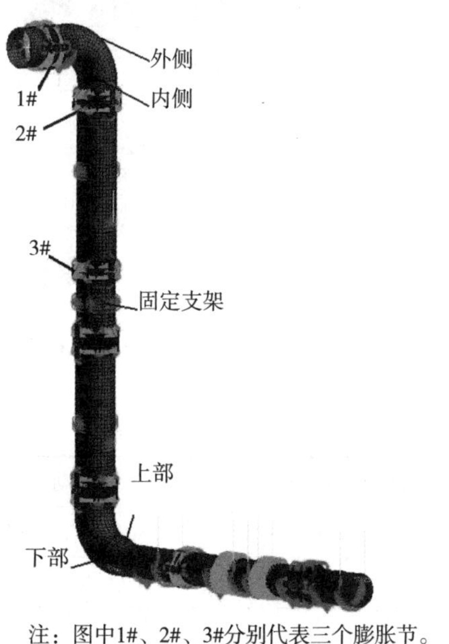

注：图中1#、2#、3#分别代表三个膨胀节。

图 1 烟机入口管线结构示意图

图 2 烟机入口管线系统模型

2.3　管道系统模态分析

根据上述有限元模型及约束条件，采用 Nastran 软件计算烟气入口管线的模态分析见表 3；模态分析模型如图 2 所示。

由上述计算结果可以看出，管道系统的前 8 阶模态三级旋风分离器至固定支架主要集中在 10.1Hz～38.4Hz 范围内，固定支架至烟气轮机管道主要集中在 2.4Hz～25.2Hz 范围内。主要模态振型集中在膨胀节以及两个膨胀节之间的管道。由于管道主体结构为复杂的敷层结构，而膨胀节波纹厚度很薄，所以模态振型会集中在膨胀节位置。

3　管道附加载荷计算

烟气管道的振动激励主要包括机器振动、速度脉动和压力脉动。由于烟气管道与设备连接端口按照刚性固定处理，所以不考虑机械振动激励，速度脉动力较小也可忽略不计。管道系统的主要载荷激励来自弯头位置的脉动压力[11]，该压力可采用 Fluent 软件进行计算，计算时需要输入的主要参数见表 4。

表 3　管道模态统计表(单位:Hz)

序号	三级旋风分离器至固定支架	固定支架至烟气轮机管道
1	10.1	2.4
2	11.7	5.2
3	13.5	9.7
4	26.3	12.9
5	28.5	18.5
6	28.8	19.1
7	30.5	21.3
8	38.4	25.2

表 4　计算输入统计表

项目	数据
进出口压力(MPa)	0.361
温度(℃)	670
流速(m/s)	28.0
颗粒浓度(mg/m^3)	200
颗粒直径(mm)	0.005

当烟气管道达到上述稳定工作状态时，计算得到管道内部的压力分布情况如图 3 所示。该压力为包括静压力的总压力，而计算动态特性时，只考虑脉动压力部分，所以需要减去不考虑流速情况下的静压力，总压力与不考虑流速情况的静压力之差即为脉动压力幅值。为了便于在有限元中施加该脉动压力，需要对弯头位置的压力进行积分求和，得到弯头受力值见表 5。

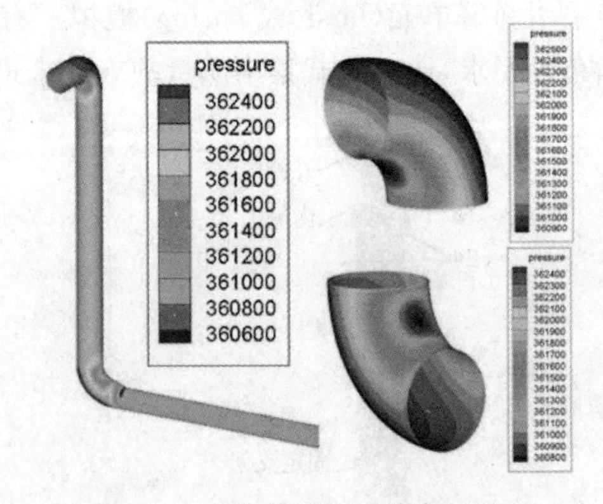

图 3　烟气管道压力分布云图

表 5　各工况弯头压力合力(单位 N)

位置	方向	总压力合力	静压力合力	脉动压力合力
上部弯头	X	1402769	1393866	8903
	Y	0	0	0
	Z	1402787	1393864	8923

（续表）

位置	方向	总压力合力	静压力合力	脉动压力合力
下部弯头	X	0	0	0
	Y	1402082	1393776	8307
	Z	−1401922	−1393868	8054

注：表中所述方向与模型全局坐标方向一致。

4　管道振动响应计算

4.1　载荷施加及分析流程

将上述计算的脉动力以节点力的形式施加到管道结构模型上，在 MSC. Patran 中采用场函数的形式施加[12]，图 4 为 MSC. Patran 中频率响应分析流程图。

4.2　管道振动计算结果

按照上述分析方法进行管道的振动响应计算，分别选取这段管道的膨胀节（三旋最近）、偏心大小头和弯头等位置为关注点，提取每个关注点的加速度值，得到各加速度响应线谱，然后分析管道的振动响应情况。

4.2.1　单式铰链型膨胀节

由于膨胀节管径大，且厚度较薄，所以在波纹管相同界面取对称位置关注，然后进行线性平均得到各关注点加速度响应曲线。膨胀节关注点位置统计见图 5，图中 1、2 分别代表膨胀节上、下波纹位置。

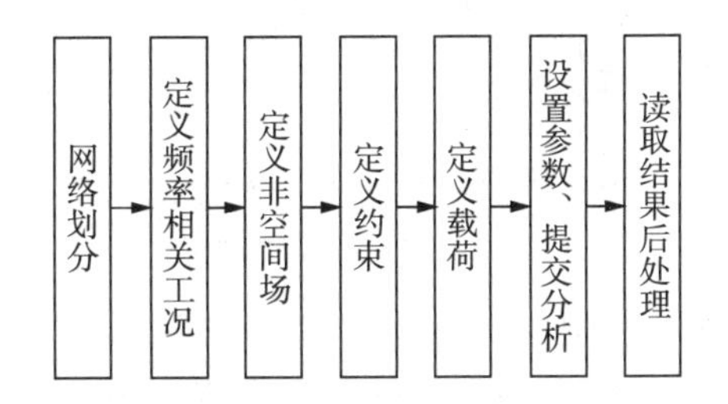

图 4　频率响应分析流程图

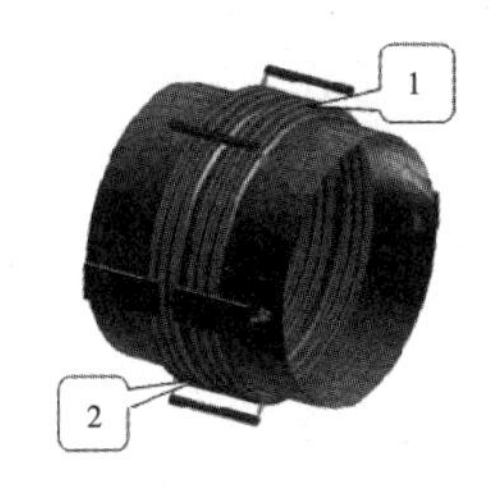

图 5　单式铰链型膨胀节计算分析位置

各关注点加速度响应曲线如图 6、7 所示。

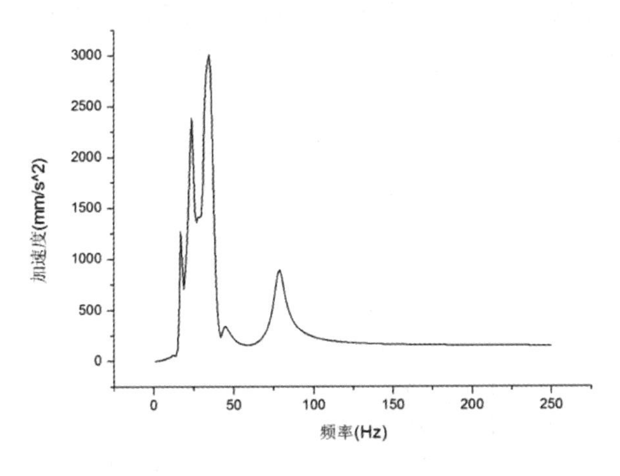

图 6　膨胀节上部波纹加速度响应曲线

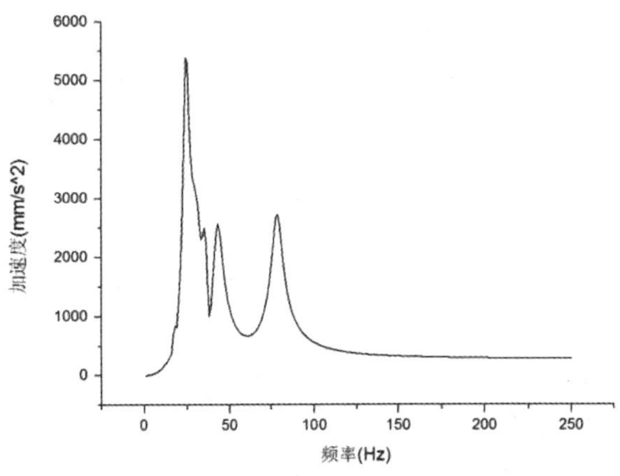

图 7　膨胀节下部波纹加速度响应曲线

通过上述计算结果可以发现，膨胀节波纹振动能量分布主要分布在 20～10Hz 的频率范围内，且能量主要集中在 25Hz 附近，膨胀节下部波纹在 25Hz 处振动加速度响应最大，最大幅值为 $5.4\mathrm{m/s^2}$。

4.2.2　弯头及偏心大小头

提取弯头及偏心大小头位置的加速度值，绘制加速度响应曲线如图 8、图 9 所示。

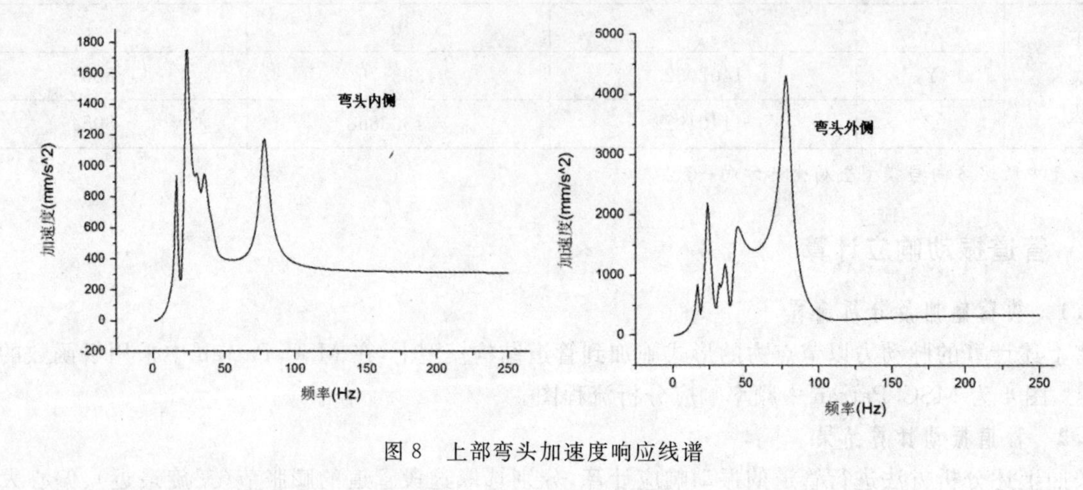

图 8　上部弯头加速度响应线谱

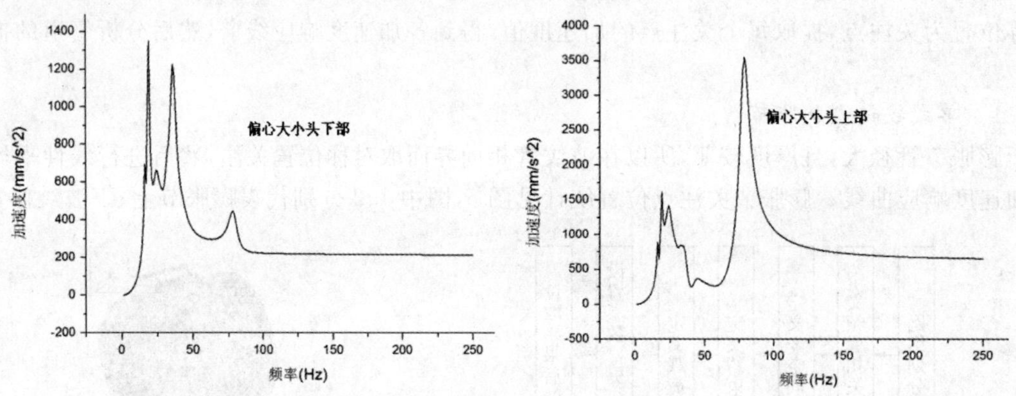

图 9　偏心大小头加速度响应线谱

通过上述计算结果可以发现，振动能量分布主要分布在 20～100Hz 的频率范围内，弯头及大小头的进口能量主要集中在 25Hz 附近，出口在 75Hz 处振动加速度响应最大，最大幅值为 4.3m/s^2。

4.3　膨胀节振动传递特性

限于篇幅，仅对第一组三铰链结构进行分析（三旋附近），取进出口位置周向四个节点的加速度值，然后线性平均得到膨胀节进出口位置的加速度曲线如图 10 所示。

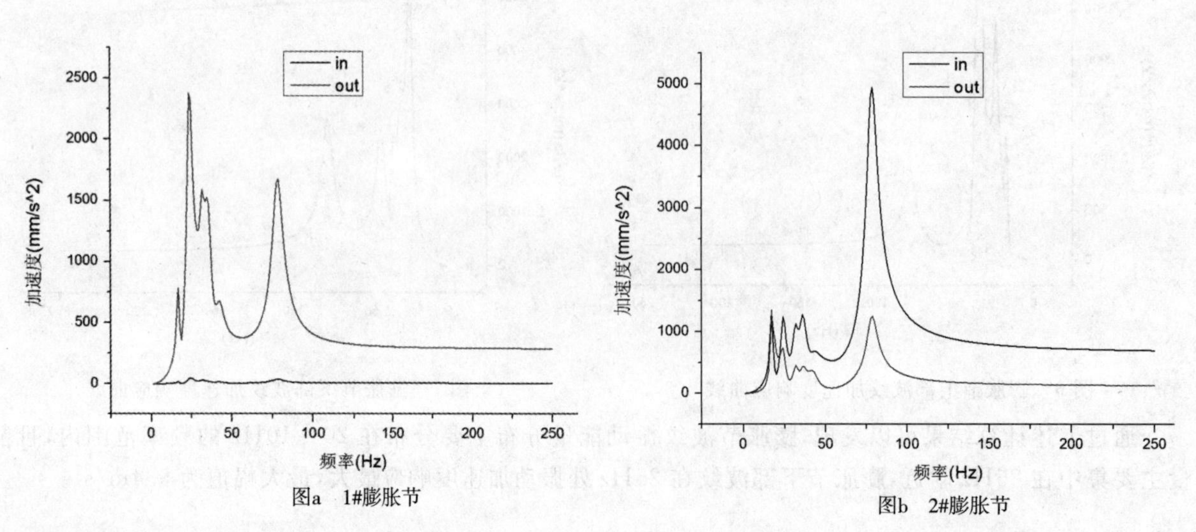

图a　1#膨胀节　　图b　2#膨胀节

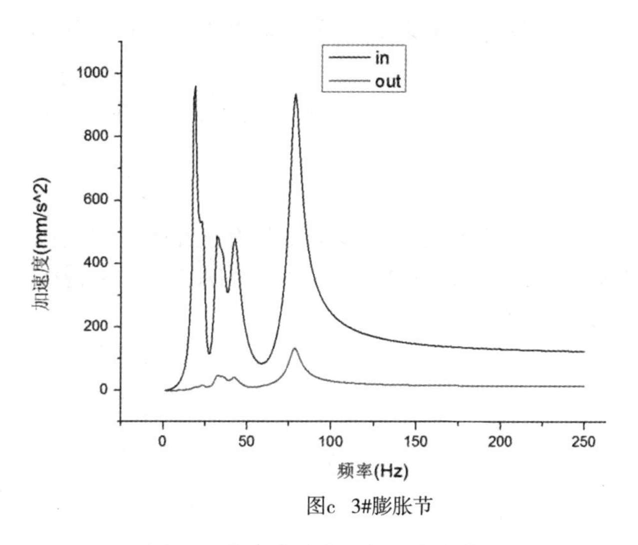

图c 3#膨胀节

图 10 膨胀节进出口加速度线谱

由上述计算结果可以看出,1#膨胀节进气口振动量级与出气口相比较小,由于膨胀节类似于直通管道,进口与三旋连接,近似于刚性连接,出口与弯头连接,所以膨胀节出口振动远大于进口。3#膨胀节进气口振动量级与出气口相比较大,由于膨胀节类似于直诵管道,进口弯头连接,出口固定端连接接,所以膨胀节出口振动远小于进口。通过一组"三铰链"膨胀节,对管道起到很好的减振作用。

5 结 论

(1)采用 CATIA 建立几何模型,并利用 HyperMesh 来划分网格,可以大大缩短建模时间,提高网格划分质量,为后续有限元计算做好铺垫。

(2)模态计算是管道系统振动计算的基础,该管道系统模态振型出现在较为集中的频率段,所以进行管道减振措施时需优化膨胀节区域的管道布置,避免与膨胀节发生共振。

(3)三旋出口至烟机入口管线采用 2 套三铰链膨胀节,即可以吸收热位移,又能达到减振隔振的作用,为膨胀节及管线设计提供依据。

(4)采用 FLUENT 软件与有限元分析软件相结合的办法可以很便捷的解决部分流固耦合问题。

参考文献

[1] 谢林章. 催化裂化装置烟气管道的设计[J]. 炼油设计,1997,27(3):45~50.

[2] 胡宁. 催化裂化装置中烟气轮机进出口烟道的设计及材料[J]. 材料开发与应用,2001,16(2):21~25.

[3] 陈文. 催化裂化烟气轮机人口烟道设计[J]. 石油化工设备技术,2004,25(6):13~16.

[4] 赵铁柱. 催化裂化装置烟道设计要点分析[J]. 炼油技术与工程,2004,34(9):26~29.

[5] 杨青,祁鲁海. 催化裂化烟气轮机人口管道的设计[J]. 化工设计,2004,14(3):28~31.

[6] 刘凤臣. 催化裂化装置烟机入口管道设计探讨[J]. 化工设计,2004,14(5):24~28.

[7] 房家贵,冯清晓,黄荣臻. 催化裂化装置烟机入口和出口管道的安装、检查和调整[J]. 石油化工设备技术,2005,26(1):35~36.

[8] 泙忠义. 烟气轮机管道膨胀节的失效原因与选材[J]. 炼油设计,2000,30(9):52~55.

[9] 文联奎. 有限元法在催化裂化烟气轮机管线应力分析中的应用[J]. 石油大学学报,1995,19(3):110~116.

[10] 马金华,蔡善祥,杜志永等. 催化裂化装置烟机人口暖管膨胀节事故失效分析的有限元计算[J]. 压力容器,2006,23(5):32~35.

[11] 徐斌,冯全科,余小玲．压缩机复杂管路压力脉动及管道振动研究[J]．核动力工程．2008.29(4):79～83.

[12] 徐丽琼．船舶输流管道系统的振动研究[M]．武汉理工大学．2009 52—55.

作者简介

杨玉强(1982—),男,工程师,研究方向压力管道设计及膨胀节研发。联系方式:河南省洛阳市高新开发区滨河北路 88 号,邮编 471003,TEL:13525910928,EMAIL:yuqiang326@163.com

图书在版编目(CIP)数据

第十四届全国膨胀节学术会议论文集:膨胀节技术进展/合肥通用机械研究院编.—合肥:合肥工业大学出版社,2016.10

ISBN 978-7-5650-2989-9

Ⅰ.①第… Ⅱ.①合… Ⅲ.①波纹管—国际学术会议—文集 Ⅳ.①TH703.2-53

中国版本图书馆CIP数据核字(2016)第221843号

第十四届全国膨胀节学术会议论文集

膨胀节技术进展

合肥通用机械研究院 编　　　　责任编辑 马成勋

出 版	合肥工业大学出版社	**版 次**	2016年10月第1版
地 址	合肥市屯溪路193号	**印 次**	2016年10月第1次印刷
邮 编	230009	**开 本**	889毫米×1194毫米 1/16
电 话	总编室:0551-62903038	**印 张**	24
	市场营销部:0551-62903198	**字 数**	686千字
网 址	www.hfutpress.com.cn	**印 刷**	安徽联众印刷有限公司
E-mail	hfutpress@163.com	**发 行**	全国新华书店

ISBN 978-7-5650-2989-9　　　　定价:98.00元